中 国 国 家 标 准 汇 编

2008 年修订-85

中国标准出版社　编

中 国 标 准 出 版 社

北　京

图书在版编目（CIP）数据

中国国家标准汇编：2008年修订.85/中国标准出版社编.—北京：中国标准出版社，2009

ISBN 978-7-5066-5583-5

Ⅰ.中…　Ⅱ.中…　Ⅲ.国家标准-汇编-中国-2008　Ⅳ.T-652.1

中国版本图书馆CIP数据核字（2009）第198906号

中国标准出版社出版发行
北京复兴门外三里河北街16号
邮政编码:100045
网址 www.spc.net.cn
电话:68523946　68517548
中国标准出版社秦皇岛印刷厂印刷
各地新华书店经销

*

开本 880×1230　1/16　印张 35.5　字数 1 056 千字
2009年12月第一版　2009年12月第一次印刷

*

定价 200.00 元

ISBN 978-7-5066-5583-5

出 版 说 明

1.《中国国家标准汇编》是一部大型综合性国家标准全集。自1983年起，按国家标准顺序号以精装本、平装本两种装帧形式陆续分册汇编出版。它在一定程度上反映了我国建国以来标准化事业发展的基本情况和主要成就，是各级标准化管理机构，工矿企事业单位，农林牧副渔系统，科研、设计、教学等部门必不可少的工具书。

2.《中国国家标准汇编》收入我国每年正式发布的全部国家标准，分为“制定”卷和“修订”卷两种编辑版本。

“制定”卷收入上年度我国发布的、新制定的国家标准，顺延前年度标准编号分成若干分册，封面和书脊上注明“20××年制定”字样及分册号，分册号一直连续。各分册中的标准是按照标准编号顺序连续排列的，如有标准顺序号缺号的，除特殊情况注明外，暂为空号。

“修订”卷收入上年度我国发布的、被修订的国家标准，视篇幅分设若干分册，但与“制定”卷分册号无关联，仅在封面和书脊上注明“20××年修订-1，-2，-3，……”字样。“修订”卷各分册中的标准，仍按标准编号顺序排列(但不连续)；如有遗漏的，均在当年最后一分册中补齐。需提请读者注意的是，个别非顺延前年度标准编号的新制定的国家标准没有收入在“制定”卷中，而是收入在“修订”卷中。

读者配套购买《中国国家标准汇编》“制定”卷和“修订”卷则可收齐上一年度我国制定和修订的全部国家标准。

3. 由于读者需求的变化，自1996年起，《中国国家标准汇编》仅出版精装本。

4. 2008年制修订国家标准共5946项。本分册为“2008年修订-85”，收入新制修订的国家标准40项。

中国标准出版社

2009年10月

目　　录

ICS 65.020.30
B 41

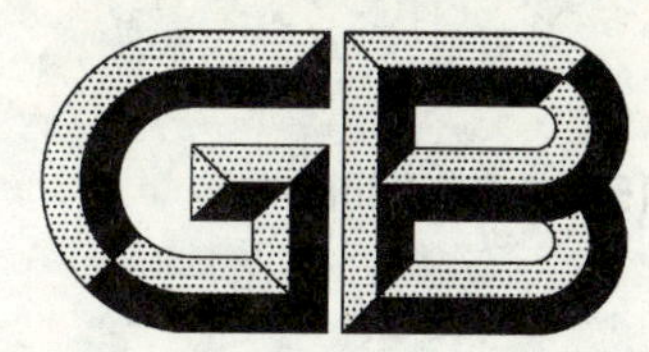

中华人民共和国国家标准

GB/T 15805.3—2008
部分代替 GB/T 15805.1—1995

鱼类检疫方法
第3部分:病毒性出血性败血症病毒（VHSV）

Quarantine methods of fish—
Part 3: Viral hemorrhagic septicemia virus(VHSV)

2008-07-31 发布　　2008-11-01 实施

中华人民共和国国家质量监督检验检疫总局
中国国家标准化管理委员会　发布

前　言

GB/T 15805《鱼类检疫方法》分为下列部分：

——第1部分：传染性胰脏坏死病毒(IPNV)；

——第2部分：传染性造血器官坏死病毒(IHNV)；

——第3部分：病毒性出血性败血症病毒(VHSV)；

——第4部分：斑点叉尾鮰病毒(CCV)；

——第5部分：鲤春病毒血症病毒(SVCV)；

——第6部分：杀鲑气单胞菌；

——第7部分：脑粘体虫；

……

本部分为GB/T 15805的第3部分。

本部分代替GB/T 15805.1—1995《淡水鱼类检疫方法　第一部分》中的第5章。

本部分与GB/T 15805.1—1995的第5章相比主要变化如下：

——分离病毒的细胞由原仅用RTG-2改为用FHM或RTG-2细胞分离。因为最适合VHS生长的细胞是FHM和RTG-2。OIE的诊断手册也是推荐这两种细胞。

——对一些过时的试剂和设备进行了修改，并纠正了一些印刷错误。

——结构格式按GB/T 1.1—2000的规定，作为部分编写。

本部分的附录A为规范性附录。

本部分由中华人民共和国农业部提出。

本部分由全国水产标准化技术委员会归口。

本部分起草单位：农业部全国水产技术推广总站、中华人民共和国深圳出入境检验检疫局。

本部分主要起草人：孙喜模、江育林、陈爱平、陈辉、朱泽闻。

本部分所代替标准的历次版本发布情况为：

——GB/T 15805.1—1995。

鱼类检疫方法
第3部分:病毒性出血性败血症病毒(VHSV)

1 范围

GB/T 15805的本部分规定了用细胞分离病毒和用中和试验鉴定病毒性出血性败血症病毒(VHSV)的方法。

本部分适用VHSV的分离和鉴定,VHS的流行病学调查、诊断、疫情监测,以及口岸出入境、国内跨区域移动的检疫。

2 规范性引用文件

下列文件中的条款通过GB/T 15805的本部分的引用而成为本部分的条款。凡是注日期的引用文件,其随后所有的修改单(不包括勘误的内容)或修订版均不适用于本部分,然而,鼓励根据本部分达成协议的各方研究是否可使用这些文件的最新版本。凡是不注日期的引用文件,其最新版本适用于本部分。

GB/T 6682—1992 分析实验室用水规格和试验方法(neq ISO 3696:1987)

GB/T 18088—2000 出入境动物检疫采样

3 试剂和材料

3.1 水:GB/T 6682—1992,二级。

3.2 VHSV参考毒株:由农业部指定的动物病原微生物菌(毒)种保藏机构提供。

3.3 阴性对照:正常细胞组织悬液。

3.4 病毒参考抗血清。

4 仪器和设备

4.1 普通冰箱和低温冰箱。

4.2 离心机和离心管。

4.3 天平。

4.4 细胞培养瓶和96孔细胞培养板。

4.5 倒置显微镜。

4.6 微量移液器及吸头。

4.7 恒温培养箱。

4.8 组织研磨器。

4.9 剪刀,镊子。

5 VHSV的分离

5.1 采样

按GB/T 18088—2000的规定执行。对有临床症状的鱼,体长≤4 cm的鱼苗取整条,若是带卵黄囊的鱼应去掉卵黄囊;体长4 cm~6 cm的鱼苗取内脏(包括肾);体长大于6 cm的鱼则取肝、肾、脾;对无症状的鱼取肝、肾、脾；成熟雌鱼还需取卵巢液；鱼卵则取卵壳。

5.2 样品处理

应在 10 ℃以下进行。先用组织研磨器将样品匀浆。再用培养液（见第 A.1 章）按 1∶10 的最终稀释度悬浮。在匀浆前未用抗菌素处理过的样品，则须将样品匀浆后再悬浮于含有抗菌素(1 000 IU/mL 的青霉素和 1 000 μg/mL 的链霉素或其他抗菌素)的培养液中，于 15 ℃下孵育 2 h～4 h 或 4 ℃下孵育 6 h～24 h。7 000 r/min 离心 15 min，收集上清液。卵巢液不必匀浆，稀释两倍以上。用相同的方法离心卵巢液样品并在以后的步骤中直接用其上清液。

5.3 分离操作

对上述 1∶10 的组织匀浆上清液用培养液再作两次 10 倍稀释，然后将这 1∶10、1∶100 和 1∶1 000三种稀释度的上清液，以适当体积分别接种到生长约 24 h 的 RTG-2 或者 EPC 的细胞单层中，每孔($2\ cm^2$)的细胞单层最多接种 100 μL 稀释液。15 ℃～18 ℃吸附 1 h 后，加入细胞培养液。置于15 ℃～18 ℃培养。

阳性对照组和待测样品都接种细胞后，7 d 内每天用 40 倍到 100 倍倒置显微镜检查，接种了被检物匀浆上清稀释液的细胞培养中是否出现细胞病变(CPE)。空白对照细胞应当正常。如果阳性对照细胞出现了 CPE，而待测样品中没有 CPE 出现，则在培养 7 d 后还要用敏感细胞进行再传代培养。传代时，冻融并收集接种了组织匀浆上清稀释液的细胞单层培养物。7 000 r/ min，4 ℃离心 15 min，收集上清液。接种到新鲜细胞单层，培养 7 d。每天用 40 倍到 100 倍倒置显微镜检查。如果样品经过接种细胞和盲传后均没有 CPE 出现，则结果判为阴性。如有 CPE 出现，则要用中和试验进行鉴定是否由 VHSV 引起。

如果阳性对照组也未出现 CPE，则应采用敏感细胞和新的组织样品重新进行上述病毒学检查。

6 VHSV 的鉴定：中和试验

6.1 试验准备

6.1.1 细胞：把 RTG-2(或 EPC)细胞培养于 96 孔微量细胞培养板上。

6.1.2 病毒：用参考 VHSV 毒株，传代后制成病毒悬液。

6.1.3 参考抗血清：抗 VHSV 的参考血清，使用前于 56 ℃灭活 60 min。

6.1.4 待检样品（出现了 CPE 的细胞培养物）：冻融一次，除去细胞碎片后使用。

6.2 操作步骤

6.2.1 将待检样品用细胞培养液作系列稀释，使其稀释度由 10^{-1}到 10^{-8}，每管体积为 0.5 mL。

6.2.2 取两排试管，分别从上述各稀释度的待检样品中取出 0.2 mL 于两排试管中，然后第一排管加入 0.2 mL 抗 VHSV 参考血清，第二排管加入 0.2 mL 培养液，充分混合均匀。

6.2.3 25 ℃温育 60 min。

6.2.4 温育后分别将第一排管与第二排管的样品接种于已长满细胞单层的 96 孔微量细胞培养板，每个稀释度 4 孔，每孔 0.1 mL。

6.2.5 将抗 VHSV 参考血清倍比稀释后(1∶8 至 1∶64)接种于上述培养板，每个稀释度 2 孔，每孔 0.05 mL，作为参考抗血清对照。将参考 VHSV 接种 8 孔，每孔 0.05 mL，作为病毒对照，其余 8 孔作为正常细胞对照。

6.2.6 将 VHSV 参考病毒按照 6.2.1～6.2.3 的方法由 10^{-1}到 10^{-8}稀释，并和参考血清混合反应后加入细胞板，每个稀释度 2 孔，每孔 0.1 mL，作为参考病毒＋参考血清对照，细胞板中剩余 8 孔中 4 孔作正常细胞对照，4 孔接参考病毒原液做病毒对照。

6.2.7 各孔再加入培养液 0.1 mL。

6.2.8 放入 15 ℃～18 ℃培养箱中培养，逐日观察 CPE，并按表 1 填写试验结果。

表 1　中和试验结果记录表

项目		待检样品＋参考血清				待检样品＋细胞培养液				参考病毒＋参考血清		参考血清	对照
		1	2	3	4	5	6	7	8	9	10	11	12
A	10^{-1}											1∶8	细胞对照
B	10^{-2}											1∶8	
C	10^{-3}											1∶16	
D	10^{-4}											1∶16	
E	10^{-5}											1∶32	病毒对照
F	10^{-6}											1∶32	
G	10^{-7}											1∶64	
H	10^{-8}											1∶64	

6.3　结果计算

按 Reed 和 Muench 法分别计算出“待检样品＋参考血清”与“待检样品＋培养液”的组织培养半数细胞病变感染剂量($TCID_{50}$)，二者的滴度指数之差的反对数即为中和指数。若正常细胞与参考血清对照为阴性，参考毒对照为阳性，按表 2 判定结果。

表 2　中和试验结果判定表

中和指数	结果判定
<10	阴性(待检查不带毒)
10～50	可疑
>50	阳性

6.4　结果判定

6.4.1　若出现临床症状，经细胞培养又出现 CPE，并经中和试验为阳性者可判定患有病毒性出血性败血症。

6.4.2　若无临床症状，但经细胞培养出现 CPE，并经中和试验为阳性者判定为 VHSV 携带者。

6.4.3　若中和试验为可疑，需重复一次，仍为可疑者则判定为可疑。

6.4.4　若仅有临床症状，或仅能在细胞培养中出现 CPE，但不能被抗 VHSV 中和抗体中和者则不能称患有 VHS，需进一步作其他病检查。

附 录 A
（规范性附录）
试剂配制

标准中所有试剂，除特别注明外，全部采用分析纯的试剂。

A.1 培养液

199 培养基，按说明书的要求配制。然后加入 10% 的胎牛血清，抽滤除菌，−20 ℃保存。

A.2 细胞消化液（胰酶-EDTA 混合消化液）

氯化钠（NaCl）	0.8 g
氯化钾（KCl）	0.02 g
磷酸二氢钾（KH_2PO_4）	0.02 g
磷酸氢二钠（Na_2HPO_4）	0.115 g
EDTA	0.02 g
胰酶	0.1 g
水	100 mL

过滤除菌后分装备用。

ICS 65.020.30
B 41

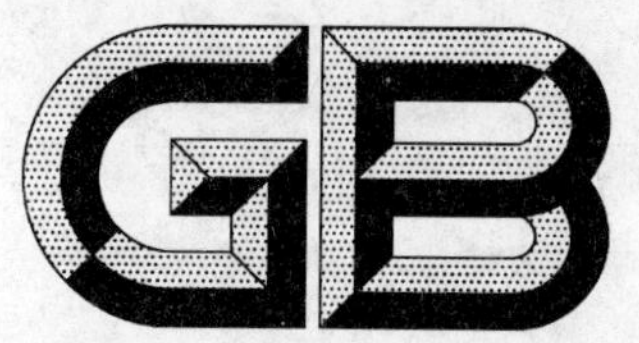

中华人民共和国国家标准

GB/T 15805.4—2008
部分代替 GB/T 15805.1—1995

鱼类检疫方法 第4部分:斑点叉尾鮰病毒(CCV)

**Quarantine methods of fish—
Part 4:Channel catfish virus(CCV)**

2008-07-31 发布 2008-11-01 实施

中华人民共和国国家质量监督检验检疫总局
中国国家标准化管理委员会 发布

前　言

GB/T 15805《鱼类检疫方法》分为下列部分：

——第 1 部分：传染性胰脏坏死病毒(IPNV)；

——第 2 部分：传染性造血器官坏死病毒(IHNV)；

——第 3 部分：病毒性出血性败血症病毒(VHSV)；

——第 4 部分：斑点叉尾鮰病毒(CCV)；

——第 5 部分：鲤春病毒血症病毒(SVCV)；

——第 6 部分：杀鲑气单胞菌；

——第 7 部分：脑粘体虫；

……

本部分为 GB/T 15805 的第 4 部分。

本部分代替 GB/T 15805.1—1995《淡水鱼类检疫方法　第一部分》中的第 6 章。

本部分与 GB/T 15805.1—1995 的第 6 章相比主要变化如下：

——增加了用 PCR 方法鉴定 CCV；

——增加了资料性附录"CCV 的 PCR 产物序列"；

——结构格式按 GB/T 1.1—2000 的规定，作为部分编写。

本部分的附录 A 为规范性附录，附录 B 为资料性附录。

本部分由中华人民共和国农业部提出。

本部分由全国水产标准化技术委员会归口。

本部分起草单位：农业部全国水产技术推广总站、中华人民共和国深圳出入境检验检疫局。

本部分主要起草人：孙喜模、江育林、陈爱平、陈辉、朱泽闻。

本部分所代替标准的历次版本发布情况为：

——GB/T 15805.1—1995。

鱼类检疫方法 第4部分:斑点叉尾鮰病毒(CCV)

1 范围

GB/T 15805的本部分规定了用中和试验和PCR技术检测斑点叉尾鮰病毒(CCV)的方法。

本部分适用于CCV的分离与鉴定,斑点叉尾鮰病毒病的流行病学调查、诊断、监测以及口岸出入境、国内跨区域移动的检疫。

2 规范性引用文件

下列文件中的条款通过GB/T 15805的本部分的引用而成为本部分的条款。凡是注日期的引用文件,其随后所有的修改单(不包括勘误的内容)或修订版均不适用于本部分,然而,鼓励根据本部分达成协议的各方研究是否可使用这些文件的最新版本。凡是不注日期的引用文件,其最新版本适用于本部分。

GB/T 6682—1992　分析实验室用水规格和试验方法(neq ISO 3696:1987)

GB/T 18088—2000　出入境动物检疫采样

3 试剂和材料

3.1 水:GB/T 6682—1992,一级。

3.2 CCV毒株和CCV的DNA:由农业部指定的动物病原微生物菌(毒)种保藏机构提供。

3.3 阴性对照:正常细胞组织悬液。

3.4 CCV参考抗血清。

3.5 Taq酶:−20 ℃保存,不要反复冻融或温度剧烈变化。

3.6 dNTP(含dCTP、dGTP、dATP、dTTP各10 mmoL/L)。

3.7 引物:使用时浓度为40 μmoL/L。其序列如下:

上游引物:5′- TCA-TCC-GAA-TCC-GAC-AAC-TGA-3′;

下游引物:5′- CCA-AGA-TCG-CGG-AGA-AAC-3′。

扩增目的基因中的136 bp片段。

3.8 无水乙醇:分析纯,使用前预冷到−20 ℃。

3.9 矿物油:要求无DNA酶和RNA酶。

3.10 DNA分子质量标准(Marker)。

4 器材和设备

4.1 96孔细胞培养板。

4.2 微量移液器及吸头。

4.3 倒置显微镜。

4.4 恒温培养箱。

4.5 普通冰箱和低温冰箱。

4.6 组织研磨器。

4.7 离心机和离心管。

4.8 PCR扩增仪。

4.9 电泳仪。

4.10 紫外观察灯。

4.11 剪刀、镊子。

5 CCV的分离

5.1 采样

按GB/T 18088—2000的规定采样。对有临床症状的鱼，体长≤4 cm的鱼苗取整条，若是带卵黄囊的鱼应去掉卵黄囊。体长4 cm～6 cm的鱼苗取内脏（包括肾）；体长大于6 cm的鱼则取肝、肾、脾。对无症状的鱼取肝、肾、脾；成熟雌鱼还需取卵巢液。鱼卵则取卵壳。

5.2 样品处理

应在10 ℃以下进行。先用组织研磨器将样品匀浆。再用细胞培养液（见第A.1章）按1∶10的最终稀释度悬浮。在匀浆前未用抗菌素处理过的样品，则须将样品匀浆后再悬浮于含有抗菌素（1 000 IU/mL的青霉素和1 000 μg/mL的链霉素或其他抗菌素）的细胞培养液中，于15 ℃下孵育2 h～4 h或4 ℃下孵育6 h～24 h。7 000 r/min离心15 min，收集上清液。卵巢液不必匀浆，但须稀释两倍以上。用相同的方法离心卵巢液样品并在以后的步骤中直接用其上清液。

5.3 病毒分离

对上述1∶10的组织匀浆上清液用细胞培养液再作两次10倍稀释，然后将这1∶10、1∶100和1∶1 000三种稀释度的上清液，以适当体积分别接种到生长约24 h的CCO（斑点叉尾鮰卵巢细胞）细胞单层，每孔（2 cm^2）的细胞单层最多接种50 μL稀释液。25 ℃～30 ℃吸附1 h后，加入细胞培养液。置于25 ℃～30 ℃培养。

阳性对照组和待测样品都接种细胞后，7 d内每天用40倍到100倍倒置显微镜检查，接种了被检物匀浆上清稀释液的细胞培养中是否出现细胞病变（CPE）。空白对照细胞应当正常。如果阳性对照细胞出现CPE，而待测样品接种的细胞没有CPE出现，则在培养7 d后还要用敏感细胞进行再传代培养。传代时，冻融并收集接种了组织匀浆上清稀释液的细胞单层培养物。7 000 r/min，4 ℃离心15 min，收集上清液。接种到新鲜细胞单层，培养7 d。每天用40倍到100倍倒置显微镜检查。如果样品经过接种细胞和盲传后均没有CPE出现，则结果判为阴性。如有CPE出现，则要用中和试验或PCR方法鉴定是否由CCV引起。

如果在阳性对照组也未出现CPE，则试验无效。应采用敏感细胞和一批新的组织样品重新按上述方法进行病毒学检查。

6 病毒的鉴定Ⅰ：中和试验

6.1 试验准备

6.1.1 CCO细胞培养于96孔微量细胞培养板上，24 h内长成单层。

6.1.2 CCV毒株，传代后制成病毒悬液。

6.1.3 抗CCV的参考血清，使用前于56 ℃灭活60 min。

6.1.4 待检样品（出现了CPE的细胞培养物）：冻融一次，除去细胞碎片后使用。

6.2 操作步骤

6.2.1 将待检样品用细胞培养液作系列稀释，使其稀释度由10^{-1}到10^{-8}，每管体积为0.5 mL。

6.2.2 取两排试管，分别从上述各稀释度的待检样品中取出0.2 mL于两排试管中，然后第一排管加入0.2 mL抗CCV参考血清，第二排管加入0.2 mL细胞培养液，充分混合均匀。

6.2.3 25 ℃温育60 min。

6.2.4 温育后分别将第一排管与第二排管的样品接种于已长满细胞单层的96孔微量细胞培养板，每个稀释度4孔，每孔0.1 mL。

6.2.5　将抗CCV参考血清倍比稀释后(1∶8至1∶64)接种于上述培养板，每个稀释度2孔，每孔0.05 mL，作为参考血清对照。

6.2.6　将CCV参考病毒按照6.2.1～6.2.3的方法由10^{-1}到10^{-8}稀释，并和参考血清混合反应后加入细胞板，每个稀释度2孔，每孔0.1 mL，作为“参考病毒＋参考血清”对照，细胞板中剩余8孔中4孔作正常细胞对照，4孔接参考病毒原液做病毒对照。

6.2.7　各孔再加入细胞培养液0.1 mL。

6.2.8　放入25 ℃～30 ℃培养箱中培养，逐日观察细胞病理变化，并按表1记录试验结果。

表1　中和试验结果记录表

项　目		待检样品＋参考血清				待检样品＋细胞培养液				参考病毒＋参考血清		参考血清	对照
		1	2	3	4	5	6	7	8	9	10	11	12
A	10^{-1}											1∶8	细胞对照
B	10^{-2}											1∶8	
C	10^{-3}											1∶16	
D	10^{-4}											1∶16	
E	10^{-5}											1∶32	病毒对照
F	10^{-6}											1∶32	
G	10^{-7}											1∶64	
H	10^{-8}											1∶64	

6.3　结果计算

按Reed-Muench法分别计算出“待检样品＋参考血清”以及“待检样品＋细胞培养液”的细胞半数感染量($TCID_{50}$)，二者的滴度指数之差的反对数即为中和指数。若正常细胞与参考血清对照为阴性，标准毒对照为阳性，按表2判定结果。

表2　中和试验结果判定表

中和指数	结果判定
<10	阴性(待检样品不带毒)
10～50	可疑
>50	阳性

7　病毒鉴定Ⅱ：聚合酶链式反应(PCR方法)

7.1　样品处理

将450 μL有病变的细胞悬液放入1.5 mL的离心管，再加入450 μL CTAB溶液(见第A.2章)并混匀。25 ℃作用2 h。

7.2　DNA抽提

在含有样品的塑料离心管中加入600 μL抽提液2(见第A.3章)，用力混合至少30 s。12 000 r/min离心5 min，小心取上层水相(约800 μL)。再加入700 μL抽提液1(见第A.4章)，用力混合至少30 s。12 000 r/min离心5 min，小心取上层水相(约600 μL)。再加入－20 ℃预冷的1.5倍体积的无水乙醇(约900 μL)，倒置数次混匀后，－20 ℃ 8 h以上沉淀核酸。12 000 r/min离心30 min，小心弃去上清液。干燥后加10 μL水溶解，用作PCR模板。

7.3 PCR

依次加入以下试剂:模板 10 μL,10 倍用浓缩的 Taq 酶缓冲液 10 μL(见第 A.5 章),25 mmoL/L 的氯化镁($MgCl_2$)(见第 A.6 章)10 μL,Taq 酶 5U,dNTP 2 μL,引物各 2.5 μL,加水到总体积为 100 μL。

每管加入 50 μL 矿物油。短时间低速离心让矿物油集中在上层。再将反应管置于 PCR 扩增仪。先 94 ℃ 4 min 预变性,再 94 ℃ 1 min→ 60 ℃ 1 min → 72 ℃ 1 min,30 次循环,然后 72 ℃ 8 min,最后 4 ℃保温。

7.4 对照的设立

7.4.1 在 7.1 的样品处理过程中应设立阳性对照、阴性对照和空白对照。

7.4.2 取含有已知 CCV 病毒标准株的细胞悬液作为阳性对照。

7.4.3 取正常的细胞悬液作为阴性对照。

7.4.4 取等体积的水代替模板作为空白对照。

7.5 琼脂糖电泳

用 TBE 电泳缓冲液(见第 A.7 章)配制 2%的琼脂糖(含 1 μg/mL EB,见第 A.8 章)平板。将平板放入水平电泳槽,使电泳缓冲液刚好淹没胶面。将 6 μL 样品和 2 μL 样品缓冲液(见第 A.9 章)混匀后加入样品孔。在电泳时设立 DNA 标准分子质量作对照,推荐使用 pUC19 DNA/MspⅠ(HpaⅡ)。5 V/cm 电泳约 0.5 h,当溴酚蓝到达底部时停止。在紫外灯下观察核酸带并判断结果。

7.6 结果判定

含有 CCV 的阳性对照在 PCR 以后应出现 136 bp 的 DNA 带。而阴性对照和空白对照不应有这个 DNA 带。如果待测样品中看不到 136 bp 的带为阴性,能看到 136 bp 的带为阳性。

如果阳性对照中什么带都看不到,说明 PCR 反应没有发生。如果阴性样品中有 136 bp 的带,说明试验中有污染需要重做。如果待测样品产生的 DNA 带大小异常或者无法准确判定大小,需要重新做并将片段进行基因测序,然后与已知标准基因序列比较(参见附录 B)。

8 综合判定

8.1 若出现临床症状,经细胞培养又出现 CPE,并经中和试验或者 PCR 试验为阳性者可判定患有斑点叉尾鮰病毒病。

8.2 经细胞培养出现 CPE,并经中和试验或者 ELISA 检测为阳性者,若出现临床症状,可判定患有斑点叉尾鮰病毒病;若无临床症状,判定为 CCV 携带者。

8.3 若分离到病毒后,仅中和试验为可疑,PCR 试验为阴性,则判定为可疑。

附 录 A
（规范性附录）
试剂配制

标准中所有试剂，除特别注明外，全部采用分析纯的试剂。

A.1 细胞培养液：

199 培养基，按说明书的要求配制。然后加入 10%的胎牛血清，抽滤除菌，−20 ℃保存。

A.2 CTAB 溶液

按 CTAB（hexadecyl trimethy ammonium bromide）2%，氯化钠（NaCl）1.4 mol/L，EDTA 20 mmol/L，Tris-HCl 20 mmol/L pH=7.5 配制。用前加巯基乙醇至终浓度为 0.25%。

A.3 抽提液 2

1 mol/L Tris 水溶液饱和的酚：三氯甲烷：异戊醇=25：24：1 混合，密闭避光保存。

A.4 抽提液 1

将三氯甲烷：异戊醇按 24：1 的比例混合，密闭避光保存。

A.5 Taq 酶用 10 倍浓缩缓冲液

Tris-HCl	500 mmol/L，pH 8.8
氯化钾（KCl）	500 mmol/L
Triton X-100	1%

A.6 氯化镁（$MgCl_2$）溶液

浓度为 25 mmol/L。

A.7 TBE 电泳缓冲液（5 倍浓缩液）

Tris	54 g
硼酸（HBO_3）	27.5 g
EDTA	2.922 g
水	1 000 mL

用 5 mol/L 的盐酸（HCl）调到 pH 8.0。

A.8 EB（ethidium bromide，核酸染色剂）

用水配制成 10 mg/mL 的浓缩液。用时每 10 mL 电泳液或琼脂中加 1 μL。

A.9 样品缓冲液

每 100 mL 水溶液中含：溴酚蓝 0.25 g，蔗糖 40 g。

附　录　B
（资料性附录）
CCV 的 PCR 产物序列

TCA-TCC-GAA-TCC-GAC-AAC-TGA-CGC-GTC-GGT-AGC-CCG-ACC-GAT-CCG-TAT-GTT-ACG-GGT-GCG-GGG-GTC-GAC-ACC-GTG-CTC-GCC-GCG-ATG-AGG-CTG-ACC-GCG-GAC-ACG-GGG-GGT-CCC-CCT-CGT-TTC-TCC-GCG-ATC-TTG-G

注：涂墨和下划线处是引物序列。

ICS 65.020.30
B 41

中华人民共和国国家标准

GB/T 15805.5—2008
部分代替 GB/T 15805.1—1995

鱼类检疫方法
第5部分:鲤春病毒血症病毒(SVCV)

Quarantine methods of fish—
Part 5:Spring viraemia of carp virus(SVCV)

2008-07-31 发布　　2008-11-01 实施

中华人民共和国国家质量监督检验检疫总局
中国国家标准化管理委员会　发布

前　言

GB/T 15805《鱼类检疫方法》分为下列部分：

——第1部分：传染性胰脏坏死病毒(IPNV)；

——第2部分：传染性造血器官坏死病毒(IHNV)；

——第3部分：病毒性出血性败血症病毒(VHSV)；

——第4部分：斑点叉尾鮰病毒(CCV)；

——第5部分：鲤春病毒血症病毒(SVCV)；

——第6部分：杀鲑气单胞菌；

——第7部分：脑粘体虫；

……

本部分为GB/T 15805的第5部分。

本部分代替GB/T 15805.1—1995《淡水鱼类检疫方法　第一部分》中的第7章。

本部分与GB/T 15805.1—1995的第7章相比主要变化如下：

——删除了临床检查；

——改用PCR方法代替中和试验鉴定SVCV；

——增加资料性附录B“SVC病毒G基因的全序列(1588 bp)”；

——结构格式按GB/T 1.1—2000的规定，作为部分编写。

本部分的附录A为规范性附录，附录B为资料性附录。

本部分由中华人民共和国农业部提出。

本部分由全国水产标准化技术委员会归口。

本部分起草单位：农业部全国水产技术推广总站、中华人民共和国深圳出入境检验检疫局。

本部分主要起草人：孙喜模、江育林、陈爱平、陈辉、朱泽闻。

本部分所代替标准的历次版本发布情况为：

——GB/T 15805.1—1995。

鱼类检疫方法
第5部分:鲤春病毒血症病毒(SVCV)

1 范围

GB/T 15805 的本部分规定了细胞分离病毒后,用 RT-PCR 技术检测 SVCV 的方法。

本部分适用于 SVCV 的分离和鉴定,SVC 的流行病学调查、诊断,以及口岸出入境、国内跨区域移动的检疫。

2 规范性引用文件

下列文件中的条款通过 GB/T 15805 的本部分的引用而成为本部分的条款。凡是注日期的引用文件,其随后所有的修改单(不包括勘误的内容)或修订版均不适用于本部分,然而,鼓励根据本部分达成协议的各方研究是否可使用这些文件的最新版本。凡是不注日期的引用文件,其最新版本适用于本部分。

GB/T 6682—1992 分析实验室用水规格和试验方法(neq ISO 3696:1987)

GB/T 18088—2000 出入境动物检疫采样

3 试剂和材料

3.1 水:GB/T 6682—1992,一级。用于 RT-PCR(包括核酸抽提)时所用的水要用焦碳酸二乙脂(DEPC)处理以除掉 RNA 酶。

3.2 SVCV 参考株:由农业部指定的动物病原微生物菌(毒)种保藏机构提供。

3.3 Taq 酶:−20 ℃保存,不要反复冻融或温度剧烈变化。

3.4 逆转录酶 AMV:10 U/mL。−20 ℃保存,不要反复冻融或温度剧烈变化。

3.5 RNA 抑制剂(RNasin):40 U/μL。−20 ℃保存,不要反复冻融或温度剧烈变化。

3.6 dNTP (含 dCTP、dGTP、dATP、dTTP 各 10 mmol/L)。

3.7 引物:该试验选用 SVCV 的糖蛋白基因作为 PCR 的模板。该基因长 1 588 bp,在这里用了两对引物:F1 和 R2 扩增该基因中的 714 bp 片断,而 F1 和 R4 则从该片断中再扩增 606 bp 片断。所以实际上是"半套式"的 PCR (semi-nested PCR)。使用时浓度为 40 μmol/L。其序列如下:

R2: 5′-AGA TGG TAT GGA CCC CAA TAC ATH ACN CAY-3′。

R4: 5′-CTG GGG TTT CCN CCT CAA AGY TGY-3′。

F1: 5′-TCT TGG AGC CAA ATA GCT CAR RTC-3′。

3.8 无水乙醇:分析纯,使用前预冷到−20 ℃。

3.9 矿物油:要求无 DNA 酶和 RNA 酶。

3.10 DNA 分子质量标准(Marker)。

4 器材和设备

4.1 96 孔细胞培养板。

4.2 倒置显微镜。

4.3 恒温培养箱。

4.4 普通冰箱和低温冰箱。

4.5　组织研磨器。

4.6　离心机和离心管。

4.7　PCR 扩增仪。

4.8　电泳仪。

4.9　微量移液器及吸头。

4.10　紫外观察灯。

5　SVCV 的分离

5.1　采样

按 GB/T 18088—2000 的规定执行。对有临床症状的鱼，如是体长≤4 cm 的鱼苗取整条鱼；体长 4 cm～6 cm 的鱼苗取内脏(包括肾)；体长大于 6 cm 的鱼则取脑、肝、肾、脾。而对无症状的鱼要取肾、脾、鳃和脑组织；成熟雌鱼还需取卵巢液。

5.2　样品处理

应在 10 ℃以下。先用组织研磨器将样品匀浆成糊状。再按 1∶10 的最终稀释度重悬于细胞培养液(见第 A.10 章)中。如果在匀浆前未用抗菌素处理过样品，则须将样品匀浆后再悬浮于含有 1 000 IU/mL青霉素和 1 000 μg/mL 链霉素的细胞培养液中，于 15 ℃下孵育 2 h～4 h 或 4 ℃下孵育 6 h～24 h。7 000 r/min 离心 15 min，收集上清液。卵巢液也要用上述浓度的抗菌素处理以防污染。不必匀浆但需稀释两倍以上。用相同的方法离心卵巢液样品并在以后的步骤中直接用其上清液。

5.3　病毒分离

对 1∶10 的组织匀浆上清液再作两次 10 倍稀释，然后将这 1∶10、1∶100 和 1∶1 000 三个稀释度的上清液以适当体积分别接种到生长约 24 h 的 CO、EPC 或者 FHM 细胞单层中，每孔($2\ cm^2$)的细胞单层最多接种 100 μL 稀释液。15 ℃～20 ℃吸附 0.5 h～1 h 后，加入细胞培养液。置于 15 ℃～20 ℃培养。试验中要有 2 孔阳性对照(接种 SVCV 参考株)和空白对照(未接种病毒的细胞)。

阳性对照和待测样品都接种细胞后，7 d 内每天用 40 倍到 100 倍倒置显微镜检查，接种了被检匀浆上清稀释液的细胞培养中是否出现细胞病变(CPE)。空白对照细胞应当正常。如果除阳性对照细胞外，没有 CPE 出现，则在培养 7 d 后还要用敏感细胞进行再传代培养。传代时，将接种了组织匀浆上清稀释液的细胞单层培养物冻融一次，以 7 000 r/min，4 ℃离心 15 min，收集上清液。将上清液接种到新鲜细胞单层，培养 7 d。每天用 40 倍到 100 倍倒置显微镜检查。如果样品经过接种细胞和盲传后均没有 CPE 出现，则结果判为阴性。如有 CPE 出现，则要用 RT-PCR 方法进行鉴定是否由 SVCV 引起。

如果阳性对照也未出现 CPE，则试验无效。应采用敏感细胞和一批新的组织样品重新按上述方法进行病毒学检查。

6　SVCV 的鉴定

6.1　样品处理

将 450 μL 细胞病变悬液放入 1.5 mL 的离心管，再加入 450 μL CTAB 溶液（见第 A.1 章）并混匀。25 ℃作用 2 h。

6.2　RNA 抽提

在含有样品的塑料离心管中加入 600 μL 抽提液 2(见第 A.3 章)，用力混合至少 30 s。12 000 r/min 离心 5 min，小心取上层水相（约 800 μL)。再加入 700 μL 抽提液 1(见第 A.2 章)，用力混合至少30 s。12 000 r/min 离心 5 min，小心取上层水相（约 600 μL)。再加入－20 ℃预冷的 1.5 倍体积的无水乙醇(约 900 μL)，倒置数次混匀后，－20 ℃ 8 h 以上沉淀核酸。12 000 r/min 离心 30 min，小心弃去上清液。干燥后加 10 μL 水溶解，作为 PCR 模板。

6.3　变性和退火

在 PCR 管中加入 10 μL 模板和 2.5 μL 引物 R2，加 2.5 μL 水使总体积为 15 μL。置于 70 ℃反应

5 min。立即冰浴，低速离心约 5 s，使液体集中在底部。

6.4 cDNA 合成

在上述反应管中继续加入：5 μL 的 5 倍逆转录酶浓缩缓冲液（见第 A.5 章）、2 μL dNTP、0.5 μL RNA 酶抑制剂（20 U）、1 μL 逆转录酶 AMV（10 U）和 1.5 μL 水。总体积为 25 μL，42 ℃ 60 min 反应以合成模板的 cDNA。

6.5 PCR 扩增 DNA

在上述反应管中再继续加入：10 倍 Taq 酶用浓缩缓冲液（见第 A.7 章）8 μL、25 mmol/L 的氯化镁（$MgCl_2$）（见第 A.6 章）8 μL、dNTP 2 μL、引物 R2 2 μL 和引物 F1 2 μL、Taq 酶 5 U、加水到总体积为 100 μL。每管加入 50 μL 矿物油。短时间低速离心让矿物油集中在上层。再将反应管置于 PCR 扩增仪。先 94 ℃ 预变性，再 94 ℃ 1 min→50 ℃ 1 min → 72 ℃ 1 min，30 次循环，然后 72 ℃ 8 min，最后 4 ℃保温。

6.6 琼脂糖电泳

用 TBE 电泳缓冲液（见第 A.4 章）配制 2%的琼脂糖（含 1 μg/mL EB，见第 A.8 章）平板。将平板放入水平电泳槽，使电泳缓冲液刚好淹没胶面。将 6 μL 样品和 2 μL 样品缓冲液（见第 A.9 章）混匀后加入样品孔。在电泳时设立 DNA 标准分子量作对照，推荐使用 pUC19 DNA/MspⅠ（HpaⅡ）。5 V/cm 电泳约 0.5 h，当溴酚蓝到达底部时停止。在紫外灯下观察核酸带并判断结果。

6.7 套式 PCR

如果 PCR 后产物电泳时看不到 DNA 带，取 5 μL 产物做模板；如果 PCR 后产物电泳时能看到 DNA 带，只是要求进一步核实，则需将产物按 1∶1 000 稀释后，取 5 μL 做模板。

然后依次加入以下试剂：Taq 酶 5 U，dNTP 2 μL，引物 R4 2.5 μL 和引物 F1 2.5 μL，Taq 酶用 10 倍浓缩的缓冲液 10 μL，25 mmol/L 的氯化镁（$MgCl_2$）10 μL、加水到总体积为 100 μL。

每管加入 50 μL 矿物油。短时间低速离心让矿物油集中在上层。再将反应管置于 PCR 扩增仪。先预变性，再 94 ℃ 1 min→ 50 ℃ 1 min→72 ℃ 1 min，30 次循环，然后 72 ℃ 8 min，最后 4 ℃保温。

6.8 对照的设立

6.8.1 在 6.1 的样品处理过程中应设立阳性对照、阴性对照和空白对照。

6.8.2 取含有已知 SVCV 参考株的细胞悬液作为阳性对照。

6.8.3 取正常的细胞悬液作为阴性对照。

6.8.4 取等体积的水代替模板作为空白对照。

7 结果判定

样品经过接种细胞和盲传后均没有 CPE 出现，则结果判为阴性。有 CPE 出现，则要用 RT-PCR 方法进行鉴定是否由 SVCV 引起。

PCR 后阳性对照会出现一条 714 bp 的 DNA 片段。阴性对照和空白对照没有该核酸带。套式 PCR 后阳性对照会出现一条 606 bp 的 DNA 片段。阴性对照和空白对照均没有该核酸带。

待测样品 PCR 扩增后能在相应 714 bp DNA 位置上有带，并且套式 PCR 扩增后能在相应 606 bp 位置上有带；或者虽经 PCR 扩增后可能因浓度太低看不到可见的 DNA 带，但套式 PCR 扩增后能在相应 606 bp 位置上有带者，均可判为阳性。无带的判为阴性。仅在 PCR 扩增后有 714 bp 的 DNA 带，但套式 PCR 重复两次仍不能扩增出 606 bp 的 DNA 带的样品也判为阴性。

如果扩增出的 DNA 带的大小不是 714 bp 与 606 bp 应判为阴性。如果带的大小和阳性片段接近难以确定，则需要测序，根据是否和已知 DNA 片段的序列吻合来判定。

附 录 A
（规范性附录）
试 剂 配 制

标准中所有试剂，除特别注明外，全部采用分析纯的试剂。

A.1 CTAB 溶液

按 CTAB(hexadecyl trimethy ammonium bromide)2%，氯化钠(NaCl) 1.4 mol/L，EDTA 20 mmol/L，Tris-HCl 20 mmol/L pH=7.5 配制。用前加巯基乙醇至终浓度为 0.25%。

A.2 抽提液 1

将三氯甲烷：异戊醇按 24：1 的比例混合，密闭避光保存。

A.3 抽提液 2

1 mol/L Tris 水溶液饱和的酚：三氯甲烷：异戊醇=25：24：1 混合，密闭避光保存。

A.4 TBE 电泳缓冲液(5 倍浓缩液)

Tris	54 g
硼酸(HBO_3)	27.5 g
EDTA	2.922 g
水	1 000 mL

用 5 mol/L 的盐酸(HCl)调到 pH 8.0

A.5 逆转录酶 AMV 的 5 倍浓缩缓冲液

Tris-HCl	250 mmol/L，pH 8.3
氯化钾(KCl)	250 mmol/L
氯化镁($MgCl_2$)	50 mmol/L
DTT	50 mmol/L

A.6 氯化镁($MgCl_2$)溶液

浓度为 25 mmol/L。

A.7 Taq 酶用 10 倍浓缩缓冲液

Tris-HCl	500 mmol/L，pH 8.8
氯化钾(KCl)	500 mmol/L
Triton X-100	1%

A.8 EB(ethidium bromide，核酸染色剂)

用水配制成 10 mg/mL 的浓缩液。用时每 10 mL 电泳液或琼脂中加 1 μL。

A.9 样品缓冲液

每 100 mL 水溶液中含：溴酚蓝 0.25 g，蔗糖 40 g。

A.10 细胞培养液

TC199 培养基，按说明书的要求配制。然后加入 10% 的胎牛血清，抽滤除菌，-20 ℃保存。

附　录　B
（资料性附录）
SVC 病毒 G 基因全序列（1 588 bp）

1 aacagacatc atgtctatca tcagctacat cgcattcctt ttgctaattg actccaactt
61 aggaatcccc atatttgttc catctggtcg aaatatatca tggcagcctg tgattcagcc
121 atttgattat caatgtccaa tccatggaaa cctacccaac acgatgggtt tgagtgccac
181 caaattgaca ataaaatctc catctgtatt cagtacagat aaagtgtctg gatggatctg
241 ccatgcagct gaatggaaaa caacttgtga ttatagatgg tatggacccc aatacatcac
301 ccacagtatt catccgatca gtcctaccat agatgaatgc aggagaatca ttcaaaggat
361 tgcatcaggg actgatgaag atctggggtt tccccctcaa agttgcggat gggcatctgt
421 cacaacggtg tcaaatacta attatagagt agtaccccat tctgttcatt tagagccata
481 cggaggacat tggatcgatc acgaatttaa tgggggcgaa tgcagagaaa aagtgtgcga
541 aatgaaaggg aatcactcta tttggatcac agaggagact gtacagcatg agtgtgcaaa
601 acatatagag gaagttgaag gaattatgta cgggaatgtt ccaagagggg atgtaatgta
661 tgctaacaac tttattatag atagacatca cagagtatac agattcgggg gatcttgtca
721 gatgaaattc tgtaataaag atggtataaa attcgcgaga ggagactggg tagagaaaac
781 agccggaaca ttaacaacga ttcatgacaa tgtgcctaaa tgtgttgatg gaacgttggt
841 ctccggtcac cgccccggat tagacttgat tgacacagtc ttcaatttgg aaaatgtagt
901 ggaatatact ttgtgtgaag ggactaaaag gaaaatcaat aaacaagaga agctgacatc
961 agtggatttg agctatttgg ctccaagaat cggagggttc ggatcagtat ttagagtgag
1021 aaacggaaca ttagagagag ggagcactac ttatatcaag atcgaagtag agggacctat
1081 tgtcgactcg ttaaatggga cagaccctag aactaacgcc tcaagagtat tctgggatga
1141 ctgggagtta gatggcaata tataccaggg ttttaatggt gtatataaag ggaaagatgg
1201 gaagatccat atccctttga atatgataga atcaggaatc atagatgatg agcttcaaca
1261 tgctttccaa gccgatatta tccctcatcc tcattatgat gacgatgaaa tccgagagga
1321 tgatatattt ttcgataaca ctggagaaaa tggaaatcct gtagatgcag tggtagaatg
1381 ggttagtgga tggggaacta gtctaaagtt ctttggcatg actctggtcg ccctgatcct
1441 gatctttctt ctcatcagat gctgtgttgc ttgcacttat ttgatgaaga ggagtaaact
1501 gcctgcaaca gaatcacacg aaatgcggtc tttagtttga gagacagcag attaccaaga
1561 tattatctca atagatgtat gaaaaaaa

注：涂墨和划线处为引物序列。

ICS 65.020.30
B 41

中华人民共和国国家标准

GB/T 15805.6—2008
部分代替 GB/T 15805.1—1995

鱼类检疫方法
第6部分:杀鲑气单胞菌

Quarantine methods of fish—
Part 6:*Aeromonas salmonicida*

2008-07-31 发布　　2008-11-01 实施

中华人民共和国国家质量监督检验检疫总局
中国国家标准化管理委员会
发布

前　言

GB/T 15805《鱼类检疫方法》分为下列部分：

——第1部分：传染性胰脏坏死病毒(IPNV)；

——第2部分：传染性造血器官坏死病毒(IHNV)；

——第3部分：病毒性出血性败血症病毒(VHSV)；

——第4部分：斑点叉尾鮰病毒(CCV)；

——第5部分：鲤春病毒血症病毒(SVCV)；

——第6部分：杀鲑气单胞菌；

——第7部分：脑粘体虫；

……

本部分为GB/T 15805的第6部分。

本部分代替GB/T 15805.1—1995《淡水鱼类检疫方法　第一部分》中的第8章。

本部分与GB/T 15805.1—1995的第8章相比主要变化如下：

——删去临床检查；

——用国际通用的API鉴定系统来判断杀鲑气单胞菌，代替原来简单用几个生化鉴定结果来判定的方法；

——增加附录"杀鲑气单胞菌各亚种的生化特性表"；

——结构格式按GB/T 1.1—2000的规定，作为部分编写。

本部分的附录A为规范性附录。

本部分由中华人民共和国农业部提出。

本部分由全国水产标准化技术委员会归口。

本部分起草单位：农业部全国水产技术推广总站、中华人民共和国深圳出入境检验检疫局。

本部分主要起草人：孙喜模、江育林、陈爱平、陈辉、朱泽闻。

本部分所代替标准的历次版本发布情况为：

——GB/T 15805.1—1995。

鱼类检疫方法
第6部分:杀鲑气单胞菌

1 范围

GB/T 15805的本部分规定了用细菌分离和生化鉴定的方法检测疖疮病病原——杀鲑气单胞菌的方法。

本部分适用于杀鲑气单胞菌的分离及鉴定,疖疮病的流行病学调查、诊断、监测,以及口岸出入境、国内跨区域移动的鱼类检疫。

2 规范性引用文件

下列文件中的条款通过GB/T 15805的本部分的引用而成为本部分的条款。凡是注日期的引用文件,其随后所有的修改单(不包括勘误的内容)或修订版均不适用于本部分,然而,鼓励根据本部分达成协议的各方研究是否可使用这些文件的最新版本。凡是不注日期的引用文件,其最新版本适用于本部分。

GB/T 6682—1992 分析实验室用水规格和试验方法(neq ISO 3696:1987)

GB/T 18088—2000 出入境动物检疫采样

3 试剂和材料

3.1 水:GB/T 6682—1992,二级。

3.2 杀鲑气单胞菌参考菌株:由农业部指定的动物病原微生物菌(毒)种保藏机构提供。

3.3 API20NE试剂条:4 ℃保存。按照说明书指示的方法使用。

3.4 革兰氏染色液:按说明书指示的方法使用。

3.5 TSA培养基:按说明书指示的方法配制。

3.6 氧化酶试纸:按说明书指示的方法使用。

4 器材和设备

4.1 恒温培养箱。

4.2 离心机和离心管。

4.3 显微镜(具油镜、暗视野)、载玻片、盖玻片。

4.4 普通冰箱和低温冰箱。

4.5 剪刀、镊子、接种环、培养皿等。

5 杀鲑气单胞菌的分离

5.1 取样

按GB/T 18088—2000规定执行。如果鱼体有红肿溃疡,用解剖刀切开患部(或溃疡部),将干净的载玻片贴紧病灶并挤压,加1滴~2滴生理盐水后盖上盖玻片,400倍~600倍镜检菌体形态和运动状态,并做革兰氏染色。

若鱼体表无任何症状,则需从肾中分离细菌。

5.2 选择性培养基分离

将样品接种到TSA培养基,25 ℃培养72 h。TSA上会生长白色的菌落(注意:有的亚种会产生水溶性褐色素如杀鲑亚种，而其他亚种没有色素产生)。如果在 TSA 平板中加入 100 mg/L 的考马斯亮兰，则生长的菌落为深蓝色。

5.3 细菌鉴定

5.3.1 革兰氏染色和形态观察

革兰氏染色后，菌体呈红色表示革兰氏阴性；菌体呈紫色表示革兰氏阳性。该菌应为革兰氏阴性菌，短杆状。

5.3.2 运动性观察

取干净的载玻片，滴 1 滴～2 滴生理盐水。用接种环从斜面上挑培养 12 h～24 h 的菌落涂抹在水滴中，盖上盖玻片。400 倍～600 倍镜检菌体形态和运动状态。细菌能快速运动或产生位移的，为有运动性；细菌在原地来回颤动的(即布朗运动)，为没有运动性。该菌应不运动。

5.3.3 氧化酶试验

用接种白金耳环挑取少量菌苔涂于氧化酶试纸上，5 s 内观察结果。菌苔呈红色或紫色表示氧化酶试验阳性，不变色表示氧化酶试验阴性。该菌应为氧化酶阳性。

5.3.4 生化鉴定

如果革兰氏染色阴性，氧化酶阳性，不运动，则进一步用 API20NE 试剂条测定。

方法：将培养 24 h 的纯化的细菌按要求稀释后接种到试剂条的每个孔内，然后置于 25 ℃培养 48 h～72 h，取出来检查反应是阳性还是阴性，把结果输入随 API 试剂条所附的数据库，阳性值输入“+”号，阴性值输入“－”号。如果是杀鲑气单胞菌，还能指出是什么亚种如杀鲑亚种，或者是无色亚种还是史氏亚种，并指出是不是“极好的鉴定结果，没有不符合项”，还是“不确定的结果”或者几率很低。后二者可能是送检的细菌不纯，无法判定所致。需要重新纯化细菌再做。如果是其他细菌，该试剂条也能明确判定是什么细菌。

金鱼亚种由于是非典型种，不能用 API20NE 检出。需要和附录 A 的生化特性对照。

6 综合判定

凡检出杀鲑气单胞菌者，不论是从鱼体红肿、隆起、局部软化、组织坏死等处分离到，还是鱼外观正常但可从肾中分离到，即可判定为阳性。

附　录　A
（规范性附录）
杀鲑气单胞菌各亚种的生化特性表

表 A.1　杀鲑气单胞菌各亚种的生化特性表

特　性		无色亚种	日本鲑亚种	杀鲑亚种	史氏亚种	金鱼亚种(非典型种)
产生吲哚		+	+	—	—	+
甲基红试验(M.R)		+	+	+	—	
V-P 反应		—	+	—	—	—
柠檬酸盐		—	—	—	—	+/—
硫化氢(H_2S产生)		—	+	—	+	—
水解尿素		—	—	—	—	—
苯丙氨酸脱氢酶		—	—	—	—	—
精氨酸双水解酶		+	+	+	(—)	—
鸟氨酸脱羧酶		—	—	—	—	—
运动性		—	—	—	—	—
明胶水解		+	+	+	+	—
氰化钾(KCN)生长		—	—	—	?	?
丙二酸利用		—	—	—	?	?
D-葡萄糖产酸		+	+	+	(+)	+
D-葡萄糖产气		—	+	+	(+)	+
产酸	阿东醇	—	—	—	?	—
	阿拉伯糖	—	+	+	?	—
	阿拉伯醇	—	—	—	?	?
	纤维二糖	—	—	—	—	?
	卫矛醇	—	—	—	?	—
	赤藓醇	—	—	—	?	?
	半乳糖	+	+	+	—	?
	甘油	d	D	d	(—)	+
	间-肌醇	—	—	—	—	?
	乳糖	—	—	—	—	—
	麦芽糖	+	+	+	—	+
	D-甘露醇	—	+	+	—	+
	D-甘露糖	+	+	+	?	?
	棉籽糖	—	—	—	—	—
	L-鼠李糖	—	—	—	?	—
	D-山梨醇	—	—	—	(—)	—
	海藻糖	+	+	+	—	—
	D-木糖	—	—	—	—	—
	黏液酸	—	—	—	—	—
七叶灵水解		—	+	+	—	—
酒石酸		—	—	—	?	?
脂酶(玉米油)		+	+	+	—	?
DNase		+	+	+	+	?
硝酸盐还原		+	+	+	?	+
氧化酶		+	+	+	+	+
ONPG		d	D	d	+	?
柠檬酸		—	—	—	?	?
棕色可溶性色素		—	—	+	—	—

ICS 65.020.30
B 41

中华人民共和国国家标准

GB/T 15805.7—2008
部分代替 GB/T 15805.1—1995

鱼类检疫方法 第7部分:脑粘体虫

Quarantine methods of fish—
Part 7: *Myxosoma cerebralis*

2008-07-31 发布　　2008-11-01 实施

中华人民共和国国家质量监督检验检疫总局
中国国家标准化管理委员会 发布

前言

GB/T 15805《鱼类检疫方法》分为下列部分：

——第1部分：传染性胰脏坏死病毒(IPNV)；

——第2部分：传染性造血器官坏死病毒(IHNV)；

——第3部分：病毒性出血性败血症病毒(VHSV)；

——第4部分：斑点叉尾鮰病毒(CCV)；

——第5部分：鲤春病毒血症病毒(SVCV)；

——第6部分：杀鲑气单胞菌；

——第7部分：脑粘体虫；

……

本部分为GB/T 15805的第7部分。

本部分代替GB/T 15805.1—1995《淡水鱼类检疫方法　第一部分》中的第10章。

本部分与GB/T 15805.1—1995的第10章相比主要变化如下：

——增加了资料性附录A“脑粘体虫的模式图”；

——结构格式按GB/T 1.1—2000的规定，作为部分编写。

本部分的附录A为资料性附录。

本部分由中华人民共和国农业部提出。

本部分由全国水产标准化技术委员会归口。

本部分起草单位：农业部全国水产技术推广总站、中华人民共和国深圳出入境检验检疫局。

本部分主要起草人：孙喜模、江育林、陈爱平、陈辉、朱泽闻。

本部分所代替标准的历次版本发布情况为：

——GB/T 15805.1—1995。

鱼类检疫方法
第7部分：脑粘体虫

1 范围

GB/T 15805的本部分规定了鲑鳟鱼类昏眩病病原脑粘体虫的孢子或营养体检测的方法。

本部分适用于鲑鳟鱼类的昏眩病病原脑粘体虫的孢子或营养体的鉴定，昏眩病的流行病学调查、诊断、监测，以及口岸出入境、国内跨区域移动的检疫。

2 规范性引用文件

下列文件中的条款通过GB/T 15805的本部分的引用而成为本部分的条款。凡是注日期的引用文件，其随后所有的修改单（不包括勘误的内容）或修订版均不适用于本部分，然而，鼓励根据本部分达成协议的各方研究是否可使用这些文件的最新版本。凡是不注日期的引用文件，其最新版本适用于本部分。

GB/T 6682—1992 分析实验室用水规格和试验方法（neq ISO 3696:1987）

GB/T 18088—2000 出入境动物检疫采样

3 试剂和器材

3.1 水：GB/T 6682—1992，二级。

3.2 苏木精。

3.3 曙红染色。

3.4 微量移液器。

3.5 显微镜。

3.6 组织研磨器。

3.7 剪刀、镊子。

4 临床症状

2月龄～8月龄的病鱼，尾部露出水面做旋转狂游运动，旋转角度达180°～360°。尾部呈黑色。昏眩病后期鳃盖骨萎缩，鳃裸露在外，下颌骨畸形，脊椎弯曲，眼后头盖骨严重凹陷，这种鱼三年后尚带有病原体。

5 寄生虫检查

5.1 采样

选择有临床症状的鱼做寄生虫检查，若无症状，可根据鱼的数量，按GB/T 18088—2000的标准采样抽样检查。

5.2 检查方法

5.2.1 将头部纵切开，观察耳区软骨组织中有无孢囊（乳白色，直径为1 mm～2 mm），若有孢囊，取一小块孢囊放在载玻片上，压碎，用450倍～600倍显微镜检查，可见到大量脑粘体虫孢子。

5.2.2 脑粘体虫的孢子大小为(6.5～7)μm×(7.5～8)μm，壳面观呈椭圆形至圆形，有两个梨形极囊，孢质中有两个圆形的胚核，无嗜碘泡，脑粘体虫模式图参见附录A。感染后三个月左右形成孢囊。

5.2.3　如果没有发现孢囊，则从耳石区将软骨组织切开，刮取内含物作涂片镜检。左右耳石区都需检查。

5.2.4　上述两项检查都未发现孢子，可将鱼的头部割下，并纵切开。放在高速搅拌器内或研钵内，加入 20 mL 蒸馏水，充分搅拌后，取两滴匀浆液，放在载玻片上镜检。

5.2.5　孵化后 3 d 的鲑、鳟鱼类就可能感染昏眩病。对于未形成孢囊的病鱼，通过头部软骨组织的病理切片能观察到脑粘体虫的营养体。病理切片按常规切片方法，苏木精、曙红染色。

6　综合判定

无论是否出现上述临床症状，只要检查到脑粘体虫的孢子或营养体，可判定为昏眩病。

附 录 A
（资料性附录）
脑粘体虫模式图

脑粘体虫模式图见图 A.1。

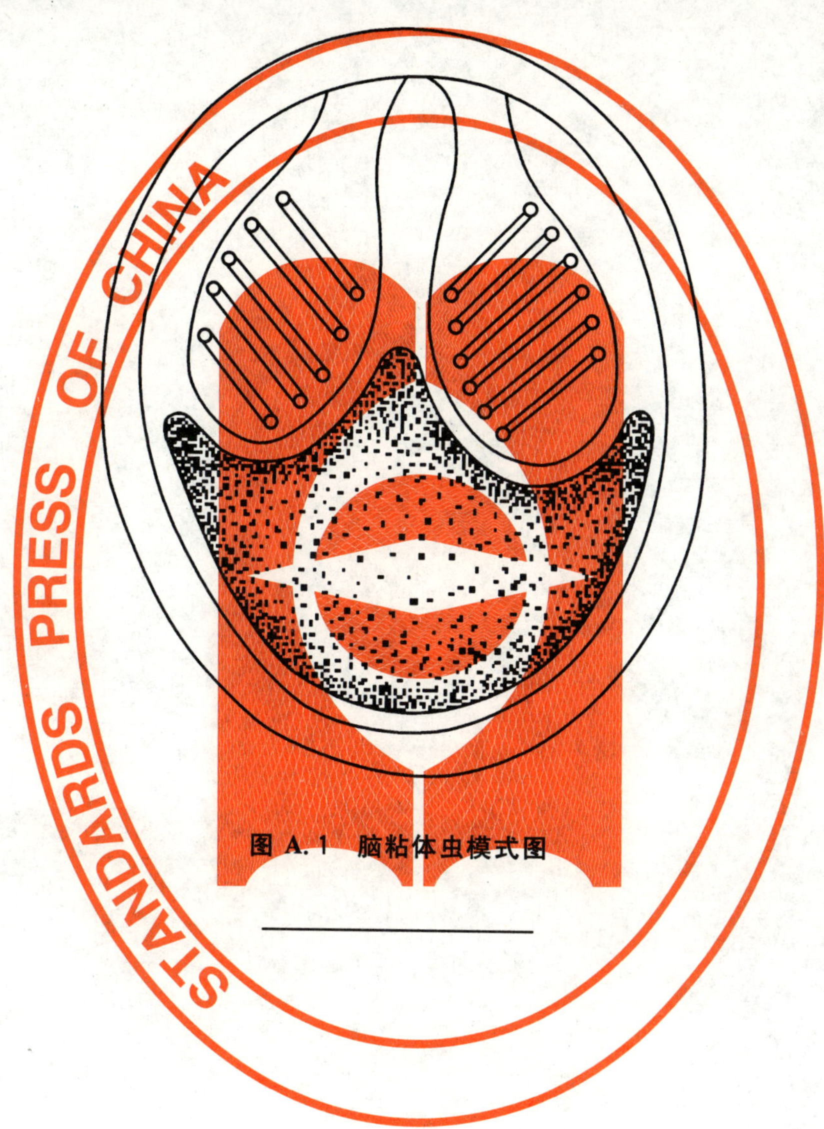

图 A.1 脑粘体虫模式图

ICS 65.150
B 51

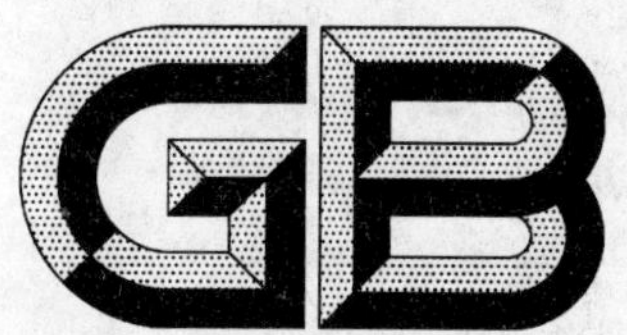

中华人民共和国国家标准

GB/T 15807—2008
代替 GB/T 15807—1995

海带养殖夏苗苗种

Summer seedling of kelp

2008-06-17 发布　　2008-10-01 实施

中华人民共和国国家质量监督检验检疫总局
中国国家标准化管理委员会　发布

前　言

本标准代替 GB/T 15807—1995《海带养殖夏苗苗种》。

本标准与 GB/T 15807—1995 相比主要变化如下：

——结构上增加了规范性引用文件(见第 2 章)；

——增加了苗种运输内容(见第 7 章)；

——增加了检疫的内容；

——删除了商品苗种内容；

——修订了苗种质量技术指标；

——编写格式按照 GB/T 1.1 的规定。

本标准由中华人民共和国农业部提出。

本标准由全国水产标准化技术委员会海水养殖分技术委员会归口。

本标准起草单位:中国水产科学研究院黄海水产研究所。

本标准主要起草人:王飞久、孙修涛、张岩、刘涛、丛义周、金振辉、索如瑛、李修良。

本标准所代替标准的历次版本发布情况为：

——GB/T 15807—1995。

海带养殖夏苗苗种

1 范围

本标准规定了海带夏苗苗种的分类与质量要求、检验方法、检验规则以及苗种的运输。

本标准适用于海带夏苗苗种的生产和销售。

2 规范性引用文件

下列文件中的条款通过本标准的引用而成为本标准的条款。凡是注日期的引用文件，其随后所有的修改单(不包括勘误的内容)或修订版均不适用于本标准，然而，鼓励根据本标准达成协议的各方研究是否可使用这些文件的最新版本。凡是不注日期的引用文件，其最新版本适用于本标准。

NY/T 5057—2001 无公害食品 海带养殖技术规范

3 术语和定义

下列术语和定义适合于本标准。

3.1

夏苗苗种 summer seedling

利用夏季成熟的海带孢子体(包括室内渡夏形成的成熟孢子体)采集孢子，在人工控制的条件下培育出的海带幼苗。

3.2

基质 substratum

苗种附着并赖以生长发育的物质。红棕绳、维尼纶绳是常用的基质。

3.3

苗种帘 seedling mat

由苗种绳(如红棕绳、维尼纶绳)或竹筷编织而成，是生产海带夏苗苗种的基本单位。

3.4

苗种体长 length of seedling

柄和叶片的长度之和。

3.5

出场苗种 produced seedling

苗种生产单位按照一定的规格要求生产销售出场的苗种。

3.6

密度 density

每单位长度苗种绳等基质上合格苗种的平均数量，单位为“株/cm”。

3.7

脱苗率 rate of seedling dropping

出场苗种销售时，在被检测的苗种绳等基质上，脱落的苗种数量占苗种总量的百分比。

3.8

缺苗率 rate of non-seedling

出场苗种销售时，在被检测的苗种绳等基质上，无苗种的苗种绳长占总长度的百分比。

4 分类与质量要求

4.1 类别与技术指标

4.1.1 辽宁、山东、江苏苗种类别与技术指标应符合表 1 要求。

表 1

基质类别	苗种帘等级	出场苗种密度/(株/cm)		脱苗率/%	缺苗率/%
		体长≥1.3 cm	体长≥0.2 cm		
红棕绳	一类苗种帘	≥16	≥80	<5	<1
	二类苗种帘	≥12	≥60	<5	<2
	三类苗种帘	≥8	≥40	<5	<3

4.1.2 浙江、福建苗种类别与技术指标应符合表 2 要求。

表 2

基质类别	苗种帘等级	出场苗种密度/(株/cm)		脱苗率/%	缺苗率/%
		体长≥0.7 cm	体长≥0.2 cm		
竹筷	一类苗种帘	≥16	≥90	<5	<1
	二类苗种帘	≥12	≥70	<5	<2
	三类苗种帘	≥8	≥40	<5	<3
维尼纶绳	一类苗种帘	≥16	≥60	<5	<1
	二类苗种帘	≥12	≥45	<5	<2
	三类苗种帘	≥8	≥30	<5	<3

4.2 感官要求

4.2.1 苗种帘

平整，牢固，规范，苗种绳等基质粗细均匀、长度一致。

4.2.2 苗种

密度均匀，外部形态正常，叶片平滑舒展，呈褐色、具光泽。

4.3 检疫

不得带有传染性的疾病。

5 检验方法

5.1 器具

尺子(精度 1 mm)、剪刀、计数器、培养皿、搪瓷盘。

5.2 感官指标检验

对同一批苗种，随机取样苗种帘 5 片以上，直接通过目视进行检验。

5.3 体长

在出场苗种中，随机取 3 个苗种帘，从 3 个苗种帘上分别随机剪取 2 cm 苗种绳等基质，取下苗种，测量体长。

5.4 出场苗种密度

在 5.3 体长测量的基础上，按两个体长组计数，分别计算单位苗种绳等基质长度(cm)的苗种株数。

5.5 脱苗率

在出场苗种中，随机取 3 个苗种帘，每个苗种帘剪取 20 cm 的苗种绳等基质，在水中轻轻地用羊毛刷来回刷 4 次，对脱落苗种和取样的全部苗种计数，求出脱苗率。

5.6 缺苗率

在出场苗种中，随机取 3 个苗种帘，测量无苗种的苗种绳等基质的长度和苗种绳等基质的总长度，计算缺苗率。

5.7 检疫

目测或镜检。

6 检验规则

6.1 检验项目

海带夏苗出售前应经过检验。出场苗种检验的项目包括感官要求、体长、密度、脱苗率、缺苗率。

6.2 组批规则

以一次交货出售的苗种为一批。

6.3 判定规则

苗种帘类别按表 1、表 2 中的最低标准确定。体长、密度、脱苗率、缺苗率四项指标中，有一项不达标者，降等级处理，达不到三类苗种帘者为等外品。凡带有传染病个体的苗种帘一律判为不合格。

7 苗种运输

按 NY/T 5057—2001 中 4.11 执行。

ICS 77.040.30
J 46

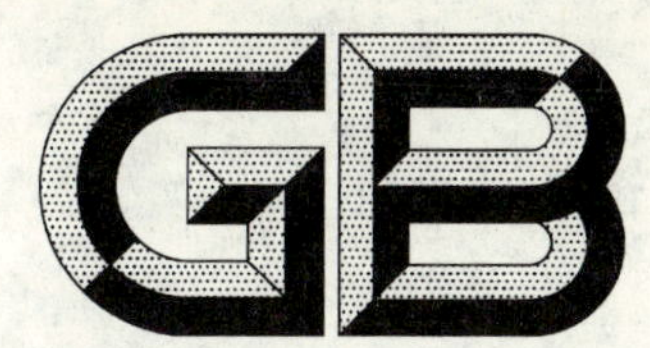

中华人民共和国国家标准

GB/T 15824—2008
代替 GB/T 15824—1995

热作模具钢热疲劳试验方法

Thermal fatigue testing method for hot die steel

2008-06-06 发布　　2009-01-01 实施

中华人民共和国国家质量监督检验检疫总局
中国国家标准化管理委员会　发布

前　言

本标准代替 GB/T 15824—1995《热作模具钢热疲劳试验方法》。

本标准与 GB/T 15824—1995 相比主要变化如下：

——删除了若干标准中未涉及或通用的符号术语；

——对试验设备及原理以及相应框图作了适当修改；

——热疲劳级别图谱做了计算机优化处理；

——增加了部分术语词条。

本标准由全国模具标准化技术委员会(SAC/TC 33)提出并归口。

本标准起草单位：北京机电研究所、机械科学研究总院先进制造技术研究中心。

本标准主要起草人：武兵书、姜超。

本标准所代替标准的历次版本发布情况为：

——GB/T 15824—1995。

热作模具钢热疲劳试验方法

1 范围

本标准规定了热作模具钢热疲劳试验方法中的符号和术语、试样及其制备、试验设备、试验程序、热疲劳级别图谱及数据处理、试验报告内容。

本标准适用于测定热作模具钢的抗热疲劳性能。材料研制、机械设计、工艺和质量控制、产品性能和失效分析可参照使用本标准。

2 规范性引用文件

下列文件中的条款通过本标准的引用而成为本标准的条款。凡是注日期的引用文件，其随后所有的修改单(不包括勘误的内容)或修订版均不适用于本标准，然而，鼓励根据本标准达成协议的各方研究是否可使用这些文件的最新版本。凡是不注日期的引用文件，其最新版本适用于本标准。

GB/T 2614　镍铬-镍硅热电偶丝

GB/T 3772　铂铑 10-铂热电偶丝

3 符号与术语

3.1　符号、术语见表1。

表1　热作模具钢热疲劳试验符号术语

序号	符号	术语	定义	单位
1	$T_{max}(T_2)$	上限温度	试验的最高温度	℃
2	$T_{min}(T_1)$	下限温度	试验的最低温度	℃
3	T_s	表面温度	试验的表面温度	℃
4	T_c	心部温度	试验的心部温度	℃
5	$\Delta\delta_t$	真实总应变范围	在一次循环中，最大与最小真实应变的代数差 $\Delta\varepsilon=\alpha(T_{max}-T_{min})$	
6	σ_1	T_{min}下的屈服强度	试验材料在下限温度 T_{min} 下的屈服强度	Pa
7	σ_2	T_{max}下的屈服强度	试验材料在上限温度 T_{max} 下的屈服强度	Pa
8	E_1	T_{min}下的弹性模量	试验材料在下限温度 T_{min} 下的弹性模量	GPa
9	E_2	T_{max}下的弹性模量	试验材料在上限温度 T_{max} 下的弹性模量	GPa
10	μ_1	T_{min}下的泊松比	试验材料在下限温度 T_{min} 下的泊松比	
11	μ_2	T_{max}下的泊松比	试验材料在上限温度 T_{max} 下的泊松比	
12	t	加热时间		s
13	P	表面功率	高频加热设备给试样加热时的表面功率	W
14	R	试样半径		mm
15	r	与试样轴心的距离	试样内某一点距试样轴心的距离	mm
16	ΔT	温度差	表面温度和心部温度之差 $\Delta T=T_s-T_c$	℃

3.2 热疲劳是指材料在交变温度下，由于热应力使材料损伤以致开裂的现象。

4 试样及试样制备

4.1 热疲劳试样的形状及尺寸见图1。试样有两个轴向平行平面 A 和 B，A 平面为观察面，B 平面焊接热电偶。

尺寸单位为毫米

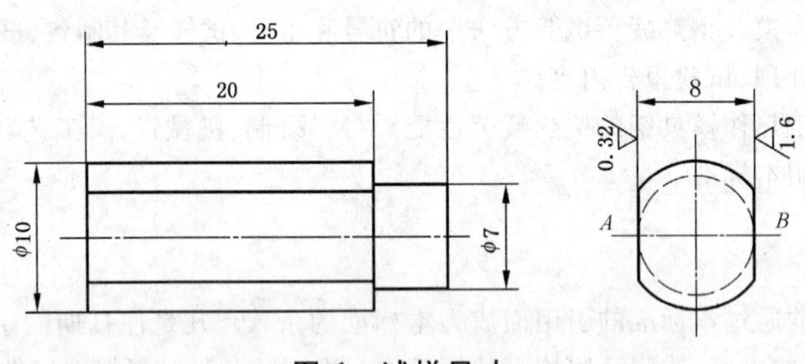

图1 试样尺寸

4.2 试样按材料或零件技术规范所规定的部位和方向切取。试样的切取不应改变材料的力学性能。

4.3 试样观察面的表面粗糙度 Ra 的最大允许值为0.32 μm。

5 试验设备

5.1 试验原理及试验设备方框图

其原理是利用高频感应对试样快速加热，达到试验上限温度（T_{max}）后用压缩空气或压缩空气加水（喷雾）或水急速冷却至下限温度（T_{min}），试样由于内约束而产生热应力。加热-冷却循环一定次数后，试样表面在热应力作用下产生损伤程度不同的热疲劳龟裂。这种龟裂与失效模具上的龟裂形貌相似。试验设备方框图见图2。

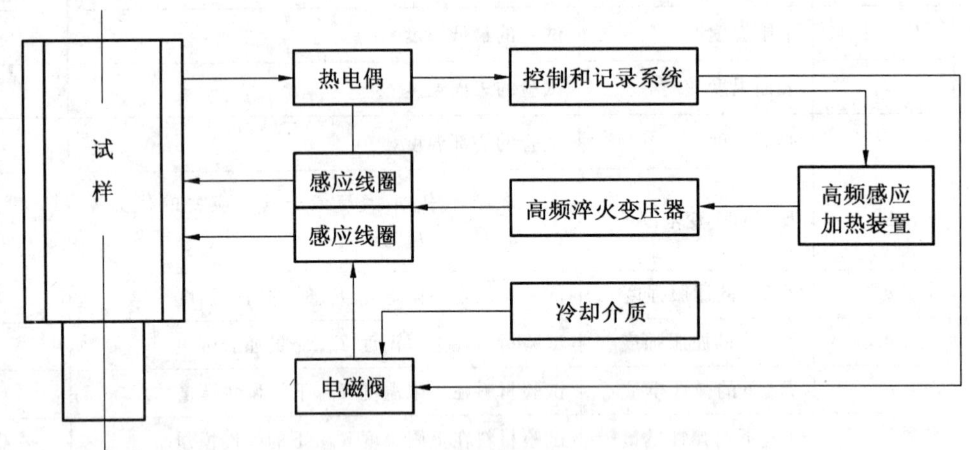

图2 试验设备方框图

5.2 主机及淬火变压器

热疲劳试验法的主机为高频感应加热设备（高频电源选用，振荡功率：10 kW，振荡频率：200 kHz～500 kHz），经淬火变压器转换后联结复合感应圈使试样加热。

5.3 感应圈

感应圈为复合式结构，可以实现对试样的加热和冷却，结构简图见图3。感应圈外圈通过循环水冷却感应圈自身，内圈通过冷却介质冷却试样。感应圈内圈喷孔间距为3 mm均布。

单位为毫米

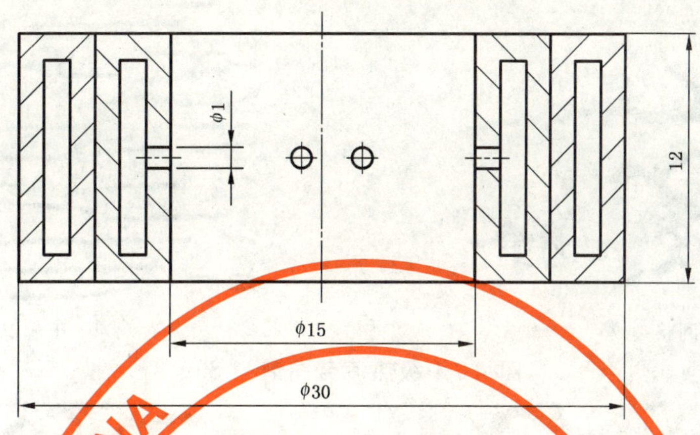

图3　感应圈简图

5.4　冷却装置

冷却装置由冷却介质容器、阀门管道和感应圈喷水机构组成。冷却介质为水、压缩空气或二者的混合物；根据实验要求，通过感应圈喷孔可以喷水、雾或压缩空气；

5.5　控制与记录系统

控制系统的功能是控制温度、控制试样的加热和冷却过程、记录并处理数据。试样加热和冷却过程转换，由控制系统对感应加热电源和电磁阀控制实现：试样加热时，电磁阀关闭；试样冷却时，电磁阀开启，加热电源自动关闭。

6　试验程序

6.1　开启主机，预热 30 min～60 min。

6.2　准备好冷却介质，如开启空气压缩机以便喷雾或喷压缩空气。

6.3　将试样置入试验台支座。试样与感应圈同心。

6.4　温度测量

热电偶焊在试样上直接测量。

6.4.1　热电偶

6.4.1.1　模具钢热疲劳试验温度在 850℃以下。热电偶应符合 GB/T 2614、GB/T 3772 的要求。

6.4.1.2　热电偶的直径根据两个因素选择，第一，在高温下不变质；第二，测温的灵敏度高。热疲劳试验应选用 0.1 mm～0.3 mm 直径的热电偶，温度低选用 0.1 mm，温度高选用 0.3 mm。温度误差应控制在±10℃以内。

6.4.1.3　热电偶的两个端部分别焊在试样表面，焊点间距保持约 1 mm。

6.5　记录装置

对循环温度的变化及循环次数进行记录，温度记录装置的误差不应超过±10℃。

7　热疲劳级别图谱及数据处理

7.1　试验完后试样经缓蚀液清洗，去掉试样表面的水垢后，选择试样上感应加热带的中心位置在 80 倍读数显微镜下观察或照相后与标准图谱比较，以网状裂纹的严重程度和主裂纹的尺寸各评一个级别，然后将这两种级别相加便得到此试样的热疲劳级别。热疲劳级别图谱见图 4～图 13。

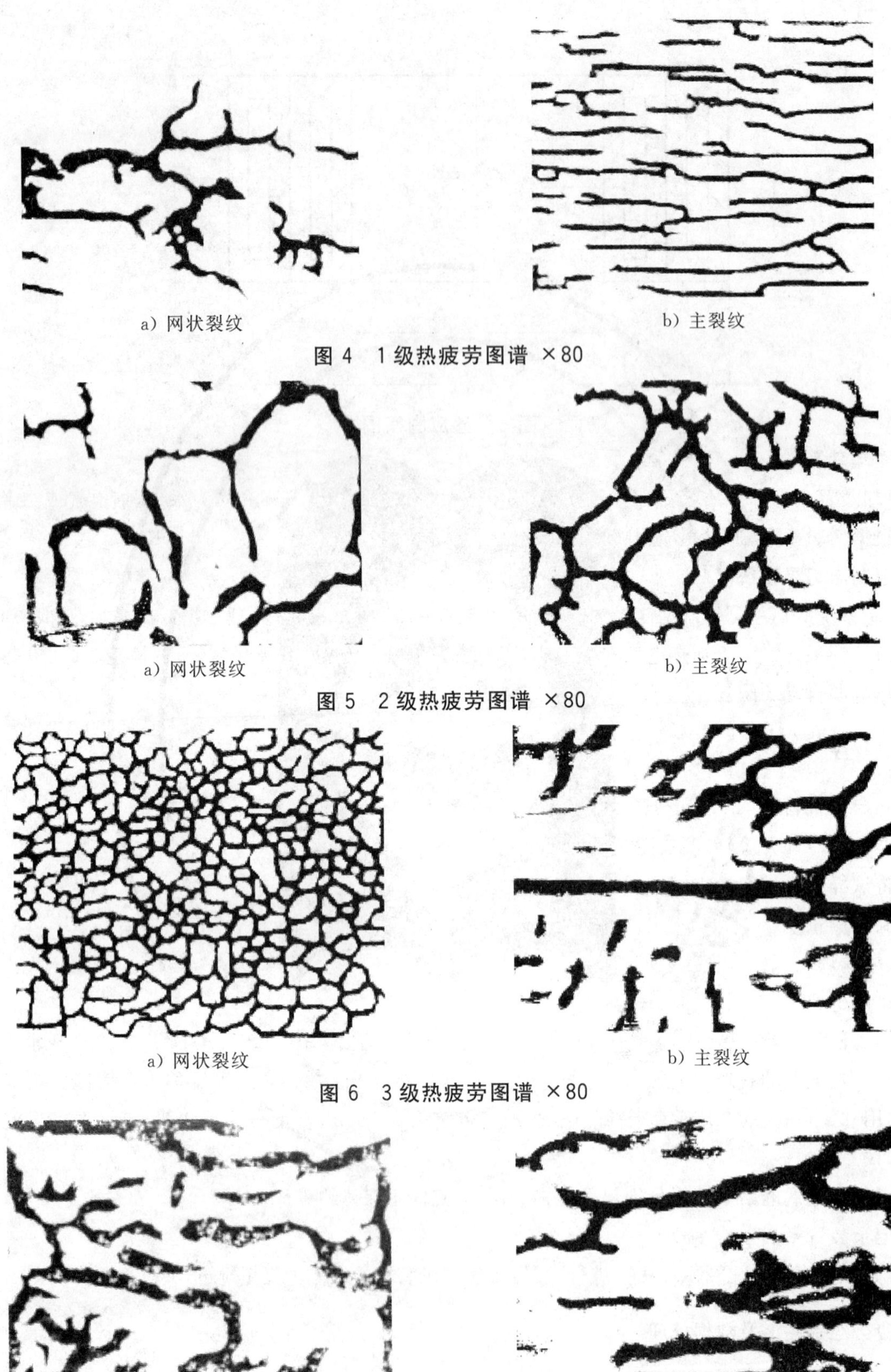

a）网状裂纹　　b）主裂纹

图 4　1 级热疲劳图谱　×80

a）网状裂纹　　b）主裂纹

图 5　2 级热疲劳图谱　×80

a）网状裂纹　　b）主裂纹

图 6　3 级热疲劳图谱　×80

a）网状裂纹　　b）主裂纹

图 7　4 级热疲劳图谱　×80

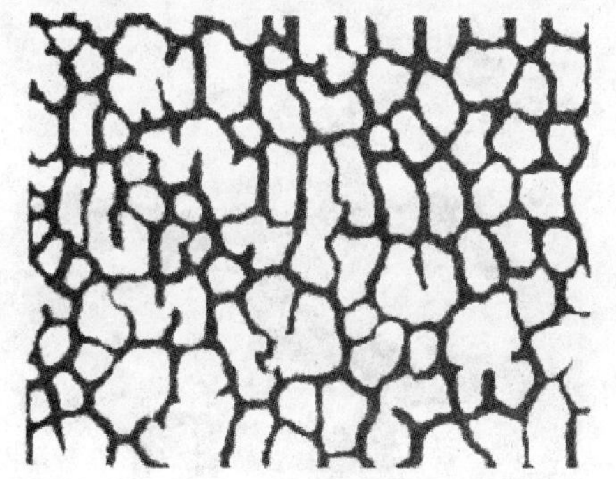

a）网状裂纹

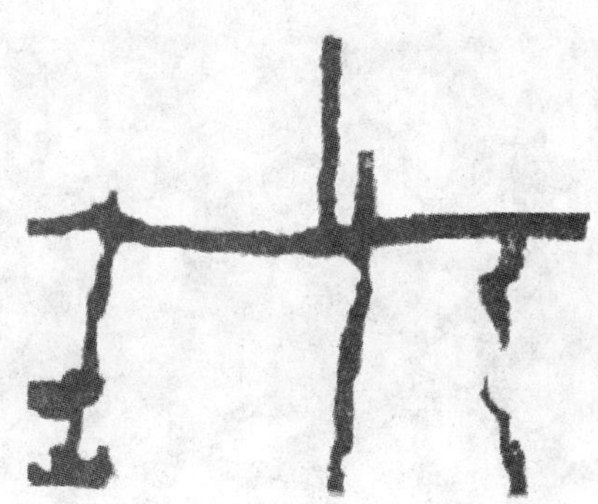

b）主裂纹

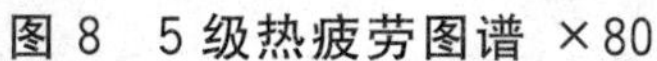

图 8　5 级热疲劳图谱 ×80

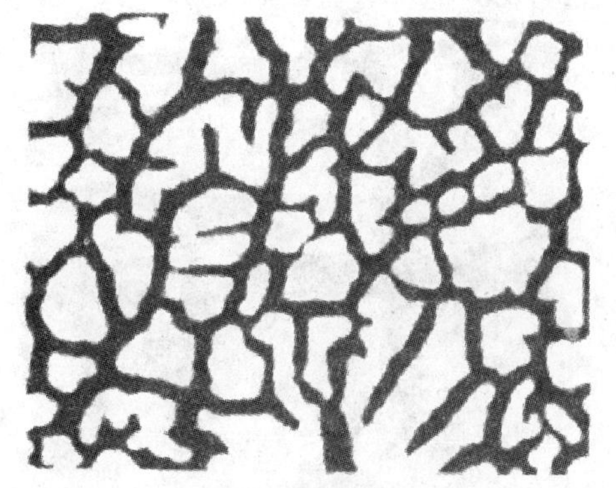

a）网状裂纹

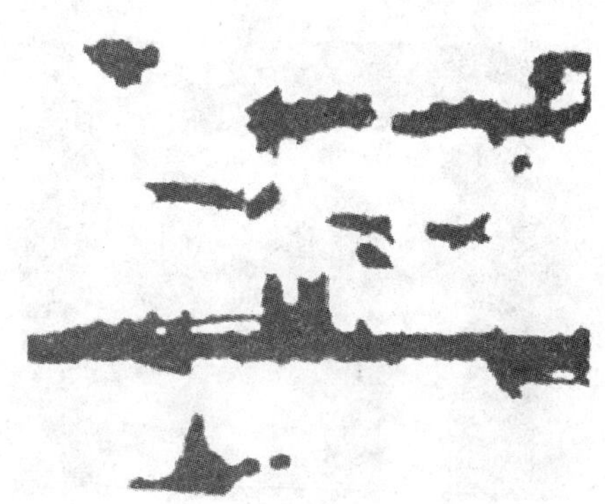

b）主裂纹

图 9　6 级热疲劳图谱 ×80

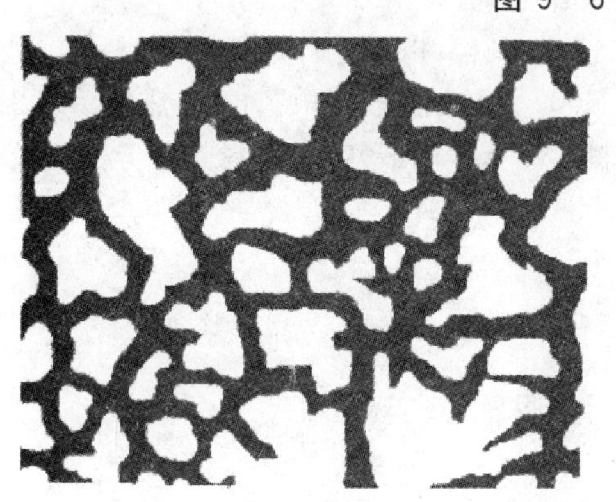

a）网状裂纹

b）主裂纹

图 10　7 级热疲劳图谱 ×80

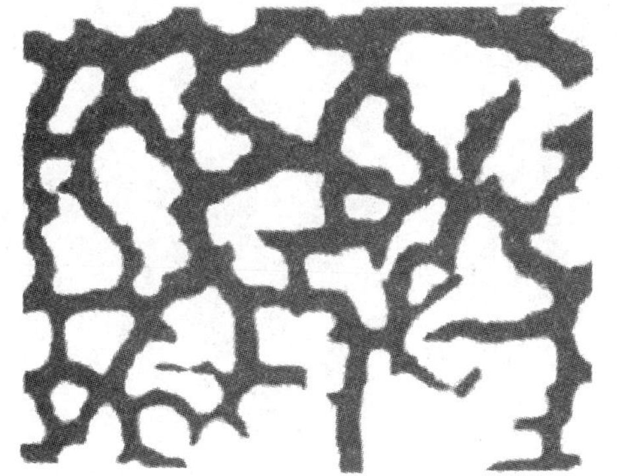

a）网状裂纹

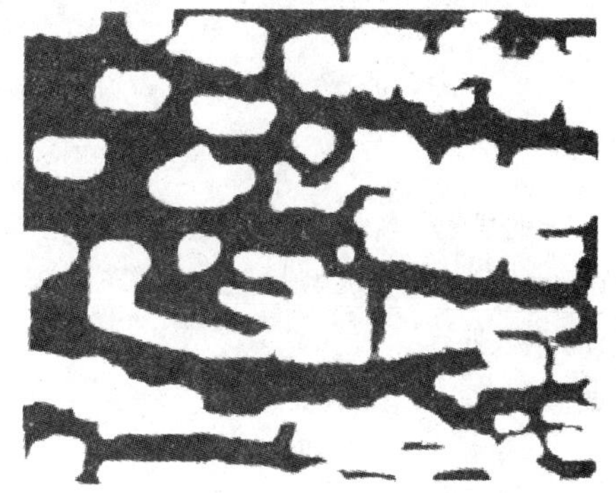

b）主裂纹

图 11　8 级热疲劳图谱 ×80

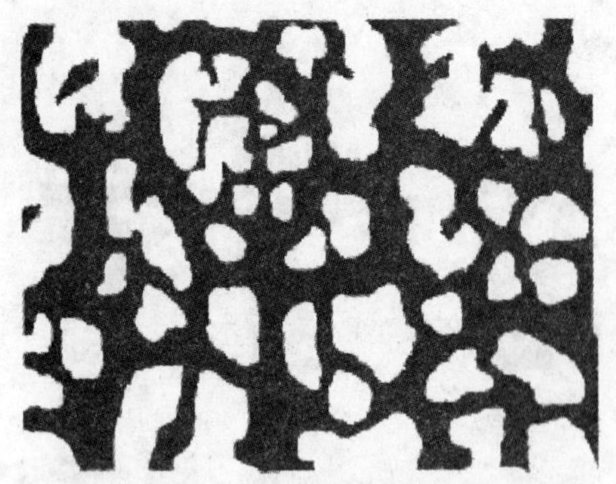

a) 网状裂纹

b) 主裂纹

图 12　9级热疲劳图谱 ×80

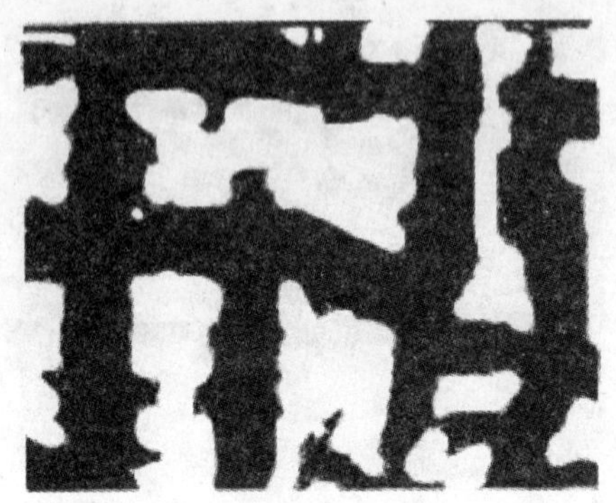

a) 网状裂纹

b) 主裂纹

图 13　10级热疲劳图谱 ×80

7.2　热疲劳试验数据有一定的分散性，每一组工艺应准备三根试样，以便进行重复性验证。

7.3　如几种材料进行热疲劳性能对比，循环次数通常为1 000次(或根据用户要求)。热疲劳级别高则热疲劳性能差，试验结果用图14的形式表示。图中B材料热疲劳性能最好，A材料热疲劳性能最差。

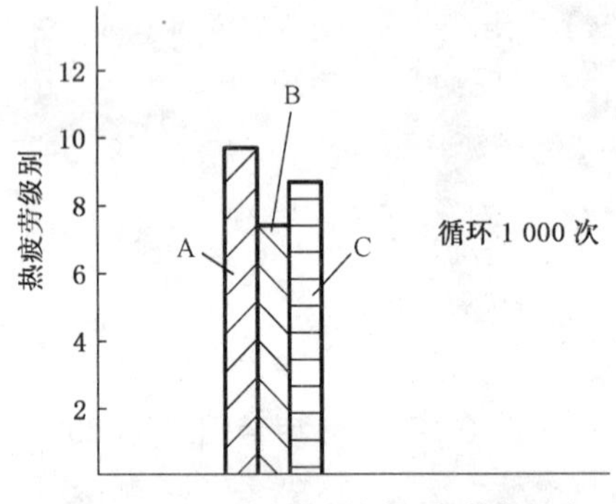

图 14　三种材料的热疲劳级别

8　试验报告及其内容

8.1　材料的牌号、名称、炉号、热处理工艺参数。

8.2　试验条件：试验机型号、试验上下限温度、循环次数、冷却介质。

8.3　评定级别。

8.4　试验时间。

ICS 77.040.10
J 32

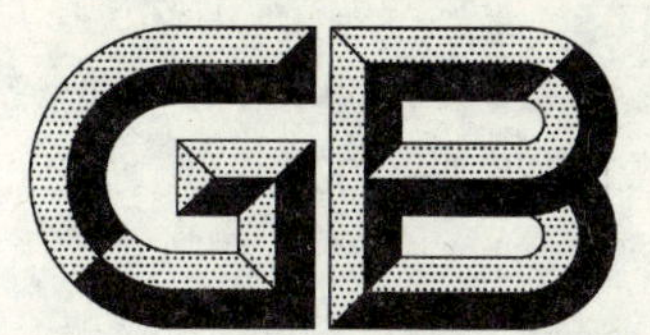

中华人民共和国国家标准

GB/T 15825.1—2008
代替 GB/T 15825.1—1995

金属薄板成形性能与试验方法 第1部分:成形性能和指标

Sheet metal formability and test methods—Part 1:Formability and indexes

2008-12-23 发布　　　　2009-06-01 实施

中华人民共和国国家质量监督检验检疫总局
中国国家标准化管理委员会　发布

前言

GB/T 15825《金属薄板成形性能与试验方法》分为8个部分:

——第1部分:成形性能和指标;

——第2部分:通用试验规程;

——第3部分:拉深与拉深载荷试验;

——第4部分:扩孔试验;

——第5部分:弯曲试验;

——第6部分:锥杯试验;

——第7部分:凸耳试验;

——第8部分:成形极限图(FLD)测定指南。

本部分是GB/T 15825的第1部分。

本部分代替GB/T 15825.1—1995《金属薄板成形性能与试验方法 成形性能和指标》。

本部分与GB/T 15825.1—1995相比,主要变化如下:

——增加了"前言";

——重新界定了本部分的适用范围;

——在"2 规范性引用文件"中增加了ISO/TR 14936:1998;

——3.1中,将"……冲压成形……"修改为"……冲压成形过程……";

——将原标准中的"4.2 狭义成形性能"修改为"3.4 抗破裂性";

——3.4.2中,将"法兰变形区"修改为"凸缘主变形区";

——图3中,将"局部开裂"和符号"d_0"、"d_f"分别修改为"孔缘开裂"和"D_0"、"D_h";

——增加了"图4 内孔翻边与竖缘开裂";

——将原标准中的"4.3 广义成形性能"修改为"3.7 综合成形性能",并重新予以定义;

——将原标准中的"7.1"修改为"3.8 成形极限图与成形极限曲线",并予以定义;

——在8.2中增加了"g) 贴模(抗皱)性指标:方板对角拉伸试验皱高"和"h) 定形性指标:张拉弯曲回弹值";

——增加了附录A和附录B。

本部分的附录A和附录B均为资料性附录。

本部分由中国机械工业联合会提出。

本部分由全国锻压标准化技术委员会归口。

本部分起草单位:郑州大学、武汉理工大学、北京航空航天大学、华中科技大学、东风汽车模具冲压有限公司、宝山钢铁股份有限公司。

本部分主要起草人:曹宏深、姜奎华、华林、黄尚宇、毛华杰、李晓星、李志刚、李建华、陈新平。

本部分所代替标准的历次版本发布情况为:

——GB/T 15825.1—1995。

金属薄板成形性能与试验方法
第1部分：成形性能和指标

1 范围

GB/T 15825的本部分规定了金属薄板成形性能的参数、指标以及相应的检测试验方法。

本部分适用于指导金属薄板成形性能及其试验方法的选择和应用。

2 规范性引用文件

下列文件中的条款通过GB/T 15825的本部分的引用而成为本部分的条款。凡是注日期的引用文件，其随后所有的修改单(不包括勘误的内容)或修订版均不适用于本部分，然而，鼓励根据本部分达成协议的各方研究是否可使用这些文件的最新版本。凡是不注日期的引用文件，其最新版本适用于本部分。

GB/T 4156 金属材料 薄板和薄带 埃里克森杯突试验(GB/T 4156—2007,ISO 20482:2003,IDT)

GB/T 5027 金属材料 薄板和薄带 塑性应变比(r值)的测定(GB/T 5027—2007,ISO 10113:2006,IDT)

GB/T 5028 金属薄板和薄带拉伸应变硬化指数(n值)试验方法(GB/T 5028—1999,eqv ISO 10275:1993)

GB/T 15825.2 金属薄板成形性能与试验方法 第2部分：通用试验规程

GB/T 15825.3 金属薄板成形性能与试验方法 第3部分：拉深与拉深载荷试验

GB/T 15825.4 金属薄板成形性能与试验方法 第4部分：扩孔试验

GB/T 15825.5 金属薄板成形性能与试验方法 第5部分：弯曲试验

GB/T 15825.6 金属薄板成形性能与试验方法 第6部分：锥杯试验

GB/T 15825.7 金属薄板成形性能与试验方法 第7部分：凸耳试验

GB/T 15825.8 金属薄板成形性能与试验方法 第8部分：成形极限图(FLD)测定指南

ISO/TR 14936:1998 金属材料 应变分析报告

3 术语和定义

下列术语和定义适用于本部分。

3.1

金属薄板成形性能 sheet metal formability

金属薄板对于冲压成形过程的适应能力。

3.2

模拟成形试验 simulative forming test

从成形几何条件与技术物理属性的相似性出发，对各种冲压成形过程和工艺条件所设计的典型化试验。

3.3

模拟成形性能　simulating formability

金属薄板在各种模拟冲压成形试验中，对其成形过程的适应能力。

3.4

抗破裂性　fracture resistance

金属薄板在冲压成形过程中抵抗破裂的能力，或称狭义成形性能(classic formability)。

3.4.1

胀形性能　stretchability

胀形成形时，金属薄板在双向拉应力作用下抵抗其厚度减薄而引起局部颈缩或破裂(图 1)的能力。

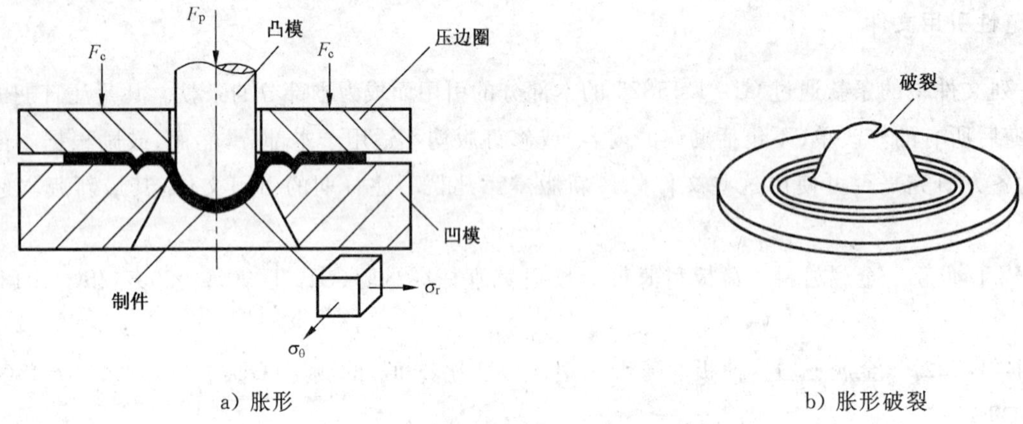

a) 胀形　　b) 胀形破裂

图 1　胀形与胀形破裂

3.4.2

拉深性能　drawability

拉深成形时，在凸缘主变形区不起皱条件下，金属薄板在凸模圆角附近抵抗破裂(图 2)的能力。

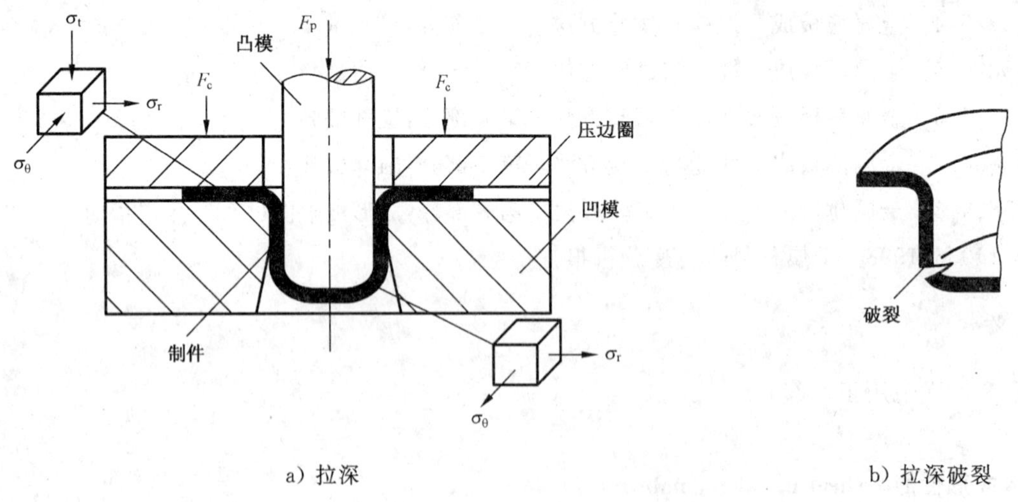

a) 拉深　　b) 拉深破裂

图 2　拉深与拉深破裂

3.4.3

扩孔(内孔翻边)性能　hole expandability (stretching flagability)

扩孔(内孔翻边)成形过程中，金属薄板抵抗因孔缘(竖缘)局部伸长变形过大而发生孔缘(竖缘)开裂(图 3、图 4)的能力。

a) 扩孔　　b) 孔缘开裂

图 3　扩孔与孔缘开裂

a) 内孔翻边　　b) 竖缘开裂

图 4　内孔翻边与竖缘开裂

3.4.4

弯曲性能　bendability

弯曲成形时，金属薄板抵抗变形区外层拉应力引起破裂(图 5)的能力。

a) 弯曲　　b) 弯曲破裂

图 5　弯曲与弯曲破裂

3.4.5

复合成形性能　combining formability

金属薄板在两种或两种以上基本冲压成形方式作用下抵抗破裂的能力，如金属薄板在“拉深＋胀形”复合成形方式下抵抗破裂的能力。

3.5

贴模性　fitting behavior

金属薄板在冲压成形加载过程中获得模具形状和尺寸且不产生皱纹等板面几何缺陷的能力。

3.6

定形性　shape fixability

冲压成形制件脱模后抵抗回弹，保持其在模内既得形状和尺寸的能力。

3.7

综合成形性能　overall formability

综合考虑金属薄板在冲压成形过程中抗破裂性、贴模性和定形性时的成形性能称为综合成形性能，或称广义成形性能(universal formability)。

3.8

成形极限图与成形极限曲线　forming limit diagram and forming limit curve，FLD and FLC

金属薄板在不同的应变路径下可以取得不同的极限应变，这些极限应变值在坐标系中构成的极限应变分布区域，以及根据极限应变点绘成的曲线称为成形极限图(FLD)，如图 6 所示。其中，由极限应变点绘成的曲线称为成形极限曲线(FLC)。

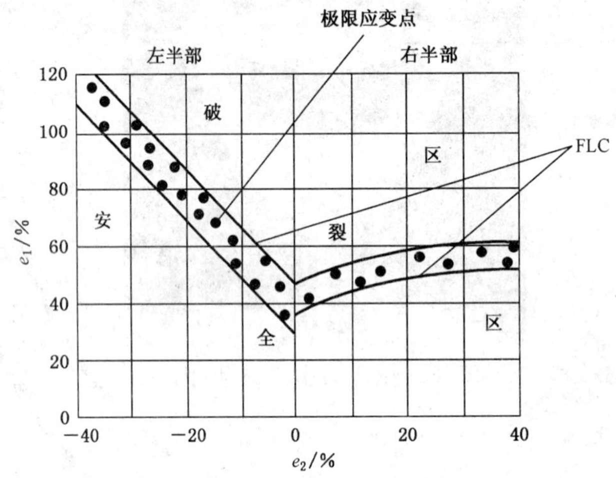

图 6　成形极限图(FLD)与成形极限曲线(FLC)

4　符号、名称和单位

本部分所用的符号、名称和单位见表 1。

表 1　符号、名称和单位

符号	名　　称	单位
F_c	压边力	N
F_p	凸模力	N
$\sigma_\theta, \sigma_r, \sigma_w$	周向应力，径向应力，弯曲应力	Pa
D_0	扩孔或内孔翻边前坯料上的预制孔径	mm

表 1（续）

符号	名　　称	单位
D_h	扩孔或内孔翻边时孔缘(竖缘)开裂时的直径	mm
F_w	弯曲力	N
R	弯曲半径	mm
FLD	成形极限图	
FLC	成形极限曲线	
e_1、e_2	工程主应变	%
ε_1、ε_2	真实主应变	
E	弹性模量	GPa
R_e	屈服强度	MPa
R_m	抗拉强度	MPa
R_e/R_m	屈强比	
A_e	屈服点延伸率	%
A_{gt}	最大力总伸长率	%
A_t	断裂总伸长率	%
Z	断面收缩率	%
r	塑性应变比	
$\bar{r}$	平均塑性应变比	
Δr	塑性应变比平面各向异性度	
Z_e	凸耳率	%
n	应变硬化指数	
IE	杯突值	mm
LDR	极限拉深比	
LDR(T)	载荷极限拉深比	
$\lambda(\bar{\lambda})$	极限扩孔率(平均极限扩孔率)	%
R_{min}/t	最小相对弯曲半径	
t	金属薄板厚度	mm
CCV	锥杯值	mm
M	弯曲力矩	
α	弯曲角	(°)
$\Delta\alpha$	弯曲回弹角	(°)
R'	回弹后的弯曲半径	mm
ΔR	弯曲半径的回弹值	mm

5 塑性各向异性与成形性能的关系

5.1 塑性各向异性

金属薄板塑性性能的方向性，通常可分为厚向异性和平面各向异性两种类型。

5.2 厚向异性与成形性能的关系

5.2.1 金属薄板厚度方向与其平面内任一方向的塑性性能之差异称为厚向异性，可用拉伸试验测定的塑性应变比(r 值)或平均塑性应变比($\bar{r}$ 值)表示。

5.2.2 r 值或$\bar{r}$ 值大的金属薄板，其面内方向容易塑性变形。例如 r 值或$\bar{r}$ 值较大时，拉深成形时因凸缘主变形区面内变形抗力小，有利于改善金属薄板的拉深性能。

5.3 平面各向异性与成形性能的关系

5.3.1 金属薄板平面内不同方向的塑性性能之差异称为平面各向异性，可用拉伸试验测定的塑性应变比平面各向异性度(Δr)表征。

5.3.2 金属薄板的平面各向异性会影响其面内变形的均匀性，例如 Δr 的绝对值大，拉深凸耳问题严重。

6 应变硬化指数与成形性能的关系

金属薄板的应变硬化指数(n 值)反映其加工硬化能力。一般而言，n 值较大的金属薄板具有较好的成形性。

7 成形极限图与成形极限曲线的工程应用及检测方法

7.1 成形极限图与成形极限曲线的工程应用

成形极限图和成形极限曲线在冲压成形生产中是分析冲压成形工艺过程能否稳定发展的判据，而在材料学方面表征金属薄板在冲压成形过程中抵抗局部颈缩或破裂的成形能力。

7.2 成形极限图与成形极限曲线检测方法

通常使用网格应变分析法(见 ISO/TR 14936:1998)或其他应变分析法检测冲压成形时的极限应变，成形极限图和成形极限曲线既可以用实验室方法检测的极限应变数据确定，也可以用实际冲压成形生产中积累的极限应变数据确定。

8 成形性能的基本参数和指标

8.1 材料基本参数

设计金属薄板制件、选择冲压成形原材料，或协议金属薄板的订货供货，有时需把金属薄板的一些基本性能和性质作为成形性能的基本参数提出要求，或作为参考。常用的参数指标分为下述5项：

a) 强度性能：
 ——弹性模量 E；
 ——屈服强度 R_e；
 ——抗拉强度 R_m；
 ——屈强比 R_e/R_m；

b) 变形性能：
 ——屈服点延伸率 A_e；
 ——最大力总伸长率 A_{gt}；
 ——断裂总伸长率 A_t；
 ——断面收缩率 Z；

c) 晶粒度；

d) 硬度；

e) 表面状态。

8.2 模拟成形性能指标

选择或评定金属薄板冲压成形品级时，可对某种(某些)模拟成形性能指标提出要求。设计或分析冲压成形工艺过程，以及设计冲压成形模具时，经常需要参考某种(某些)模拟成形性能指标的数据。本部分对常用的模拟成形性能指标分类如下：

a) 胀形性能指标：杯突值 IE；

b) 拉深性能指标：极限拉深比 LDR 或载荷极限拉深比 LDR(T)；

c) 扩孔(内孔翻边)性能指标：极限扩孔率(平均极限扩孔率)$\lambda(\bar{\lambda})$；

d) 弯曲性能指标：最小相对弯曲半径 R_{min}/t；

e) “拉深＋胀形”复合成形性能指标：锥杯值 CCV；

f) 面内变形均匀性指标：凸耳率 Z_e；

g) 贴模(抗皱)性指标：方板对角拉伸试验皱高；

h) 定形性指标：张拉弯曲回弹值。

注：由于设计模拟成形试验的技术目标和技术方法不同，或因国家和地区技术差异，除了以上主流性质的模拟成形性能指标之外，历史传承下来的模拟成形性能指标及其相应的试验方法还具有多种不同形式，见附录 A。

8.3 特定成形性能指标

选择或评定金属薄板冲压成形品级、协议金属薄板的订货供货、设计或分析冲压成形工艺过程时，可对金属薄板的某种(某些)材料特性指标或工艺性能指标提出要求，或参考它们的数据，它们统称为特定成形性能指标，这些指标目前可分为以下 4 种：

a) 塑性应变比(r 值)或平均塑性应变比($\bar{r}$ 值)；

b) 应变硬化指数(n 值)；

c) 塑性应变比平面各向异性度(Δr)。

8.4 成形极限图与成形极限曲线

评定、估测金属薄板的局部成形性能，或分析解决冲压成形破裂问题时，可使用金属薄板的成形极限图或成形极限曲线。

9 成形性能试验方法选用

根据需要测定的成形性能指标或成形性能的参数不同，应按下述规定选用相应的试验方法标准：

a) 金属薄板成形性能通用试验规程按 GB/T 15825.2 的规定；

b) 测定胀形性能指标杯突值 IE 值时，按 GB/T 4156 的规定；

c) 测定拉深性能指标极限拉深比 LDR 或载荷极限拉深比 LDR(T)时，按 GB/T 15825.3 的规定；

d) 测定扩孔(内孔翻边)性能指标极限扩孔率(平均极限扩孔率)$\lambda(\bar{\lambda})$时，按 GB/T 15825.4 的规定；

e) 测定弯曲性能指标最小相对弯曲半径 R_{min}/t 时，按 GB/T 15825.5 的规定；

f) 测定“拉深＋胀形”复合成形性能指标锥杯值 CCV 时，按 GB/T 15825.6 的规定；

g) 测定面内变形均匀性指标凸耳率 Z_e 时，按 GB/T 15825.7 的规定；

h) 测定特定成形性能指标塑性应变比(r 值)、平均塑性应变比($\bar{r}$ 值)、塑性应变比平面各向异性度(Δr)时，按 GB/T 5027 的规定；

i) 测定特定成形性能指标应变硬化指数(n 值)时，按 GB/T 5028 的规定；

j) 测定成形极限图(FLD)和成形极限曲线(FLC)时，按 GB/T 15825.8 的规定；

k) 测定贴模(抗皱)性指标方板对角拉伸试验皱高时，按参考文献[1]的说明；

l) 测定定形性指标张拉弯曲回弹值时，按附录 B 的说明。

附 录 A
（资料性附录）
对模拟成形试验的说明

本部分第9章以及GB/T 15825整套标准体系所规定的各种成形性能试验方法（不包括通用试验规程和特定成形性能指标的检测试验方法），均为我国冲压生产和冶金制造行业已经使用或比较熟悉的模拟成形性能试验方法，而且也属于国际上的主流成形性能试验范畴。但除这些试验方法外，国际上还流行其他一些模拟成形性能试验，见图A.1。

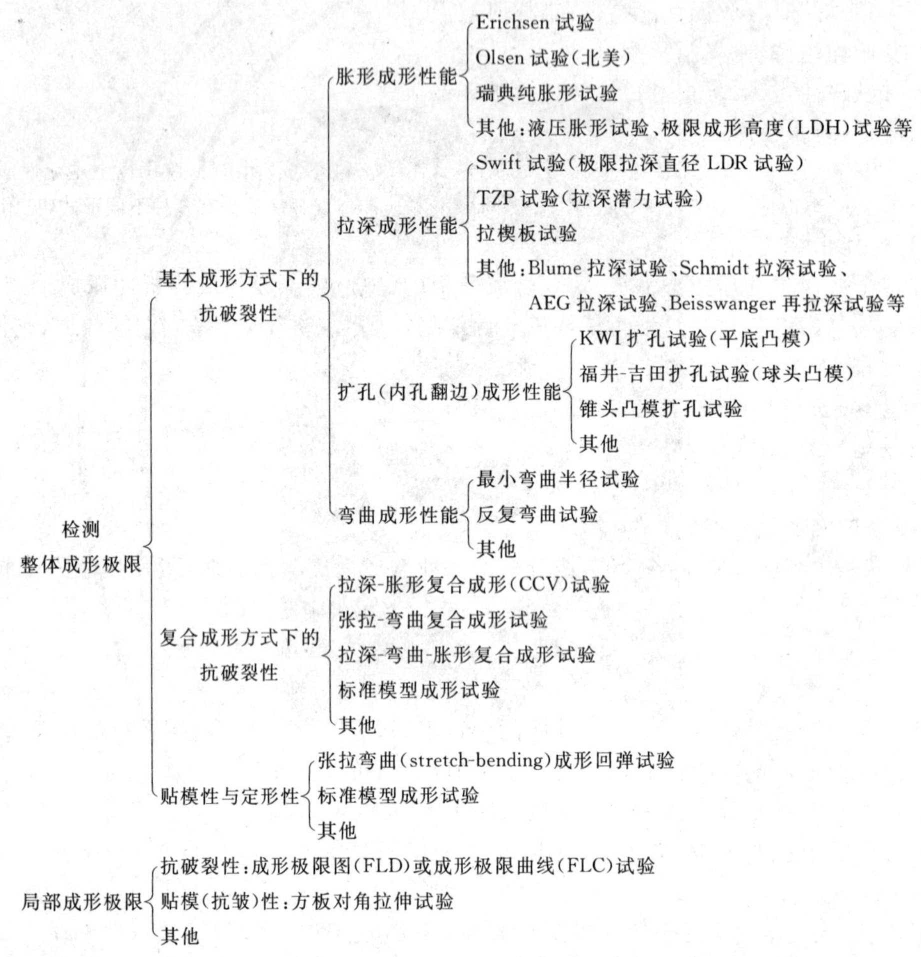

注1：整体成形极限指金属薄板（或制件坯料）在冲压过程中发生颈缩、破裂、皱曲等成形缺陷之前，某种特定的整体几何尺寸或某种几何特征的整体尺寸可以达到的极限变形程度。例如，极限拉深系数（或极限拉深比）、极限扩孔率、极限翻边系数和极限胀形高度等，它们通常可用作设计冲压成形工艺和模具的参数。

注2：局部成形极限指金属薄板在冲压过程中发生颈缩、破裂、皱曲等成形缺陷之前，局部点位或局部变形区域可以达到的极限变形程度。例如金属薄板成形极限图中的极限应变等，通常可用作分析冲压成形工艺和模具设计问题的依据。

图A.1 模拟成形性能试验方法

附　录　B
（资料性附录）
张拉弯曲回弹试验

B.1　弯曲回弹的基本原理

金属薄板从弯曲状态卸载后，其弯曲半径 R 和弯曲角 α 发生的变化情况（ΔR 和 $\Delta\alpha$）称为弯曲回弹。弯曲回弹首先源于金属材料的本征弹性变形性质，同时还与弯曲变形区内层受压应力和外层受拉应力的变形状态相关，即在弯曲变形区的厚度（t）方向上，内、外层材料所受拉、压反向应力诱发内、外层反向变形材料之间产生被动应力，并在弯曲卸载后转变为残余应力而释放，残余应力释放过程亦会引发弯曲半径和弯曲角变化。弯曲回弹和弯曲应力如图 B.1 所示。

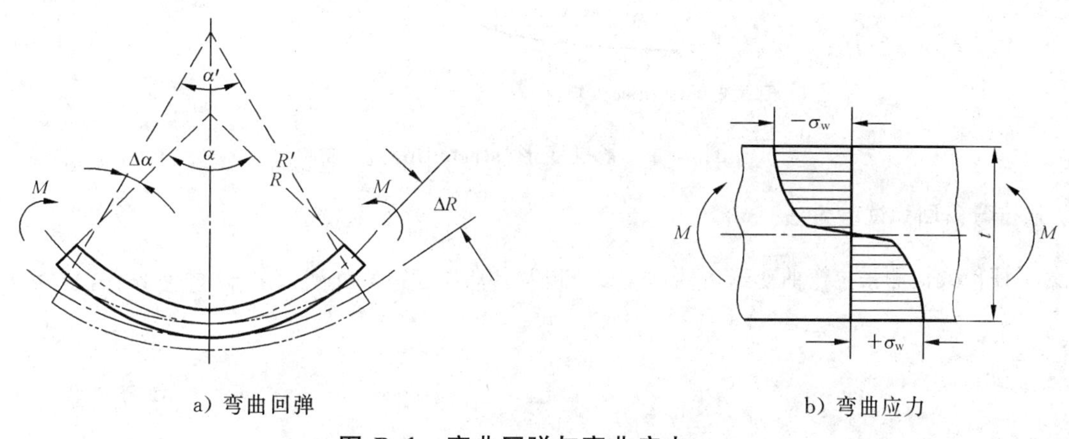

a）弯曲回弹　　b）弯曲应力

图 B.1　弯曲回弹与弯曲应力

B.2　张拉弯曲及其回弹

对于汽车车身外板类覆盖件等带有微曲面（近平面）特征的浅成形冲压制件，曲面部位在冲压成形过程中承受张拉弯曲（stretch-bending）复合应力作用。由于曲面曲率微小，冲压成形过程中曲面部位的弯曲变形经常处于弹塑性状态，再加上张拉变形（stretching）把材料内层弯曲压应力转变成拉应力所诱发的被动应力（卸载时转变成为残余应力），冲压成形结束制件从模内脱取之后，曲面部位弹性回复比较显著，对制件的形状和尺寸精度具有强烈影响。

引发张拉弯曲回弹的力学动因比较复杂，例如图 B.2 所示，由于凸、凹模与薄板弯曲和反弯曲部位的接触条件（包含润滑状态）差异，C、D 两点应力亦出现差异并诱发或导致材料内出现被动应力和残余应力，冲压成形卸载后随着残余应力释放制件将发生回弹和形状尺寸变化；又如图 B.3 所示，双曲面拱顶环形应变（hoop strains）相互制约，也是冲压成形卸载后的制件回弹和形状尺寸变化的原因；再如图 B.4 所示，张拉变形区域大小及其变形程度影响冲压成形卸载后的制件回弹和形状尺寸变化。总之，在张拉弯曲复合应力作用下，冲压成形制件尤其是铝合金和高强钢板类制件的回弹对其定形性和形状尺寸精度影响很大。

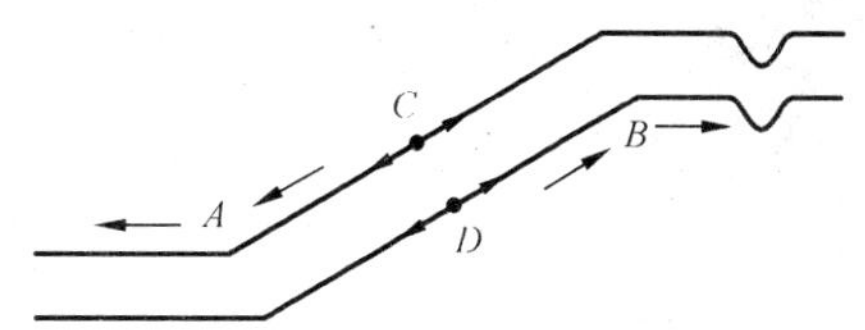

图 B.2　弯曲和反弯曲部位

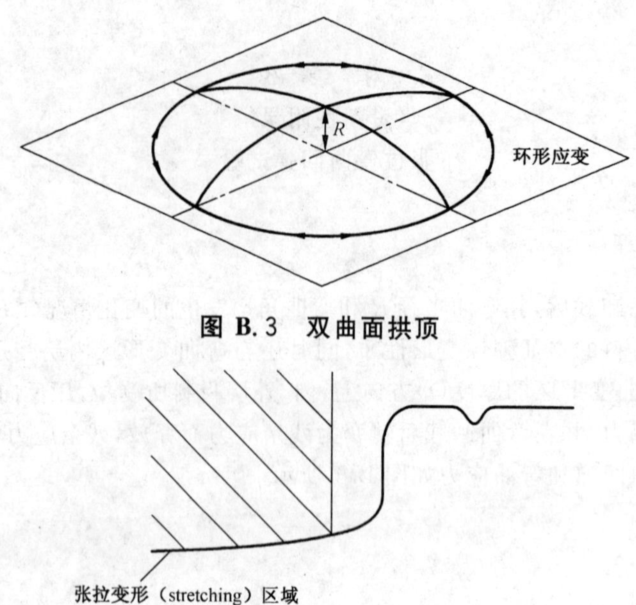

图 B.3　双曲面拱顶

图 B.4　张拉变形(stretching)区域

B.3　张拉弯曲回弹试验方法

为了评价或估测张拉弯曲变形条件下金属薄板及其冲压成形制件的定形性，可参考 JIS H7702:2003。

参考文献

[1] Automotive sheet metal formability—A state of the art report, AISI Automotive Applications Committee, Washington. DC, Jan. 1989.

[2] JIS H7702:2003 汽车用铝合金薄板的拉弯回弹性评价方法.

ICS 77.040.10
J 32

中华人民共和国国家标准

GB/T 15825.2—2008
代替 GB/T 15825.2—1995

金属薄板成形性能与试验方法 第2部分:通用试验规程

Sheet metal formability and test methods—Part 2:General test rules

2008-12-23 发布 2009-06-01 实施

中华人民共和国国家质量监督检验检疫总局
中国国家标准化管理委员会 发布

前　言

GB/T 15825《金属薄板成形性能与试验方法》分为8个部分：

——第1部分：成形性能和指标；

——第2部分：通用试验规程；

——第3部分：拉深与拉深载荷试验；

——第4部分：扩孔试验；

——第5部分：弯曲试验；

——第6部分：锥杯试验；

——第7部分：凸耳试验；

——第8部分：成形极限图(FLD)测定指南。

本部分是GB/T 15825的第2部分。

本部分代替GB/T 15825.2—1995《金属薄板成形性能与试验方法　通用试验规程》。

本部分与GB/T 15825.2—1995相比，主要变化如下：

——增加了“前言”；

——修改了2.1的条文；

——在3.2.2中，增加了“线切割等方法”和“砂纸或油石打磨”；

——在3.2.4中，删除了“变形部位不得带有加工硬化现象”；

——在4.2.1中，增加了“必要时予以更换”；

——在6.1.1中，增加了文字“参考HB 6140.1”；

——修改了表2的格式和内容；

——修改了9.1的条文；

——在9.2中，增加了“或按试验委托和承接双方的协议规定”；

——将附录A的名称修改为“最小压边力的估算”；

——增加了A.2；

——将附录B的名称修改为“成形性能试验的破裂判据”；

——增加了参考文献；

——对原标准中的一些文字进行了编辑性修改。

本部分的附录A和附录B均为资料性附录。

本部分由中国机械工业联合会提出。

本部分由全国锻压标准化技术委员会归口。

本部分起草单位：武汉理工大学、北京航天航空大学、郑州大学、东风汽车模具冲压有限公司。

本部分主要起草人：姜奎华、李晓星、曹宏深、华林、黄尚宇、毛华杰、李建华。

本部分所代替标准的历次版本发布情况为：

——GB/T 15825.2—1995。

金属薄板成形性能与试验方法 第2部分:通用试验规程

1 范围

GB/T 15825的本部分规定了金属薄板成形性能试验的一般性操作方法。

本部分适用于GB/T 15825整套标准体系规定的各种成形性能试验。

2 成形性能试验的一般性操作方法

2.1 金属薄板成形性能试验通常可在10 ℃～35 ℃温度环境下进行。如有严格要求,实验室温度可控制为23 ℃±5 ℃。

2.2 金属薄板的成形性能试验过程含下述一般操作步骤:

a) 试样准备;

b) 试验模具准备;

c) 试验装置与试验机准备;

d) 试样润滑;

e) 预试验操作;

f) 正式试验;

g) 数据采集与计算;

h) 填写试验报告。

3 试样准备

3.1 取样

3.1.1 试样的选取部位应避开金属薄板的料头和边缘。

3.1.2 试样的选取角度(取样角)以轧制方向为基准,允许角度公差为±1°。

3.2 试样制备

3.2.1 试样的几何形状与尺寸(含公差)按具体试验标准确定。

3.2.2 试样可用冲、剪或切削、线切割等方法制备。对于带孔试样,通常需要去除毛刺,或对孔缘进行铰削,砂纸或油石打磨,或研磨。

3.2.3 制备好的试样应平整、表面无划痕、边缘无毛刺,孔缘应光滑、无棱角和毛刺。对要求严格的试样边缘或孔缘,应用5倍放大镜检查没有微裂纹或其他缺陷。

3.2.4 对制备好的试样不应进行冷、热校平或任何敲修,且应对试样注明其制备状态。

3.2.5 若对试样厚度测量有严格要求,应在试样制备工作完成之后,在试样上最有代表性的三个部位测量厚度,并以它们的平均值作为试样实测厚度,测量精确到0.01 mm。

3.2.6 制备好的试样应按具体试验要求分组、编号。

3.2.7 制备好的试样若暂时不用,应将其涂油防锈并妥善存放。

4 试验模具准备

4.1 模具设计与制造

4.1.1 对于模具中的工作零部件,如凸模、凹模和压边圈等,除工作部位的形状和尺寸必须按具体标准规定外，对其他部位的结构，以及对模具中的其他零部件，均不作具体规定，可按试验原理、试验要求及冲模规范设计。

4.1.2 凸模、凹模和压边圈用冷作模具钢、工具钢或其他材料制造，硬度不低于60 HRC。

4.1.3 凸模、凹模和压边圈工作表面应磨光，表面轮廓面的圆角过渡必须光滑，除特殊要求外，表面粗糙度 Ra 不大于0.8 μm。

4.2 模具使用准备

4.2.1 按具体的试验标准要求选择凸模、凹模和压边圈，试验之前应清洗擦净，同时检查其工作部位，若发现划痕、擦伤或粘结现象，应及时磨除，必要时予以更换。

4.2.2 将凸模、凹模和压边圈安装在模具或试验装置中，并检查安装精度和间隙是否达到试验要求。

5 试验装置与试验机准备

5.1 试验装置

5.1.1 试验装置的设计与制造必须满足试验原理以及试验条件提出的各项技术要求。

5.1.2 开始试验前，必须对试验装置进行必要的调试、检查和润滑。

5.2 试验机

5.2.1 以保证试验原理和试验条件为原则，不对试验机类型作具体规定。

5.2.2 试验之前，必须按操作规程对试验机进行检查和润滑，以保证机器正常工作。

5.2.3 在试验机正常工作条件下，检查机器各部位仪表、测量装置和传感器等是否调至零位，工作行程显示是否正常，标定时间是否过期。

6 试样润滑

6.1 润滑剂

6.1.1 对需要润滑的试样，参考HB 6140.1，推荐使用下述1号～4号润滑剂。经协商，亦可使用其他润滑剂。无论采用何种润滑剂，均应在试验报告中注明。

6.1.2 1号液体润滑剂为全损耗系统用油L-AN100。

6.1.3 2号液体润滑剂按表1配制。

表1 2号润滑剂

成分	牌号	百分比(按体积)	备注
润滑油	L-AN46	95%	参照GB 443—1989
蓖麻油		5%	

6.1.4 3号液体润滑剂按表2配制。

表2 3号润滑剂

成分	牌号或规格	百分比(按体积)	备注
基剂	L-AN46	85%	参照GB 443—1989
油性剂(蓖麻油)		5%	
极压剂(氯化石蜡)	Cl>35%	10%	热熔后混合

6.1.5 4号固体润滑剂采用0.04 mm聚乙烯薄膜。

6.2 润滑剂的涂覆和粘敷

6.2.1 对试样涂覆和粘敷润滑剂之前应对其进行清洗、去油污和干燥。

6.2.2 采用1号～3号液体润滑剂时，应将它们均匀涂覆在干燥后的试样两表面。

6.2.3 采用聚乙烯薄膜作为固体润滑剂时，应将它们用润滑油粘敷在干燥后的试样一侧表面。

7 预试验操作

7.1 预试验操作可与试验装置调试、试验机检查工作同时进行。

7.2 通过预试验工作，应保证在正式试验过程中具有正确的试验条件（如压边力、试验速度等），以及试验装置和试验机均处于良好的工作状态。

7.3 预试验操作必须符合具体试验标准规定的试验程序（步骤）和操作方法。

7.4 在进行拉深类试验时，可用预试验确定压边力，或对经验公式估算的最小压边力进行调整，本部分推荐的最小压边力估算公式见附录A。

8 正式试验

按试验任务书、相关试验标准规定的试验程序（步骤）和操作方法进行正式试验。除有特殊要求的试验之外，试验操作中通常按附录B的说明来判断金属薄板及其试样是否进入破裂（或开裂）状态。

9 数据采集与计算

9.1 所有需要的试验数据均应准确测量，并客观、真实地予以记录。若出现异常试样应备注，必要时保存试样以便进行复查。

9.2 有特殊要求的试样测量，应按具体试验标准规定，或按试验委托和承接双方的协议规定。

9.3 试验结果计算按具体试验标准规定进行。

10 试验报告

10.1 试验结束后，按具体试验标准规定撰写或填写试验报告。

10.2 如有必要，可对试验数据提出分析意见。

10.3 试验报告应由试验人员、实验室负责人或主管部门签名盖章。

附 录 A
（资料性附录）
最小压边力的估算

A.1 在拉深类试验中，可使用不同的经验公式估算其试验所需的最小压边力，本部分推荐下述公式。

注：拉深类试验指 GB/T 15825.3《金属薄板成形性能与试验方法　第 3 部分：拉深与拉深载荷试验》和GB/T 15825.7《金属薄板成形性能与试验方法　第 7 部分：凸耳试验》等。

$$F_{c\,min} = 0.1F_{pmax}(1-\frac{18t_0}{D_0-D_d})(\frac{D_0}{d_p})^2 \quad \cdots\cdots(A.1)$$

$$F_{pmax} = 3(R_m+R_e)(D_0-D_d-r_d)t_0 \quad \cdots\cdots(A.2)$$

式中：

$F_{c\,min}$——最小压边力，单位为牛(N)；

F_{pmax}——最大拉深力，单位为牛(N)；

t_0——金属薄板的基本厚度，单位为毫米(mm)；

D_0——试样直径，单位为毫米(mm)；

D_d——凹模直径，单位为毫米(mm)；

d_p——凸模直径，单位为毫米(mm)；

R_m——抗拉强度，单位为帕(Pa)；

R_e——屈服强度，单位为帕(Pa)；

r_d——凹模圆角半径，单位为毫米(mm)。

A.2 由于各种金属薄板材料特性差异，按式(A.1)和式(A.2)估算的最小压边力会有偏大的情况。根据应用经验，可取 0.57 倍的系数对估算数值进行验证，如不起皱，则说明估算的压边力已经大于 1.75 倍实际最小压边力，需要对估算数值修正减小。

附 录 B
（资料性附录）
成形性能试验的破裂判据

在成形性能试验过程中，当前主要采用肉眼观察方法判断金属薄板及其试样是否进入破裂(或开裂)状态，例如采用 GB /T 4156 进行杯突试验时，标准规定破裂的判据为：裂缝开始穿透试样厚度(透光)。很显然，这种方法容易受人主观影响，使试验结果产生较大的离散性。鉴于此原因，经试验委托和承接双方协商，可使用试验设备带有的力学检测装置，或为试验设备加装力学检测装置检测成形性能试验过程中的“载荷-行程”曲线，并由该曲线变化率确定金属薄板进入破裂(或开裂)状态的时刻，但必须在试验报告中予以说明。

参 考 文 献

[1] HB 6140.1—1987 金属薄板成形性试验方法 通用试验规程.

[2] GB 443—1989 L-AN 全损耗系统用油.

[3] GB/T 4156 金属材料 薄板和薄带 埃里克森杯突实验(GB/T 4156—2007,ISO 20482:2003,IDT).

ICS 77.040.10
J 32

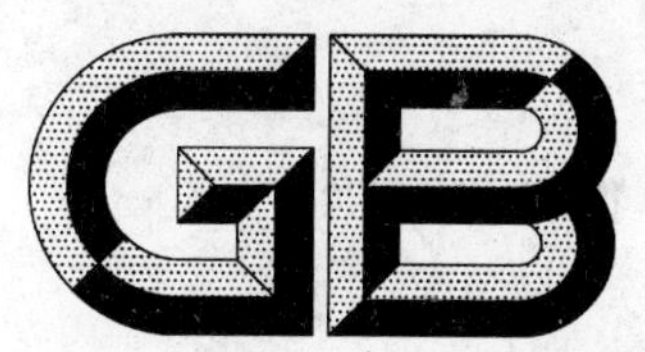

中华人民共和国国家标准

GB/T 15825.3—2008
代替 GB/T 15825.3—1995

金属薄板成形性能与试验方法 第3部分：拉深与拉深载荷试验

Sheet metal formability and test methods—Part 3: Drawing and drawing load test

2008-12-23 发布　　　　2009-06-01 实施

中华人民共和国国家质量监督检验检疫总局
中国国家标准化管理委员会　发布

前　言

GB/T 15825《金属薄板成形性能与试验方法》分为8个部分：

——第1部分：成形性能和指标；

——第2部分：通用试验规程；

——第3部分：拉深与拉深载荷试验；

——第4部分：扩孔试验；

——第5部分：弯曲试验；

——第6部分：锥杯试验；

——第7部分：凸耳试验；

——第8部分：成形极限图(FLD)测定指南。

本部分是GB/T 15825的第3部分。

本部分代替GB/T 15825.3—1995《金属薄板成形性能与试验方法　拉深与拉深载荷试验》。

本部分与GB/T 15825.3—1995相比，主要变化如下：

——增加了“前言”；

——在“2 规范性引用文件”中增加了引导性文字；

——增加了表2的名称；

——修改了4.4.2.2，并把4.4.2.3和4.4.2.4合并到4.4.2.2中，使用列项a)～c)表述原来的4.4.2.2～4.4.2.4的规定；

——增加了“4.4.4 试验温度”和“5.4.4 试验温度”；

——把5.1中第2段修改为“注”；

——在5.2.2中，把“如果采用上述直径的试样其拉深杯体底部……”修改为“如果采用5.2.1推荐的试样直径，其拉深杯体底部……”；

——把5.5.2结尾的F_{pf}修订为$(D_0)_{max}$；

——将附录A的名称修改为“最大试样直径$(D_0)_{max}$的计算”；

——把A.1.1和A.1.2分别修改为A.2和A.3，原来的A.2变为A.4；

——修改了式(A.1)；

——将式(A.2)和式(A.3)左边的符号D_0分别修改为符号D_{0f}^{0}和D_{0f}^{6}，并把它们增补到表1；

——增加了式(A.4)；

——将附录B的名称修改为“拉深试验方法与拉深载荷试验方法的说明”；

——将附录C的名称修改为“$(D_0)_{max\,T}$的近似求法”；

——在C.3中，把$F_{p\,max}$修改为$\overline{F}_{p\,max\,j}$，同时还修正了C.3 a)的内容；

——对原标准中的一些文字进行了编辑性修改。

本部分的附录A、附录B和附录C均为资料性附录。

本部分由中国机械工业联合会提出。

本部分由全国锻压标准化技术委员会归口。

本部分起草单位：武汉理工大学、郑州大学、东风汽车模具冲压有限公司。

本部分主要起草人：姜奎华、曹宏深、华林、黄尚宇、毛华杰、李建华。

本部分所代替标准的历次版本发布情况为：

——GB/T 15825.3—1995。

金属薄板成形性能与试验方法
第3部分:拉深与拉深载荷试验

1 范围

GB/T 15825的本部分规定了以极限拉深比为指标的金属薄板拉深成形性能试验方法,即拉深试验与拉深载荷试验两种方法。

本部分适用于厚度为0.45 mm~2.50 mm的金属薄板,经有关方面协商,可适当扩大板厚适用范围。

2 规范性引用文件

下列文件中的条款通过GB/T 15825的本部分的引用而成为本部分的条款。凡是注日期的引用文件,其随后所有的修改单(不包括勘误的内容)或修订版均不适用于本部分,然而,鼓励根据本部分达成协议的各方研究是否可使用这些文件的最新版本。凡是不注日期的引用文件,其最新版本适用于本部分。

GB/T 15825.2—2008 金属薄板成形性能与试验方法 第2部分:通用试验规程

3 符号、名称和单位

本部分所用的符号、名称和单位见表1。

表1 符号、名称和单位

符号	名称	单位
D_d	凹模内径	mm
r_p	凸模圆角半径	mm
r_d	凹模圆角半径	mm
d_p	凸模直径	mm
$(D_0)_{max}$	最大试样直径	mm
t	试样厚度	mm
A	凹模工作面(端面)	
B	压边圈工作面	
F_p	拉深力	N
F_c	压边力	N
$F_{c\,min}$	最小压边力	N
LDR	极限拉深比	
t_0	金属薄板的基本厚度	mm
$(D'_0)_i$	相同直径的一组试样中,破裂的试样个数与未破裂的试样个数相等(均为3个)时,该组的试样直径,角标 i 表示试样直径序号	mm

表 1（续）

符号	名　称	单位
$(D_0'')_i$	相同直径的一组试样中，破裂的试样个数小于 3 时，该组的试样直径，角标 i 表示试样直径序号	mm
$(D_0'')_{i+1}$	相同直径的一组试样中，破裂的试样个数等于或大于 4 时，该组的试样直径，角标 i 表示试样直径序号	mm
ΔD_0	相邻两级试样直径的尺寸级差	mm
X	$D_0=(D_0'')_i$ 时，一组试样中破裂的试样个数，$X<3$	
Y	$D_0=(D_0'')_{i+1}$ 时，一组试样中破裂的试样个数，$4\leqslant Y\leqslant 6$	
Z	$D_0=(D_0'')_{i+1}$ 时，未破裂的试样个数，$Z\leqslant 2$	
D_0	试样直径	mm
$F_{\mathrm{p\,max}}$	最大拉深力	N
F_{pf}	拉破试样的极限拉深力	N
$\overline{F}_{\mathrm{pf}}$	极限拉深力的平均值	N
F_{c1}	测试最大拉深力 $F_{\mathrm{p\,max}}$ 时所用的压边力	N
F_{c2}	测试极限拉深力 F_{pf} 时所用的压边力	N
h	凸模行程	mm
h_1	与最大拉深力 $F_{\mathrm{p\,max}}$ 相应的凸模行程	mm
h_2	开始将压边力由 F_{c1} 增值到 F_{c2} 时的凸模行程	mm
h_3	与极限拉深力 F_{pf} 相应的凸模行程	mm
$(D_0)_{\mathrm{max}\,T}$	用拉深载荷试验方法确定的最大试样直径	mm
LDR(T)	载荷极限拉深比	
$\overline{F}_{\mathrm{p\,max}\,j}$	平均最大拉深力，角标 j 表示试样组别序号	N
$\overline{F}_{\mathrm{pf}j}$	平均极限拉深力，角标 j 表示试样组别序号	N
M	D_0-$F_{\mathrm{p\,max}}$ 直线与 D_0-F_{pf} 直线的交点	
T	拉深潜力指标	%
h'	拉深杯体高度	mm
$D_{0\mathrm{f}}^{0}$	一组 6 个试样在拉深过程中均不产生破裂时的最大直径（外推值）	mm
$D_{0\mathrm{f}}^{6}$	一组 6 个试样在拉深过程中全部破裂时的最小直径（外推值）	mm
$\overline{F}_{\mathrm{pf}}$	极限拉深力的平均值	N

4　拉深试验方法

4.1　试验原理

试验时，将圆片试样压置到凹模与压边圈之间，通过凸模对其进行拉深成形（见图 1）。本试验需要采用不同直径的试样，并按照逐级改变直径的操作程序进行拉深成形，以测定拉深杯体底部圆角附近的壁部不产生破裂时允许使用的最大试样直径 $(D_0)_{\mathrm{max}}$，试验结束后用 $(D_0)_{\mathrm{max}}$ 计算极限拉深比 LDR。

注：极限拉深比与我国冲压成形技术中的最小拉深系数（或称极限拉深系数）近似呈倒数关系。

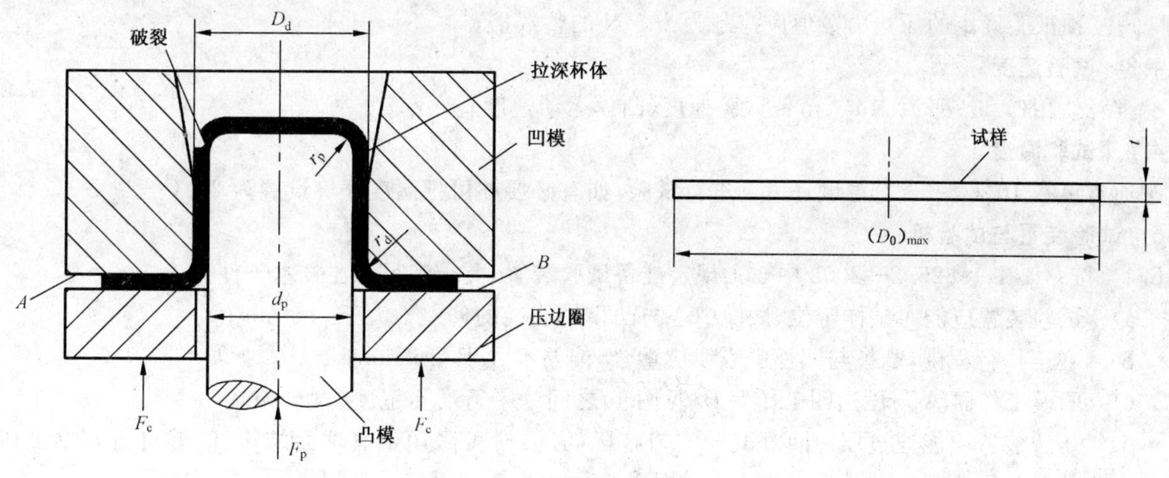

图 1 拉深试验方法

4.2 试样

4.2.1 本试验采用圆片状试样，按规定的直径级差分组，组数不少于 2，每组内有效试样数量为 6。

4.2.2 本试验规定相邻两级试样的直径级差为 1.25 mm，各级试样的外径偏差不大于 0.05 mm。

4.2.3 按 GB/T 15825.2—2008 中第 3 章的规定准备试样，并记录试样实测厚度。

4.3 模具

4.3.1 凸模和凹模的工作尺寸按表 2 规定。

表 2 模具尺寸

单位为毫米

板料基本厚度 t_0	凸模直径 d_p	凸模圆角半径 r_p	凹模内径 D_d	凹模圆角半径 r_d
0.45～0.64	$50_{-0.05}^{0}$	5.0± 0.1	$51.80_{0}^{+0.05}$	6.4±0.10
>0.64～0.91			$52.56_{0}^{+0.05}$	9.1±0.10
>0.91～1.30			$53.64_{0}^{+0.05}$	13.0±0.15
>1.30～1.86			$55.20_{0}^{+0.05}$	18.6±0.15
>1.86～2.50			$57.00_{0}^{+0.05}$	25.0±0.20

4.3.2 按 GB/T 15825.2—2008 中第 4 章的规定准备试验模具。

4.4 试验条件

4.4.1 润滑

按 GB/T 15825.2—2008 中第 6 章的规定，推荐使用其中的 1 号、3 号和 4 号润滑剂对试样进行润滑。

4.4.2 压边力

4.4.2.1 对试样施加的压边力应满足下述要求：

a) 不允许压边圈下面的试样材料起皱，但应保证它们能够在凸模的拉深力作用下发生流动和拉深变形；

b) 试验过程中，压边力应保持恒定，重复试验时的压边力偏差保持在±5%以内。

4.4.2.2 可采用预试验方法确定合理的压边力，具体操作应符合以下规定：

a) 用预试验方法确定的压边力应大于抑制压边圈下面试样材料起皱的最小压边力 $F_{c\,min}$，但不应大于 $1.75F_{c\,min}$；

b) 可使用经验方法估算最小压边力 $F_{c\,min}$，并推荐使用 GB/T 15825.2—2008 附录 A 所列经验公式估算最小压边力；

c) 预试验确定的压边力数值应控制为 500 N 的整数倍。

4.4.3 试验速度

推荐使用(1.6～12)×10^{-4} m/s 试验速度(凸模运动速度)。

4.4.4 试验温度

通常可在 10 ℃～35 ℃温度环境下进行试验，如有必要亦可把温度环境设置为 23 ℃±5 ℃。

4.5 试验装置与试验机

4.5.1 按 GB/T 15825.2—2008 中 5.1 规定准备试验装置，要求满足下述技术条件：

a) 试验装置应能对试样定位，试样中心与凸模中心线的偏差不大于 0.5 mm；

b) 在工作行程内，凸模与凹模中心线应重合，偏差不大于 0.1 mm；

c) 凹模工作面 A 与压边圈工作面 B(见图 1)之间的平行度不超过 0.05 mm；

d) 压边装置应能通过压边圈对试样均匀施压(必要时可采用带有球面结构、能够自行调整加压位置的压边圈)，并满足 4.4.2.1 的要求。

4.5.2 按 GB/T 15825.2—2008 中 5.2 规定准备试验机，并要求满足以下技术条件：

a) 试验机应保证试样拉深所需的变形力；

b) 试验机工作速度按 4.4.3 规定。

4.6 试验程序和操作方法

4.6.1 按表 2 选择试验模具。

4.6.2 按 GB/T 15825.2—2008 中 4.2、5.1.2、5.2.2 和 5.2.3 规定，对模具、试验装置和试验机进行清洗、检查和润滑。

4.6.3 进行预试验，确定合理的压边力。

4.6.4 将经过润滑处理的试样准确地放置在凹模与压边圈之间，如果采用 4 号润滑剂，应将粘敷有聚乙烯薄膜的试样表面与凹模工作面 A(见图 1)贴合。

4.6.5 施加压边力后启动凸模，拉深试样。

4.6.6 采用逐级增大试样直径的方法测定拉深杯体底部圆角附近的壁部不产生破裂时允许使用的最大试样直径$(D_0)_{max}$。

4.6.7 试验时所用的初始试样直径可根据经验确定。

4.6.8 初始试样直径难于估计时，可使用单个试样进行快速试验，一旦发现试样直径接近$(D_0)_{max}$，则应开始对每组试样进行重复试验。

4.6.9 每组试样必须进行 6 次有效重复试验，并记录破裂与未破裂试样的个数。

4.6.10 出现下述任一情况，试验无效：

a) 破裂位置不在杯体底部圆角附近的壁部；

b) 杯体出现纵向皱褶；

c) 杯体形状明显不对称，两个对向凸耳的峰高之差大于 2 mm。

4.6.11 在下述任一情况下结束试验：

a) 一组试样中，3 个试样破裂、3 个试样未破裂(试样直径记录为 D'_0)；

b) 当某一级试样的破裂个数小于 3，而直径增大一级后，试样破裂的个数等于或大于 4(试样直径记录为 D''_0)。

4.7 试验结果计算

4.7.1 最大试样直径$(D_0)_{max}$分下述两种情况确定：

a) 一组试样中，破裂与未破裂的试样个数相等(均为 3 个)时，试样直径记作$(D'_0)_i$，且

$$(D_0)_{max} = (D'_0)_i \quad \cdots\cdots(1)$$

b) 其他情况下按式(2)计算$(D_0)_{max}$，计算结果保留两位小数，式(2)的来源及其计算举例见附录 A。

$$(D_0)_{max}=\frac{1}{2}\left\{\left[(D''_0)_i-\frac{\Delta D_0}{Y-X}\cdot X\right]+\left[(D''_0)_{i+1}+\frac{\Delta D_0}{Y-X}\cdot Z\right]\right\} \quad \cdots\cdots(2)$$

4.7.2 按式(3)计算极限拉深比 LDR,计算结果保留两位小数。

$$\mathrm{LDR}=\frac{(D_0)_{max}}{d_p} \quad \cdots\cdots(3)$$

4.8 试验报告

4.8.1 试验报告格式自行设计。

4.8.2 试验报告应包括以下主要内容:

a) 试验材料的规格、牌号和状态;

b) 试样实测厚度;

c) 试验方法;

d) 模具包括凸模直径、凹模内径、凸模和凹模圆角半径,凸模、凹模和压边圈的材料及硬度;

e) 试验机;

f) 试验条件包括试样的润滑剂、润滑方法、压边力、试验速度和环境温度等;

g) 试验记录包括试样直径、破裂和未破裂的试样个数等;

h) $(D_0)_{max}$的计算确定;

i) LDR 的计算确定;

j) 试验日期。

5 拉深载荷试验方法

5.1 试验原理

对圆片状试样进行拉深时,试样直径 D_0 与最大拉深力 $F_{p\,max}$ 具有近似线性关系。利用这种关系,对多种不同直径的试样进行试验测定 $F_{p\,max}$ 和极限拉深力 F_{pf} 以后,可以近似求出拉深杯体底部圆角附近壁部不产生破裂时允许使用的最大试样直径和相应的载荷极限拉深比。

注:拉深载荷试验与拉深试验的区别见附录 B。

5.2 试样

5.2.1 推荐采用 D_0 为 85 mm、90 mm、95 mm 等三组不同直径的试样进行试验,每组内有效试样数量不应少于 4 个。

5.2.2 在检测最大拉深力 $F_{p\,max}$ 的试验过程中,如果采用 5.2.1 推荐的试样直径,其拉深杯体底部圆角附近的壁部发生破裂,可按 5 mm 级差依序减小每组试样直径后再行试验。

5.2.3 试样直径偏差不大于 0.05 mm。

5.2.4 按 GB/T 15825.2—2008 中第 3 章的规定准备试样,并记录试样实测厚度。

5.3 模具

除按 4.3 的规定准备模具外,为了在检测极限拉深力 F_{pf} 时保证压边圈压牢试样,可对压边圈的工作面 B(见图 1)设置一定的粗糙度或加工凸凹槽纹。

5.4 试验条件

5.4.1 润滑

按 4.4.1 规定对试样润滑。

5.4.2 压边力

5.4.2.1 检测最大拉深力 $F_{p\,max}$ 所用的压边力 F_{c1} 应符合 4.4.2 规定。

5.4.2.2 检测极限拉深力 F_{pf} 所用的压边力 F_{c2} 应保证压牢试样,不允许凹模圆角以外的材料发生变形和流动。

5.4.3 试验速度

试验速度(凸模运动速度)按 4.4.3 规定。

5.4.4 试验温度

试验温度按 4.4.4 规定。

5.5 试验装置与试验机

5.5.1 检测最大拉深力 $F_{p\max}$ 所用试验装置应符合 4.5.1 规定。

5.5.2 检测极限拉深力 F_{pf} 时,试验装置和试验机应能向压边圈提供足够的压力压牢试样,同时还要求压边力由 F_{c1} 向 F_{c2} 增值时,试验机能控制凸模停止运动。当这些要求不能满足时,可根据附录 C 近似测定 $(D_0)_{\max T}$。

5.5.3 试验机还应符合 4.5.2 要求。

5.6 试验程序和操作方法

5.6.1 按 4.6.1 和 4.6.2 规定选取试验模具,并对模具、试验装置和试验机进行清洗、检查和润滑。

5.6.2 进行预试验,应符合 4.4.2 要求,确定检测最大拉深力 $F_{p\max}$ 时需用的压边力 F_{c1}。

5.6.3 进行预试验,应符合 5.4.2.2 要求,确定检测极限拉深力 F_{pf} 时需用的压边力 F_{c2}。

5.6.4 按 4.6.4 规定放置试样。

5.6.5 施加压边力 F_{c1} 后启动凸模拉深试样,检测并记录最大拉深力 $F_{p\max}$(见图 2)。

5.6.6 待拉深力自 $F_{p\max}$ 大约下降其 2% 的数值时,先停止凸模运动,将压边力由 F_{c1} 增值到 F_{c2} 把试样压牢,然后再次启动凸模,直到凹模内试样杯体底部圆角附近的壁部发生破裂时为止,并将此时的拉深力记录为极限拉深力 F_{pf}(见图 2)。

5.6.7 当试验出现 4.6.10 规定的任一情况时,试验无效,当试验出现下述任一情况时,试验亦无效:

a) 拉深力未达到 $F_{p\max}$ 时,将压边力增值压牢试样;

b) 检测极限拉深力 F_{pf} 时,压边力未能压牢试样。

5.7 试验结果计算

5.7.1 以试样直径 D_0 为横坐标,拉深力 F_p 为纵坐标,绘制拉深载荷试验图(图 3)。

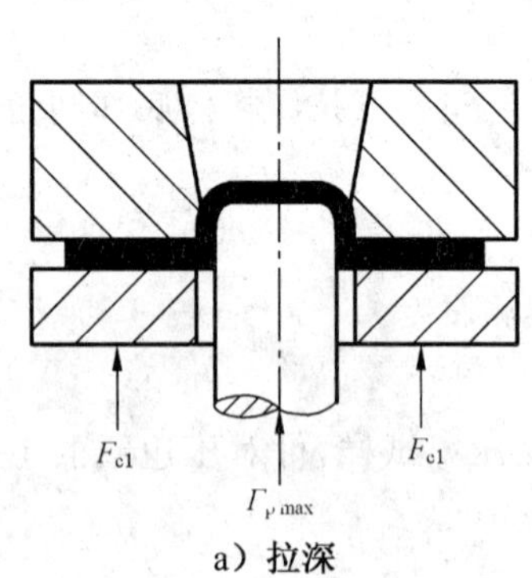

a) 拉深

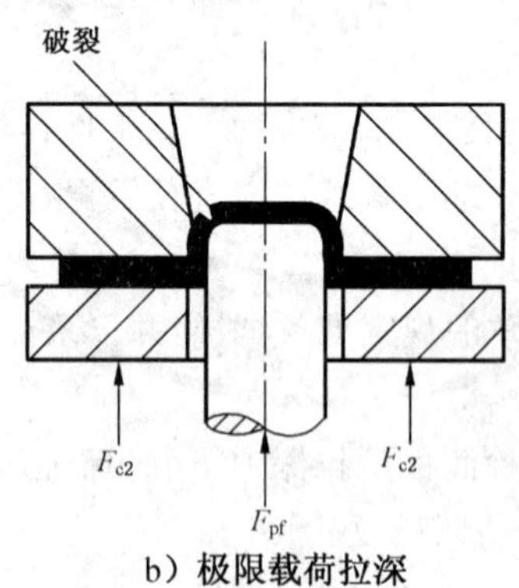

b) 极限载荷拉深

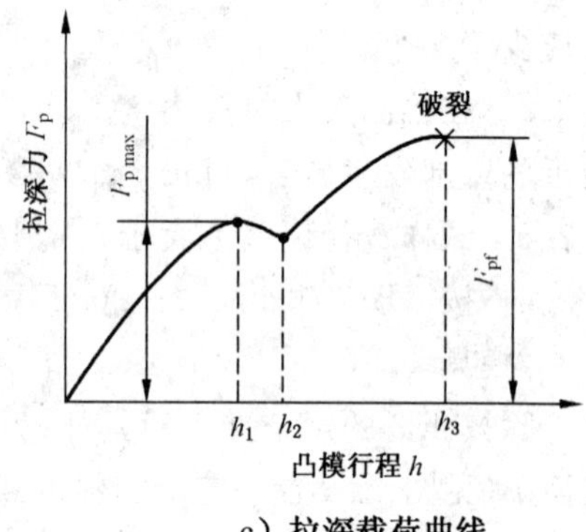

c) 拉深载荷曲线

图 2 拉深载荷试验

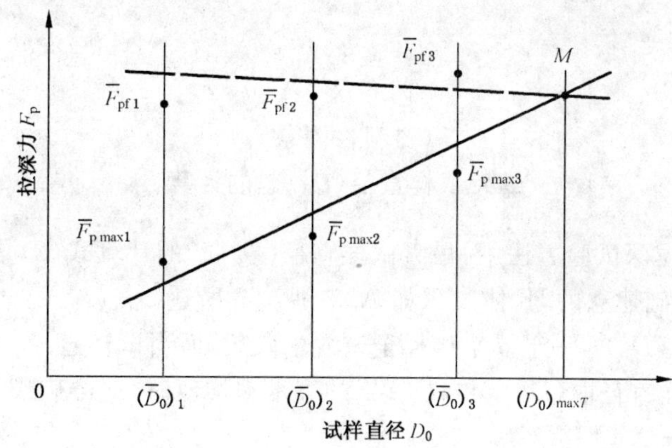

图 3　拉深载荷试验图

5.7.2　最大试样直径可用作图或线形回归两种方法求取：

a)　作图法：对三组不同直径的试样，分别计算它们的平均最大拉深力 $\overline{F}_{p\max j}$ 和平均极限拉深力 $\overline{F}_{pfj}$（角标 j 表示试样的组别序号），计算结果修约到 10 N 的整数倍；将各组试样的 $\overline{F}_{p\max j}$、$\overline{F}_{pfj}$ 按其直径 $(\overline{D}_0)_i$（角标 i 表示试样的直径序号）标绘在图 3 所示坐标系中，根据 $\overline{F}_{p\max j}$ 和 $\overline{F}_{pfj}$ 的分布特征将它们做出两条直线，并相交于 M 点；由 M 点求出对应的横坐标数值作为拉深载荷试验方法的最大试样直径 $(D_0)_{\max T}$。

b)　线性回归法：根据试验数据，分别对 D_0-$\overline{F}_{p\max j}$ 关系和 D_0-$\overline{F}_{pf}$ 关系进行线性回归求取两条直线方程；求取两直线方程交点作为拉深载荷试验方法的最大试样直径 $(D_0)_{\max T}$，计算结果保留两位小数。

5.7.3　按式(4)计算载荷极限拉深比 LDR(T)，计算结果保留两位小数。

$$\mathrm{LDR}(T)=\frac{(D_0)_{\max T}}{d_p} \qquad \cdots\cdots(4)$$

5.8　试验报告

试验报告可按 4.8 规定，但需要根据拉深载荷试验特点注明试样的直径选择、试验条件、试验记录、$(D_0)_{\max T}$ 的确定，以及 LDR(T) 的计算。

附　录　A
（资料性附录）
最大试样直径$(D_0)_{max}$的计算

A.1　正文第4章规定的拉深试验方法中，最大试样直径$(D_0)_{max}$的计算式(2)是以破裂试样的个数与试样直径呈比例之假设为基础建立的，具体过程如A.2和A.3所述。

A.2　如果试样直径$D_0=(D''_0)_i$，一组6个试样全未发生破裂，而当试样直径$D_0=(D''_0)_{i+1}$时，一组6个试样全部破裂，则假设试样直径取$(D''_0)_i$和$(D''_0)_{i+1}$的算术平均值时，试样破裂与不破裂的概率相等，因此有：

$$(D_0)_{max}=(D'_0)_i=\frac{1}{2}[(D''_0)_i+(D''_0)_{i+1}] \qquad \cdots\cdots(A.1)$$

A.3　对于非A.2之情况，假设破裂试样的个数与试样直径的变化呈比例关系，利用外推插值方法可以获得以下两种计算方法：

a)　一组6个试样在拉深过程中均不产生破裂时的最大直径(外推值)

$$D^0_{0f}=(D''_0)_i-\frac{\Delta D_0}{Y-X}\cdot X \qquad \cdots\cdots(A.2)$$

b)　一组6个试样在拉深过程中全部破裂时的最小直径(外推值)

$$D^6_{0f}=(D''_0)_{i+1}+\frac{\Delta D_0}{Y-X}\cdot Z \qquad \cdots\cdots(A.3)$$

于是：

$$(D_0)_{max}=(D'_0)_i=\frac{1}{2}(D^6_{0f}+D^0_{0f}) \qquad \cdots\cdots(A.4)$$

即式(A.4)与式(2)等价。

A.4　试验记录示例如表A.1所示，由表A.1计算举例如下。

表A.1　试验记录示例

试样直径序号 i	试样直径 D_0/mm	破裂的试样个数	未破裂的试样个数
1	106.25	0	6
2	107.50	1	5
3	108.75	2	4
4	110.00	4	2
注：d_p=50 mm。			

由表A.1可知：　$(D_0)_3=108.75$ mm时，$X=2$；

$(D_0)_4=110.00$ mm时，$Y=4$，$Z=2$。

$(D''_0)_i=108.75$ mm；

$(D''_0)_{i+1}=110.00$ mm。

于是由式(2)得：

$$(D_0)_{max}=\frac{1}{2}[(108.75-\frac{1.25}{4-2}\times 2)+(110.00+\frac{1.25}{4-2}\times 2)]=109.38\text{ mm}$$

附 录 B
（资料性附录）
拉深试验方法与拉深载荷试验方法的说明

B.1 拉深试验方法是国际深拉深研究会（The International Deep Drawing Research Group，缩写 IDDRG）推荐使用的拉深性能试验方法，国际上也称为 Swift 试验法，但试验过程比较繁杂。

B.2 拉深载荷试验过程比较简便，其试验原理基于 Engelhardt W 和 Gross H 提出的拉深潜力试验法（亦称为 Engelhardt 试验或 TZP 试验），该试验装置比较复杂，对试验机有一定要求。这种试验的基本原理见图 B.1，即试验时将圆片试样置于凹模与内、外压边圈之间，先用外压边圈对试样施加一定压边力，并通过凸模对试样进行拉深，测出最大拉深力 $F_{p\,max}$（不允许试样发生破裂）；然后用内压边圈将试样压牢，通过凸模继续加载，测定凹模内试样底部圆角附近壁部发生破裂时的极限拉深力 F_{pf}，试验结束后用 $F_{p\,max}$ 和 F_{pf} 计算拉深潜力指标 T 值，即：

$$T=\frac{F_{pf}-F_{p\,max}}{F_{pf}}\times 100\% \quad \cdots\cdots\cdots\cdots (B.1)$$

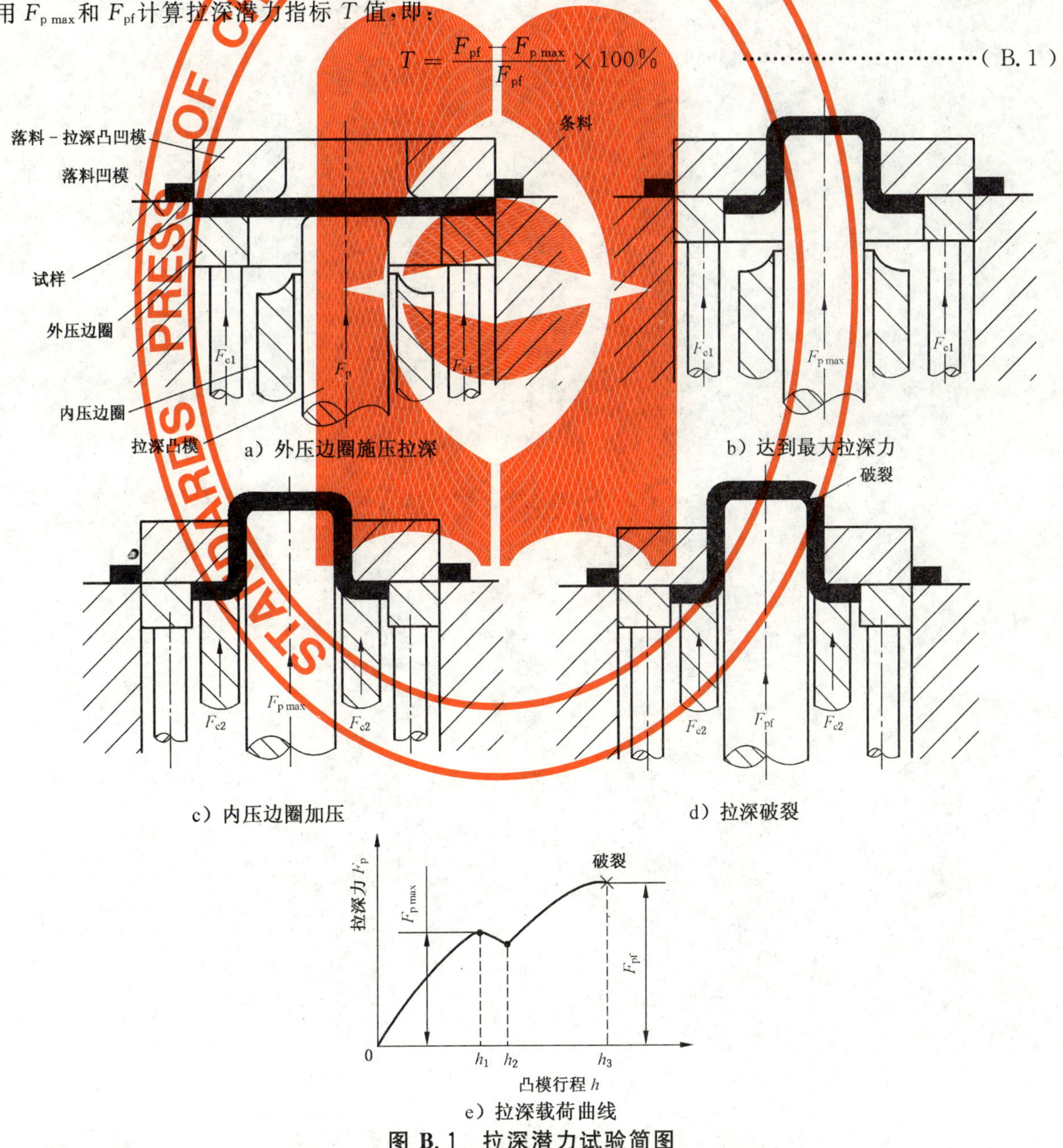

a）外压边圈施压拉深　b）达到最大拉深力

c）内压边圈加压　d）拉深破裂

e）拉深载荷曲线

图 B.1 拉深潜力试验简图

B.3 由于两种试验方法原理不同，所以确定出的极限拉深比 LDR 与载荷极限拉深比 LDR(T)之间具有一定误差。通常，在没有专用拉深载荷试验设备的条件下，优先考虑使用拉深试验方法。

取 6 个直径等于$(D_0)_{\max T}$的试样进行拉深，两种试验方法的误差情况判别如下：

a） 若 6 个试样全部破裂，则 LDR(T)＞LDR；

b） 若 6 个试样全未破裂，则 LDR(T)＜LDR；

c） 若 6 个试样中 3 个破裂，3 个未破裂，则 LDR(T)＝LDR。

附 录 C
（资料性附录）
$(D_0)_{\max T}$的近似求法

可以借用拉深试验所用模具进行拉深载荷试验。在这种情况下，为了检测极限拉深力 F_{pf}，压边力 F_{c2}将对试验装置和试验机有一定的特殊要求（见 5.5）。当这些要求不能满足时，一方面仍按本部分规定的方法检测最大拉深力 $F_{p\max}$，另一方面可使用下述方法检测极限拉深力 F_{pf}，并近似求取最大试样直径$(D_0)_{\max T}$。

C.1 利用若干次拉深试验方法，找出拉深杯体底部圆角附近的壁部破裂时，杯体高度 h'能够满足下述不等式的试样直径。

$$h' \geqslant r_d + r_p + 2(D_d - d_p) - 3 \qquad \cdots\cdots (C.1)$$

C.2 根据上述试拉深结果，取 4 个直径相同的试样进行重复拉破试验，记录下它们的极限拉深力 F_{pf}。

C.3 可按下述任一方法近似求取最大试样直径$(D_0)_{\max T}$：

a) 作图法：计算出 4 个试样极限拉深力的平均值 $\overline{F}_{pf}$，取 $F_p = \overline{F}_{pf}$在正文图 3 所示坐标系中作出一条与横坐标轴平行的直线，然后根据 $\overline{F}_{p\max j}$在该坐标系的分布特征作出 D_0-$\overline{F}_{p\max j}$直线，最后取两直线交点的横坐标值作为最大拉深直径$(D_0)_{\max T}$。

b) 线性回归法：利用试验数据线性回归出 D_0-$\overline{F}_{p\max j}$直线方程后，求取它与直线 $F_p = \overline{F}_{pf}$的交点作为最大试样直径$(D_0)_{\max T}$。

ICS 77.040.10
J 32

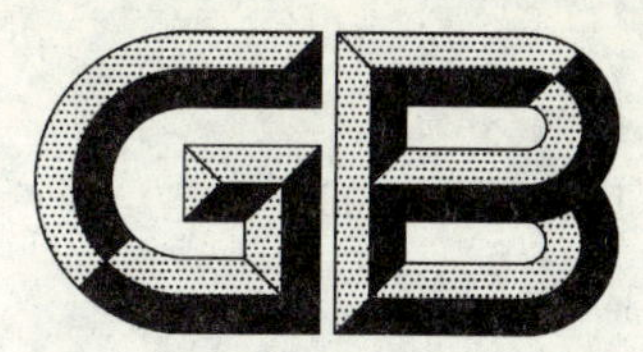

中华人民共和国国家标准

GB/T 15825.4—2008
代替 GB/T 15825.4—1995

金属薄板成形性能与试验方法 第4部分:扩孔试验

Sheet metal formability and test methods—Part 4:Hole expanding test

2008-12-23 发布　　　　2009-06-01 实施

中华人民共和国国家质量监督检验检疫总局
中国国家标准化管理委员会　发布

前　言

GB/T 15825《金属薄板成形性能与试验方法》分为8个部分：

——第1部分：成形性能和指标；

——第2部分：通用试验规程；

——第3部分：拉深与拉深载荷试验；

——第4部分：扩孔试验；

——第5部分：弯曲试验；

——第6部分：锥杯试验；

——第7部分：凸耳试验；

——第8部分：成形极限图(FLD)测定指南。

本部分是GB/T 15825的第4部分。

本部分代替GB/T 15825.4—1995《金属薄板成形性能与试验方法　扩孔试验》。

本部分参考ISO/TS 16630:2003《金属材料　扩孔试验方法》(英文版)。

本部分与GB/T 15825.4—1995相比，主要变化如下：

——增加了“前言”；

——将原标准技术规定作为本部分的附录A；

——在附录A中，将原标准中的符号d_f、D_0、L_0、d_{fmax}、d_{fmin}分别修改为D_h、d_s、l_s、D_{hmax}、D_{hmin}，并对名称进行了适当的修改；

——相对于原标准，在附录A中增加了A.6.4。

本部分的附录A为规范性附录。

本部分由中国机械工业联合会提出。

本部分由全国锻压标准化技术委员会归口。

本部分起草单位：郑州大学、武汉理工大学、东风汽车模具冲压有限公司、华中科技大学、北京航空航天大学、宝山钢铁股份有限公司。

本部分主要起草人：曹宏深、姜奎华、华林、黄尚宇、毛华杰、李建华、李志刚、李晓星、陈新平。

本部分所代替标准的历次版本发布情况为：

——GB/T 15825.4—1995。

金属薄板成形性能与试验方法 第4部分:扩孔试验

1 范围

GB/T 15825 的本部分规定了以扩孔率为指标的金属薄板扩孔成形性能试验方法,适用于厚度 1.2 mm~6.0 mm 的金属板、卷料,所用试样宽度一般不应小于 90 mm。

注:扩孔率可以采用锥形凸模、圆柱凸模等进行扩孔试验测定,使用圆柱凸模的扩孔试验方法见附录 A。

2 规范性引用文件

下列文件中的条款通过 GB/T 15825 的本部分的引用而成为本部分的条款。凡是注日期的引用文件,其随后所有的修改单(不包括勘误的内容)或修订版均不适用于本部分。然而,鼓励根据本部分达成协议的各方研究是否可使用这些文件的最新版本。凡是不注日期的引用文件,其最新版本适用于本部分。

GB/T 19764 优先数和优先数化整值系列的选用指南(GB/T 19764—2005,ISO 497:1973,IDT)

GB/T 15825.2—2008 金属薄板成形性能与试验方法 第2部分:通用试验规程

3 术语和定义

下列术语和定义适用于本部分。

3.1

极限扩孔率 limiting hole expansion ratio

使用凸模对试样上的冲制圆孔进行扩孔试验,并在孔缘(竖缘)发生开裂时测量和计算的扩孔变形量。

3.2

相对间隙 relative clearance

冲制试样圆孔所用凸模和凹模之间的间隙与试样厚度的比值。

4 符号、名称和单位

符号、名称和单位见表1。

表 1

符号	名　称	单位
c	相对单边间隙	%
d_{pd}	冲制试样圆孔所用凹模的内径	mm
d_{pp}	冲制试样圆孔所用凸模的直径	mm
D_d	扩孔凹模的内径	mm
D_h	孔缘(竖缘)开裂时的圆孔直径	mm
D_0	试样上冲制圆孔的原始直径	mm
d_p	扩孔凸模的直径	mm

表 1（续）

符号	名　称	单位
F_c	压边力	N
r_d	扩孔凹模的圆角半径	mm
t	试样厚度	mm
λ	极限扩孔率	%
$\bar{\lambda}$	平均极限扩孔率	%

5　试验原理

扩孔试验包括冲制试样圆孔和利用锥头凸模压入冲制圆孔两个步骤，即冲孔完毕后，锥头凸模压入冲制圆孔并由试验机对其加力，直至圆孔在凸模作用下孔缘（竖缘）发生开裂停止试验。图 1 为冲制圆孔的示意图，图 2 为扩孔示意图。

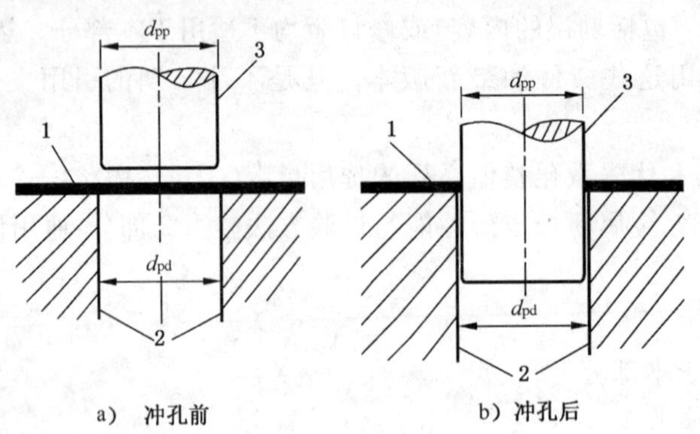

1——试样；
2——凹模；
3——凸模。

图 1　冲孔

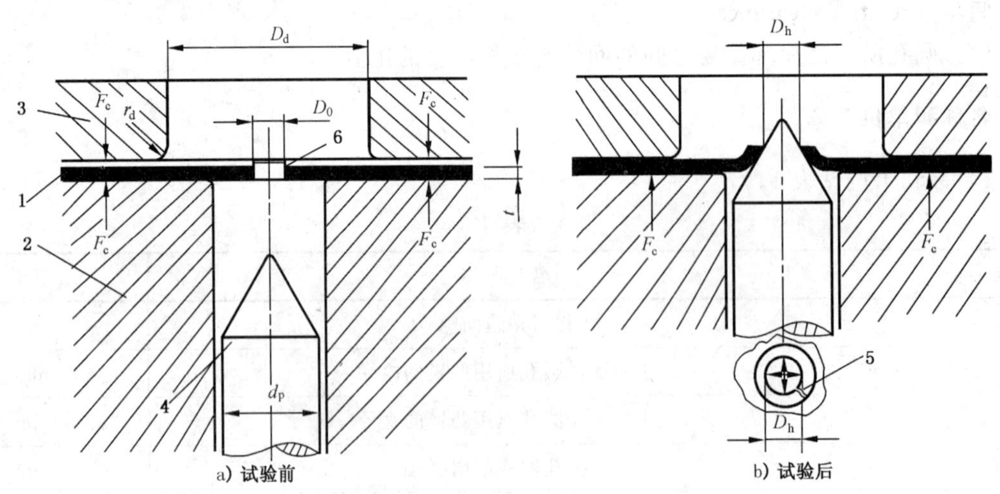

1——试样；
2——压边圈；
3——凹模；
4——锥头凸模；
5——孔缘裂纹；
6——冲孔毛刺。

图 2　扩孔试验

6 试验装置

6.1 试验机

试验机应能夹持、压牢试样，并对试样具有定位功能。试样孔缘（竖缘）一旦发生开裂，试验机应能实时停机并避免停机惯性力破坏试样孔缘（竖缘）开裂瞬间的孔径尺寸。

试验机还应对扩孔试验所用模具（凸模或凹模）的位移运动具有控制作用。

注：扩孔试验既可使用专用试验机，也可使用其他任何能够满足上述要求的压力机或试验机。

6.2 试验模具

6.2.1 扩孔试验用模具（凸模和凹模）见图2。

6.2.2 扩孔试验用凸模头部锥度为60°±1°，凸模的圆柱直径 d_p 应保证能将试样上的圆孔孔缘胀裂。

6.2.3 扩孔试验用凹模内径 D_d 应根据预估的极限扩孔率来选择，其数值不应小于40 mm。

6.2.4 扩孔试验用凹模的圆角半径 r_d 可取2 mm～20 mm，推荐使用5 mm。

6.2.5 扩孔试验用模具（凸模和凹模）的硬度不应小于55 HRC。

6.2.6 模具设计制造的其他要求按GB/T 15825.2—2008中4.1.1和4.1.3的规定，模具使用准备按GB/T 15825.2—2008中4.2的规定。

7 试样

7.1 每次试验应从同一材料样品上取3个或3个以上的试样。

7.2 试样应平直无翘曲。试样上的冲制圆孔中心距离试样任一边缘的尺寸通常不应小于45 mm，如果采用条状试样，则试样上相邻的冲制圆孔中心距通常不应小于90 mm。对于宽度不能满足以上边缘尺寸要求的窄试样或窄条试样，其冲制圆孔的中心应位于试样的宽度中心部位，相邻的冲制圆孔中心距应大于试样宽度。

7.3 试样上的冲制圆孔直径为10 mm，应把此圆孔冲制在试样的中心部位。

7.4 冲制试样上的圆孔时，冲孔凸、凹模之间的相对单边间隙 c 按式(1)计算，并把计算结果按表2要求加放到凹模内径 d_{pd}。如果需要根据材料厚度变化设计系列冲孔模具，以凸模尺寸为基准，通过加放冲孔间隙，并以0.1 mm为级差，递增或递减凹模内径 d_{pd} 的系列设计数值。冲孔凹模内径在满足7.2和7.3的要求下，可参考表3选用示例。

$$c=\frac{d_{pd}-d_{pp}}{2t}\times 100 \qquad \cdots\cdots(1)$$

式中：

c——相对单边间隙，单位为百分数（%）；

d_{pd}——冲制试样圆孔所用凹模的内径，单位为毫米（mm）；

d_{pp}——冲制试样圆孔所用凸模的直径，单位为毫米（mm）；

t——金属薄板的厚度，单位为毫米（mm）。

表2 冲孔许用的相对单边间隙

金属薄板厚度 t/mm	相对单边间隙 c/%
$t<2$	12±2
$t\geqslant 2$	12±1

表 3 冲孔凹模内径选用示例

单位为毫米

金属薄板厚度 t	冲孔凹模内径 d_{pd}
$1.2 \leqslant t < 1.5$	10.3
$1.5 \leqslant t < 1.9$	10.4
$1.9 \leqslant t < 2.3$	10.5
$2.3 \leqslant t < 2.7$	10.6
$2.7 \leqslant t < 3.1$	10.7
$3.1 \leqslant t < 3.6$	10.8
$3.6 \leqslant t < 4.0$	10.9
$4.0 \leqslant t < 4.4$	11.0
$4.4 \leqslant t < 4.8$	11.1
$4.8 \leqslant t < 5.2$	11.2
$5.2 \leqslant t < 5.7$	11.3
$5.7 \leqslant t \leqslant 6.0$	11.4

7.5 冲孔模具的制造公差应符合表 4 规定。

表 4 冲孔模具的制造公差

单位为毫米

项目	尺寸与公差
冲孔凸模直径 d_{pp}	$10^{+0.02}_{-0.03}$
冲孔凹模内径 d_{pd}	$d_{pd}{}^{a}{}^{+0.03}_{-0.02}$
[a] d_{pd}为表 3 中数值。	

7.6 试样准备的其他要求按 GB/T 15825.2—2008 中第 3 章的规定，并记录试样的实测厚度。

8 试验条件

通常在 10 ℃～35 ℃环境温度下进行试验，如有必要环境温度可设置为 23 ℃±5 ℃。

9 试验操作和步骤

9.1 至少进行 3 次有效重复试验。

9.2 安放试样时，应把其冲制圆孔的毛刺边缘朝向凹模孔(图 2)，并保证圆孔中心与锥头凸模轴线对中且要求试样的板面与锥头凸模运动方向垂直。

9.3 使用压边圈把试样压牢，以防止扩孔试验过程中压边圈下方的材料发生变形流动。

注：压边力大小与试样尺寸有关，例如对于 150 mm×150 mm 的试样，压边力不应小于 50 kN。如果压边圈下方的试样材料发生变形流动，试验无效。

9.4 启动试验机把锥头凸模压入试样上的圆孔，锥头凸模运动速度不应大于 1 mm/s。

9.5

观察到试样孔缘(竖缘)即将发生开裂的征兆，应立即减慢锥头凸模运动速度，以准确捕捉试样孔缘(竖缘)发生开裂的瞬间时刻，即保证试验停机时，试样孔缘(竖缘)变形状态恰处开裂时刻。

9.6 发现试样孔缘(竖缘)发生开裂，立即停机，打开模具取出试样，使用合适的量具且避开裂纹从两个相互垂直的方向测量已经开裂的试样孔径 D_h[参见图 2b)]，测量精度应达到 0.05 mm。

注：对于某些品种或等级的金属薄板，当锥头凸模的圆柱部分压入试样圆孔后，若孔缘(竖缘)仍未发生开裂，则试验无效，需加大锥头凸模的圆柱直径继续试验，对此要求试验装置具有更换凸模的结构或机构、且同时具有多

种直径规格的锥头凸模备用。此外，经试验委托和承接双方协商同意，也可对试样采用减小冲孔直径的方法解决这一问题。

10 试验计算

10.1 按10.2～10.4规定计算极限扩孔率λ。

10.2 按9.6测量的试样两处孔径计算其平均值。

10.3 对每一次重复试验均计算出试样孔缘(竖缘)开裂时的孔径平均值，计算结果精确到0.01 mm；使用每次重复试验计算出的孔径平均值，按式(2)分别计算它们的极限扩孔率。

$$\lambda=\frac{D_{\mathrm{h}}-D_0}{D_0}\times 100 \qquad \cdots\cdots(2)$$

式中：

λ——极限扩孔率，单位为百分数(%)；

D_0——试样上冲制圆孔的原始直径，单位为毫米(mm)；

D_{h}——试样孔缘(竖缘)开裂时的圆孔直径，单位为毫米(mm)。

10.4 取所有重复试验的λ计算平均极限扩孔率$\bar{\lambda}$，并按GB/T 19764修约计算结果。

11 试验报告

试验报告应包括以下主要内容：

a) 试验方法；

b) 试样的牌号、规格和状态；

c) 试样厚度；

d) 环境温度；

e) 试验结果(极限扩孔率)；

f) 与本部分规定不符的或变异的技术内容(应获试验委托和承接双方协议认可)。

附 录 A
（规范性附录）
圆柱凸模扩孔试验

A.1 范围

以下规定适用于厚度 0.20 mm～ 4.00 mm 的金属薄板使用圆柱凸模进行扩孔试验的方法。

A.2 符号、名称和单位

符号、名称和单位见表 A.1。

表 A.1

符号	名　称	单位
λ	极限扩孔率	%
D_d	凹模内径	mm
d_0'	导销直径	mm
r_d	凹模圆角半径	mm
r_p	凸模圆角半径	mm
F_c	压边力	N
F_p	凸模力	N
d_p	凸模直径	mm
D_0	试样上预制圆孔的初始直径	mm
t	试样厚度	mm
D_h	试样孔缘开裂时的圆孔直径	mm
d_s	试样直径	mm
l_s	试样边长	mm
D_{hmax}	孔缘开裂时孔径的最大值	mm
D_{hmin}	孔缘开裂时孔径的最小值	mm
$\overline{D}_h$	预制圆孔胀裂后的平均直径	mm
$\bar{\lambda}$	平均极限扩孔率	%
n	重复试验的次数	
i	各次试验得到的极限扩孔率角标，$i=1,2,3,\cdots\cdots$	

A.3 试验原理

试验时，将中心带有预制圆孔的试样置于凹模与压边圈之间压牢，启动凸模运动并将其下方的试样材料压入凹模，迫使预制圆孔直径不断胀大（图 A.1），直至孔缘局部发生开裂停止凸模运动测量试样孔径的最大值和最小值，用它们计算极限扩孔率 λ 作为金属薄板的扩孔性能指标。

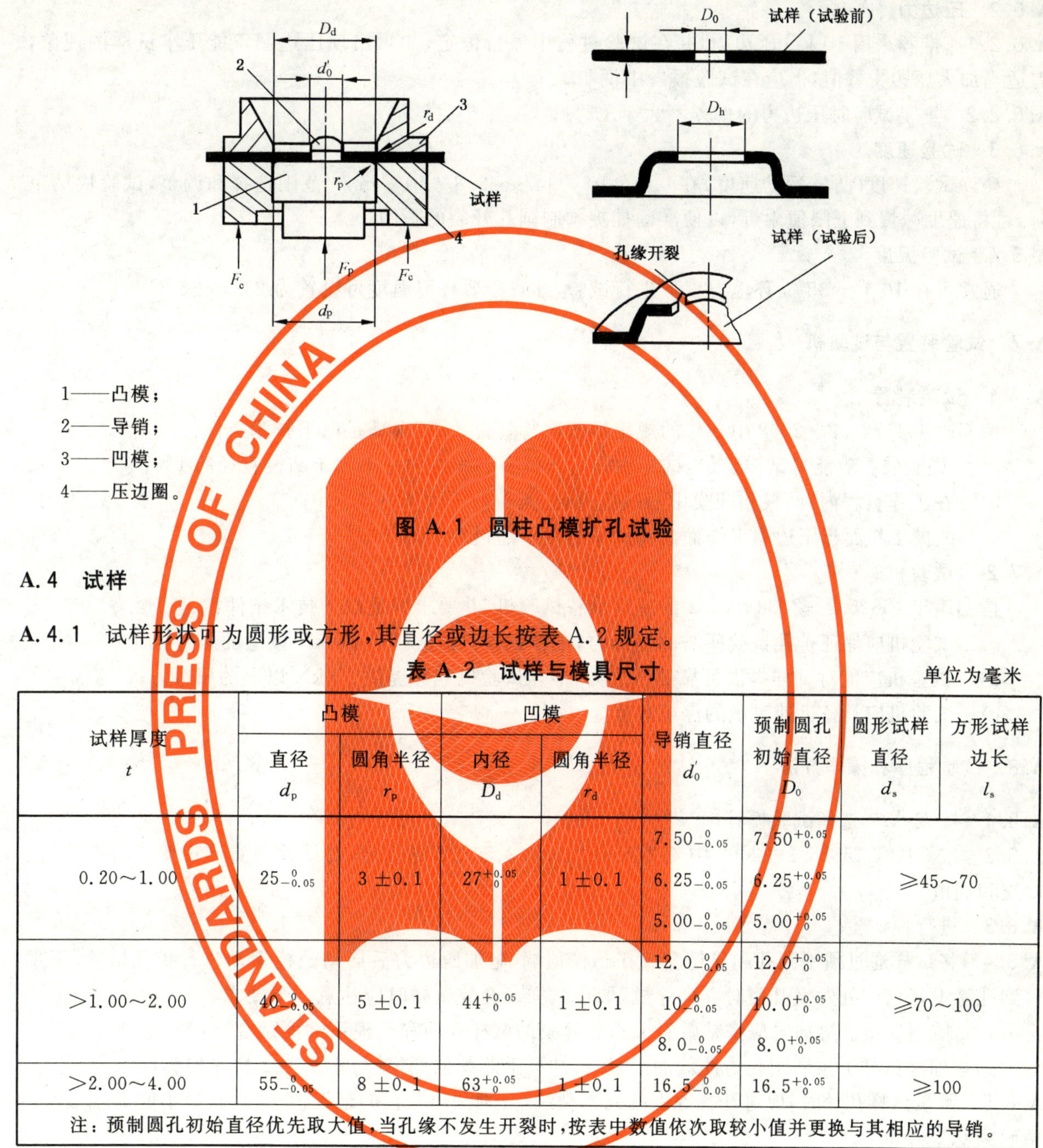

1——凸模；
2——导销；
3——凹模；
4——压边圈。

图 A.1　圆柱凸模扩孔试验

A.4　试样

A.4.1　试样形状可为圆形或方形，其直径或边长按表 A.2 规定。

表 A.2　试样与模具尺寸

单位为毫米

试样厚度 t	凸模		凹模		导销直径 d_0'	预制圆孔初始直径 D_0	圆形试样直径 d_s	方形试样边长 l_s
	直径 d_p	圆角半径 r_p	内径 D_d	圆角半径 r_d				
0.20～1.00	$25_{-0.05}^{0}$	3 ±0.1	$27_{0}^{+0.05}$	1 ±0.1	$7.50_{-0.05}^{0}$ $6.25_{-0.05}^{0}$ $5.00_{-0.05}^{0}$	$7.50_{0}^{+0.05}$ $6.25_{0}^{+0.05}$ $5.00_{0}^{+0.05}$	≥45～70	
>1.00～2.00	$40_{-0.05}^{0}$	5 ±0.1	$44_{0}^{+0.05}$	1 ±0.1	$12.0_{-0.05}^{0}$ $10_{-0.05}^{0}$ $8.0_{-0.05}^{0}$	$12.0_{0}^{+0.05}$ $10.0_{0}^{+0.05}$ $8.0_{0}^{+0.05}$	≥70～100	
>2.00～4.00	$55_{-0.05}^{0}$	8 ±0.1	$63_{0}^{+0.05}$	1 ±0.1	$16.5_{-0.05}^{0}$	$16.5_{0}^{+0.05}$	≥100	
注：预制圆孔初始直径优先取大值，当孔缘不发生开裂时，按表中数值依次取较小值并更换与其相应的导销。								

A.4.2　根据表 A.2，按 GB/T 15825.2—2008 中第 3 章的规定准备试样，并记录试样的实测厚度。

A.5　模具

A.5.1　凸模和凹模的工作尺寸按表 A.2 规定。

A.5.2　凸模上的圆柱导销头部需设计为半球状或抛物线状(图 A.1)，圆柱部分直径按表 2 选择，高度应大于试样厚度。

A.5.3　按 GB/T 15825.2—2008 中 4.1 的规定准备模具。

A.6　试验条件

A.6.1　润滑

按 GB/T 15825.2—2008 中第 6 章 的规定，推荐使用 2 号、3 号和 4 号润滑剂对试样进行润滑。

A.6.2 压边力

A.6.2.1 推荐采用10 kN压边力,并在试验过程中保持恒定,如果出现压边圈不能压牢试样的现象,需适当加大压边力数值,但应在试验报告中说明。

A.6.2.2 重复试验时压边力的偏差不大于±5%。

A.6.3 试验速度

允许试验速度(凸模运动速度)在0.8×10^{-4} m/s~3.3×10^{-4} m/s范围选择和调整,试验快结束时,可将速度减慢到下限值附近,以便准确捕捉预制圆孔开裂的瞬间。

A.6.4 试验温度

通常可在10 ℃~35 ℃环境温度下进行试验,如有必要环境温度可设置为23 ℃±5 ℃。

A.7 试验装置与试验机

A.7.1 试验装置

按GB/T 15825.2—2008中5.1的规定准备试验装置,并要求满足以下技术条件:

a) 试验装置应能对试样定位,试样中心与凸模中心线的偏差不大于凸模直径的1%;

b) 在工作行程内,凸模和凹模中心线应重合,其偏差不大于0.1 mm;

c) 凹模工作面与压边圈工作面之间的平行度不超过0.05 mm。

A.7.2 试验机

按GB/T 15825.2—2008中5.2的规定准备试验机,并要求满足以下技术条件:

a) 试验机应保证扩孔试验所需的变形力,推荐试验机能够提供60 kN以上的压力;

b) 试验机应能对试样提供可靠的压边力,推荐试验机能够提供20 kN以上的压边力;

c) 试验机应具备迅速灵敏的停机装置。

A.8 试验程序和操作方法

A.8.1 按表A.2选择试验模具。

A.8.2 按GB/T 15825.2—2008中4.2、5.1.2、5.2.2、5.2.3的规定,对试验装置和试验机进行清洗、检查和润滑。

A.8.3 进行预试验。

A.8.4 将试样通过预制圆孔和导销套放在凸模顶端,施加压边力后启动凸模运动进行扩孔试验,至观察到孔缘上任何一处发生开裂时立即停机,取出试样。套放试样时应注意以下要求:

a) 使用4号润滑剂时应将粘敷有聚乙烯薄膜的试样表面和凸模顶端面贴合;

b) 如果试样上预制圆孔为冲裁加工,应将冲孔毛刺朝向凹模(与正文图2情况相似)。

A.8.5 测量试样孔径时,应避开孔缘上的局部裂纹,分别测出孔径的最大值D_{hmax}和最小值D_{hmin},测量精确到0.05 mm。

A.8.6 对于同种材料进行10次有效重复试验。

A.8.7 出现下述任一情况试验无效:

a) 预制圆孔胀大后,明显偏离试样中心;

b) 试样起皱;

c) 孔缘裂纹沿试样边缘缺陷或伤痕方向发展。

A.9 试验计算

A.9.1 按式(A.1)计算孔缘开裂时的平均直径,计算结束保留一位小数。

$$\overline{D}_h=\frac{1}{2}(D_{hmax}+D_{hmin}) \quad \cdots\cdots(A.1)$$

A.9.2 按式(A.2)计算极限扩孔率 λ。

$$\lambda = \frac{\overline{D}_h - D_0}{D_0} \times 100 \qquad \cdots\cdots(A.2)$$

A.9.3 按式(A.3)计算平均极限扩孔率 $\overline{\lambda}$。

$$\overline{\lambda} = \frac{1}{n}\sum_{i=1}^{n}\lambda_i \qquad \cdots\cdots(A.3)$$

注：试验结果分散性比较大时，允许计算时除去两个数值过大的试验结果。

A.9.4 对式(A.2)和式(A.3)计算的计算结果均修约到1%的整数倍。

A.10 试验报告

A.10.1 试验报告格式自行设计。

A.10.2 试验报告应包括以下主要内容：

a) 试验材料的规格、牌号和状态；

b) 试样实测厚度；

c) 试验方法；

d) 试样：包括试样直径(或边长)、预制圆孔初始直径；

e) 模具：包括凸模直径、凹模内径、导销直径，以及凸模、凹模、导销和压边圈的材料及硬度；

f) 试验条件：包括试样的润滑剂、润滑方法、压边力、试验速度和室温状态等；

g) 试验记录和计算结果：包括试样孔缘开裂时的孔径最大值、最小值、平均值，以及每个试样的极限扩孔率和所有试样的平均极限扩孔率等；

h) 试验日期。

ICS 77.040.10
J 32

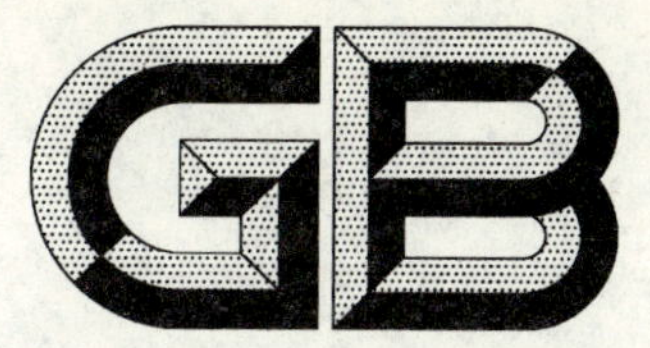

中华人民共和国国家标准

GB/T 15825.5—2008
代替 GB/T 15825.5—1995

金属薄板成形性能与试验方法 第5部分：弯曲试验

Sheet metal formability and test methods—
Part 5: Bending test

2008-12-23 发布　　2009-06-01 实施

中华人民共和国国家质量监督检验检疫总局
中国国家标准化管理委员会　发布

前　言

GB/T 15825《金属薄板成形性能与试验方法》分为8个部分：

——第1部分：成形性能和指标；

——第2部分：通用试验规程；

——第3部分：拉深与拉深载荷试验；

——第4部分：扩孔试验；

——第5部分：弯曲试验；

——第6部分：锥杯试验；

——第7部分：凸耳试验；

——第8部分：成形极限图(FLD)测定指南。

本部分是GB/T 15825的第5部分。

本部分代替GB/T 15825.5—1995《金属薄板成形性能与试验方法　弯曲试验》。

本部分与GB/T 15825.5—1995相比，主要变化如下：

——增加了“前言”；

——在“2　规范性引用文件”中增加了引导性文字；

——修改了图1和图2的名称；

——增加了表2的名称；

——将7.1.1～7.1.6修改为列项a)～f)；

——将7.2.1的内容添加到7.2的悬置行中，并修改了该悬置行的语句；

——将7.2.2、7.2.3、7.2.4、7.2.5分别修改为列项a)～d)；

——增加了“8　试验温度”；

——删除9.5，其后的条款编号依次向前递推；

——删除表3下面的“注”；

——把附录A的名称修改为“对弯曲试验的说明”；

——修改了附录A.1的内容；

——修改了图A.2的名称；

——除以上修改外，还对原标准中的一些文字、图题格式和列项编号进行了编辑性修改。

本部分的附录A为资料性附录。

本部分由中国机械工业联合会提出。

本部分由全国锻压标准化技术委员会归口。

本部分起草单位：武汉理工大学、郑州大学、东风汽车模具冲压有限公司。

本部分主要起草人：姜奎华、曹宏深、华林、李建华、黄尚宇、毛华杰。

本部分所代替标准的历次版本发布情况为：

——GB/T 15825.5—1995。

金属薄板成形性能与试验方法
第5部分：弯曲试验

1 范围

GB/T 15825的本部分规定了以最小相对弯曲半径为指标的金属薄板弯曲成形性能试验方法。

本部分适用于厚度0.30 mm～4.00 mm的金属薄板。

2 规范性引用文件

下列文件中的条款通过GB/T 15825的本部分的引用而成为本部分的条款。凡是注日期的引用文件，其随后所有的修改单(不包括勘误的内容)或修订版均不适用于本部分，然而，鼓励根据本部分达成协议的各方研究是否可使用这些文件的最新版本。凡是不注日期的引用文件，其最新版本适用于本部分。

GB/T 15825.2—2008　金属薄板成形性能与试验方法　第2部分：通用试验规程

3 符号、名称和单位

本部分所用的符号、名称和单位见表1。

表1　符号、名称和单位

符号	名　称	单位
F_w	弯曲力	N
R_p	凸模(或垫模)底部弧面半径	mm
t	试样厚度	mm
r_d	凹模口部圆角半径	mm
α	弯曲角	(°)
L	凹模开度	mm
t_p	垫模厚度	mm
R	弯曲半径	mm
θ	取样角	(°)
t_0	板料基本厚度	mm
R_{min}	最小弯曲半径	mm
R_{pf}	试样变形区外侧表面出现裂纹或显著凹陷时所用的凸模底部弧面半径或所用垫模厚度的二分之一	mm
R_{min}/t	最小相对弯曲半径	
$\bar{R}_{min}/t$	平均最小相对弯曲半径	
$(R_{min}/t)_i$	每次试验得到的最小相对弯曲半径，角标 $i=1,2,3\cdots\cdots$	
n	有效重复试验次数	
F_c	压边力	N

4 试验原理

本试验采用一系列具有不同底部弧面半径的凸模(或不同厚度的垫模),将试样按照规定的弯曲角成形(图1、图2)后,检查其变形区外侧表面(检查方法见附录A中的A.1),将该表面不产生裂纹或显著凹陷时的最小相对弯曲半径作为金属薄板的弯曲成形性能指标。

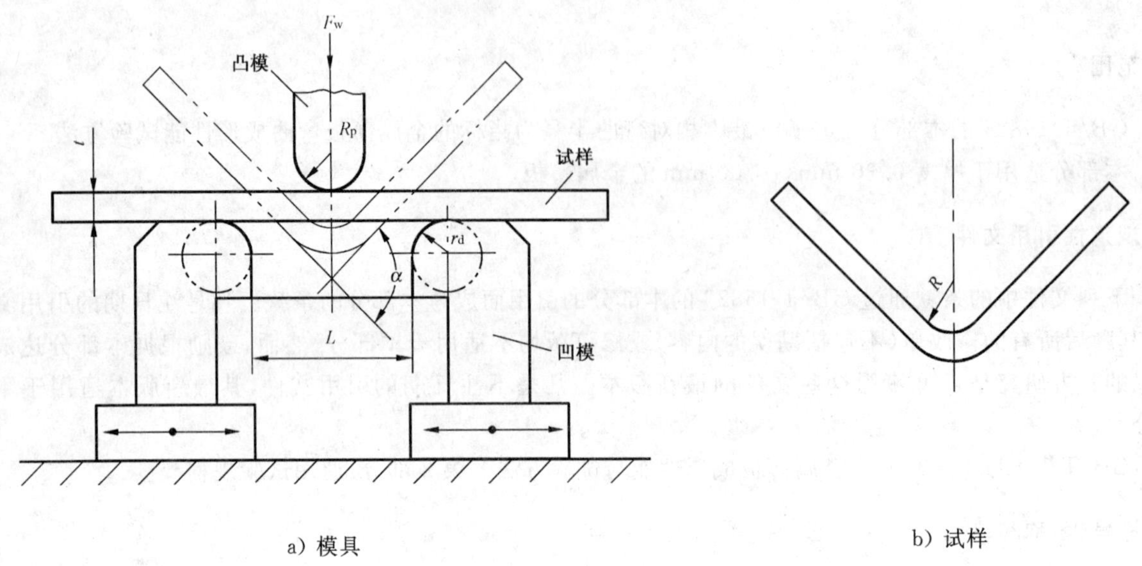

图1 压弯试验

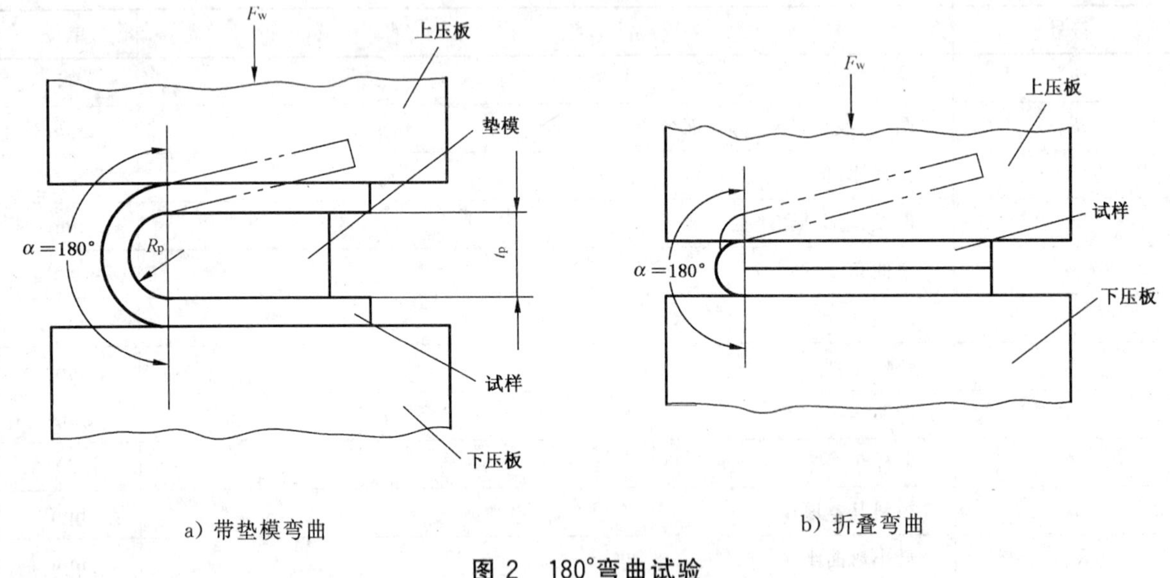

图2 180°弯曲试验

5 试样

5.1 本试验采用条形试样,其宽度应大于10倍板料基本厚度,但不应小于20 mm,且长度应保证试样可弯成“V”形或“U”形。

5.2 推荐使用宽度50 mm±0.5 mm,长度150 mm±2.0 mm的条形试样。

5.3 试样长度方向垂直于轧制方向(取样角$\theta=90°$),如有特殊要求,允许取样角改用其他数值,但应在试验报告中注明。

5.4 按GB/T 15825.2—2008中第3章的规定准备试样,特别要求逐个测量试样厚度,并按试样正反两面分组编号,同时记录试样实测厚度。

6 模具

6.1 按 GB/T 15825.2—2008 中第 4 章的规定准备模具。

6.2 凸模、垫模和凹模的宽度均应大于试样宽度。

6.3 凹模口部圆角半径 r_d(图 1)取为 10 mm。

注:凹模口部亦可设计成半径为 r_d 的可转动圆柱体。

6.4 凸模底部弧面半径 R_p(图 1),原则上以每间隔 0.1 mm 为一级规格,制造公差范围±0.01 mm。为了减少试验工作量,推荐采用表 2 所列凸模规格。

6.5 180°弯曲所用垫模厚度[图 2a)],原则上以每间隔 0.2 mm 为一级规格,制造公差范围±0.01 mm。为了减少试验工作量,推荐将表 2 所列数据增大一倍作为垫模厚度,即 $t_p=2R_p$。

表 2 凸模规格

单位为毫米

组号	凸模底部弧面半径 R_p
Ⅰ	0.1,0.2,0.3,0.4,0.5,0.6,0.7,0.8,0.9,1.0,1.1,1.2,1.3,1.4,1.5
Ⅱ	1.6,1.8,2.0
Ⅲ	2.2,2.5
Ⅳ	2.8,3.2
Ⅴ	由 3.2 mm 起始按级差 0.4 mm 连续或隔级选取

7 试验装置与试验机

7.1 试验装置

按 GB/T 15825.2—2008 中 5.1 规定准备试验装置,要求满足下述技术条件:

a) 试验装置应能方便、快速地更换凸模;

b) 在工作行程内,凸模与凹模对中,偏差不大于 0.1 mm;

c) 试验装置应能对试样准确定位;

d) 试验装置应能调整凹模开度 L(图 1),并在调整后能够锁紧,以保证 L 在试验过程中不发生变化;

e) 调整凹模开度 L 时,按式(1)、式(2)计算其数值,计算结果保留两位小数:

弯曲角 $\alpha \neq 180°$时,$L=2R_p+3t_o \pm t_o/2$ ……………………………(1)

弯曲角 $\alpha=180°$时,$L=2R_p+2t_o \pm t_o/2$ ……………………………(2)

f) 试验装置在工作时不应发生倾斜、偏移和振动。

7.2 试验机

按 GB/T 15825.2—2008 中 5.2 规定可以使用材料试验机或油压机等设备,并参考下述技术条件:

a) 试验机应保证弯曲变形所需的工作载荷;

b) 试验机工作速度$(0.8\sim3.3)\times10^{-4}$ m/s;

c) 试验机检测装置能显示凸模运动行程,显示误差不大于 0.1 mm;

d) 试验机与试验装置可配有适当的测量装置,以便直接读取弯曲角数值。

8 试验温度

通常可在 10 ℃~35 ℃温度环境下进行试验,如有必要亦可把温度环境设置为 23 ℃±5 ℃。

9 试验程序和操作方法

9.1 试验前，按 GB/T 15825.2—2008 中 4.2、5.1.2、5.2.2 和 5.2.3 规定，对模具、试验装置和试验机进行清洗、检查和润滑。

9.2 每次试验前，可用全损耗系统用油 L-AN100 对凹模口部圆角区域进行适当润滑。

9.3 调整凹模开度，调整后锁紧。

9.4 按规定的弯曲角，用图 1 或图 2 所示方法，由大到小选择凸模或垫模规格，逐次对试样进行弯曲试验(其他试验方法见附录 A)，直到试样变形区外侧表面在 5 倍放大镜下出现裂纹或显著凹陷时为止。开始试验选用的凸模或垫模规格可根据经验确定。

9.5 使用图 1 压弯试验方法时，如果最小规格的凸模或垫模仍不能使试样变形区外侧表面产生裂纹或显著凹陷，可改变试样弯曲角度或对试样进行图 2b)所示 180°折叠弯曲，但应在试验报告中说明。

9.6 如果凸模刚度允许，可使用图 1 压弯试验方法直接对试样进行 180°弯曲，且凹模开度按式(2)确定。

9.7 不能用压弯试验方法进行 180°弯曲时，应先将试样压弯到一定角度，然后将其移至上、下两块压板之间进行 180°弯曲(图 2)。

9.8 对同种材料正、反两面分别进行 3 次以上有效重复试验。

9.9 变形区外侧表面无裂纹、但纵向侧边出现裂纹时，试验无效。为避免这种现象，必要时打磨毛刺。

10 弯曲角的测量和最小弯曲半径的确定

10.1 弯曲角在加载条件下测量，允许测量误差±1°。

10.2 试验装置或试验机不带有弯曲角显示装置时，用样板在试验加载过程中测量弯曲角，或将弯曲角换算成凸模行程进行试验控制。

10.3 压弯试验或 180°有垫模弯曲试验时，按式(3)确定最小弯曲半径 R_{min}。

$$R_{min} = R_{pf} + 0.1\ \text{mm} \quad \cdots\cdots (3)$$

10.4 180°无垫模弯曲试验时，按下述原则确定最小弯曲半径：

a) 试样变形区外侧表面在 5 倍放大镜下出现裂纹或显著凹陷时，最小弯曲半径 $R_{min}=0.1$ mm；

b) 试样变形区外侧表面在 5 倍放大镜下无裂纹或显著凹陷时，最小弯曲半径 $R_{min}=0$。

11 试验结果计算

11.1 计算最小相对弯曲半径 R_{min}/t，计算结果保留一位小数。

11.2 计算平均最小相对弯曲半径 $\bar{R}_{min}/t$，计算结果保留一位小数。

12 试验报告

12.1 试验报告的格式自行设计。

12.2 试验报告应包括以下主要内容：

a) 试验材料的规格、牌号和状态；

b) 试样实测厚度；

c) 试验方法；

d) 试样尺寸；

e) 取样角；

f) 弯曲角；

g) 试验条件:试验机类型、试验速度和环境温度等;

h) 试验记录和试验结果(可按表3设计);

i) 试验日期。

表3 试验记录

项目	试样序号						综合平均值
	1		2		3		
	正面	反面	正面	反面	正面	反面	
最小弯曲半径 R_{min}							
最小相对弯曲半径 R_{min}/t							

附 录 A
(资料性附录)
对弯曲试验的说明

A.1 根据国内外弯曲试验标准规定或推荐(见参考文献),主要有下面3种方法可用于检查试样变形区外侧表面是否出现裂纹或显著凹陷:

a) 肉眼观察;

b) 用工具显微镜观察;

c) 用扫描电镜观察。

在上述3种方法中,a)方法粗糙,但工作简单,c)方法虽然可靠性好,但试验成本高或需要投入高额设备经费。基于本部分规定试验目标主要面向冲压成形加工而非材料工程应用,而且按本部分第9章规定的方法确定最小弯曲半径时,已经对材料预留0.1 mm变形裕度,所以本部分在a)方法基础上规定使用5倍放大镜肉眼观察。

A.2 弯曲试验除图1和图2所示方法外,还可采用图A.1和图A.2所示方法。

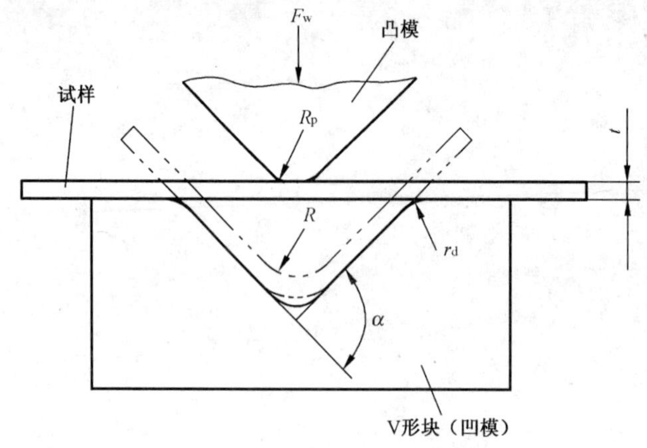

图 A.1 "V"形块弯曲

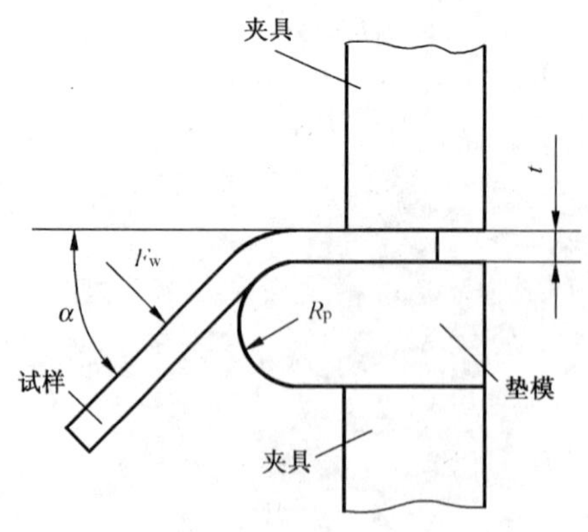

图 A.2 卷弯

ICS 77.040.10
J 32

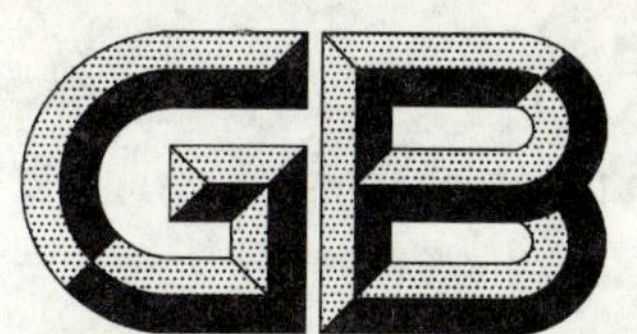

中华人民共和国国家标准

GB/T 15825.6—2008
代替 GB/T 15825.6—1995

金属薄板成形性能与试验方法 第6部分:锥杯试验

Sheet metal formability and test methods—
Part 6:Conical cup test

2008-12-23 发布 2009-06-01 实施

中华人民共和国国家质量监督检验检疫总局
中国国家标准化管理委员会 发布

前　言

GB/T 15825《金属薄板成形性能与试验方法》分为8个部分：

——第1部分：成形性能和指标；

——第2部分：通用试验规程；

——第3部分：拉深与拉深载荷试验；

——第4部分：扩孔试验；

——第5部分：弯曲试验；

——第6部分：锥杯试验；

——第7部分：凸耳试验；

——第8部分：成形极限图(FLD)测定指南。

本部分是GB/T 15825的第6部分。

本部分代替GB/T 15825.6—1995《金属薄板成形性能与试验方法　锥杯试验》。

本部分与GB/T 15825.6—1995相比，主要变化如下：

——增加了“前言”；

——在“2　规范性引用文件”中增加了引导性文字；

——删除了原标准中的6.4、6.5和表3；

——增加了7.3；

——将原标准附录A的名称修改为“相对锥杯值的计算”；

——对原标准中的一些文字、图题格式和列项编号进行了编辑性修改。

本部分的附录A为资料性附录。

本部分由中国机械工业联合会提出。

本部分由全国锻压标准化技术委员会归口。

本部分起草单位：武汉理工大学、郑州大学、东风汽车模具冲压有限公司。

本部分主要起草人：姜奎华、曹宏深、华林、黄尚宇、毛华杰、李建华。

本部分所代替标准的历次版本发布情况为：

——GB/T 15825.6—1995。

金属薄板成形性能与试验方法 第6部分:锥杯试验

1 范围

GB/T 15825的本部分规定了以锥杯值为指标的金属薄板“拉深+胀形”复合成形性能试验方法。

本部分适用于厚度为0.50 mm~1.60 mm的金属薄板,经有关方面协商,可适当扩大板厚适用范围。

2 规范性引用文件

下列文件中的条款通过GB/T 15825的本部分的引用而成为本部分的条款。凡是注日期的引用文件,其随后所有的修改单(不包括勘误的内容)或修订版均不适用于本部分,然而,鼓励根据本部分达成协议的各方研究是否可使用这些文件的最新版本。凡是不注日期的引用文件,其最新版本适用于本部分。

GB/T 308 滚动轴承 钢球(GB/T 308—2002,ISO 3290:1998,Rolling bearings—Ball—Dimensions and tolerances,NEQ)

GB/T 15825.2—2008 金属薄板成形性能与试验方法 第2部分:通用试验规程

3 符号、名称和单位

本部分所使用的符号、名称和单位见表1。

表1 符号、名称和单位

符 号	名 称	单 位
D_{max}	锥杯底部侧壁破裂时,其口部的最大外径	mm
D_{min}	锥杯底部侧壁破裂时,其口部的最小外径	mm
CCV	锥杯值	mm
η	相对锥杯值	
F_p	凸模力	N
d_p	凸模杆直径	mm
D_p	钢球直径	mm
D_0	试样直径	mm
D_d	凹模孔直端直径	mm
r_d	凹模圆角半径	mm
γ	凹模孔锥角	(°)
h_d	凹模孔直端有效高度	mm
h'_d	凹模孔直端开口高度	mm
D	锥杯口外径	mm
$\overline{D}_{max}$	锥杯口平均最大外径	mm

表 1（续）

符 号	名 称	单 位
$\overline{D}_{min}$	锥杯口平均最小外径	mm
$\overline{CCV}$	平均锥杯值	mm
n	有效重复试验次数	
CCV_i	每次试验得到的锥杯值，角标 $i=1,2,3,\cdots\cdots$	mm
$\overline{\eta}$	平均相对锥杯值	
η_i	每次试验得到的相对锥杯值，角标 $i=1,2,3,\cdots\cdots$	

4 试验原理

试验时，把圆片试样平放到锥形凹模孔内，通过钢球对试样加压，进行锥杯成形（图 1），直到杯底侧壁发生破裂时停机，然后测量锥杯口部的最大外径 D_{max} 和最小外径 D_{min}，并用它们计算锥杯值 CCV 或相对锥杯值 η（见附录 A）作为金属薄板的“拉深＋胀形”复合成形性能指标。

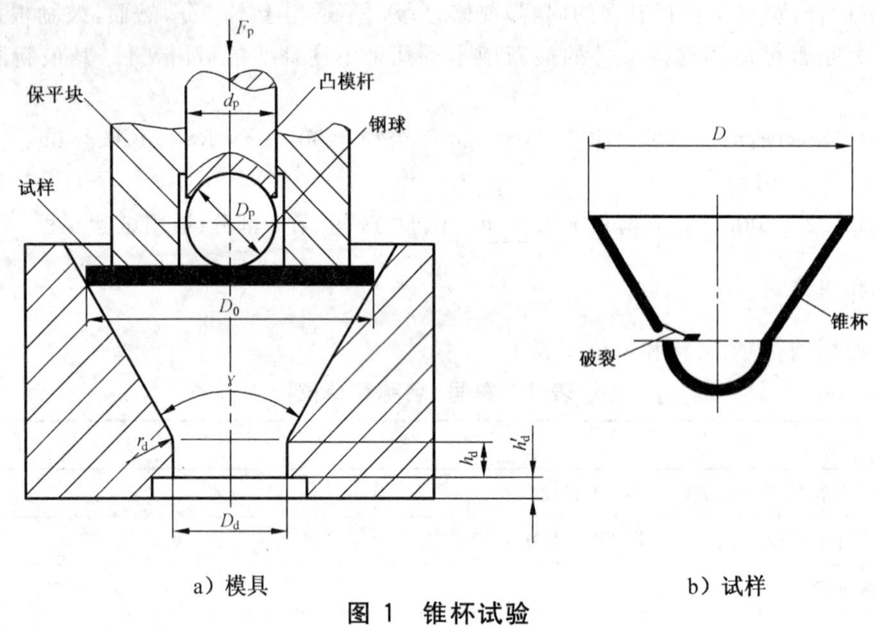

a）模具　　b）试样

图 1 锥杯试验

5 试样

5.1 本试验采用圆片试样，直径按表 2 规定。

5.2 按 GB/T 15825.2—2008 中第 3 章的规定准备试样，并记录试样实测厚度。

表 2 试样与模具工作部分尺寸

名 称	模具类型			
	Ⅰ	Ⅱ	Ⅲ	Ⅳ
	试验厚度			
	0.50 mm～<0.80 mm	0.80 mm～<1.00 mm	1.00 mm～<1.30 mm	1.30 mm～1.60 mm
钢球直径 D_p/mm	12.70	17.46	20.64	26.99
凸模杆直径 d_p/mm	$=D_p$	$=D_p$	$=D_p$	$=D_p$
试样直径 D_0/mm	36±0.02	50±0.02	60±0.02	78±0.02

表 2 (续)

名　称	模具类型			
	Ⅰ	Ⅱ	Ⅲ	Ⅳ
	试验厚度			
	0.50 mm～<0.80 mm	0.80 mm～<1.00 mm	1.00 mm～<1.30 mm	1.30 mm～1.60 mm
凹模孔直端直径 D_d/mm	14.60±0.02	19.95±0.02	24.40±0.02	32.00±0.02
凹模过渡圆角半径 r_d/mm	3.0	4.0	6.0	8.0
凹模孔锥角 γ/(°)	60±0.05	60±0.05	60±0.05	60±0.05
凹模孔直端有效高度 h_d/mm	>20	>20	>25	>25
凹模孔直端开口高度 h'_d/mm	>5	>5	>5	>5

6 模具

6.1 模具工作部分尺寸按表 2 规定。

6.2 按 GB/T 308 规定制备钢球。

6.3 按 GB/T 15825.2—2008 中 4.1 的规定制备凸模杆和凹模。

7 试验条件

7.1 润滑

按 GB/T 15825.2—2008 中第 6 章的规定，推荐使用其中的 1 号、2 号或 3 号润滑剂对试样进行润滑。

7.2 试验速度

本部分对试验速度(凸模运动速度)不作具体规定。

7.3 试验温度

通常可在 10 ℃～35 ℃温度环境下进行试验，如有必要亦可把温度环境设置为 23 ℃±5 ℃。

8 试验装置与试验机

8.1 按 GB/T 15825.2—2008 中 5.1 的规定准备试验装置，要求在工作行程内，钢球中心与凹模中心线的偏差不大于 0.1 mm。

8.2 试验装置应能保证试样进入凹模锥孔时，试样平面与凹模孔中心线垂直，要求试样边缘距凹模端面的高度差不超过 0.2 mm。

8.3 如果试验装置不能保证 8.2 的规定，则必须在开机前使用一定重量的定位保平块(见图 1)压迫试样平面与凹模孔中心线垂直。

8.4 按 GB/T 15825.2—2008 中 5.2 的规定准备试验机。

9 试验程序和操作方法

9.1 根据试样厚度按表 2 选择试验模具。

9.2 按 GB/T 15825.2—2008 中 4.2、5.1.2、5.2.2 和 5.2.3 的规定，对模具、试验装置和试验机进行清洗、检查和润滑。

9.3 进行预试验。

9.4 将试样平放在凹模孔内，启动试验装置进行锥杯成形，直至杯底侧壁发生破裂为止。

9.5 对同种材料进行 6 次有效重复试验。

9.6 出现下述任一情况，试验无效：

a) 锥杯形状明显不对称；

b) 锥杯口部起皱；

c) 锥杯底部进入凹模直端部分后发生破裂或仍未发生破裂。

9.7 以锥杯口处相对的两个凸耳峰点为基准测量锥杯口在此处的最大外径 D_{max}；以锥杯口处相对的两个凸耳谷底为基准测量锥杯口在此处的最小外径 D_{min}（见图 2），测量工具的精度不低于 0.05 mm。

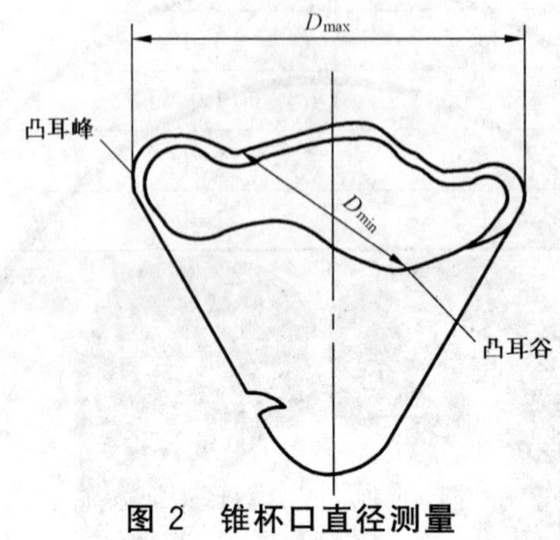

图 2 锥杯口直径测量

10 试验结果和计算

10.1 按每个试样的实测点数分别计算锥杯口最大外径和最小外径的算术平均值 $\overline{D}_{max}$ 和 $\overline{D}_{min}$，计算结果保留一位小数。

10.2 按式(1)计算每个试样的锥杯值 CCV，计算结果保留一位小数。

$$\mathrm{CCV} = \frac{1}{2}(\overline{D}_{max} + \overline{D}_{min}) \qquad \cdots\cdots(1)$$

10.3 按式(2)计算重复试验得到的平均锥杯值 $\overline{CCV}$，计算结果保留一位小数。

$$\overline{\mathrm{CCV}} = \frac{1}{n}\sum_{i=1}^{n}\mathrm{CCV}_i \qquad \cdots\cdots(2)$$

11 试验报告

11.1 试验报告的格式自行设计。

11.2 试验报告应包括下述主要内容：

a) 试验材料的规格、牌号和状态；

b) 试样实测厚度；

c) 试验方法；

d) 试样尺寸；

e) 模具：包括钢球直径、凹模孔直径，钢球和凹模的材料及硬度；

f) 试验条件：包括试样的润滑剂、润滑方法、试验速度和环境温度等；

g) 试验机；

h) 试验记录和试验结果：包括锥杯底部侧壁破裂时的口部最大外径及其平均值、最小外径及其平均值，以及每个试样的锥杯值和所有试样的平均锥杯值等；

i) 试验日期。

附　录　A
（资料性附录）
相对锥杯值的计算

A.1　GB/T 15825 的本部分是参考 JIS Z2249—1963《圆锥杯试验方法》编制的，CCV 是 JIS Z2249 规定的试验检测指标。为了减小试验检测指标的离散性，国际深拉深研究会（The International Deep Drawing Research Group，IDDRG）推荐使用相对锥杯值 η 作为试验检测指标，并按式（A.1）计算，计算结果保留 3 位小数。

$$\eta = \frac{D_0 - \mathrm{CCV}}{D_0} \qquad \cdots\cdots(\mathrm{A.1})$$

A.2　按式（A.2）计算平均相对锥杯值 $\bar{\eta}$，计算结果保留 3 位小数。

$$\bar{\eta} = \frac{1}{n}\sum_{i=1}^{n}\eta_i \qquad \cdots\cdots(\mathrm{A.2})$$

A.3　如果使用的试验机带有示力装置，锥杯试验所用的凸模力也可作为参考试验结果列入试验报告。

参 考 文 献

［1］ JIS Z2249—1963 圆锥杯试验方法.

ICS 77.040.10
J 32

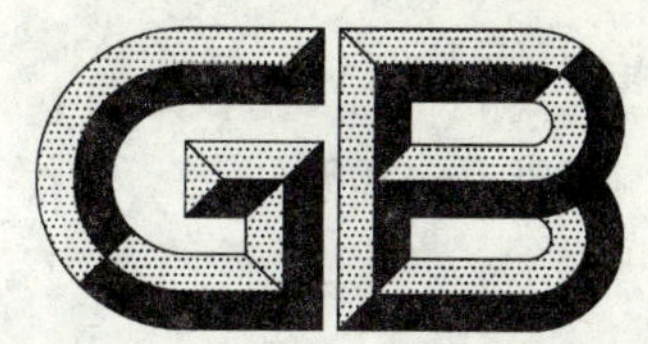

中华人民共和国国家标准

GB/T 15825.7—2008
代替 GB/T 15825.7—1995

金属薄板成形性能与试验方法 第7部分:凸耳试验

Sheet metal formability and test methods—
Part 7:Earing test

2008-12-23 发布　　2009-06-01 实施

中华人民共和国国家质量监督检验检疫总局
中国国家标准化管理委员会　发布

前　言

GB/T 15825《金属薄板成形性能与试验方法》分为8个部分：

——第1部分：成形性能和指标；

——第2部分：通用试验规程；

——第3部分：拉深与拉深载荷试验；

——第4部分：扩孔试验；

——第5部分：弯曲试验；

——第6部分：锥杯试验；

——第7部分：凸耳试验；

——第8部分：成形极限图(FLD)测定指南。

本部分是GB/T 15825的第7部分。

本部分代替GB/T 15825.7—1995《金属薄板成形性能与试验方法　凸耳试验》。

本部分与GB/T 15825.7—1995相比，主要变化如下：

——增加了“前言”；

——在“2 规范性引用文件”中增加了GB/T 4340.1；

——正文参考ISO 11531:1994《金属材料　凸耳试验》(英文版)的内容，将原标准中的部分试验规定作为本部分的附录A；

——在附录A中对原标准进行了编辑性修改。

本部分的附录A为规范性附录。

本部分由中国机械工业联合会提出。

本部分由全国锻压标准化技术委员会归口。

本部分起草单位：郑州大学、武汉理工大学、华中科技大学、北京航空航天大学、东风汽车模具冲压有限公司、宝山钢铁股份有限公司。

本部分主要起草人：曹宏深、姜奎华、华林、黄尚宇、毛华杰、李志刚、李晓星、李建华、陈新平。

本部分所代替标准的历次版本发布情况为：

——GB/T 15825.7—1995。

金属薄板成形性能与试验方法
第7部分:凸耳试验

1 范围

GB/T 15825 的本部分规定了以凸耳高度和凸耳率 Z_e 为指标的金属薄板塑性平面各向异性试验方法。

本部分适用于厚度 0.10 mm～3.00 mm 的金属薄板。

2 规范性引用文件

下列文件中的条款通过 GB/T 15825 的本部分的引用而成为本部分的条款。凡是注日期的引用文件,其随后所有的修改单(不包括勘误的内容)或修订版均不适用于本部分,然而,鼓励根据本部分达成协议的各方研究是否可使用这些文件的最新版本。凡是不注日期的引用文件,其最新版本适用于本部分。

GB/T 15825.2—2008 金属薄板成形性能与试验方法 第2部分:通用试验规程

GB/T 4340.1 金属维氏硬度试验 第1部分:试验方法(GB/T 4340.1—1999,eqv ISO 6507-1:1997)

3 符号、名称和单位

符号、名称和单位见表1、图1和图2。

表1 符号、名称和单位

符号	名　　称	单位
Z_e	凸耳率(平均凸耳高度与平均凸耳谷高的百分比)	%
h_t	凸耳峰高(凸耳顶峰到拉深杯底外表面的垂直距离)	mm
h_v	凸耳谷高(相邻两个凸耳之间的谷底到拉深杯底外表面的垂直距离)	mm
h_e	凸耳高度(相邻凸耳峰高与凸耳谷高之差)	mm
d_p	凸模直径	mm
r_p	凸模圆角半径	mm
r_d	凹模圆角半径	mm
D_0	试样直径	mm
D_d	凹模内径	mm
t	试样厚度	mm
F_c	压边力	N
F_{cmin}	最小压边力	N
$\overline{h}_t$	平均凸耳峰高	mm
$\overline{h}_v$	平均凸耳谷高	mm

表 1（续）

符号	名　　称	单位
h_{ti}	试样上每一个凸耳特征的峰高，角标 i 是凸耳峰高序号，$i=1,2,3,\cdots\cdots$	mm
h_{vj}	试样上每一个凸耳特征的谷高，角标 j 是凸耳谷高序号，$j=1,2,3,\cdots\cdots$	mm
$\overline{h}_e$	平均凸耳高度	mm
h_{emax}	最大凸耳高度	mm
h_{tmax}	最大凸耳峰高	mm
h_{vmin}	最小凸耳谷高	mm
α_i	凸耳峰方位角，角标 i 是凸耳峰序号，$i=1,2,3,\cdots\cdots$	（°）
β_j	凸耳谷方位角，角标 j 是凸耳谷序号，$j=1,2,3,\cdots\cdots$	（°）

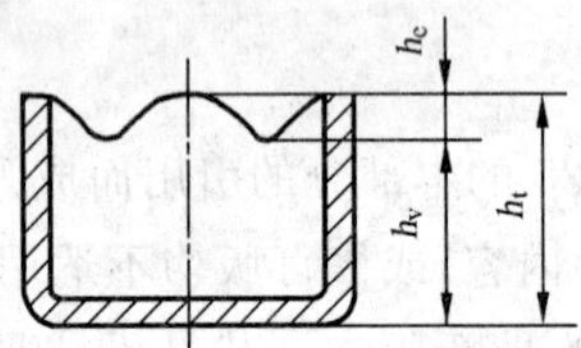

图 1　凸耳特征（拉深杯体截面）

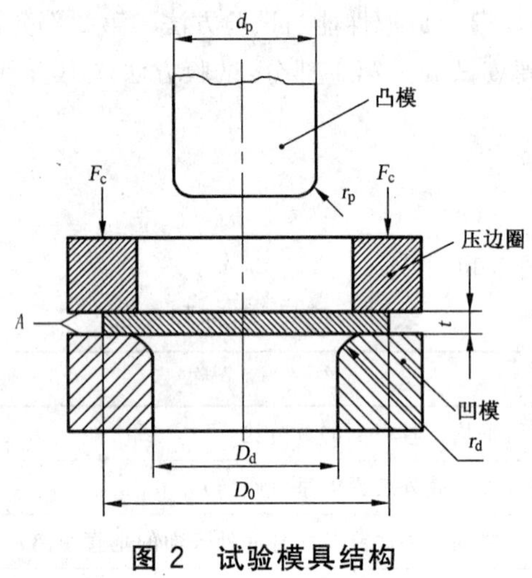

图 2　试验模具结构

4　试验原理

试验时，将圆片试样压置于凹模与压边圈之间，通过凸模对试样进行拉深，将其成形为一个空心圆形杯体（图 1）。试验结束后，测定杯口处凸耳的各项特性指标，并计算凸耳率作为评定金属薄板塑性平面各向异性程度的指标。

5　试验装置与试验机

5.1　试验所需的通用模具结构如图 2 所示。凸模轴线应与压边圈和试样对中，试验机通过压边圈施加的压边力不应引起拉深凸耳部位的厚度减薄，凸、凹模间隙应避免因其数值过小导致试验过程（尤其在凸耳部位）出现变薄拉深。

5.2　试验机应能控制拉深速度和压边力大小。

5.3　试验机应配有试样定位装置，以避免试验机的压力中心与试样中心偏移。

5.4　根据金属薄板的厚度，可按表2选用凸、凹模尺寸和技术要求。经试验委托和承接双方协商，也可对凸、凹模尺寸及其技术要求另行规定(见附录A)。

注：表2为通用技术规范，并非对所有材料都适合，必要时用户可根据金属薄板的材料性质设计凸、凹模尺寸。

表2　凸模、凹模的工作尺寸和技术要求

<table>
<tr><th rowspan="2">试样厚度 t/mm</th><th colspan="2">凹模内径 D_d/mm</th><th colspan="2">凹模圆角半径 r_d/mm</th><th rowspan="2">凹模和压边圈工作面 A 的表面粗糙度 Ra/μm</th></tr>
<tr><th>d_p=33 mm</th><th>d_p=50 mm</th><th>d_p=33 mm</th><th>d_p=50 mm</th></tr>
<tr><td>0.1≤t≤0.2</td><td>33.44</td><td>50.44</td><td>$2.0_{-0.2}^{0}$</td><td>$2.5_{-0.2}^{0}$</td><td>0.1</td></tr>
<tr><td>0.2<t≤0.4</td><td>33.88</td><td>50.88</td><td>$2.5_{0}^{+0.2}$</td><td>$3.0_{0}^{+0.2}$</td><td>0.1</td></tr>
<tr><td>0.4<t≤0.8</td><td>34.76</td><td>51.76</td><td>$3.5_{0}^{+0.2}$</td><td>4.5±0.1</td><td>0.8</td></tr>
<tr><td>0.8<t≤1.6</td><td>36.52</td><td>53.52</td><td>$5.0_{0}^{+0.2}$</td><td>6.5±0.1</td><td>0.8</td></tr>
<tr><td>1.6<t≤3.0</td><td>39.60</td><td>56.60</td><td>$7.0_{0}^{+0.2}$</td><td>$9.0_{-0.2}^{0}$</td><td>1.6</td></tr>
<tr><td colspan="6">d_p=33 mm时：r_p=3.3±0.05 mm；
d_p=50 mm时：r_p=5.0±0.05 mm</td></tr>
</table>

5.5　凸、凹模以及压边圈应具有足够的刚度避免试验过程中发生变形。凸、凹模以及压边圈工作表面的维氏硬度不应低于750 HV 30(检测方法按GB/T 4340.1)，表面粗糙度可按表2规定(检测方法参考GB/T 1031)。

6　试样

6.1　试验采用圆片试样，在确保试验过程中拉深杯体底部圆角处不发生破裂的条件下，拉深比尽量取较大值；对于系列试验或对比试验，每次试验的拉深比应相同，推荐取1.8。

6.2　对试样周缘去除毛刺。

6.3　试验前不应对试样锤击或进行冷、热加工。

6.4　试验前应在试样上标记轧制方向。

7　试验程序和操作方法

7.1　试验通常在10 ℃～35 ℃环境温度下进行，如有必要环境温度可设置为23 ℃±5 ℃。

7.2　测量试样厚度，根据试样厚度按5.4规定选用模具，试样厚度的测量精度精确到0.01 mm。

7.3　试验前在试样上下板面均匀涂敷少量润滑剂，润滑剂选用与试样材料性质相关，具体可参考有关标准规范，或按试验委托和承接双方协议规定。

7.4　把试样置于凹模和压边圈之间并保证与它们几何对中，然后施加合理的压边力防止试验过程中试样在拉深凸缘部位起皱，预防拉深起皱所需的压边力应尽量取较小数值。

注：合理的压边力依据经验或经反复调试确定，初始调试压边力可参考表3。

表3　压边力初始调试参考数值

凸模直径 d_p/mm	铝合金薄板/N	钢薄板/N
33	1 000	2 000
50	2 000	4 000

7.5　启动凸模运动把试样拉深成形为直壁圆形杯体。

7.6　出现下述任一情况为试验无效：

a)　凸耳部位出现厚度减薄现象；

b)　拉深杯体出现非圆形状或杯体形状明显不对称；

c) 试样发生破裂、杯体口部或外表具有影响测量凸耳特性指标的皱褶，或出现其他成形缺陷。

7.7 按图1所示测量凸耳峰高和谷高，测量精度应达到±0.05 mm。

7.8 根据试验之前标记的轧制方向，测量凸耳的方位角。

7.9 对同种材料应进行3次以上有效重复试验。

8 试验结果计算

8.1 平均凸耳峰高和平均凸耳谷高分别按式(1)、式(2)计算。

$$\bar{h}_t = \frac{h_{t1} + h_{t2} + h_{t3} + \cdots\cdots}{\text{凸耳峰的数量}} \qquad \cdots\cdots(1)$$

$$\bar{h}_v = \frac{h_{v1} + h_{v2} + h_{v3} + \cdots\cdots}{\text{凸耳谷的数量}} \qquad \cdots\cdots(2)$$

8.2 平均凸耳高度按式(3)计算。

$$\bar{h}_e = \bar{h}_t - \bar{h}_v \qquad \cdots\cdots(3)$$

8.3 最大凸耳高度按式(4)计算。

$$h_{emax} = h_{tmax} - h_{vmin} \qquad \cdots\cdots(4)$$

8.4 凸耳率(凸耳百分数)按式(5)计算。

$$Z_e = \frac{\bar{h}_e}{\bar{h}_v} \times 100 \qquad \cdots\cdots(5)$$

9 试验报告

9.1 试验报告应包含以下基本内容：

a) 试验方法；

b) 环境温度；

c) 试样的牌号、规格和状态；

d) 试样的直径和厚度；

e) 凸、凹模直径；

f) 凸模运动速度；

g) 凸耳的数量及其方位角；

h) 试验结果(按试验委托和承接双方协议要求和其他相关标准规定，根据第8章规定的各种测量和试验结果)；

i) 试验时间。

9.2 试验报告也可包含以下其他内容：

a) 压边力；

b) 试验用润滑剂；

c) 第8章未规定的试验结果。

附　录　A
（规范性附录）
凸耳试验补充规定

以下规定或操作细节可供试验委托和承接双方协商参考。

A.1　试验装置与试验机准备

A.1.1　除第5章的规定外，还可按GB/T 15825.2—2008中4.1规定准备模具。

A.1.2　针对配有32 mm直径凸模的某些专用型商品类成形试验机，可按表A.1选用与凸模配套的系列凹模。

表 A.1　模具工作尺寸

单位为毫米

<table>
<tr><th>试样厚度
t</th><th>凸模直径
d_p</th><th>凸模圆角半径
$r_p \pm 0.05$</th><th>凹模内径
$D_d{}^{+0.05}_{0}$</th><th>凹模圆角半径
$r_d \pm 0.05$</th></tr>
<tr><td>0.10 ～ 0.11</td><td rowspan="20">$32_{-0.05}^{0}$</td><td rowspan="10">2.5</td><td>32.28</td><td rowspan="6">2.5</td></tr>
<tr><td>0.12 ～ 0.14</td><td>32.35</td></tr>
<tr><td>0.15 ～ 0.17</td><td>32.43</td></tr>
<tr><td>0.18 ～ 0.20</td><td>32.50</td></tr>
<tr><td>0.21 ～ 0.24</td><td>32.60</td></tr>
<tr><td>0.25 ～ 0.29</td><td>32.75</td></tr>
<tr><td>0.30 ～ 0.35</td><td>32.90</td><td rowspan="2">3.0</td></tr>
<tr><td>0.36 ～ 0.40</td><td>33.05</td></tr>
<tr><td>0.41 ～ 0.45</td><td>33.20</td><td rowspan="2">4.0</td></tr>
<tr><td>0.46 ～ 0.50</td><td>33.35</td></tr>
<tr><td>0.51 ～ 0.60</td><td rowspan="3">4.0</td><td>33.50</td><td rowspan="2">5.0</td></tr>
<tr><td>0.61 ～ 0.70</td><td>33.80</td></tr>
<tr><td>0.71 ～ 0.80</td><td>34.10</td><td rowspan="2">6.0</td></tr>
<tr><td>0.81 ～ 1.00</td><td rowspan="3">6.0</td><td>34.50</td></tr>
<tr><td>1.01 ～ 1.20</td><td>35.00</td><td rowspan="2">7.0</td></tr>
<tr><td>1.21 ～ 1.40</td><td>35.60</td></tr>
<tr><td>1.41 ～ 1.70</td><td rowspan="2">8.0</td><td>36.30</td><td rowspan="2">8.0</td></tr>
<tr><td>1.71 ～ 2.00</td><td>37.00</td></tr>
<tr><td>2.01 ～ 2.50</td><td rowspan="2">9.0</td><td>38.50</td><td rowspan="2">9.0</td></tr>
<tr><td>2.51 ～ 3.00</td><td>39.80</td></tr>
</table>

A.1.3　对试验装置的具体要求可按GB/T 15825.2—2008中5.1的规定，并要求满足下述技术条件：

a)　试验装置对试样定位时，试样中心与凸模中心线的偏差不应大于0.3 mm；

b)　在工作行程内，凸模与凹模中心线的偏差不应大于0.1 mm；

c)　凹模工作面与压边圈工作面（见图2中的A）之间的平行度不应超过0.05 mm；

d） 压边装置应能通过压边圈对试样均匀施压，并保证 7.4 的规定。

A.1.4 除保证第 5 章对试验机的要求外。还可按 GB/T 15825.2—2008 中 5.2 规定准备试验机，并要求满足以下技术条件：

a） 试验机应保证试样拉深所需的变形力；

b） 推荐试验机工作速度（凸模运动速度）为 1.6×10^{-4} m/s～12×10^{-4} m/s。

A.2 试样准备

A.2.1 按 6.1 取拉深比为 1.8 时，对于直径 d_p 分别等于 33 mm 和 50 mm 的凸模，可把试样直径分别圆整取值为 60 mm±0.05 mm 和 90 mm±0.05 mm，如果使用这一尺寸不能使试样正常成形，再继续对其数值进行修正。

A.2.2 按表 A.1 选取模具时，试样直径采用 60 mm±0.05 mm。

A.2.3 除第 6 章规定外，还可按 GB/T 15825.2—2008 中第 3 章的规定准备试样。

A.3 试验条件

A.3.1 润滑

除按 7.3 规定外，还可按 GB/T 15825.2—2008 中第 6 章的规定对试样润滑，并推荐使用其中的 1 号或 3 号润滑剂。

A.3.2 压边力

试验过程中可按以下要求设定和控制压边力：

a） 防止试样拉深凸缘部位起皱时，压边力不应对试样的拉深变形流动产生不利影响；

b） 试验过程中，压边力应保持恒定，重复试验时的压边力偏差应保持为 ± 5% ；

c） 可采用预试验方法确定合理的压边力，并将其数值控制为 500 N 的整数倍；

d） 预试验时既可使用表 3 给出的压边力初始调试值，也可用经验方法估算最小压边力 F_{cmin}，推荐使用 GB/T 15825.2—2008 附录 A 的经验公式；

e） 用预试验方法确定的合理压边力应大于抑制压边圈下面试样材料起皱的最小压边力 F_{cmin}，但不应大于 $1.75F_{cmin}$。

A.4 试验计算

A.4.1 用公式(5)计算凸耳率 Z_e 时，计算结果可修约到 0.1 %的整数倍。

A.4.2 如果要求测量凸耳方位角，可按下述步骤进行：

a） 找出拉深杯底的中心，通过该中心画线（即杯底直径）标示轧制方向，凸耳方位角以此轧制线为 0°基准；

b） 从 0°基准开始，依次通过每一个凸耳峰顶和谷底，在杯体外部轮廓柱面上画线标示凸耳峰高和谷高（见图 A.1）；

c） 通过凸耳峰高和谷高标示线与杯底边缘的交点，向杯底中心画半径辐射线（见图 A.1），则辐射线与轧制线构成的圆心角 α_i（角标 i =1,2,3……是凸耳峰的序号）称为凸耳峰方位角，而圆心角 β_j（角标 j=1,2,3……是凸耳谷序号）称为凸耳谷方位角，它们可以用于绘制拉深杯体的凸耳展开图（图 A.2）；

d） 根据画线标示测量每一个凸耳的方位角。

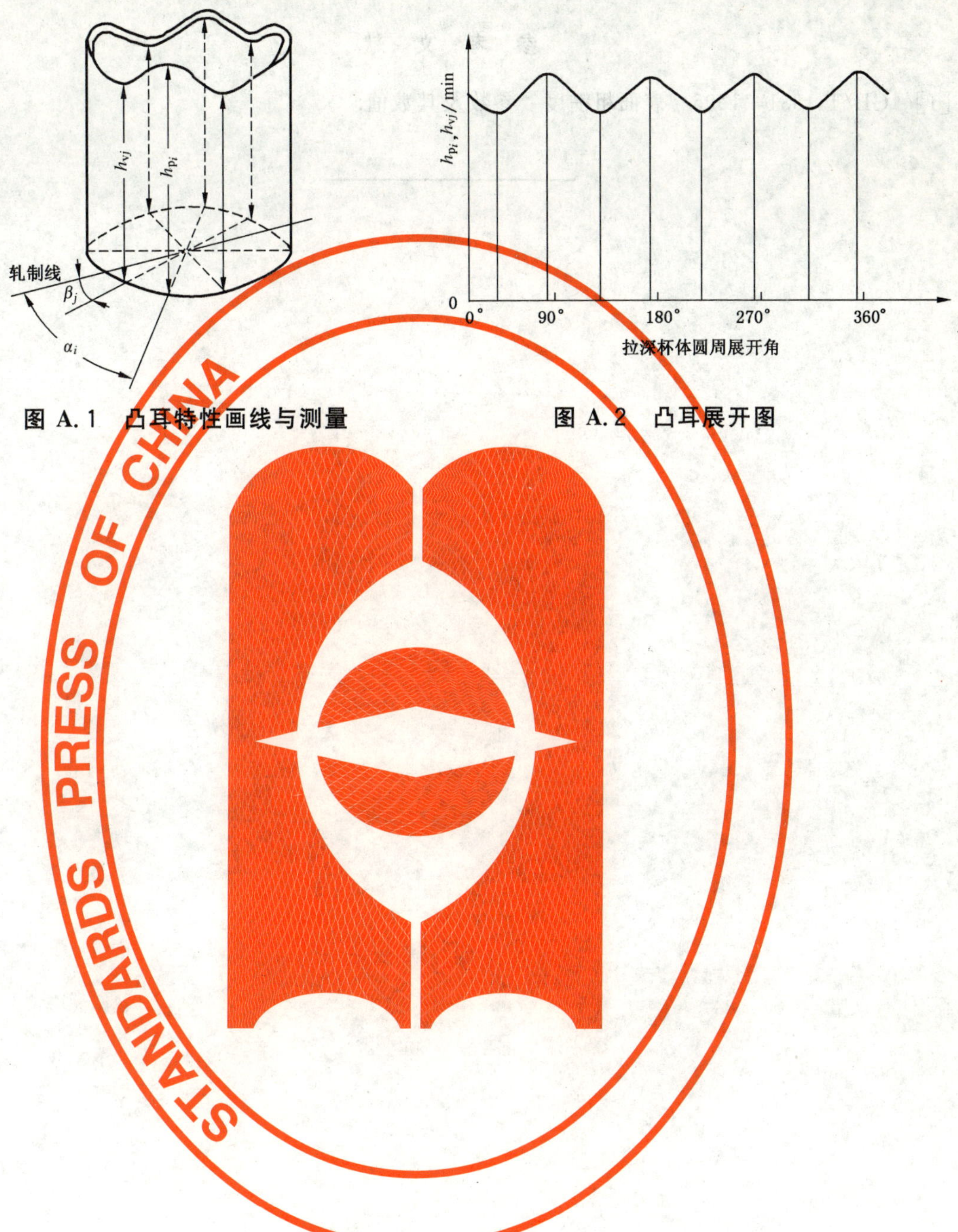

图 A.1　凸耳特性画线与测量

图 A.2　凸耳展开图

参 考 文 献

[1] GB/T 1031—1995 表面粗糙度 参数及其数值.

ICS 77.040.10
J 32

中华人民共和国国家标准

GB/T 15825.8—2008
代替 GB/T 15825.8—1995

金属薄板成形性能与试验方法 第8部分:成形极限图(FLD)测定指南

Sheet metal formability and test methods—
Part 8:Guidelines for the determination of forming-limit diagrams

2008-12-23 发布 2009-06-01 实施

中华人民共和国国家质量监督检验检疫总局
中国国家标准化管理委员会 发布

前　言

GB/T 15825《金属薄板成形性能与试验方法》分为 8 个部分：

——第 1 部分：成形性能和指标；

——第 2 部分：通用试验规程；

——第 3 部分：拉深与拉深载荷试验；

——第 4 部分：扩孔试验；

——第 5 部分：弯曲试验；

——第 6 部分：锥杯试验；

——第 7 部分：凸耳试验；

——第 8 部分：成形极限图(FLD)测定指南。

本部分是 GB/T 15825 的第 8 部分。

本部分代替 GB/T 15825.8—1995《金属薄板成形性能与试验方法　成形极限图(FLD)试验》。

本部分与 GB/T 15825.8—1995 相比，主要变化如下：

——增加了“目次”和“前言”；

——将 1 的标题修改为“范围”；

——增加了规范性引用文件 ISO 12004:1997 和 ISO/TR 14936:1998；

——修改了 4.1 的条文；

——修改了 4.2 的条文及其注的内容；

——将图 1 的名称修改为“图 1　刚性凸模胀形”；

——修改了 4.3 中引导句以及原标准中 4.3.1 和 4.3.2 的内容，并将 4.3.1 和 4.3.2 修改为 4.3 的列项 a)和 b)，同时还增加了列项 4.3c)；

——修改了 5.3 的条文；

——将 6 的标题修改为“6　应变分析网格制取”；

——修改了 6.1 的条文，并增加了注；

——增加了图 2，此后图号依次递增顺排；

——更换了原标准的图 2 的内容，并将图号修订为图 3；

——修改了 6.3 的条文；

——增加了 7.1；

——将原标准中 7.1 修改为 7.2，并修订了其条文；

——增加了 7.3，将原标准中的 7.2 递推为 7.4；

——将原标准的“8.1　润滑”修改为“8.1　润滑和接触条件”；

——8.2.1 条文开始处增加文字“如无特殊要求”；

——修改了 8.3 的条文；

——修改了 9.1 对列项的引导语；

——10.1 的开始处增加文字“使用网格应变分析法测定试样上的极限应变”；

——增加了 10.6；

——将原标准中 10.6 和 10.7 分别修改为 10.7 和 10.8，并修改了它们条文；

——增加了 11.3，此后条款编号依次递增顺排；

——分别修改了 11.5 和 11.6（原标准 11.4 和 11.5）的条文；

——11.6 中增加文字“判定试验有效的依据为：相邻或靠近的 3 个临界网格圆的长轴或短轴的尺寸差值都不得大于其平均值的 10%”；

——图 5(原标准中图 4)中调换了 a)和 b)的图示位置；

——修改了 12.3 的条文；

——增加了 12.4 和 12.5；

——修改了 13.2 的条文并删除了注；

——增加了 13.3；

——删除原标准的附录 A,增加新的“附录 A　对网格应变分析法的说明”；

——增加了参考文献；

——除以上修改外,还对原标准中的一些文字、图题格式和列项编号进行了编辑性修改。

本部分的附录 A 为资料性附录。

本部分由中国机械工业联合会提出。

本部分由全国锻压标准化技术委员会归口。

本部分起草单位:郑州大学、宝山钢铁股份有限公司、武汉理工大学、东风汽车模具冲压有限公司、北京航空航天大学、华中科技大学。

本部分主要起草人:曹宏深、陈新平、姜奎华、华林、李建华、黄尚宇、毛华杰、李晓星、李志刚。

本部分所代替标准的历次版本发布情况为：

——GB/T 15825.8—1995。

金属薄板成形性能与试验方法
第8部分:成形极限图(FLD)测定指南

1 范围

GB/T 15825的本部分规定了金属薄板成形极限图(forming limit diagrams,缩写FLD)的实验室测定方法。

本部分适用于厚度0.20 mm～3.00 mm的金属薄板。

2 规范性引用文件

下列文件中的条款通过GB/T 15825的本部分的引用而成为本部分的条款。凡是注日期的引用文件,其随后所有的修改单(不包括勘误的内容)或修订版均不适用于本部分,然而,鼓励根据本部分达成协议的各方研究是否可使用这些文件的最新版本。凡是不注日期的引用文件,其最新版本适用于本部分。

GB/T 15825.2—2008 金属薄板成形性能与试验方法 第2部分:通用试验规程

ISO 12004:1997 金属材料 成形极限图测定指南

ISO/TR 14936:1998 金属材料 应变分析报告

3 符号、名称和单位

本部分所用的符号、名称和单位见表1。

表1 符号、名称和单位

符号	名称	单位
FLD	成形极限图	
FLC	成形极限曲线	
D_d	凹模内径	mm
r_p	凸模球头半径	mm
d_p	凸模直径	mm
r_d	凹模圆角半径	mm
F_c	压边力	N
F_p	凸模力	N
e_1、e_2	工程主应变	%
ε_1、ε_2	真实主应变	
d_0	网格圆初始直径	mm
d_1	畸变后的网格圆长轴尺寸	mm
d_2	畸变后的网格圆短轴尺寸	mm
r	塑性应变比	
n	应变硬化指数	

4 试验原理

4.1 在实验室条件下，通常可采用刚性凸模对金属薄板进行胀形的方法测定成形极限图。

4.2 刚性凸模胀形试验时，将一侧板面制有网格圆的试样置于凹模与压边圈之间，利用压边力压牢试样材料，试样中部在凸模力作用下产生胀形变形并形成凸包(见图1)，板面上的网格圆同时发生畸变成为近似的椭圆，当凸包上某个局部产生颈缩或破裂时，停止试验，测量颈缩部位或破裂部位(或这些部位附近)畸变网格圆的长轴和短轴尺寸，由此计算金属薄板板面上的极限应变，这种极限应变可称为面内极限应变。

注：面内极限应变可以用工程主应变(e_1、e_2)表示，也可以用真实主应变(ε_1、ε_2)表示。

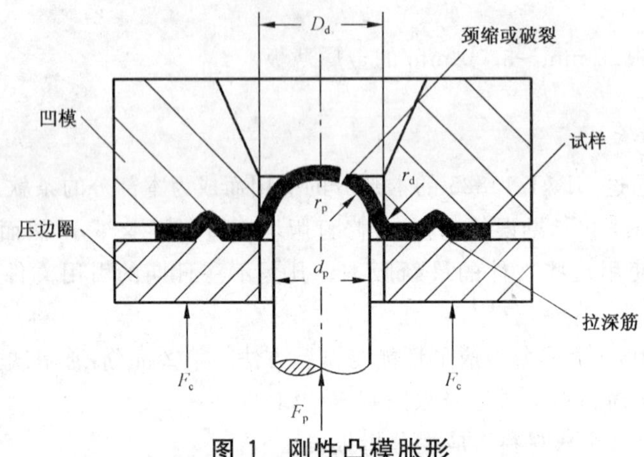

图1 刚性凸模胀形

4.3 使用下述方法可以获得不同应变路径下的面内极限应变：

a) 改变试样与凸模之间的润滑或接触条件：这类方法主要用来测定成形极限图右半部分(双拉变形区，即 $e_1>0$、$e_2>0$ 或 $\varepsilon_1>0$、$\varepsilon_2>0$)各处不同的极限应变。通常情况下，不同润滑条件的润滑效果差异越大，测定出的极限应变数值差异越大，为了使极限应变点分布均匀，需适当地选择一定数量的润滑条件。如有必要，还可在试样和凸模之间加衬合适厚度的橡胶(或橡皮)薄垫，以便通过改变模具与试样之间的接触条件来获取等双拉或接近于等双拉应变状态($e_1=e_2$ 或 $\varepsilon_1=\varepsilon_2$)的极限应变；

b) 采用不同宽度的试样：这类方法主要用来测定成形极限图左半部分(拉-压变形区，即 $e_1>0$、$e_2\leqslant0$ 或 $\varepsilon_1>0$、$\varepsilon_2\leqslant0$)各处不同的极限应变，以及右半部分比较接近平面应变状态的极限应变点。通常情况下，试样的宽度差距越大，测定出的极限应变数值差异越大，选择较多的宽度规格，有利于分散极限应变点的间距。如果试样宽度合适，还有可能分别获得比较接近单向拉伸应力状态或比较接近平面应变状态的极限应变点。

c) 辅以其他试验：为了准确测定成形极限图中的单向拉伸、等双拉和平面应变等应变路经下的极限应变特征点，可辅以单向拉伸、液压胀形和平底圆柱凸模冲压成形等其他试验方法。

5 试样

5.1 根据试验装置特点和试验原理确定试样尺寸、形状和数量。如果使用本部分7.2推荐的凸模尺寸，则推荐使用边长180 mm的方形(或内接圆直径180 mm的正多边形，或直径180 mm的圆形)试样和宽度分别为160 mm、140 mm、120 mm、100 mm、80 mm、60 mm、40 mm和20mm的矩形试样(长度可根据试验装置自行确定)。

5.2 按GB/T 15825.2—2008中第3章的规定准备试样，并记录试样实测厚度。

5.3 为了防止矩形试样的侧边在类似图1所示模具的拉深筋处或凹模孔口处开裂，允许仿效板料拉伸试样将其形状修改为中部稍窄、两端加宽的阶梯形状或类似哑铃的其他形状。

6 应变分析网格制取

6.1 为了测定试样的极限应变，需在试样一侧板面制取应变分析网格，如有必要亦可在试样两侧板面制取应变分析网格，这类网格通常可由直径确定的网格圆规则排列组成，其排列图案自行设计(可附加某些必要的符号)，图 2 和图 3 是 ISO 12004:1997 附录 B 列示的网格圆及其排列图案。

注：利用网格圆分析检测面内应变的方法见 ISO/TR 14936:1998，随着应变检测技术不断发展，检测面内应变时还可以使用其他类型的网格或图案。

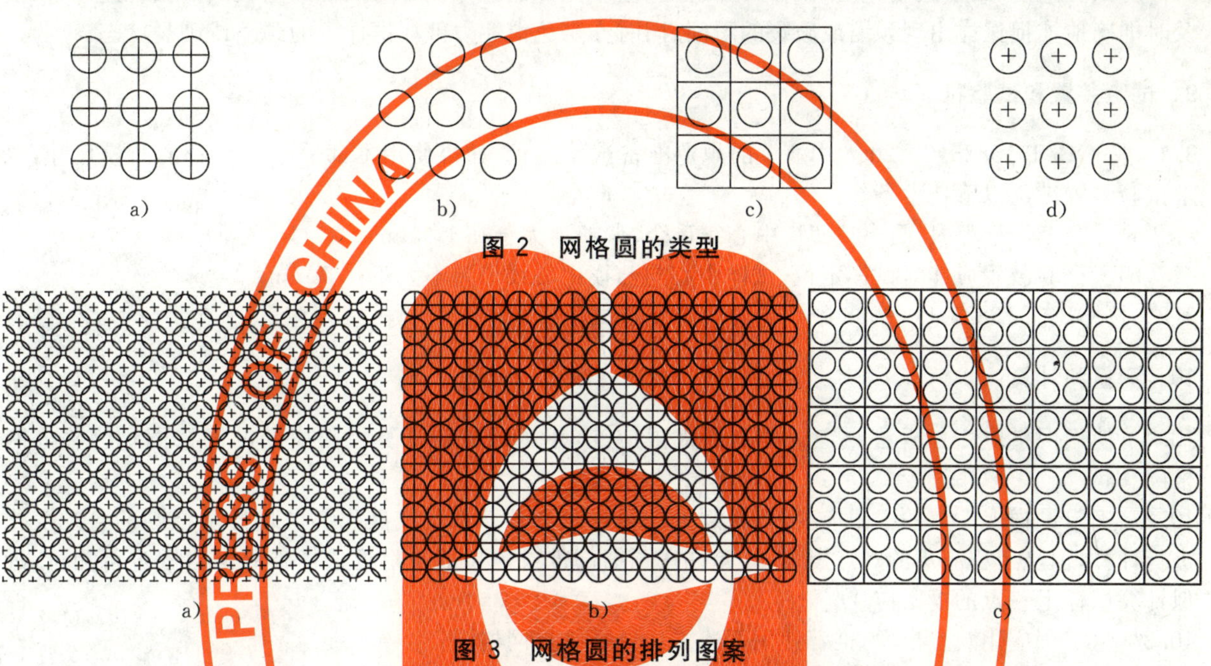

a) b) c) d)

图 2 网格圆的类型

a) b) c)

图 3 网格圆的排列图案

6.2 试样板面的网格圆可用照相制版、光刻技术、电化学腐蚀或其他方法制取。

6.3 网格圆初始直径 d_0 的大小，影响试验的测量计算结果，其选用原则为：采用大尺寸模具可将 d_0 取大一些(如参考 ISO 12004:1997 的 4.1，d_0 可取到 5 mm)，而用小尺寸模具时可把 d_0 取小一些。

6.4 如果使用本部分 7.2 推荐的凸模尺寸，则推荐使用 $d_0=1.5$ mm～2.5 mm 的网格圆。

6.5 网格圆直径的偏差不大于其数值的 2%。

7 模具

7.1 只要能够保证试验原理并能获得检测极限应变之条件，允许使用不同结构的试验模具。

7.2 采用类似图 1 所示刚性凸模胀形试验时，对于试验模具的结构、形状、尺寸(包括拉深筋的位置、形状和尺寸等)不作具体规定，仅在实验室条件下推荐使用直径为 100 mm 的圆柱形球头凸模。

7.3 对于拼焊钢板试样，可根据其厚度差异修正凸模(当钢板台阶面贴靠凸模时)或凹模(当钢板台阶面贴靠凹模时)的形状。

7.4 根据 GB/T 15825.2—2008 中 4.1 的规定制备模具。

8 试验条件

8.1 润滑和接触条件

8.1.1 采用不同宽度的试样时，根据 GB/T 15825.2—2008 中第 6 章的规定，推荐使用其中的 1 号润滑剂对不带有网格圆图案一侧的试样板面进行润滑。

8.1.2 改变试样与凸模之间的润滑条件进行试验时，润滑剂或润滑剂的搭配形式自行选择或设计，但应尽量能使各试样的极限应变在其坐标系中均匀分布。根据 GB/T 15825.2—2008 中第 6 章的规定，推荐使用其中的 1 号或 2 号润滑剂作为液态润滑剂，推荐使用不同厚度的聚乙烯(或聚氯乙烯、聚四氟乙烯)等薄膜作为固态润滑剂。

8.1.3 改变试样与凸模之间的润滑条件进行试验时,根据 GB/T 15825.2—2008 中第 6 章的规定,只对不带有网格圆图案一侧的试样板面进行润滑,允许使用润滑油将固体润滑薄膜粘附在待润滑的试样板面。

8.2 压边力

如无特殊要求,压边力应压牢试样材料,保证它们不发生变形流动。

8.3 试验速度

对试验速度(凸模运动速度)不作具体规定,但不允许试验停机时对试样产生较大的惯性运动,以便及时准确地捕捉试样出现颈缩或破裂的瞬间,同时亦避免惯性力破坏试样上的颈缩或破裂状态。

9 试验装置和试验机

9.1 按 GB/T 15825.2—2008 中 5.1 的规定准备试验装置,如果使用本部分 7.2 推荐的凸模尺寸,要求试验装置满足以下技术条件:

a) 在工作行程内,凸模与凹模中心线重合,偏差不大于 0.15 mm;

b) 试验装置应能对试样定位,试样中心与凸模中心线偏差不大于 0.5 mm;

9.2 按 GB/T 15825.2—2008 中 5.2 的规定准备试验机。

10 测量和计算

10.1 使用网格应变分析法测定试样上的极限应变,用于测量和计算极限应变的网格圆称为临界网格圆。

10.2 确定试样上一点的极限应变时,原则上应通过测量颈缩部位或破裂部位临界网格圆的直径变化进行计算,但从工程应用的观点出发,亦允许在颈缩部位或破裂部位附近选择临界网格圆进行测量,近似计算试样上一点的极限应变。

10.3 从工程应用观点出发,推荐使用下述方法选择临界网格圆:

a) 将位于颈缩部位、但未破裂的网格圆作为临界网格圆;

b) 将紧靠颈缩或裂纹的网格圆作为临界网格圆;

c) 将与颈缩或裂纹横贯其中部之网格圆相邻的网格圆作为临界网格圆。

10.4 选择临界网格圆时,应注意下述事项:

a) 临界网格圆的个数不宜选择过多(通常可取 3 个),并应尽可能相邻或靠近;

b) 为了保持试验结果的一致性,需使用同一种临界网格圆选择方法进行测量、计算和标绘成形极限图。

10.5 试样板面上的网格圆畸变后的形状如图 4 所示,畸变后的网格圆长轴记做 d_1,短轴记作 d_2,并将 d_1 和 d_2 近似视为试样板面内一点上的两个主应变方向。

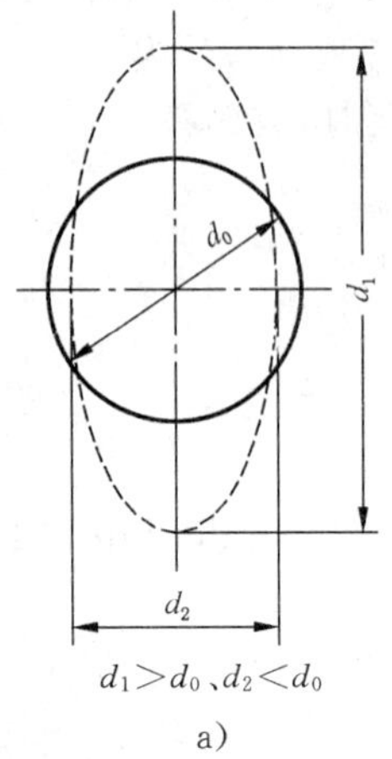

$d_1>d_0$、$d_2<d_0$

a)

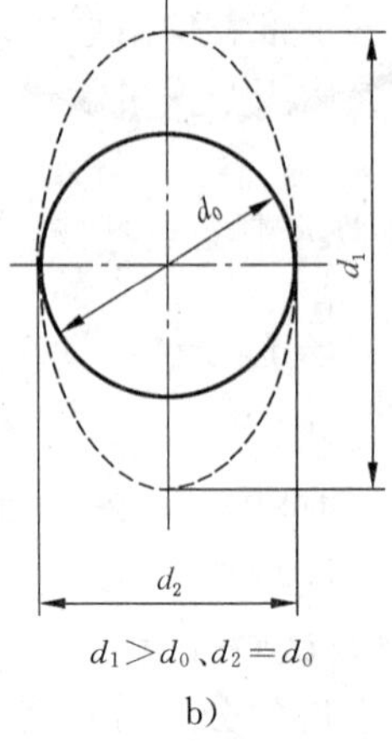

$d_1>d_0$、$d_2=d_0$

b)

d_0 d_1 d_2

d_1、$d_2>d_0$、$d_1\geqslant d_2$

c)

图 4 网格圆畸变

10.6 可使用数字化网格应变分析系统检测临界网格圆，并自动计算其应变数值，但系统设置的计算方法和判定有效试验的依据应分别符合 10.7、10.8 和 11.6 的规定。

10.7 允许使用读数显微镜、测量显微镜、投影仪等传统测量仪器人工测量临界网格圆的长、短轴 d_1 和 d_2，并按临界网格圆的数量分别计算出它们的平均值。

10.8 若人工测量临界网格圆的长、短轴 d_1 和 d_2 时，应根据测量结果和计算出的平均值，按式(1)、式(2)计算试样的极限表面应变。

$$\left.\begin{aligned} e_1 &= \frac{d_1 - d_0}{d_0} \times 100 \\ e_2 &= \frac{d_2 - d_0}{d_0} \times 100 \end{aligned}\right\} \qquad \cdots\cdots\cdots (1)$$

$$\left.\begin{aligned} \varepsilon_1 &= \ln \frac{d_1}{d_0} = \ln(1 + e_1) \\ \varepsilon_2 &= \ln \frac{d_2}{d_0} = \ln(1 + e_2) \end{aligned}\right\} \qquad \cdots\cdots\cdots (2)$$

11 试验程序和操作方法

11.1 按本部分第 5 章和第 6 章的规定准备试样。

11.2 按 GB/T 15825.2—2008 中 4.2、5.1.2、5.2.2 和 5.2.3 的规定，对模具、试验装置和试验机进行清洗、检查和润滑。

11.3 通常可在 10 ℃～35 ℃温度环境下进行试验，如有必要亦可把温度环境设置为 23 ℃±5 ℃。

11.4 进行预试验(主要用来选取合适的润滑接触条件以及合理的试样宽度)。

11.5 进行正式试验：试验前放置试样时，应将试样上制有应变分析网格的板面贴靠凹模，并按 9.1b)要求对试样定位，试验过程中保证将试样材料压牢，直至试样上发生局部缩颈或破裂为止。

11.6 对于同一尺寸规格和相同润滑方式的试样进行 3 次以上有效重复试验，判定试验有效的依据为：相邻或靠近的 3 个临界网格圆的长轴或短轴的尺寸差值都不大于其平均值的 10%。

11.7 出现下述任一情况，试验无效：

a) 试样的缩颈或破裂发生在凹模孔口附近；

b) 使用不同宽度的试样时，试样侧边发生撕裂；

c) 试样在拉深筋附近破裂；

d) 选不出合适的临界网格圆。

11.8 测量临界网格圆的长、短轴尺寸，并计算极限应变。

12 标绘成形极限图

12.1 以应变 e_2(或 ε_2)为横坐标、应变 e_1(或 ε_1)为纵坐标，建立应变坐标系。在 e_1-e_2 坐标系中，习惯将 e_2 和 e_1 的分度比例取为 2∶1[图 5a)]，而在 ε_1-ε_2 坐标系中两者分度一般相同。

12.2 将试验测定的极限应变(e_1、e_2)或(ε_1、ε_2)标绘在应变坐标系中(见图 5)。

12.3 根据极限应变在应变坐标系中的分布特征，将它们构成条带形区域[图 5a)]或连成适当的曲线[图 5b)]，即成形极限曲线(forming limit curve，FLC)。

12.4 一般情况下，使用数学方法建立成形极限曲线，如采用回归方法，要求在试验报告中给出方程和置信度。特殊情况下，经试验委托和承接双方协议，亦可用手工绘制成形极限曲线。

12.5 如果把极限应变构成条带形区域[图 5a)]，其上、下两条曲线也都属于成形极限曲线，但应在试验报告中说明构建这两条曲线的依据和方法,必要时对它们标记不同的符号。

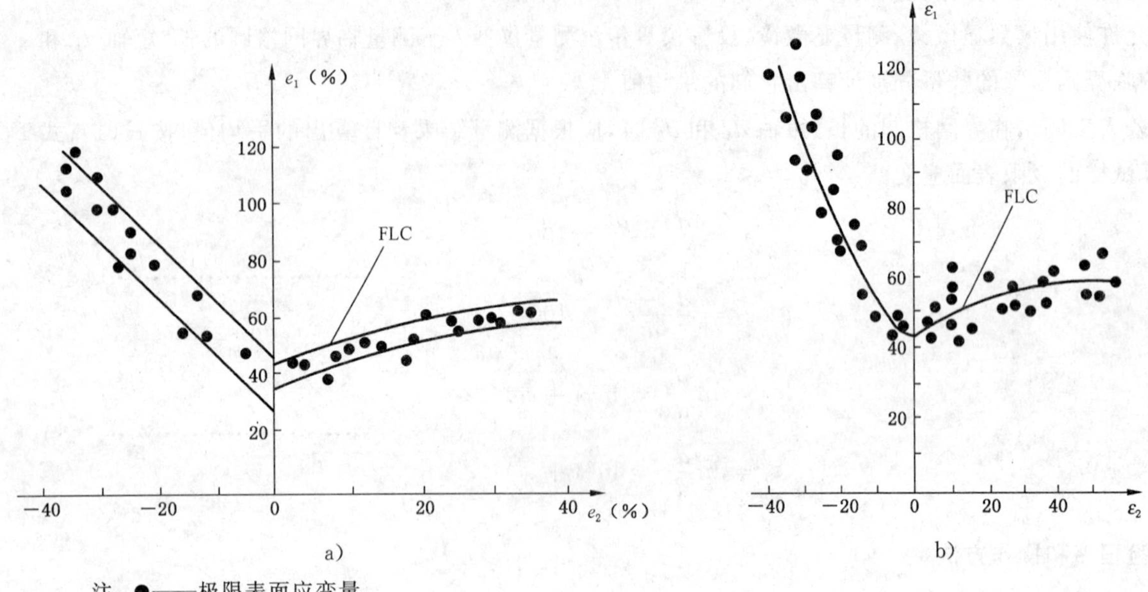

注:●——极限表面应变量。

图 5 成形极限图(FLD)标绘

13 试验报告

13.1 试验报告格式可自行设计。

13.2 试验报告需包括以下主要内容:

a) 试验方法;

b) 试验材料的规格、牌号和状态;

c) 环境温度;

d) 模具:包括凸模直径、凹模内径、拉深筋尺寸,凸模、凹模、压边圈的材料及硬度;

e) 试样的类别、数量和实测厚度:

——试样的尺寸规格,包含各种规格试样的有效数量及其实测厚度;

——试样与凸模接触面间的润滑(或接触)条件,包含各种润滑(或接触)条件下的试样的有效数量及实测厚度;

f) 网格圆的初始直径;

g) 临界网格圆的选择方法;

h) 测量方法;

i) 试验机;

j) 试验的测量计算结果:包括 d_1、d_2,(e_1、e_2)或(ε_1、ε_2);

k) 标绘成形极限曲线的方法;

l) 试验日期。

13.3 试验报告还可包括下述内容:

a) 金属薄板的化学成分;

b) 金属薄板的材料性能(包括 r 值和 n 值);

c) 试验过程描述;

d) 应变网格图案(局部)及网格圆直径的统计偏差;

e) 试验过程中的其他问题。

附 录 A
（资料性附录）
对网格应变分析法的说明

ISO/TR 14936:1998《金属材料　应变分析报告》是为 ISO 12004:1997 应用而制定的技术规范，其中主要推介使用圆网格进行应变分析和测量的方法。除此以外，也可以运用其他类型的网格进行应变分析，如 SAE J863—1986《测定金属薄板冲压件中塑性变形的方法》中同时推介使用方网格和圆网格进行应变分析的方法。但是，如果采用非圆网格分析法成形极限图，需要比照 4.2 的规定来确定停止试验的临界时刻，并另外按照这些网格分析法的规定检测和计算极限应变。

参 考 文 献

[1] SAE J863—1986 测定金属薄板冲压件中塑性变形的方法.

ICS 25.160.20
J 33

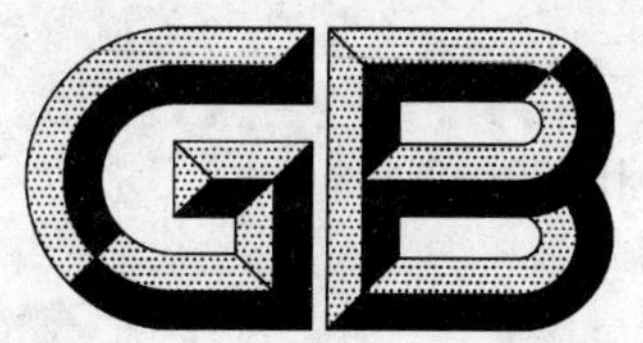

中华人民共和国国家标准

GB/T 15829—2008
代替 GB/T 15829.1～15829.4—1995

软钎剂　分类与性能要求

Soft soldering flux—Classification and requirements

(ISO 9454-1:1990 Soft soldering fluxes—Classification and requirements—Part 1:Classification, labelling and packaging, MOD
ISO 9454-2:1998 Soft soldering fluxes—Classification and requirements—Part 2:Performance requirements, MOD)

2008-06-26 发布　　2009-01-01 实施

中华人民共和国国家质量监督检验检疫总局
中国国家标准化管理委员会　发布

前　言

本标准是对GB/T 15829.1～15829.4—1995《软钎焊用钎剂》整合修订。本标准修改采用ISO 9454-1:1990《软钎剂　分类与性能要求　第1部分:分类、标签和包装》(英文版)与ISO 9454-2:1998《软钎剂　分类与性能要求　第2部分:性能要求》(英文版)。本标准根据ISO 9454-1:1990、ISO 9454-2:1998重新起草。

本标准与ISO 9454-1:1990、ISO 9454-2:1998相比,存在如下差异:

——本标准将ISO 9454-1:1990中第1章与ISO 9454-2:1998中第1章合并编为第1章;

——本标准将ISO 9454-2:1998中第2章"规范性引用文件"、第3章"定义"分别编为第2章与第3章;

——本标准将ISO 9454-1:1990中第2章"钎剂的分类"编为第4章;

——本标准将ISO 9454-2:1998中第4章"钎剂的状态"、第5章"钎剂的性能要求"分别编为第5章和第6章;

——本标准将ISO 9454-1:1990中第3章"标签和包装"编为第7章;

——本标准删除了ISO 9454-1:1990中资料性附录A"钎剂的试验"和资料性附录B"参考文献";

——本标准删除了ISO 9454-2:1998中资料性附录B"参考文献"。

本标准发布后,代替GB/T 15829.1～15829.4—1995《软钎焊用钎剂》。

本标准与GB/T 15829.1～15829.4—1995相比主要变化如下:

——删除了GB/T 15829.2～15829.4—1995中的规范性引用文件;

——删除了钎剂型号的表示方法(GB/T 15829.2～15829.4—1995中的第3章);

——删除了钎剂的技术要求和检验方法(GB/T 15829.2～15829.4—1995中的第4章和第5章);

——增加了钎剂的性能要求(本标准的第6章);

——删除了钎剂的检验规则(GB/T 15829.2—1995中的第6章);

——删除了钎剂的质量证明书(GB/T 15829.3～15829.4—1995中的第6章)。

本标准由全国焊接标准化技术委员会(SAC/TC 55)提出并归口。

本标准起草单位:深圳亿铖达工业有限公司、深圳唯特偶化工开发实业有限公司、南海大沥安臣锡品制造有限公司、浙江亚通焊材有限公司、信息产业部电子第五研究所、哈尔滨焊接研究所。

本标准主要起草人:马鑫、张鸣玲、冼陈列、顾小龙、罗道军、杜兵。

本标准所代替标准的历次版本发布情况为:

——GB/T 15829.1～15829.4—1995。

软钎剂 分类与性能要求

1 范围

本标准规定了软钎焊用钎剂的术语、分类、性能要求，以及标签和包装。

本标准适用于各种软钎焊用钎剂。

2 规范性引用文件

下列文件中的条款通过本标准的引用而成为本标准的条款。凡是注日期的引用文件，其随后所有的修改单(不包括勘误的内容)或修订版均不适用于本标准，然而，鼓励根据本标准达成协议的各方研究是否可使用这些文件的最新版本。凡是不注日期的引用文件，其最新版本适用于本标准。

ISO 9455-1:1990 软钎剂 试验方法 第1部分:测定不挥发物质 重量分析法

ISO 9455-2:1993 软钎剂 试验方法 第2部分:测定不挥发物质 沸点法

ISO 9455-3:1992 软钎剂 试验方法 第3部分:酸值的测定 电位滴定法和目视滴定法

ISO 9455-5:1992 软钎剂 试验方法 第5部分:铜镜试验

ISO 9455-6:1995 软钎剂 试验方法 第6部分:卤化物(氟化物除外)含量的检测与测定

ISO 9455-8:1991 软钎剂 试验方法 第8部分:锌含量的测定

ISO 9455-9:1993 软钎剂 试验方法 第9部分:氨含量的测定

ISO 9455-10:1998 软钎剂 试验方法 第10部分:钎剂功效试验 软钎料铺展法

ISO 9455-11:1991 软钎剂 试验方法 第11部分:钎剂残留物的溶解性

ISO 9455-12:1992 软钎剂 试验方法 第12部分:钢管腐蚀试验

ISO 9455-13:1996 软钎剂 试验方法 第13部分:钎剂溅散性的测定

ISO 9455-14:1991 软钎剂 试验方法 第14部分:钎剂残留物胶粘性的评价

ISO 9455-15:1996 软钎剂 试验方法 第15部分:铜腐蚀试验

ISO 9455-16:1998 软钎剂 试验方法 第16部分:钎剂功效试验 润湿平衡法

ISO 9455-17:2002 软钎剂 试验方法 第17部分:表面绝缘电阻梳刷试验和钎剂残留物的电化学迁移

3 术语和定义

下列术语和定义适用于本标准。

3.1

钎剂 flux

在软钎焊过程中，通过去除钎料和被焊金属表面的氧化膜及污染物，辅助熔融态钎料润湿被焊金属表面的化学物质。

3.2

液体钎剂 liquid flux

溶解在适当的溶剂中的钎剂溶液。

3.3

膏状钎剂 paste flux

溶解在适当的黏稠介质中的钎剂熔体或均匀分散的钎剂混合体。

3.4

松香　colophony(rosin)

松树分泌的黏稠液体经提炼而得到的固态天然树脂，含有松香酸及其同分异构体，一些有机脂肪酸和萜烯碳氢化合物。

3.5

树脂　resin

泛指各种天然或合成树脂类产品。

3.6

活性剂　activator

增加钎剂化学反应活性的物质。

3.7

有机物类钎剂　organic type flux

以非松香类有机物质为主的钎剂。

3.8

无机物类钎剂　inorganic type flux

含有无计酸、碱或其盐类的钎剂。

4　钎剂的分类

根据钎剂的主要组分进行分类，见表1。根据表1中的钎剂分类，对钎剂进行编码。例如：磷酸活性无机物类膏状钎剂的编号为3.2.1.C，不含卤化物活性剂的松香类液体钎剂的编号为1.1.3.A。

表1　软钎剂的分类

<table>
<tr><th>钎剂类型</th><th>钎剂基体</th><th>钎剂活性剂</th><th>钎剂形态</th></tr>
<tr><td rowspan="2">1 树脂类</td><td>1 松香</td><td rowspan="4">1 未添加活性剂；
2 加入卤化物活性剂[a]；
3 加入非卤化物活性剂</td><td rowspan="8">A 液体；
B 固体；
C 膏状</td></tr>
<tr><td>2 非松香(树脂)</td></tr>
<tr><td rowspan="2">2 有机物类</td><td>1 水溶性</td></tr>
<tr><td>2 非水溶性</td></tr>
<tr><td rowspan="3">3 无机物类</td><td>1 盐类</td><td>1 含有氯化铵；
2 不含有氯化铵</td></tr>
<tr><td>2 酸类</td><td>1 磷酸；
2 其他酸</td></tr>
<tr><td>3 碱类</td><td>1 氨和(或)铵</td></tr>
<tr><td colspan="4">a 也可能存在其他活性剂。</td></tr>
</table>

5　钎剂的状态

固体钎剂应成分均匀，且不含有对钎剂功能有害的杂质。

液体钎剂应为均一液体且无沉淀。

膏状钎剂应呈均匀的黏稠态，且应用于被焊表面时一致性良好。

6　钎剂的性能要求

按照ISO 9455-1～9455-3、ISO 9455-5～9455-6、ISO 9455-8～9455-17中规定的试验方法进行试验时，钎剂应符合表2、表3、表4中给出的性能要求。对于一些用于惰性气体或真空保护软钎焊中的钎剂可以不符合表2、表3的要求，其性能要求由供需双方协商。

按照 ISO 9455-3 中规定的试验方法测定类型 2 钎剂的酸值时，ISO 9455-3：1992 中 3.5 条的 S 值为 100。

注：由于类型 1 和类型 2 钎剂中所含化学物质有差别，酸值（见 ISO 9455-3：1992）和卤化物含量（见 ISO 9455-6：1995）的表达方式不同，因此没有可比性。

表 2　类型 1 钎剂的性能要求

钎剂分类			钎剂编码[a]		采用 ISO 9455 中各部分[b] 试验方法时的性能要求				
					1 和 2	3	5	6A[c]	6D
钎剂类型	钎剂主要组分	钎剂活性剂			不挥发物公称含量的允许偏差	酸值允许偏差（mgKOH/g 不挥发物含量）	铜镜试验	卤化物（氯化物、溴化物、碘化物[c]）在不挥发物质中的含量（质量分数/%）	铬酸银试纸试验
1 树脂类	1 松香	1 未添加活性剂 2 加入卤化物活性剂 3 加入非卤化物活性剂	1.1.1 1.2.1		±0.5	±10%	通过	≤0.01	通过
	2 树脂		1.1.2 1.2.2	W	±0.5	±10%	通过	≤0.05	通过
				X	±0.5	±10%	—	≤0.15	—
				Y	±0.5	±10%	—	≤1.0	—
				Z	±0.5	±10%	—	>1.0	—
			1.1.3 1.2.3	W	±0.5	±10%	通过	≤0.01	通过
				X	±0.5	±10%	—	≤0.01	通过

钎剂分类			钎剂编码[a]		采用 ISO 9455 中各部分[b] 试验方法时的性能要求								
					10A		10B		11	12	13	14	15
					钎料铺展试验		钎料铺展试验						
钎剂类型	钎剂主要组分	钎剂活性剂			最小铺展面积/mm^2	最小铺展率/%	最小铺展面积/mm^2	最小铺展率/%	钎剂残留物可溶性[d]	钢管腐蚀试验	飞溅试验[e]	黏性试验	铜板腐蚀试验
1 树脂类	1 松香	1 未添加活性剂 2 加入卤化物活性剂 3 加入非卤化物活性剂	1.1.1 1.2.1		80	70	40	50	通过	通过	通过	通过	通过
	2 树脂		1.1.2 1.2.2	W	130	80	130	80	通过	通过	通过	通过	通过
				X	130	80	130	80	通过	—	通过	通过	通过
				Y	130	80	130	80	通过	—	通过	通过	通过
				Z	130	80	130	80	通过	—	通过	通过	—
			1.1.3 1.2.3	W	100	75	100	75	通过	通过	通过	通过	通过
				X	100	75	100	75	通过	—	通过	通过	—

注 1：ISO 9455-3：1992 的试验方法仅适用于酸值大于 50 mg KOH/g 的钎剂。

注 2：ISO 9455-10：1998 的试验方法仅适用于不挥发物含量≥10%的钎剂。

注 3：根据 ISO 9455-10：1998 的试验方法，10A 为黄铜板上的试验结果，10B 为已氧化的铜板上的试验结果。

a 活化树脂类钎剂（类型 1.1.2 和 1.1.3、1.2.2 和 1.2.3）分成四个等级，标识为 W、X、Y 和 Z 分别表示钎剂的活性等级为低、弱、中和高。

b 短线“—”表示在本标准中对钎剂的相关性能无特定要求。但是针对某些特殊应用，相关性能要求可由供需双方协商，具体细节在订单中给出。

c 本方法仅适用于卤化物含量的测定，不适用于卤素含量的测定。

d 本试验不适用于有意在工件上留有钎剂残留物的情况。

e 本试验中，“通过”意味着“没有钎剂的飞溅”。

表 3 类型 2 钎剂的性能要求

钎剂分类			钎剂编码[a]	采用 ISO 9455 中各部分[b] 试验方法时的性能要求											
				1 和 2	3	5	6A[c]	6D	10A		10B		12	13	15
									钎料铺展试验		钎料铺展试验				
钎剂类型	钎剂主要组分	钎剂活性剂		不挥发物公称含量允许偏差	酸值允许误差(mg KOH/g 不挥发物含量)	铜镜试验	卤化物(氯化物、溴化物、碘化物[c])在不挥发物质中的含量(质量分数/%)	铬酸银试纸试验	最小铺展面积/mm²	最小铺展率(%)	最小铺展面积/mm²	最小铺展率(%)	腐蚀性试验	飞溅试验[d]	腐蚀试验
2 有机物类	1 水溶性	1 未添加活性剂 2 加入卤化物活性剂 3 加入非卤化物活性剂	2.1.2	+5%	±10%	—	>0.01	—	200	85	200	85	—	通过	—
	2 非水溶性		2.1.3	+5%	±10%	通过	≤0.01	通过	130	80	130	80	通过	通过	通过
			2.2.2	+5%	±10%	—	>0.01	—	200	85	200	85	—	通过	—
			2.2.3 E[e]	+5%	±10%	通过	≤0.01	通过	100	75	100	75	通过	通过	通过
			2.2.3 O[e]	+5%	±10%	—	≤0.01	—	100	75	100	75	—	—	—

注 1：ISO 9455-3:1992 的试验方法仅适用于酸值大于 50 mg KOH/g 的钎剂。

注 2：根据 ISO 9455-10:1998 的试验方法，10A 为黄铜板上的试验结果，10B 为已氧化的铜板上的试验结果。

a 类型 2.1.1 和 2.2.1 钎剂不存在。

b 短线“—”表示在本标准中对钎剂的相关性能无特定要求。但是针对某些特殊应用，相关性能要求可由供需双方协商，具体细节在订单中给出。

c 本试验不适用于某些应用。

d 本试验中，“通过”意味着“没有钎剂的飞溅”。

e E 代表着电子行业应用，O 代表其他行业应用。

表 4 类型 3 钎剂的性能要求

钎剂分类			钎剂编码	采用 ISO 9455 中各部分试验方法时的性能要求						
				6	8	9	10A		10B	
							钎料铺展试验		钎料铺展试验	
钎剂类型	钎剂主要组分	钎剂活化		卤化物含量(以氯化物计量)	锌含量	铵含量	最小铺展面积/mm^2	最小铺展率/%	最小铺展面积/mm^2	最小铺展率/%
3 无机物类	1 盐	1 含有氯化铵	3.1.1	±5%	±5%	±5%,但最小含量为1.0%	200	85	200	85
		2 不含有氯化铵	3.1.2	±5%	±5%	≤1.0%	200	85	200	85
	2 酸	1 磷酸	3.2.1	≤0.05%	—	—	200	85	200	85
		2 其他酸	3.2.2	—	—	—	200	85	200	85
	3 碱	胺和/或铵	3.3.1	—	—	—	200	85	200	85

注 1：短线“—”表示本标准中对钎剂的相关性能无特定要求。

注 2：根据 ISO 9455-10:1998 的试验方法,10A 为黄铜板上的试验结果,10B 为已氧化的铜板上的试验结果。

7 标签与包装

钎剂应装入合适的容器中,容器应不被钎剂腐蚀。标签应由不被容器内钎剂腐蚀的材料制造,并包含以下内容：

a) 供货商名称及地址；

b) 产品名称；

c) 本标准号及符合本标准的钎剂编码；

d) 生产批号；

e) 生产日期；

f) 有关安全方面的任何法定要求的细节。

注：对标签的附加要求可由供需双方根据各国的法律法规要求进行协商。

ICS 19.100
J 04

中华人民共和国国家标准

GB/T 15830—2008
代替 GB/T 15830—1995

无损检测 钢制管道环向焊缝对接接头超声检测方法

Non-destructive testing—Practice for ultrasonic testing of circumferential butt welds in steel pipes and tubes

2008-07-30 发布 2009-02-01 实施

中华人民共和国国家质量监督检验检疫总局
中国国家标准化管理委员会 发布

前　言

本标准代替GB/T 15830—1995《钢制管道对接环焊缝超声波探伤方法和检验结果的分级》。

本标准与GB/T 15830—1995相比主要变化如下：

——增加了术语和定义(见第3章)；

——修改了检测机构和人员资格(1995年版的第3章;本版的第4章)；

——调整了检测系统(1995年版的第4和第5章;本版的第5章)。

本标准的附录A为规范性附录,附录B为资料性附录。

本标准由中国机械工业联合会提出。

本标准由全国无损检测标准化技术委员会(SAC/TC 56)归口。

本标准起草单位:天津诚信达金属检测技术有限公司。

本标准主要起草人:张平、董艳柱、宋逵。

本标准所代替标准的历次版本发布情况为:

——GB/T 15830—1995。

无损检测　钢制管道环向焊缝对接接头超声检测方法

1　范围

本标准规定了钢制管道环向对接焊接接头的超声检测方法和质量分级。

本标准适用于壁厚大于或等于 15 mm～120 mm，标称直径大于或等于 159 mm 的钢制承压管道环向对接焊接接头超声检测。

本标准不适用于铸钢、奥氏体不锈钢的管道环向对接焊接接头超声检测。

2　规范性引用文件

下列文件中的条款通过本标准的引用而成为本标准的条款。凡是注日期的引用文件，其随后所有的修改单(不包括勘误的内容)或修订版均不适用于本标准，然而，鼓励根据本标准达成协议的各方研究是否可使用这些文件的最新版本。凡是不注日期的引用文件，其最新版本适用于本标准。

GB/T 5616　无损检测　应用导则

GB/T 9445　无损检测　人员资格鉴定与认证(GB/T 9445—2008，ISO 9712:2005，IDT)

GB/T 12604.1　无损检测　术语　超声检测(GB/T 12604.1—2005，ISO 5577:2000，IDT)

GB/T 18852　无损检测　超声检验　测量接触探头声束特性的参考试块和方法(GB/T 18852—2002，ISO 12715:1999，IDT)

GB/T 20737　无损检测　通用术语和定义(GB/T 20737—2006，ISO/TS 18173:2005，IDT)

JB/T 8428　无损检测　超声检测用试块

JB/T 9214　A 型脉冲反射式超声波探伤系统工作性能　测试方法

3　术语和定义

GB/T 12604.1 和 GB/T 20737 确立的术语和定义适用于本标准。

4　检测机构和人员资格

4.1　机构要求

按本标准实施检测的机构或单位，应符合 GB/T 5616 或等效标准、法规的相关要求。

4.2　人员资格

按本标准实施检测的人员，应按 GB/T 9445 或合同各方同意的体系进行资格鉴定与认证，并由雇主或其代理进行职位专业培训和操作授权。

5　检测系统

5.1　仪器

5.1.1　检测仪性能指标应按 JB/T 9214 规定的方法进行测试，其工作频率范围至少为 1 MHz～5 MHz。

5.1.2　仪器和斜探头的组合灵敏度，在达到所检测工件最大检测声程处，有效灵敏度余量不小于 10 dB。

5.1.3　组合分辨力：应能将 JB/T 8428 的 CSK-IA 试块上 ϕ50 mm 与 ϕ44 mm 两孔的反射信号分开，当

两孔反射波幅相同时,其波峰与波谷的差值不小于 6 dB。

5.2 探头

5.2.1 探头性能应按 GB/T 18852 的规定进行测试。

5.2.2 单斜探头声束轴线水平偏离角不应大于 2°,斜探头主声束在垂直方向不应有明显的双峰或多峰。

5.2.3 仪器和探头的组合频率与公称频率误差不得大于±10%。

5.3 试块

5.3.1 试块主要用于仪器探头系统性能校准和检测校准的测定。

5.3.2 标准试块采用 JB/T 8428 的 CSK-IA 试块。

5.3.3 对比试块采用与被检管材声学性能相同或近似的钢材制成,技术要求应符合 JB/T 8428 的规定。

5.3.4 被检管材的曲率半径应为对比试块曲率半径的 0.9 倍~1.5 倍。

5.3.5 锯齿槽(GD-Ⅰ)对比试块的形状和尺寸,如图 1 所示。该试块用被探管材制作,用作对接焊接接头根部缺欠的对比测定。

单位为毫米

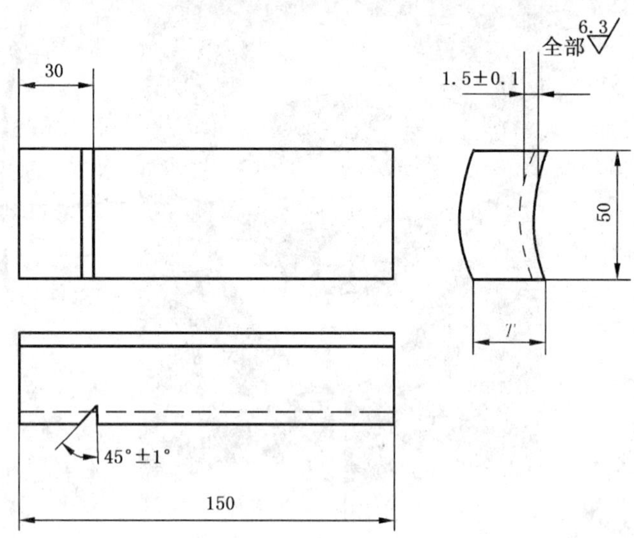

图 1 GD-Ⅰ对比试块

5.3.6 被检管材曲率半径 $R \leqslant W^2/4$ 时(W 为探头宽度),采用与被检曲率相同的对比试块,反射孔的位置可参照对比试块确定。试块宽度 b 一般应满足:

$$b \geqslant 2\lambda S/D_0 \qquad (1)$$

式中:

b——试块宽度,单位为毫米(mm);

λ——超声波波长,单位为毫米(mm);

S——声程,单位为毫米(mm);

D_0——声源有效直径,单位为毫米(mm)。

5.3.7 在满足灵敏度要求的条件下,可以采用其他型式的试块,并在报告中注明。

6 工艺要求及检测准备

6.1 检测前应了解焊件名称、材质、规格、焊接工艺、热处理情况、坡口型式(内坡口单侧长度不小于 0.6T,T 为管壁厚度)以及焊接接头中心位置。

6.2 被检测管道焊接接头应满足 6.2.1～6.2.4 的要求。

6.2.1 焊接接头表面质量及外形尺寸需经检查合格。

6.2.2 焊接接头两侧应清除飞溅、锈蚀、氧化物油垢及其他杂质，检测表面应平整，便于探头的扫查，其表面粗糙度 Ra 应小于等于 6.3 μm，一般应进行打磨，打磨宽度至少为探头移动范围，见图 2 所示。

6.2.3 检测区的宽度应是焊缝本身，再加上焊缝两侧各相当于母材厚度 30% 的一段区域，这个区域最小为 5 mm，最大为 10 mm。

6.2.4 去除余高的焊缝，应将余高打磨到与邻近母材平齐。保留余高的焊缝，如果焊缝表面有咬边、较大的隆起和凹陷等也应进行适当的修磨，并作圆滑过渡以免影响检测结果的评定。

6.3 耦合剂应具有良好的润湿能力和透声性能，且无毒、无腐蚀性、易清除。常用的耦合剂为机油、甘油和浆糊。

6.4 探头的工作面与管道外表面应紧密接触，必要时应进行修磨。修磨后的探头应重新测量入射点及折射角。

6.5 焊后需热处理的焊接接头，应在热处理后检测。

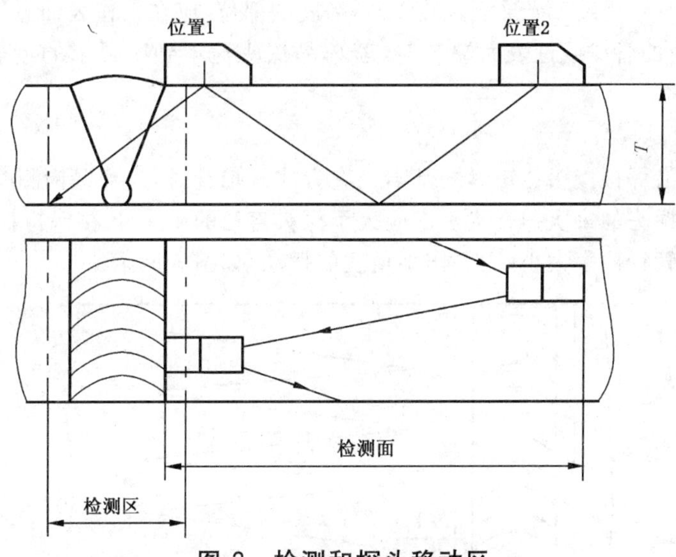

图 2 检测和探头移动区

7 检测

7.1 探头选择

7.1.1 斜探头折射角的选择以直射波声束中心线至少能扫查焊接接头厚度的 2/5 为原则，可参考表 1。检测根部缺欠时，不宜使用折射角为 60°的探头。

表 1 斜探头折射角的选择

管壁厚度/mm	探头折射角/(°)
15～46	70 或 60
>46～100	60 或 45;45 和 60、45 和 70 并用
>100～120	60 和 45 并用

7.1.2 探头频率一般采用 2.5 MHz，当管壁厚度较薄时，采用 5 MHz 探头。

7.2 检测位置及探头移动范围

7.2.1 一般要求从焊接接头两侧检测。因条件限制只能从焊接接头一侧检测时，应采用两种角度的探头进行检测，两种探头的折射角相差应不小于 10°。

7.2.2 采用一次反射法检测时，探头移动区大于或等于 1.25P:

$$P = 2T\tan\beta \qquad (2)$$

式中：

P——跨距，单位为毫米（mm）；

T——母材厚度，单位为毫米（mm）；

β——探头折射角，单位为度（°）。

7.2.3 当管壁较厚（壁厚＞50 mm）时，采用直射法检测，但还需增加一个折射角度大的探头检测，参见表2。探头移动区应大于 $0.75P$，$P=2T\tan\beta$。

7.2.4 如需检测横向缺欠，一般应在去除余高的焊接接头上检测。

7.3 母材的检查

斜探头扫查声束通过的母材区域应用直探头检查，以便确定是否有影响斜角检测结果解释的分层性或其他类型的缺欠存在。该项检查仅作记录，不属于对母材的验收检测。检查的要点如下：

a) 检测方法：接触式脉冲反射法，采用频率为（2～5）MHz 的直探头，晶片直径（10～25）mm。

b) 检测灵敏度：将无缺欠处第二次底波调节到荧光屏满刻度。

c) 记录：凡缺欠信号超过荧光屏满刻度 20％幅度的部位，应在工作表面做出标记，并记录。

d) 检测管壁较薄的管材或近表面缺欠时，若单晶探头达不到所要求的近表面分辨力，可选用双晶探头。

7.4 扫查方式

7.4.1 一般采用探头沿焊接接头作矩形的基本扫查方式。扫查时，为确保检测时超声波声束能扫查到工件的整个被检区域，探头的每次扫查覆盖率应大于探头直径的 15％。在保持探头移动方向与焊缝中心线垂直的同时，根据管径曲率大小，还要作小角度的摆动，如图3所示。

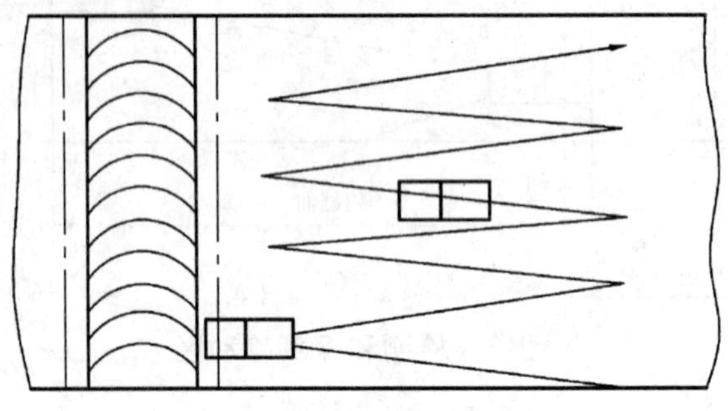

图3 锯齿型扫查

7.4.2 为了确定缺欠的位置、方向、形状、观察缺欠动态波形或区分缺欠信号与伪信号，可采用前后、左右、转角等扫查方式，如图4所示。

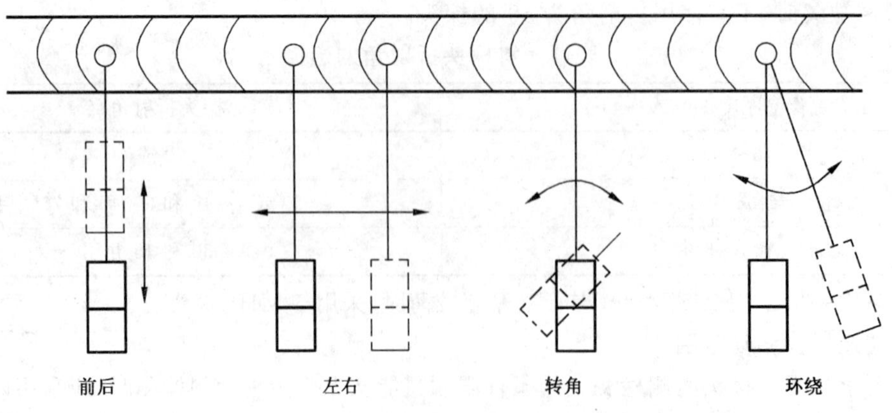

图4 四种基本扫查方法

7.5 距离-波幅曲线的绘制

7.5.1 距离-波幅曲线以所用检测仪和探头在对比试块上实测的数据绘制，也可根据实测数据在智能型检测仪上自绘。该曲线族图由评定线(EL)、定量线(SL)和判废线(RL)组成。评定线与定量线之间(包括评定线)为Ⅰ区，定量线与判废线之间(包括定量线)为Ⅱ区，判废线及其以上区域为Ⅲ区，如图5所示。

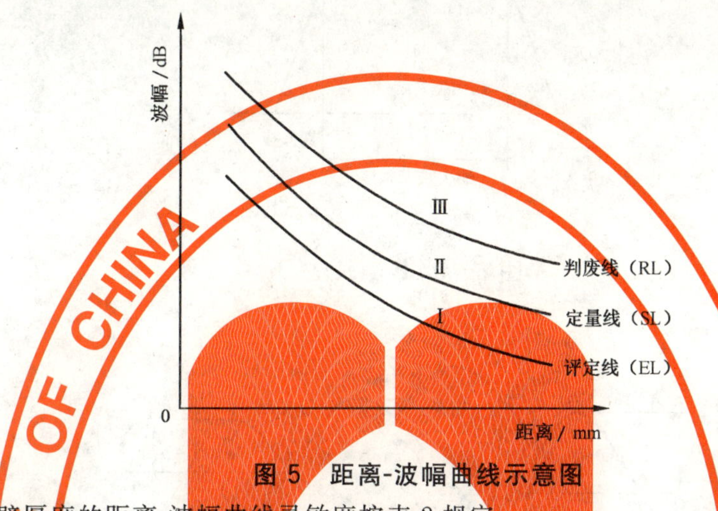

图5 距离-波幅曲线示意图

7.5.2 不同管壁厚度的距离-波幅曲线灵敏度按表2规定。

表2 距离-波幅曲线的灵敏度

管壁厚度/mm	评定线(EL)	定量线(SL)	判废线(RL)
≥15～46	ϕ3×40－20 dB	ϕ3×40－14 dB	ϕ3×40－6 dB
>46～120	ϕ3×40－16 dB	ϕ3×40－10 dB	ϕ3×40

7.5.3 距离-波幅曲线的校验以所用检测仪和探头在对比试块上进行，检测应不少于两点。

7.6 扫描速度的调节

7.6.1 扫描速度的调节可在标准试块或对比试块上进行。

7.6.2 扫描速度比例依据工件厚度和选用探头角度来确定。

7.6.3 探头移动速度应小于150 mm/s。

7.7 检测灵敏度

7.7.1 检测时由于管件表面耦合损失、材料衰减以及内外曲率的影响，应对检测灵敏度进行综合补偿，综合补偿量必须计入距离-波幅曲线。补偿的测量方法见附录A。

7.7.2 检测灵敏度不得低于评定线，检测过程中应每隔2 h对检测灵敏度进行校准一次。

7.8 缺欠性质判断

焊接接头缺欠的性质，可根据缺欠反射信号的特征、部位、采用动态包络线波形分析法，改变探头角度或扫查方式，并结合焊接工艺等进行综合分析。

7.9 缺欠的定量

7.9.1 出现在定量线或定量线以上的缺欠反射信号，应进行波幅和缺欠指示长度的测定。

7.9.2 缺欠波幅的测定：将探头移至缺欠出现最大反射信号的位置，根据波幅确定它在距离-波幅曲线图中的区域。

7.9.3 缺欠指示长度的测定：缺欠反射波只有一个高点，且位于定量线或定量线以上时，用6 dB法测其指示长度，如图6所示。缺欠反射信号起伏变化有多个高点，且缺欠端部反射波幅位于定量线或定量线以上时，用端点6 dB法测量其指示长度，如图7所示。当缺欠反射波峰位于评定线到定量线，如认为有必要记录时，将探头左右移动，将波幅降到评定线，以此测量缺欠指示长度。

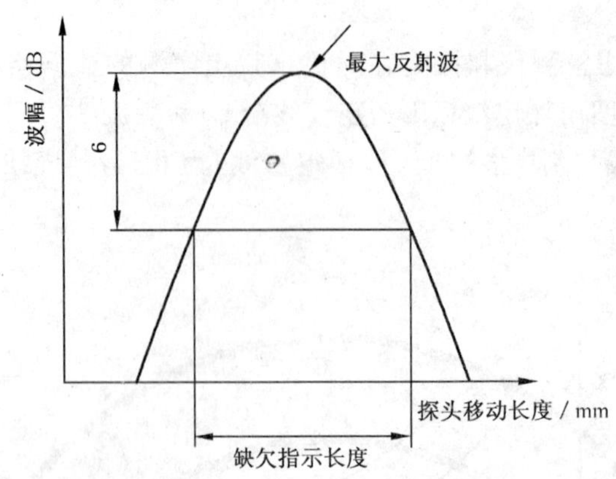

图6 6 dB测长法

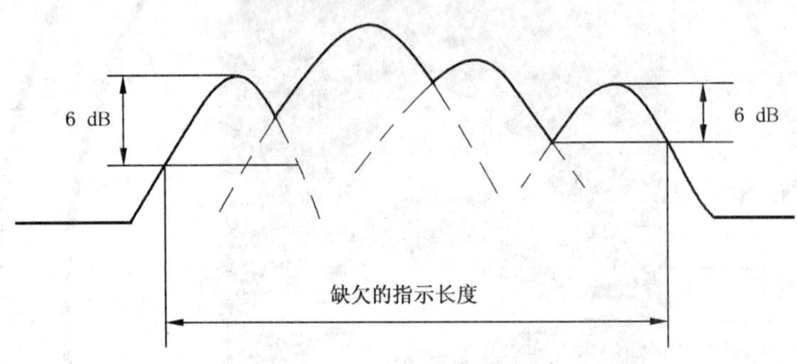

图7 端点6 dB测长法

7.10 缺欠定位

7.10.1 检测时发现缺欠反射波信号时,宜精确测量该处的管壁厚度。

7.10.2 缺欠位置以荧光屏上显示的缺欠最大反射信号的位置表示。根据探头的相应位置和反射信号在荧光屏上的位置,来确定缺欠沿焊接接头方向的位置。

7.10.3 缺欠的深度和水平距离两数值中的一个可由缺欠最大反射信号在荧光屏上的位置直接读出,另一数值可用计算法、曲线法、作图法求出。

7.11 缺欠评定

7.11.1 最大反射信号位于Ⅱ区的缺欠,其指示长度小于10 mm,按5 mm计。

7.11.2 相邻两缺欠间距小于8 mm时,两缺欠指示长度之和作为单个缺欠的指示长度。

7.11.3 根部未焊透的对比测定:检测时当发现根部缺欠,经综合分析确认为未焊透时,改用折射角为45°~50°、频率为5 MHz的斜探头,以图1中锯齿槽对比试块上深1.5 mm通槽的反射波幅调至荧光屏满刻度的50%作为对比灵敏度进行对比测定。

8 质量分级

8.1 管道焊接接头质量以每个焊接接头为评定单位,其质量分为三级。

8.2 非裂纹类等缺欠反射波幅位于Ⅰ区时,评为Ⅰ级。

8.3 焊接接头中存在下列情况之一的缺欠时,该焊接接头评为Ⅲ级。

8.3.1 当缺欠反射波幅位于Ⅲ区时。

8.3.2 当缺欠反射波幅位于Ⅱ区时,且缺欠的指示长度(经修正后的圆周方向的弧长)超过表3中Ⅱ级的规定时。

表 3　允许存在的缺欠指示长度

质量等级	Ⅰ级	Ⅱ级
缺欠指示长度 L/mm	$L=T/3$,但最小可为 10,最大不超过 30	$L=2T/3$,最小为 12,最大不超过 50
注：管壁厚度不等的焊接接头,T 取薄壁管厚度。		

8.3.3　当缺欠累计指示长度经修正后超过表 4 中Ⅱ级规定时。

表 4　允许存在缺欠的累计指示长度

质量等级	Ⅰ级	Ⅱ级
修正后缺欠累计指示长度	在 $10T$ 范围内,累计指示长度之和≤T	在 $5T$ 范围内,累计指示长度之和≤T

8.3.4　当非氩弧焊打底的焊接接头根部未焊透缺欠幅度或长度超过表 5 中Ⅱ级的规定时。

表 5　根部未焊透缺欠的允许范围

质量等级	对比灵敏度	缺欠在根部的长度 l
Ⅰ级	1.5×20	≤焊缝周长的 10%
Ⅱ级	1.5×20+4 dB	≤焊缝周长的 15%
注 1：当缺欠反射波幅≥用锯齿槽试块调节的对比灵敏度反射波幅时,应以缺欠反射波幅度评定。 注 2：当缺欠反射波幅<用锯齿槽试块调节的对比灵敏度反射波幅时,用端点 14 dB 法测量缺欠指示长度 L,并按下式换算成未焊透在根部的长度 l,$l=L(D-2T)/D$(D 为管道外径)。 注 3：氩弧焊打底的焊接接头,不允许存在未焊透缺欠。 注 4：表中焊缝周长以内径计算。		

8.4　检测中如检测人员能判定缺欠性质为裂纹、未熔合等危险性缺欠时,不受 8.3 限制,该焊接接头应评为Ⅲ级。

8.5　不合格的焊缝应返修,返修部位及返修时受影响的部位均应复检。复检按原检测条件进行,质量评定按 8.3、8.4 规定。

9　检测报告

9.1　超声检测报告应包括以下内容：

a)　委托单位；

b)　被检焊接接头编号的管道系统图、名称、编号、规格、材质、坡口型式、焊接方法和热处理状况；

c)　检测设备：检测仪、探头、试块；

d)　检测规范：探头角度、探头频率、检测面和检测灵敏度；

e)　检测部位及缺欠的类型、尺寸、位置和分布应在草图上予以标明,如有因几何形状限制而检测不到的部位,也应加以说明；

f)　检测结果及质量分级、检测标准名称和验收等级；

g)　检测人员和责任人员签字及其技术资格；

h)　检测日期。

9.2　制作、安装(或检修)结束后,应将检测报告及检测记录整理成册,并归档统一保管。

9.3　检测报告及检测记录格式可参见附录 B。

附 录 A
（规范性附录）
补偿量测量方法

A.1 试块

A.1.1 制作与被检测管道的材质、规格及表面粗糙相同的试块，见图 A.1。

A.1.2 在试块上钻横孔，当管壁厚度≤25 mm，钻一个孔，距内壁 $T/2$，见图 A.1a)；管壁厚度>25 mm，钻两个孔，距内壁分别为 $T/4$ 和 $3T/4$，见图 A.1b)。

A.2 测量方法

A.2.1 以所用的仪器和探头在对比试块上作出距离-波幅曲线。

A.2.2 相同的仪器和探头，在相同的起始灵敏度条件下探测试块上 ϕ3 mm 横孔，直射波探下孔，一次反射波探上孔，图 A.1b)。当试块只有一个孔时，图 A.1a)；将直射波与一次反射波的波幅调至规定的高度，然后读取衰减器的分贝数 N。

A.2.3 在距离-波幅曲线上查出同距离的分贝数 N'，则综合补偿量 ΔN 由公式(A.1)决定：

$$\Delta N = N - N' \qquad \text{(A.1)}$$

单位为毫米

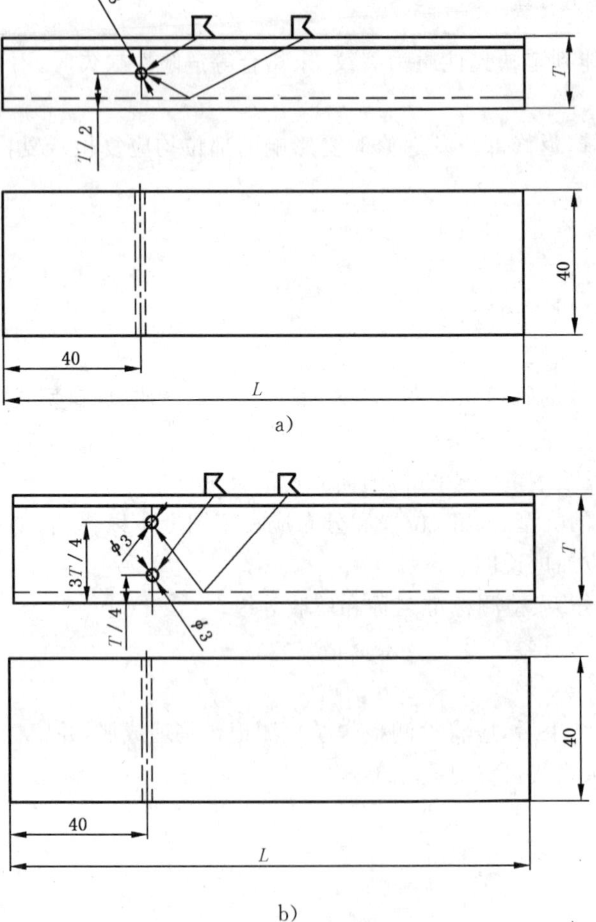

图 A.1 补偿量测量试块

附　录　B
（资料性附录）
检测报告和检测记录格式示例

管道对接接头超声检测报告

报告编号：

检测对象							
工程名称						验收准则	
管道名称		材质				规格	
焊缝编号		坡口型式				焊工姓名及代号	
焊接材料		焊接方式				热处理规范	
检测条件							
仪器型号		探头规格					
		频率		折射角		晶片尺寸	
试块型式				耦合剂			
检测灵敏度				灵敏度补偿			
评定及处理意见：							
审核人员姓名： 资格：				检测人员姓名： 资格：			

检测单位：（盖章）　　　　年　　月　　日

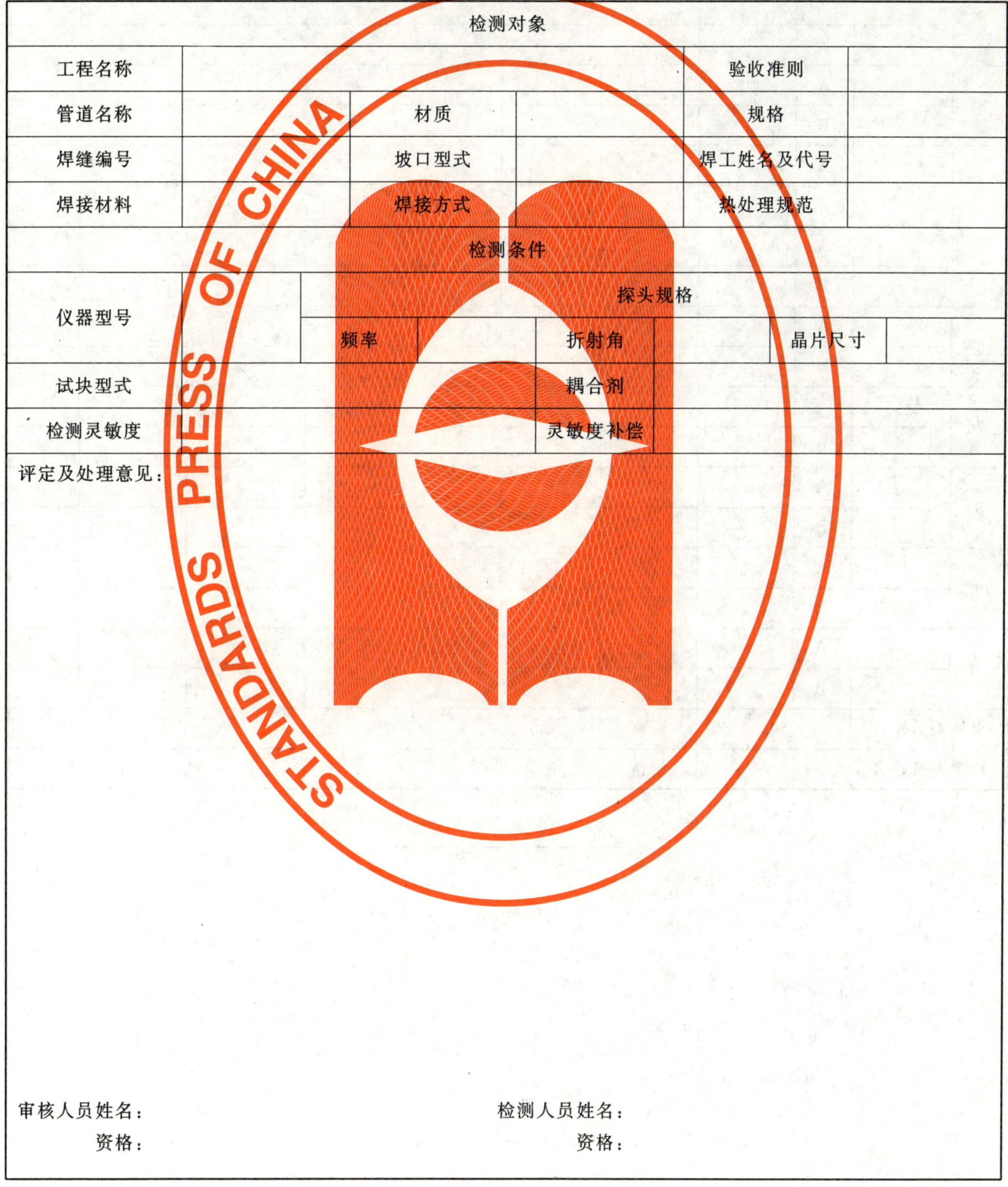

管道对接接头超声检测记录

焊缝编号：

缺欠编号	缺欠位置（点）	探测位置	实测厚度	探头焊缝距离	缺欠深度	缺欠指示长度	记录指示长度	缺欠波幅 $\phi 3\times 40\pm$ dB	缺欠性质推断	备注
1		A								
		B								
2		A								
		B								
3		A								
		B								
4		A								
		B								
5		A								
		B								
6		A								
		B								
7		A								
		B								
8		A								
		B								
9		A								
		B								
10		A								
		B								
审核人员姓名				资格				年　月　日		
检测人员姓名				资格				年　月　日		

ICS 33.040.20
M 19

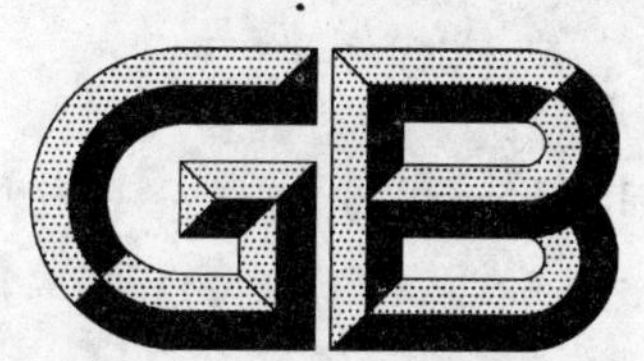

中华人民共和国国家标准

GB/T 15837—2008
代替 GB/T 15837—1995

数字同步网接口要求

Interface requirements for digital synchronization network

2008-10-29 发布 2009-05-01 实施

中华人民共和国国家质量监督检验检疫总局
中国国家标准化管理委员会 发布

前　言

本标准主要参照 ITU-T G.703《数字系列接口的物理/电气特性》、G.704《用于 1 554,2 048,8 448 和 44 736 kbit/s 系列的同步帧结构》、G.707《同步数字体系（SDH）的网络节点接口》、G.823《以 2 048 kbit/s 系列等级为基础的数字网内抖动和漂动的控制》、G.825《基于同步数字体系（SDH）的数字网内抖动和漂移的控制》、G.957《与同步数字体系有关的设备和系统的光接口》等建议进行修订。

本标准代替 GB/T 15837—1995《数字同步网接口要求》。

本标准对 GB/T 15837—1995 的主要修订内容如下：

——在第 1 章“范围”中，将本标准规范的范围从“2 048 kbit/s 和 2 048 kHz 四种接口类型”修改为“数字同步网中各种同步接口”。

——将第 2 章“引用标准”修改为“规范性引用文件”，并修改相应文字描述和增加本标准中需引用的标准名称。

——将第 3 章“定义”修改为“术语和定义”，并根据本标准最新修订增删相应内容。

——增加第 4 章“缩略语”，删除原第 4 章“基准时钟源要求”。

——对原第 5 章“基准接口规范”进行修改和重新编排，形成本标准下述四章内容：第 5 章“数字同步网接口物理界面描述”、第 6 章“数字同步网接口分类”、第 7 章“数字同步网接口的物理/电气（光）特性要求”和第 9 章“同步接口的网络限值”。其中第 6 章“数字同步网接口分类”内容参照 ITU 建议 G.823 附录 B；对于第 7 章“数字同步网接口的物理/电气（光）特性要求”，电接口参照 ITU-T 建议 G.703，光接口参照 ITU-T 建议 G.957；第 9 章“同步接口的网络限值”内容参照 ITU 建议 G.823 和 G.825。

——参照 ITU 建议 G.704 和 G.707，增加第 8 章“数字同步网接口对 SSM 信息的承载要求”。

——删除原第 6 章“同步网内各级间的兼容性准则”。

本标准由中华人民共和国工业和信息化部提出。

本标准由中国通信标准化协会归口。

本标准起草单位：信息产业部电信研究院。

本标准主要起草人：胡昌军、徐一军、汪建华。

本标准所代替标准的历次版本发布情况为：

——GB/T 15837—1995。

数字同步网接口要求

1 范围

本标准规定了数字同步网中各种同步接口的物理/电气(光)特性要求、承载 SSM 信息要求以及网络性能要求,其中网络性能要求包括同步接口输出的网络限值要求和同步接口输入的网络容限要求。

本标准适用于数字同步网。

2 规范性引用文件

下列文件中的条款通过本标准的引用而成为本标准的条款。凡是注日期的引用文件,其随后所有的修改单(不包括勘误的内容)或修订版均不适用于本标准,然而,鼓励根据本标准达成协议的各方研究是否可使用这些文件的最新版本。凡是不注日期的引用文件,其最新版本适用于本标准。

GB/T 15941—2008 同步数字体系(SDH)光缆线路系统进网要求

ITU-T G.703:2001 数字系列接口的物理/电气特性

ITU-T G.803:2000 基于 SDH 的传送网结构

ITU-T G.811:1997 基准时钟的定时特性

ITU-T G.812:1998 适用于同步网节点从钟的定时要求

ITU-T G.813:2003 SDH 设备从钟的定时要求

3 术语和定义

下列术语和定义适用于本标准。

3.1

网络接口 network interface

网络接口是指两个相关的系统、子系统或装置的公共物理界面或公共逻辑界面。在接口处必须保证界面两侧的实体相互之间有完备的匹配和适配,以使得各系统、子系统或装置就功能实体而言的运行是完备和相互兼容的。

3.2

同步接口 synchronization interface

同步接口是同步的接口,其输出信号频率能够正常溯源到 PRC。同步接口的网络漂移限值采用最大时间间隔误差(MTIE)和时间偏差(TDEV)参数来规定。

3.3

时间间隔误差 Time Interval Error

在一段规定的时间内,测量到的数字信号的有效瞬时对其理想时间位置的累积偏离。

3.4

最大时间间隔误差 Maximum Time Interval Error

最大时间间隔误差是指在一个测量周期内,一个给定的窗口内的最大相位变化。如图 1 所示。

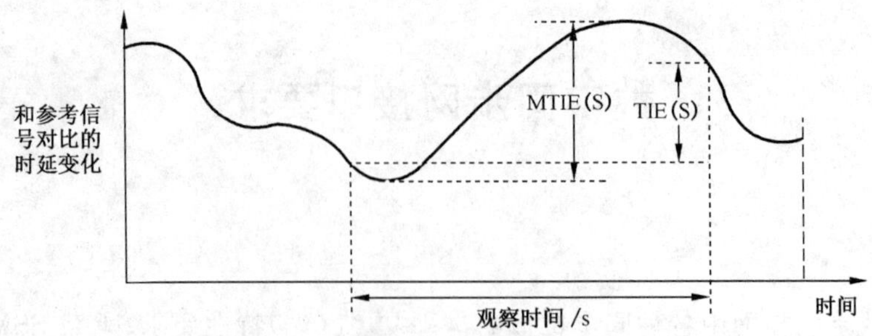

图 1 最大时间间隔误差(MTIE)

3.5

时间偏差 Time Deviation

$$TDEV(\tau)=\sqrt{\frac{1}{6n^2(N-3n+1)}\sum_{j=1}^{N-3n+1}\left(\sum_{k=0}^{n-1}(x_{j+2n+k}-2x_{j+n+k}+x_{j+k})\right)^2}$$

其中：

x_i——时延的抽样数据；

N——抽样数据的总数；

τ_0——相邻样值间的时间间隔；

n——积分时间内的抽样数；

τ——积分时间，$\tau=n\tau_0$。

3.6

漂移 wander

数字信号的各个有效瞬时相对其理想时间位置的长期变化(变化的频率小于 10 Hz)。

3.7

抖动 jitter

数字信号的各个有效瞬时相对其理想时间位置的短期变化(变化的频率大于 10 Hz)。

3.8

滑动 slip

由于数字设备输入/输出信号的频率和/或相位变化而导致在缓冲存储器产生数字信息的重读或漏读。根据滑动控制机制，滑动分为受控滑动和非受控滑动。

4 缩略语

下列缩略语适用于本标准。

DNU	Do Not Use	不可用
MRTIE	Maximum Relative Time Interval Error	最大相对时间间隔误差
MTIE	Maximum Time Interval Error	最大时间间隔误差
QL	Quality Level	质量等级
PDH	Plesiochronous Digital Hierarchy	准同步数字体系
PRC	Primary Referance Clock	全国基准时钟
SDH	Synchronous Digital Hierarchy	同步数字体系
SEC	Synchronous digital hierarchy Equipment Clock	SDH 设备时钟
SSM	Synchronization Status Message	同步状态信息
SSU	Synchronization Supply Unit	同步供给单元
STM-N	Synchronous Tramsport Module, level N	N 阶同步传送模块
TDEV	Time Deviation	时间偏差

TIE	Time Interval Error	时间间隔误差
UNK	Unknown	质量等级未知
UTC	Coordinated Universal Time	世界协调时

5 数字同步网接口物理界面描述

本标准中涉及到的数字同步网接口为同步接口，包括各级时钟设备的输入/输出端口（对于基准时钟 PRC，只存在输出端口）及与同步链路相关的设备（如传输设备等）的输入/输出端口。接口的物理位置（即物理界面）与接口信号类型是相关的，具体来说，对于直接进出同步设备的信号类型（例如 2 Mbit/s 或 2 MHz 信号），接口定义在同步网配线架（或专用配线架）上；对于非直接进出同步设备的信号类型（例如与传输设备相关的线路信号），接口定义在相关设备的数字配线架上或设备的输入输出端口处（无数字配线架的情况）。数字同步网接口物理界面描述如图 2 所示。

对于同步网接口的物理/电气特性，则涉及到同步网接口处相关设备（如时钟设备、传输设备等）的输入和输出；对于同步网接口输出的抖动和漂移网络限值，则只涉及到同步网接口处相关设备的输出；对于同步网接口输入的抖动和漂移容限，则只涉及到同步网接口处相关设备的输入。为了保证定时传输的连通性，在所有同步网接口处必须有完备的匹配和适配，即物理/电气特性的匹配和适配，以及网络抖动和漂移的控制。

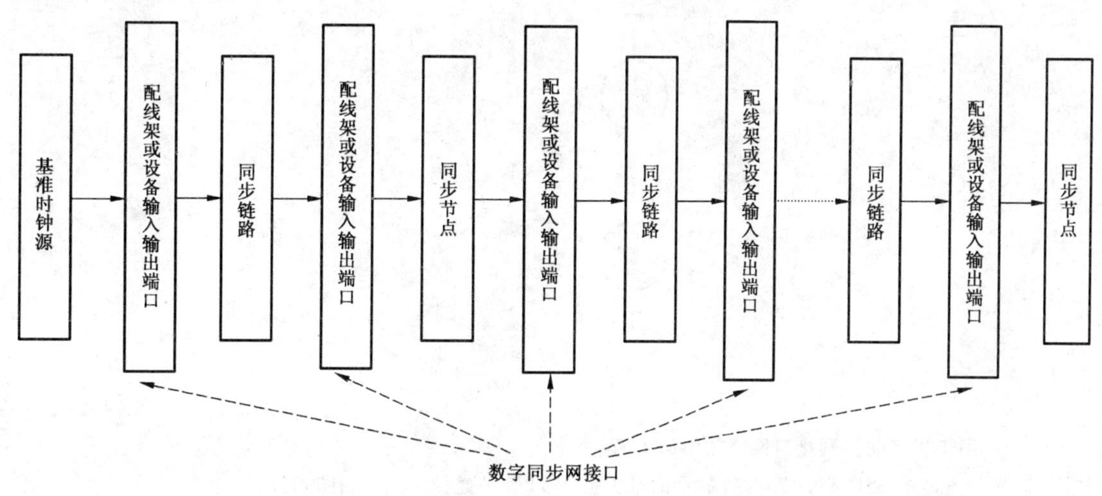

图 2 数字同步网接口物理界面的描述图

根据网络抖动和漂移的控制原理，必须在同步设备或传输设备的输出端规定网络接口输出的最大网络限值，在同步设备（PRC 基准时钟设备除外）或传输设备的输入端规定网络接口输入的最小容限，即对应于同步网节点从钟（SSU）、SDH 设备时钟（SEC）和 PDH 设备的输入容限。

6 数字同步网接口分类

图 3 给出了同步参考链模型，描述了在数字同步网中可能出现的物理接口类型。根据图 3 的描述，数字同步网接口共包括以下四种同步接口类型：

a) 在 PRC 输出的同步接口；

b) 在 SSU 输出的同步接口；

c) 在 SEC 输出的同步接口；

d) 在 PDH 定时分配输出的同步接口。

对于在 PRC 输出的同步接口，有 2 048 kbit/s 和 2 048 kHz 两种接口。

对于在 SSU 输出和在 SEC 输出的同步接口，有 2 048 kbit/s、2 048 kHz 和 STM-N 三种接口。

对于在 PDH 定时分配输出的同步接口，只有 2 048 kbit/s 一种接口。

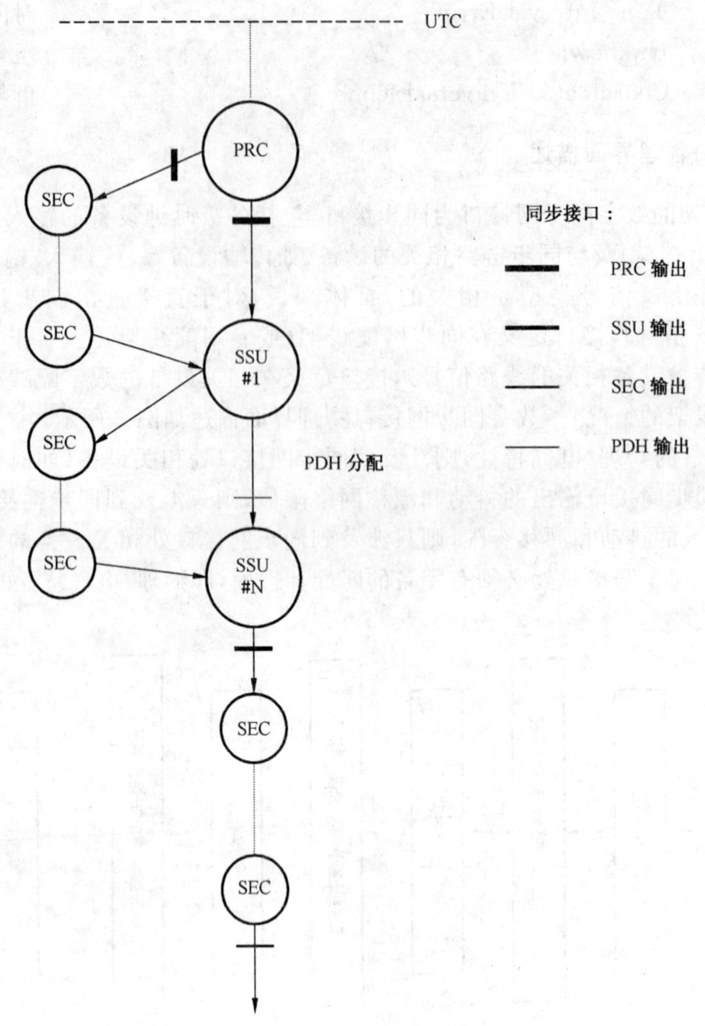

注 1：UTC 用于规范同步网接口网络限值的参考。

注 2：同步参考链中 SSU 和 SEC 时钟数量的最大值在 ITU-T 建议 G.803 中规定。

注 3：PRC 功能在 ITU-T 建议 G.811 中规定。

注 4：SSU 功能在 ITU-T 建议 G.812 中规定。

注 5：SEC 功能在 ITU-T 建议 G.813 中规定。

图 3　同步参考链模型

7　数字同步网接口的物理/电气(光)特性要求

7.1　阻抗要求

对于 2 048 kbit/s、2 048 kHz 和 STM-1 电接口，在测量电路和信号源的回波损耗优于 20 dB 的测量条件下，其回波损耗应满足表 1 的要求。

表 1　2 048 kbit/s、2 048 kHz 和 STM-1 电接口阻抗要求

接口类型	回波损耗/dB	阻抗	频率
2 048 kbit/s	≥12 ≥18 ≥14	75 Ω(同轴方式)/120 Ω(对称方式)，非电抗性	51 kHz～102 kHz 102 kHz～2 048 kHz 2 048 kHz～3 072 kHz

表 1（续）

接口类型	回波损耗/dB	阻抗	频率
2 048 kHz	≥15	75 Ω(同轴方式)/120 Ω（对称方式），非电抗性	2 048 kHz
STM-1 电接口	≥15	75 Ω,非电抗性	8 MHz～240 MHz
注：对于相同的接口类型 2 048 kbit/s 或 2 048 kHz，标称阻抗 75 Ω 与 120 Ω 系统间不能简单互通，互通时需增加阻抗适配器。			

7.2 波形要求

a) 对于 2 048 kbit/s 接口，其波形应满足表 2 的要求。图 4 给出其相应的脉冲模板。

表 2 2 048 kbit/s 接口的波形要求

脉冲形状	不管极性如何，所有有效信号脉冲（传号）都应符合脉冲模板的限值要求。V 值对应于脉冲信号的标称峰值	
连接线对	同轴线对	对称线对
测试负载阻抗	75 Ω	120 Ω
脉冲（传号）的标称峰值电压	2.37 V	3 V
脉冲（空号）的峰值电压	0 V±0.237 V	0 V±0.3 V
标称脉冲宽度	244 ns	
脉冲宽度中点处正负脉冲幅度比	应优于 0.95～1.05	
标称脉冲半幅度处正负脉冲宽度比	应优于 0.95～1.05	

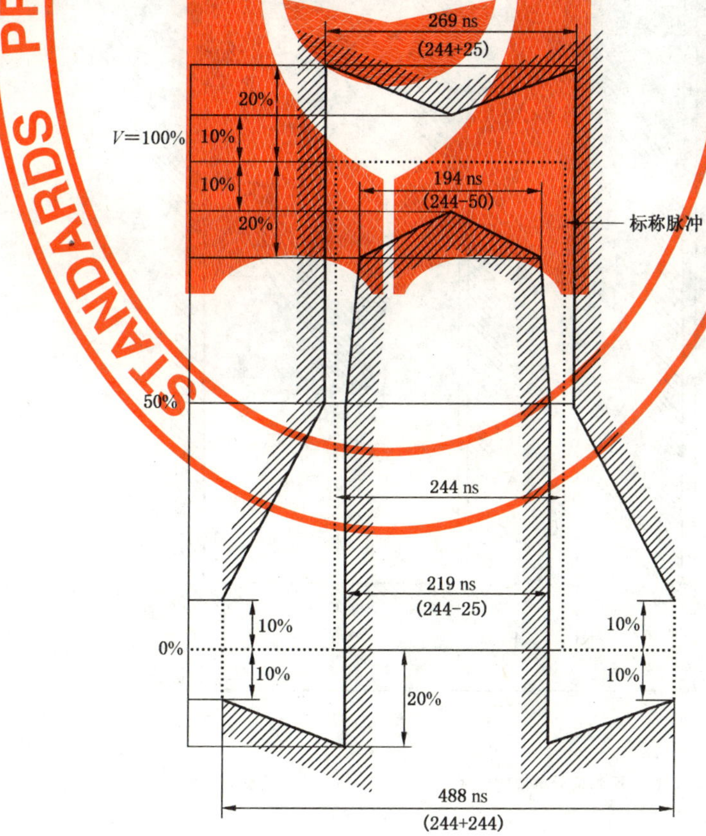

图 4 2 048 kbit/s 接口脉冲模板

b) 对于 2 048 kHz 接口，其波形应满足表 3 的要求。图 5 给出其相应的脉冲模板。

表 3 2 048 kHz 接口的波形要求

脉冲形状	信号波形必须符合脉冲模板的限值要求。 V 相应于信号的最大峰值，V_1 相应于信号的最小峰值	
连接线对	同轴线对	对称线对
测试负载阻抗	75 Ω 电阻性	120 Ω 电阻性
信号最大峰值电压(峰基值)	1.5 V	1.9 V
信号最小峰值电压(峰基值)	0.75 V	1.0 V

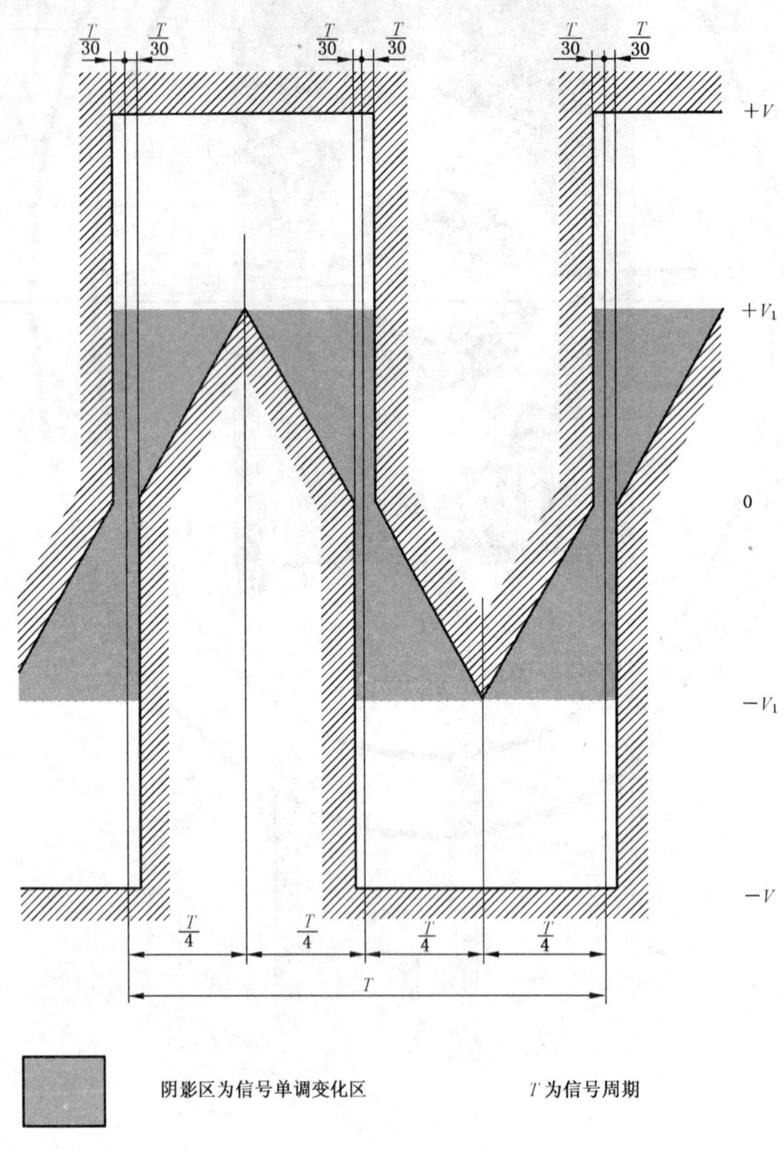

图 5 2 048 kHz 接口脉冲模板

c) 对于 STM-1 电接口，其波形应满足表 4 的要求。图 6 和图 7 给出其相应的脉冲模板。

表 4 STM-1 电接口的波形要求

脉冲形状	标称脉冲及确认模板应符合脉冲模板的限值要求
连接线对	同轴线对
测试负载阻抗	75 Ω
峰-峰值电压	1 V±0.1 V
在测量的稳定状态幅度的 10%和 90%幅度的上升时间	≤2 ns
参考于负向变化 50%幅度点平均值的变化时间容限	负向变化：±0.1 ns 在脉冲单元间隔边界的正向变化：±0.5 ns 在脉冲单元中间的正向变化：±0.35 ns

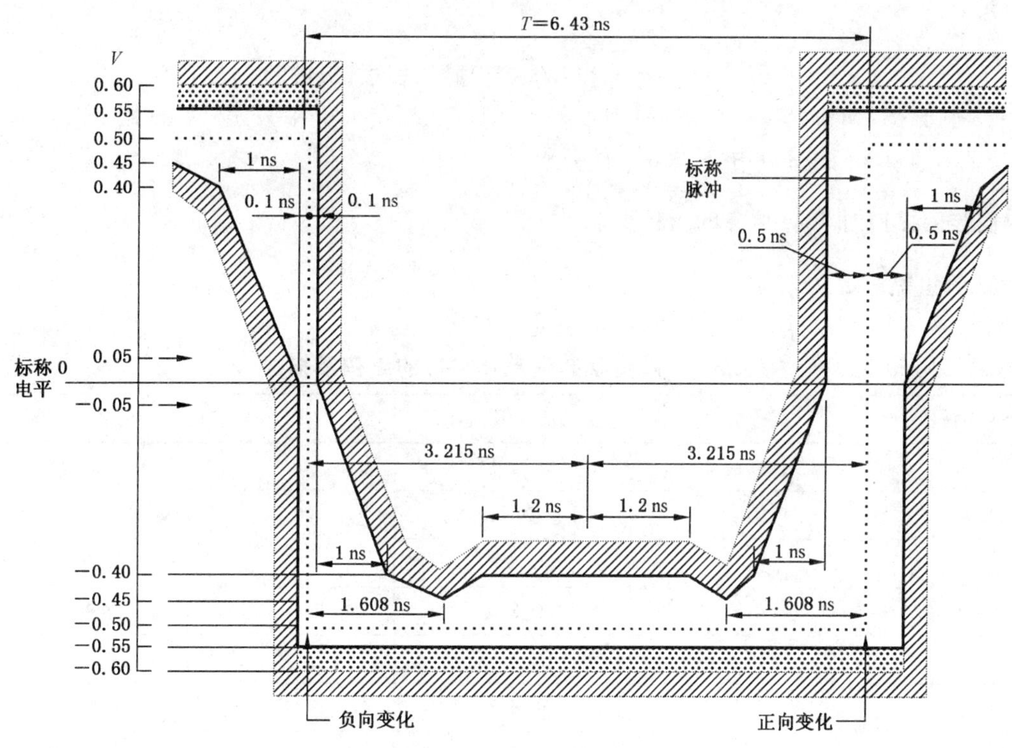

图 6 155 520 kbit/s 接口脉冲模板(二进制 1)

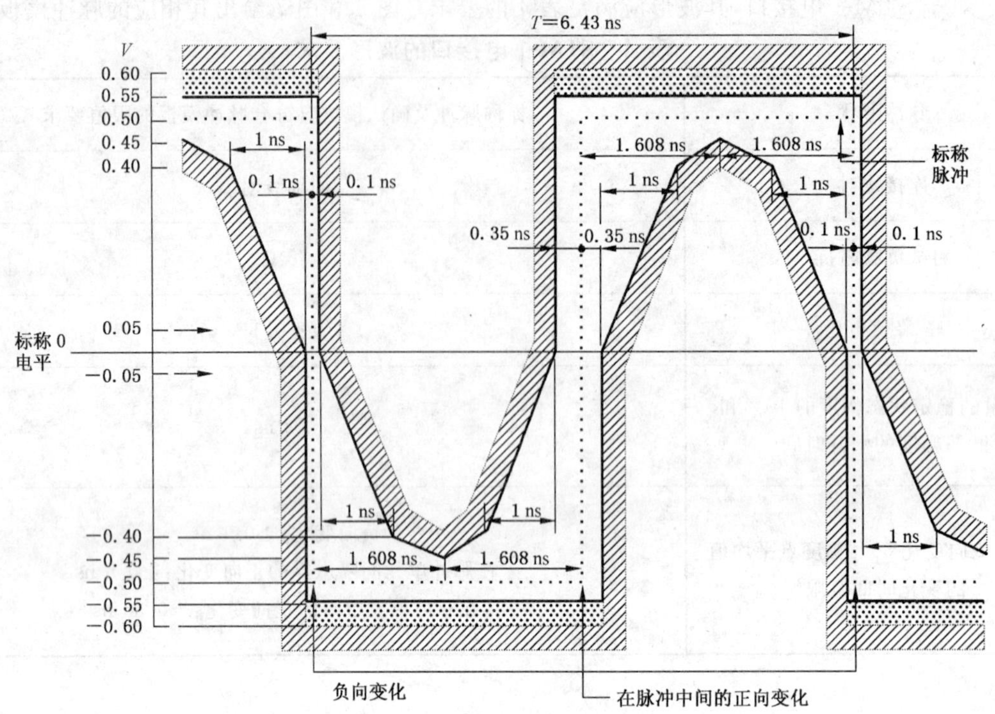

图 7 155 520 kbit/s 接口脉冲模板(二进制 0)

d) 对于 STM-1、STM-4、STM-16、STM-64 等光接口,在发送端的眼图应满足国标 GB/T 15941—2008中 8.3.3.4 的要求。

8 数字同步网接口对 SSM 信息的承载要求

8.1 SSM 质量等级定义

SSM 质量等级(QL)采用 4 个比特表示,其定义如表 5 所示。

表 5 同步状态信息(SSM)的编码及描述

SSM 编码	优选顺序	质量等级描述	对应的我国时钟等级
0010	第一(最高)	QL_PRC	1 级基准时钟
0000	第二	QL_UNK(可选)	质量等级未知
0100	第三	QL_SSUT	2 级节点时钟
1000	第四	QL_SSUL	3 级节点时钟
1011	第五	QL_SEC	SDH 网元设备时钟
1111	第六(最低)	QL_DNU	同步信号不可用
其他	—	—	预留

8.2 2 048 kbit/s 承载 SSM 信息的要求

对于 2 048 kbit/s 同步网接口信号,未含帧定位信号的 TS0 时隙中的 S_{a4}～S_{a8} 可以用于承载 SSM 信息。在实际网络操作中,可以选取 S_{a4}～S_{a8} 中任意一位作为传递 SSM 信息的通道,在一个复帧结构中,共有 8 个 S_{an}(n 为 4,5,6,7 或 8)比特,采用 4 比特表示 SSM 质量等级,且前 4 个奇数帧与后 4 个奇数帧所携带的 SSM 信息相同,其中 S_{an1} 为高比特位,S_{an4} 为低比特位。

2 048 kbit/s 复帧结构(包括两个子复帧 SMF I 和 SMF II)中用于承载 SSM 信息的比特分配如表 6 所示。

表 6　2 048 kbit/s 信号第 0 时隙(TS0)用于承载 SSM 信息的 S_{an} 编号

	帧编号	比特 1	比特 2	比特 3	比特 4	比特 5	比特 6	比特 7	比特 8
SMF Ⅰ	0	C1	0	0	1	1	0	1	1
	1	0	1	A	S_{a41}	S_{a51}	S_{a61}	S_{a71}	S_{a81}
	2	C2	0	0	1	1	0	1	1
	3	0	1	A	S_{a42}	S_{a52}	S_{a62}	S_{a72}	S_{a82}
	4	C3	0	0	1	1	0	1	1
	5	1	1	A	S_{a43}	S_{a53}	S_{a63}	S_{a73}	S_{a83}
	6	C4	0	0	1	1	0	1	1
	7	0	1	A	S_{a44}	S_{a54}	S_{a64}	S_{a74}	S_{a84}
SMF Ⅱ	8	C1	0	0	1	1	0	1	1
	9	1	1	A	S_{a41}	S_{a51}	S_{a61}	S_{a71}	S_{a81}
	10	C2	0	0	1	1	0	1	1
	11	1	1	A	S_{a42}	S_{a52}	S_{a62}	S_{a72}	S_{a82}
	12	C3	0	0	1	1	0	1	1
	13	E	1	A	S_{a43}	S_{a53}	S_{a63}	S_{a73}	S_{a83}
	14	C4	0	0	1	1	0	1	1
	15	E	1	A	S_{a44}	S_{a54}	S_{a64}	S_{a74}	S_{a84}

8.3　STM-N 承载 SSM 信息的要求

对于 STM-N 同步网接口信号，应使用 STM-N 帧结构复用段 S1 字节的 5～8 比特表示 SSM 质量等级，其定义如表 5 所示。STM-N 帧结构复用段 S1 字节详细定义见国标 GB/T 15941—2008 中 4.2。

9　同步接口的网络限值

9.1　同步接口输出抖动的网络限值

对应于图 3 所示的同步参考链，表 7 和表 8 分别给出了 2 048 kbit/s 和 2 048 kHz 以及 STM-N 同步接口输出抖动的网络限值。这些网络限值与时钟设备输入端口提供的最小输入抖动容限是兼容的，并且，在所有运行条件下，这些网络限值都应得到满足。

表 7　2 048 kbit/s 和 2 048 kHz 同步接口的允许最大输出抖动

输出接口	测量带宽，−3 dB 频率点/Hz	峰-峰振幅/UIpp
PRC	20～100 k	0.05
SSU	20～100 k	0.05
SEC	20～100 k	0.5
	49～100 k	0.2
PDH 同步	20～100 k	1.5
	18 k～100 k	0.2
注：对于 2 048 kbit/s 和 2 048 kHz 同步接口，UIpp 为时钟频率的倒数。		

表 8 STM-N 同步接口的允许最大输出抖动

输出接口		测量带宽,−3 dB 频率点/Hz	峰-峰振幅/UIpp
SSU SEC	STM-1e[a]	500～1.3 M	1.5
		65 k～1.3 M	0.075
	STM-1	500～1.3 M	1.5
		65 k～1.3 M	0.15
	STM-4	1 k～5 M	1.5
		250 k～5 M	0.15
	STM-16	5 k～20 M	1.5
		1 M～20 M	0.15
	STM-64	20 k～80 M	1.5
		4 M～80 M	待定
注:对于 STM-1,1UI=6.43 ns;对于 STM-16,1UI=0.402 ns; 对于 STM-4,1UI=1.61 ns;对于 STM-64,1UI=0.100 ns。			
[a] 采用 CMI 编码格式,符合 ITU-T 建议 G.703 要求的电接口。			

9.2 同步接口输出漂移的网络限值

a) **PRC 接口输出漂移限值**

表 9 给出用 MTIE 表示的 PRC 接口输出的网络漂移限值。图 8 给出其模板。

表 9 PRC 接口输出漂移的网络限值(MTIE)

观察间隔 τ/s	MTIE 要求/ns
$0.1<\tau\leqslant 1\,000$	$25+0.275\,\tau$
$\tau>1\,000$	$290+0.01\,\tau$

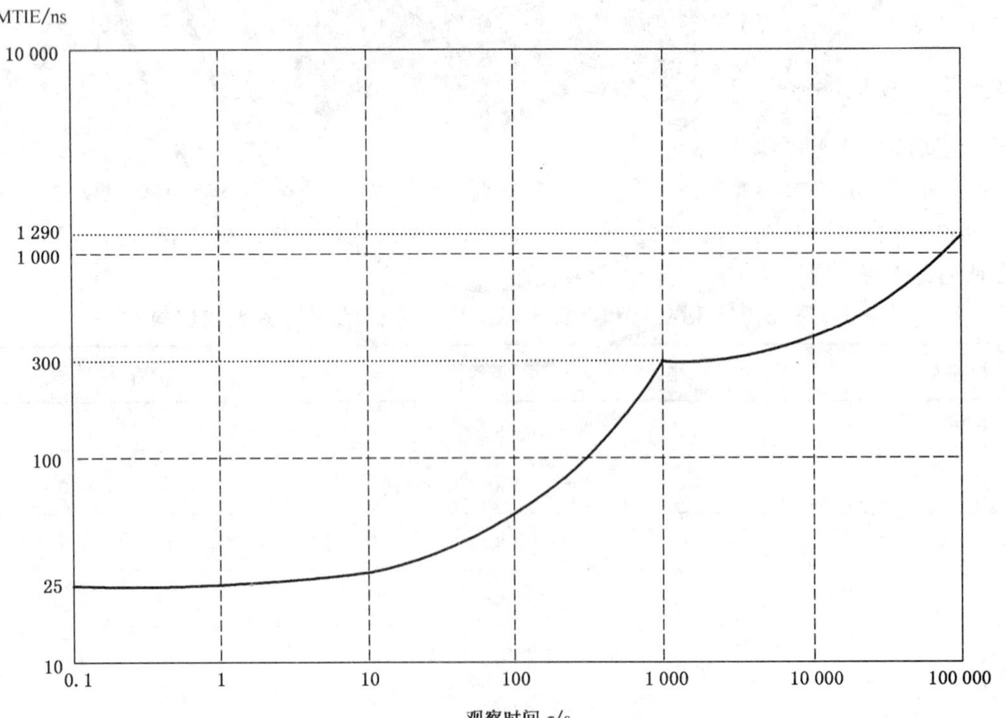

图 8 PRC 接口输出漂移的网络限值(MTIE)

表 10 给出用 TDEV 表示的 PRC 接口输出的网络漂移限值。图 9 给出其模板。

表 10　PRC 接口输出漂移的网络限值(TDEV)

观察间隔 τ/s	TDEV 要求/ns
$0.1<\tau\leqslant100$	3
$100<\tau\leqslant1\ 000$	$0.03\ \tau$
$1\ 000<\tau\leqslant10\ 000$	30
$10\ 000<\tau\leqslant100\ 000$	$27+0.000\ 3\ \tau$

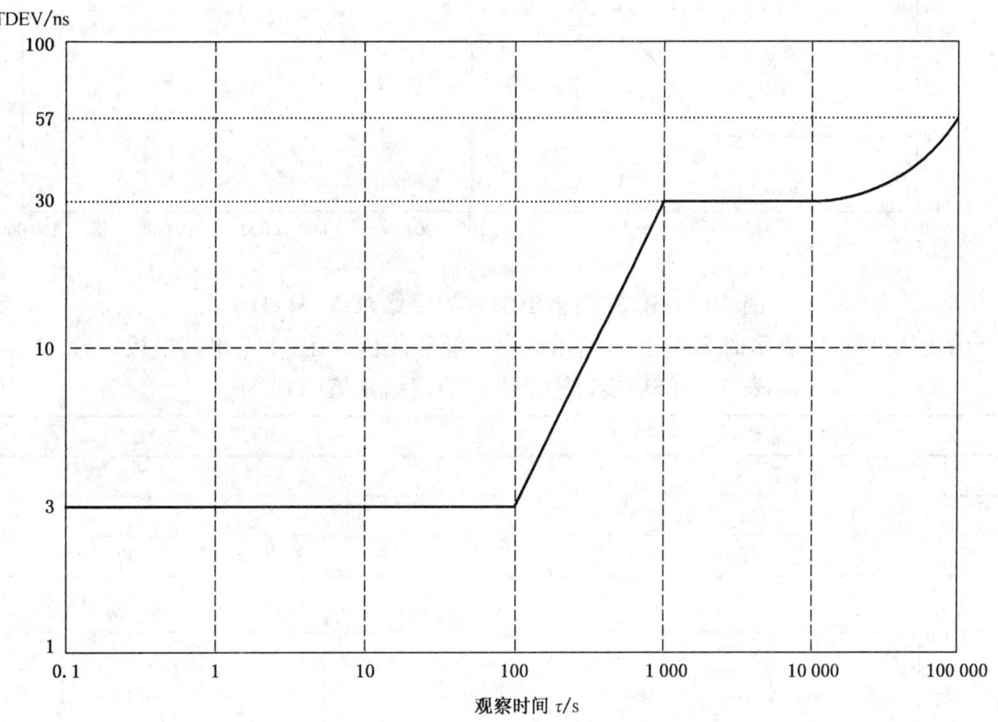

图 9　PRC 接口输出漂移的网络限值(TDEV)

b)　SSU 接口输出漂移限值

表 11 给出用 MTIE 表示的 SSU 接口输出的网络漂移限值。图 10 给出其模板。

注：该值是相对 UTC 的，即包括 PRC 的漂移。

表 11　SSU 接口输出漂移的网络限值(MTIE)

观察间隔 τ/s	MTIE 要求/ns
$0.1<\tau\leqslant2.5$	25
$2.5<\tau\leqslant200$	$10\ \tau$
$200<\tau\leqslant2\ 000$	2 000
$\tau>2\ 000$	$433\ \tau^{0.2}+0.01\ \tau$

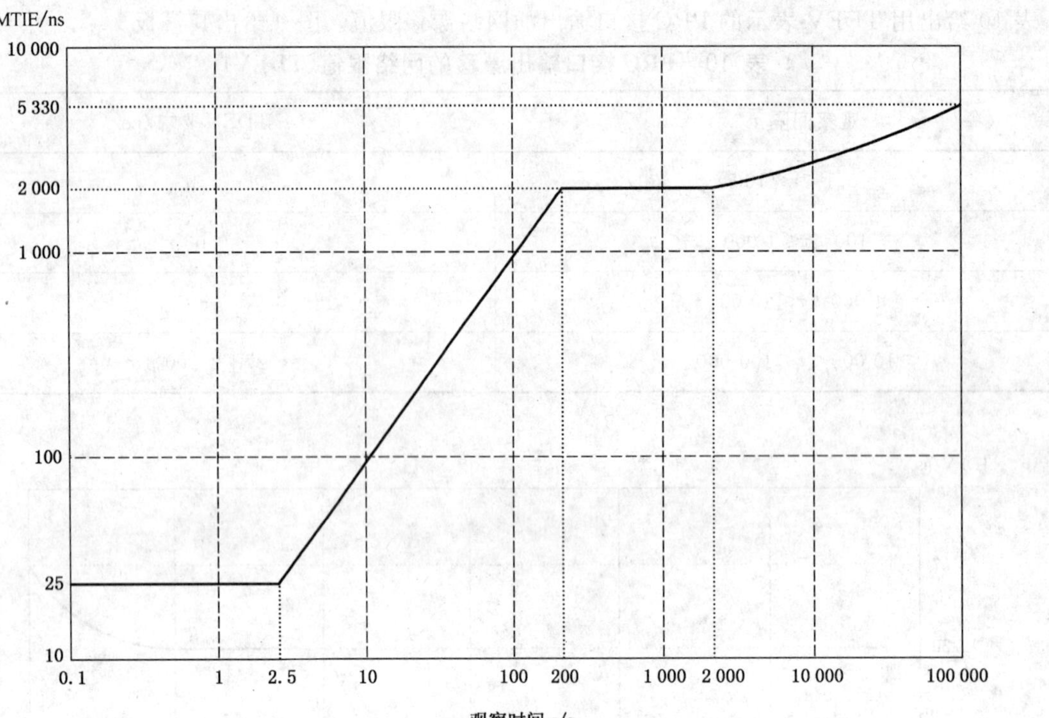

图 10　SSU 接口输出漂移的网络限值(MTIE)

表 12 给出用 TDEV 表示的 SSU 接口输出的网络漂移限值。图 11 给出其模板。

表 12　SSU 接口输出漂移的网络限值(TDEV)

观察间隔 τ/s	TDEV 要求/ns
$0.1<\tau\leqslant 4.3$	3
$4.3<\tau\leqslant 100$	$0.7\ \tau$
$100<\tau\leqslant 100\ 000$	$58+1.2\ \tau^{0.5}+0.000\ 3\ \tau$

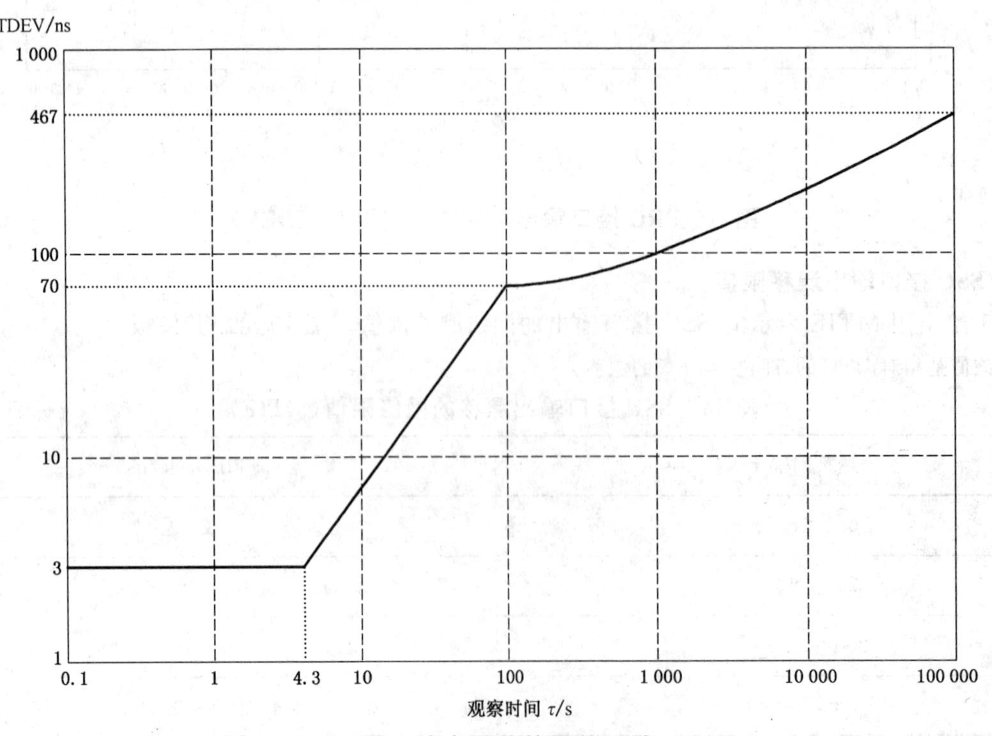

图 11　SSU 接口输出漂移的网络限值(TDEV)

c) **SEC 接口输出漂移限值**

表 13 给出用 MTIE 表示的 SEC 接口输出的网络漂移限值。图 12 给出其模板。

注：该值是相对 UTC 的，即包括 PRC 的漂移。

表 13 SEC 接口输出漂移的网络限值(MTIE)

观察间隔 τ/s	MTIE 要求/ns
$0.1<\tau\leqslant 2.5$	250
$2.5<\tau\leqslant 20$	100τ
$20<\tau\leqslant 2\,000$	2 000
$\tau>2\,000$	$433\tau^{0.2}+0.01\tau$

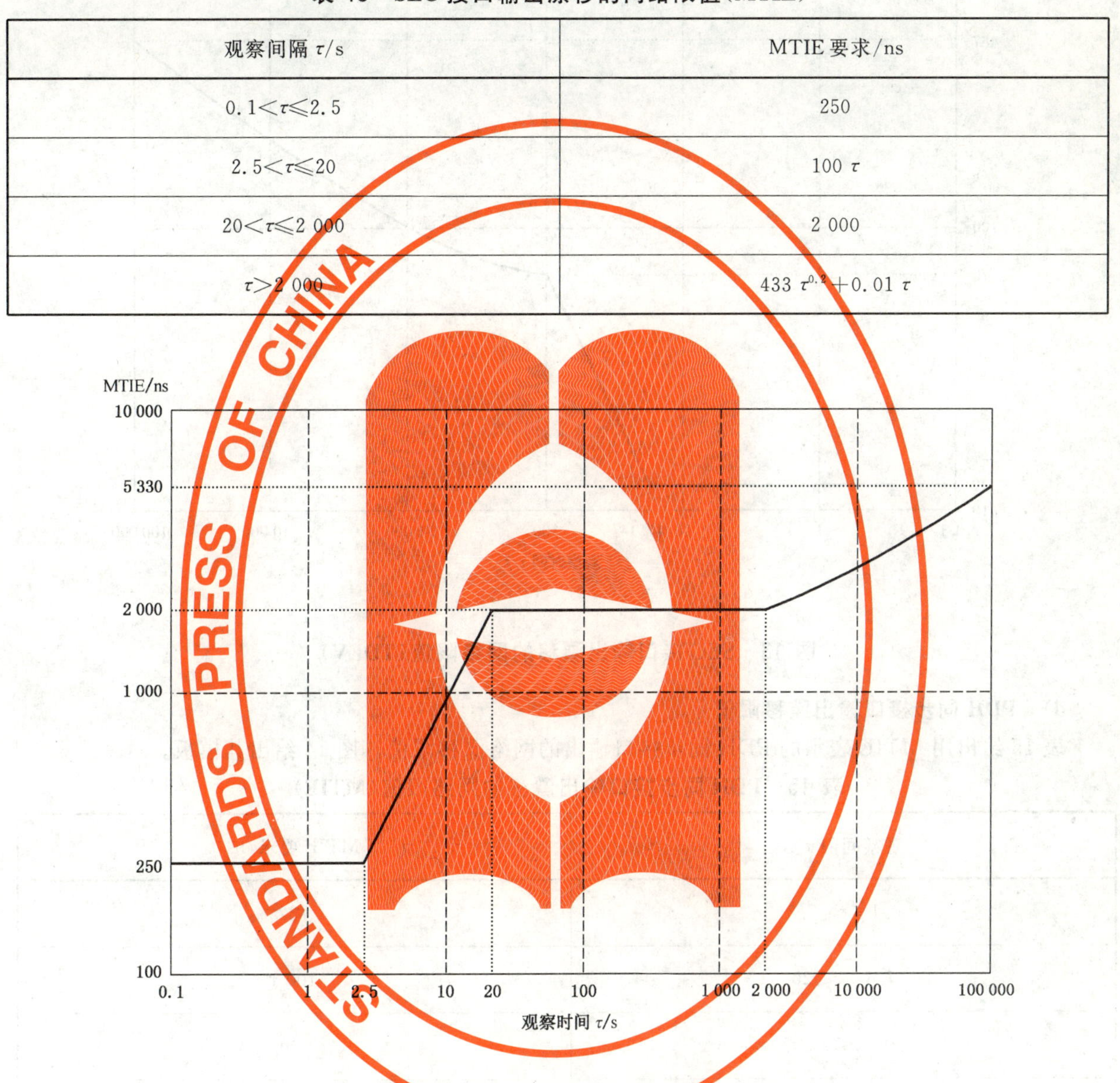

图 12 SEC 接口输出漂移的网络限值(MTIE)

表 14 给出用 TDEV 表示的 SEC 接口输出的网络漂移限值。图 13 给出其模板。

表 14 SEC 接口输出漂移的网络限值(TDEV)

观察间隔 τ/s	TDEV 要求/ns
$0.1<\tau\leqslant 17.14$	12
$17.14<\tau\leqslant 100$	0.7τ
$100<\tau\leqslant 100\,000$	$58+1.2\tau^{0.5}+0.000\,3\tau$

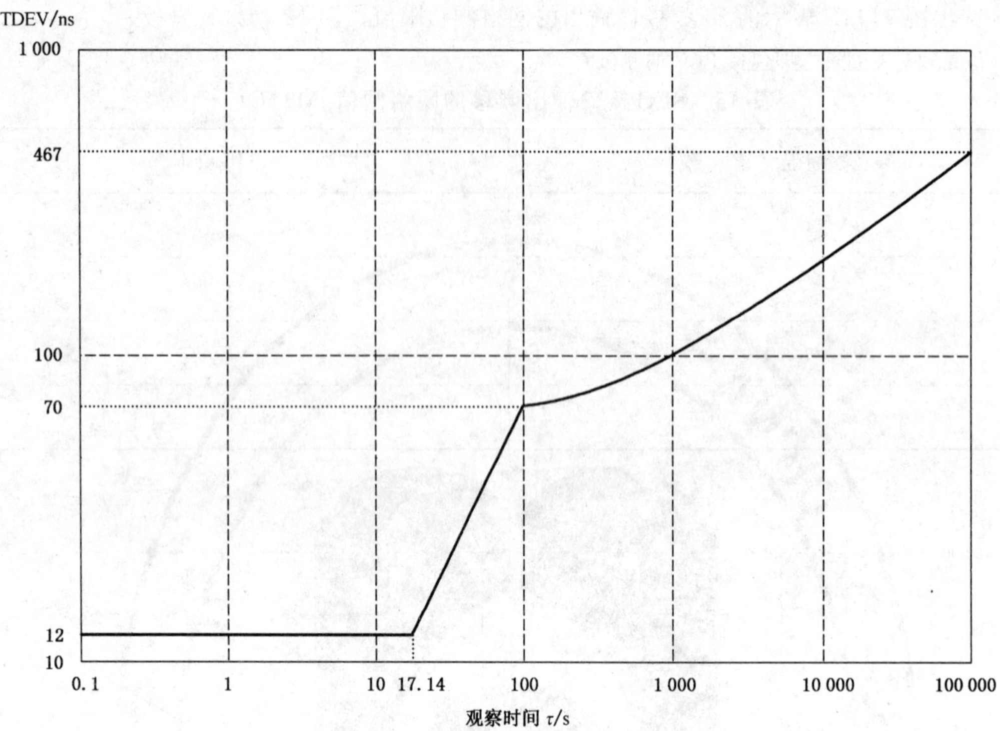

图 13　SEC 接口输出漂移的网络限值(TDEV)

d)　PDH 同步接口输出漂移限值

表 15 给出用 MTIE 表示的 PDH 同步接口输出的网络漂移限值。图 14 给出其模板。

表 15　PDH 同步接口输出漂移的网络限值(MTIE)

观察间隔 τ/s	MTIE 要求/ns
$0.1<\tau\leqslant 7.3$	732
$7.3<\tau\leqslant 20$	$100\ \tau$
$20<\tau\leqslant 2\ 000$	2 000
$\tau>2\ 000$	$433\ \tau^{0.2}+0.01\ \tau$

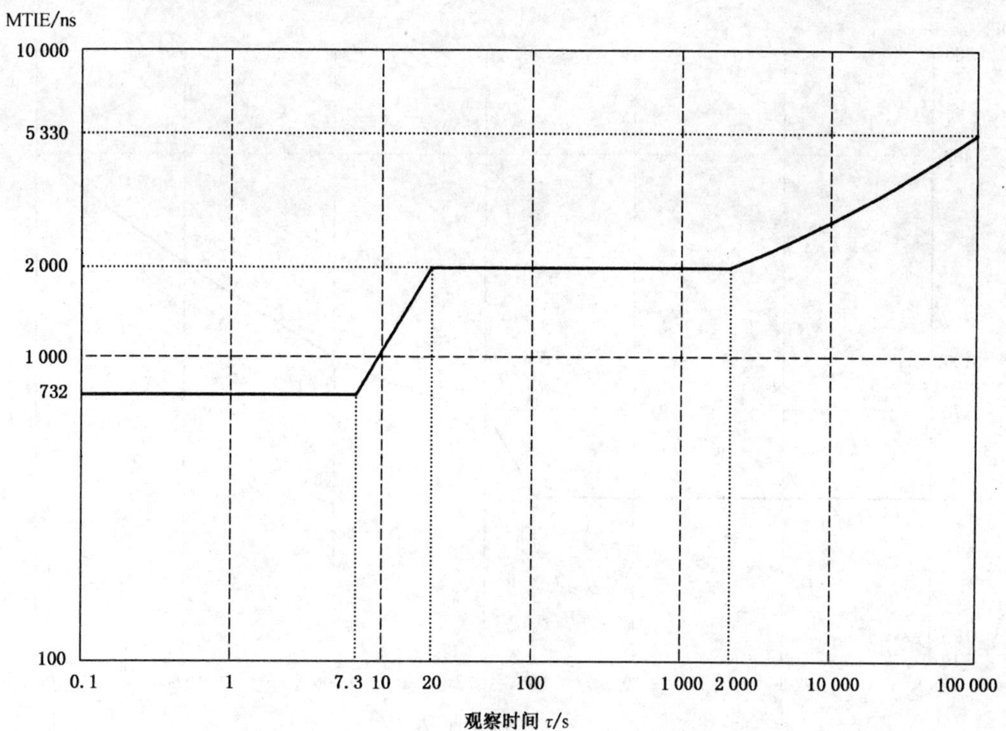

图 14 PDH 同步接口输出漂移的网络限值(MTIE)

表 16 给出用 TDEV 表示的 PDH 同步接口输出的网络漂移限值。图 15 给出其模板。

表 16 PDH 同步接口输出漂移的网络限值(TDEV)

观察间隔 τ/s	TDEV 要求/ns
$0.1<\tau\leqslant 48$	34
$48<\tau\leqslant 100$	$0.7\ \tau$
$100<\tau\leqslant 100\ 000$	$58+1.2\ \tau^{0.5}+0.000\ 3\ \tau$

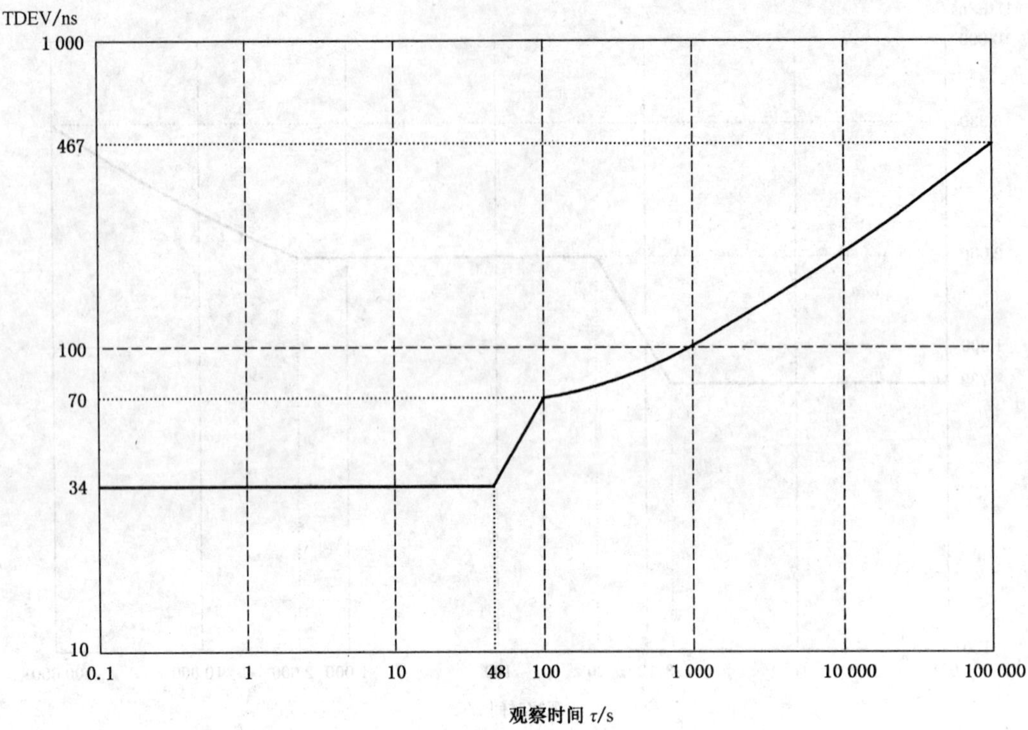

图 15 PDH 同步接口输出漂移的网络限值(TDEV)

10 同步接口的抖动和漂移容限

10.1 同步接口的抖动容限

a) SSU 同步接口的抖动容限

表 17 给出了 SSU 同步接口输入的抖动容限(2 048 kbit/s 和 2 048 kHz),即对应于 SSU 时钟设备输入端口提供的最小输入抖动容限。图 16 给出了它的模板。

表 17 SSU 同步接口的输入抖动容限(2 048 kbit/s 和 2 048 kHz)

频率范围/Hz		峰-峰振幅要求/ns
SSU	$1<f\leqslant 2\ 400$	750
	$2\ 400<f\leqslant 18\ 000$	$1.8\times10^{6} f^{-1}$
	$18\ 000<f<100\ 000$	100

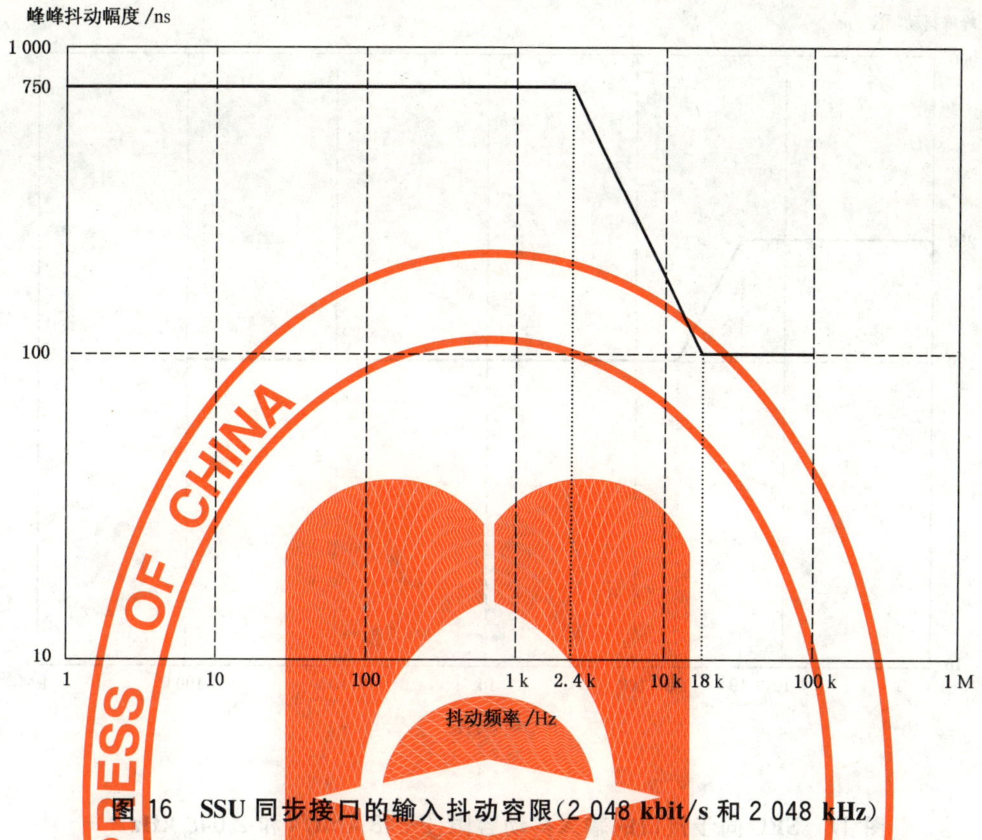

图 16　SSU 同步接口的输入抖动容限(2 048 kbit/s 和 2 048 kHz)

b)　SEC 同步接口的抖动容限

表 18 给出了 SEC 同步接口输入的抖动容限(2 048 kbit/s 和 2 048 kHz),即对应于 SEC 时钟设备输入端口提供的最小输入抖动容限。图 17 给出了它的模板。

表 18　SEC 同步接口的输入抖动容限(2 048 kbit/s 和 2 048 kHz)

频率范围/Hz		峰-峰振幅要求/ns
SEC	$1<f\leqslant19$	250
	$19<f\leqslant49$	$4.9\times10^{3}f^{-1}$
	$49<f<100\ 000$	100

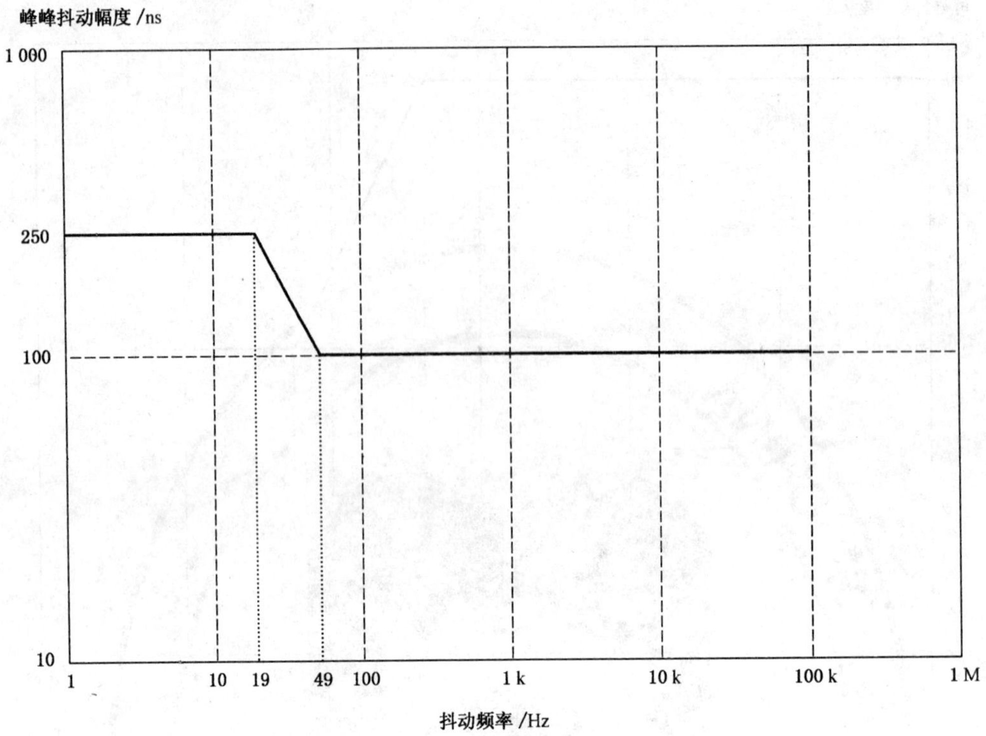

图 17 SEC 同步接口的输入抖动容限(2 048 kbit/s 和 2 048 kHz)

c) **STM-N 同步接口的抖动容限**

表 19～表 22 分别给出了 STM-N 同步接口输入的抖动容限,即对应于具有 SSU 和 SEC 功能的 SDH 设备 STM-N 输入端口提供的最小输入抖动容限。图 18～图 21 分别给出了它们的模板。

表 19 STM-1 和 STM-1e 同步接口的输入抖动容限

频率范围/Hz		峰-峰振幅要求
STM-1	$10<f\leqslant19.3$	38.9 UI(0.25 μs)
	$19.3<f\leqslant500$	750 f^{-1}UI
	$500<f\leqslant6.5$ k	1.5 UI
	6.5 k$<f\leqslant65$ k	9.8×10^{3} f^{-1}UI
	65 k$<f\leqslant1.3$ M	0.15 UI
STM-1e[a]	$10<f\leqslant19.3$	38.9 UI(0.25 μs)
	$19.3<f\leqslant500$	750 f^{-1}UI
	$500<f\leqslant3.3$ k	1.5 UI
	3.3 k$<f\leqslant65$ k	4.9×10^{3} f^{-1}UI
	65 k$<f\leqslant1.3$ M	0.075 UI
[a] 根据 ITU-T 建议 G.703,STM-1 电接口是 CMI 编码。		

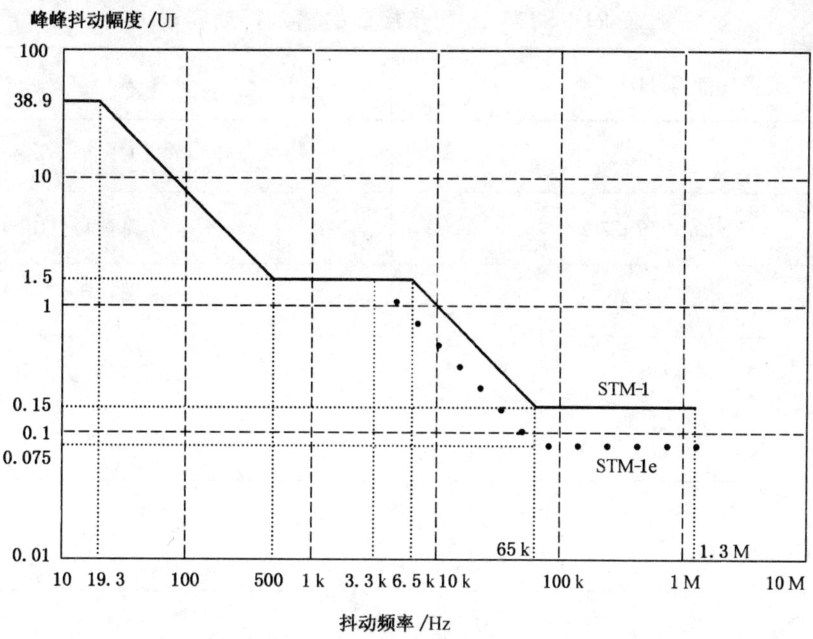

图 18 STM-1 和 STM-1e 同步接口的输入抖动容限

表 20 STM-4 同步接口的输入抖动容限

频率范围/Hz		峰-峰振幅要求
STM-4	9.65<f≤1 k	1 500 f^{-1}UI
	1 k<f≤25 k	1.5 UI
	25 k<f≤250 k	3.8×10^4 f^{-1} UI
	250 k<f≤5 M	0.15 UI

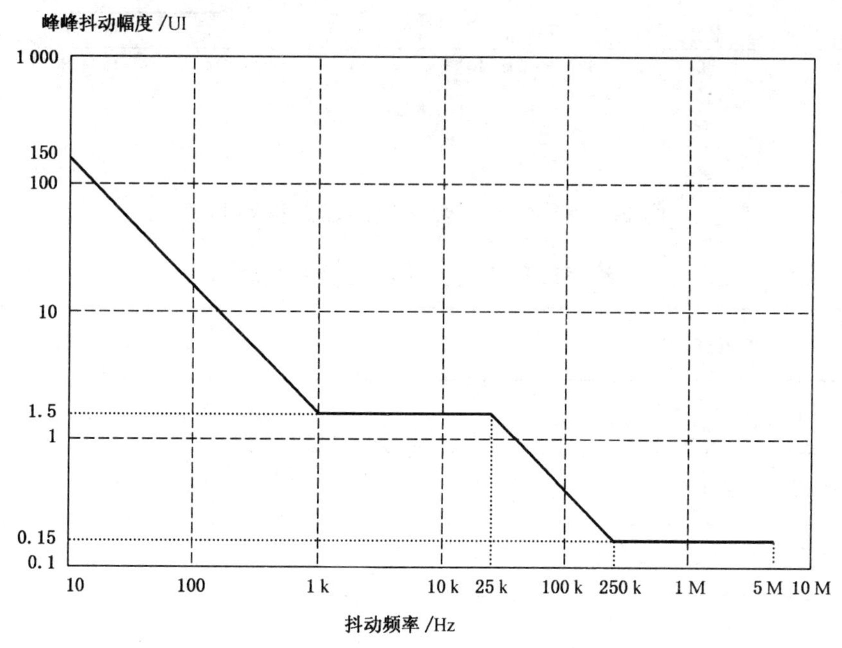

图 19 STM-4 同步接口的输入抖动容限

表 21　STM-16 同步接口的输入抖动容限

频率范围/Hz		峰-峰振幅要求
STM-16	10<f≤12.1	622 UI(0.25 μs)
	12.1<f≤5 k	7 500 f^{-1}UI
	5 k<f≤100 k	1.5 UI
	100 k<f≤1 M	1.5×10^{5} f^{-1}UI
	1 M<f≤20 M	0.15 UI

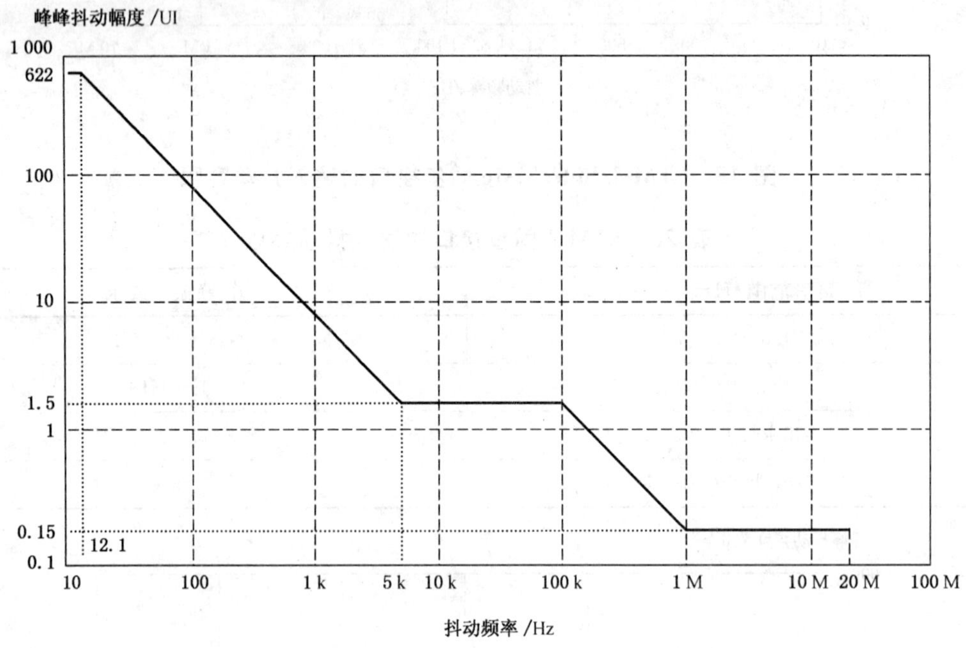

图 20　STM-16 同步接口的输入抖动容限

表 22　STM-64 同步接口的输入抖动容限

频率范围/Hz		峰-峰振幅要求
STM-64	10<f≤12.1	2 490 UI(0.25 μs)
	12.1<f≤20 k	3.0×10^{4} f^{-1}UI
	20 k<f≤400 k	1.5 UI
	400 k<f≤4 M	6.0×10^{5} f^{-1}UI
	4 M<f≤80 M	0.15 UI

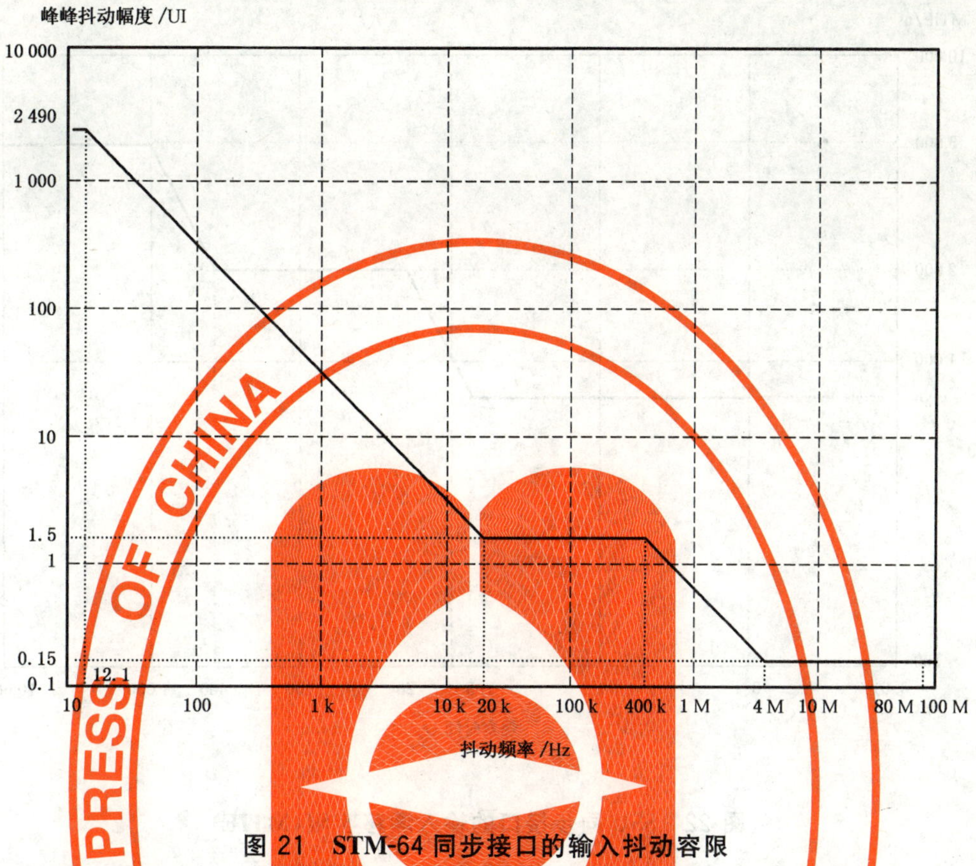

图 21 STM-64 同步接口的输入抖动容限

10.2 同步接口的漂移容限

a) SSU 同步接口的漂移容限

表 23 给出用 MTIE 表示的 SSU 同步接口的输入漂移容限，即对应于 SSU 时钟设备输入端口提供的最小输入漂移容限。图 22 给出其模板。

表 23 SSU 同步接口的输入漂移容限(MTIE)

观察间隔 τ/s	MTIE 要求/ns
0.1<τ≤7.5	750
7.5<τ≤20	100 τ
20<τ≤400	2 000
400<τ≤1 000	5 τ
1 000<τ≤10 000	5 000

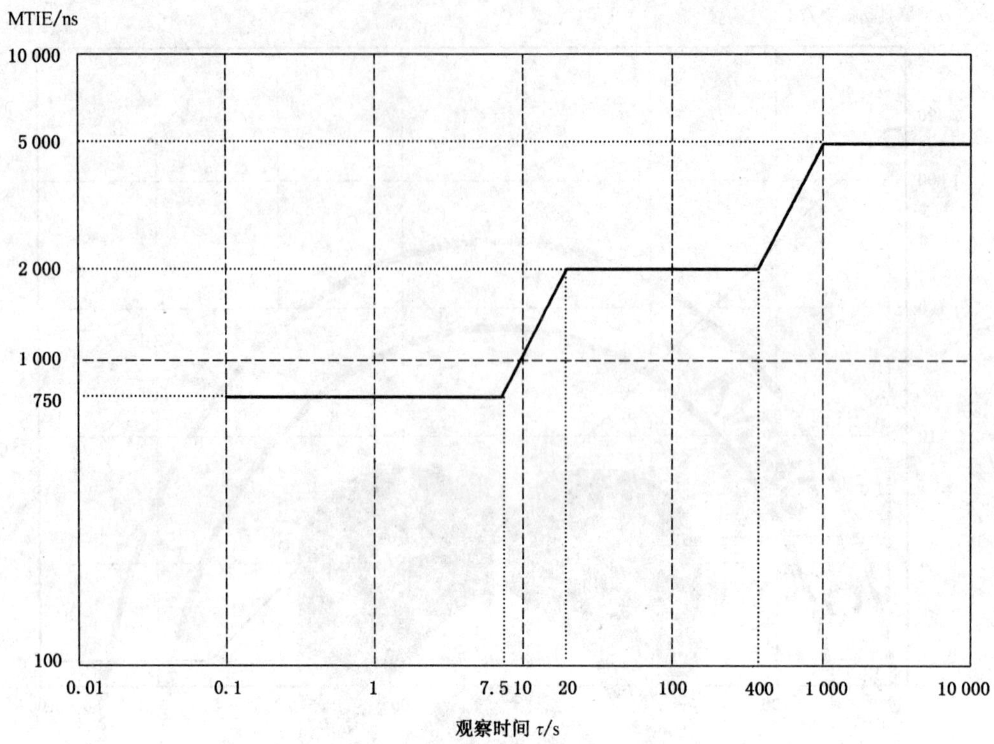

图 22 SSU 同步接口的输入漂移容限(MTIE)

表 24 给出用 TDEV 表示的 SSU 同步接口的输入漂移容限,即对应于 SSU 时钟设备输入端口提供的最小输入漂移容限。图 23 给出其模板。

表 24 SSU 同步接口的输入漂移容限(TDEV)

观察间隔 τ/s	TDEV 要求/ns
$0.1<\tau\leqslant 20$	34
$20<\tau\leqslant 100$	$1.7\ \tau$
$100<\tau\leqslant 1\ 000$	170
$1\ 000<\tau\leqslant 10\ 000$	$5.4\ \tau^{0.5}$

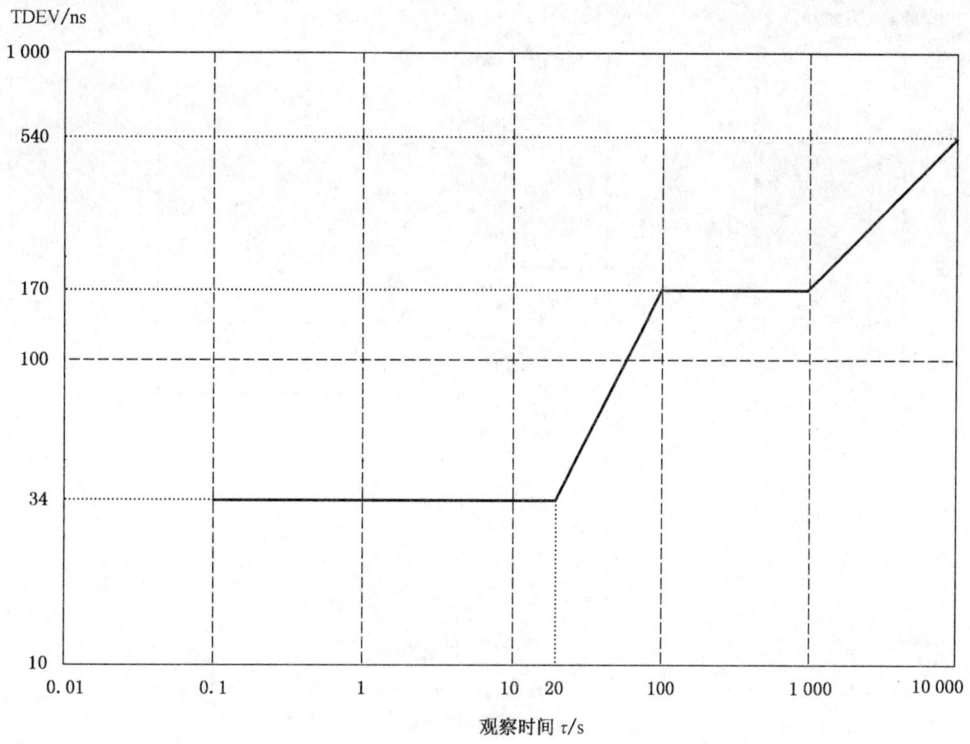

图 23　SSU 同步接口的输入漂移容限(TDEV)

为了检查图 22 中 SSU 同步接口的输入漂移容限——MTIE 模板的一致性，表 25 给出 SSU 同步接口的最大正弦输入漂移容限要求。图 24 给出其模板。

表 25　SSU 同步接口的最大正弦输入漂移容限

频率范围/Hz		峰-峰漂移振幅要求/ns
SSU	$0.000\ 012 < f \leqslant 0.000\ 32$	5 000
	$0.000\ 32 < f \leqslant 0.000\ 8$	$1.6\ f^{-1}$
	$0.000\ 8 < f \leqslant 0.016$	2 000
	$0.016 < f \leqslant 0.043$	$32\ f^{-1}$
	$0.043 < f \leqslant 1$	750

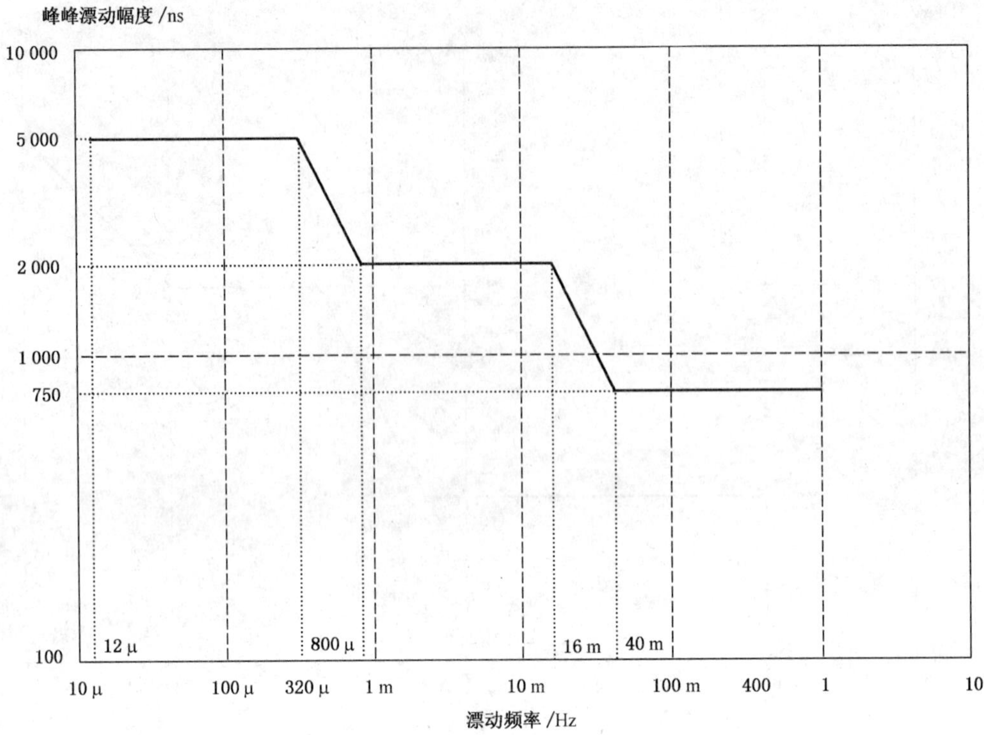

图 24　SSU 同步接口的最大正弦输入漂移容限

b）　SEC 同步接口的漂移容限

表 26 给出用 MTIE 表示的 SEC 同步接口的输入漂移容限，即对应于具有 SEC 功能的 SDH 设备输入端口提供的最小输入漂移容限。图 25 给出其模板。

表 26　SEC 同步接口的输入漂移容限(MTIE)

观察间隔 τ/s	MTIE 要求/ns
$0.1<\tau\leqslant 2.5$	250
$2.5<\tau\leqslant 20$	100 τ
$20<\tau\leqslant 400$	2 000
$400<\tau\leqslant 1\ 000$	5 τ

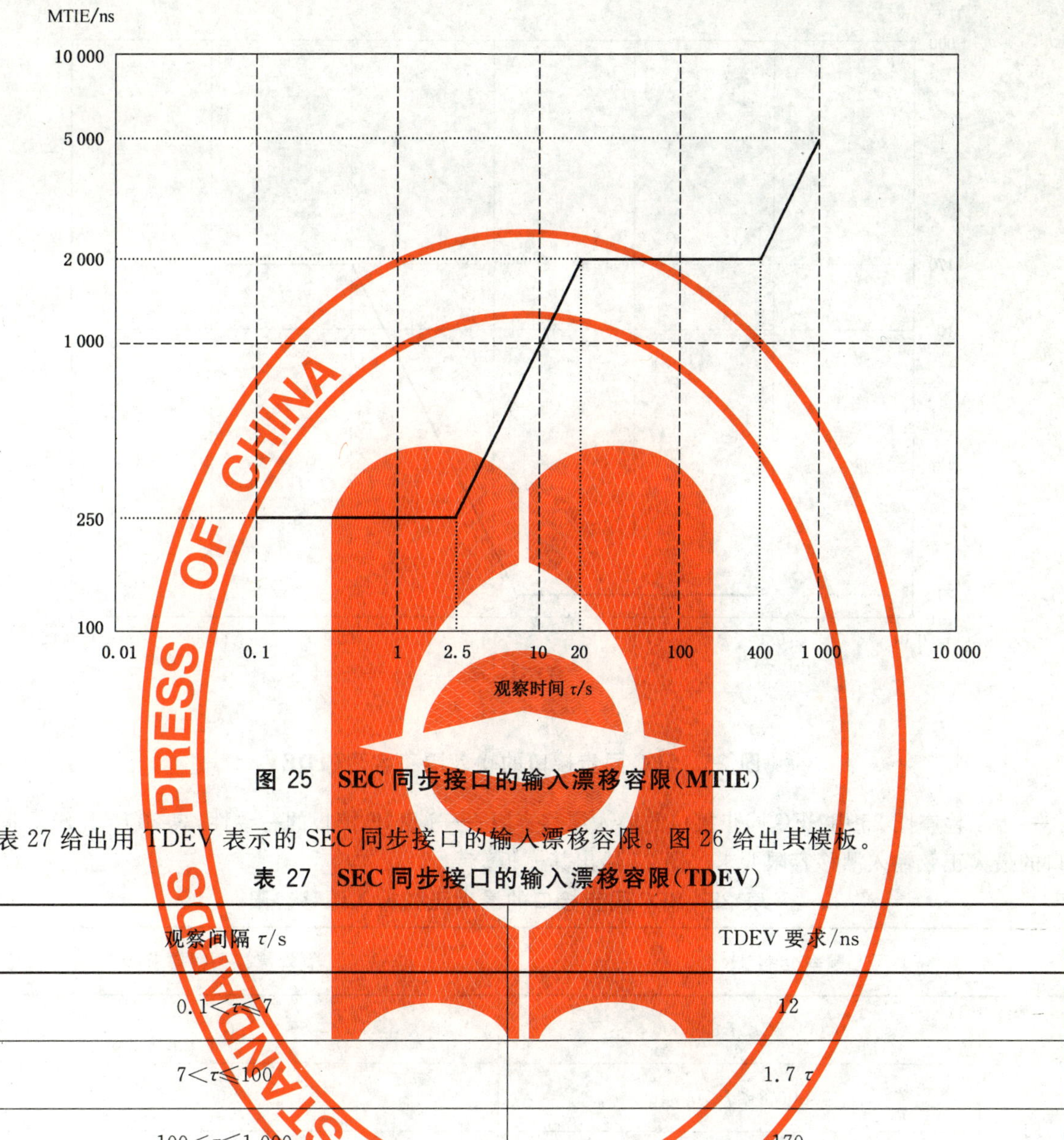

图 25　SEC 同步接口的输入漂移容限(MTIE)

表 27 给出用 TDEV 表示的 SEC 同步接口的输入漂移容限。图 26 给出其模板。

表 27　SEC 同步接口的输入漂移容限(TDEV)

观察间隔 τ/s	TDEV 要求/ns
$0.1<\tau\leqslant 7$	12
$7<\tau\leqslant 100$	$1.7\ \tau$
$100<\tau\leqslant 1\,000$	170

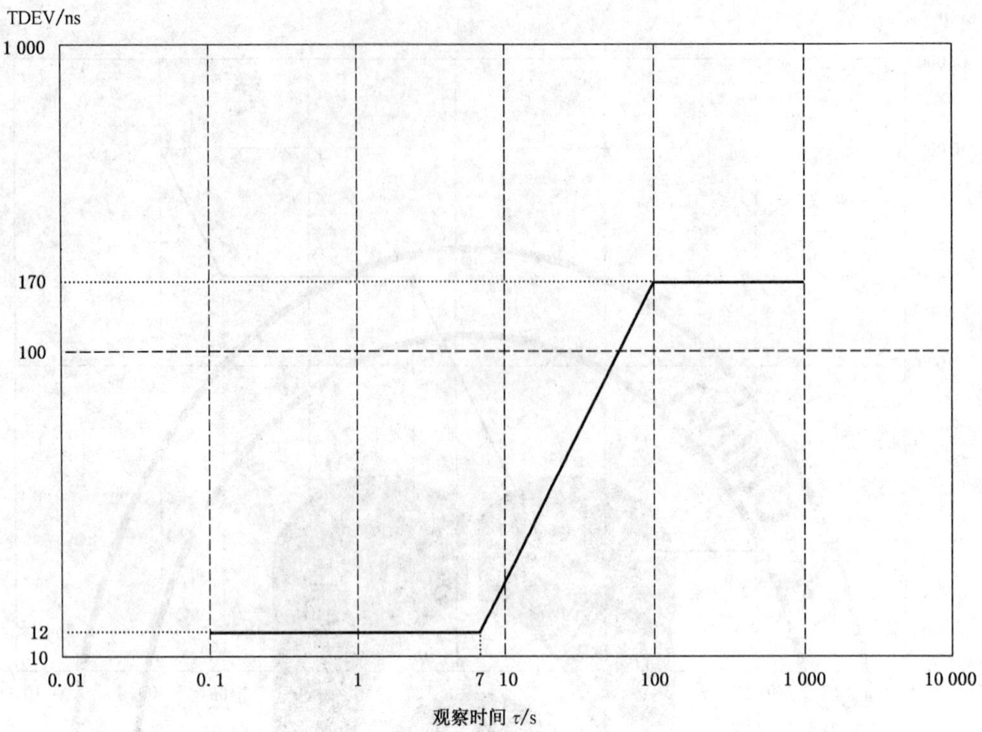

图 26 SEC 同步接口的输入漂移容限(TDEV)

为了检查图 25 中 SEC 同步接口的输入漂移容限——MTIE 模板的一致性，表 28 给出 SEC 同步接口的最大正弦输入漂移容限要求。图 27 给出其模板。

表 28 SEC 同步接口的最大正弦输入漂移容限

频率范围/Hz		峰-峰漂移振幅要求/ns
SEC	$0.000\,32<f\leqslant 0.000\,8$	$1.6\ f^{-1}$
	$0.000\,8<f\leqslant 0.016$	2 000
	$0.016<f\leqslant 0.13$	$32.5\ f^{-1}$
	$0.13<f\leqslant 10$	250

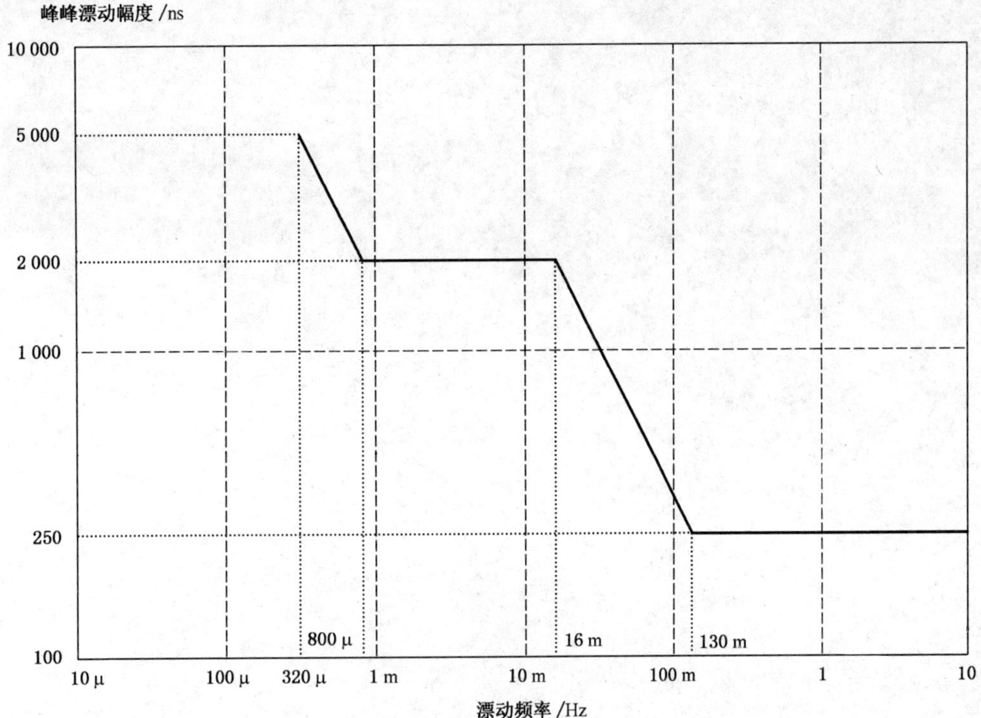

图 27　SEC 同步接口的最大正弦输入漂移容限

ICS 33.040.30
M 15

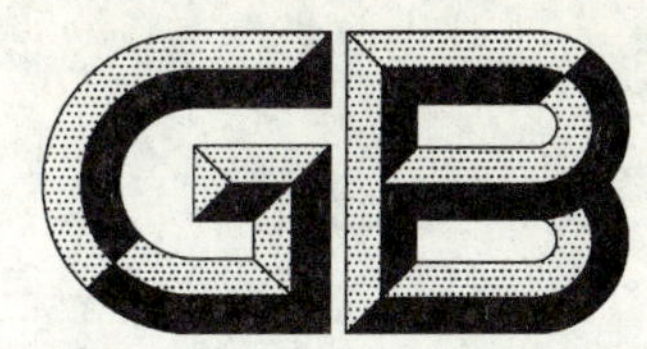

中华人民共和国国家标准

GB/T 15838—2008
代替 GB/T 15838—1995

数字网中交换设备时钟性能测试方法

Test methods for the performances of switching equipment clocks in digital network

2008-10-07 发布　　2009-04-01 实施

中华人民共和国国家质量监督检验检疫总局
中国国家标准化管理委员会　发布

前　　言

本标准参照 ITU-T G.810《同步网的定义和术语》、G.812《适用于同步网节点从钟的定时要求》和 G.823《以 2 048 kbit/s 系列等级为基础的数字网内抖动和漂动的控制》,对 GB/T 15838—1995 进行修订。

本标准代替 GB/T 15838—1995《数字同步网中交换设备时钟性能的测试方法》。

本标准对 GB/T 15838—1995 的主要修订内容如下:

a) 标准名称修改为"数字网中交换设备时钟性能的测试方法";

b) 参照 ITU-T 建议 G.812 和 G.823,以及 YD/T 1011—1999,对所有测试项目提出了一套完整的新的测试方法,并作为基准测试方法;

c) 原标准中的测试方法作为替代测试方法保留;

d) 原标准中第 1 章"主要内容与适用范围"修改为第 1 章"范围";

e) 原标准中第 2 章"引用标准"修改为第 2 章"规范性引用文件";

f) 增加了第 3 章"缩略语";

g) 根据 YDN 065—1997,增加了第 4 章"频率准确度";

h) 原标准中附录 A"本标准中各测试配置使用仪表的主要性能要求(补充件)"修改为附录 A(规范性附录)"使用仪表的主要性能要求",并根据所提出的新的测试方法,对附录 A 作了相应补充;

i) 根据 ITU-T 建议 G.810,增加了附录 B(资料性附录)"测试参数定义"。

本标准由中华人民共和国工业和信息化部提出。

本标准由中国通信标准化协会负责归口。

本标准主要起草单位:信息产业部电信研究院。

本标准主要起草人:汪建华、徐一军、胡昌军。

本标准于 1995 年首次发布,本次为第一次修订。

数字网中交换设备时钟性能测试方法

1 范围

本标准规定了数字程控交换设备时钟的频率准确度、牵引范围、抖动/漂移产生、抖动/漂移输入容限、抖动/漂移传递特性、保持特性、相位瞬变/相位不连续性等性能的测试方法，以及监测、告警和控制功能的检测方法。

本标准适用于数字程控交换设备时钟。

2 规范性引用文件

下列文件中的条款通过本标准的引用而成为本标准的条款。凡是注日期的引用文件，其随后所有的修改单(不包括勘误的内容)或修订版均不适用于本标准，然而，鼓励根据本标准达成协议的各方研究是否可使用这些文件的最新版本。凡是不注日期的引用文件，其最新版本适用于本标准。

GB/T 7611—2001　数字网系列比特率电接口特性

3 缩略语

下列缩略语适用于本标准。

MTIE	Maximum Time Interval Error	最大时间间隔误差
STM-N	Synchronous Transport Module, Level N	N阶同步传送模块
TDEV	Time Deviation	时间偏差
UI	Unit Interval	单位时间间隔

4 频率准确度

4.1 指标要求

对于二级转接交换设备时钟，其频率准确度应优于±4.0E-7。

对于三级本地交换设备时钟，其频率准确度应优于±4.6E-6。

4.2 测试原理图

频率准确度测试原理图如图1所示。

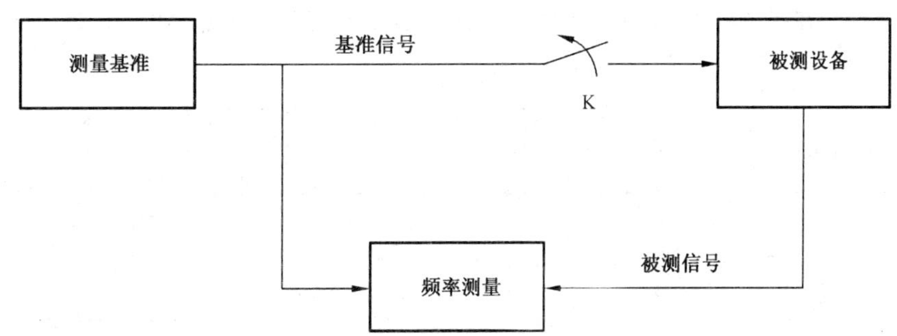

图1　频率准确度测试原理图

4.3 测试方法及结果

1)　按图2连接，在被测交换设备重新上电且时钟处于自由运行状态后，开始测量。

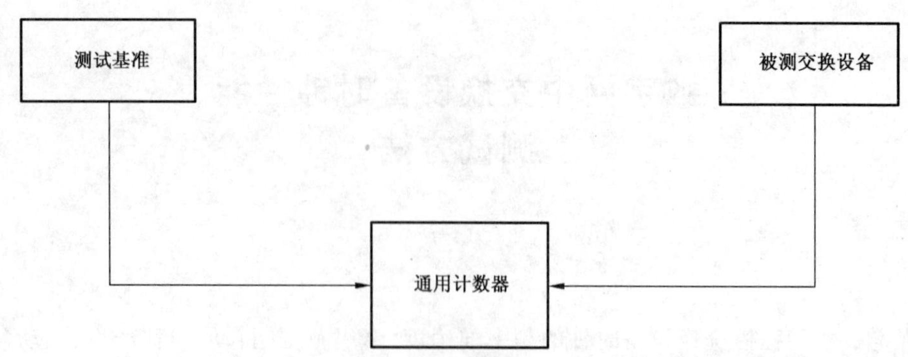

图 2 频率准确度测试

2) 设置通用计数器以 0.01 Hz(即 100 s/抽样值)的抽样率测量频率。

3) 连续测量 10 000 s,计算频率偏差的平均值。

4) 测试结果应满足 4.1 规定的要求。

5 牵引入/牵引出范围

5.1 指标要求

对于二级转接交换设备时钟,其最小牵引入/牵引出范围为:±4.0E-7。

对于三级本地交换设备时钟,其最小牵引入/牵引出范围为:±4.6E-6。

5.2 测试原理图

牵引入/牵引出范围测试原理图如图 3 所示。

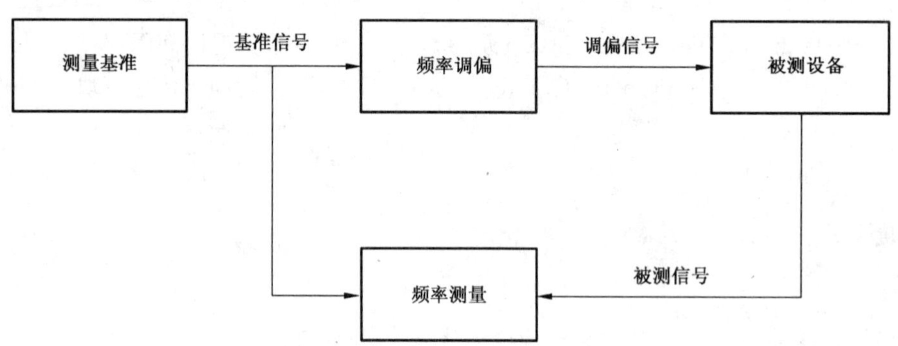

图 3 牵引入和牵引出范围测试原理图

5.3 测试方法及结果

5.3.1 基准测试方法

1) 按图 4 连接,在被测交换设备处于锁定状态至少 2 h 之后,开始测量,步骤 2)~6)测量牵引出范围,步骤 7)~11)测量牵引入范围。

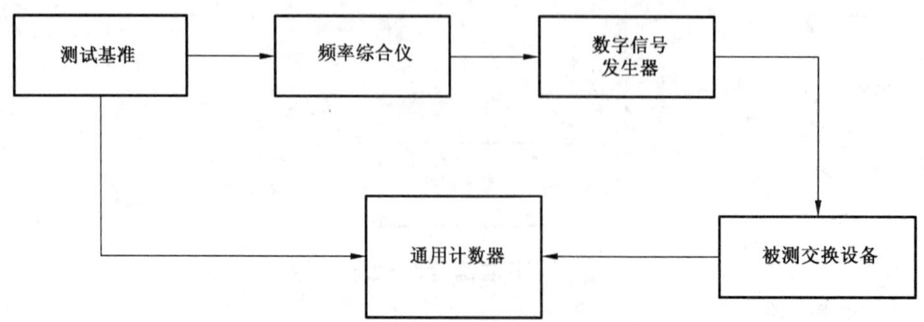

图 4 牵引入和牵引出范围测试

2) 设置通用计数器以 1 Hz(即 1 s/抽样值)的抽样率测量输出信号的频率。

3) 将频率综合仪的频偏根据被测时钟类型的不同,可以 1.0E-9 或 1.0E-8 或 1.0E-7 的步长,每隔 15 min 调一次。

4) 每改变一次频率综合仪的频偏,至少连续测量 1 000 s,从通用计数器上可读出输出信号频偏已经跟踪上输入信号频偏。

5) 当正向调至被测交换设备不再跟踪输入频偏并进入保持工作状态时,记录进入保持工作状态之前从通用计数器上读出的输出信号频偏即为所要求的正向牵引出范围。

6) 重复步骤 1)~5)的方法,可以得到反向牵引出范围。

7) 在正向使时钟牵出并进入保持工作状态或人工使时钟进入保持工作状态至少 2 h 之后,开始测试。

8) 设置通用计数器以 1 Hz(即 1 s/抽样值)的抽样率测量输出信号的频率。连续测量 1 000 s。

9) 一步反向设置频率综合仪输出信号的频偏为正向所牵出的频偏。

10) 观察被测交换设备的工作状态和测试数据,在 1 000 s 内被测设备应跟踪输入信号并进入锁定状态,此时得到反向牵引入范围,否则减小频率综合仪输出信号的频偏,重复 8)~10)。

11) 重复步骤 7)~10)的方法,可以得到正向牵引入范围。

12) 测试结果应满足 5.1 规定的要求。

5.3.2 替代测试方法

1) 按照图 5 所示的测试配置组成测试电路。

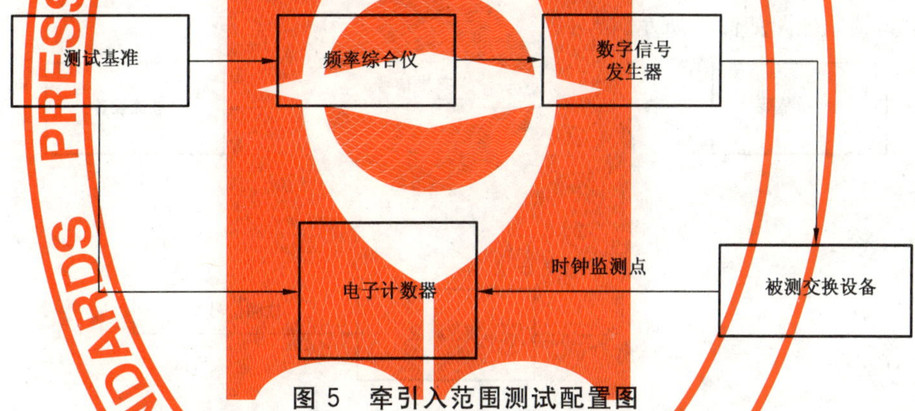

图 5 牵引入范围测试配置图

2) 同步:首先使被测交换设备时钟接受基准时钟源同步。

3) 牵引:通过改变频率综合仪的输出频率使输入到被测交换设备时钟的频率变化。

在相对输入频率标称值 2 048 kHz 的正频偏方向改变频率。对于二级转接交换设备时钟,频率变化量为 0.819 2 Hz;对于三级本地交换设备时钟,频率变化量为 9.420 8 Hz。被测交换设备时钟仍应处于同步状态。用计数器监测至少 2 h。

按照上述过程,在相对输入频率标称值 2 048 kHz 的负频偏方向改变频率。

测得牵引入范围是否符合指标要求。

将测量过程记入表 1。

表 1 牵引入范围测试记录表

正偏差			负偏差		
时间	Δf/Hz	输出频率	时间	Δf/Hz	输出频率

6 漂移产生

6.1 指标要求

在跟踪理想输入频率基准的情况下，对任何大于 100 s 的周期内，转接交换设备时钟、本地交换设备时钟输出端的最大时间间隔误差（MTIE）应不超过 1 μs；对于时间偏差（TDEV）限值有待进一步研究。MTIE 和 TDEV 限值如表 2 和表 3 所示。

表 2 转接交换和本地交换设备时钟漂移产生（MTIE）

MTIE 限值/ns	观察时间 τ/s
FFS	0.05<τ≤100
1 000	τ>100
FFS(For further study)：需进一步研究。	

表 3 转接交换和本地交换设备时钟漂移产生（TDEV）

TDEV 限值/ns	观察时间 τ/s
FFS	0.1<τ<10 000
FFS(For further study)：需进一步研究。	

6.2 测试原理图

漂移产生测试原理图如图 6 所示。

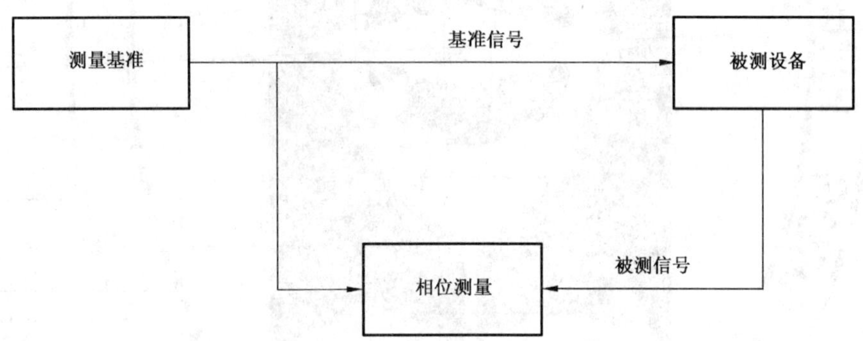

图 6 漂移产生测试原理图

6.3 测试方法及结果

6.3.1 基准测试方法

1） 按图 7 连接，在被测设备处于锁定状态 24 h 之后，开始测量。

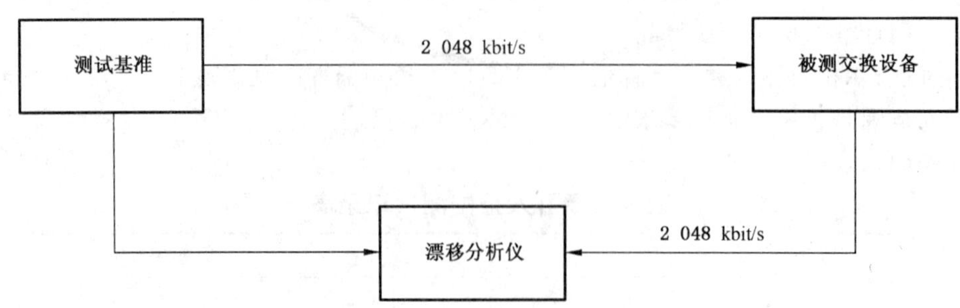

图 7 漂移产生测试

2） 设置漂移分析仪以 30 Hz（即 0.033 s/抽样值）的抽样率测量相位。

3） 连续测量 400 s。

4） 得到 0.033 s～400 s MTIE 曲线和 0.033 s～133 s TDEV 曲线，取 0.1 s～100 s MTIE 曲线

和 0.1 s～30 s TDEV 曲线。

5） 设置漂移分析仪以 0.1 Hz(即 10 s/抽样值)的抽样率且通过一个等效 10 Hz 单极点低通滤波器测量相位。

6） 连续测量 120 000 s。

7） 得到 10 s～120 000 s MTIE 曲线和 10 s～40 000 s TDEV 曲线，取 200 s～30 000 s MTIE 曲线和 60 s～10 000 s TDEV 曲线。

8） 由 4)、7)可得到 0.1 s～30 000 s 的 MTIE 及 0.1 s～10 000 s 的 TDEV 曲线。

9） 测试结果应满足 6.1 规定的要求。

6.3.2 替代测试方法

此方法应在被测交换设备的监测点进行 MTIE 测量。

1） 按照图 8 所示测试配置组成测试电路。

2） 选用调制域分析仪的时间域测量功能进行测量。

3） 使被测交换设备时钟接受基准时钟源同步。

4） 在选择的测量周期内，用调制域分析仪测量在观察时间内的最大时间间隔误差。

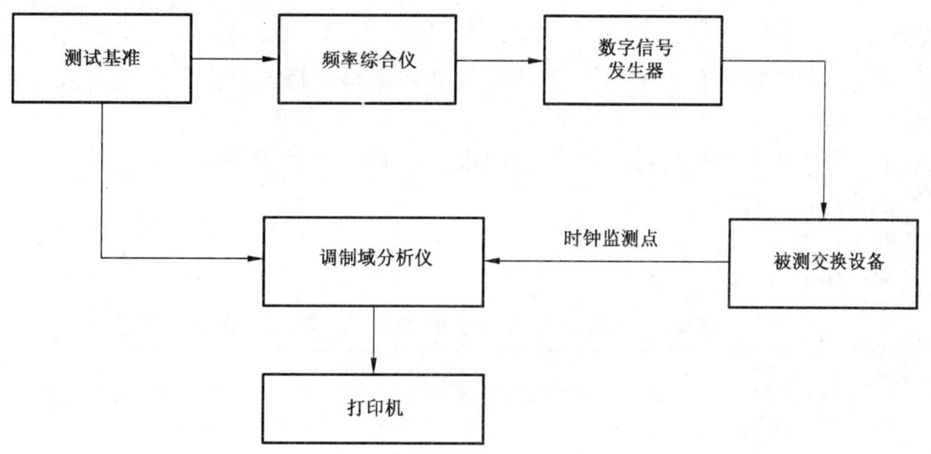

图 8 漂移产生测试配置图

7 抖动产生

7.1 指标要求

在锁定理想输入参考信号的情况下，当通过一个折角频率分别为 20 Hz 和 100 kHz 的单极点带通滤波器进行测量时，以 60 s 为测量间隔，在 2 048 kHz 和 2 048 kbit/s 同步输出接口产生的固有抖动峰峰值应不超过 0.05 UI。

7.2 测试原理图

抖动产生测试原理图如图 9 所示。

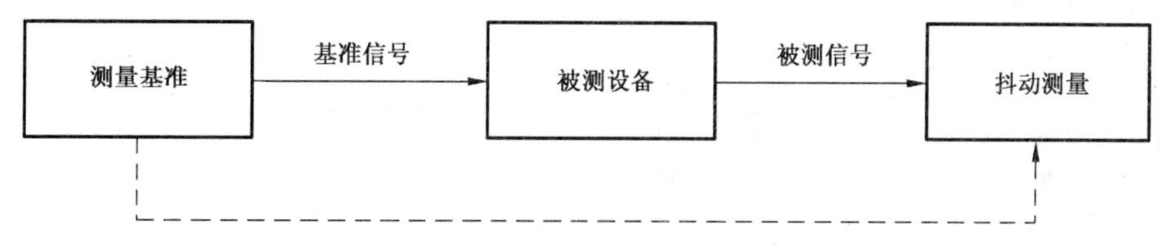

图 9 抖动产生测试原理图

7.3 测试方法及结果

1） 按图 10 连接，在被测设备处于锁定状态 2 h 之后，开始测量。

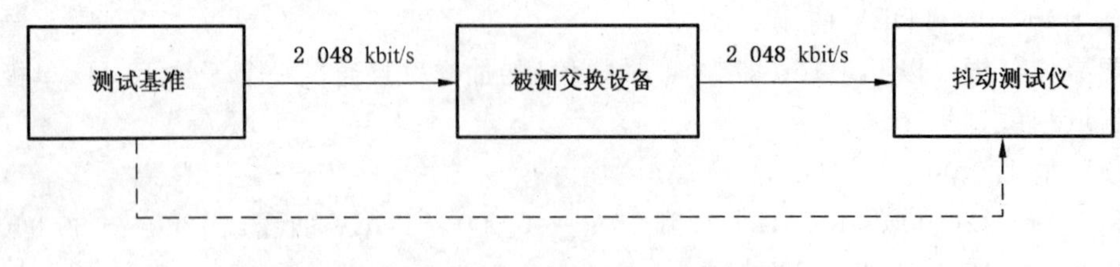

图 10 抖动产生测试

2) 设置抖动测试仪测量带宽为 20 kHz～100 kHz，测量时长为 60 s，对交换设备的 2 048 kbit/s 输出信号进行测量。

3) 记录下峰-峰抖动值。

4) 重复步骤 2)、3)，选择不同的输出接口至少测试 3 次。

5) 取 3 次测试中最大值。

8 抖动/漂移输入容限

8.1 指标要求

在 2 048 kbit/s 接口的输入口，输入数字信号抖动和漂移的最低容限值应符合表 4 和图 11 中的规定。

当输入数字信号中加入该抖动/漂移最低容限限值时，数字交换设备时钟不应引起：

——任何告警；

——参考倒换；

——进入到保持工作状态。

表 4 转接交换和本地交换设备时钟抖动/漂移最低输入容限

参数 / 限值 / 比特率	输入数字信号抖动和漂移幅度峰-峰值/UI			调制数字信号使之产生抖动和漂移的正弦信号频率值（数字信号抖动和漂移频率）					测试用伪随机序列
	A_0	A_1	A_2	f_0/Hz	f_1/Hz	f_2/kHz	f_3/kHz	f_4/kHz	
2 048 kbit/s	36.9 (18 μs)	1.5	0.2	1.2×10^{-5}	20	2.4	18	100	$2^{15}-1$

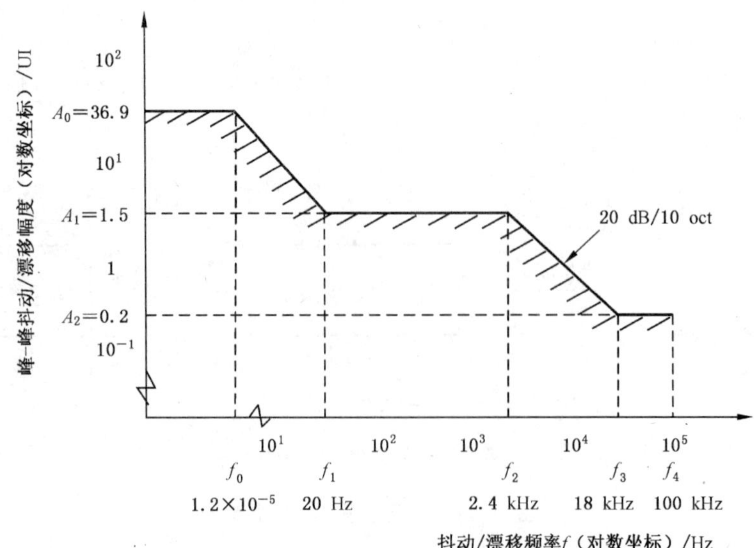

图 11 最大允许输入抖动和漂移的最低容限

8.2 测试原理图

输入抖动/漂移容限测试原理图如图12所示。

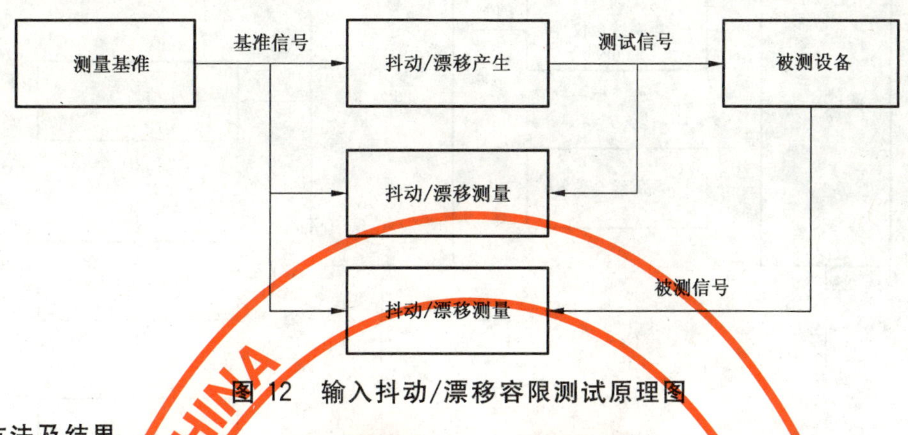

图12 输入抖动/漂移容限测试原理图

8.3 测试方法及结果

8.3.1 基准测试方法

1） 按图13连接,在被测交换设备处于锁定状态2 h之后,开始测量。

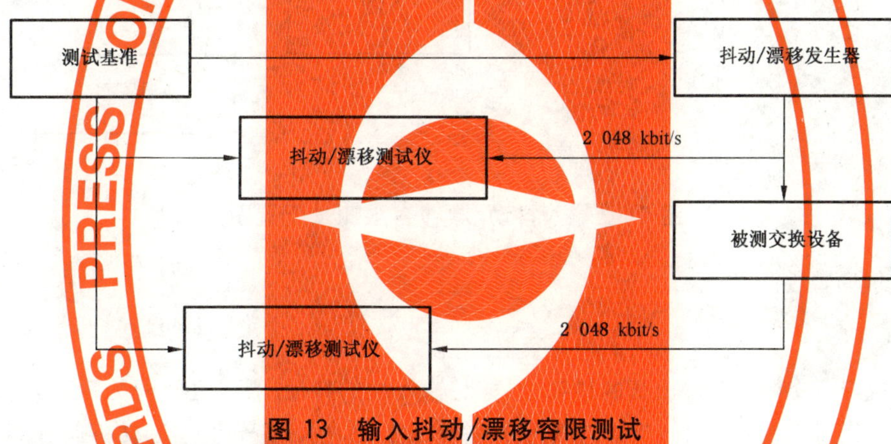

图13 输入抖动/漂移容限测试

2） 按标准要求设置抖动/漂移发生器产生的正弦抖动/漂移的频率及幅度。

3） 观察被测交换设备工作状态,在10 min内,被测交换设备输入口应不产生任何告警或状态变化并处于正常跟踪状态。

4） 在表4中给出的频率范围内,重复步骤2)、3),逐点对所要求的频率点进行观察。至少选择12 μHz(36.9 UI)、20 Hz(1.5 UI)、2.4 kHz(1.5 UI)、18 kHz(0.20 UI)、100 kHz(0.20 UI) 5个频率点进行观察。

5） 测试结果应满足8.1规定的要求。

8.3.2 替代测试方法

1） 按照图14所示的测试配置组成测试电路。

2） 使被测交换设备时钟接受基准时钟源同步。在多通道示波器上显示的输入2 048 kHz与输出2 048 kHz波形之间的相对位置不再变化时,表示时钟已同步于基准时钟源。

3） 使数字信号发生器发送一个伪随机序列($2^{15}-1$),并将此序列送入一个64 kbit/s通路。

4） 在交换设备中建立一条半永久连接通路。

5） 在选定通路的输出端测量比特误码,检验已建立的连接是否有误码出现。开始测量时,观测15 min,误码秒应该为0。

6） 以正弦信号做抖动/漂移调制信号,按照表4所列数值调整输入抖动/漂移的频率和幅度,用数字信号接收器观测误码是否出现。

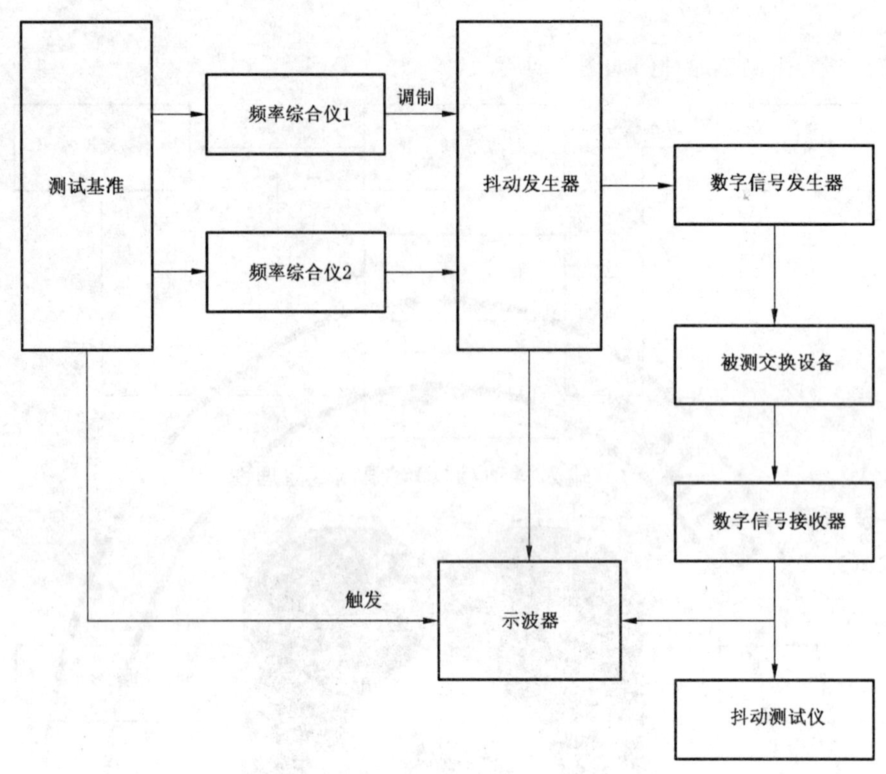

图 14 输入抖动/漂移容限测试配置图

9 抖动/漂移传递特性

9.1 指标要求

传递特性规定了交换设备输出端的抖动/漂移与输入端的抖动/漂移之间的关系，其模板如图 15 所示。它类似一个低通滤波器的限值范围，其最大增益为 0.2 dB，在 0.1 Hz 处有一转折点，斜率为 6 dB/oct。

对其模板的高频（抖动）部分不作规定，但是，在 100 Hz 以上，应当提供足够的衰减。

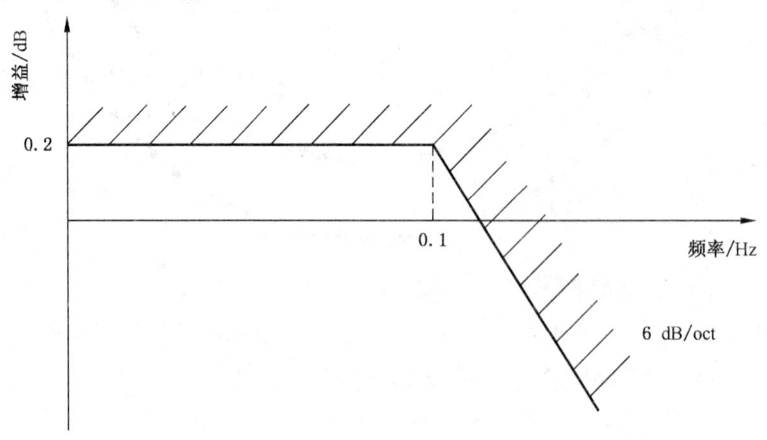

图 15 抖动/漂移传递特性模板

9.2 测试原理图

抖动/漂移传递特性测试原理图如图 16 所示。

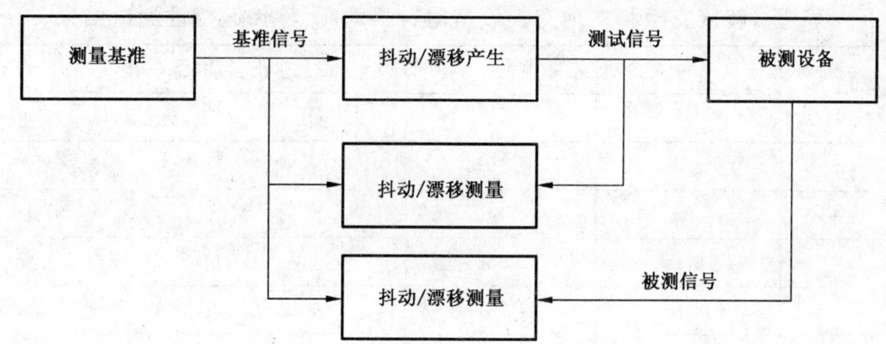

图 16 抖动/漂移传递特性测试原理图

9.3 测试方法及结果

9.3.1 基准测试方法

1) 按图 17 连接,在被测交换设备处于锁定状态 2 h 之后,开始测量。

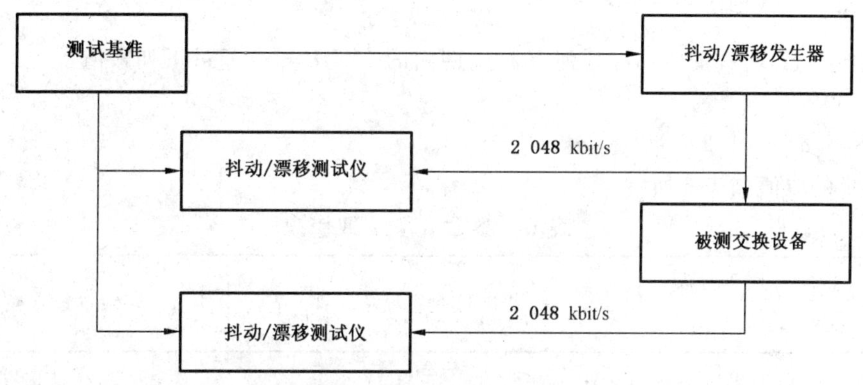

图 17 抖动/漂移传递特性测试

2) 按标准要求设置抖动/漂移发生器产生的正弦抖动/漂移的频率及幅度。

3) 观察被测交换设备工作状态,在 10 min 内,被测交换设备输入口应不产生任何告警或状态变化并处于正常跟踪状态。

4) 在表 4 中给出的频率范围内,重复步骤 2)、3),逐点对所要求的频率点进行观察。至少选择 12 μHz(36.9 UI)、10 mHz(8.6 UI)、100 mHz(5.0 UI)、200 mHz(4.2 UI)、400 mHz(3.6 UI)、1 Hz(2.9 UI)、2 Hz(2.5 UI)、20 Hz(1.5 UI)、100 Hz(1.5 UI)9 个频率点进行观察。

5) 测试结果应满足 8.1 规定的要求。

9.3.2 替代测试方法

1) 按照图 14 所示的测试配置组成测试电路。

2) 选定测试用伪随机序列($2^{15}-1$),并使测试序列数字信号工作于待测输入口标称速率 2 048 kbit/s,抖动调制器对其相位调制量为零。

3) 使被测交换设备接受基准时钟源同步。在多通道示波器上显示的输入 2 048 kbit/s 与输出 2 048 kbit/s 波形之间的相对位置不再变化时,表示时钟已同步于基准时钟源。

4) 以正弦信号做抖动调制信号,使测试数字信号产生相位抖动。

在输入抖动大于(等于)1 Hz 时,可以直接使用抖动发生器和抖动测试仪进行测量。

在输入抖动和漂移小于 1 Hz 时,由频率综合仪产生的小于 1 Hz 的正弦信号送往抖动发生器的外调制 Q,调整频率综合仪的电平,使加到 2 048 kbit/s 信号的抖动和漂移达到表 1 所列数值。在多通道示波器上读取输入 2 048 kbit/s 波形与输出 2 048 kbit/s 波形相对于基准信号的最大摆动幅度(UI)。将测量值和计算结果记入表 5 中。

表 5 转接交换和本地交换设备时钟抖动/漂移传递特性测试结果

输入抖动/漂移频率/Hz	输入抖动/漂移幅度		最大输出抖动/漂移幅度		增益/dB
	UI	ns	UI	ns	
0.01	8.6	4 197			
0.1	5	2 440			
0.2	4.2	2 050			
0.4	3.6	1 757			
1	2.9	1 415			
2	2.5	1 220			

10 保持性能

10.1 指标要求

在保持工作状态,时钟的输出在任何 S 秒周期内的 MTIE 不应超过下列限值:

对于 $S \geqslant 100$

$$\mathrm{MTIE}(S)=[aS+(1/2)bS^2+c]\ \mathrm{ns}$$

参数 a、b、c 的取值如表 6 所示。

表 6 参数 a、b、c 取值表

参数 \ 时钟等级	二级转接交换设备时钟	三级本地交换设备时钟
a	0.50[a]	10.00[d]
b	1.16E-5[b] 5.80E-6[c]	2.30E-4[e]
c	1 000	1 000

a 相当于初始频率偏差 5.0E-10。

b 相当于频率偏移为 1.0E-9/天。

c 相当于频率偏移为 5.0E-10/天。

d 相当于初始频率偏差 1.0E-8。

e 相当于频率偏移为 2.0E-8/天。

10.2 测试原理图

保持性能测试原理图如图 18 所示。

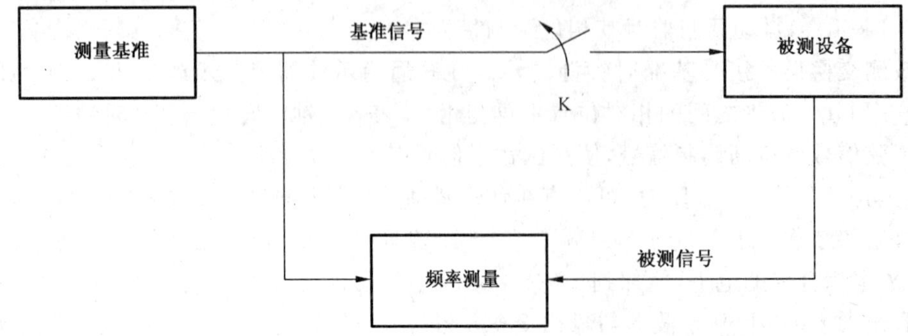

图 18 保持性能测试原理图

10.3 测试方法及结果

10.3.1 基准测试方法

1) 按图 19 连接，在被测交换设备处于锁定状态 24 h 之后，开始测量。

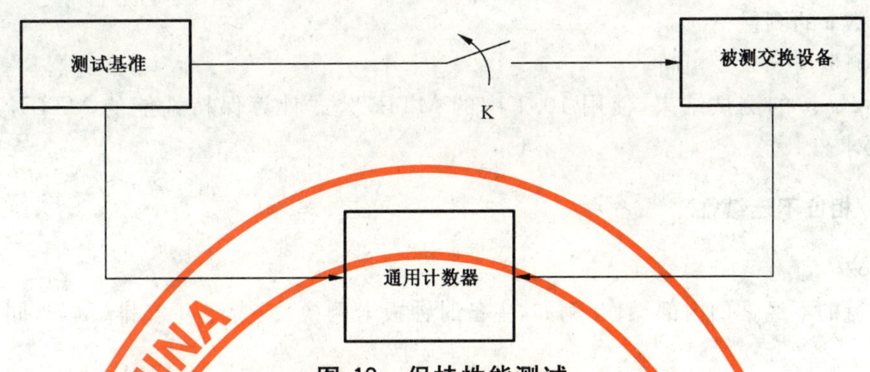

图 19 保持性能测试

2) 设置通用计数器以 0.01 Hz(即 100 s/抽样值)的抽样率测量频率。

3) 在 $T=0$ s 时，断掉被测交换设备的定时输入信号，使其时钟进入保持状态。

4) 在 $T=0$ s 至 100 s 间，输出口的相位变化应满足 11.1 规定的相位瞬变/相位不连续性要求，并参考 11.3 的测试方法对输出口相位瞬变/相位不连续性进行测试。

5) 在 $T=100$ s 后开始保持特性的测试，连续测试 3 天，得到频率变化曲线。

6) 测试结果应满足 10.1 规定的要求。

10.3.2 替代测试方法

10.3.2.1 参数 *a* 的测量

用初始频率偏差来度量参数 a。

1) 按照图 20 所示测试配置组成测试电路。

2) 使被测交换设备接受基准时钟源同步。

3) 使其时钟工作于保持工作状态。在保持工作状态工作 20 min 后，在被测交换设备的时钟监测点用计数器测量被测时钟频率 f_0，计数器的取样时间置于 100 s。

4) 计算初始频率偏差

初始频率偏差$=(f_0-f)/f$

f 为时钟监测点频率标称值。

10.3.2.2 参数 *b* 的测量

用频率偏移率来度量参数 b。

1) 按照图 20 所示测试配置组成测试电路。

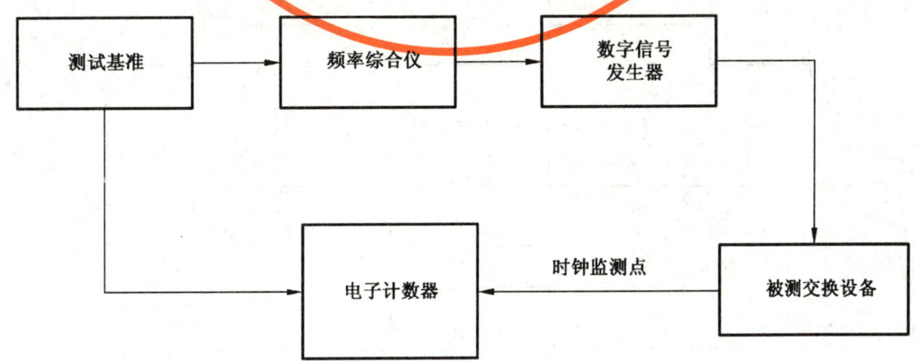

图 20 保持性能测试配置图

2） 在10.3.2.1测试的基础上，测量频率值，每次测量的间隔为12 h。每次测量时，计数器的取样时间为100 s，依次测得15个频率值。用最小二乘法计算频率偏移率。

3） 在设备正常工作的环境温度下测试，并记录测试温度。

10.3.2.3 参数 c 的测量

参数 c 的测量与6.3.2相同。

根据参数 a、b、c 的测试结果，使用10.1中的MTIE公式计算保持性能的MTIE，其结果应满足10.1规定的要求。

11 相位瞬变/相位不连续性

11.1 指标要求

对时钟进行的不经常的内部操作（例如，主备时钟板卡倒换）或者重新安排（例如，同步链路倒换），应满足：

1） 在 2^{11} UI内的任何时间，相位变化应不超过1/8 UI。

2） 在大于或等于 2^{11} UI时间，每个 2^{11} UI间隔内的相位变化应不超过1/8 UI，并且漂移总量不超过1 μs。

11.2 测试原理图

相位瞬变/相位不连续性测试原理图如图21所示。

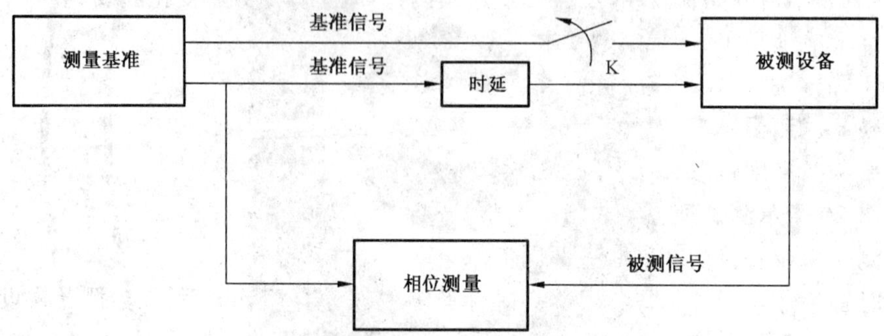

图21 相位瞬变/相位不连续性测试原理图

11.3 测试方法及结果

11.3.1 基准测试方法

1） 按图22连接，在被测交换设备处于锁定状态2 h之后，开始测量。

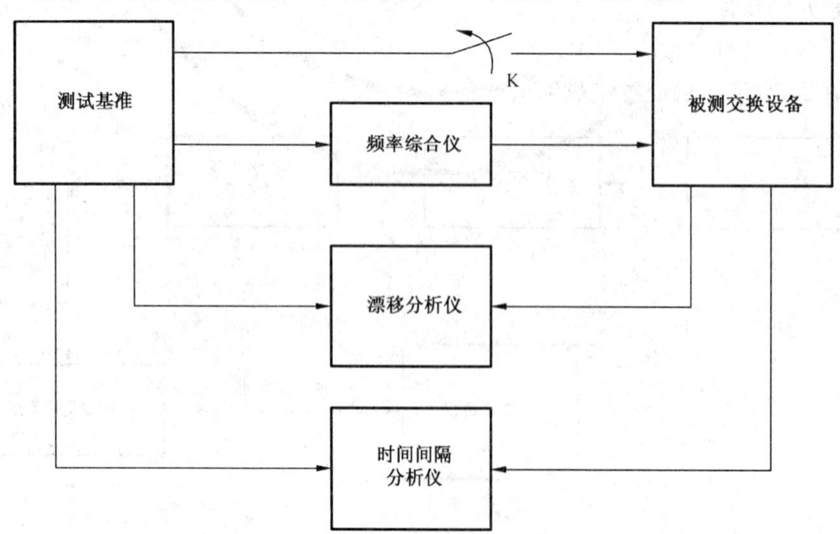

图22 相位瞬变/相位不连续性测试

2） 设置漂移分析仪以 1 Hz（即 1 s/抽样值）的抽样率测量相位。设置时间间隔分析仪以 2 000 Hz（即 0.5 ms/抽样值）的抽样率且通过一个等效 10 Hz 单极点低通滤波器测量相位。

3） 在 $T=0$ s 时，漂移分析仪开始测量，连续测量 3 100 s，得到 1 s～3 000 s MTIE 曲线，取 10 s～1 000 s MTIE 曲线。

4） 在 $T=0$ s 时，时间间隔分析仪开始测量，连续测量 100 s，得到 0.000 5 s～100 s MTIE 曲线，取 0.001 s～5 s MTIE 曲线。

5） 在 $T=10$ s 时，进行输入信号倒换的操作（例如，人工切断直接来自测试基准的输入信号，使被测交换设备跟踪于频率综合仪产生的定时信号，或者人工切换主备时钟板卡）。

6） 在完成一次测量后，被测交换设备至少应处于锁定状态 2 h，重复步骤 2）～5），再进行一次相位瞬变/相位不连续性测试。

7） 测试结果应满足 11.1 规定的要求。

11.3.2 替代测试方法

此项测量应在被测交换设备的监测点进行。

1） 按照图 23 所示测试配置组成测试电路。

2） 利用调制域分析仪的时间域测量功能进行测量。

3） 使被测交换设备接受基准时钟源同步。

4） 通过软（硬）件操作，完成与交换设备相连的主、备用输入参考倒换，在倒换的同时开始计算时间。在调制域分析仪观测相位瞬变/相位不连续性，并打印输出。

5） 在主、备用时钟倒换的情况下，重复 1）～4）项。

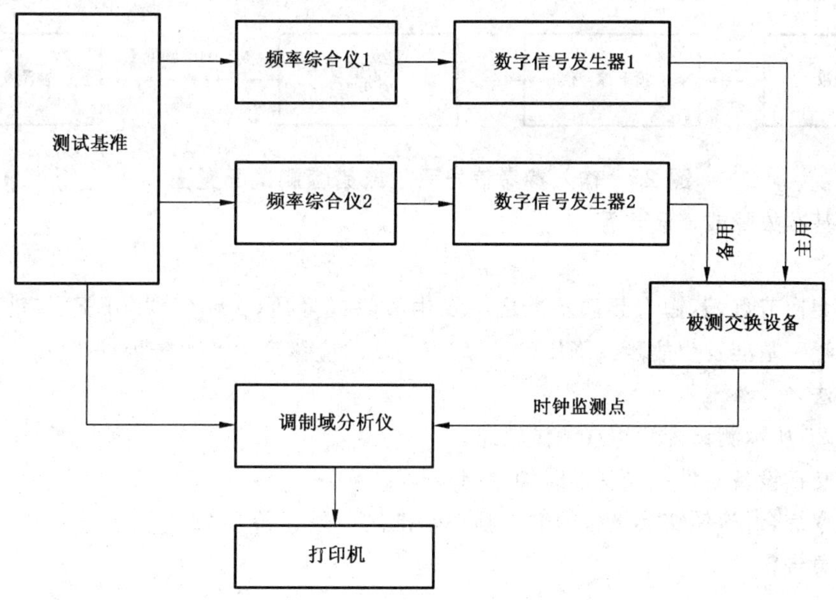

图 23 相位瞬变/相位不连续性测试配置图

12 监测、告警和控制功能检测

12.1 滑码告警

12.1.1 指标要求

对于任何输入 2 048 kbit/s 数字信号，每 24 h 发生 4 次滑码时产生非紧急告警；每 24 h 发生255 次滑码时产生紧急告警。

12.1.2 检测方法

1） 按照图 24 所示测试配置组成测试电路。

2） 使数字交换设备的时钟工作在自由运行状态，用电子计数器测量该时钟的频率。据此，分别计算使交换设备 24 h 发生 4 次滑码和 24 h 发生滑码≥255 次时，应当加到交换设备信息输入口的输入信息的频率准确度。按照计算结果，调节频率综合仪使之达到所要求的频率准确度。在交换设备的工作报告中观察 24 h 发生 4 次滑码时是否产生非紧急告警，24 h 发生滑码≥255 次时是否产生紧急告警。

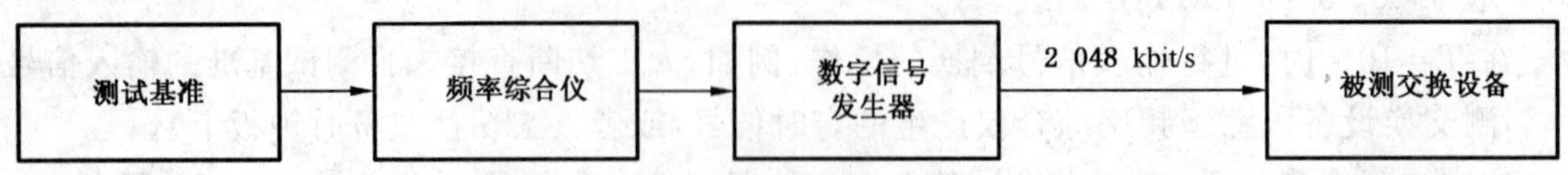

图 24　滑码告警测试配置图

12.2　输入参考信号丢失或错帧告警

12.2.1　指标要求

二级转接交换设备时钟或三级本地交换设备时钟丢失输入参考信号 10 min 或连续产生错帧 10 min 产生非紧急告警；丢失输入参考信号 24 h 或连续产生错帧 24 h 产生紧急告警。

12.2.2　检测方法

1） 按照图 25 所示测试配置组成测试电路。

2） 断开输入参考信号 10 min 之后，交换设备应产生非紧急告警，24 h 之后应产生紧急告警。

3） 仍按图 25 组成测试电路，通过操作使数字信号发生器产生错帧，10 min 之后，交换设备应产生非紧急告警，24 h 之后，应产生紧急告警。

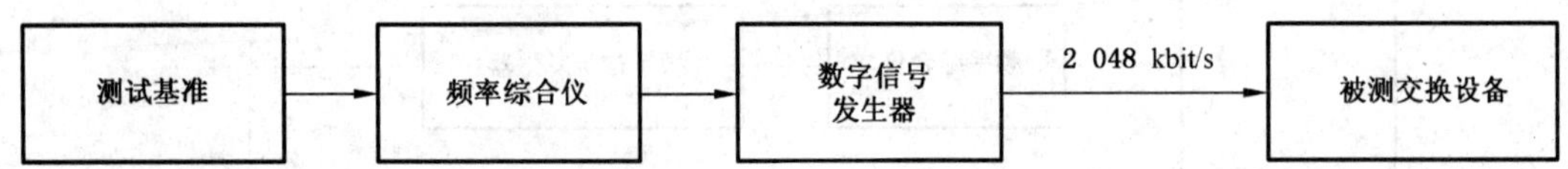

图 25　输入参考信号丢失或错帧测试配置图

12.3　输入频率基准故障或降质告警

12.3.1　指标要求

在三级本地交换节点，若输入频率基准之一发生故障或降质（$\Delta f/f \geq 2.0\text{E-}8$）应该产生非紧急告警。若全部输入频率基准发生故障或降质（$\Delta f/f \geq 2.0\text{E-}8$）应该产生紧急告警。

12.3.2　检测方法

1） 按照图 26 所示测试配置组成测试电路。

2） 使被测交换设备时钟接受基准时钟源同步。

3） 调节频率综合仪，使交换设备的输入频率基准之一发生降质（$\Delta f/f \geq 2.0\text{E-}8$），交换设备应产生非紧急告警。

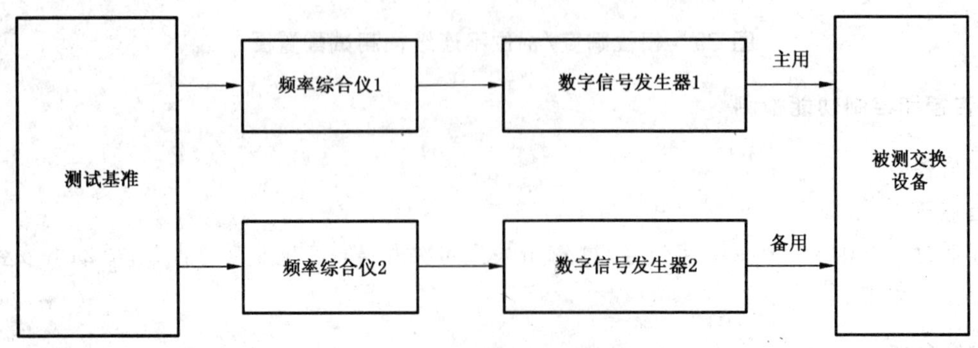

图 26　输入频率基准故障或降质测试配置图

4) 使交换设备的所有输入频率基准发生降质($\Delta f/f \geq 2.0E-8$),交换设备应产生紧急告警。

12.4 锁相环调节范围临界告警

12.4.1 指标要求

由于老化而导致固有的时钟频率偏离锁相环的控制范围(控制信号超出时钟调节范围的四分之三)时产生告警。

12.4.2 检测方法

1) 按照图 25 所示测试配置组成测试电路。
2) 查明锁相环的调节范围。
3) 使被测交换设备时钟接受基准时钟源同步。
4) 调节频率综合仪,使其输出频率的偏离程度达到并超过调节范围的四分之三时,交换设备应产生告警。

12.5 工作状态监视

12.5.1 指标要求

交换设备应具有以下监视功能:

1) 时钟工作状态,即:快捕、跟踪、保持和自由运行。
2) 在用输入参考信号。
3) 在用时钟(板卡)。
4) 上一次输入参考信号的倒换时间。
5) 输入参考信号的错帧率(错帧次数/h 或 min)。
6) 人为强制状态显示。
7) 相位变化达到或超过规定限值的次数。

12.5.2 检测方法

在网管中心或本地维护终端上检查交换设备是否能提供 12.5.1 规定的项目进行监测,或者在交换设备上给出可见的显示信号。

1) 是否可查询其时钟工作状态,即:快捕、跟踪、保持和自由运行。
2) 是否显示在用输入参考信号。
3) 是否显示在用时钟(板卡)。
4) 是否显示上一次输入参考信号的倒换时间。
5) 是否显示输入参考信号的错帧率(错帧次数/h 或 min)。
6) 是否显示人为强制状态。
7) 是否显示相位变化达到或超过规定限值次数。

12.6 控制功能

12.6.1 指标要求

在本地维护终端上或网管中心应可实施下列人工控制功能。

1) 选择时钟工作状态(快捕、跟踪和保持)。
2) 倒换时钟。
3) 倒换输入参考。
4) 启动/关闭自动倒换。

12.6.2 检测方法

在网管中心或本地维护终端上检查交换设备是否能接受 12.6.1 规定项目的控制。除此之外,还应检查:

1) 交换设备时钟单元的自检、诊断和适用于维护的功能。
2) 交换设备时钟单元用于诊断、维护的软件是否能根据实际需要进行修改。

附　录　A
（规范性附录）
使用仪表的主要性能要求

A.1　测试基准时钟源

1）　频率准确度：±2.0E-12。
2）　频率重现性：±5.0E-13。
3）　频率稳定度：2.0E-13/天(包括环境影响)。
4）　温度特性：±1.0E-13(0 ℃～55 ℃)。
5）　输出频率：100 kHz，1 MHz，5 MHz，10 MHz，以及 2 048 kHz 和 2 048 kbit/s。

A.2　频率综合仪

1）　频率范围：正弦波信号输出 0.000 001 Hz～20 999 999.999 Hz。
2）　频率分辨力：在频率＜100 kHz 时，1 μHz；在频率≥100 kHz 时，1 mHz。
3）　输出幅度：在 50 Ω 阻抗下，0.001 V～10 V(峰-峰值)。
4）　支持输出信号频率/波形可调和 10 MHz 外定时接口的功能。

A.3　通用计数器

1）　分辨率：≤200 ps。
2）　抽样率：≥30 Hz。
3）　数据存储容量：≥256 K。
4）　支持频率及时间间隔测量，以及 10 MHz 外定时接口的功能。

A.4　时间间隔分析仪

1）　分辨率：≤200 ps。
2）　抽样率：≥2 000 Hz。
3）　数据存储容量：≥256 K。
4）　支持漂移噪声模板产生和 10 MHz 外定时口的功能。
5）　支持频率及时间间隔测量的功能。

A.5　抖动/漂移测试(分析)仪

A.5.1　对于 2 048 kbit/s 或 2 048 kHz 输入口
a）　测量幅度：0 UI～6 UI 和 0 UI～100 UI 两档；
b）　分辨率：0.002 UI 和 0.01 UI 两档；
c）　测量频率范围：1.2E-5 Hz～1.0E+5 Hz。

A.5.2　对于 STM-1 输入口
a）　测量幅度：0 UI～6 UI 和 0 UI～3 000 UI 两档；
b）　分辨率：0.002 UI 和 0.1 UI 两档；
c）　测量频率范围：1.2E-5 Hz～1.3E+6 Hz。

A.5.3　支持 2 048 kbit/s 或 2 048 kHz 输入接口和 STM-N 输入接口(可选)的功能。

A.5.4　支持抖动/漂移峰-峰值和时间间隔误差/MTIE/TDEV 测量的功能。

A.6 抖动/漂移发生器

A.6.1 对于 2 048 kbit/s 输出口

a) 正弦调制幅度:0 UI～6 UI 和 0 UI～100 UI 两档;

b) 分辨率:0.002 UI 和 0.01 UI 两档;

c) 调制频率范围:1.2E-5 Hz～1.0E+5 Hz。

A.6.2 对于 STM-1 输出口

a) 正弦调制幅度:0 UI～6 UI 和 0 UI～3 000 UI 两档;

b) 分辨率:0.002 UI 和 0.1 UI 两档;

c) 调制频率范围:1.2E-5 Hz～1.3E+6 Hz。

A.6.3 支持正弦抖动/漂移模板产生和外调制接口(可选)的功能。

A.6.4 支持 2 048 kbit/s 输出接口和 STM-N 输出接口(可选)的功能。

A.6.5 抖动/漂移发生器的性能同时应满足本标准 8.1 表 4 中的测试要求。

A.7 多通道示波器

a) 频率范围:DC 到 250 MHz。

b) 扫描速度范围:每刻度 1 ns～1.5 s。

c) 低电容探头

1) 频率范围:DC 到 250 MHz。

2) 输入阻抗(输入电阻及并联电容)

输入电阻:≥10 MΩ;

并联电容:≤20 pF。

A.8 电子计数器

1) 频率范围:100 MHz。

2) 频率分辨力:可显示 11 位数字。

3) 输入阻抗:≥1 MΩ。

A.9 数字信号发生器

它是提供数字网络系列信号的信号源,该信号应具有 GB/T 7611—2001 中规定的输出阻抗、脉冲形状、线路编码和帧格式。它应该有时钟和数据输出,并且可以接受外时钟输入。支持 2 048 kHz 输入接口和 2 048 kbit/s 输出接口的功能。

A.10 数字信号接收器

它是可以终接数字网各系列信号并监测比特差错、差错秒或比特差错率(BER)的仪器。

A.11 调制域分析仪

1) 频率范围:≥200 MHz。

2) 时间间隔分辨力:≤200 ps。

附 录 B
（资料性附录）
测试参数定义

B.1 单位时间间隔（UI）

它是每个脉冲单元（比特）所占用的时间，其值为接口比特率的倒数。对于 2 048 kbit/s 数字信号而言，1 UI＝488 ns。

B.2 老化率（Ageing）

振荡器随时间变化而产生的系统的频率变化。

B.3 相对频率偏差（Fractional Frequency Deviation）

一个实际信号频率和一个标称频率之差，除以标称频率，即：$\Delta f/f$。

B.4 漂移（Wander）

数字信号的各个有效瞬时相对其理想时间位置的长期变化（变化的频率小于 10 Hz）。

B.5 抖动（Jitter）

数字信号的各个有效瞬时相对其理想时间位置的短期变化（变化的频率大于 10 Hz）。

B.6 滑码（Slip）

由于数字设备输入/输出信号的频率和/或相位变化而导致在缓冲存储器产生数字信息的重读或漏读。根据滑码控制机制，滑码分为受控滑码和非受控滑码。

B.7 频率准确度（Frequency Accuracy）

在规定的时间周期内时钟频率偏离的最大幅度。

B.8 频率稳定度（Frequency Stability）

在给定的时间间隔内由于时钟的内在因素或环境影响而导致的频率变化。

B.9 频率漂移（Frequency Drift）

由于时钟的老化率或外部影响（辐射、压力、温度、湿度、电源、负载等）而导致相对于标称值的频率偏差的变化率。

B.10 时间间隔误差（Time Interval Error）

在特定的时间周期内，一个给定信号相对于理想信号的时延变化。

B.11 最大时间间隔误差（Maximum Time Interval Error）

在一个测量周期内，一个给定的窗口内的最大相位变化。

MTIE 和 TIE 定义如图 B.1 所示。

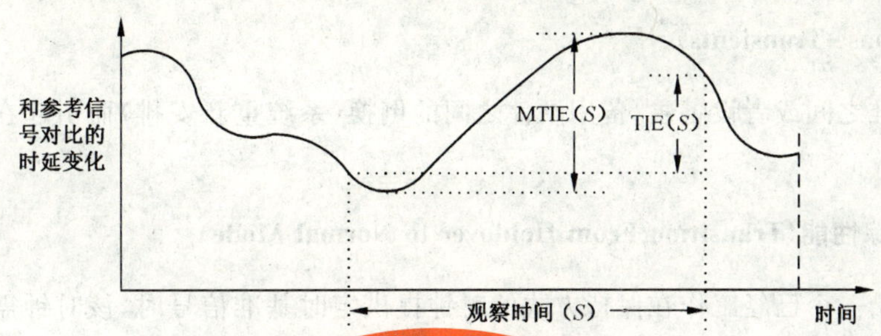

图 B.1 MTIE 和 TIE 的定义

$$\mathrm{MTIE}(S)=\max_{j=1}^{N-n+1}\left(\max_{i=j}^{n+j-1}(X_i)-\min_{i=j}^{n+j-1}(X_i)\right)$$

其中：

X_i——时延的抽样数据；

N——抽样数据的总数；

S——观察时间；

n——观察时间内的抽样数。

B.12 时间偏差 TDEV(Time Deviation)

$$\mathrm{TDEV}(\tau)=\sqrt{\frac{1}{6n^2(N-3n+1)}\sum_{j=1}^{N-3n+1}\left(\sum_{k=0}^{n-1}(x_{j+2n+k}-2x_{j+n+k}+x_{j+k})\right)^2}$$

其中：

X_i——时延的抽样数据；

N——抽样数据的总数；

τ_0——相邻样值间的时间间隔；

τ——积分时间，$\tau=n\tau_0$；

n——积分时间内的抽样数。

B.13 保持入范围(Hold-in range)

是指从钟参考频率和规定的标称频率间的最大频率偏差范围，在这个范围之内，无论参考频率如何缓慢变化，从钟都工作在锁定状态。

B.14 牵引入范围(Pull-in range)

是指从钟参考频率和规定的标称频率间的最大频率偏差范围，在这个范围之内，从钟将达到锁定状态。

B.15 牵引出范围(Pull-out range)

是指从钟参考频率和规定的标称频率间的频率偏差范围，在这个范围之内从钟工作在锁定状态，在这个范围之外从钟不能工作在锁定状态，而无论参考频率如何变化。

B.16 保持频率稳定度(Holdover Frequency Stability)

在失去全部频率基准的情况下(工作在保持方式)，时钟频率相对于时间的最大变化率。

B.17 相位瞬变(Phase Transients)

由于在定时基准之间或者设备主/备用硬件之间的倒换(系统重新安排)而引起在输出口信号相位的瞬时变化。

B.18 从保持到跟踪性能(Transition From Holdover to Normal Mode)

此性能是指在给一个已经工作在保持方式的时钟提供定时基准信号时,该时钟需要确认此信号和信号频率,因此需要一定的时间。在确认期间,时钟可以继续以其保持频率工作。在对定时基准已经确认有效之后(例如无 LOS、OOF 或 AIS),时钟改变其频率以锁定到输入定时基准。

B.19 漂移/抖动产生(Wander/Jitter Generation)

在时钟输入口没有外加输入漂移/抖动(输入理想基准信号)的情况下,在时钟输出口漂移/抖动出现的过程。

B.20 漂移/抖动输入容限(Wander/Jitter Input Tolerance)

输入口应具有接受一定幅度的漂移/抖动的能力,在此幅度内,输入口应不产生任何告警和进行输入信号倒换。

B.21 漂移/抖动传递特性(Wander/Jitter Transfer)

对于时钟应要求它能产生一个具有低漂移/抖动的输出,甚至于当输入信号具有较高的漂移/抖动时也能如此。这就是对时钟过滤漂移/抖动的要求。

B.22 自由运行状态(Free Running Mode)

时钟的一个工作状态,即时钟的输出信号不受锁相电路的控制,只受振荡器单元的影响。在这个工作状态下时钟从未有过网络参考输入或者,时钟失去外参考输入且未从先前连接的外参考中得到存储的数据。当时钟输出不再反映一个连接的外参考的影响或转变过程时开始自由运行,当时钟输出达到锁定至一个外参考时结束自由运行。

B.23 快捕状态(Fast Tracking/Start Mode)

这个工作状态用于时钟的快速牵引,然后在时钟获得同步后自动转入满跟踪的正常工作状态。

B.24 锁定状态(Locked Mode)

从钟的一个工作状态,即从钟的输出信号受控于外参考输入,输出信号具有与输入参考信号相同的长期平均频率,并且输出和输入参考间的时间间隔函数在要求之内。锁定状态是从钟运行的预期状态。

B.25 保持状态(Holdover Mode)

从钟的一个工作状态,即从钟失去了受控的参考输入,并且使用在锁定状态在获得的存储数据控制输出。存储的数据用于控制相位和频率变化,在标准要求之内允许再出现锁定状态。当时钟输出不再反映一个连接的外参考的影响或转变过程时开始保持,当时钟的输出回到锁定状态时结束保持。

ICS 35.040
L 80

中华人民共和国国家标准

GB/T 15843.1—2008/ISO/IEC 9798-1:1997
代替 GB/T 15843.1—1999

信息技术　安全技术　实体鉴别　第1部分:概述

Information technology—Security techniques—Entity authentication—Part 1:General

(ISO/IEC 9798-1:1997,IDT)

2008-06-19 发布　　2008-11-01 实施

中华人民共和国国家质量监督检验检疫总局
中国国家标准化管理委员会　发布

前　言

GB/T 15843《信息技术　安全技术　实体鉴别》分为五个部分：

——第1部分：概述

——第2部分：采用对称加密算法的机制

——第3部分：采用数字签名技术的机制

——第4部分：采用密码校验函数的机制

——第5部分：采用零知识技术的机制

可能还会增加其他后续部分。

本部分为GB/T 15843的第1部分，等同采用ISO/IEC 9798-1:1997《信息技术　安全技术　实体鉴别　第1部分：概述》(英文版)，仅有编辑性修改。

本部分代替GB/T 15843.1—1999《信息技术　安全技术　实体鉴别　第1部分：概述》。本部分与GB 15843.1—1999相比，主要变化如下：

——本部分标准修订了第3章中的部分术语、定义和记法。

——本部分对第6章“一般要求和约束”中的部分叙述进行了文字修订。

——本部分删除了ISO/IEC前言，增加了引言。

——本部分删除了原附录D，增加了参考文献。

本部分的附录A、附录B和附录C均为资料性附录。

本部分由全国信息安全标准化技术委员会提出并归口。

本部分主要起草单位：中国科学院数据与通信保护研究教育中心(信息安全国家重点实验室)。

本部分主要起草人：荆继武、向继、高能、夏鲁宁。

本部分所代替标准的历次版本发布情况为：

——GB/T 15843.1—1995；

——GB/T 15843.1—1999。

引　言

本部分等同采用国际标准 ISO/IEC 9798-1:1997,它是由 ISO/IEC 联合技术委员会 JTC1(信息技术)的分委员会 SC 27(IT 安全技术)起草的。

本部分给出了 GB/T 15843 的所有部分中使用的术语和符号,并给出了它们的定义。

本部分给出了实体鉴别机制的一般模型,各种鉴别机制的细节在 GB/T 15843 后续部分中规定。本部分还给出了实体鉴别机制的一般要求和约束,各种鉴别机制的具体要求分别在 GB/T 15843 的其他各部分中规定。

本部分中还给出了在实体鉴别机制中使用文本字段、时变参数和证书的一般要求。

本部分凡涉及密码算法的相关内容,按国家有关法规实施。

信息技术　安全技术　实体鉴别
第1部分:概述

1　范围

本部分规定了一个鉴别模型以及采用安全技术的实体鉴别机制的一般要求和约束。这些机制用于证实某个实体就是他所声称的实体。待鉴别的实体通过表明它确实知道某个秘密来证明其身份。这些机制定义实体间的信息交换以及需要时与可信第三方的信息交换。

这些机制的细节和鉴别交换的内容未在本部分中规定,而在GB/T 15843的其他部分中规定。

GB/T 15843其他各部分规定的机制能用于帮助提供GB/T 17903中规定的抗抵赖服务。抗抵赖服务的有关内容不在GB/T 15843的范围之内。

2　规范性引用文件

下列文件中的条款通过本部分的引用而成为本部分的条款。凡是注明日期的引用文件,其随后所有的修改单(不包括勘误的内容)或修订版均不适用于本部分,然而,鼓励根据本部分达成协议的各方研究是否可使用这些文件的最新版本。凡是不注日期的引用文件,其最新版本适用于本部分。

GB/T 9387.2—1995　信息处理系统　开放系统互连　基本参考模型　第2部分:安全体系结构(idt ISO 7498-2:1989)

GB/T 18794.2—2002　信息技术　开放系统互连　开放系统安全框架　第2部分:鉴别框架(idt ISO/IEC 10181-2:1996)

3　术语和定义

3.1　GB/T 9387.2中确立的下列术语和定义适用于本部分。

3.1.1

密码校验值　cryptographic check value

通过在数据单元上执行密码变换而得到的信息。

3.1.2

数字签名(签名)　digital signature (signature)

附加在数据单元上的一些数据,或是对数据单元所作的密码变换,这种数据或变换允许数据单元的接收者确认数据单元的来源和完整性,并防止数据单元被人(例如接收者)伪造。

3.1.3

冒充　masquerade

一个实体伪装成另一个实体。

3.2　GB/T 18794.2中确立的下列术语和定义适用于本部分。

3.2.1

声称方　claimant

以鉴别为目的,是本体本身或者是代表本体的实体。一个声称方包含了代表本体从事鉴别交换所必需的功能。

3.2.2

本体　principal

其身份能被鉴别的实体。

3.2.3

可信第三方　trusted third party

在安全相关的活动中,被其他实体所信任的安全机构或其代理。在GB/T 15843中,为了鉴别的目的,可信第三方被声称方和(或)验证方所信任。

3.2.4

验证方　verifier

要求鉴别声称方身份的实体本身或是代表它的实体。验证方包含了从事鉴别交换所必需的功能。

3.3　下列术语和定义适用于GB/T 15843。

3.3.1

非对称密码技术　asymmetric cryptographic technique

使用两种相关变换的密码技术,一种是由公开密钥定义的公开变换,另一种是由私有密钥定义的私有变换。两种变换具有以下特性:在给定公开变换的情况下,推导出私有变换在计算上是不可行的。

注:基于非对称密码技术的系统可能是加密系统、签名系统,加密与签名组合在一起的系统,或密钥协商系统。非对称密码技术有四种基本变换:签名系统的签名和验证,加密系统的加密和解密。签名和解密变换是拥有方专用的,而相应的验证和加密变换是公开发布的。现在已有仅通过两种变换就可获得四项基本功能的非对称密码系统(如RSA):一个私有变换可同时实现对消息的签名和解密,而一个公开变换可同时实现对消息的验证和加密。然而,由于一般情况并非如此,在GB/T 15843中,这四项基本变换及相应的密钥都是分开的。

3.3.2

非对称加密体制　asymmetric encipherment system

基于非对称密码技术的体制,其公开变换用于加密,而私有变换用于解密。

3.3.3

非对称密钥对　asymmetric key pair

一对相关的密钥,其中私有密钥定义私有变换,公开密钥定义公开变换。

3.3.4

非对称签名体制　asymmetric signature system

基于非对称密码技术的体制,其私有变换用于签名,而公开变换用于验证。

3.3.5

激励　challenge

由验证方随机选择并发送给声称方的数据项;声称方使用此数据项连同其拥有的秘密信息产生一个响应发送给验证方。

3.3.6

密文　ciphertext

经过变换隐藏其信息内容的数据。

3.3.7

密码校验函数　cryptographic check function

以秘密密钥和任意字符串作为输入,并以密码校验值作为输出的密码变换。不知道秘密密钥就不可能正确计算校验值。

3.3.8

解密 decipherment

一个相应的加密过程的逆过程。

3.3.9

可区分标识符 distinguishing identifier

不含糊地区别一个实体的信息。

3.3.10

加密 encipherment

为了产生密文,即隐藏数据的信息内容,由密码算法对数据进行的(可逆)变换。

3.3.11

实体鉴别 entity authentication

证实一个实体就是所声称的实体。

3.3.12

插空攻击 interleaving attack

一种冒充攻击手段,它使用从一个或多个正在进行的或先前进行的鉴别交换导出的信息进行冒充。

3.3.13

密钥 key

控制密码变换操作(例如:加密、解密、密码校验函数计算、签名生成或签名验证)的符号序列。

3.3.14

相互鉴别 mutual authentication

向双方实体提供对方身份保证的实体鉴别。

3.3.15

明文 plaintext

未加密的信息。

3.3.16

私有解密密钥 private decipherment key

定义私有解密变换的私有密钥。

3.3.17

私有密钥 private key

一个实体的非对称密钥对中只由该实体使用的密钥。

注:在非对称签名体制中,私有密钥定义签名变换;而在非对称加密体制中,私有密钥定义解密变换。

3.3.18

私有签名密钥 private signature key

定义私有签名变换的私有密钥。

注:有时称为秘密签名密钥。

3.3.19

公开加密密钥 public encipherment key

定义公开加密变换的公开密钥。

3.3.20

公开密钥 public key

一个实体的非对称密钥对中能够被公开的密钥。

注:在非对称签名体制中,公开密钥定义验证变换;而在非对称加密体制中,它定义加密变换。密钥是"公开的"并不意味着谁都可以获得。密钥可能只有某个事先确定的团体的所有成员才可使用。

3.3.21

公钥证书(证书)　public key certificate(certificate)

实体的公钥信息,它由认证机构签名,因而不可伪造(参见附录C)。

3.3.22

公钥信息　public key information

关于单个实体的特定信息,它至少包括该实体的可区分标识符,且至少包括该实体的一个公开密钥。它还可包括有关认证机构、实体及其所含的公开密钥的其他一些信息,诸如公开密钥的有效期、相关私有密钥的有效期、所涉及算法的标识符等(参见附录C)。

3.3.23

公开验证密钥　public verification key

定义公开验证变换的公开密钥。

3.3.24

随机数　random number

其值不可预测的时变参数(参见附录B)。

3.3.25

反射攻击　reflection attack

将以前发送的消息发回给其原发者的一种冒充攻击手段。

3.3.26

重放攻击　replay attack

使用以前发送的消息的一种冒充攻击手段。

3.3.27

序号　sequence number

其值取自一个在一定时期内不重复的特定序列的时变参数(参见附录B)。

3.3.28

对称密码技术　symmetric cryptographic technique

原发者变换和接收者变换使用同一秘密密钥的密码技术。如果不知道秘密密钥,推导出原发者或接收者变换在计算上是不可行的。

3.3.29

对称加密算法　symmetric encipherment algorithm

原发者变换和接收者变换使用同一秘密密钥的加密算法。

3.3.30

时间戳　time stamp

相对于一个公共时间基准的时间点的时变参数(参见附录B)。

3.3.31

时变参数　time variant parameter

一种用来验证消息非重放的数据项,如随机数、序号、时间戳(参见附录B)。

3.3.32

权标　token

由与特定的通信相关的数据字段构成的消息,它包含使用密码技术进行变换了的信息。

3.3.33

单向鉴别　unilateral authentication

只向一个实体提供另一个实体的身份保证,而不向后者提供前者身份保证的实体鉴别。

4 符号

下列符号适用于 GB/T 15843 的本部分：

A:实体 A 的可区分标识符；

B:实体 B 的可区分标识符；

TP:可信第三方的可区分标识符；

K_{XY}:实体 X 和实体 Y 之间共享的秘密密钥，只用于对称密码技术；

P_X:与实体 X 相关的公开验证密钥，只用于非对称加密技术；

S_X:与实体 X 相关的私有签名密钥，只用于非对称加密技术；

N_X:由实体 X 给出的序号；

R_X:由实体 X 给出的随机数；

T_X:由实体 X 给出的时间戳；

$\left.\begin{matrix}T_X\\N_X\end{matrix}\right\}$:由实体 X 原发的时变参数，它或者是时间戳 T_X，或者是序号 N_X；

$Y \| Z$:数据项 Y 和 Z 以 Y 在前而 Z 在后的顺序拼接的结果；

$e_K(Z)$:用密钥 K，对数据 Z 应用对称加密算法加密的结果；

$d_K(Z)$:用密钥 K，对数据 Z 应用对称加密算法解密的结果；

$f_K(Z)$:使用以秘密密钥 K 和任意数据串 Z 作为输入的密码校验函数 f 产生的密码校验值；

$Cert_X$:由可信第三方签发给实体 X 的证书；

$Token_{XY}$:实体 X 发给实体 Y 的权标；

TVP:时变参数；

$S_{S_X}(Z)$:用私有签名密钥 S_X 对数据 Z 进行私有签名变换所产生的签名。

5 鉴别模型

实体鉴别机制的一般模型如图 1 所示。所有的实体及交换不一定在每一个鉴别机制中都出现。

关于 GB/T 15843 其他各个部分规定的鉴别机制，对于单向鉴别，把实体 A 视为声称方，实体 B 视为验证方。而对于相互鉴别，A 和 B 既是声称方，又是验证方。

为了鉴别，实体产生并交换称作权标的标准化消息。在单向鉴别中至少要交换一个权标，而在相互鉴别中至少要交换两个权标。如果不得不发送激励以启动鉴别交换，可能需要增加一次传递。如涉及可信第三方，可能需要再增加几次传递。

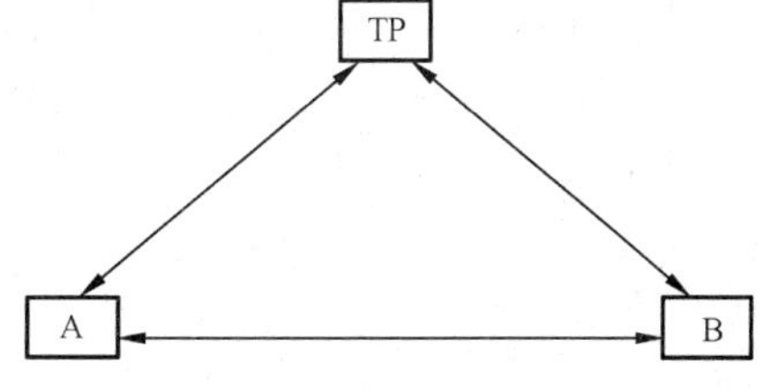

图 1 鉴别模型

图 1 中的连线指示可能存在的信息流。实体 A 和实体 B 可以彼此直接交互，或直接同可信第三方 TP 交互，或分别通过 B 或 A 间接与可信第三方交互，或利用可信第三方发布的信息。

GB/T 15843 鉴别机制的细节在后续各部分中规定。

6 一般要求和约束

为了使一个实体能鉴别另一个实体，二者应使用共同的密码技术和参数集。

在密钥的可操作生命周期中，用于密钥操作的所有时变参数值（即：时间戳、序号和随机数）应该是不重复的，至少重复的可能性是极小的。

使用鉴别机制期间，假定实体 A 和 B 都知道对方声称的身份。这可以通过在两个实体之间交换的信息中包括标识符来实现，或者可以从所使用机制的上下文环境中明显看出。

实体的真实性只是在进行鉴别交换的时刻被确认。为了保证后续通信数据的真实性，鉴别交换必须与一种安全的通信手段结合使用（如完整性服务）。

附 录 A
（资料性附录）
文本字段的使用

GB/T 15843 后续各部分规定的权标包含文本字段。在一次给定传递中不同文本字段的实际使用及各文本字段间的关系依赖于应用。

文本字段可以包含附加的时变参数。例如，如果已使用了序号，那么在权标的文本字段中可以包含时间戳。这样，通过要求消息接收者验证消息中的任何时间戳是否都在一个预先规定的时间窗口内，就可以检测出受迫延迟（参见附录 B）。

如果有多个有效密钥，则一个密钥标识符可包括在明文的文本字段中。如果有多个可信第三方，那么文本字段可用于包括所涉及的那个可信第三方的可区分标识符。

文本字段也可用于密钥分配（见 ISO/IEC 11770-2 和 ISO/IEC 11770-3）。

假如 GB/T 15843 后续各部分规定的任何一种机制嵌入到这样一种应用，即如果允许两个实体中的任一个在启动鉴别机制之前采用附加消息，那么有些入侵攻击就会变得可能。为了抵抗这类攻击，可用文本字段说明哪个实体要求鉴别。这类攻击的特性是入侵者可能重复使用一个非法获得的权标（见 GB/T 18794.2）。

上述给出的例子不是完备的。

附 录 B
（资料性附录）
时 变 参 数

时变参数用于控制唯一性和时效性。它们能使先前发送过的消息重放时被检测出来。为实现这一点，对各次交换实例，其鉴别信息都应不同。

某些类型的时变参数可以用来检测“受迫延迟”（由敌手引入通信媒体的延迟）。在涉及一次以上传递的机制中，也可以通过其他方法（如采用“超时时钟”来强行规定特定消息间可允许的最大时间间隙）检测受迫延迟。

GB/T 15843后续各部分使用的三类时变参数是时间戳、序号和随机数。在不同的应用中可根据实现需要选择最可取的时变参数，有时也可以适当选用一种以上的时变参数（如同时选择时间戳和序号）。有关参数选择的细节不在本部分范围之内。

B.1 时间戳

涉及时间戳的机制利用逻辑上链接声称方和验证方的同一个时间基准。建议使用的基准时钟是国际标准时间（UTC）。验证方使用固定大小的接受窗口。验证方通过计算接收到的已验证权标中的时间戳与验证方在收到权标时所察觉的时间差值来控制时效性。如果差值落在窗口内，消息就被接受。通过在当前窗口中记录所有消息的日志以及拒收第二次和后续出现在同一个时间窗内的相同消息的方法来验证唯一性。

应该采用某种机制确保通信各方的时钟同步。而且，时钟同步性能要足够好，使通过重放达到冒名顶替的可能性小到可接受的程度。还应确保与时间戳验证有关的所有信息，特别是通信双方的时钟不会被篡改。

使用时间戳机制可检测受迫延迟。

B.2 序号

因为序号可以使验证方检测消息的重放，所以可以用序号控制唯一性。声称方和验证方预先就如何以特定方式给消息编号的策略达成一致，基本思想是特定编号的消息只能被接受一次（或在规定时间内只接受一次）。然后再检验验证方收到的消息，根据上述策略判断与消息一起发送的序号是否可接受。如果此序号不符合上述策略，该消息则被拒绝。

使用序号时可要求附加“簿记”。声称方应维护先前用过的序号和或者或将来使用仍将有效的序号的记录。该声称方应为所有他希望与之通信的潜在验证方保存上述记录。同样，验证方也应为所有可能的声称方保存这些记录。当发生正常定序被破坏的情况（如系统故障）时，需要专用程序来重置或重新启动序号计数器。

声称方使用序号不能保证验证方能检测出受迫延迟。对于涉及两个或两个以上消息的机制，如果消息发送者能检测出发送消息与接收到预期回复消息之间的时间间隔，并在延迟超过预先规定的时槽时拒绝此消息，就可以测出受迫延迟。

B.3 随机数

GB/T 15843后续各部分规定的各种机制中使用的随机数可防止重放或插空攻击。因此要求GB/T 15843中使用的所有随机数选自于一个足够大的范围，使得与同一个密钥使用时出现重复的概率很小，并且第三方预测出特定值的概率也很小。GB/T 15843中使用的术语“随机数”还包括了满足同样要求的伪随机数。

为防止重放或插空攻击，验证方获得一个发送给声称方的随机数，声称方可以将该随机数放在返回权标的受保护部分予以响应(这通常称为激励—响应)。这一过程将包含特定随机数的两个消息联系起来。如果验证方再次使用同样的随机数，那么记录了先前鉴别交换的第三方就可以把所记录的权标发送给验证方验证，从而将自己伪装成声称方并通过验证。为了防止这类攻击，要求随机数重复的概率必须很低。

声称方使用随机数不能保证验证方能检测受迫延迟。

附 录 C
（资料性附录）
证 书

在 GB/T 15843 后续各部分中，公钥证书（证书）能用来保证公开密钥的真实性。在这种情况下，证书包含实体的公钥信息，此信息至少由该实体的可区分标识符和公开密钥组成。公钥信息中还可以包括有关认证机构、实体和公开密钥的其他信息，例如相关私有密钥的有效期或所涉及算法的标识符。证书要包括由可信第三方签名的公钥信息。

对证书的验证包括验证可信第三方的签名，如果需要，还要检验与证书的有效性有关的其他条件，如证书是否撤销或证书有效期。

证书不是确保公开密钥的真实性的唯一方式。为了使一个实体能通过其他方式获得其他实体的公开密钥，GB/T 15843 后续各部分中各种机制对证书的使用是可选的。确保公开密钥的真实性的其他方法包括诸如在 GB/T 17902.2 中规定的基于身份的签名方案。

参 考 文 献

[1] GB/T 9387.1—1998 信息处理系统 开放系统互连 基本参考模型 第1部分:基本模型(idt ISO/IEC 7498-1:1994)

[2] GB 15851—1995 信息技术 安全技术 带消息恢复的数字签名方案(idt ISO/IEC 9796:1991)

[3] GB/T 18794.1—2002 信息技术 开放系统互连 开放系统安全框架:概述(idt ISO/IEC 10181-1:1996)

[4] GB/T 17901.1—1999 信息技术 安全技术 密钥管理 第1部分:框架(idt ISO/IEC 11770-1:1996)

[5] ISO/IEC 11770-2:1996 信息技术 安全技术 密钥管理 第2部分:采用对称技术的机制

[6] ISO/IEC 11770-3:1996 信息技术 安全技术 密钥管理 第3部分:采用非对称技术的机制

[7] GB/T 17902.1—1999 信息技术 安全技术 带附录的数字签名 第1部分:概述(idt ISO/IEC 14888-1:1998)

[8] GB/T 17902.2—2005 信息技术 安全技术 带附录的数字签名 第2部分:基于身份的机制(idt ISO/IEC 14888-2:1999)

[9] GB/T 17902.3—2005 信息技术 安全技术 带附录的数字签名 第3部分:基于离散对数的机制(idt ISO/IEC 14888-3:1998)

ICS 35.040
L 80

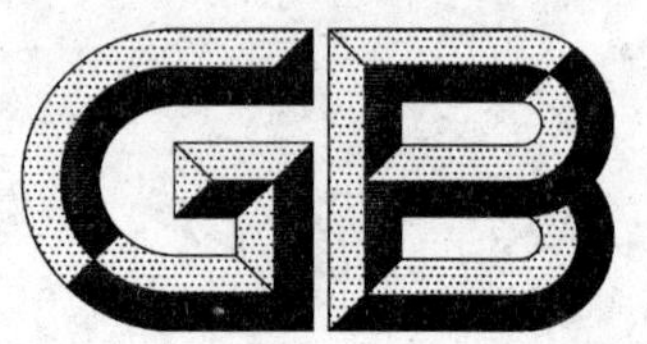

中华人民共和国国家标准

GB/T 15843.2—2008/ISO/IEC 9798-2:1999
代替 GB 15843.2—1997

信息技术 安全技术 实体鉴别 第2部分:采用对称加密算法的机制

Information technology—Security techniques—Entity authentication—Part 2:Mechanisms using symmetric encipherment algorithm

(ISO/IEC 9798-2:1999,IDT)

2008-06-19 发布 2008-11-01 实施

中华人民共和国国家质量监督检验检疫总局
中国国家标准化管理委员会 发布

前　言

GB/T 15843《信息技术　安全技术　实体鉴别》分为五个部分:

——第1部分:概述

——第2部分:采用对称加密算法的机制

——第3部分:采用数字签名技术的机制

——第4部分:采用密码校验函数的机制

——第5部分:采用零知识技术的机制

可能还会增加其他后续部分。

本部分为GB/T 15843的第2部分,等同采用ISO/IEC 9798-2:1999《信息技术　安全技术　实体鉴别　第2部分:采用对称加密算法的机制》(英文版),仅有编辑性修改。

本部分代替GB 15843.2—1997《信息技术　安全技术　实体鉴别　第2部分:采用对称加密算法的机制》。本部分与GB 15843.2—1997相比,主要变化如下:

——本部分更新了第4章"要求",对加密函数以及与它对应的解密函数应具有的属性提出了要求,同时增加了对时变参数特性的要求。

——本部分在内容上增加了对于基于单向密钥来完成鉴别过程的考虑,因而在对应的各个章条部分都增加了相应的叙述。

——本部分废止了旧版中关于实体A和B之间共享一个秘密密钥K'_{AB},而K'_{AB}只用于B对A的鉴别的相关叙述。

——本部分删除了ISO/IEC　前言,增加了引言。

本部分的附录A为资料性附录。

本部分由全国信息安全标准化技术委员会提出并归口。

本部分主要起草单位:中国科学院数据与通信保护研究教育中心(信息安全国家重点实验室)。

本部分主要起草人:荆继武、许长志、高能、向继、夏鲁宁。

本部分所代替标准的历次版本发布情况为:

——GB 15843.2—1997。

引　言

本部分等同采用国际标准 ISO/IEC 9798-2:1999,它是由 ISO/IEC 联合技术委员会 JTC1(信息技术)的分委员会 SC 27(IT 安全技术)起草的。

本部分规定了采用对称加密算法的实体鉴别机制,包括单向鉴别机制和相互鉴别机制,不涉及可信第三方的鉴别机制和涉及可信第三方的鉴别机制,并给出了这些鉴别机制的 5 项要求。

在不涉及可信第三方的情况下,单向鉴别机制包括一次传递鉴别和两次传递鉴别两种,相互鉴别机制包括两次传递鉴别和三次传递鉴别两种。如果涉及可信第三方,相互鉴别机制则需要进行四次或者五次传递。

本部分凡涉及密码算法的相关内容,按国家有关法规实施。

信息技术　安全技术　实体鉴别
第2部分:采用对称加密算法的机制

1　范围

本部分规定了采用对称加密算法的实体鉴别机制。其中有四种是两个实体间无可信第三方参与的鉴别机制,而这四种机制中有两种是单个实体鉴别(单向鉴别),另两种是两个实体相互鉴别。其余的机制都要求有一个可信第三方参与,以便建立公共的秘密密钥,实现相互或单向的实体鉴别。

本部分中规定的机制采用诸如时间戳、序号或随机数等时变参数,防止先前有效的鉴别信息以后又被接受或者被多次接受。

如果没有可信第三方参与同时又采用时间戳或序号,则对于单向鉴别只需传递一次信息,而要实现相互鉴别必须传递两次。如果没有可信第三方参与同时又采用使用随机数的激励—响应方法时,单向鉴别需传递两次信息,而相互鉴别则需要传递三次。如果有可信第三方参与,则一个实体与可信第三方之间的任何一次附加通信都需要在通信交换中增加两次传递。

2　规范性引用文件

下列文件中的条款通过本部分的引用而成为本部分的条款。凡是注明日期的引用文件,其随后所有的修改单(不包括勘误的内容)或修订版均不适用于本部分,然而,鼓励根据本部分达成协议的各方研究是否可使用这些文件的最新版本。凡是不注日期的引用文件,其最新版本适用于本部分。

GB/T 15843.1—2008　信息技术　安全技术　实体鉴别　第1部分:概述(ISO/IEC 9798-1:1997,IDT)

ISO/IEC 11770-2:1996　信息技术　安全技术　密钥管理　第2部分:采用对称技术的机制

3　术语、定义和符号

GB/T 15843.1 中确立的术语、定义和符号适用于本部分。

4　要求

本部分规定的鉴别机制中,待鉴别的实体通过表明它知道某秘密鉴别密钥来证实其身份。这可由该实体用其秘密密钥加密特定数据达到,与其共享秘密鉴别密钥的任何实体都可以将加密后的数据解密。

这些鉴别机制有下列要求,若其中任何一个不满足,则鉴别过程就会受到攻击,或者不能成功完成。

a)　向验证方证实其身份的声称方,在应用第5章的机制时,应和该验证方共享一个秘密鉴别密钥,在应用第6章的机制时,每个实体应和公共的可信第三方都分别共享一个秘密鉴别密钥。这些密钥应当在正式启动鉴别机制前就为有关各方知道,达到这一点所采用的方法已超出了本部分的范围。

b)　如果涉及到可信第三方,它应得到声称方与验证方的共同信任。

c)　声称方与验证方共享的秘密鉴别密钥,或实体与可信第三方共享的秘密鉴别密钥,应仅为这两方或双方都信任的其他方所知。

注1:加密算法与密钥生命周期的选择应保证密钥在其生命周期内就被推算出来在计算上是不可行的。此外,在选择密钥生命周期时还应防止已知明文和选择明文的攻击。

d) 对于秘密密钥 K 的任何取值,加密函数 e_K 以及与它对应的解密函数 d_K 应具有如下的属性。当解密过程 d_K 应用到字符串 e_K(X)时,它应该能够使得该字符串的接收者可以检测出数据是否被伪造或者被控制,也就是说,只有秘密密钥 K 的拥有者才能够产生这些字符串,而且只有当这些字符串由解密过程 d_K 检查之后才是能被"接受"。

注 2:在实际应用中,可以通过很多方法来保证上述属性。两个例子如下:

1) 如果数据具有或者附加了足够的冗余信息,并且加密算法是精心挑选的,那么完整性是可以满足的。只有冗余信息的正确性被验证之后,解密的数据才能被接受是正确的。

2) 用密钥 K 推导一对密钥 K′和密钥 K″。用密钥 K′来计算待加密数据的消息鉴别码(MAC),而密钥 K″用来将该数据和 MAC 级联在一起加密。接收者在确认已解密数据是正确的之前必须先检查 MAC 值是否正确。

e) 本部分中的机制要求使用时变参数,例如时间戳、序号或者随机数。这些参数的特性,尤其是它们在秘密鉴别密钥的生命周期内极不可能重复的特性,对于这些机制的安全性是十分重要的。

5 不涉及可信第三方的机制

5.0 概述

这些鉴别机制中,实体 A 和 B 在开始具体运行鉴别机制之前应共享一个公共的秘密鉴别密钥 K_{AB},或者两个单向秘密密钥 K_{AB}和 K_{BA}。在后续的实例中,单向密钥 K_{AB}和 K_{BA}分别由 B 用来鉴别 A 和 A 用来鉴别 B。

以下机制中规定的所有文本字段同样适用于本部分范围之外的应用(文本字段可能是空的)。它们的关系与内容取决于具体的应用。有关文本字段使用的信息参见附录 A。

5.1 单向鉴别

单向鉴别是指使用该机制时两实体中只有一方被鉴别。

5.1.1 一次传递鉴别

这种鉴别机制中,由声称方 A 启动此过程并被验证方 B 鉴别。唯一性和时效性是通过产生并检验时间戳或序号(见 GB/T 15843.1—2008 中的附录 B)来控制的。

鉴别机制如图 1 所示。

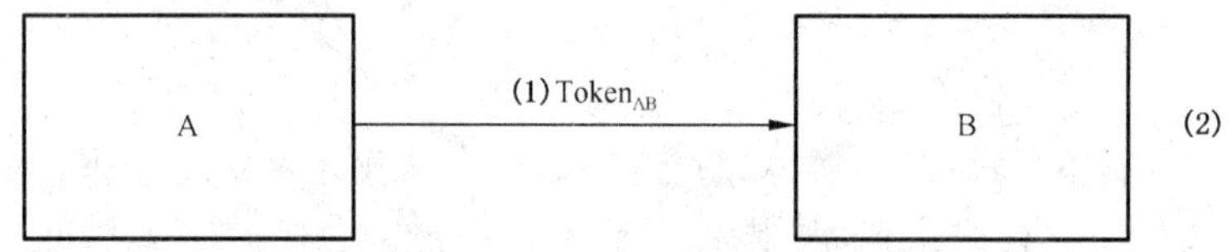

图 1 不涉及可信第三方的一次传递单向鉴别机制示意图

声称方 A 发送给验证方 B 的权标($Token_{AB}$)形式是:

$$Token_{AB} = Text2 \| e_{K_{AB}}\left(\begin{matrix} T_A \\ N_A \end{matrix} \| B \| Text1\right)$$

此处声称方 A 或者用序号 N_A,或者用时间戳 T_A 作为时变参数。具体选择哪一个取决于声称方与验证方的技术能力和环境。

在 $Token_{AB}$中是否包含可区分标识符 B 是可选的。

注:在 $Token_{AB}$中包含可区分标识符 B 是为防止敌手假冒实体 B 对实体 A 重用 $Token_{AB}$。包含可区分标识符 B 之所以作为可选项,是因为在不会出现这类攻击的环境中可将标识符省去。

如果使用了单向密钥,该可区分标识符 B 也可以省去。

图1中：

(1) A产生并向B发送$Token_{AB}$；

(2) 一旦收到包含$Token_{AB}$的消息，B便将加密部分解密(此时解密意味着满足第4章d)的要求)并检验可区分标识符B(如果有)以及时间戳或序号的正确性，从而验证$Token_{AB}$。

5.1.2 两次传递鉴别

这种鉴别机制中，验证方B启动此过程并对声称方A进行鉴别。唯一性和时效性是通过产生并检验随机数R_B(见GB/T 15843.1—2008中的附录B)来控制的。

鉴别机制如图2所示。

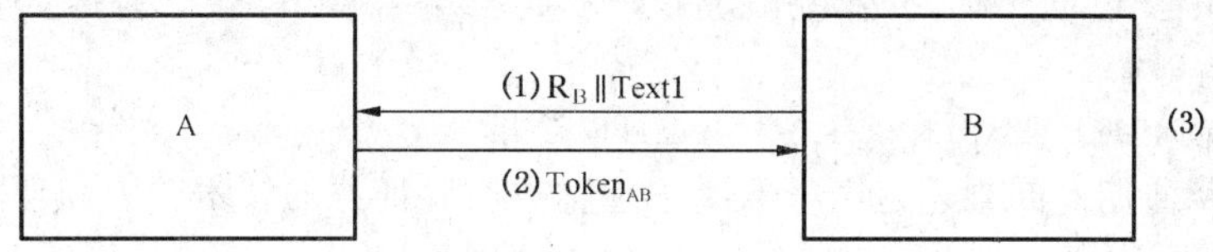

图2 不涉及可信第三方的两次传递单向鉴别机制示意图

由声称方A发送给验证方B的权标($Token_{AB}$)形式是：

$$Token_{AB} = Text3 \| e_{K_{AB}}(R_B \| B \| Text2)$$

在$Token_{AB}$中是否包含可区分标识符B是可选的。

注1：为了防止可能的已知明文攻击(即一种密码分析攻击，密码破译者知道一个或者多个密文字符串的完整明文)，实体A可以在Text2中包含一个随机数R_A。

注2：在$Token_{AB}$中包含可区分标识符B是为防止所谓的反射攻击，这种攻击的特性是入侵者假冒A将激励随机数R_B"反射"给B。包含可区分标识符之所以作为可选项，是因为在不会出现这类攻击的环境中可将标识符省去。

如果使用了单向密钥，该可区分标识符B也可以省去。

图2中：

(1) B向A发送一个随机数R_B，并可选地发送一个文本字段Text1。

(2) A产生并向B发送$Token_{AB}$。

(3) 一旦收到包含$Token_{AB}$的消息，B便将加密部分解密(此时解密意味着满足第4章d)的要求)并检验可区分标识符B(如果有)的正确性以及在步骤(1)中发送给A的随机数R_B是否与$Token_{AB}$中所含的随机数相符，从而验证$Token_{AB}$。

5.2 相互鉴别

相互鉴别是指两个通信实体运用该机制彼此进行鉴别。

5.2.1和5.2.2分别采用5.1.1和5.1.2中描述的两种机制，以实现相互鉴别。这两种情况都要求增加一次传递，从而增加了两个操作步骤。

注：相互鉴别的第三种机制可由5.1.2中规定的机制的两个实例构成，一种由实体A启动，另一种由B启动。

5.2.1 两次传递鉴别

这种鉴别机制中，唯一性和时效性是通过产生并检验时间戳或序号(见GB/T 15843.1—2008中的附录B)来控制的。

鉴别机制如图3所示。

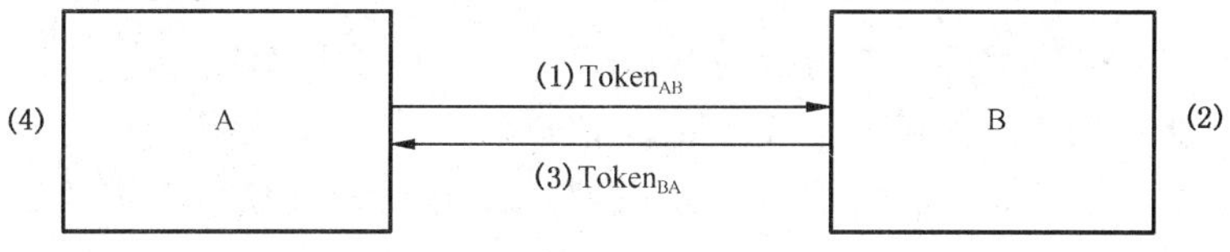

图3 不涉及可信第三方的两次传递相互鉴别机制示意图

由 A 发送给 B 的权标($Token_{AB}$)形式与 5.1.1 规定的相同。

$$Token_{AB} = Text2 \| e_{K_{AB}}(\begin{matrix} T_A \\ N_A \end{matrix} \| B \| Text1)$$

由 B 发送给 A 的权标($Token_{BA}$)形式是:

$$Token_{BA} = Text4 \| e_{K_{AB}}(\begin{matrix} T_B \\ N_B \end{matrix} \| A \| Text3)$$

在 $Token_{AB}$ 中是否包含可区分标识符 B,在 $Token_{BA}$ 中是否包含可区分标识符 A,是分别可选的。

注 1:$Token_{AB}$ 中的可区分标识符 B 是为防止敌手假冒实体 B 对实体 A 重用 $Token_{AB}$。由于同样的原因,Token 包含可区分标识符 A。包含可区分标识符之所以作为可选项,是因为在不会出现这类攻击的环境中可以将其中之一或二者都省去。

如果使用了单向密钥,可区分标识符 A 和 B 也可以省去。

这种机制中,选择使用时间戳还是序号取决于声称方与验证方的技术能力和环境。

图 3 中:步骤(1)和(2)与 5.1.1 中规定的一次传递鉴别相同。

(3) B 产生并向 A 发送 $Token_{BA}$。

(4) 步骤(3)中的消息处理方式与 5.1.1 步骤(2)类似。

注 2:这种机制中两条消息之间除了时效性的隐含关系外没有任何绑定关系;该机制两次独立使用机制 5.1.1,可以通过使用适当的文本字段来进一步绑定这些消息。

如果使用了单向密钥,那么 $Token_{BA}$ 中的密钥 K_{AB} 用密钥 K_{BA} 代替,并且在步骤(4)中使用对应的密钥。

5.2.2 三次传递鉴别

这种鉴别机制中,唯一性和时效性是通过产生并检验随机数(见 GB/T 15843.1—2008 中的附录 B)来控制的。

鉴别机制如图 4 所示。

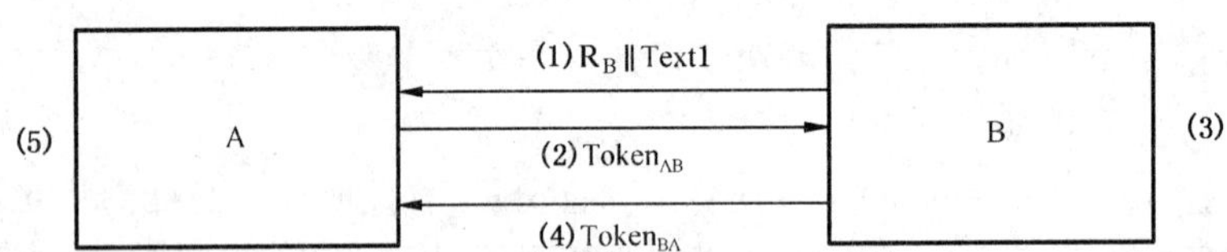

图 4 不涉及可信第三方的三次传递相互鉴别机制示意图

权标形式如下:

$$Token_{AB} = Text3 \| e_{K_{AB}}(R_A \| R_B \| B \| Text2)$$

$$Token_{BA} = Text5 \| e_{K_{AB}}(R_B \| R_A \| Text4)$$

$Token_{AB}$ 中是否包含可区分标识符 B 是可选的。

注:在 $Token_{AB}$ 中包含可区分标识符 B 是为防止所谓的反射攻击,这种攻击的特性是入侵者假冒 A 将激励随机数 R_B"反射"给 B。可区分标识符的包含之所以作为可选项,是因为在不会出现这类攻击的环境中可将标识符省去。

如果使用了单向密钥,该可区分标识符 B 也可以省去。

图 4 中:

(1) B 向 A 发送一个随机数 R_B,并可选地发送一个文本字段 Text1。

(2) A 产生一个随机数 R_A,然后产生 $Token_{AB}$ 并发送给 B。

(3) 一旦收到包含 $Token_{AB}$ 的消息,B 便将加密部分解密(此时解密意味着满足第 4 章 d)的要求)并检验可区分标识符 B(如果有)的正确性以及步骤(1)中发给 A 的随机数 R_B 是否与 $Token_{AB}$ 中含的随机数相符,从而验证 $Token_{AB}$。

(4) B 产生并向 A 发送 $Token_{BA}$。

(5) 一旦收到包含 $Token_{BA}$ 的消息，A 便将加密部分解密(此时解密意味着满足第 4 章 d)的要求)并检验在步骤(1)中来自 B 的随机数 R_B 是否与 $Token_{BA}$ 中的随机数相符以及在步骤(2)中发送给 B 的随机数 R_A 是否与 $Token_{BA}$ 中的随机数相符。

如果使用了单向密钥，那么 $Token_{BA}$ 中的密钥 K_{AB} 用密钥 K_{BA} 代替，并且在步骤(5)中使用对应的密钥。

6 涉及可信第三方的机制

6.0 概述

本章中所述的鉴别机制不是利用两个实体在鉴别过程前共享的秘密密钥，而是利用一个可信第三方(其可区分标识符为 TP)，实体 A 和 B 分别与它共享秘密密钥 K_{AT} 和 K_{BT}。每个机制中，先由一个实体向可信第三方申请密钥 K_{AB}。此后再分别采用 5.2.1 和 5.2.2 中描述的机制。

按照下面的描述，如果只要求单向鉴别，则可省略每个机制中的某些传递。

以下机制中规定的所有文本字段同样适用于本部分范围之外的应用(文本字段可能是空的)。它们的关系和内容取决于具体应用。有关文本字段使用的信息见附录 A。

6.1 四次传递鉴别

在这种相互鉴别机制中，唯一性和时效性是通过使用时变参数(见 GB/T 15843.1—2008 中的附录 B)控制的。本机制与 ISO/IEC 11770-2:1996 中的密钥建立机制 8 等同。

鉴别机制如图 5 所示。

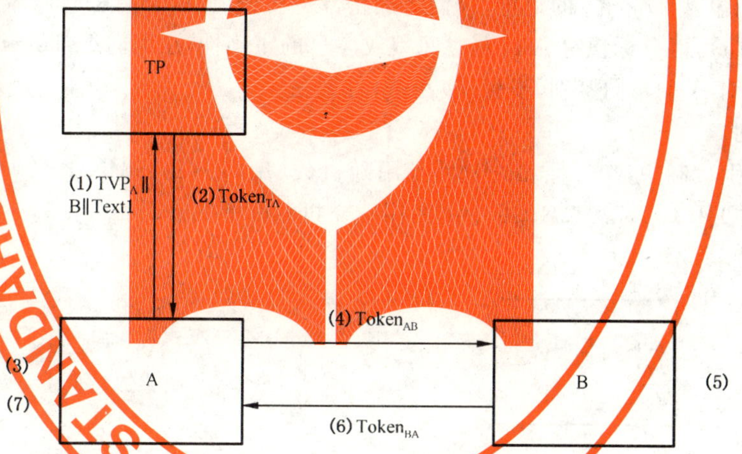

图 5 涉及可信第三方的四次传递相互鉴别机制示意图

由 TP 发送给 A 的权标($Token_{TA}$)形式是：

$$Token_{TA} = Text4 \parallel e_{K_{AT}}(TVP_A \parallel K_{AB} \parallel B \parallel Text3) \parallel e_{K_{BT}}\left(\begin{matrix} T_{TP} \\ N_{TP} \end{matrix} \parallel K_{AB} \parallel A \parallel Text2\right)$$

由 A 发送给 B 的权标($Token_{AB}$)形式是：

$$Token_{AB} = Text6 \parallel e_{K_{BT}}\left(\begin{matrix} T_{TP} \\ N_{TP} \end{matrix} \parallel K_{AB} \parallel A \parallel Text2\right) \parallel e_{K_{AB}}\left(\begin{matrix} T_A \\ N_A \end{matrix} \parallel B \parallel Text5\right)$$

由 B 发送给 A 的权标($Token_{BA}$)形式是：

$$Token_{BA} = Text8 \parallel e_{K_{AB}}\left(\begin{matrix} T_B \\ N_B \end{matrix} \parallel A \parallel Text7\right)$$

在本机制中选择使用时间戳还是序号取决于相关实体的技术能力和环境。

在图 5 的步骤(1)到步骤(3)中规定的时变参数 TVP_A 的使用方法与通常的有所不同，它允许 A 将响应消息(2)与请求消息(1)联系起来。此处时变参数的重要特性是它的不可重复性，以限制先前用过

的 $Token_{TA}$可能被重用。

注：时变参数 TVP_A 可以是一个随机数。但是与本部分中某些机制所使用的随机数不同的是，该随机数对于第三方不必是不可预测的，由此，不重复的计数器值同样适用于产生该随机数。

图 5 中：

(1) A 产生并向可信第三方 TP 发送一个时变参数 TVP_A、可区分标识符 B 以及可选地发送一个文本字段 Text1。

(2) 可信第三方 TP 产生并向 A 发送 $Token_{TA}$。

(3) 一旦收到包含 $Token_{TA}$的消息，A 便将使用 K_{AT} 加密的数据解密(此时加解密意味着满足第 4 章d)的要求)并检验可区分标识符 B 的正确性以及在步骤(1)中发送给 TP 的时变参数是否与 $Token_{TA}$中的时变参数相符，从而验证 $Token_{TA}$。此外，A 提取出秘密鉴别密钥 K_{AB}，然后再从 $Token_{TA}$中取出

$$e_{K_{BT}}(\begin{matrix}T_{TP}\\N_{TP}\end{matrix} \parallel K_{AB} \parallel A \parallel Text2)$$

并以此来构造 $Token_{AB}$。

(4) A 产生并向 B 发送 $Token_{AB}$。

(5) 一旦收到包含 $Token_{AB}$的消息，B 便将加密部分解密(此时加解密意味着满足第 4 章 d)的要求)并检验可区分标识符 A 和 B 以及时间戳或序号的正确性，从而验证 $Token_{AB}$。此外，B 提取出秘密鉴别密钥 K_{AB}。

(6) B 产生并向 A 发送 $Token_{BA}$。

(7) 一旦收到包含 $Token_{BA}$的消息，A 便将加密部分解密(此时加解密意味着满足第 4 章 d)的要求)并检验可区分标识符 A 以及时间戳或序号的正确性，从而验证 $Token_{BA}$。

如果只要求 B 对 A 的单向鉴别，步骤(6)和(7)可省去。

6.2 五次传递鉴别

在这种相互鉴别机制中，唯一性和时效性是用随机数(见 GB/T 15843.1—2008 中的附录 B)来控制的。该机制与 ISO/IEC 11770-2:1996 中的密钥建立机制 9 等同。

鉴别机制如图 6 所示。

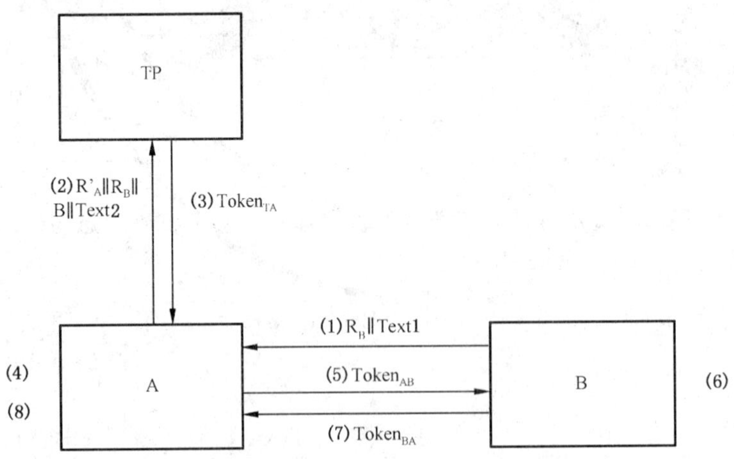

图 6 涉及可信第三方的五次传递相互鉴别机制示意图

TP 发送给 A 的权标($Token_{TA}$)形式是：

$$Token_{TA} = Text5 \parallel e_{K_{AT}}(R'_A \parallel K_{AB} \parallel B \parallel Text4) \parallel e_{K_{BT}}(R_B \parallel K_{AB} \parallel A \parallel Text3)$$

A 发送给 B 的权标($Token_{AB}$)形式是：

$$Token_{AB} = Text7 \parallel e_{K_{BT}}(R_B \parallel K_{AB} \parallel A \parallel Text3) \parallel e_{K_{AB}}(R_A \parallel R_B \parallel Text6)$$

B 发送给 A 的权标($Token_{BA}$)形式是:

$$Token_{BA} = Text9 \parallel e_{K_{AB}}(R_B \parallel R_A \parallel Text8)$$

图 6 中:

(1) B 产生并向 A 发送一个随机数 R_B,并可选地发送一个文本字段 Text1。

(2) A 产生 R'_A,并向可信第三方 TP 发送随机数 R_B 和 R'_A、可区分标识符 B 以及可选地发送一个文本字段 Text2。

(3) 可信第三方 TP 产生并向 A 发送 $Token_{TA}$。

(4) 一旦收到包含 $Token_{TA}$ 的消息,A 便将使用 K_{AT} 加密的数据解密(此时加解密意味着满足第 4 章 d)的要求)并检验可区分标识符 B 的正确性以及在步骤(2)中发给 TP 的随机数 R'_A 是否与 $Token_{TA}$ 中的随机数相符,从而验证 $Token_{TA}$。此外,A 提取出秘密鉴别密钥 K_{AB},然后再从 $Token_{TB}$ 中取出

$$e_{K_{BT}}(R_B \parallel K_{AB} \parallel A \parallel Text3)$$

以此来构造 $Token_{AB}$。

(5) A 产生第二个随机数 R_A,然后产生并向 B 发送 $Token_{AB}$。

(6) 一旦收到包含 $Token_{AB}$ 的消息,B 便将加密部分解密(此时加解密意味着满足第 4 章 d)的要求)并检验可区分标识符 A 的正确性以及在步骤(1)中发给 A 的随机数 R_B 是否与 $Token_{AB}$ 中的该随机数的两个副本相符,从而验证 $Token_{AB}$。此外,B 还提取出秘密鉴别密钥 K_{AB}。

(7) B 产生并向 A 发送 $Token_{BA}$。

(8) 一旦收到包含 $Token_{BA}$ 的消息,A 便将加密部分解密(此时加解密意味着满足第 4 章 d)的要求)并检验在步骤(1)从 B 收到的随机数 R_B 是否与 $Token_{BA}$ 中包含的那个随机数相符,以及在步骤(5)中发送给 B 的随机数 R_A 是否与 $Token_{BA}$ 中包含的那个随机数相符。

如果只要求 B 对 A 的单向鉴别,步骤(7)和(8)可以省去。

附　录　A
（资料性附录）
文本字段的使用

本部分的第5章和第6章规定的权标包含了文本字段。在给定传递中不同文本字段的实际使用及各文本字段间的关系取决于具体应用。以下给出一些实例，也可以参考GB/T 15843.1—2008的附录。

如果权标不包含（足够的）冗余，已加密的文本字段可用于提供附加冗余。

要求保密性或数据源鉴别的任何信息都应放在该权标的加密部分。

参 考 文 献

[1] GB 15852—1995 信息技术 安全技术 用块密码算法作密码校验函数的数据完整性机制(idt ISO/IEC 9797:1994)

[2] GB/T 18238.1—2000 信息技术 安全技术 散列函数 第1部分:概述(idt ISO/IEC 10118-1:1994)

[3] GB/T 18238.2—2002 信息技术 安全技术 散列函数 第2部分:采用n位块密码的散列函数(idt ISO/IEC FDIS 10118-2:2000)

ICS 35.040
L 80

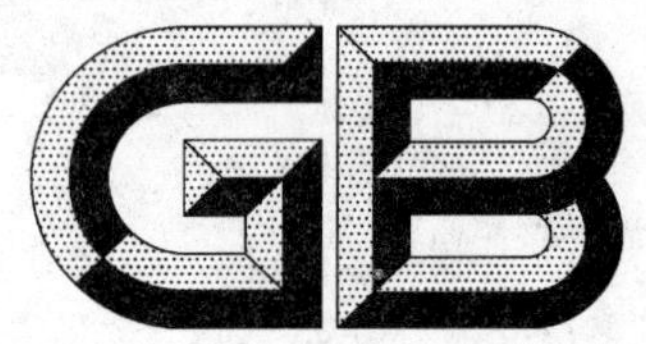

中华人民共和国国家标准

GB/T 15843.3—2008/ISO/IEC 9798-3:1998
代替 GB/T 15843.3—1998

信息技术 安全技术 实体鉴别 第3部分:采用数字签名技术的机制

Information technology—Security techniques—Entity authentication—Part 3:Mechanisms using digital signature techniques

(ISO/IEC 9798-3:1998,IDT)

2008-06-19 发布 2008-11-01 实施

中华人民共和国国家质量监督检验检疫总局
中国国家标准化管理委员会 发布

前　言

GB/T 15843《信息技术　安全技术　实体鉴别》分为五个部分：

——第1部分：概述

——第2部分：采用对称加密算法的机制

——第3部分：采用数字签名技术的机制

——第4部分：采用密码校验函数的机制

——第5部分：采用零知识技术的机制

可能还会增加其他后续部分。

本部分为GB/T 15843的第3部分，等同采用ISO/IEC 9798-3：1998《信息技术　安全技术　实体鉴别　第3部分：采用数字签名技术的机制》，仅有编辑性修改。

本部分代替GB/T 15843.3—1998《信息技术　安全技术　实体鉴别　第3部分：用非对称签名技术的机制》。本部分与GB 15843.3—1998相比，主要变化如下：

——本部分修改了名称。

——本部分根据GB/T 15843.1的修订，更改了部分术语。

——本部分删除了ISO/IEC前言，并增加了引言。

本部分的附录A为资料性附录。

本部分由全国信息安全标准化技术委员会提出并归口。

本部分主要起草单位：中国科学院数据与通信保护研究教育中心（信息安全国家重点实验室）。

本部分主要起草人：荆继武、王平建、夏鲁宁、高能、向继。

本部分所代替标准的历次发布情况为：

——GB/T 15843.3—1998。

引　　言

本部分等同采用国际标准 ISO/IEC 9798-3:1998，它是由 ISO/IEC 联合技术委员会 JTC1（信息技术）的分委员会 SC27（IT 安全技术）起草的。

本部分定义了采用数字签名技术的实体鉴别机制，分为单向鉴别和相互鉴别两种。其中单向鉴别按照消息传递的次数，又分为一次传递鉴别和两次传递鉴别；相互鉴别根据消息传递的次数，分为两次传递鉴别、三次传递鉴别和两次传递并行鉴别。

由于签名所使用的证书的分发方式超出本部分范围，证书的发送在所有的机制中是可选的。

本部分凡涉及密码算法的相关内容，按国家有关法规实施。

信息技术 安全技术 实体鉴别 第3部分:采用数字签名技术的机制

1 范围

本部分规定了采用数字签名技术的实体鉴别机制。有两种鉴别机制是单个实体的鉴别(单向鉴别),其余的是两个实体的相互鉴别机制。

本部分中规定的机制采用诸如时间戳、序号或随机数等时变参数,防止先前有效的鉴别信息以后又被接受或者被多次接受。

如果采用时间戳或序号,则单向鉴别只需一次传递,而相互鉴别则需两次传递。如果采用使用随机数的激励—响应方法,单向鉴别需两次传递,相互鉴别则需三次或四次传递(依赖于所采用的机制)。

2 规范性引用文件

下列文件中的条款通过本部分的引用而成为本部分的条款。凡是注明日期的引用文件,其随后所有的修改单(不包括勘误的内容)或修订版均不适用于本部分,然而,鼓励根据本部分达成协议的各方研究是否可使用这些文件的最新版本。凡是不注日期的引用文件,其最新版本适用于本部分。

GB/T 15843.1—2008 信息技术 安全技术 实体鉴别 第1部分:概述(ISO/IEC 9798-1:1997,IDT)

GB 15851—1995 信息技术 安全技术 带消息恢复的数字签名方案(idt ISO/IEC 9796:1991)

3 术语、定义和符号

GB/T 15843.1—2008 中确立的术语、定义和符号适用于本部分。

4 要求

本部分规定的鉴别机制中,待鉴别的实体通过表明它拥有某个私有签名密钥来证实其身份。这要由实体使用其私有签名密钥对特定数据签名来完成。该签名能够由使用该实体的公开验证密钥的任何实体来验证。

鉴别机制有下述要求:

a) 验证方应拥有声称方的有效公开密钥;

b) 声称方应拥有仅由声称方自己知道的私有签名密钥。

若这两条要求中的任何一条没有得到满足,则鉴别过程会被攻击,或者不能成功完成。

注1:获得有效公开密钥的一种途径是用证书方式(见 GB/T 15843.1—2008 的附录 C)。证书的产生、分发和撤销都超出了本部分的范围。为了以证书形式获取有效公开密钥,可以引入可信第三方。另一种获得有效公开密钥的途径是利用可信的信使。

注2:有关数字签名方案的参考文献在 GB/T 15843.1—2008 的参考文献中有描述。

5 机制

5.0 概述

本部分规定的实体鉴别机制使用了时变参数,如时间戳、序号或随机数(见 GB/T 15843.1—2008 的附录 B 和下面的注 1)。

本部分中,权标的形式如下:

$$Token = X_1 \parallel \cdots \parallel X_i \parallel s_{S_A}(Y_1 \parallel \cdots \parallel Y_j)。$$

本部分中，“签名数据”指的是“$Y_1 \parallel \cdots \parallel Y_j$”，它用作数字签名方案的输入，而“未签名数据”指的是“$X_1 \parallel \cdots \parallel X_i$”。

若权标签名数据所含信息能从签名中恢复，则它不需要包含在权标的未签名数据中(见GB 15851—1995)。

若权标签名数据的文本字段所含信息不能从签名中恢复，则它应该包含在权标的未签名文本字段中。

若在权标的签名数据中的信息(如验证方产生的随机数)对于验证方是已知的，则它不必包含在声称方所发送的权标未签名数据中。

以下机制中规定的所有文本字段同样适用于本部分范围之外的应用(文本字段可能是空的)。它们的关系和内容取决于具体应用。有关文本字段使用的信息参见附录A。

注1：为了防止一个实体对其签名的数据块是由第二个实体蓄意构造的，第一个实体可在其签名的数据块中包含它自己的随机数。在这种情况下，随机数的加入使得签名值具有了不可预测性，从而防止了对预定义数据的签名。

注2：由于证书的分发超出了本部分的范围，证书的发送在所有的机制中是可选的。

5.1 单向鉴别

单向鉴别是指使用该机制时两个实体中只有一方被鉴别。

5.1.1 一次传递鉴别

这种鉴别机制中，声称方A启动过程并由验证方B对他进行鉴别。唯一性和时效性是通过产生并检验时间戳或序号(见GB/T 15843.1—2008的附录B)来控制的。

鉴别机制如图1所示。

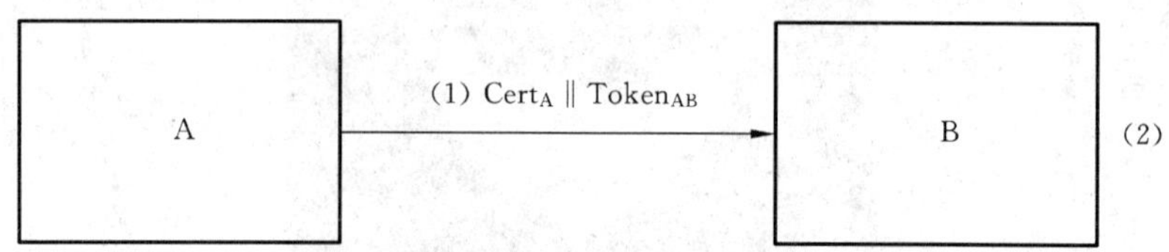

图1 一次传递单向鉴别机制示意图

声称方A发送给验证方B的权标($Token_{AB}$)形式是：

$$Token_{AB} = \frac{T_A}{N_A} \parallel B \parallel Text2 \parallel s_{S_A}(\frac{T_A}{N_A} \parallel B \parallel Text1)$$

此处声称方A用序号 N_A 或时间戳 T_A 作为时变参数。具体选用哪一个取决于声称方与验证方的能力以及环境。

注1：为了防止预期的验证方之外的任何实体接受权标，在 $Token_{AB}$ 的签名数据中必须包含标识符B。

注2：在一般情况下，Text2不由这个过程鉴别。

注3：这种机制的一种可能的应用是密钥分发(见GB/T 15843.1—2008的附录A)。

(1) A发送 $Token_{AB}$ 给B。是否发送A的证书是可选的。

(2) 在接收到含有 $Token_{AB}$ 的消息时，B执行下列步骤：

(i) 通过验证A的证书或者用其他方式确保拥有A的有效公开密钥；

(ii) 通过检验包含在权标中的A的签名，检验时间戳或序号，以及检验 $Token_{AB}$ 签名数据中标识符字段(B)的值是否等于实体B的可区分标识符来验证 $Token_{AB}$。

5.1.2 两次传递鉴别

在这种鉴别机制中，验证方B启动此过程并对声称方A进行鉴别。唯一性和时效性是通过产生并检验随机数 R_B(见GB/T 15843.1—2008的附录B)来控制的。

鉴别机制如图2所示。

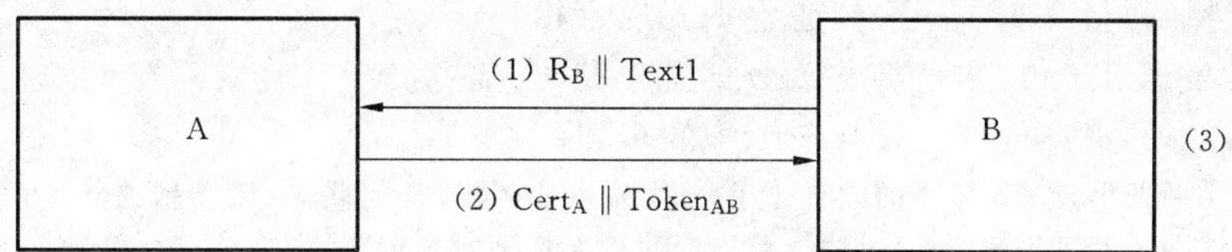

图 2　两次传递单向鉴别机制示意图

由声称方 A 发送给验证方 B 的权标($Token_{AB}$)形式是：

$$Token_{AB} = R_A \parallel R_B \parallel B \parallel Text3 \parallel s_{S_A}(R_A \parallel R_B \parallel B \parallel Text2)$$

在 $Token_{AB}$ 中是否包含可区分标识符 B 是可选的，是否使用依赖于鉴别机制的应用环境。

注 1：在 $Token_{AB}$ 的签名数据中可选地包含可区分标识符 B 是为了防止信息被预期的验证方之外的实体所接受(例如，发生中间人攻击时)。

注 2：在 $Token_{AB}$ 的签名数据中包含随机数 R_A 可以防止 B 在鉴别机制启动之前获得 A 对由 B 选择的数据的签名。这种保护方法是需要的，例如当 A 为了实体鉴别之外的其他目的使用同一密钥时。

(1)　B 向 A 发送随机数 R_B，并可选地发送一个文本字段 Text1。

(2)　A 产生并向 B 发送 $Token_{AB}$，并可选地发送 A 的证书。

(3)　一旦收到包含 $Token_{AB}$ 的消息，B 就执行下列步骤：

(i)　通过验证 A 的证书或者用其他方式确保拥有 A 的有效公开密钥。

(ii)　通过以下方式验证 $Token_{AB}$：检验权标中所含的 A 的数字签名；检验步骤(1)中发送给 A 的随机数 R_B 是否与包含在 $Token_{AB}$ 签名数据中的随机数相符；检验 $Token_{AB}$ 的签名数据中的标识符字段(B)的值(如果有)，它应等于 B 的可区分标识符。

5.2　相互鉴别

相互鉴别是指两个通信实体运用该机制彼此进行鉴别。

在 5.2.1 和 5.2.2 中，5.1.1 和 5.1.2 中描述的两种机制被扩展以实现相互鉴别。这种扩展增加了一条消息传递，从而增加了两个操作步骤。

5.2.3 中规定的步骤用了四个消息，但是，这些消息不需要依次的发送。这样，鉴别过程可以加快。

5.2.1　两次传递鉴别

这种鉴别机制中，唯一性和时效性是通过产生并检验时间戳或序号(见 GB/T 15843.1—2008 的附录 B)来控制的。

鉴别机制如图 3 所示。

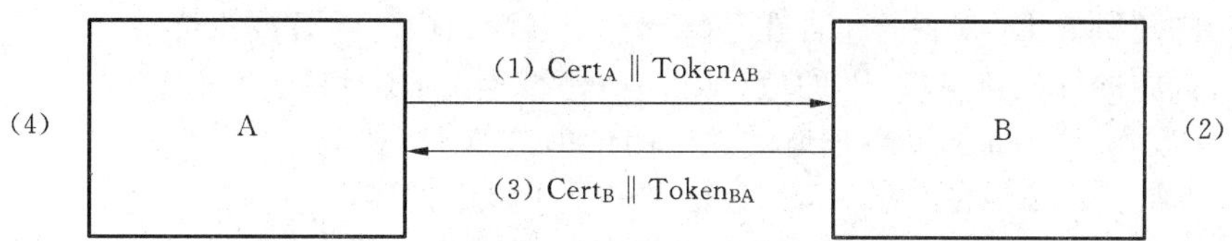

图 3　两次传递相互鉴别机制示意图

由 A 发送给 B 的权标($Token_{AB}$)形式与 5.1.1 所规定的相同。

$$Token_{AB} = \frac{T_A}{N_A} \parallel B \parallel Text2 \parallel s_{S_A}(\frac{T_A}{N_A} \parallel B \parallel Text1)$$

由 B 发送给 A 的权标($Token_{BA}$)形式为：

$$Token_{BA} = \frac{T_B}{N_B} \parallel A \parallel Text4 \parallel s_{S_B}(\frac{T_B}{N_B} \parallel A \parallel Text3)$$

此处声称方 A 用序号 N_A 或时间戳 T_A 作为时变参数。具体选用哪一个取决于声称方与验证方的能力以及环境。

注 1：在 $Token_{AB}$ 和 $Token_{AB}$ 的签名数据中包含标识符 A 和标识符 B 是必要的，这可以防止权标被预期的验证方之外的实体所接受。

步骤(1)和步骤(2)与5.1.1一次传递鉴别的规定相同。

(3) B向A发送$Token_{BA}$,是否发送B的证书是可选的。

(4) 步骤(3)中的消息处理方式与5.1.1的步骤(2)类似。

注2:这种机制中两条消息之间除了时效性上有隐含关系外,没有任何联系;该机制独立地两次使用机制5.1.1。如果希望这两条消息进一步发生联系,可适当使用文本字段来实现。

5.2.2 三次传递鉴别

在这种机制中,唯一性和时效性是通过产生并检验随机数(见GB/T 15843.1—2008的附录B)来控制的。

鉴别机制如图4所示。

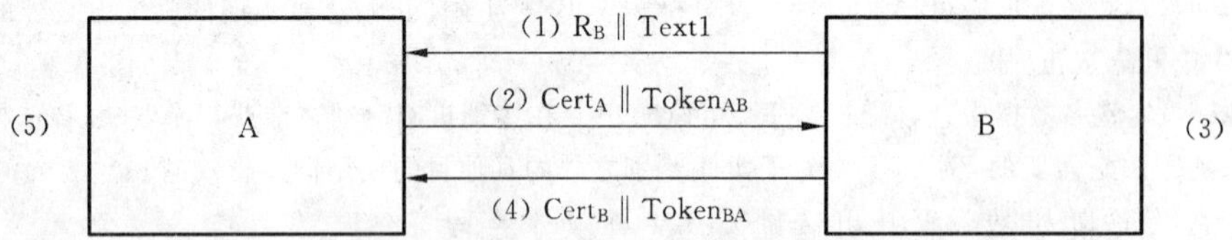

图4 三次传递相互鉴别机制示意图

权标形式如下:

$$Token_{AB} = R_A \parallel R_B \parallel B \parallel Text3 \parallel s_{S_A}(R_A \parallel R_B \parallel B \parallel Text2)$$

$$Token_{BA} = R_B \parallel R_A \parallel A \parallel Text5 \parallel s_{S_B}(R_B \parallel R_A \parallel A \parallel Text4)$$

$Token_{AB}$中是否包含标识符B,以及$Token_{BA}$中是否包含标识符A,都是可选的。这依赖于鉴别机制的应用环境。

注:在$Token_{AB}$的签名数据中包含随机数R_A可以防止B在鉴别机制启动之前获得A对由B选择的数据的签名。这种保护手段是需要的,例如当A为了实体鉴别之外的其他目的使用同一密钥时。在$Token_{BA}$中包含R_B也是需要的,它指示A应检查其值是否与第一条消息中发送的值相同,但是在$Token_{BA}$中包含R_B可能不会提供类似于上述的在$Token_{AB}$中包含R_A所实现的保护,因为在产生R_A之前A已经知道了R_B。如果确实需要实行这类保护,B可以在文本字段Text4和Text5之间插入另外一个随机数R_B'。

(1) B向A发送一个随机数R_B,并可选地发送一个文本字段Text1。

(2) A向B发送随机数权标$Token_{AB}$,并可选地发送它的证书给B。

(3) 收到包含$Token_{AB}$的消息后,B执行下列步骤:

(i) 通过检验A的证书或者用别的方式确保拥有A的有效公开密钥;

(ii) 通过以下方式验证$Token_{AB}$:检验包含在权标中的A的签名;检验步骤(1)中发送给A的随机数R_B是否与包含在$Token_{AB}$签名数据中的随机数相符;检验$Token_{AB}$的签名数据中的标识符字段(B)的值(如果有)是否等于B的可区分标识符。

(4) B向A发送$Token_{BA}$,并可选地发送它的证书给A。

(5) 收到包含$Token_{BA}$的消息后,A类似地执行(3)中的步骤(i)和(ii)。此外,A检验包含在$Token_{BA}$签名数据中的随机数R_B是否与步骤(1)中所接收的随机数相符。

5.2.3 两次传递并行鉴别

在这种机制中,鉴别是并行实行的,唯一性和时效性用产生和检验随机数来控制(见GB/T 15843.1—2008的附录B)。

鉴别机制如图5所示。

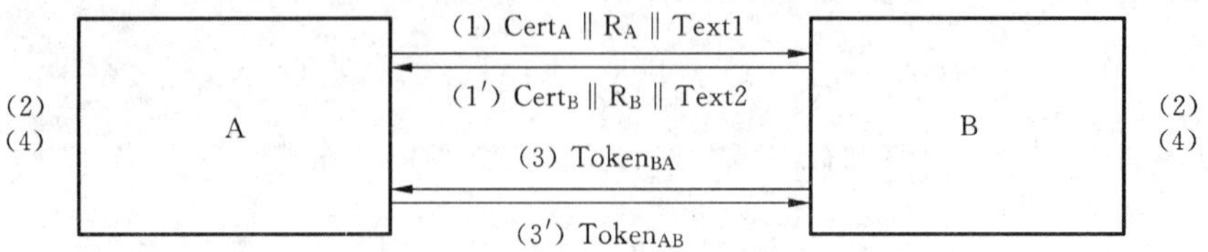

图5 两次传递并行相互鉴别机制示意图

权标的形式与5.1.2中类似：

$$Token_{AB} = R_A \| R_B \| B \| Text4 \| s_{S_A}(R_A \| R_B \| B \| Text3)$$

$$Token_{BA} = R_B \| R_A \| A \| Text6 \| s_{S_B}(R_B \| R_A \| A \| Text5)$$

$Token_{AB}$中是否包含标识符B，以及$Token_{BA}$中是否包含标识符A，都是可选的。这依赖于鉴别机制的应用环境。

注1：随机数R_A应包含在$Token_{AB}$中，以防止B在鉴别机制启动之前获得A对由B选择的数据的签名。这种保护手段是需要的，例如当A为了实体鉴别之外的其他目的使用同一密钥时。出于类似的理由，$Token_{BA}$中也包含随机数R_B。依赖于步骤(1)和步骤(1′)中发送的消息到达接收端的相对时差，当一方选择随机数时，可能会已经知道了另一方的随机数。如果不希望如此，则双方可以分别在$Token_{AB}$的Text3和Text4之间以及$Token_{BA}$的Text5和Text6之间插入另一个随机数R_A'和R_B'。

(1)　A向B发送R_A，并可选地发送它的证书和一个文本字段Text1。

(1′)　B向A发送R_B，并可选地发送它的证书和一个文本字段Text2。

(2)　A和B通过各自验证对方的证书或其他的方式，确保它们拥有对方的有效公开密钥。

(3)　A向B发送$Token_{AB}$。

(3′)　B向A发送$Token_{BA}$。

(4)　A和B执行下列步骤：

它们各自验证所接收到的权标，验证方式是检查权标的签名，并检查权标中的随机数是否与它们先前发送给对方的随机数相符。

注2：5.2.3中的机制的一种替代方案是将5.1.2的机制双向运行。在5.2.3中的机制的第一个消息中包含证书将允许更早的验证证书，因而能够加速鉴别的过程。

附 录 A
（资料性附录）
文本字段的使用

本部分第5章规定的权标包括了文本字段。在一次给定传递中不同文本字段的实际用途及各文本字段间的关系取决于具体应用。下面给出一些例子，也可参见GB/T 15843.1—2008的附录A。

若使用了没有消息恢复的数字签名方案，并且签名的文本字段不是空的，则验证方在检验签名之前要拥有文本。在本附录中，“签名文本字段”指签名数据中的文本字段，而“未签名文本字段”指未签名数据中的文本字段。

例如，若使用不带消息恢复的数字签名方案，任何需要进行数据起源鉴别的信息都应放到权标的签名文本字段和（作为一部分放到）未签名文本字段中。

若权标未含有（足够的）冗余，签名文本字段可以用来提供额外的冗余。

签名文本字段可以用来指示，权标只有用于实体鉴别目的时才是有效的。还应注意，一个实体可能会蓄意地企图选择一个“退化”的值来让另一个实体签名。为防范这种可能性，另一实体可以在文本字段中引入一个随机数。

假如使用某种算法时，某个声称方对所有与之通信的验证方都使用同一密钥，那么将可能发生潜在的攻击。若认为这种潜在的攻击是一个威胁，则需要在签名文本字段和（若必要）未签名文本字段中，包含预期的验证方的身份。

未签名文本字段也可以用于向验证方提供信息，以指明声称方正在声称（但尚未被鉴别）的身份。若不用证书方式来分发公开密钥，则要求使用这种信息让验证方确定用哪个公开密钥来鉴别声称方。

ICS 35.040
L 80

中华人民共和国国家标准

GB/T 15843.4—2008/ISO/IEC 9798-4:1999
代替 GB/T 15843.4—1999

信息技术 安全技术 实体鉴别 第4部分:采用密码校验函数的机制

Information technology—Security techniques—Entity authentication—Part 4:Mechanisms using a cryptographic check function

(ISO/IEC 9798-4:1999,IDT)

2008-06-19 发布 2008-11-01 实施

中华人民共和国国家质量监督检验检疫总局
中国国家标准化管理委员会 发布

前　言

GB/T 15843《信息技术　安全技术　实体鉴别》分为五个部分：

——第1部分：概述

——第2部分：采用对称加密算法的机制

——第3部分：采用数字签名技术的机制

——第4部分：采用密码校验函数的机制

——第5部分：采用零知识技术的机制

以后还可能增加其他后续部分。

本部分为GB/T 15843的第4部分，等同采用ISO/IEC 9798-4:1999《信息技术　安全技术　实体鉴别　第4部分：采用密码校验函数的机制》，仅有编辑性修改。

本部分代替GB/T 15843.4—1999《信息技术　安全技术　实体鉴别　第4部分：采用密码校验函数的机制》。本部分与GB/T 15843.4—1999相比，主要变化如下：

——本部分删除了ISO/IEC前言，并增加了引言。

——本部分根据GB/T 15843.1的修订，更改部分术语。

——本部分为与ISO/IEC 9798-4:1999一致，删除了GB/T 15843.4—1999中的3.1,3.2,3.3。

——本部分删除了GB/T 15843.4—1999的附录B、附录C、附录D，而统一使用GB/T 15843.1的附录B、附录C和参考文献。

本部分的附录A为资料性附录。

本部分由全国信息安全标准化技术委员会提出并归口。

本部分主要起草单位：中国科学院数据与通信保护研究教育中心（信息安全国家重点实验室）。

本部分主要起草人：荆继武、吕春利、夏鲁宁、高能、向继。

本部分所代替标准的历次发布情况为：

——GB/T 15843.4—1999。

引　言

本部分等同采用国际标准 ISO/IEC 9798-4:1999,它是由 ISO/IEC 联合技术委员会 JTC 1(信息技术)的分委员会 SC 27(IT 安全技术)起草的。

本部分定义了采用密码校验函数的实体鉴别机制,分为单向鉴别和相互鉴别两种。其中单向鉴别按照消息传递的次数,又分为一次传递鉴别和两次传递鉴别;相互鉴别根据消息传递的次数,分为两次传递鉴别和三次传递鉴别。

有关密码校验函数的例子,见 GB 15852。

本部分凡涉及密码算法的相关内容,按国家有关法规实施。

信息技术　安全技术　实体鉴别
第4部分:采用密码校验函数的机制

1　范围

本部分规定了采用密码校验函数的实体鉴别机制。其中有两种是单个实体的鉴别(单向鉴别),其余的是两个实体的相互鉴别。

本部分中规定的机制采用诸如时间戳、序号或随机数等时变参数,防止先前有效的鉴别信息以后又被接受或者被多次接受。

如果采用时间戳或序号,对于单向鉴别只需一次传递,而相互鉴别则需两次传递。如果采用使用随机数的激励—响应方法,单向鉴别需两次传递,相互鉴别则需三次传递。

密码校验函数的例子见GB 15852。

2　规范性引用文件

下列文件中的条款通过本部分的引用而成为本部分的条款。凡是注明日期的引用文件,其随后所有的修改单(不包括勘误的内容)或修订版均不适用于本部分,然而,鼓励根据本部分达成协议的各方研究是否可使用这些文件的最新版本。凡是不注日期的引用文件,其最新版本适用于本部分。

GB/T 15843.1—2008　信息技术　安全技术　实体鉴别　第1部分:概述(ISO/IEC 9798-1:1997,IDT)

GB 15852—1995　信息技术　安全技术　用块密码算法作密码校验函数的数据完整性机制(idt ISO/IEC 9797:1994)

3　术语、定义和符号

GB/T 15843.1—2008中确立的术语、定义和符号适用于本部分。

4　要求

本部分规定的鉴别机制中,待鉴别的实体通过表明它拥有某个秘密鉴别密钥来证实其身份。这可由该实体使用其秘密鉴别密钥和密码校验函数对指定数据计算密码校验值来实现。密码校验值可由拥有该实体的秘密鉴别密钥的任何其他实体来校验,其他实体能重新计算密码校验值并与所收到的值进行比较。

这些鉴别机制有下述要求,如果其中任何一条没有得到满足,则鉴别过程会被攻击,或者不能成功完成:

a) 向验证方证实其身份的声称方与该验证方共享一个秘密鉴别密钥。在正式启动鉴别机制之前,此密钥应为有关各方所知道。向各个实体分发密钥的方法不属本部分的范围。
b) 声称方和验证方共享的秘密鉴别密钥应仅为这两个实体,以及双方都信任的其他实体所知。
c) 机制的安全强度依赖于密钥的长度和安全性、密码校验函数的特性,以及密码校验值的长度。这些参数应被仔细选取以满足既定的安全级别,参数选取和安全级别可能在安全策略中有明确规定。

5　机制

5.0　概述

这些鉴别机制中,实体A和B在启动鉴别机制之前应共享一个秘密密钥K_{AB}或两个单向秘密密钥

K_{AB}和 K_{BA}。在后一种情况下，单向秘密密钥 K_{AB}和 K_{BA}分别用于由 B 对 A 进行鉴别和由 A 对 B 进行鉴别。

这些机制要求使用诸如时间戳、序号或随机数等时变参数。这些参数的特性，尤其是它们很难在鉴别密钥生命周期内重复使用的特性，对于这些机制的安全性是十分重要的。详细信息见 GB/T 15843.1—2008 的附录 B。

以下机制中规定的所有文本字段同样适用于本部分范围之外的应用(文本字段可能是空的)。它们的关系和内容取决于具体应用。有关文本字段使用的信息参见附录 A。

如果验证方能够独立确定文本字段，例如：文本字段被提前知道，或以明文的方式发送，或可从两个源中的一个或两个推导出来，则文本字段可以只包括在密码校验函数的输入中。

5.1 单向鉴别

单向鉴别是指使用该机制时两个实体中只有一方被鉴别。

5.1.1 一次传递鉴别

这种鉴别机制中，声称方 A 启动此过程并由验证方 B 对它进行鉴别。唯一性和时效性是通过产生并检验时间戳或序号(见 GB/T 15843.1—2008 的附录 B)来控制的。

鉴别机制如图 1 所示。

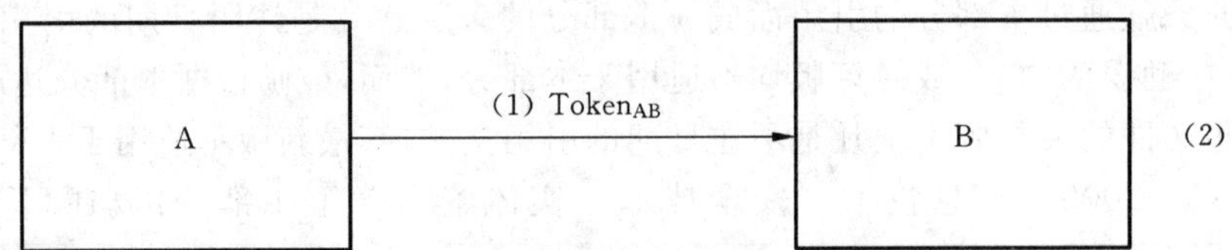

图 1 一次传递单向鉴别机制示意图

声称方 A 发送给验证方 B 的权标($Token_{AB}$)形式是：

$$Token_{AB}=\frac{T_A}{N_A}\parallel Text2\parallel f_{K_{AB}}(\frac{T_A}{N_A}\parallel B\parallel Text1)$$

此处声称方使用序号 N_A 或时间戳 T_A 作为时变参数。具体选用哪一个取决于声称方与验证方的能力以及环境。根据 GB/T 15843.1—2008 中的定义，$f_K(X)$表示使用密码校验函数 f 和密钥 K 对数据 X 计算的密码校验值。

$Token_{AB}$中是否包含可区分标识符 B 是可选的。

注：在 $Token_{AB}$中包含可区分标识符 B 是为了防止敌手假冒实体 B 来对实体 A 重用 $Token_{AB}$。包含可区分标识符 B 之所以作为可选项，是因为在不会出现这类攻击的环境中可将标识符 B 省去。

如果使用单向密钥，那么可区分标识符 B 也可省去。

(1) A 产生并向 B 发送 $Token_{AB}$。

(2) 一旦收到包含 $Token_{AB}$的消息，B 就检验时间戳或序号，计算

$$f_{K_{AB}}(\frac{T_A}{N_A}\parallel B\parallel Text1)$$

且将其与权标的密码校验值进行比较，并验证可区分标识符 B(如果有)以及时间戳或序号的正确性，从而验证 $Token_{AB}$。

5.1.2 两次传递鉴别

在这种鉴别机制中，验证方 B 启动此过程并对声称方 A 进行鉴别。唯一性和时效性是通过产生并检验随机数 R_B(见 GB/T 15843.1—2008 的附录 B)来控制的。

鉴别机制如图 2 所示。

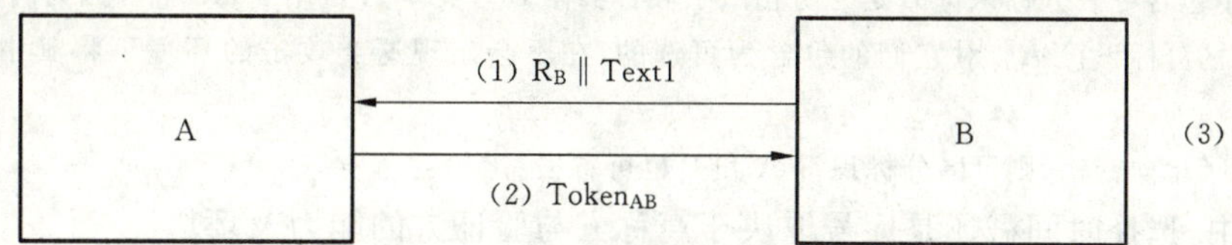

图 2　两次传递单向鉴别机制示意图

由声称方 A 发送给验证方 B 的权标($Token_{AB}$)形式是：

$$Token_{AB} = Text3 \parallel f_{K_{AB}}(R_B \parallel B \parallel Text2)$$

在 $Token_{AB}$ 中是否包含可区分标识符 B 是可选的。

注：在 $Token_{AB}$ 中包含可区分标识符 B 是为了防止所谓的反射攻击。这种攻击的特性是入侵者假冒 A 将激励随机数 R_B 反射给 B。包含可区分标识符 B 之所以作为可选项，是因为在不会出现这类攻击的环境中可将标识符 B 省去。

如果使用了单向密钥，则可区分标识符 B 也可省去。

(1)　B 产生并向 A 发送一个随机数 R_B，并可选地发送一个文本字段 Text1。

(2)　A 产生并向 B 发送 $Token_{AB}$。

(3)　一旦收到包含 $Token_{AB}$ 的消息，B 就计算

$$f_{K_{AB}}(R_B \parallel B \parallel Text2)$$

且将其与权标的密码校验值进行比较，并验证可区分标识符 B(如果有)的正确性以及在步骤(1)中发送给 A 的随机数 R_B 是否与 $Token_{AB}$ 中所含的随机数相符，从而验证 $Token_{AB}$。

5.2　相互鉴别

相互鉴别是指两个通信实体运用该机制彼此进行鉴别。

5.2.1 和 5.2.2 分别采用 5.1.1 和 5.1.2 中描述的两种机制以实现相互鉴别。这两种情况都要求增加一次传递，从而增加了两个操作步骤。

注：相互鉴别的第三种机制可由 5.1.2 中规定的机制的两个实例构成，一种由实体 A 启动，另一种由 B 启动。

5.2.1　两次传递鉴别

这种鉴别机制中，唯一性和时效性是通过产生并检验时间戳或序号(见 GB/T 15843.1—2008 的附录 B)来控制的。

鉴别机制如图 3 所示。

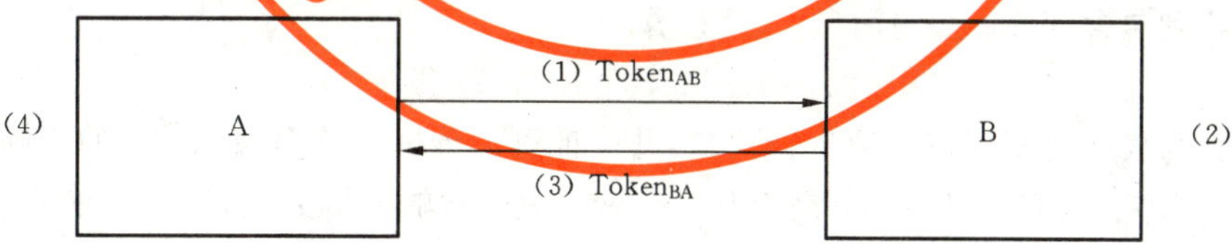

图 3　两次传递相互鉴别机制示意图

由 A 发送给 B 的权标($Token_{AB}$)形式与 5.1.1 所规定的相同。

$$Token_{AB} = \frac{T_A}{N_A} \parallel Text2 \parallel f_{K_{AB}}(\frac{T_A}{N_A} \parallel B \parallel Text1)$$

由 B 发送给 A 的权标($Token_{BA}$)形式为：

$$Token_{BA} = \frac{T_B}{N_B} \parallel Text4 \parallel f_{K_{AB}}(\frac{T_B}{N_B} \parallel A \parallel Text3)$$

在 $Token_{AB}$ 中是否包含可区分标识符 B，在 $Token_{BA}$ 中是否包含可区分标识符 A 都是可选的。

注 1：$Token_{AB}$中包含可区分标识符 B 是为防止敌手假冒实体 B 对实体 A 重用 $Token_{AB}$。因为同样的原因 $Token_{BA}$中包含可区分标识符 A。对它们的包含为可选的，在不会出现这类攻击的环境下将其中之一或二者都可省去。

如果使用了单向密钥，则可区分标识符 A 和 B 也可省去。

在这种机制中，选择时间戳还是序号取决于声称方与验证方的能力及环境。

步骤(1)和步骤(2)与 5.1.1 一次传递鉴别的规定相同。

(3) B 产生并向 A 发送 $Token_{BA}$。

(4) 步骤(3)中的消息处理方式与 5.1.1 的步骤(2)类似。

注 2：这种机制中两条消息之间除了时效性上有隐含关系外，没有任何联系；该机制独立地两次使用机制 5.1.1。如果希望这两条消息进一步发生联系，可适当使用文本字段(见附录 A)来实现。

如果使用单向密钥，那么 $Token_{BA}$中的密钥 K_{AB}用单向密钥 K_{BA}代替并在步骤(4)使用相应的密钥。

5.2.2 三次传递鉴别

这种相互鉴别机制中，唯一性和时效性是通过产生并检验随机数(见 GB/T 15843.1—2008 的附录 B)来控制的。

鉴别机制如图 4 所示。

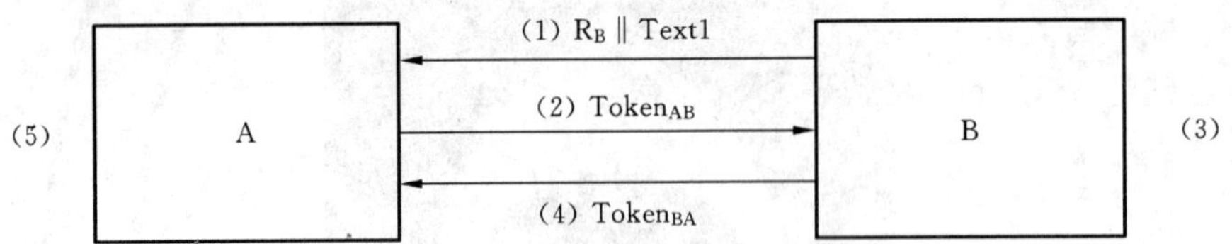

图 4 三次传递相互鉴别机制示意图

权标形式如下：

$$Token_{AB} = R_A \| Text3 \| f_{K_{AB}}(R_A \| R_B \| B \| Text2)$$

$$Token_{BA} = Text5 \| f_{K_{AB}}(R_B \| R_A \| Text4)$$

$Token_{AB}$中是否包含可区分标识符 B 是可选的。

注：$Token_{AB}$中包含可区分标识符 B 是为了防止所谓的反射攻击。这种攻击的特性是入侵者假冒 A 将激励随机数 R_B 反射给 B。包含可区分标识符 B 之所以作为可选项，是因为在不会出现这类攻击的环境中可将标识符 B 省去。

如果使用单向密钥，那么可区分标识符 B 也可以省去。

(1) B 产生并向 A 发送一个随机数 R_B 并可选地发送一个文本字段 Text1。

(2) A 产生并向 B 发送随机数 R_A 和权标 $Token_{AB}$。

(3) 一旦收到包含 $Token_{AB}$的消息，B 就计算

$$f_{K_{AB}}(R_A \| R_B \| B \| Text2)$$

且将其与权标的密码校验值进行比较，并验证可区分标识符 B(如果有)的正确性以及在步骤中(1)发送给 A 的随机数 R_B 是否与 $Token_{AB}$中所含的随机数相符，从而验证 $Token_{AB}$。

(4) B 产生并向 A 发送 $Token_{BA}$。

(5) 一旦收到包含 $Token_{BA}$的消息，A 就计算

$$f_{K_{AB}}(R_B \| R_A \| Text4)$$

且将其与权标的密码校验值进行比较，并验证在步骤(1)中从 B 所接收到的随机数 R_B 是否与 $Token_{BA}$中的随机数相符，及在步骤(2)中发给 B 的随机数 R_A 是否与 $Token_{BA}$中的随机数相符，从而验证 $Token_{BA}$。

如果使用单向密钥，那么 $Token_{BA}$中的密钥 K_{AB}将由单向密钥 K_{BA}代替，并在步骤(5)使用相应的密钥。

附 录 A
（资料性附录）
文本字段的使用

本部分第5章规定的权标包括了文本字段。在一次给定传递中不同文本字段的实际用途及各文本字段间的关系取决于具体应用。

举例来说，适当的文本字段，例如5.1.1中 $Token_{AB}$ 中的Text1，其中的信息可以在计算该权标的密码校验值时被用到。通过这种方法，可以为信息提供数据起源鉴别。

关于文本字段的用途的更多示例参见GB/T 15843.1—2008的附录A。

ICS 35.040
L 80

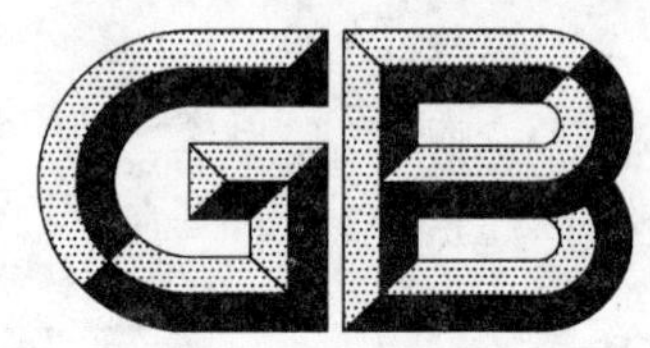

中华人民共和国国家标准

GB/T 15852.1—2008/ISO/IEC 9797-1:1999
代替 GB 15852—1995

信息技术 安全技术 消息鉴别码 第1部分:采用分组密码的机制

**Information technology—Security techniques—
Message Authentication Codes(MACs)—
Part 1:Mechanisms using a block cipher**

(ISO/IEC 9797-1:1999,IDT)

2008-07-02 发布 2008-12-01 实施

中华人民共和国国家质量监督检验检疫总局
中国国家标准化管理委员会 发布

前　言

GB/T 15852《信息技术　安全技术　消息鉴别码》分为2个部分：

——第1部分：采用分组密码的机制；

——第2部分：采用专用杂凑函数的机制。

本部分是GB/T 15852的第1部分，等同采用ISO/IEC 9797-1:1999《信息技术　安全技术　消息鉴别码　第1部分：采用分组密码的机制》。除对国际标准中笔误做了修改外，也做了编辑性的修改并更新了参考文献。

本部分是GB 15852—1995《信息技术　安全技术　用块密码算法作密码校验函数的数据完整性机制》的修订版。本部分代替GB 15852—1995。与GB 15852—1995相比较，本部分增加了一种填充方法和三种消息鉴别码(MAC)算法。GB 15852—1995附录A中的可选进程，在本部分中被调整到标准主体内。

本部分的附录A和附录B是资料性附录。

本部分由全国信息安全标准化技术委员会提出并归口。

本部分修订单位：中国科学院软件研究所、信息安全国家重点实验室。

本部分主要修订人：吴文玲、王鹏、张立廷、陈华。

本部分所代替标准历次版本发布情况：

——GB 15852—1995。

引　言

本部分规定的前三种 MAC 算法通常称作 CBC-MAC。在 ANSI X9.9 中所规定的 MAC 算法是本部分中 MAC 算法的一种特例(当 $n=64$、$m=32$ 时,使用 MAC 算法 1、填充方法 1 和分组密码 DEA(见 ANSI X3.92:1981))。在 ANSI X9.19 中所规定的 MAC 算法也是本部分中 MAC 算法的一种特例(当 $n=64$、$m=32$ 时,使用 MAC 算法 1 或 3、填充方法 1 和分组密码 DEA(见 ANSI X3.92:1981))。

第 4 种 MAC 算法是 CBC-MAC 的一个变种,它使用了一个特殊的初始变换。当 MAC 算法的密钥长度是分组密码密钥长度两倍的时候,建议使用 MAC 算法 4。

第 5 种 MAC 算法并行使用 MAC 算法 1,然后把所得到的两个结果相异或。

第 6 种 MAC 算法并行使用 MAC 算法 4,然后把所得到的两个结果相异或。

本部分例子中提及的分组密码均为举例性说明,具体使用时均须采用国家密码管理部门批准的相应分组密码。

信息技术　安全技术　消息鉴别码
第1部分:采用分组密码的机制

1　范围

GB/T 15852 的本部分规定了六种采用分组密码的消息鉴别码算法。这些消息鉴别码算法可用作数据完整性检验,检验数据是否被非授权地改变。同样这些消息鉴别码算法也可用作消息鉴别,保证消息源的合法性。数据完整性和消息鉴别的强度依赖于密钥的长度及其保密性、分组密码的算法强度以及分组长度、消息鉴别码的长度和具体的消息鉴别码算法。

本部分适用于任何安全体系结构、进程及应用的安全服务。

2　规范性引用文件

下列文件中的条款通过 GB/T 15852 的本部分的引用而成为本部分的条款。凡是注日期的引用文件,其随后所有的修改单(不包括勘误的内容)或修订版均不适用于本部分,然而,鼓励根据本部分达成协议的各方研究是否可使用这些文件的最新版本。凡是不注日期的引用文件,其最新版本适用于本部分。

GB/T 9387.2—1995　信息处理系统　开放系统互连　基本参考模型　第2部分:安全体系结构(idt ISO 7498-2:1989)

GB/T 15843.1—2008　信息技术　安全技术　实体鉴别　第1部分:概述(ISO/IEC 9798-1:1997,IDT)

GB/T 17964—2008　信息安全技术　分组密码算法的工作模式

3　术语和定义

下列术语和定义适用于本部分。

3.1　本部分采用 GB/T 9387.2—1995 中定义的如下术语。

3.1.1

数据完整性　data integrity

数据没有被非授权地修改或破坏的性质。

3.2　下列术语和定义适用于本部分。

3.2.1

分组　block

一种定义了长度的比特串。

3.2.2

分组密码密钥　block cipher key

控制分组密码运算的密钥。

3.2.3

初始变换　initial transformation

消息鉴别码算法起始时所应用的函数。

3.2.4

消息鉴别码(MAC)算法密钥　MAC algorithm key

一种用于控制消息鉴别码算法运算的密钥。

3.2.5

消息鉴别码　message authentication code (MAC)

利用对称密码技术和秘密密钥,由消息所导出的数据项。任何持有这一秘密密钥的实体,可利用消息鉴别码检查消息的完整性和始发者。

3.2.6

消息鉴别码算法　message authentication code algorithm

消息鉴别码算法简称 MAC 算法，其输入为密钥和消息，输出为一个固定长度的比特串，满足下面两个性质：

——对于任何密钥和消息，MAC 算法都能够快速有效地计算。

——对于任何固定的密钥，攻击者在没有获得密钥信息的情况下，即使获得了一些（消息、MAC）对，对任何新的消息预测其 MAC 在计算上是不可行的。

注 1：一个 MAC 算法有时被称作一个密码校验函数。

注 2：计算不可行性依赖于使用者具体的安全要求及其环境。

3.2.7

输出变换　output transformation

应用在算法中，对迭代操作的输出所进行的变换。

3.3　本部分采用 GB/T 15843.1—2008 中定义的如下术语。

3.3.1

密文　ciphertext

经变换，信息内容被隐藏起来的数据。

3.3.2

解密　decipherment

一个密文转换为一个明文的处理

3.3.3

加密　encipherment

为产生密文，即隐藏相应数据的信息内容，而利用密码算法对数据进行的（可逆）变换。

3.3.4

密钥　key

一种用于控制密码变换操作（例如加密、解密、密码检验函数计算、签名生成或签名验证）的符号序列。

3.3.5

明文　plaintext

待加密的数据。

3.4　本部分采用 GB/T 17964—2008 中定义的如下术语。

3.4.1

***n* 比特分组密码　*n*-bit block cipher**

分组长度为 n 比特的分组密码。

4　符号和记法

下列符号和记法适用于本部分。

D	输入 MAC 算法的比特串；
D_j	填充操作后，比特串 D 的一个消息块；
$d_K(C)$	使用分组密码 e 和密钥 K 对密文 C 进行解密；
$e_K(P)$	使用分组密码 e 和密钥 K 对明文 P 进行加密；
g	输出变换；
G	输出变换 g 的输出；
H_j	MAC 算法运算中的中间变量；
I	初始变换；
k	分组密码的密钥长度；
k_M	MAC 算法的密钥长度；

$K, K', K'', K''', K_1, K_1', K_1'', K_2, K_2', K_2''$	分组密码的密钥；
L	填充方法 3 中的表示长度的消息块；
L_D	比特串 D 的长度；
m	MAC 值的长度；
n	分组密码的分组长度
q	填充和分割操作之后比特串 D 的消息块个数；
$j \sim X$	比特串 X 最左边 j 比特串；
$X \oplus Y$	比特串 X 和比特串 Y 的异或操作；
$X \| \| Y$	比特串 X 和比特串 Y 的连接；
：＝	MAC 算法中使用的赋值符号，表示符号左边的值等于符号右边的值。

5 要求

采用本部分 MAC 算法的使用者应当选择：

1） 分组密码 e；

2） 从 6.1 中选取一种填充方法；

3） 从 7.1 中选取一种 MAC 算法；

4） MAC 的长度 m；

5） 一种密钥诱导方法；MAC 算法 4、5 和 6 需要此方法，MAC 算法 2 也可能需要。

MAC 的长度 m 应该是一个正整数并且不大于分组长度 n。

如果使用填充方法 3，那么比特串 D 的比特长度应该小于 2^n。

对于具体分组密码 e、填充方法、MAC 算法、m 的值以及密钥诱导方法（如果需要）的选择超出了本部分所规定的范围。

注：上述选择将影响 MAC 算法的安全强度，具体请参考附录 B。

生成 MAC 和验证 MAC 应当使用同样的密钥。如果消息也加密，那么 MAC 算法密钥应当不同于用作加密的密钥。

6 MAC 算法的模型

MAC 算法的应用需要如下六步操作：消息填充、数据分割、初始变换、迭代应用分组密码、输出变换和截断操作。其中，第 3 步至第 6 步如图 1 所示。

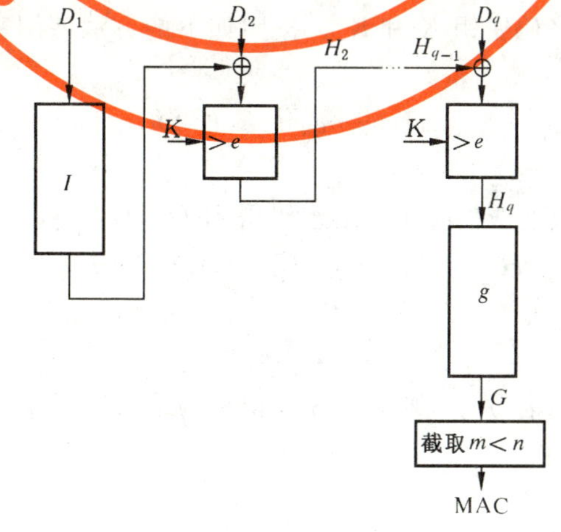

图 1 MAC 算法模型

6.1 消息填充

在这一步骤中,用额外的比特串作为前缀或后缀对消息比特串 D 进行填充,使得填充后比特串的长度是 n 的整数倍。

根据选择的填充方法,填充比特串只用来计算 MAC,所以这些填充比特串不必随原消息存储或发送。

MAC 的验证者应当知道填充比特串是否已经被存储或发送,以及使用的是何种填充方法。

本部分规定了三种填充方法,其中的任何一种都可以被用在本部分所规定的六种 MAC 算法中。

6.1.1 填充方法 1

在消息比特串 D 的右侧填充"0",尽可能少填充(甚至不填充),使填充后比特串的长度是 n 的整数倍。

注 1:面对简单伪造攻击,使用填充方法 1 的 MAC 算法可能是不安全的。详细信息参见附录 B。

注 2:如果消息比特串 D 是空串,那么填充方法 1 规定对其填充 n 个"0"。

6.1.2 填充方法 2

在消息比特串 D 的右侧填充一个比特"1",然后在所得到的比特串右侧填充"0",尽可能少填充(甚至不填充),使填充后比特串的长度是 n 的整数倍。

6.1.3 填充方法 3

在消息比特串 D 的右侧填充"0",尽可能少填充(甚至不填充),使填充后比特串的长度是 n 的整数倍。然后在所得到的比特串左侧填充一个消息块 L。消息块 L 由尽可能少的"0"和比特串 D 长度 L_D 的二进制表示组成,其中位于 L_D 二进制表示的左侧的"0"尽可能少,且使 L 的长度为 n 比特。L 最右端的比特和 L_D 的二进制表示中的最低位相对应。

注:如果在计算 MAC 之前不知比特串的长度,则填充方法 3 不适用。

6.2 数据分割

这一步骤中,把填充后的比特串分割成 q 个 n 比特块 $D_1, D_2, \cdots, D_q$。这里 D_1 表示填充后比特串的第一个 n 比特,D_2 表示随后的 n 个比特,以此类推。

6.3 初始变换

初始变换 I 用来处理填充后比特串的第一个 n 比特块 D_1 以得到 H_1。

本部分的六种 MAC 算法规定使用如下两种初始变换之一。

6.3.1 初始变换 1

初始变换 1 需要一个分组密码密钥 K。按照如下的方法使用密钥 K 和分组密码 e 计算 H_1:

$$H_1 := e_K(D_1)$$

6.3.2 初始变换 2

初始变换 2 需要两个分组密码密钥 K 和 K''。按照如下的方法使用密钥 K 和 K'',以及分组密码 e 计算 H_1:

$$H_1 := e_{K''}(e_K(D_1))$$

6.4 迭代应用分组密码

对比特串 D_i 和 H_{i-1} 的异或值迭代应用分组密码得到 $H_2, H_3, \cdots H_q$:

$$H_i := e_K(D_i \oplus H_{i-1}), i = 2, \cdots, q$$

如果 $q=1$,那么第 4 步省略。

6.5 输出变换

对于第 4 步得到的结果 H_q(若 $q=1$,则为第 3 步得到的结果),用输出函数 g 再处理。

本部分规定了三种输出变换。

6.5.1 输出变换 1

输出变换 1 是一个恒等变换:

$$G := H_q$$

6.5.2 输出变换2

输出变换2是用密钥 K' 和分组密码 e 对 H_q 加密操作：

$$G := e_{K'}(H_q)$$

6.5.3 输出变换3

输出变换3首先用密钥 K' 和分组密码 e 对 H_q 进行解密操作，然后用密钥 K 和分组密码 e 对得到的结果进行加密操作：

$$G := e_K(d_{K'}(H_q))$$

6.6 截断操作

截取 G 最左边的 m 比特作为MAC值：

$$\mathrm{MAC} := m \sim G$$

7 MAC算法

本部分规定了六种MAC算法。每种MAC算法明确规定了初始变换和输出变换，但是没有明确规定填充方法；每个MAC算法可以结合6.1规定的任何一种填充方法使用。

注：对填充方法的选择会影响MAC算法的安全强度，详细信息请见附录B。

7.1 MAC算法1

MAC算法1使用初始变换1和输出变换1。MAC算法密钥就是分组密码密钥 K。

MAC算法1如图2所示。

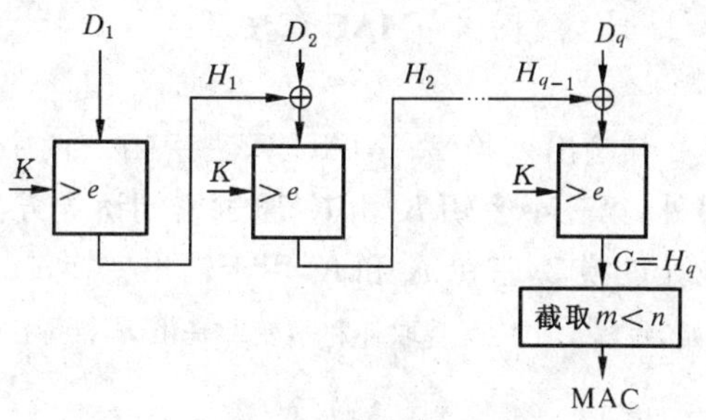

图2 MAC算法1

7.2 MAC算法2

MAC算法2使用初始变换1和输出变换2。MAC算法密钥由两个分组密码密钥 K 和 K'' 组成。K'' 的值可以由 K 通过密钥诱导方法生成，但是应当满足 $K'' \neq K$。

注1：由 K 推导出 K'' 的一个例子是对 K 从第一个4比特组开始，每隔4比特交替取补和不变；另外一个例子是通过主密钥生成 K 和 K''。

注2：若 $K = K''$，一个简单的异或伪造攻击就能够攻击MAC算法2，详细信息请见附录B。

注3：若 K 和 K'' 相互独立，MAC算法2针对密钥恢复攻击的安全强度低于MAC算法2采用的密钥长度所应该提供的安全强度，详细信息请见附录B。

MAC算法2如图3所示。

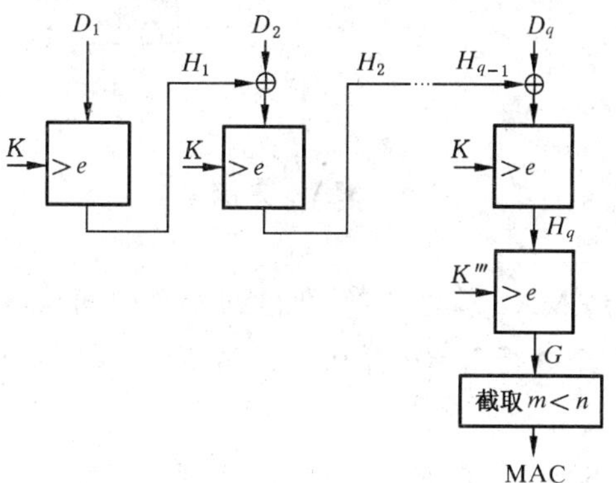

图3 MAC算法2

7.3 MAC 算法 3

MAC 算法 3 使用初始变换 1 和输出变换 3。MAC 算法密钥由两个分组密码密钥 K 和 K' 组成。密钥 K 和 K' 应当独立选取。若 $K=K'$,MAC 算法 3 和 MAC 算法 1 一致。

MAC 算法 3 如图 4 所示。

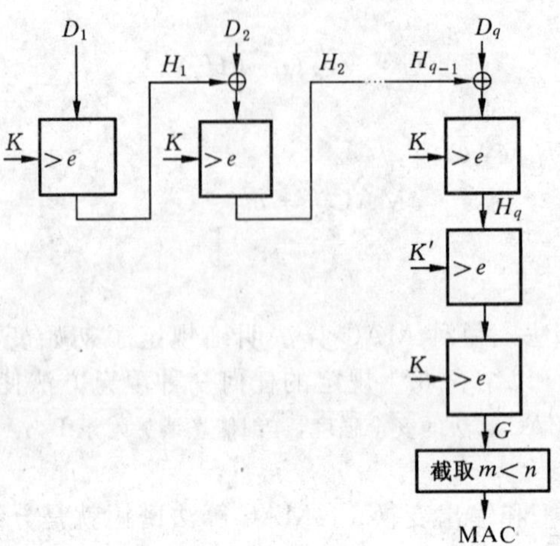

图 4 MAC 算法 3

7.4 MAC 算法 4

MAC 算法 4 使用初始变换 2 和输出变换 2。MAC 算法密钥由两个分组密码密钥 K 和 K' 组成。密钥 K 和 K' 应当独立选取。另外,第三个密钥 K'' 由 K' 通过密钥诱导方法得出。密钥 K、K' 和 K'' 应当互不相同。密钥 K 和 K'' 用于初始变换 2,密钥 K 和 K' 用于输出变换 2。

注:对 K' 从第一个 4 比特组开始,每隔 4 比特交替取补和不变即是由 K' 推导出 K'' 的一个例子,另外一个例子是通过主密钥生成 K' 和 K''。

填充后比特串的长度应当不小于 $2n$,即 $q\geqslant 2$。

MAC 算法 4 如图 5 所示。

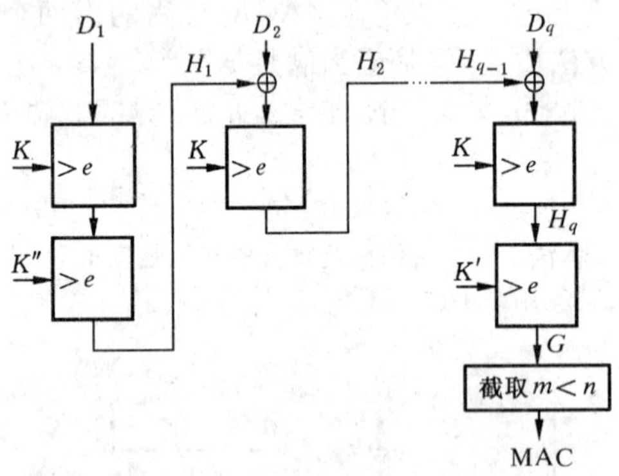

图 5 MAC 算法 4

7.5 MAC 算法 5

MAC 算法 5 使用两个并行的 MAC 算法 1,分别得到两个中间量 MAC_1 和 MAC_2。MAC 算法 5 的密钥就是分组密码密钥 K。两个并行 MAC 算法 1 的密钥 K_1 和 K_2 由密钥 K 生成,而且应当满足 $K_1\neq K_2$。

注:令 $K_1=K$,对 K 从第一个 4 比特组开始,每隔 4 比特交替取补和不变生成 K_2,即是由 K 推导出 K_1 和 K_2 的一个例子;另外一个例子是通过密钥 K 生成 K_1 和 K_2,而且满足 $K_1\neq K_2$。

将两个中间量 MAC_1 和 MAC_2 相异或，得到最终的 MAC：

$$MAC := MAC_1 \oplus MAC_2$$

7.6 MAC 算法 6

MAC 算法 6 使用两个并行的 MAC 算法 4，分别得到两个中间量 MAC_1 和 MAC_2。MAC 算法 6 的密钥由两个分组密码密钥 K 和 K' 组成。密钥 K 和 K' 应当独立选取。

两个并行 MAC 算法 4 的密钥 (K_1, K_1') 和 (K_2, K_2') 由主密钥 (K, K') 生成，而且应当满足 $K_1 \neq K_1'$、$K_2 \neq K_2'$ 和 $(K_1, K_1') \neq (K_2, K_2')$。

注 1：令 $K_1 = K$、$K_1' = K'$，对 K_1 从第一个 4 比特组开始，每隔 4 比特交替取补和不变生成 K_2，对 K_1' 从第一个 4 比特组开始，每隔 4 比特交替取补和不变生成 K_2' 即是由 (K, K') 推导出 (K_1, K_1') 和 (K_2, K_2') 的一个例子。

注 2：MAC 算法 4 在其内部使用一个诱导的密钥 K''，意味着 MAC 算法 6 总共使用六个密钥 (K_1, K_1', K_1'') 和 (K_2, K_2', K_2'')。建议使用前确保六个密钥互不相同。

填充后比特串的长度应当不小于 $2n$，即 $q \geqslant 2$。

将两个中间量 MAC_1 和 MAC_2 相异或，得到最终的 MAC：

$$MAC := MAC_1 \oplus MAC_2$$

附 录 A
（资料性附录）
例 子

本附录提供了使用DEA(见ANSI X3.92)生成MAC的过程示例。明文是如下的7比特ASCII码字(没有奇偶校验位):比特串1:"Now _ is _ the _ time _ for _ all _",比特串2:"Now _ is _ the _ time _ for _ it",其中_表示一个空格。ASCII编码等同于ISO 646所使用的编码。这里使用的两个密钥是K=0123456789ABCDEF(16进制)和K'=FEDCBA9876543210(16进制),其中的密钥奇偶校验比特被省略。诱导密钥的方式是从第一个4比特组开始,每隔4比特交替取补和不变。对于MAC算法1、2、3和4,$m=32$;对于MAC算法5和6,$m=64$。所有的值都是用16进制表示。

对于比特串1,分别经过3种填充方法后得到的结果如下:

• 填充方法1: $q=3$

D_1	4E	6F	77	20	69	73	20	74
D_2	68	65	20	74	69	6D	65	20
D_3	66	6F	72	20	61	6C	6C	20

• 填充方法2: $q=4$

D_1	4E	6F	77	20	69	73	20	74
D_2	68	65	20	74	69	6D	65	20
D_3	66	6F	72	20	61	6C	6C	20
D_4	80	00	00	00	00	00	00	00

• 填充方法3: $q=4$

D_1	00	00	00	00	00	00	00	C0
D_2	4E	6F	77	20	69	73	20	74
D_3	68	65	20	74	69	6D	65	20
D_4	66	6F	72	20	61	6C	6C	20

对于比特串2,分别经过3种填充方法后得到的结果如下:

• 填充方法1: $q=3$

D_1	4E	6F	77	20	69	73	20	74
D_2	68	65	20	74	69	6D	65	20
D_3	66	6F	72	20	69	74	00	00

• 填充方法2: $q=3$

D_1	4E	6F	77	20	69	73	20	74
D_2	68	65	20	74	69	6D	65	20
D_3	66	6F	72	20	69	74	80	00

• 填充方法3: $q=4$

D_1	00	00	00	00	00	00	00	B0
D_2	4E	6F	77	20	69	73	20	74
D_3	68	65	20	74	69	6D	65	20
D_4	66	6F	72	20	69	74	00	00

A.1 MAC 算法 1

使用比特串 1 和填充方法 1

密钥(K)	01 23 45 67 89 AB CD EF
H_1	3F A4 0E 8A 98 4D 48 15
$D_2 \oplus H_1$	57 C1 2E FE F1 20 2D 35
H_2	0B 2E 73 F8 8D C5 85 6A
$D_3 \oplus H_2$	6D 41 01 D8 EC A9 E9 4A
$G=H_3$	70 A3 06 40 CC 76 DD 8B

MAC=70 A3 06 40

使用比特串 1 和填充方法 2

密钥(K)	01 23 45 67 89 AB CD EF
H_1	3F A4 0E 8A 98 4D 48 15
$D_2 \oplus H_1$	57 C1 2E FE F1 20 2D 35
H_2	0B 2E 73 F8 8D C5 85 6A
$D_3 \oplus H_2$	6D 41 01 D8 EC A9 E9 4A
H_3	70 A3 06 40 CC 76 DD 8B
$D_4 \oplus H_3$	F0 A3 06 40 CC 76 DD 8B
$G=H_4$	10 E1 F0 F1 08 34 1B 6D

MAC=10 E1 F0 F1

使用比特串 1 和填充方法 3

密钥(K)	01 23 45 67 89 AB CD EF
H_1	4B B5 82 65 DD 87 B3 05
$D_2 \oplus H_1$	05 DA F5 45 B4 F4 93 71
H_2	40 C4 00 AD 74 2E 4F D6
$D_3 \oplus H_2$	28 A1 20 D9 1D 43 2A F6
H_3	23 7D 5F 95 0B F7 1F 57
$D_4 \oplus H_3$	45 12 2D B5 6A 9B 73 77
$G=H_4$	2C 58 FB 8F F1 2A AE AC

MAC=2C 58 FB 8F

使用比特串 2 和填充方法 1

密钥(K)	01 23 45 67 89 AB CD EF
H_1	3F A4 0E 8A 98 4D 48 15
$D_2 \oplus H_1$	57 C1 2E FE F1 20 2D 35
H_2	0B 2E 73 F8 8D C5 85 6A
$D_3 \oplus H_2$	6D 41 01 D8 E4 B1 85 6A
$G=H_3$	E4 5B 3A D2 B7 CC 08 56

MAC=E4 5B 3A D2

使用比特串 2 和填充方法 2

密钥(K)	01 23 45 67 89 AB CD EF
H_1	3F A4 0E 8A 98 4D 48 15
$D_2 \oplus H_1$	57 C1 2E FE F1 20 2D 35
H_2	0B 2E 73 F8 8D C5 85 6A
$D_3 \oplus H_2$	6D 41 01 D8 E4 B1 05 6A
$G=H_3$	A9 24 C7 21 36 14 92 11

MAC=A9　24　C7　21

使用比特串 2 和填充方法 3

密钥(K)	01 23 45 67 89 AB CD EF
H_1	DF 9C D6 EA 7E 5A E1 62
$D_2 \oplus H_1$	91 F3 A1 CA 17 29 C1 16
H_2	C7 6F B0 02 94 A4 19 BE
$D_3 \oplus H_2$	AF 0A 90 76 FD C9 7C 9E
H_3	83 02 28 FD 78 D7 BE 71
$D_4 \oplus H_3$	E5 6D 5A DD 11 A3 BE 71
$G=H_4$	B1 EC D6 FC 8B 37 C3 92

MAC=B1　EC　D6　FC

A.2 MAC 算法 2

前 q 步操作和 MAC 算法 1 一致。唯一的不同是 MAC 算法 2 使用输出变换 2。

使用比特串 1 和填充方法 1

密钥(K''')	F1 D3 B5 97 79 5B 3D 1F
G	10 F9 BC 67 A0 3C D5 D8

MAC=10　F9　BC　67

使用比特串 1 和填充方法 2

密钥(K''')	F1 D3 B5 97 79 5B 3D 1F
G	BE 7C 2A B7 D3 6B F5 B7

MAC=BE　7C　2A　B7

使用比特串 1 和填充方法 3

密钥(K''')	F1 D3 B5 97 79 5B 3D 1F
G	8E FC 8B C7 C2 72 6E 5C

MAC=8E　FC　8B　C7

使用比特串 2 和填充方法 1

密钥(K''')	F1 D3 B5 97 79 5B 3D 1F
G	21 5E 9C E6 D9 1B C7 FB

MAC=21 5E 9C E6

使用比特串 2 和填充方法 2

密钥(K''')	F1 D3 B5 97 79 5B 3D 1F
G	17 36 AC 1A 63 63 0E FB

MAC=17 36 AC 1A

使用比特串 2 和填充方法 3

密钥(K''')	F1 D3 B5 97 79 5B 3D 1F
G	05 38 26 96 27 4F B4 F0

MAC=05 38 26 96

A.3 MAC 算法 3

前 q 步操作和 MAC 算法 1 一致。唯一的不同是 MAC 算法 3 使用输出变换 3。

使用比特串 1 和填充方法 1

密钥(K')	FE DC BA 98 76 54 32 10
d 的输出	B4 8D 36 EC 7A D5 69 4F
G	A1 C7 2E 74 EA 3F A9 B6

MAC=A1 C7 2E 74

使用比特串 1 和填充方法 2

密钥(K')	FE DC BA 98 76 54 32 10
d 的输出	79 53 7F EE 18 CF 18 93
G	E9 08 62 30 CA 3B E7 96

MAC=E9 08 62 30

使用比特串 1 和填充方法 3

密钥(K')	FE DC BA 98 76 54 32 10
d 的输出	FE B3 B9 66 1D BE DE CD
G	AB 05 94 63 D7 A7 D1 70

MAC=AB 05 94 63

使用比特串 2 和填充方法 1

密钥(K')	FE DC BA 98 76 54 32 10
d的输出	32 8A C7 8B A1 CA 0B 3F
G	2E 2B 14 28 CC 78 25 4F

MAC=2E 2B 14 28

使用比特串 2 和填充方法 2

密钥(K')	FE DC BA 98 76 54 32 10
d的输出	7A 71 AF 2F 5D 15 40 A7
G	5A 69 2C E6 4F 40 41 45

MAC=5A 69 2C E6

使用比特串 2 和填充方法 3

密钥(K')	FE DC BA 98 76 54 32 10
d的输出	20 97 B4 05 F1 9E 2D D8
G	C5 9F 7E ED 32 8D DD 69

MAC=C5 9F 7E ED

A.4 MAC 算法 4

使用比特串 1 和填充方法 1

密钥(K)	01 23 45 67 89 AB CD EF
密钥(K')	FE DC BA 98 76 54 32 10
密钥(K'')	0E 2C 4A 68 86 A4 C2 E0
e的输出	3F A4 0E 8A 98 4D 48 15
H_1	EA F0 4B F5 31 ED 33 5E
$D_2 \oplus H_1$	82 95 6B 81 58 80 56 7E
H_2	7E 7F 98 A0 C8 B1 65 6C
$D_3 \oplus H_2$	18 10 EA 80 A9 DD 09 4C
H_3	7B 93 0A AE 67 4A C9 24
G	AD 35 02 B7 AC 4A 48 A0

MAC=AD 35 02 B7

使用比特串 1 和填充方法 2

密钥(K)	01 23 45 67 89 AB CD EF
密钥(K')	FE DC BA 98 76 54 32 10
密钥(K'')	0E 2C 4A 68 86 A4 C2 E0
e的输出	3F A4 0E 8A 98 4D 48 15
H_1	EA F0 4B F5 31 ED 33 5E
$D_2 \oplus H_1$	82 95 6B 81 58 80 56 7E
H_2	7E 7F 98 A0 C8 B1 65 6C
$D_3 \oplus H_2$	18 10 EA 80 A9 DD 09 4C
H_3	7B 93 0A AE 67 4A C9 24
$D_4 \oplus H_3$	FB 93 0A AE 67 4A C9 24
H_4	26 C4 FA D7 2E 6D D3 A2
G	61 C3 33 E3 42 C5 53 7C

MAC=61 C3 33 E3

使用比特串 1 和填充方法 3

密钥(K)	01	23	45	67	89	AB	CD	EF
密钥(K')	FE	DC	BA	98	76	54	32	10
密钥(K'')	0E	2C	4A	68	86	A4	C2	E0
e 的输出	4B	B5	82	65	DD	87	B3	05
H_1	71	5A	F8	BE	DA	BE	90	44
$D_2 \oplus H_1$	3F	35	8F	9E	B3	CD	B0	30
H_2	50	2A	04	42	6A	80	B6	0B
$D_3 \oplus H_2$	38	4F	24	36	03	ED	D3	2B
H_3	AF	13	8C	54	99	9B	84	30
$D_4 \oplus H_3$	C9	7C	FE	74	F8	F7	E8	10
H_4	7F	90	05	61	B4	2C	CE	D2
G	95	2A	F8	38	98	9B	5C	00

MAC=95　2A　F8　38

使用比特串 2 和填充方法 1

密钥(K)	01	23	45	67	89	AB	CD	EF
密钥(K')	FE	DC	BA	98	76	54	32	10
密钥(K'')	0E	2C	4A	68	86	A4	C2	E0
e 的输出	3F	A4	0E	8A	98	4D	48	15
H_1	EA	F0	4B	F5	31	ED	33	5E
$D_2 \oplus H_1$	82	95	6B	81	58	80	56	7E
H_2	7E	7F	98	A0	C8	B1	65	6C
$D_3 \oplus H_2$	18	10	EA	80	A1	C5	65	6C
H_3	21	FC	35	F2	B2	26	6C	9A
G	05	F1	08	4C	1D	E3	A3	3D

MAC=05　F1　08　4C

使用比特串 2 和填充方法 2

密钥(K)	01	23	45	67	89	AB	CD	EF
密钥(K')	FE	DC	BA	98	76	54	32	10
密钥(K'')	0E	2C	4A	68	86	A4	C2	E0
e 的输出	3F	A4	0E	8A	98	4D	48	15
H_1	EA	F0	4B	F5	31	ED	33	5E
$D_2 \oplus H_1$	82	95	6B	81	58	80	56	7E
H_2	7E	7F	98	A0	C8	B1	65	6C
$D_3 \oplus H_2$	18	10	EA	80	A1	C5	E5	6C
H_3	8F	76	9B	55	48	42	23	FD
G	A1	BC	09	31	52	BB	3E	0F

MAC=A1　BC　09　31

使用比特串 2 和填充方法 3

密钥(K)	01 23 45 67 89 AB CD EF
密钥(K')	FE DC BA 98 76 54 32 10
密钥(K'')	0E 2C 4A 68 86 A4 C2 E0
e 的输出	DF 9C D6 EA 7E 5A E1 62
H_1	82 61 94 52 C7 6D 04 F1
$D_2 \oplus H_1$	CC 0E E3 72 AE 1E 24 85
H_2	ED 33 1C 07 37 D6 B8 26
$D_3 \oplus H_2$	85 56 3C 73 5E BB DD 06
H_3	7C A1 DE 70 BB 1F 7F 07
$D_4 \oplus H_3$	1A CE AC 50 D2 6B 7F 07
H_4	40 B7 45 2E F3 CF 71 49
G	AF DE E0 F9 50 39 66 3D

MAC=AF DE E0 F9

A.5 MAC 算法 5

第 1 部分的计算和 A.1 MAC 算法 1 中一致。

使用比特串 1 和填充方法 1

密钥(K_1)	01 23 45 67 89 AB CD EF
MAC_1	70 A3 06 40 CC 76 DD 8B
密钥(K_2)	FE DC BA 98 76 54 32 10
MAC_2	84 47 04 F6 7B 5A CE 9C
$MAC_1 \oplus MAC_2$	F4 E4 02 B6 B7 2C 13 17

MAC=F4 E4 02 B6 B7 2C 13 17

使用比特串 1 和填充方法 2

密钥(K_1)	01 23 45 67 89 AB CD EF
MAC_1	10 E1 F0 F1 08 34 1B 6D
密钥(K_2)	FE DC BA 98 76 54 32 10
MAC_2	60 11 AE 38 EC C3 34 F4
$MAC_1 \oplus MAC_2$	70 F0 5E C9 E4 F7 2F 99

MAC=70 F0 5E C9 E4 F7 2F 99

使用比特串 1 和填充方法 3

密钥(K_1)	01 23 45 67 89 AB CD EF
MAC_1	2C 58 FB 8F F1 2A AE AC
密钥(K_2)	FE DC BA 98 76 54 32 10
MAC_2	FA 47 AA 7D 1B 00 83 CF
$MAC_1 \oplus MAC_2$	D6 1F 51 F2 EA 2A 2D 63

MAC=D6 1F 51 F2 EA 2A 2D 63

使用比特串 2 和填充方法 1

密钥(K_1)	01	23	45	67	89	AB	CD	EF
MAC_1	E4	5B	3A	D2	B7	CC	08	56
密钥(K_2)	FE	DC	BA	98	76	54	32	10
MAC_2	EB	7F	87	76	1B	EE	07	19
$MAC_1 \oplus MAC_2$	0F	24	BD	A4	AC	22	0F	4F

MAC＝0F　24　BD　A4　AC　22　0F　4F

使用比特串 2 和填充方法 2

密钥(K_1)	01	23	45	67	89	AB	CD	EF
MAC_1	A9	24	C7	21	36	14	92	11
密钥(K_2)	FE	DC	BA	98	76	54	32	10
MAC_2	49	20	D4	60	AC	E8	84	1A
$MAC_1 \oplus MAC_2$	E0	04	13	41	9A	FC	16	0B

MAC＝E0　04　13　41　9A　FC　16　0B

使用比特串 2 和填充方法 3

密钥(K_1)	01	23	45	67	89	AB	CD	EF
MAC_1	B1	EC	D6	FC	8B	37	C3	92
密钥(K_2)	FE	DC	BA	98	76	54	32	10
MAC_2	6C	33	88	2F	84	2F	28	6E
$MAC_1 \oplus MAC_2$	DD	DF	5E	D3	0F	18	EB	FC

MAC＝DD　DF　5E　D3　0F　18　EB　FC

A.6　MAC 算法 6

第 1 部分的计算和 A.4 MAC 算法 4 中一致。

使用比特串 1 和填充方法 1

密钥(K_1)	01	23	45	67	89	AB	CD	EF
密钥(K_1')	FE	DC	BA	98	76	54	32	10
密钥(K_1'')	0E	2C	4A	68	86	A4	C2	E0
MAC_1	AD	35	02	B7	AC	4A	48	A0
密钥(K_2)	FE	23	BA	67	76	AB	32	EF
密钥(K_2')	01	DC	45	98	89	54	CD	10
密钥(K_2'')	F1	2C	B5	68	79	A4	3D	E0
MAC_2	FA	4B	F0	96	B4	84	15	1A
$MAC_1 \oplus MAC_2$	57	7E	F2	21	18	CE	5D	BA

MAC＝57　7E　F2　21　18　CE　5D　BA

使用比特串1和填充方法2

密钥(K_1)	01 23 45 67 89 AB CD EF
密钥(K_1')	FE DC BA 98 76 54 32 10
密钥(K_1'')	0E 2C 4A 68 86 A4 C2 E0
MAC_1	61 C3 33 E3 42 C5 53 7C
密钥(K_2)	FE 23 BA 67 76 AB 32 EF
密钥(K_2')	01 DC 45 98 89 54 CD 10
密钥(K_2'')	F1 2C B5 68 79 A4 3D E0
MAC_2	01 B7 53 5B 9A 05 AE 86
$MAC_1 \oplus MAC_2$	60 74 60 B8 D8 C0 FD FA

MAC=60 74 60 B8 D8 C0 FD FA

使用比特串1和填充方法3

密钥(K_1)	01 23 45 67 89 AB CD EF
密钥(K_1')	FE DC BA 98 76 54 32 10
密钥(K_1'')	0E 2C 4A 68 86 A4 C2 E0
MAC_1	95 2A F8 38 98 9B 5C 00
密钥(K_2)	FE 23 BA 67 76 AB 32 EF
密钥(K_2')	01 DC 45 98 89 54 CD 10
密钥(K_2'')	F1 2C B5 68 79 A4 3D E0
MAC_2	68 17 43 56 69 FE 5B 54
$MAC_1 \oplus MAC_2$	FD 3D BB 6E F1 65 07 54

MAC=FD 3D BB 6E F1 65 07 54

使用比特串2和填充方法1

密钥(K_1)	01 23 45 67 89 AB CD EF
密钥(K_1')	FE DC BA 98 76 54 32 10
密钥(K_1'')	0E 2C 4A 68 86 A4 C2 E0
MAC_1	05 F1 08 4C 1D E3 A3 3D
密钥(K_2)	FE 23 BA 67 76 AB 32 EF
密钥(K_2')	01 DC 45 98 89 54 CD 10
密钥(K_2'')	F1 2C B5 68 79 A4 3D E0
MAC_2	15 06 4F 9D 52 91 61 14
$MAC_1 \oplus MAC_2$	10 F7 47 D1 4F 72 C2 29

MAC=10 F7 47 D_1 4F 72 C2 29

使用比特串 2 和填充方法 2

密钥(K_1) 密钥(K_1') 密钥(K_1'') MAC_1	01 23 45 67 89 AB CD EF FE DC BA 98 76 54 32 10 0E 2C 4A 68 86 A4 C2 E0 A1 BC 09 31 52 BB 3E 0F
密钥(K_2) 密钥(K_2') 密钥(K_2'') MAC_2	FE 23 BA 67 76 AB 32 EF 01 DC 45 98 89 54 CD 10 F1 2C B5 68 79 A4 3D E0 13 27 93 47 8F A7 07 1D
$MAC_1 \oplus MAC_2$	B2 9B 9A 76 DD 1C 39 12

MAC=B2 9B 9A 76 DD 1C 39 12

使用比特串 2 和填充方法 3

密钥(K_1) 密钥(K_1') 密钥(K_1'') MAC_1	01 23 45 67 89 AB CD EF FE DC BA 98 76 54 32 10 0E 2C 4A 68 86 A4 C2 E0 AF DE E0 F9 50 39 66 3D
密钥(K_2) 密钥(K_2') 密钥(K_2'') MAC_2	FE 23 BA 67 76 AB 32 EF 01 DC 45 98 89 54 CD 10 F1 2C B5 68 79 A4 3D E0 59 9B 1B 84 1D 73 24 89
$MAC_1 \oplus MAC_2$	F6 45 FB 7D 4D 4A 42 B4

MAC=F6 45 FB 7D 4D 4A 42 B4

附 录 B
（资料性附录）
MAC算法的安全性分析

该附录讨论了本部分中MAC算法的安全强度。它的目标是协助本部分的使用者选择合适的MAC算法。

假定分组密码的密钥长度为k比特，MAC算法的密钥长度为k_M比特，所以$k_M=k$或$k_M=2k$。

该附录中，$MAC_K(D)$表示用密钥为K的MAC算法对消息D进行计算所得到的MAC。

为了确定MAC算法的安全强度，本附录考虑了如下两类攻击：

1) 伪造攻击：此类攻击是在没有密钥K的情况下，对消息D预测$MAC_K(D)$。如果攻击者能够对一个消息成功预测其MAC，那么称他有能力"伪造"。实际攻击经常要求伪造是可验证的，也就是说，以接近1的概率确认伪造的MAC是正确的。在许多应用中消息有特定的格式，这就意味着对消息D有额外限制。

2) 密钥恢复攻击：此类攻击根据大量的（消息，MAC）对找到MAC算法的密钥K。密钥恢复攻击比伪造攻击更强大，因为它一旦成功就可进行任意伪造。

一个攻击的可行性依赖于攻击者已知和选择的（消息，MAC）对数目以及离线加密的次数。

对MAC算法可能的攻击描述如下，但是这里并不保证列举了所有的攻击。前两种攻击是一般性的，它们对任何MAC算法都有效。第三种适用于迭代的MAC算法。随后的三种攻击只对本部分中的一个或多个特定MAC算法有效（更多信息请参阅[6,9,10,12,13,14]）。

• **猜测MAC**：这种伪造是不可验证的，成功概率为$\max(1/2^m, 1/2^{k_M})$。这种攻击适用于所有的MAC算法，只有合适地选择m和k_M才能够抵抗这种攻击。

• **密钥穷搜索**：这种攻击需要运行平均2^{k_M-1}次MAC算法，并且需要k_M/m对（消息，MAC）以唯一确定密钥。同样这种攻击适用于所有MAC算法，合适地选择k_M能够抵抗这种攻击。另外，MAC算法使用者也可以阻止攻击者获得k_M/m对（消息，MAC）以抵抗这种攻击。如果每次使用MAC算法后都改变密钥，那么密钥穷搜索攻击并不比猜测MAC攻击更有效。

• **生日攻击**：如果攻击者获得足够数目的（消息，MAC）对，他就能够找到消息D和消息D'，使得$MAC_K(D)=MAC_K(D')$并且H_q的值在两次MAC计算中是相等的（被称为内部碰撞）。如果消息D和D'构成内部碰撞，那么对任意的比特串Y都有$MAC_K(D \parallel Y)=MAC_K(D' \parallel Y)$。这就构成了一种伪造，当攻击者得到比特串$D \parallel Y$的MAC时，就能够预测比特串$D' \parallel Y$的MAC。同样，这种伪造依赖于消息的特殊格式，可能对许多应用没有威胁。但是，这种攻击的扩展版本在消息格式方面有更大的灵活性。这种攻击需要一个比特串、大约$2^{n/2}$对已知（消息，MAC）和2^{n-m}对选择（消息，MAC）。

通过以下方式可以避免生日攻击：使用填充方法3，并且在要处理的消息前面加上一个序列号消息块，使得MAC算法是带状态的。这就要求在MAC算法实现中要保证在一个密钥周期内，每个序列号在MAC计算过程中只用一次。但是，若只采取这两种方式中的一种，那么基本生日攻击的修改版本仍然有效而且复杂度也类似；比如说，如果只采用了填充方法3而不采用其他措施，那么生日攻击的一个修改版本（基于文献[14]的引理1）使用$2^{n/2}$个选择明文即成功。

• **简单伪造**：若采用填充方法1，那么攻击者可以轻易地增加或删除消息最后的几个"0"比特，却保持MAC不变。这就意味着填充方法1只能用在MAC算法使用者事先知道消息长度的情况下，或者消息最后有不同个数的"0"却意义相同的情况。

• **异或伪造**：若 MAC 算法 1 采用填充方式 1 或 2，并且 $m=n$，那么就可能存在异或伪造攻击。简单来讲，假如消息 D 或其被填充后的数据 padding(D)只有一个消息块长度，如果攻击者获得了 $MAC_K(D)$，那么攻击者就知道了 $MAC_K(\text{padding}(D) \parallel (D \oplus MAC_K(D))) = MAC_K(D)$。这就意味着攻击者可以构造伪造。注意：即便 MAC 算法的密钥只被用一次，这种攻击仍然适用。如果攻击者获得了 $MAC_K(D)$和 $MAC_K(D')$，经过类似的推导可得：$MAC_K(\text{padding}(D) \parallel (D' \oplus MAC_K(D))) = MAC_K(D')$。如果攻击者获得了 $MAC_K(D)$、$MAC_K(D \parallel Y)$和 $MAC_K(D')$，那么攻击者就知道了 $MAC_K(\text{padding}(D') \parallel Y') = MAC_K(\text{padding}(D) \parallel Y)$，其中 $Y'=Y \oplus MAC_K(D) \oplus MAC_K(D')$（这里假定 D 和 Y 的比特长度为 n 的整数倍）。这也构成了一个伪造，因为攻击者在获得了两个已知消息和一个选择消息所对应的 MAC 之后，能够对比特串 padding(D') ‖ Y'伪造 MAC。值得注意的是，上述伪造依赖于消息的特殊格式，可能对许多应用没有威胁。

采用填充方法 3 可以抵抗这种攻击。

若 $m<n$，这种攻击仍然适用，但是更加困难一些，需要额外的 $2^{(n-m)/2}$ 对选择（消息，MAC）。

这种攻击对使用两个相同密钥($K'=K$)的 MAC 算法 2 也适用，不过这里要求 Y 包含至少两个消息块，并且其前面 n 比特为"0"。

捷径密钥恢复：基于内部碰撞的密钥恢复攻击适用于某些 MAC 算法。比如说 MAC 算法 3，以及采用填充方式 1、2 或 3 的 MAC 算法 4[7,8,10,13]。

如下的表格比较了本部分各 MAC 算法的安全强度。这里假定底层分组密码算法没有任何弱点。表 B.1 列举了各 MAC 算法的主要性质。因为采用填充方法 1 存在简单伪造攻击，所以这里只采用填充方法 2 和 3。表 B.2 和表 B.3 针对采用 $n=64$ 和 $k=56$（比如说 DES[3]）分组密码的 MAC 算法，介绍了最好的攻击。其中的大部分攻击源自[6,7,8,9,10,12,13,14]；针对 MAC 算法 3($m=32$)的捷径密钥恢复攻击（表 B.3，序号 3）源自表 B.2 中相应攻击的一个扩展。表 B.4 和表 B.5 针对采用 $n=128$ 和 $k=128$ 的分组密码的 MAC 算法 1、2 和 5。攻击复杂度使用 4 元组[$\alpha,\beta,\gamma,\delta$]描述，其中 α 表示离线加密的次数，β 表示已知（消息，MAC）的数目，γ 表示选择（消息，MAC）的数目，δ 表示在线验证的次数。

在假设分组密码是伪随机置换的情况下，文献[6]对输入是定长的 MAC 算法 1 做了分析，给出了安全强度的一个下界，证明了其安全性；文献[11]对输入是任意长度的 MAC 算法 2 做了分析，同样证明了其安全性。文献[6,11]同时说明了在假定底层分组密码没有弱点的条件下，前面所述的很多生日攻击接近于最好的攻击。对六种 MAC 算法的系统分析参见文献[15,16]。

表 B.1　六个 MAC 算法的特性；密钥个数表示相互独立的分组密码密钥个数，效率表示处理长度为 *tn* 比特的比特串所用的加密次数

序号	MAC 算法	初始变换	输出变换	填充方式	密钥个数	效率
1.1	1	1	1	2	1	$t+1$
1.2	1	1	1	3	1	$t+2$
2.1	2	1	2	2	1	$t+2$
2.2	2	1	2	2	2	$t+2$
3	3	1	3	2	2	$t+3$
4.1	4	2	2	2	2	$t+3$
4.2	4	2	2	3	2	$t+4$
5	5	1	1	2	1	$2t+2$
6	6	2	2	2	2	$2t+6$

表 B.2　当 $n=64$、$k=56$ 和 $m=64$ 时的安全强度估计；安全强度由四个数字表示：离线加密的次数，已知（比特串，MAC）的数目，选择（比特串，MAC）的数目以及在线验证的次数

	密钥恢复		伪造		
序号	密钥穷搜索	捷径密钥恢复	猜测 MAC 值	异或	生日伪造
1.1	$[2^{56},1,0,0]$	—	$[0,0,0,2^{56}]$	$[0,1,0,0]$	$[0,2^{32},1,0]$[a]
1.2	$[2^{56},1,0,0]$	—	$[0,0,0,2^{56}]$	—	$[0,2^{32},1,0]$[a]
2.1	$[2^{56},1,0,0]$	—	$[0,0,0,2^{56}]$	—	$[0,2^{32},1,0]$[a]
2.2	$[2^{112},1,0,0]$	$[2^{57},2,0,0]$	$[0,0,0,2^{64}]$	—	$[0,2^{32},1,0]$[a]
3	$[2^{112},2,0,0]$	$[2^{57},2^{32},0,0]$ $[2^{56},1,0,2^{56}]$	$[0,0,0,2^{64}]$ $[0,1,0,2^{56}]$	—	$[0,2^{32},1,0]$[a]
4.1	$[2^{112},2,0,0]$	$[2^{58},2^{32},2,0]$[a] $[2^{58},1,1,2^{56}]$[a]	$[0,0,0,2^{64}]$ $[2^{58},1,1,2^{56}]$[a]	—	$[0,2^{32},1,0]$[a]
4.2	$[2^{112},2,0,0]$	$[2^{57},2^{32},2^{50},0]$	$[0,0,0,2^{64}]$	—	$[0,2^{32},1,0]$[a]
5	$[2^{56},1,0,0]$	—	$[0,0,0,2^{56}]$	—	—
6	$[2^{112},2,0,0]$	—	$[0,0,0,2^{64}]$	—	$[0,2^{64},2^{64},0]$[a]

[a] 表示采用填充方式 3 并且在比特串头部附加一个序列号消息块可避免相应攻击。

表 B.3　当 $n=64$、$k=56$ 和 $m=32$ 时的安全强度估计；安全强度由四个数字表示：离线加密的次数，已知（比特串，MAC）的数目，选择（比特串，MAC）的数目以及在线验证的次数

	密钥恢复		伪造		
序号	密钥穷搜索	捷径密钥恢复	猜测 MAC 值	异或	生日伪造
1.1	$[2^{56},2,0,0]$	—	$[0,0,0,2^{32}]$	$[0,2,2^{16},0]$	$[0,2^{32},2^{32},0]$[a]
1.2	$[2^{56},2,0,0]$	—	$[0,0,0,2^{32}]$	—	$[0,2^{32},2^{32},0]$[a]
2.1	$[2^{56},2,0,0]$	—	$[0,0,0,2^{32}]$	—	$[0,2^{32},2^{32},0]$[a]
2.2	$[2^{112},4,0,0]$	$[2^{57},2^{32},2^{32},0]$ $[2^{88},4,0,0]$	$[0,0,0,2^{32}]$	—	$[0,2^{32},2^{32},0]$[a]
3	$[2^{112},4,0,0]$	$[2^{57},2^{32},2^{32},0]$[a] $[2^{89},2^{32},0,0]$ $[2^{56},2,0,2^{56}]$	$[0,0,0,2^{32}]$	—	$[0,2^{32},2^{32},0]$[a]
4.1	$[2^{112},4,0,0]$	$[2^{78},2^{32},2^{50},0]$	$[0,0,0,2^{32}]$	—	$[0,2^{32},2^{32},0]$[a]
4.2	$[2^{112},4,0,0]$	$[2^{78},2^{32},2^{50},0]$	$[0,0,0,2^{32}]$	—	$[0,2^{32},2^{32},0]$[a]
5	$[2^{56},2,0,0]$	—	$[0,0,0,2^{32}]$	—	—
6	$[2^{112},4,0,0]$	—	$[0,0,0,2^{32}]$	—	$[0,2^{64},2^{96},0]$[a]

[a] 表示采用填充方式 3 并且在比特串头部附加一个序列号消息块可避免相应攻击。

表 B.4　当 $n=128$、$k=128$ 和 $m=64$ 时的安全强度估计；安全强度由四个数字表示：离线加密的次数，已知（比特串，MAC）的数目，选择（比特串，MAC）的数目以及在线验证的次数

	密钥恢复		伪造		
序号	密钥穷搜索	捷径密钥恢复	猜测 MAC 值	异或	生日伪造
1.1	$[2^{128},2,0,0]$	—	$[0,0,0,2^{64}]$	$[0,2,2^{32},0]$	$[0,2^{64},2^{64},0]$[a]
1.2	$[2^{128},2,0,0]$	—	$[0,0,0,2^{64}]$	—	$[0,2^{64},2^{64},0]$[a]
2.1	$[2^{128},2,0,0]$	—	$[0,0,0,2^{64}]$	—	$[0,2^{64},2^{64},0]$[a]
5	$[2^{128},2,0,0]$	—	$[0,0,0,2^{64}]$	—	—

[a] 表示采用填充方式 3 并且在比特串头部附加一个序列号消息块可避免相应攻击。

表 B.5 当 $n=128$、$k=128$ 和 $m=32$ 时的安全强度估计;安全强度由四个数字表示:离线加密的次数,已知(比特串,MAC)的数目,选择(比特串,MAC)的数目以及在线验证的次数

	密钥恢复		伪造		
序号	密钥穷搜索	捷径密钥恢复	猜测 MAC 值	异或	生日伪造
1.1	$[2^{128},4,0,0]$	—	$[0,0,0,2^{32}]$	$[0,2,2^{48},0]$	$[0,2^{64},2^{96},0]$ [a]
1.2	$[2^{128},4,0,0]$	—	$[0,0,0,2^{32}]$	—	$[0,2^{64},2^{96},0]$ [a]
2.1	$[2^{128},4,0,0]$	—	$[0,0,0,2^{32}]$	—	$[0,2^{64},2^{96},0]$ [a]
5	$[2^{128},4,0,0]$	—	$[0,0,0,2^{32}]$	—	—

[a] 表示采用填充方式 3 并且在比特串头部附加一个序列号消息块可避免相应攻击。

基本原理

本部分对 MAC 算法选择的一个重要的因素是与 ANSI、ISO 和 ISO/IEC 标准的前期版本保持兼容性。

与以前的版本相比较,数据填充方法从两个增加为三个。第三种填充方法以很小的代价使得 MAC 算法能够抵抗某些攻击,特别是当 MAC 算法使用者能够容易地在要处理的数据前附加一个长度分组的情况下。

以前版本附录 A 中的可选进程,在本版本中被调整到标准主体中。

另外,新加入了三种 MAC 算法:

- MAC 算法 4 提供了一种改进的增加密钥长度的方法。强烈建议用户采用这个 MAC 算法和填充方式 3;

因为在代价大致相同的情况下,它比 MAC 算法 3 提供了更好的安全性。

- MAC 算法 5 能够更强地抵抗生日伪造攻击。
- MAC 算法 6 不但提供了一种改进的增加密钥长度的方法,而且能够更强地抵抗生日伪造攻击。

相比较于其他改进 CBC-MAC 的方式,本部分中规定的 MAC 算法不仅提供了增强的安全性,而且相对简单,使得分析与实现更加容易。

参 考 文 献

[1] ISO 16609:2004 Banking—Requirements for message authentication using symmetric techniques.

[2] ISO/IEC 10181-6:1996 Information technology—Open Systems Interconnection—Security frameworks for open systems:Integrity framework.

[3] ANSI X3.92:1981 Data Encryption Algorithm.

[4] ANSI X9.9:1986 Financial Institution Message Authentication(Wholesale).

[5] ANSI X9.19:1986 Financial Insti8tution Retail Message Authencication.

[6] M. Bellare, J. Kilian, P. Rogaway, "The security of cipher block chaining," Advances in Cryptology-Crypto'94, LNCS 839, pp. 341-358, Springer-Verlag, 1994.

[7] D. Coppersmith, C. J. Mitchell, "Attacks on MacDES MAC algorithm," Electronics Letters, Vol. 35, No. 19, pp. 1626-1627, 1999.

[8] D. Coppersmith, C. J. Mitchell, "Key Recovery and Forgery Attacks on the MacDES MAC Algorithm," Advances in Cryptology-Crypto 2000, LNCS 1880, pp. 184-196, Springer-Verlag, 2000.

[9] L. Knudsen, "Chosen-text attack on CBC-MAC," Electronics Letters, Vol. 33, No. 1, pp. 48-49, 1997.

[10] L. Knudsen, B. Preneel, "MacDES: MAC algorithm based on DES," Electronics Letters, Vol. 34, No. 9, pp. 871-873, 1998.

[11] E. Petrank, C. Rackoff, "CBC MAC for real-time data sources," Journal of Cryptology, Vol. 13, No. 3, pp. 315-338, 2000.

[12] B. Preneel, P. C. van Oorschot, "MDx-MAC and building fast MACs from hash functions," Advances in Cryptology-Crypto'95, LNCS 963, pp. 1-14, Springer-Verlag, 1995.

[13] B. Preneel, P. C. van Oorschot, "A key recovery attack on the ANSI X9.19 retail MAC, "Electronics Letters, Vol. 32, No. 17, pp. 1568-1569, 1996.

[14] B. Preneel, P. C. van Oorschot, "On the security of iterated Message Authentication Codes," IEEE Transactions on Information Theory, Vol. 45, No. 1, pp. 188-199, 1999.

[15] Karl Brincat and Chris J. Mitchell, "New CBC-MAC forgery attacks," ACISP 2001, LNCS 2119, pp. 3-14. Springer-Verlag, 2001.

[16] Antoine Joux, Guillaume Poupard, and Jacques Stern, "New attacks against standardized MACs," Fast Software Encryption-FSE 2003, LNCS 2887, pp. 170-181. Springer-Verlag, 2003.

ICS 97.040.01
Y 63

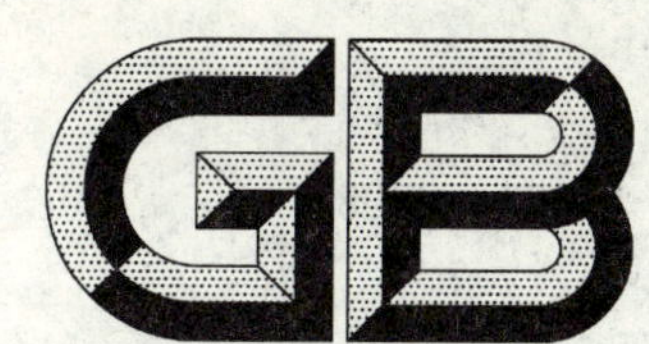

中华人民共和国国家标准

GB/T 15854—2008
代替 GB/T 15854—1995

食物搅碎器

Food blenders

2008-06-26 发布　　　　2009-05-01 实施

中华人民共和国国家质量监督检验检疫总局
中国国家标准化管理委员会　发布

前　言

本标准代替 GB/T 15854—1995《食物搅碎器》。

本标准与 GB/T 15854—1995 的主要差异如下：

——增加前言内容；

——第 2 章引用标准根据内容进行部分删减；

——删除原标准第 3 章中的 3.1 和 3.9；

——将原标准第 4 章内容修改为附录 A，并删除对于规格的要求，后续章节号相应进行调整；

——删除原标准“5.4　结构”和“5.8　外观”中的部分内容，以及“5.7　材料”的全部内容；

——试验方法根据技术要求的变化进行相应调整；

——删除原标准第 7 章内容。

本标准的附录 A 为资料性附录。

本标准由中国轻工业联合会提出。

本标准由全国家用电器标准化技术委员会归口。

本标准起草单位：中国家用电器研究院、广东新宝电器股份有限公司、九阳股份有限公司、浙江苏泊尔家电制造有限公司、美的集团有限公司、佛山市富士宝电器科技有限公司。

本标准主要起草人：马德军、杨彬、王建亮、蔡才德、黄桂团、陆社本、张文浩。

本标准于 1995 年首次发布，本次为第一次修订。

食 物 搅 碎 器

1 范围

本标准规定了食物搅碎器的产品分类、技术要求、试验方法、检验规则、标志、包装、运输及贮存。

本标准适用于额定频率为50 Hz,额定电压为220 V,在家庭和类似场所使用的由电动机驱动容器内的刀片高速旋转以搅拌或搅碎食物的搅碎器。

2 规范性引用文件

下列文件中的条款通过本标准的引用而成为本标准的条款。凡是注日期的引用文件,其随后所有的修改单(不包括勘误的内容)或修订版均不适用于本标准,然而,鼓励根据本标准达成协议的各方研究是否可使用这些文件的最新版本。凡是不注日期的引用文件,其最新版本适用于本标准。

GB/T 230 金属洛氏硬度试验

GB/T 1019 家用和类似用途电器包装通则

GB/T 2423.3 电工电子产品环境试验 第2部分:试验方法 试验Cab:恒定湿热试验(GB/T 2423.3—2006,IEC 60068-2-78:2001,IDT)

GB/T 2423.17 电工电子产品环境试验 第2部分:试验方法 试验Ka:盐雾(GB/T 2423.17—2008,IEC 60068-2-11:1981,IDT)

GB/T 4214.1 声学 家用电器及类似用途器具噪声测试方法 第1部分:通用要求(GB/T 4214.1—2000,eqv IEC 60704-1:1997)

GB/T 4340 金属维氏硬度试验

GB 4706.1 家用和类似用途电器的安全 通用要求(GB 4706.1—2005,IEC 60335-1:2004(Ed4.1),IDT)

GB 4706.30 家用和类似用途电器的安全 厨房机械的特殊要求(GB 4706.30—2002,idt IEC 60335-2-14:1994)

GB/T 5296.2 消费品使用说明 家用及类似用途电器的使用说明

3 术语和定义

下列术语和定义适用于本标准。

3.1

食物搅碎器 food blenders

由电动机驱动容器内的刀片高速旋转以搅拌或搅碎食物的电器。(简称:搅碎器)

3.2

固体食物搅碎器 solid food blenders

主要搅碎固体食物的搅碎器。(简称:固体搅碎器)

3.3

浸入食物搅碎器 immersing food blenders

主要搅拌液体混合物或搅碎浸液食物的搅碎器。(简称:浸入搅碎器)

3.4

多功能食物搅碎器 multifunction food blenders

具有3.2和3.3两种功能的搅碎器。(简称:多功能搅碎器)

3.5

搅碎效率　blending efficient

单位时间内,搅碎器消耗单位输入功率所搅碎的食物量。

3.6

额定质量　nominal weight

搅碎器一次搅碎固体或浸液食物的质量,以克(g)为单位。

3.7

额定容量　nominal capacity

搅碎器一次搅拌液体混合物的体积,以毫升(mL)为单位。

4　技术要求

4.1　使用条件

4.1.1　使用环境

a)　海拔不超过 1 000 m;

b)　使用环境的空气温度为(0～40)℃;

c)　使用环境的空气最高相对湿度不大于 90%。

4.1.2　电源要求

a)　电源电压与额定电压的偏差不超过±5%,且其波形为实际正弦波;

b)　电源频率与额定频率的偏差不超过±2%。

4.2　性能要求

4.2.1　固体搅碎器的搅碎性能

按本标准 5.6.1.1 规定的试验方法试验之后,应同时符合下列要求。

a)　留在孔径 1.6 mm(12 目)筛子上的黄豆质量占黄豆质量的 10%(咖啡豆为 20%)以下;

b)　留在孔径 0.315 mm(55 目)筛子上的黄豆质量为黄豆质量的 50%(咖啡豆为 45%)以下;

c)　按本标准 5.6.1.3 规定的方法计算所得的搅碎效率值应不低于 0.36 g/(W・min)。

4.2.2　浸入搅碎器的搅碎性能

按本标准 5.6.1.2 规定的试验方法试验之后,应符合下列要求之一。

a)　按本标准 5.6.1.2a)规定的试验方法试验之后,在筛子上应无残留苹果;按本标准 5.6.1.3 规定的方法计算所得的搅碎效率值应不低于 3.8 mL/(W・min)。

b)　按本标准 5.6.1.2b)规定的试验方法试验之后,搅碎的牛肉应颗粒均匀,且每边长不大于 5 mm;按本标准 5.6.1.3 规定的方法计算所得的搅碎效率值应不低于 1 g/(W・min)。

4.2.3　多功能搅碎器的搅碎性能

多功能搅碎器应同时符合 4.2.1 和 4.2.2 的要求。

4.2.4　噪音性能

搅碎器的噪音以 A 计权声功率级计,按本标准 5.6.2 规定的试验方法测定,额定功率 700 W 以下规格应不大于 85 dB。

注:额定功率 700 W 以上规格正在考虑中。

4.2.5　控制开关性能

控制开关按本标准 5.6.3 规定的试验方法试验之后,不应出现不能切断电流或引起电气上或机械上的失效,并且不应使触头损坏到不能有效地打开或闭合的程度。

4.2.6　刀具硬度性能

刀具的刃口部分按本标准 5.6.4 规定的试验方法测定,其金属洛氏硬度应达到 HRC33～44。

4.2.7 耐候性能

电镀件按 5.6.5，油漆件按 5.6.6 试验后，电镀件和油漆件主要表面不得出现明显的气泡、脱落及锈蚀。

5 试验方法

5.1 试验条件

除非另有规定，所有试验器具、食物的温度和测试室内的温度应为(20±5)℃，测试室内的空气相对湿度应为(45～75)%，空气压力为(86～106) kPa。

5.2 试验电源

除非另有规定，试验电源的电压和频率的波动应在±1%的范围内。

5.3 试验用仪表

试验用的准确度的要求见表1。

表 1 测量仪表的准确度要求

名　　称	准确度要求
电气测量仪表	用于型式试验检测的电气仪表：不低于 0.5 级 用于出厂检验的电气仪表：不低于 1 级
温度测量仪表	应在 0.5 ℃以内
时间测试仪表	不低于 0.5%
质量测量器具	药物天平(量程为 500 g～1 000 g 以内)感量应不低于 0.5 g；精度不低于 1% ； 分析天平感量应不低于 0.1 g，精度不低于 0.1%
体积测量器具	不低于 0.5%
其他仪表	准确度应满足试验条件要求

5.4 试验负载

本标准所包含的试验中，如没有特别说明，均应使用以下负载。

5.4.1 固体搅碎器的负载

向容器内加入炒好的额定质量(如果产品说明书中没有规定额定质量，即以容器 2/3 容积的食物质量作为额定质量)的黄豆或咖啡豆(炒好的黄豆去皮后接近于铁黄色，炒好的咖啡豆表里呈咖啡色)。合上盒盖并通电运转。

炒之前的干黄豆和咖啡豆的密度应分别不大于 0.65 g/cm³ 和 0.75 g/cm³。

如有怀疑，则在开始试验之前，进行以下操作：把炒好的黄豆或咖啡豆在一个开启的浅盘中摊开成一层，在相对湿度为 60%±2%，温度为 30 ℃±2 ℃的条件下保持 24 h，黄豆的密度应为 0.55 g/cm³±0.03 g/cm³，咖啡豆的密度应为 0.65 g/cm³±0.03 g/cm³。

5.4.2 浸入搅碎器的负载

向容器内加入温度约为 20 ℃的额定容量水，合盒盖并通电运转。

5.5 最大额定质量和最大额定容量的测定

5.5.1 固体搅碎器的最大额定质量

把炒好的黄豆或咖啡豆装入生产厂规定的容器中直至容器容积的上限值。然后倒出黄豆或咖啡豆称其质量，即为其最大额定质量。

5.5.2 浸入搅碎器的最大额定容量

向浸入搅碎器容器内加入约 20 ℃的水直至最大容量刻度，倒出水后，测量其体积，即为其最大额定容量。

5.6 性能试验

5.6.1 搅碎性能试验

5.6.1.1 固体搅碎器的搅碎性能

搅碎器放入 5.4.1 规定的负载，在额定供电条件下通电运转 1 min，然后使用孔径 1.6 mm(12 目)和孔径 0.315 mm(55 目)的筛子筛分搅碎的黄豆(或咖啡豆)，称出每个筛子所留下的黄豆(或咖啡豆)的质量，以它占总质量的质量分数表示。同时用电度表法测定出搅碎器在试验过程中所消耗的能量。

5.6.1.2 浸入搅碎器的搅碎性能

a) 把中等大小的苹果去皮除核，并切成 10 mm×20 mm×30 mm 的块，按规定的质量放入容器内，然后加水至额定容量刻度(如果产品说明书仲没有规定额定容量即加水至最大额定容量)，高速连续运转 1 min，接着倒在孔径为 2.38 mm(8 目)的筛子中，在水中筛过，观察筛子上有无残留苹果。同时用电度表法测定搅碎器在试验过程中所耗量的能量。

其中，放入容器内的苹果的质量根据式(1)算出。

$$m = V \times 50\% \tag{1}$$

式中：

m——苹果的质量克数；

V——额定容量的毫升数。

b) 把新鲜的纯瘦牛肉切成每边约 20 mm 的方块肉，肉的温度为(8±2)℃，按额定质量放入容器内，启动搅碎器，高速运转 30 s。同时用电度表法测定搅碎器在试验过程中所消耗的能量。

如果产品说明书中没有规定额定质量，那么放入容器内的牛肉的质量根据式(2)算出。

$$m = V \times 20\% \tag{2}$$

式中：

m——牛肉的质量克数；

V——额定容量的毫升数。

5.6.1.3 搅碎效率计算

根据 5.6.1.1 和 5.6.1.2 中的试验参数，固定搅碎器和浸入搅碎器按下式分别计算。

$$\eta = \frac{1}{60\ 000} \times \frac{V}{P \cdot T} \tag{3}$$

式中：

η——搅碎效率，g/(W·min)或 mL/(W·min)；

V——额定质量或额定容量，g 或 mL；

P——在测试过程中，搅碎器的平均输入功率，kW；

T——测试时，搅碎器的运转时间，h；

$P \cdot T$——搅碎器测试过程中所消耗的能量(可用电度表测得)，kW·h。

5.6.2 噪声试验

噪声测试按 GB/T 4214.1 规定的方法试验，在半消音室内进行测试，以确定 A 计权声功率级。

5.6.3 控制开关耐久性试验

5.6.3.1 将控制开关固定在搅碎器上或与搅碎器正常工作时相同阻抗的试验装置上，在额定电压和额定频率下操作。

5.6.3.2 每次操作包括由“断开”档位置拨经各档位置再回复到“断开”位置的一次循环。

5.6.3.3 其操作频率应不出现触头或电机的过度温升，并且在任何情况下，每次操作之间间隔至少为 15 s，其每档接通时间应不大于 2 s。

5.6.3.4 经受 10 000 次操作。

5.6.4 刀具硬度试验

按GB 230或GB 4340用洛氏或维氏硬度计进行测量，在组成搅碎刀的每把刀片的刃口附近1～2 mm处测两点，每把刀上的硬度值为其两点平均值，搅碎刀的硬度值为各刀片平均硬度值的平均值。采用维氏硬度计测量的结果，应换算成洛氏硬度值。

5.6.5 盐雾试验

按GB/T 2423.17规定的程序和试验条件进行试验，时间为24 h。

试验前，将电镀件表面去油清洗，试验结束后，取出试样，用蘸有清水的布将残留在表面上的盐分擦净。

检查电镀件表面的锈点。

5.6.6 湿热试验

按GB/T 2423.3规定的程序和试验条件进行试验，时间为96 h。

试验前将油漆件表面去油清洗。

6 检验规则

6.1 检验规则

器具应根据本标准试验，并经正式鉴定合格后，方能批量投产。

6.2 检验说明

每台器具须经制造厂检验合格后方能出厂，并应附有质量检验合格证、使用说明书和保修单。

6.3 检验分类

器具的检验分为例行检验和型式检验。

6.4 例行检验

例行检验即在生产过程的末端对产品进行的100%的检验，例行检验项目全部合格方可出厂。例行检验的必检至少包括标志、电气强度、接地电阻(适用时)等项目。

例行检验的方法可参照GB 4706.1，结合生产状况以及产品认证的需要由企业自行规定。

6.5 型式检验

6.5.1 器具在下列情况之一则应进行型式检验。

a) 试制的新产品；

b) 间隔半年以上再生产时；

c) 连续生产的产品每年不少于1次；

d) 当产品在设计、工艺、材料等有重大改变时。

6.5.2 型式检验应包括本标准和GB 4706.1、GB 4706.30中规定的所有项目。如无特殊规定，本标准规定的项目和GB 4706.1、GB 4706.30规定的项目应分别在一台样品上进行，且试验结果应满足标准要求。

6.5.3 型式检验的样品应从例行检验合格的产品中随机抽取。

7 标志、包装、运输、贮存

7.1 标志

7.1.1 产品标志

应符合GB 4706.30的相关规定。

7.1.2 包装箱标志

包装箱标志至少应包括：

a) 产品名称、型号、规格；

b) 制造厂全名；

c） 产品数量及颜色(单件包装可不标出数量)；

d） 包装箱毛重，kg；

e） 包装箱外形尺寸：$L \times W \times H$(长×宽×高)，cm；

f） 注意事项标志："小心轻放"、"切勿受潮"、"向上"等文字或符号；

g） 出厂日期或批号。

7.2 包装

7.2.1 搅碎器的包装应按照 GB/T 1019 中规定的防潮包装流通条件 2 的防震包装进行包装箱设计。

7.2.2 包装箱内应有：

a） 全套搅碎器；

b） 使用说明书，使用说明书的编写应符合 GB 5296.2 的要求；

c） 产品合格证；

d） 电气线路图。

7.2.3 包装好的产品应能承受 GB/T 1019 按流通条件 2 的跌落试验，试验后应符合 GB/T 1019 中要求。

7.3 运输

在运输过程中，严禁雨淋、受潮和剧烈碰撞。

7.4 贮存

搅碎器应贮存在温度低于 40 ℃，通风良好的仓库中，并且其周围空气应符合国家环保法的有关规定。

附　录　A
（资料性附录）
型号命名方法

□ □-□ □

- 工厂设计序号（以数字或英文字母表示）
- 规格代号（按额定输入功率瓦数值表示）
- 功能代号
- 搅碎器代号（以汉语拼音 J 表示）

示例：JG-200B 表示输入功率为 200 W 的固体搅碎器，第二次设计。

功能代号可分为：

a) 固体搅碎器（以汉语拼音字母 G 表示）；

b) 浸入搅碎器（以汉语拼音字母 J 表示）；

c) 多功能搅碎器（以汉语拼音字母 D 表示）。

ICS 71.040.30
G 63

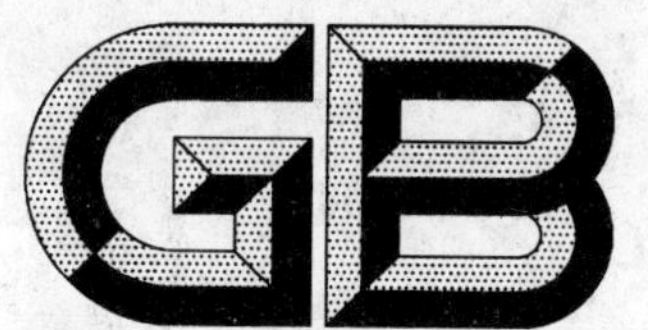

中华人民共和国国家标准

GB/T 15894—2008
代替 GB/T 15894—1995

化学试剂　石油醚

Chemical reagent—Petroleum ether

(ISO 6353-3:1987, Reagents for chemical analysis—
Part 3: Specifications—Second series, NEQ)

2008-05-15 发布　　2008-11-01 实施

中华人民共和国国家质量监督检验检疫总局
中国国家标准化管理委员会　发布

前　言

本标准与 ISO 6353-3:1987《化学分析试剂——第 3 部分:规格　第 2 系列》R73“石油溶剂油 40/60”的一致性程度为非等效。

本标准代替 GB/T 15894—1995《化学试剂　石油醚》,与 GB/T 15894—1995 相比主要变化如下:

——取消第Ⅲ类中苯指标(1995 年版的 3.3);

——酸度的单位由“mmol/100 g”调整为“mmol/g”(1995 年版的 3.3,本版的第 4 章);

——易炭化物质测定中增加 H/8 标准色(1995 年版的 4.3.8;本版的 5.11)。

本标准由中国石油和化学工业协会提出。

本标准由全国化学标准化技术委员会化学试剂分会(SAC/TC 63/SC 3)归口。

本标准起草单位:国药集团化学试剂有限公司。

本标准主要起草人:陈浩云、黄艺刚、陈红。

本标准于 1965 年首次发布,于 1979 年第一次修订、1995 年第二次修订。

化学试剂 石油醚

警告:本标准规定的一些试验过程可能导致危险情况,使用者有责任采取适当的安全和健康措施。

1 范围

本标准规定了化学试剂中石油醚的性状、规格、试验、检验规则和包装及标志。

本标准适用于化学试剂中石油醚的检验。

2 规范性引用文件

下列文件中的条款通过本标准的引用而成为本标准的条款。凡是注日期的引用文件,其随后所有的修改单(不包括勘误的内容)或修订版均不适用于本标准,然而,鼓励根据本标准达成协议的各方研究是否可使用这些文件的最新版本。凡是不注日期的引用文件,其最新版本适用于本标准。

GB/T 601 化学试剂 标准滴定溶液的制备

GB/T 602 化学试剂 杂质测定用标准溶液的制备(GB/T 602—2002,ISO 6353-1:1982,NEQ)

GB/T 603 化学试剂 试验方法中所用制剂及制品的制备(GB/T 603—2002,ISO 6353-1:1982,NEQ)

GB/T 605 化学试剂 色度测定通用方法(GB/T 605—2006,ISO 6353-1:1982,NEQ)

GB/T 606 化学试剂 水分测定通用方法(卡尔·费休法)(GB/T 606—2003,ISO 6353-1:1982,NEQ)

GB/T 615 化学试剂 沸程测定通用方法(GB/T 615—2006,ISO 6353-1:1982,NEQ)

GB/T 6682 分析实验室用水规格和试验方法(GB/T 6682—2008,ISO 3696:1987,MOD)

GB/T 9721 化学试剂 分子吸收分光光度法通则(紫外和可见光部分)

GB/T 9723—2007 化学试剂 火焰原子吸收光谱法通则

GB/T 9728 化学试剂 硫酸盐测定通用方法(GB/T 9728—2007,ISO 6353-1:1982,NEQ)

GB/T 9736—2008 化学试剂 酸度和碱度测定通用方法(ISO 6353-1:1982,NEQ)

GB/T 9737 化学试剂 易炭化物质测定通则(GB/T 9737—2008,ISO 6353-1:1982,NEQ)

GB/T 9740 化学试剂 蒸发残渣测定通用方法(GB/T 9740—2008,ISO 6353-1:1982,NEQ)

GB 15258 化学品安全标签编写规定

GB 15346 化学试剂 包装及标志

HG/T 3921 化学试剂 采样及验收规则

3 性状

本试剂为无色透明具有特殊臭味、易挥发的液体,极易燃烧,不溶于水,可与乙醇、苯、三氯甲烷、二硫化碳、乙醚和油类互溶。

4 规格

石油醚的规格见表1。

表 1

名　称	分析纯		
沸程/℃	第Ⅰ类	第Ⅱ类	第Ⅲ类
	30～60	60～90	90～120
色度/黑曾单位	≤10	≤10	≤10
蒸发残渣,w/%	≤0.001	≤0.001	≤0.001
水分(H_2O),w/%	≤0.015	≤0.015	≤0.015
酸度(以 H^+ 计),/(mmol/g)	≤0.000 015	≤0.000 015	≤0.000 015
苯(C_6H_6),w/%	≤0.025	≤0.025	—
硫化合物(以 SO_4 计),w/%	≤0.015	≤0.015	≤0.015
铁(Fe),w/%	≤0.000 1	≤0.000 1	≤0.000 1
铅(Pb),w/%	≤0.000 1	≤0.000 1	≤0.000 1
易炭化物质	合格	合格	合格

5　试验

5.1　一般规定

本章中除另有规定外,所用标准滴定溶液、标准溶液、制剂及制品,均按 GB/T 601、GB/T 602、GB/T 603 的规定制备,实验用水应符合 GB/T 6682 中三级水规格,样品均按精确至 0.1 mL 量取,所用溶液以"%"表示的均为质量分数。

5.2　沸程

按 GB/T 615 的规定测定。在规定温度内馏出物体积不得少于 90.0 mL。

5.3　色度

量取 50 mL 样品,注入 100 mL 比色管中,按 GB/T 605 的规定测定。

5.4　蒸发残渣

量取 155 mL(100 g)样品,按 GB/T 9740 的规定测定。

5.5　水分

量取 15.5 mL(10 g)样品,以 10 mL 甲醇和 10 mL 三氯甲烷为溶剂,按 GB/T 606 的规定测定。

5.6　酸度

量取 100 mL 无二氧化碳的水,加 2 滴甲基红指示液(1 g/L),用氢氧化钠标准滴定溶液[c(NaOH)=0.01 mol/L]滴定至溶液呈黄色,并保持 30 s。加 77.5 mL(50 g)样品,在分液漏斗中振摇 3 min,静置分层。分出 50 mL 水相,用氢氧化钠标准滴定溶液[c(NaOH)=0.01 mol/L]滴定至溶液呈黄色,并保持 30 s 。结果按 GB/T 9736—2008 中 5.2.2 的规定计算。

5.7　苯

按 GB/T 9721 的规定测定。其中:用 1 cm 石英吸收池,以水为参比,在波长 255 nm 处测定样品中苯的吸光度 A。

苯的质量分数 w,数值以%表示,按式(1)计算:

$$w = \frac{A}{17.6} \qquad \cdots\cdots(1)$$

式中:

A——样品中苯的吸光度;

17.6——换算系数。

5.8 硫化合物

量取3.1 mL(2 g)样品,加入50 mL氢氧化钾-乙醇溶液,回流30 min。从冷凝器上端加入50 mL水,除去冷凝器,于水浴上将有机物全部蒸掉。加5 mL“30%过氧化氢”,在水浴上保温15 min,用盐酸溶液(20%)中和并过量1 mL,稀释至50 mL,同时做空白试验。取10 mL,于水浴上蒸干,加5 mL水溶解残渣(必要时过滤),用氢氧化钠溶液(10 g/L)中和,稀释至20 mL,加0.5 mL盐酸溶液(20%)酸化后,按GB/T 9728的规定测定。溶液所呈浊度不得大于标准比浊溶液。

标准比浊溶液的制备是取10 mL空白试验溶液及含0.06 mg的硫酸盐(SO_4)标准溶液,稀释至20 mL,与同体积试液同时同样处理。

5.9 铁

按GB/T 9723—2007的规定测定。

5.9.1 仪器条件

光源:铁空心阴极灯;

波长:248.3 nm;

火焰:乙炔-空气。

5.9.2 测定方法

量取15.5 mL(10 g)样品,置于蒸发皿中,加1 mL碳酸钠溶液(5 g/L),在水浴上蒸干,残渣溶于5 mL硝酸溶液(1+9)中,稀释至10 mL,按GB/T 9723—2007中7.2.1的规定测定,结果按7.2.3的规定计算。

5.10 铅

按GB/T 9723—2007的规定测定。

5.10.1 仪器条件

光源:铅空心阴极灯;

波长:283.3 nm;

火焰:乙炔-空气。

5.10.2 测定方法

同5.9.2。

5.11 易炭化物质

按GB/T 9737的规定测定。其中:量取10 mL样品,置于干燥的比色管中,冷却至20℃±1℃,加10 mL 20℃±1℃硫酸(优级纯,95.0%±0.5%),充分振摇20 s(60次/min~70次/min),并于20℃±1℃水浴中放置5 min。酸层所呈颜色不得深于Q/8或H/8标准色。

6 检验规则

按HG/T 3921的规定进行采样及验收。

7 包装及标志

按GB 15346的规定进行包装、贮存与运输,并给出标志,其中:

包装单位:第4、5类;

内包装形式:NBY-20、NBY-21、NBY-23、NBY-24、NBY-26、NBY-27、NBY-28、NBY-29;

隔离材料:GC-2、GC-3、GC-4;

外包装形式:WB-1;

标签:符合GB 15258的规定,注明“易燃液体”。

ICS 23.040.70
G 42

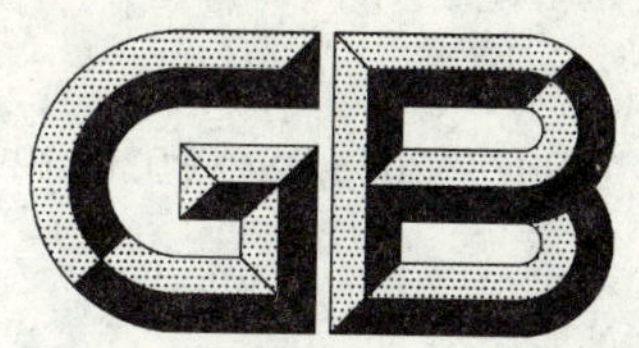

中华人民共和国国家标准

GB/T 15907—2008/ISO 8030:1995
代替 GB/T 15907—1995

橡胶和塑料软管　可燃性试验方法

Rubber and plastics hoses—Method of test for flammability

(ISO 8030:1995,IDT)

2008-05-14 发布　　2008-10-01 实施

中华人民共和国国家质量监督检验检疫总局
中国国家标准化管理委员会　发布

前 言

本标准等同采用国际标准 ISO 8030:1995《橡胶和塑料软管　可燃性试验方法》(英文版)。

本标准等同翻译 ISO 8030:1995。

本标准代替 GB/T 15907—1995《橡胶、塑料软管　燃烧试验方法》。

本标准与 GB/T 15907—1995 相比,主要技术变化如下:

——明确标准适用于内径在 50 mm 以下(含 50 mm)的软管(本版的第 1 章);

——明确了石油燃料用软管可燃性试验的方法(本版的第 1 章);

——增加了引用标准的年号(本版的第 2 章);

——火焰烧到试样的时间由 60 s 改为 60 s±1 s(1995 年版的第 5 章;本版的第 7 章);

——试验报告中增加说明“试验结果仅说明试样在具体试验条件下的性能,不能用作评定软管在使用中可能的火灾危害”(本版的第 8 章)。

本标准第 2 章中,引用的 GB/T 2941 等同采用 ISO 23529:2004,其同时代替 ISO 471、ISO 3383、ISO 4661-1,在技术内容上完全一致;引用的 GB/T 3685—1996 中的酒精灯配置、检查和调节与 ISO 340:1988 技术内容一致。

本标准由中国石油和化学工业协会提出。

本标准由全国橡胶与橡胶制品标准化技术委员会软管分技术委员会(SAC/TC 35/SC 1)归口。

本标准起草单位:中橡集团沈阳橡胶研究设计院。

本标准主要起草人:刘玉芝。

本标准所代替标准的历次版本发布情况为:

——GB/T 15907—1995。

橡胶和塑料软管　可燃性试验方法

警告——使用本标准的人员应熟悉正规实验室操作规程。本标准无意涉及因使用本标准可能出现的所有安全问题。制定相应的安全和健康制度并确保符合国家法规是使用者的责任。

1　范围

本标准规定了评定软管可燃性的方法，不包括预定用于内燃机石油燃料的软管。本方法只限于公称内径在 50 mm 以下（含 50 mm）的软管。

注 1：使用者可参阅关于火焰/余辉要求的适用软管规范。

注 2：石油燃料用软管的可燃性试验方法在 GB/T 20024—2005《内燃机用橡胶和塑料软管　可燃性试验方法》中给出。

2　引用标准

下列文件中的条款通过本标准的引用而成为本标准的条款。凡是注日期的引用文件，其随后所有的修改单（不包括勘误的内容）或修订版均不适用于本标准，然而，鼓励根据本标准达成协议的各方研究是否可使用这些文件的最新版本。凡是不注日期的引用文件，其最新版本适用于本标准。

GB/T 2941　橡胶物理试验方法试样制备和调节通用程序（GB/T 2941—2006，ISO 23529:2004，IDT）

GB/T 3685—1996　输送带酒精喷灯燃烧性能规范和试验方法（eqv ISO 340:1988）

3　通则

本标准规定的试验是一项小型实验室试验，因而指出，所获得的结果仅是指导性的，并不能预测在火焰中的性能。总之，它是一项筛选或质量控制试验，多年来一直用于评定特别是地下用软管的适用性。

应注意需要保证本标准规定的试验在适当的环境条件下进行，并且对人员进行适当的保护。以免受火灾以及烟尘和有毒燃烧物吸入的危害。

4　试验设备

4.1　不通风试验箱，内表面为暗色，顶部有一烟雾出口，有一个操纵灯用的孔和活盖，以及一个带有适当透明材料观察板的滑门。试验箱的构造和大致尺寸示于图 1。

4.2　酒精灯，按 GB/T 3685—1996 的附录 B 进行配置和检查。

4.3　支架，用于将试样以水平状态支撑在灯的上方（见图 2）。

4.4　秒表。

单位为毫米

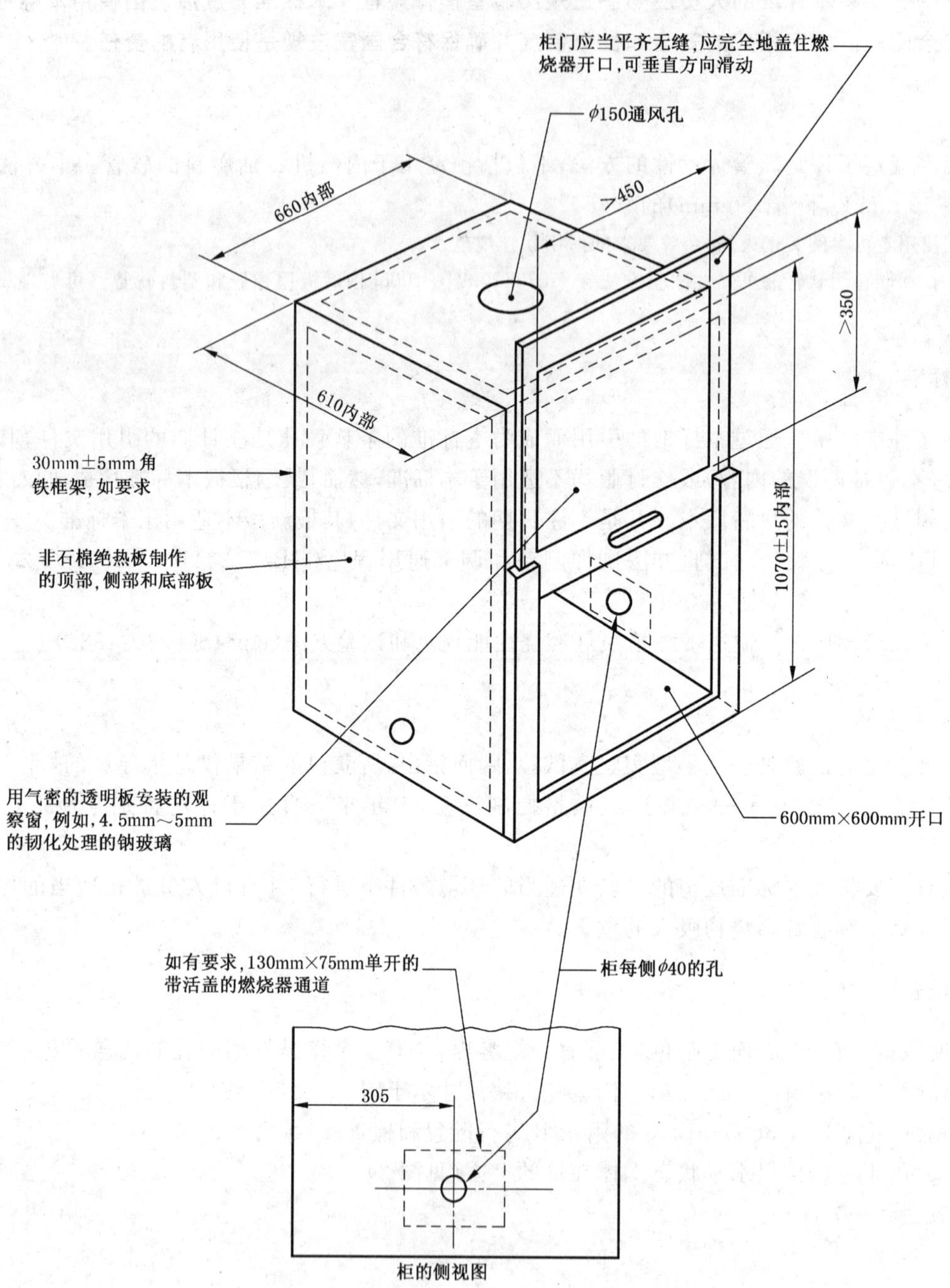

图 1 燃烧试验箱

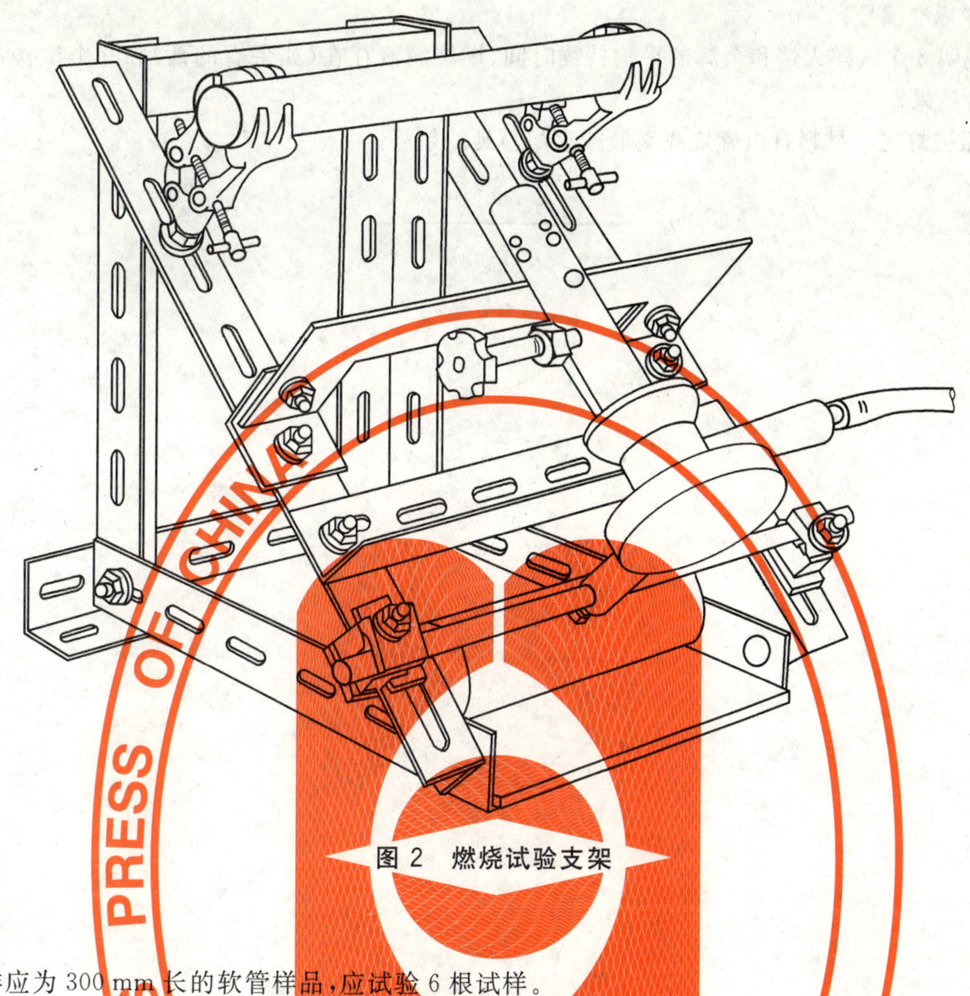

图 2 燃烧试验支架

5 试样

试样应为 300 mm 长的软管样品,应试验 6 根试样。

6 试样调节

在软管制造后 24 h 之内不应进行试验。试验前,试样在标准试验温度和湿度下(见 GB/T 2941)调节至少 3 h。这一时间为制造后 24 h 的一部分。

7 试验程序

在柔和的光线中,灯呈直立放置,按 GB/T 3685—1996 的规定调节灯,试验期间灯的底座应与水平面成 45°角。灯的顶端与试样的距离为 50 mm±2 mm,火焰应与试样纵轴呈 90°角烧到试样的中心点上。

使火焰烧到试样 60 s±1 s,然后撤掉灯。记录 6 个试样中每个试样在撤掉灯之后火焰和余辉的持续时间,并计算出平均持续时间。

8 试验报告

试验报告应包括下列内容:

a) 声明:"试验结果仅说明试样在具体试验条件下的性能,不能用作评定软管在使用中可能的火灾危害";

b) 软管公称内径;

c) 制造日期和批号或参考号;

d) 软管制造方法和增强材料的详细情况;

e) 本标准编号;

f) 说明6个试样火焰和余辉的平均持续时间、燃烧滴液存在(如果有的话)和6个试样各自的试验结果;

g) 撤去灯之后材料自由燃烧或滴液或火焰蔓延的趋势。

ICS 83.120
Q 23

中华人民共和国国家标准

GB/T 15928—2008
代替 GB/T 15928—1995

不饱和聚酯树脂基增强塑料中残留苯乙烯单体含量的测定

Reinforced plastics based on unsaturated polyester resins—Determination of residual styrene monomer content

2008-06-30 发布　　2009-04-01 实施

中华人民共和国国家质量监督检验检疫总局
中国国家标准化管理委员会　发布

前　言

本标准代替 GB/T 15928—1995《不饱和聚酯树脂增强塑料中残留苯乙烯单体含量测定方法》。

本标准与 GB/T 15928—1995 相比主要变化如下：

——增加了毛细管气相色谱法(见第 5 章)；

——删除了填充柱制备条件(GB/T 15928—1995 中的 4.6)。

本标准由中国建筑材料联合会提出。

本标准由全国纤维增强塑料标准化技术委员会归口。

本标准由上海玻璃钢研究院负责起草。

本标准主要起草人：王中林、张小苹。

本标准于 1995 年 12 月首次发布，本次为第一次修订。

不饱和聚酯树脂基增强塑料中残留苯乙烯单体含量的测定*

1 范围

本标准规定了用气相色谱法测定已固化不饱和聚酯树脂增强塑料及其浇铸体中残留苯乙烯单体含量的方法。

本标准适用于不饱和聚酯树脂增强塑料、不饱和聚酯树脂浇铸体中残留苯乙烯单体含量的测定。

2 规范性引用文件

下列文件中的条款通过本标准的引用而成为本标准的条款。凡是注日期的引用文件，其随后所有的修改单(不包括勘误的内容)或修订版均不适用于本标准，然而，鼓励根据本标准达成协议的各方研究是否可使用这些文件的最新版本。凡是不注日期的引用文件，其最新版本适用于本标准。

GB/T 1446—2005 纤维增强塑料性能试验方法总则

GB/T 2577 玻璃纤维增强塑料树脂含量试验方法

3 原理

用二氯甲烷从已固化不饱和聚酯树脂中萃取苯乙烯，然后用气相色谱法测定苯乙烯含量。

4 试剂

4.1 二氯甲烷：分析纯。

4.2 甲醇：分析纯。

4.3 正丁基苯：色谱纯。

4.4 苯乙烯：分析纯，新蒸馏的，在 0 ℃下保存，待用。苯乙烯和等体积的甲醇混合时应产生透明的溶液。

4.5 氮气、氢气和空气：纯度均为 99.999%，用作气相色谱的载气和燃料气。

5 仪器

5.1 气相色谱仪

5.1.1 色谱柱

填充柱和毛细管柱均可，建议采用壁涂开管柱型毛细管柱。

5.1.2 检测器

使用氢火焰离子化检测器(FID)，对苯的灵敏度高于 1×10^{-10} g。

5.1.3 进样器

可使用液体样品的进样器。若使用毛细管柱，可采用带分流的进样器。

5.1.4 数据处理器

使用记录仪或带微型计算机的数据处理器记录处理来自检测器的信号。

5.1.5 微量注射器

容量(1～5)μL。

5.2 分析天平

感量 0.000 1 g。

6 试样

6.1 试样的制备和外观检查按 GB/T 1446—2005 第 4 章规定，试样数量不少于 2 个。

6.2 样品形状一般为长 10 mm，宽 1 mm，厚 1 mm 的长条样品，也可为粉末样品。

6.3 试样切割制作样品及干燥时，要避免会改变苯乙烯单体含量的过热现象。

7 试验步骤

7.1 色谱操作条件

7.1.1 毛细管柱：选用弱极性固定液的开管柱，如 SE-54 壁涂开管柱。

7.1.2 填充柱：选用弱极性商品填充柱，如 401 有机单体填充柱。

7.1.3 典型仪器参数可见表 1。

表 1 典型仪器参数

色谱柱类型	毛细管柱	填充柱
固定液/单体	SE-54	401 有机单体
柱长/m	30	1.5～2
内径/mm	0.25	3～4
色谱柱温度/℃	恒温 130	恒温 170
进样器温度/℃	220	220
检测器温度/℃	250	250
载气	氮气	氮气
载气流量/(mL/min)	2.5～30	50～100
液体进样量/μL	0.5	5
氢气流量/(mL/min)	30	50
空气流量/(mL/min)	275	300～400

7.2 标准曲线绘制

7.2.1 标定用混合液的制备

称取 600 mg 的正丁基苯，精确到 1 mg，定量地移入 1 000 mL 容量瓶中，用 2∶1(体积比)二氯甲烷和甲醇配成的混合液稀释至刻度。稀释时保持液体温度在(20±0.5)℃。

7.2.2 标准曲线绘制

取相同容积容量瓶(50 mL 或 100 mL)5 只，每一容量瓶中准确加入不同质量苯乙烯，用 7.2.1 配制的溶液稀释至刻度，混合均匀。稀释时保持液体温度在(20±0.5)℃。在上述色谱条件下，分别多次进样。测量苯乙烯峰面积 A'_a 和正丁基苯峰面积 A'_b，并分别计算其比值。以苯乙烯浓度 c 为横坐标，以苯乙烯峰面积与正丁基苯峰面积的比值 A'_a/A'_b 为纵坐标绘制标准曲线。加入的苯乙烯浓度依次为 0.05 mg/mL、0.1 mg/mL、0.2 mg/mL、0.5 mg/mL 和 1.0 mg/mL。

7.3 样品测定

7.3.1 萃取液的制备

称取 600 mg 的正丁基苯，准确到 1 mg，定量地移入 1 000 mL 容量瓶中，用二氯甲烷稀释至刻度。在稀释时保持液体温度在(20±0.5)℃。

7.3.2 样品中苯乙烯的萃取

称取(1～2)g 样品，准确到 1 mg，移入容积为 50 mL 的磨口锥形瓶中。用移液管吸取 15 mL 的萃取液，浸泡试样 24 h，不时加以摇动，并保持瓶口密闭。然后用水抽提泵快速过滤，收集滤液。

7.3.3 **样品测定**

用微量注射器取 0.5 μL(填充柱取 5 μL)的 7.3.2 滤液注入色谱仪，待正丁基苯色谱峰流出后，精确测量苯乙烯峰面积 A_a 和正丁基苯峰面积 A_b，并计算其比值 A_a/A_b，由标准曲线 7.2.2 可查得对应的苯乙烯浓度 c。

7.3.4 **树脂含量测定**

含有玻璃纤维和填料的不饱和聚酯树脂增强塑料，其树脂含量按 GB/T 2577 测定。

8 计算

8.1 色谱峰面积

8.1.1 由色谱仪直接计算。

8.1.2 按式(1)分别计算苯乙烯峰面积与正丁基苯峰面积 A：

$$A = h \cdot W_{1/2} \qquad \cdots\cdots(1)$$

式中：

A——面积；

h——峰高；

$W_{1/2}$——半峰宽。

8.2 绘制标准曲线计算

在绘制标准曲线时，可采用直线回归方程式计算，用最小二乘法计算直线回归方程式按式(2)计算：

$$y = kx + b \qquad \cdots\cdots(2)$$

$$k = \frac{n'\sum xy - \sum x \cdot \sum y}{n'\sum x^2 - (\sum x)^2} \qquad \cdots\cdots(3)$$

$$b = \frac{\sum x^2 \sum y - \sum x \sum xy}{n'\sum x^2 - (\sum x)^2} \qquad \cdots\cdots(4)$$

式中：

x——自变量(苯乙烯浓度)；

y——应变量(苯乙烯峰面积与正丁基苯峰面积之比 A'_a/A'_b)；

k——直线斜率；

b——直线在纵坐标轴上的截距；

n'——测定次数。

8.3 试样中残留苯乙烯单体含量按式(5)计算：

$$S = \frac{c \cdot V}{m} \qquad \cdots\cdots(5)$$

式中：

S——残留苯乙烯单体含量，单位为毫克每克(mg/g)；

c——试验测得苯乙烯浓度，单位为毫克每毫升(mg/mL)；

V——萃取液体积，单位为毫升(mL)；

m——样品的质量，单位为克(g)。

8.4 不饱和聚酯树脂中残留苯乙烯单体含量按式(6)计算：

$$S_R = \frac{S}{p} \times 100 \qquad \cdots\cdots(6)$$

式中：

S_R——不饱和聚酯树脂中残留苯乙烯单体含量，单位为毫克每克(mg/g)；

S——同式(5)；

p——试样中不饱和聚酯树脂的质量分数，%。

9 试验结果

不饱和聚酯树脂中残留苯乙烯单体含量平均值按式(7)计算：

$$\overline{S_R} = \frac{\sum S_{Ri}}{n} \qquad (7)$$

式中：

$\overline{S_R}$——不饱和聚脂树脂中残留苯乙烯单体含量的平均值，单位为毫克每克(mg/g)；

S_{Ri}——不饱和聚酯树脂中残留苯乙烯单体含量单值，单位为毫克每克(mg/g)；

n——样品数量。

10 试验报告

按 GB/T 1446—2005 第 7 章规定。

ICS 29.120.10
K 30

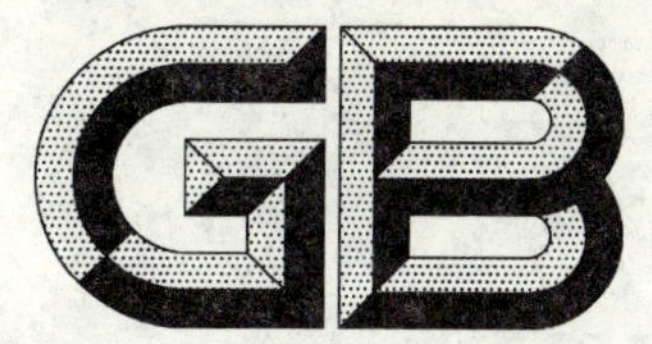

中华人民共和国国家标准

GB 15934—2008/IEC 60799:1998
代替 GB 15934—1996

电器附件　电线组件和互连电线组件

Electrical accessories—Cord sets and interconnection cord sets

(IEC 60799:1998 Ed.2.0,IDT)

2008-06-19 发布　　2009-06-01 实施

中华人民共和国国家质量监督检验检疫总局
中国国家标准化管理委员会　发布

前　言

本标准的全部技术内容为强制性。

本标准等同采用 IEC 60799:1998《电器附件　电线组件和互连电线组件》(第二版)。

本标准是对 GB 15934—1996 的修订。

本标准与 GB 15934—1996 的主要差异如下：

a) 标准名称由《电线组件》改为《电器附件　电线组件和互连电线组件》,标准中增加了互连电线组件的要求。

b) 在标准适用范围中增加了"互连电线组件"(见第 1 章)。

c) 本标准增加了第 2 章"规范性引用文件",结构上比 GB 15934—1996 多了一章。

d) 增加了互连电线组件、型式试验、例行试验的定义(见 3.2、3.3、3.4)。

e) 增加了型式试验和例行试验的要求(见第 4 章)。

f) 增加了互连电线组件中的插头连接器的要求(见 5.1)。

g) 增加了互连电线组件中的连接器和插头连接器的要求(见 5.2.1)。

h) 增加第 7 章"EMC 要求"。

i) 本标准附录 A 为"工厂接线的电线组件和互连电线组件安全性例行试验(防触电保护和正确极性)",GB 15934—1996 附录 A 为"本标准中引用标准与 IEC 799 中用标准的对应关系"。

本标准自实施之日起,代替并废止 GB 15934—1996《电线组件》。

本标准的附录 A 为资料性附录。

本标准由中国电器工业协会提出。

本标准由全国电器附件标准化技术委员会归口。

本标准起草单位:中国电器科学研究院、广东出入境检验检疫局、宁波唯尔电器有限公司、杭州鸿世电器有限公司。

本标准主要起草人:罗怀平、李敏、李建国、冯涌麟、鲁崇衡。

本标准所代替标准的历次版本发布情况为：

——GB 15934—1996。

IEC 引言

1) IEC(国际电工委员会)是由所有国家的电工委员会(IEC 国家委员会)组成的世界范围内的标准化组织。IEC 的宗旨是促进各国在电气和电子领域内有关标准化问题的国际间相互合作。鉴于以上目的及考虑到其他活动的需要,IEC 出版了国际标准。标准的制定工作委托技术委员会完成。任何对该技术问题感兴趣的 IEC 国家委员会均可参加制定工作。与 IEC 有联系的国际、政府及非政府组织也可以参加这项工作。IEC 与国际标准化组织(ISO)在双方达成的协议基础上密切合作。
2) IEC 有关技术问题的正式决议或协议是由所有对此问题感兴趣的国家委员会参加的技术委员会制定的,并尽可能代表了对所涉及的问题在国际上的一致意见。
3) 这些决议或协议,以标准、技术报告或导则的形式出版,以推荐形式供国际上使用,并在此意义上为各个国家委员会所接受。
4) 为了促进国际间的统一,IEC 国家委员尽可能采用 IEC 标准内容作为各个国家及地区的标准。IEC 标准与相应的国家标准或地区标准之间的差异应在国家标准或地区标准中清楚列出。
5) IEC 提供了认可无标识程序,但并不表示对声称其符合某一标准的任一设备承担责任。
6) 本国际标准中的某些内容可能涉及专利权问题,对此应引起注意。IEC 组织不负责识别任一或所有此类专利权问题。

国际标准 IEC 60799 由 IEC 23 技术委员会(电器附件)中的 23G 分技术委员会(器具耦合器)制定。

本标准第二版取代 1984 年出版的第一版,构成了技术上的修订本。

本标准以下述文件为依据:

FDIS	表决报告
23G/181/FDIS	23G/186/RVD

有关本标准表决通过的全部信息可从上面所示的表决报告中查找。

附录 A 仅作为资料性附录。

电器附件 电线组件和互连电线组件

1 范围

本标准规定了家用和类似用途设备所用的电线组件和互连电线组件的要求。

本标准不适用于工业用电线组件(即带有符合 GB/T 11918、GB/T 11919 要求的插头和连接器的工业用电线组件),也不适用于电线加长组件。

注:按本标准的定义,带有可拆线插头和连接器的电源软线不是"电线组件"。但考虑到它们与"电线组件"类似且用途相似,因此建议,这种带有可拆线插头和连接器的电源软线应尽可能地采用本标准的要求。

2 规范性引用文件

下列文件中的条款通过本标准的引用而成为本标准的条款。凡是注日期的引用文件,其随后所有的修改单(不包括勘误的内容)或修订版均不适用于本标准,然而,鼓励根据本标准达成协议的各方研究是否可使用这些文件的最新版本。凡是不注日期的引用文件,其最新版本适用于本标准。

GB 1002 家用和类似用途单相插头插座 型式、基本参数和尺寸

GB 1003 家用和类似用途三相插头插座 型式、基本参数和尺寸

GB 2099.1 家用和类似用途插头插座 第1部分:通用要求(GB 2099.1—1996,eqv IEC 60884-1:1994)

GB 5013(所有部分) 额定电压 450/750 V 及以下橡皮绝缘电缆(IEC 60245,IDT)

GB 5023(所有部分) 额定电压 450/750 V 及以下聚氯乙烯绝缘电缆(IEC 60227,IDT)

GB 17465.1—1998 家用和类似用途的器具耦合器 第1部分:通用要求(eqv IEC 60320-1:1994)

GB 17465.2—1998 家用和类似用途的器具耦合器 第2部分:家用和类似设备用互连耦合器(eqv IEC 60320-2-2:1990)

IEC 60050(151):1978 国际电工名词术语 第151章:电磁装置

IEC 60536:1976 电工电子设备防触电保护分类

3 术语和定义

下述术语和定义适用于本标准。

3.1

电线组件 cord set

由一根带有一个不可拆线的插头和带有一个不可拆线的连接器的软缆或软线组成的,用于将电器器具或设备与电源连接的组件。

3.2

互连电线组件 interconnection cord set

由一根带有一个不可拆线的插头连接器和一个不可拆线的连接器的电线组成的,用于将一个电器器具或设备与另一个器具或设备的电源相互连接的组件。

注1:"不可拆线的插头"和"不可拆线的连接器"的定义分别参见 GB 2099.1 和 GB 17465.1—1998。

注2:电线组件、互连电线组件与电线加长组件之间的区别是,后者有移动式插座而非连接器,而且电线加长组件不能直接用于器具或设备与电源的连接。

注3:接有一段电线的不可拆线的插头有时被称为"不完全电线组件",此类产品的要求见 GB 2099.1。

3.3

型式试验　type test

对给定设计的一个或多个产品进行试验，以证明产品设计符合标准要求。

[IEV 151-04-15]

3.4

例行试验　routine test

在产品制造过程中和/或制造后，对每个单独的产品进行试验，以确定产品是否符合给定标准的要求。

[IEV 151-04-16]

4　一般要求

电线组件和互连电线组件的设计和构造应保证电线组件和互连电线组件在正常使用时性能可靠而且对用户及周围环境没有危险。

通过进行规定的所有试验检查其是否符合本标准要求。

试验如下：

——在每种电线组件和互连电线组件的代表性样品上进行型式试验；

——适用时，在按本标准制造的每个电线组件和互连电线组件上进行例行试验。

注：例行试验在附录A中规定。

5　要求

5.1　对部件的要求

电线组件的插头应符合GB 2099.1的要求。

电线组件的连接器应符合GB 17465.1的要求。

互连电线组件的插头连接器应符合GB 17465.2的要求。

电线组件或互连电线组件的电线应符合GB 5023或GB 5013的要求。

插头、连接器、插头连接器和电线是否符合要求通过相应标准中所规定的试验来检查。一个部件在试验过程中，对组件中另一个部件的影响可忽略不计。

绞合导体的末端承受接触压力处，不能用软焊的方法使其固结，除非夹紧连接方式的设计可以避免由于焊剂的冷流而产生不良接触的危险。

5.2　对整个组件的要求

5.2.1　额定电压

连接器和电线的额定电压应不小于相应插头的额定电压值。同样，对于互连电线组件，连接器的额定电压应不小于相应的插头连接器的额定电压值。

5.2.2　额定电流

插头的额定电流应不小于相应连接器的额定电流。

5.2.3　设备的分类

插头和连接器防触电能力的分类应与所要连接的设备的防触电能力的分类相同，设备防触电能力的分类标准见IEC 60536:1976。

然而，装有用于Ⅱ类设备的连接器的电线组件可以装有用于Ⅰ类设备的符合GB 1002的插头或符合其他三插销系统的插头。

5.2.4　标志

插头、连接器和插头连接器应按相应标准的要求标出其标志。

此外，不与器具一起交货的，而且其插头或插头连接器和连接器不是由同一个制造厂制造的电线组件和互连电线组件还应标出整个电线组件或互连电线组件的制造厂或责任经销商的名称、商标或识别标志。

此类标志不应只标在包装上。

注：例如，制造厂或责任经销商的名称、商标或识别标志可以标在电线组件的护套上。

用于连接Ⅱ类设备的插头、连接器、电线组件或互连电线组件不应标有Ⅱ类结构符号(双方框)。

5.2.5 电线的类型

电线组件或互连电线组件的电线类型不应轻于由电线组件或互连电线组件的连接器所决定的类型，其横截面积不应小于下表所规定的值。

注：较低的规格型号的电线(如，60227 IEC 42)轻于较高规格型号的电线(如，60227 IEC 53)

表 1 电线组件和互连电线组件的电线类型

连接器			软缆或软线的最轻类型	最小截面积/mm²	
额定电流/A	设备类型	使用条件			
0.2	Ⅱ	冷条件	60227 IEC 41	0.75	a
2.5	Ⅰ	冷条件	60227 IEC 52		
2.5	Ⅱ	冷条件	60227 IEC 52	0.75	b
6	Ⅱ	冷条件	60227 IEC 52	0.75	
10	Ⅰ	冷条件	60227 IEC 53	0.75	c
			或 60245 IEC 53	0.75	c
10	Ⅰ	热或酷热条件	60245 IEC 53	0.75	c
			或 60245 IEC 51	0.75	c
10	Ⅱ	冷条件	60227 IEC 53	0.75	c
			或 60245 IEC 53	0.75	c
16	Ⅰ	冷条件	60227 IEC 53	1	c
			或 60245 IEC 53	1	c
16	Ⅰ	酷热条件	60245 IEC 53	1	c
			或 60245 IEC 51	1	c
16	Ⅱ	冷条件	60227 IEC 53	1	c
			或 60245 IEC 53	1	c

[a] 见 5.2.6。

[b] 若电线的长度不超过 2 m，其标称截面积允许为 0.5 mm²。

[c] 若电线的长度超过 2 m，其标称截面积应：

——10 A 的电线组件和互连电线组件为 1 mm²；

——16 A 的电线组件和互连电线组件为 1.5 mm²。

是否符合 5.2.1 到 5.2.5 的要求，通过观察检查。

5.2.6 电线的长度

如果电线的截面积等于或小于 0.5 mm²，则电线组件或互连电线组件的软线长度不应大于 2 m。

注：规格型号 60227 IEC 41 扁形铜皮软线的横截面积小于 0.5 mm²。

分别在电线或电线防护装置进入插头或插头连接器和连接器两点之间测量电线长度。如果没有明确的端点,则在其外径大于电线外直径 1 mm 处测量软线的长度。对于扁平导线,这个增大的外径沿软线的长轴测量。

是否符合要求,通过观察和测量来检查。

6 电气连续性和极性

在带极性的系统中使用的电线组件和互连电线组件,应保证每一极的相对应的插头插销与连接器插套之间的电气连续性。

是否符合要求,通过测量来检查。

7 EMC 要求

注:此要求不包括含有电子元件的电器附件要求,因为相关的需求还未建立。

7.1 抗扰度

7.1.1 不含电子元件的电线组件和互连电线组件

这些电线组件和互连电线组件对正常的电磁干扰不敏感,因此无需进行抗扰度试验。

7.2 发射

7.2.1 不含电子元件的电线组件和互连电线组件

这些电线组件和互连电线组件不会产生电磁干扰,因此无需进行发射试验。

注:这些电线组件和互连电线组件,可能仅在电器附件插入和拔出的非经常性操作中产生电磁干扰。这些电磁干扰的频率、电平以及其发射结果,都被认为是正常电磁环境的一部分。

附　录　A
（资料性附录）
工厂接线的电线组件和互连电线组件安全性例行试验（防触电保护和正确极性）

A.1　一般要求

适用时，所有工厂接线的电线组件和互连电线组件应经受下列试验。

电器附件类型	试　验　条　款
两极的电线组件和互连电线组件	A.2
三极的电线组件和互连电线组件	A.2，A.3，A.4

试验设备或生产体系应确保不合格样品不适合使用或与合格产品隔离，以使不合格样品不能出厂销售。

注："不适合使用"的意思是：该电器附件不能满足预期用途。然而，返修产品（通过可靠的体系运作）返修和重新测试是可以接受的。

通过程序或生产体系应可以识别出可出厂销售的附件已进行过所有相关的试验。

生产商应保存所进行的试验记录，记录包括以下内容：

——产品型号；

——试验日期；

——生产场地（如果生产场地多于1个）；

——试验数量；

——不合格数及所采取的措施，如销毁/返修。

在每次使用前和使用后，以及在连续使用期间，至少每隔24 h，试验设备应进行检查。检查期间，当接入设定的故障产品或施加模拟故障时，设备应能显示故障状况。

只有检查满足要求时，检查前生产的产品才能出厂销售。

试验设备应至少每年检定（计量）一次。

应保存所有检查和必要调试的记录。

A.2　带极性的系统；相线（L）和中线（N）——正确连接

对于带极性的系统，试验应采用安全特低电压（SELV）进行。安全特低电压（SELV）施加在电线组件或互连电线组件一端的L极和N极的插销或插套与另一端对应的L极和N极的插销或插套之间，历时不少于2 s。

注：带有自动计时的试验设备，2 s的试验时间可减少到不少于1 s。

可进行其他合适的试验。

极性应正确。

A.3　接地（E）连续性

试验应采用安全特低电压（SELV）进行。安全特低电压（SELV）施加在电线组件或互连电线组件两端对应的E极插销或附件插套之间，历时不少于2 s。

注：带有自动计时的试验设备，2 s的试验时间可减少到不少于1 s。

可进行其他合适的试验。

应保持接地连续性。

A.4 短路/错误连接和L极或N极与E极的爬电距离和电气间隙的减小

试验应在L极和N极导体与E极导体之间进行。

——在电源末端,如插头施加电压为2 000 V±200 V,50 Hz或60 Hz的交流电,历时不少于2 s。

注:带有自动计时的试验设备,2 s的试验时间可减少到不少于1 s。

或

——波形为1.2/50 μs,峰值电压为4 kV的脉冲电压试验,在每一极施加时间间隔不少于1 s的三个脉冲,试验电压施加在电源末端,如插头或插头连接器。

进行本试验时,可将L极和N极导体连接在一起。

不应发生闪络。

ICS 33.040.20
M 33

中华人民共和国国家标准

GB/T 15940—2008
代替 GB/T 15940—1995

同步数字体系信号的基本复用结构

Basic multiplexing structure for synchronous digital hierarchy signals

2008-10-07 发布　　2009-04-01 实施

中华人民共和国国家质量监督检验检疫总局
中国国家标准化管理委员会　发布

前　言

本标准参照 ITU-T 建议 G.707:2007《同步数字体系(SDH)的网络节点接口》进行修订。

本标准代替 GB/T 15940—1995《同步数字体系信号的基本复用结构》。

本标准对 GB/T 15940—1995 的具体修订内容如下：

a) 根据我国标准化工作导则的有关规定，原标准中第 2 章“引用标准”修改为“规范性引用文件”，第 3 章“术语”修改为“术语和定义”，另外增加了第 4 章“缩略语”；
b) 更新了规范性引用文件；
c) “术语和定义”中增加了 3.4“管理单元组”和 3.6“支路单元组”的术语和定义；
d) 在 3.2 中对虚容器的类型重新进行了划分，把 VC-12 和 VC-3(映射到 TU3 时)规定为低阶虚容器，把 VC-3(映射到 AU-3 时)和 VC-4 规定为高阶虚容器；
e) 在 3.4“管理单元组”中增加了 AUG-N；
f) 对原标准图 1“基本复用结构”进行了修订，引入了 AUG-N、AU-3 等；对原标准图 2“直接从 C-12经 AU-4 的复用方法”、图 3“直接从 C-4 经 AU-4 的复用方法”进行了修订；
g) 把原标准 4.2.2.1“AUG 复用进 STM-N 帧”修改为 5.3.1.1“AUG-N 复用进 STM-N 帧”，对该小节的内容进行了修订，把原标准图 4“N 个 AUG 复用进 STM-N 帧”修订为图 4“AUG-N 复用进 STM-N 帧”，并对图的内容进行了修订；
h) 增加了 5.3.1.2“AUG-N 复用进 AUG-4×N”；
i) 对原标准 4.2.1.2“AU-4 复用进 AUG”修改为 5.3.2“AU-4-Nc 复用进 AUG-N”，对其内容做了相应的修订，并把原标准图 5“AU-4 复用进 AUG”修改为图 6“AU-4 复用进 AUG-1”，对图的内容进行了修订；
j) 增加了 5.3.3“AU-3 复用进 STM-0”；
k) 对原标准的图 8“7 个 TUG-2 复用进 TUG-3”的内容进行了修订；
l) 增加了 5.4.4“TUG-2 复用进 VC-3”。

本标准由中华人民共和国工业和信息化部提出。

本标准由中国通信标准化协会负责归口。

本标准起草单位：信息产业部电信研究院。

本标准主要起草人：李伟、胡昌军、李芳、王郁、张国颖。

本标准于 1995 年 12 月首次发布，本次为第一次修订。

同步数字体系信号的基本复用结构

1 范围

本标准规定了在网络节点接口(NNI)的同步数字体系(SDH)信号的复用结构。

本标准适用于公用电信网和专用电信网中的SDH系统和采用SDH复用结构的通信系统,如SDH传输设备、SDH数字微波通信设备等。

2 规范性引用文件

下列文件中的条款通过本标准的引用而成为本标准的条款。凡是注日期的引用文件,其随后所有的修改单(不包括勘误的内容)或修订版均不适用于本标准,然而,鼓励根据本标准达成协议的各方研究是否可使用这些文件的最新版本。凡是不注日期的引用文件,其最新版本适用于本标准。

ITU-T G.780:2004 同步数字体系(SDH)网络的术语和定义

3 术语和定义

ITU-T G.780:2004定义的下列术语适用于本标准。

3.1

n阶容器 container-n

容器是组成虚容器(参见3.2)净负荷的信息结构。对每种虚容器有其相应的容器,目前规定了四种标准容器C-1、C-2、C-3和C-4,C-1又可分为C-11和C-12。我国采用了C-12、C-3、C-4三种标准容器,分别对应于准同步体系(PDH)的标准接口速率2 048 kbit/s、34 368 kbit/s(44 736 kbit/s)和139 264 kbit/s。

3.2

n阶虚容器 virtual container-n

虚容器是用来支持SDH中通道层连接的信息结构,它由信息净负荷和通道开销(POH)组成块状帧结构,该帧结构每125 μs或50 μs重复一次,识别VC-n帧开始位置的定位信息由服务层网络提供。

已规定了两种类型的虚容器

——低阶虚容器:

VC-n(n=11,12,2,3),它由单个容器C-n(n=11,12,2,3)加上相应的低阶虚容器通道开销(POH)组成。根据3.5“支路单元”术语的定义,当VC-3映射到TU-3时,VC-3被作为低阶虚容器。我国采用VC-12和VC-3作为低阶虚容器。

——高阶虚容器

VC-n(n=3,4),它由单个的VC-n(n=3,4)或支路单元组(TUG-2或TUG-3)的组合及相应的虚容器通道开销(POH)组成。根据3.3“管理单元”术语的定义,当VC-3映射到AU-3时,VC-3被作为高阶虚容器。我国采用VC-3和VC-4作为高阶虚容器。

3.3

n阶管理单元 administrative unit-n

管理单元是在高阶通道层和复用段层之间提供适配的信息结构,它由信息净负荷(高阶虚容器)和指示净负荷帧起点相对于复用段起点偏移的管理单元指针组成。

目前有两种管理单元:AU-4和AU-3。AU-4由VC-4加上指示VC-4相对于STM-N帧的相位校准的管理单元指针组成,AU-3由VC-3加上指示VC-3相对于STM-N帧的相位校准的管理单元指针组成。两种管理单元指针的位置相对于 STM-N 帧都是固定的。

3.4

管理单元组　administrative unit group

一个或多个在同步传送模块 STM-N 净负荷中占据固定的，确定位置的管理单元称为管理单元组（AUG）。

AUG-1 可由 1 个 AU-4 或者 3 个 AU-3 组成，我国规定 AUG-1 由 1 个 AU-4 组成。

3.5

n 阶支路单元　tributary unit-n

支路单元是在低阶通道层和高阶通道层间提供适配的信息结构。它由信息净负荷（低阶虚容器）和指示净负荷帧起点相对于高阶虚容器帧起点的偏移的支路单元指针组成。

TU-n(n=11,12,2,3)由 VC-n 连同支路单元指针组成。我国规定采用 TU-12 和 TU-3。

3.6

支路单元组　tributary unit group

一个或多个在高阶 VC-n 净负荷中占据固定的确定位置的支路单元称为支路单元组（TUG），TUG 可由不同的支路单元所组成，以增加传送网的灵活性。

TUG-2 由 TU-12 组装而成。TUG-3 由 TUG-2 或 TU-3 组装而成。

3.7

网络节点接口　network node interface

NNI 表示网络节点（实现终结复用交叉连接和交换功能）之间的接口。

3.8

指针　pointer

一种指示符，其值定义为虚容器相对于支持它的传送实体的帧参考点的帧偏移。

3.9

SDH 映射　SDH mapping

指在 PDH/SDH 边界处把支路信号适配装入相应虚容器的过程。

3.10

SDH 复用　SDH multiplexing

多个低阶通道层信号适配进高阶通道或多个高阶通道层信号适配进复用段层的过程。

3.11

SDH 定位　SDH aligning

把低阶 VC 适配进支路单元或高阶 VC 适配进管理单元时，将帧偏移信息包含进这些单元的过程。

4　缩略语

下列缩略语适用于本标准：

AUG	administrative unit group	管理单元组
AU-n	administrative unit-n	n 阶管理单元
C-n	container-n	n 阶容器
MSOH	multiplexer section overhead	复用段开销
NNI	network node interface	网络节点接口
PDH	plesiochronous digital hierarchy	准同步数字体系
POH	path overhead	通道开销
PTR	pointer	指针
RSOH	regeneration section overhead	再生段开销

SDH	synchronous digital hierarchy	同步数字体系
SOH	section overhead	段开销
STM	synchronous transport module	同步传送模块
TUG	tributary unit group	支路单元组
TU-n	tributary unit-n	n阶支路单元
VC-n	virtual container-n	n阶虚容器

5 同步数字体系信号的基本复用结构和复用方法

5.1 基本复用结构

表1规定了我国目前采用的VC类型和容量。

表1 VC类型和容量

VC类型	VC带宽/(kbit/s)	VC净负荷/(kbit/s)
VC-12	2 240	2 176
VC-3	48 960	48 384
VC-4	150 336	149 760
VC-4-4C	601 344	599 040
VC-4-16C	2 405 376	2 396 160
VC-4-64C	9 621 504	9 584 640
VC-4-256C	38 486 016	38 338 560
注：更大带宽的VC待研究。		

图1规定了SDH的基本复用结构，对于表1中所列的每一种类型的VC明确了复用到STM-N帧的路线。对于某些应用，例如开放国际租用业务和局域网业务，可能需要提供其他速率信号的映射接口，有待今后补充确定。

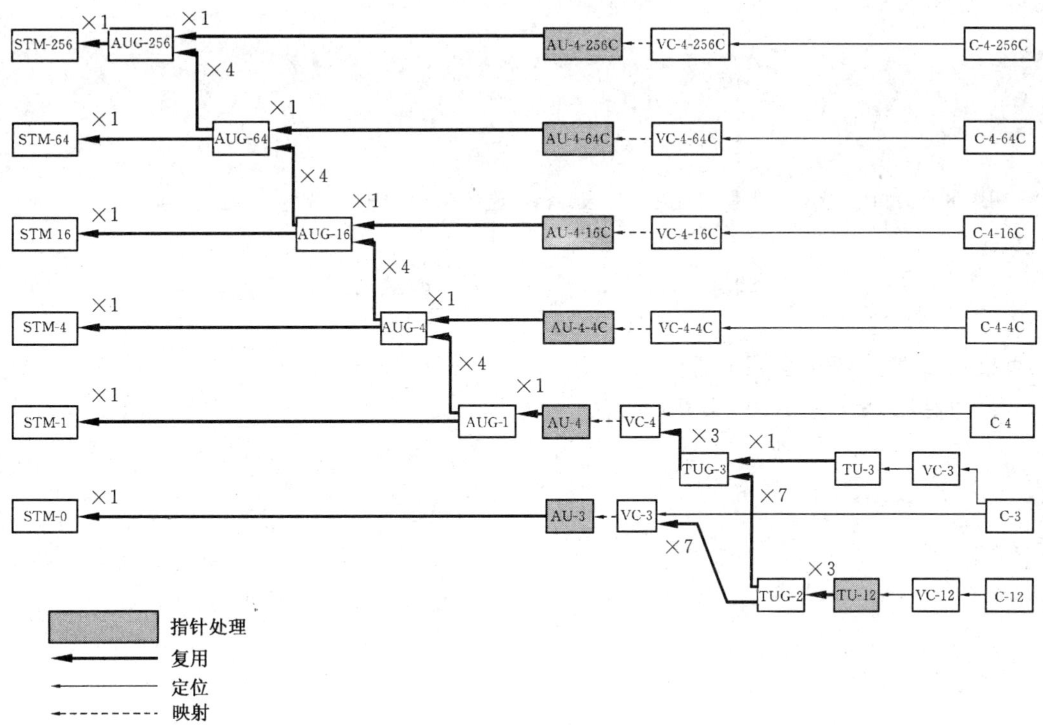

图1 基本复用结构

5.2 基本复用方法

5.2.1 直接从 C-12 经 AU-4 复用的方法

图 2 表示直接从 C-12 经 AU-4 复用的方法。

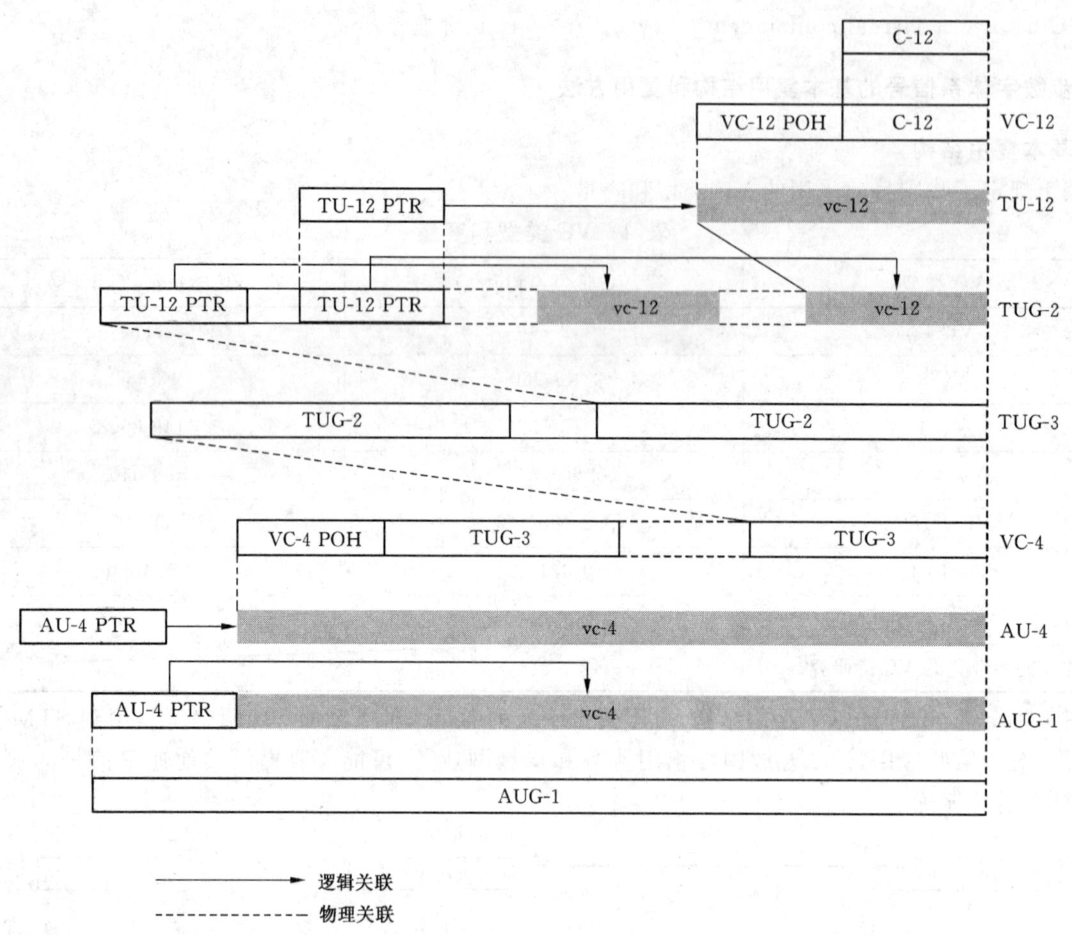

注：无阴影区是为相位定位的，阴影区与无阴影区的相位定位由指针(PTR)规定，并由箭头指示。

图 2 直接从 C-12 经 AU-4 的复用方法

5.2.2 直接从 C-4 经 AU-4 复用的方法

图 3 表示直接从 C-4 经 AU-4 复用的方法。

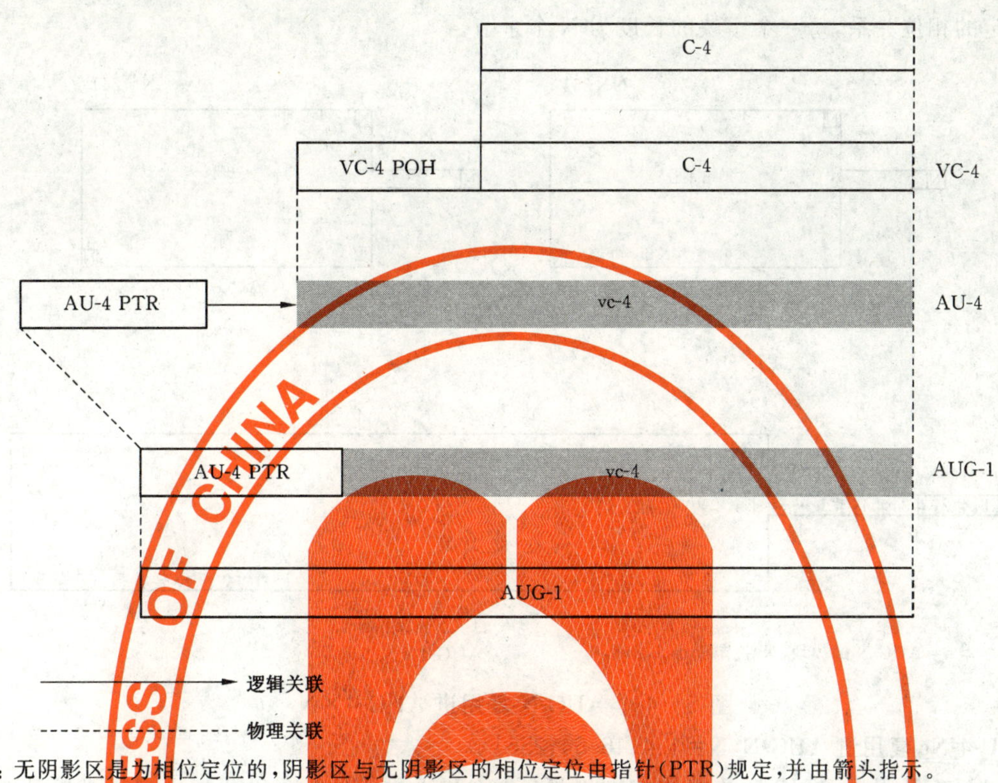

注：无阴影区是为相位定位的，阴影区与无阴影区的相位定位由指针(PTR)规定，并由箭头指示。

图 3 直接从 C-4 经 AU-4 的复用方法

5.3 AU 复用进 STM-N 帧

5.3.1 AUG-N 复用进 STM-N 帧

5.3.1.1 AUG-N 复用进 STM-N 帧(N=1、4、16、64、256)

AUG-N 复用进 STM-N 帧的安排如图 4 所示，AUG-N 由 9 行 N×261 列的净负荷加上第 4 行的 N×9 个字节(为 AU-n 指针)所组成，STM-N 帧由 SOH 及 9 行(N×261 列)净负荷加上第 4 行的 N×9 字节的 AU 指针所组成，AUG-N 复用到 STM-N 帧结构中且与 STM-N 帧具有固定的相位关系。

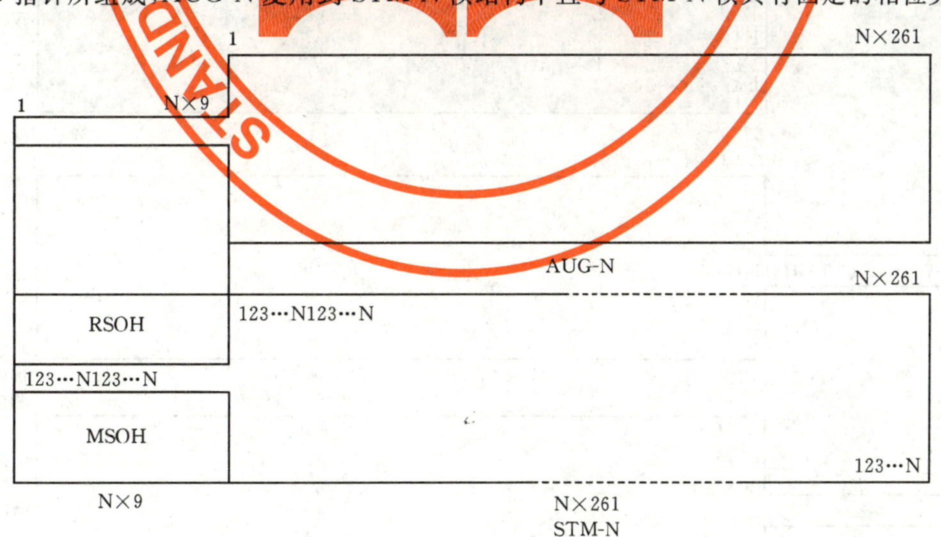

图 4 AUG-N 复用进 STM-N

5.3.1.2 AUG-N 到 AUG-4×N 的复用

4 个 AUG-N 复用进 AUG-4×N 的安排如图 5 所示。AUG-N 由 9 行 N×261 列的净负荷加上第 4

行的 N×9 个字节(为 AU-n 指针)所组成,4 个 AUG-N 以字块间插的方式复用进 AUG-4×N 结构并与其有固定的相位关系,每一个字块的长度为 N 个字节。

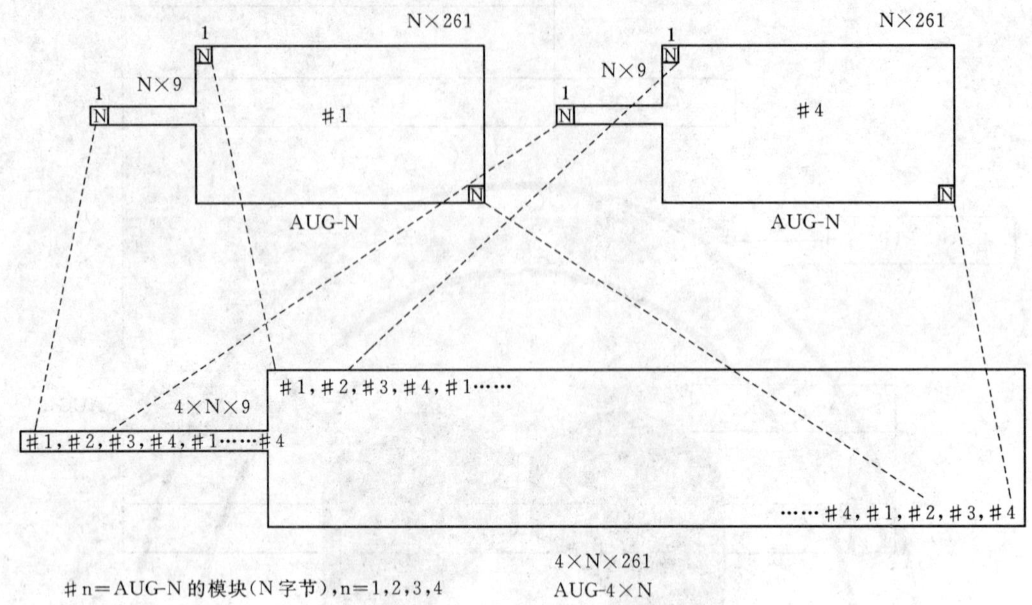

图 5 4 个 AUG-N 复用进 AUG-4×N

5.3.2 AU-4-Nc 复用进 AUG-N(N=1、4、16、64、256)

单个 AU-4 复用进 AUG-1 的安排如图 6 所示。AU-4 由 VC-4 净负荷加上 AU-4 指针组成,但 VC-4 的相位相对于 AU-4 并不固定,可以浮动。VC-4 第一个字节相对于 AU-4 指针的位置由指针值给出。AU-4 直接放入 AUG-1 中。

当 N=4,16,64,256 时,AU-4-Nc 直接放入 AUG-N 中。

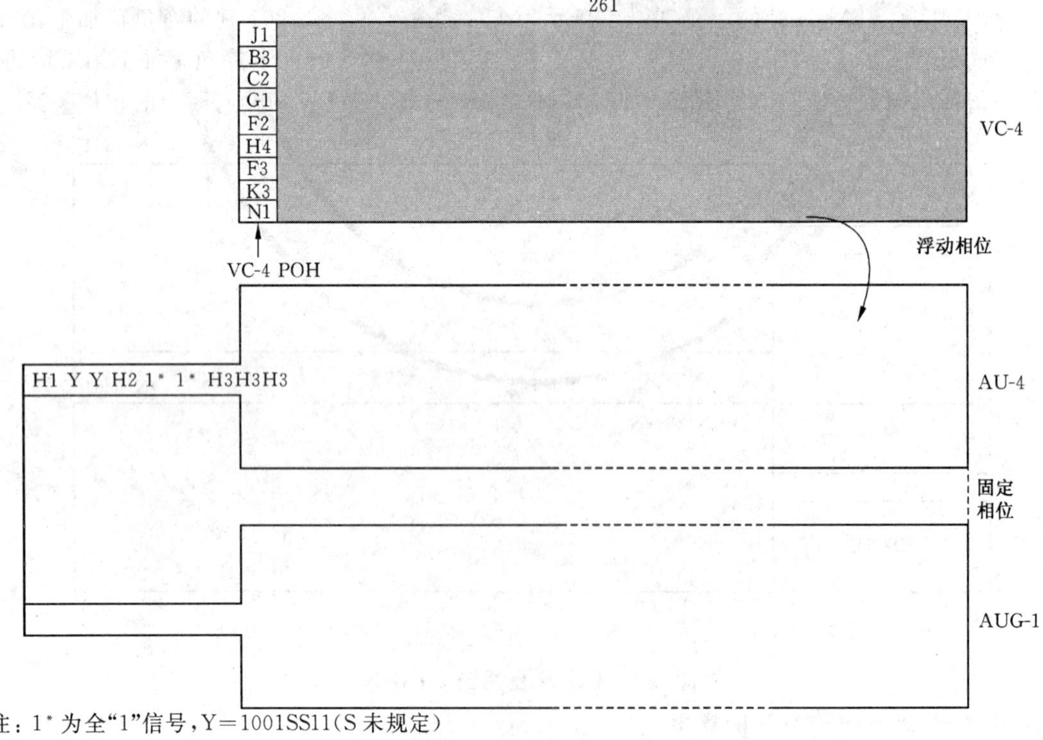

注:1* 为全"1"信号,Y=1001SS11(S 未规定)

图 6 AU-4 复用进 AUG-1

5.3.3 AU-3 复用进 STM-0

AU-3 由 9 行 87 列负荷加上第 4 行的 3 个字节的 AU-3 指针组成。STM-0 由 SOH(包括 RSOH 和 MSOH)加上 AU 指针组成。AU-3 复用进 STM-0 的帧结构并与其有固定的相位关系，安排如图 7 所示。

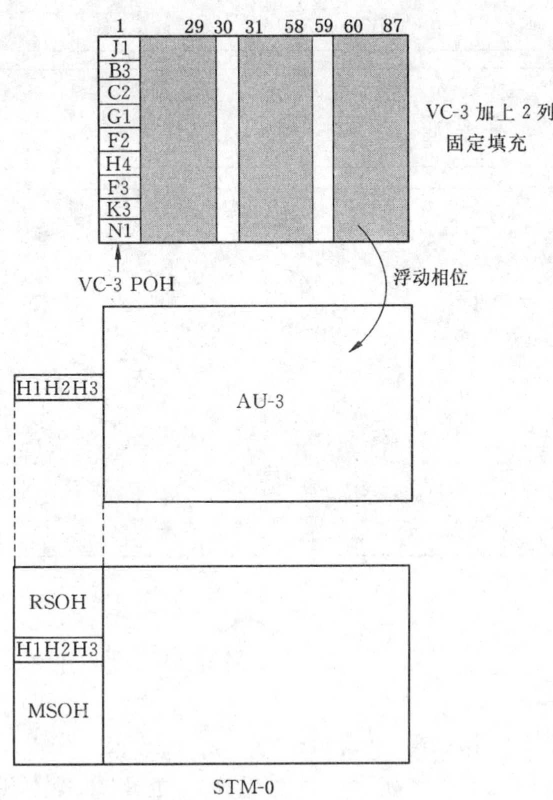

注：每一个 AU-3 中的每一列的固定填充的字节内容都相同。

图 7 AU-3 复用到 STM-0

5.4 支路单元 TU 复用进 VC-4 和 VC-3

5.4.1 TUG-3 复用进 VC-4

将 3 个 TUG-3 复用进 VC-4 的安排如图 8 所示。

TUG-3 为 9 行 86 列结构，VC-4 由 1 列 VC-4 POH 和两列固定填充字节及 258 列净负荷组成，3 个 TUG-3 按单字节间插成 9 行 258 列的 VC-4 净负荷的结构并与 VC-4 具有固定的相位关系。VC-4 和 AU-4 的相位关系由 AU-4 指针给出。

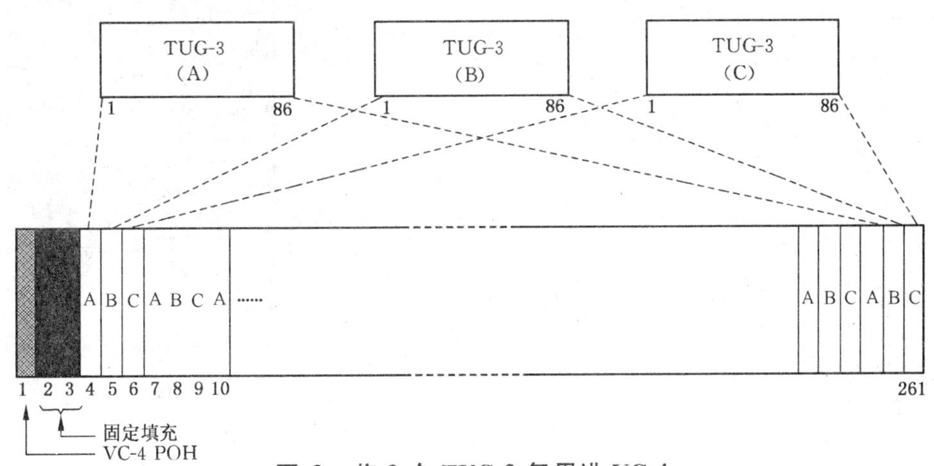

图 8 将 3 个 TUG-3 复用进 VC-4

5.4.2 TU-3 复用进 TUG-3

单个 TU-3 复用进 TUG-3 的结构如图 9 所示。

C-3 加上 VC-3 POH 成为 9 行 85 列的 VC-3，然后 VC-3 进行指针处理成为 TU-3，TU-3 加上填充字节后成为 9 行 86 列的 TUG-3。VC-3 与 TUG-3 的相位关系由 TU-3 指针 H1、H2 和 H3 字节指示。

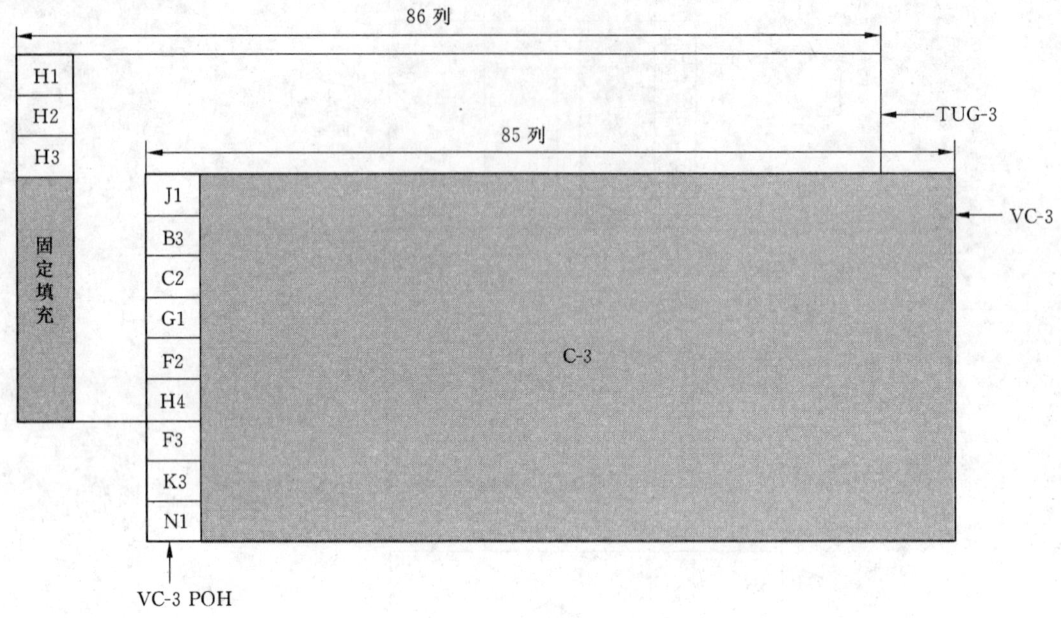

图 9 TU-3 复用进 TUG-3

5.4.3 TUG-2 复用进 TUG-3

TUG-2 复用进 TUG-3 的结构如图 10 所示。

TUG-3 为 9 行 86 列结构，TUG-2 为 9 行 12 列结构，7 个 TUG-2 复用进 TUG-3 为 7×12=84 列，另需加上两列固定填充字节。

7 个 TUG-2 按单字节间插复用进 TUG-3 的安排如图 11 所示。

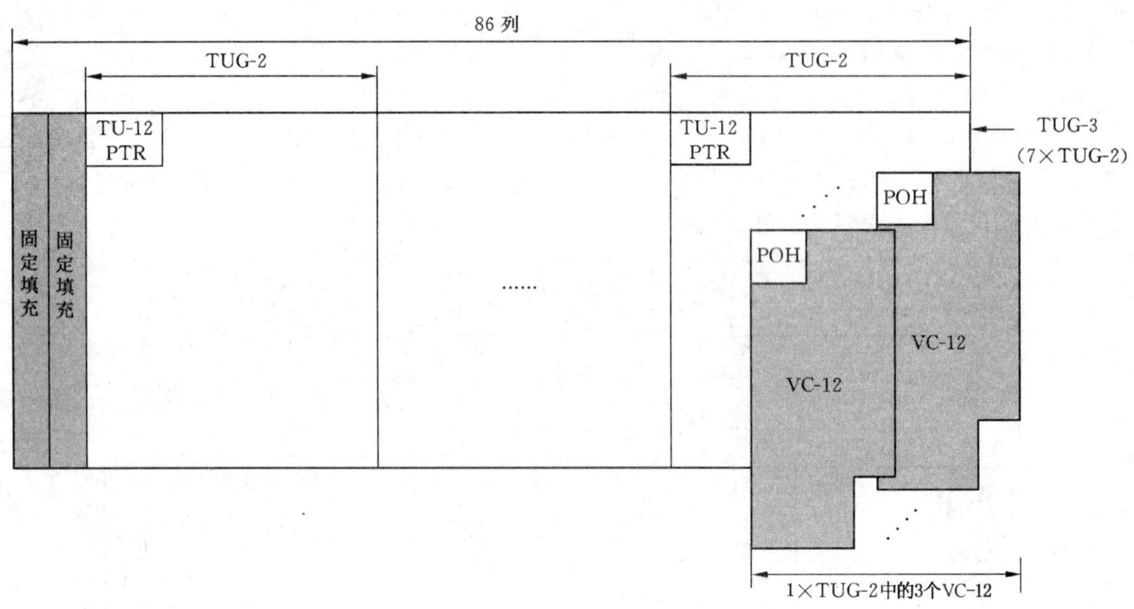

图 10 7 个 TUG-2 复用进 TUG-3 的结构图

图 11　7 个 TUG-2 复用进 TUG-3

5.4.4　**TUG-2 复用进 VC-3**

TUG-2 复用进 VC-3 的结构如图 12 所示。VC-3 包括 VC-3 POH 和 9 行 84 列的净负荷结构，7 个 TUG-2 可复用进 VC-3。

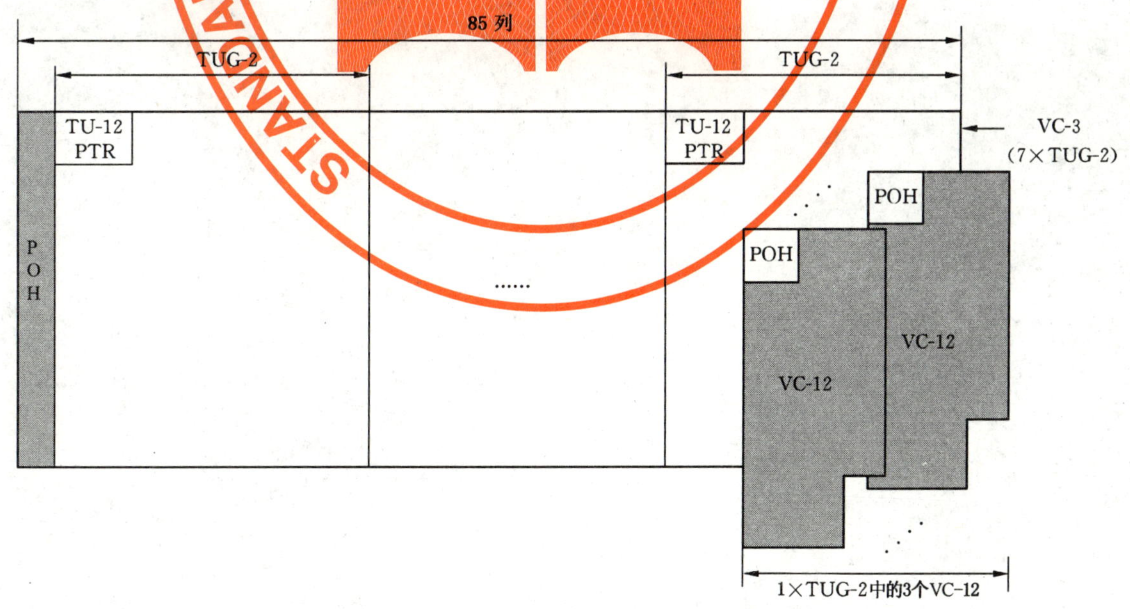

图 12　TUG-2 复用进 VC-3 的结构图

7 个 TUG-2 通过字节间插的方式复用进 VC-3，安排如图 13 所示，每一个 TUG-2 在 VC-3 的帧中都有固定的位置。

5.4.5 **TUG-12 复用进 TUG-2**

3 个 TU-12 复用进 TUG-2 的安排如图 13 所示。TU-12 按单字节间插方式复用进 TUG-2。

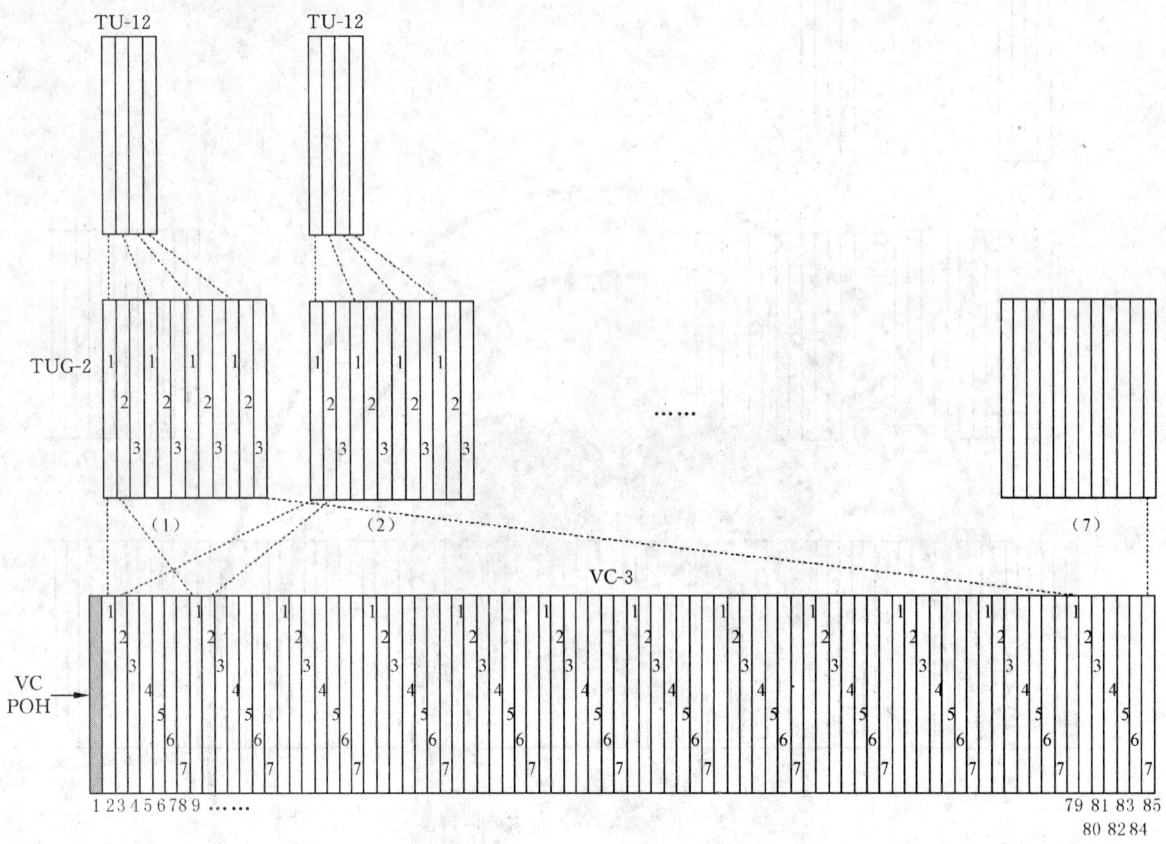

图 13 TUG-2 复用进 VC-3

ICS 33.040.40
M 33

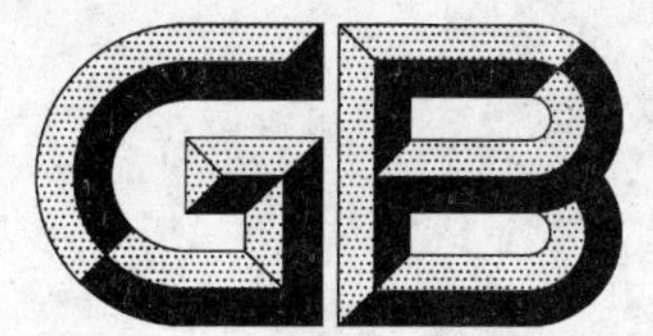

中华人民共和国国家标准

GB/T 15941—2008
代替 GB/T 15941—1995

同步数字体系(SDH)光缆线路系统进网要求

Requirements for synchronous digital hierarchy (SDH) optical fiber cable line systems

2008-04-10 发布 2008-11-01 实施

中华人民共和国国家质量监督检验检疫总局
中国国家标准化管理委员会
发布

前　言

本标准对应国际电信联盟—电信标准部门(ITU-T)G.707、G.957、G.691、G.693、G.841等相关建议，与其一致性程度为非等效在技术内容上一致，在编写格式和方法上不同，格式和方法采用我国标准化工作导则的有关规定。

本标准的“4　比特率与帧结构”和“5　复用结构”对应ITU-T G.707的“6　基本复用原理”和“9　开销字节描述”的部分技术内容，具体如下：

a) 本标准的4.1来自ITU-T G.707的“6.3　系列比特率”；
b) 本标准的4.2.1来自ITU-T G.707的“6.2　基本帧结构”和“6.5　扰码”；
c) 本标准的4.2.2～4.2.6来自ITU-T G.707的“9　开销字节描述”；
d) 本标准的5.1.2来自ITU-T G.707的“6.1　复用结构”。

本标准的“8.2　光接口分类”和“8.3　光接口参数”对应ITU-T建议G.957、G.691和G.693中有关光接口分类和参数定义的部分技术内容。

本标准的“11　保护倒换要求”对应ITU-T G.841的“6　应用考虑”、“7　SDH路径保护”和“8　SDH子网连接保护”的部分技术内容。

在本标准制定过程中还注意了与以下国家标准和行业标准的协调统一：

a) GB/T 7611—2001《数字网系列比特率电接口特性》
b) GB/T 20185—2006《同步数字体系设备和系统的光接口技术要求》
c) YDN 027—1997《SDH传输网技术要求——环形网》
d) YDN 099—1998《光同步传送网技术体制》
e) YD/T 900—1997《SDH时钟技术要求——时钟》
f) YD/T 1078—2000《SDH传输网技术要求——网络保护结构间的互通》
g) YD/T 1267—2003《基于SDH传送网的同步网技术要求》
h) YD/T 1289.2—2003《同步数字体系(SDH)传送网网络管理技术要求　第二部分：网元管理系统(EMS)功能》
i) YD/T 1299—2004《同步数字体系(SDH)网络性能技术要求——抖动和漂移》
j) YD/T 1300—2004《同步数字体系(SDH)网络性能技术要求——通道、复用段和再生段误码》

本标准代替GB/T 15941—1995《同步数字体系(SDH)光缆线路系统进网要求》。

本标准对GB/T 15941—1995的具体修订内容如下：

a) 根据我国标准化工作导则的有关规定，删除了GB/T 15941—1995中的引言，并增加了“3　术语、定义和缩略语”。
b) 在“4　比特率与帧结构”中，按照ITU-T G.707增加了对STM-256信号的相关规范，并更新和完善了部分SDH开销字节的规范。
c) 对GB/T 15941—1995的“5　复用结构”中有关映射方法的内容按照行业标准YD/T 1017和YD/T 1238进行了标准引用，并将这部分内容作为新标准的第6章“映射方法”。
d) 对GB/T 15941—1995的“6　系统组成”的原有内容进行了修改和完善，作为新标准的第7章。
e) 在“8　光接口规范”中，主要是将“接收机老化余度”修改为对“接收机灵敏度余度”的规范，并对各级光接口的参数采用标准引用的方式。
f) 根据GB/T 7611对“9　电接口规范”的技术内容进行了完善。

g) 在“10　同步定时要求”中，对 SDH 时钟定时性能要求采用标准引用的方式，参照行标“YD/T 900”的相关规定；删除“同步时钟来源”和“SDH 定时基准的转换”两节，增加“SDH 设备时钟的定时功能要求”一节，具体内容采用标准引用的方式，参照行标“YD/T 1267”相关章节的规定。

h) 根据行业标准 YDN 099、YDN 027、YD/T 1078 和 ITU-T 建议 G.841、G.806、G.783，对“11　保护倒换要求”的技术内容进行了修改和完善，并增加了“11.6　SDH 网络保护结构间的互通”一节。

i) 根据行业标准 YD/T 1300 和 YD 1299 完善了“12　传输性能要求”的技术内容，主要采用标准引用的方式。此外增加了关于误码指标的两个资料性附录：附录 A“SDH 维护和工程误码参考指标”和附录 B“再生段的误码性能”。

j) 删除了 GB/T 15941—1995 中的“13　光纤光缆种类及基本要求”。

k) 将 GB/T 15941—1995 的“14　运行、管理和维护”一章分为“14　网管系统”和“15　辅助系统和环境条件”两章，并在新的第 14 章中采用标准引用方式参照 YD/T 1289.2 的相关规范。

l) 增加了一个资料性附录：附录 C“针对接收机灵敏度劣化量和余度的解释”。

本标准的附录 A、附录 B 和附录 C 为资料性附录。

本标准由中华人民共和国信息产业部提出。

本标准由中国通信标准化协会负责归口。

本标准由信息产业部电信传输研究所负责起草。

本标准主要起草人：韦乐平、邓忠礼、李英灏、张海懿、李芳、胡昌军、张国颖。

本标准于 1995 年首次发布，本次为第一次修订。

同步数字体系(SDH)光缆线路系统进网要求

1 范围

本标准规定了线路速率为155 520 kbit/s、622 080 kbit/s、2 488 320 kbit/s和9 953 280 kbit/s的SDH光缆线路系统的进网要求。

本标准适用于公用电信网的SDH光缆线路系统。专用电信网也可参照使用。本标准发布之后进网的设备应当满足本标准的要求。

2 规范性引用文件

下列文件中的条款通过本标准的引用而成为本标准的条款。凡是注日期的引用文件,其随后所有的修改单(不包括勘误的内容)或修订版均不适用于本标准,然而,鼓励根据本标准达成协议的各方研究是否可使用这些文件的最新版本。凡是不注日期的引用文件,其最新版本适用于本标准。

GB/T 7611—2001 数字网系列比特率电接口特性

GB/T 20185—2006 同步数字体系设备和系统的光接口技术要求

YD/T 900—1997 SDH时钟技术要求——时钟

YD/T 1017—1999 同步数字体系(SDH)网络节点接口

YD/T 1078—2000 SDH传输网技术要求——网络保护结构间的互通

YD/T 1238—2002 基于SDH的多业务传送节点技术要求

YD/T 1267—2003 基于SDH传送网的同步网技术要求

YD/T 1289.2—2003 同步数字体系(SDH)传送网网络管理技术要求 第二部分:网元管理系统(EMS)功能

YD/T 1299—2004 同步数字体系(SDH)网络性能技术要求——抖动和漂移

YD/T 1300—2004 同步数字体系(SDH)网络性能技术要求——通道、复用段和再生段误码

YD/T 1420—2005 基于2 048 kbit/s系列的数字网抖动和漂移技术要求

YD/T 5095—2000 同步数字系列(SDH)长途光缆传输工程设计规范

YDN 027—1997 SDH传输网技术要求——环形网

YDN 099—1998 光同步传送网技术体制

ITU-T G.691:2003 单信道STM-64、STM-256及其他带有光放大器SDH系统的光接口

ITU-T G.693:2003 局内系统的光接口

ITU-T G.703:2001 系列数字接口的物理/电气特性

ITU-T G.707:2003 同步数字体系(SDH)的网络节点接口

ITU-T G.783:2000 SDH设备功能块特性

ITU-T G.806:2000 传送设备特性——描述方法和通用功能

ITU-T G.826:2000 基群或基群速率以上国际恒定比特率数字通道的差错性能参数和指标

ITU-T G.828:2000 国际恒定比特率数字通道的差错性能参数和指标

ITU-T G.829:2002 SDH复用段和再生段的差错性能事件

ITU-T G.831:2000 同步数字体系(SDH)的传送网管理能力

ITU-T G.841:1998 SDH网络保护结构的类型和特性

ITU-T G.957:1999 同步数字体系(SDH)设备和系统的光接口

ITU-T M.2101:2000 国际多运营商环境下SDH数字通道和复用段投入业务和维护的性能限值

ITU-T M.2101.1:1997　国际 SDH 数字通道和复用段投入业务和维护的性能限值

ITU-T M.3010:2000　电信管理网原理

ITU-T O.181:2002　用于评估 STM-N 接口误码性能的设备

ITU-T Q.811:2004　Q3 接口低层协议概述

ITU-T Q.812:2004　Q3 接口高层协议概述

3　术语、定义和缩略语

3.1　术语

3.1.1

假设参考通道　hypothetical reference path

两个用户(T 参考点或通道端点)间的国际最长假设参考通道(HRP)的长度为 27 500 km。

我国国内标准最长 HRP 的组成如图 1 所示,全长 6 900 km,共分为三部分。长途网中两个长途传输节点之间的假设最长距离为 6 500 km,中继网中长途传输节点与本地传输节点的假设最长距离为 150 km;本地传输节点与用户之间的假设最长距离暂取 50 km。网络中,大部分实际通道的长度都短于上述最长 HRP,因而其性能将优于 HRP 的性能限值。

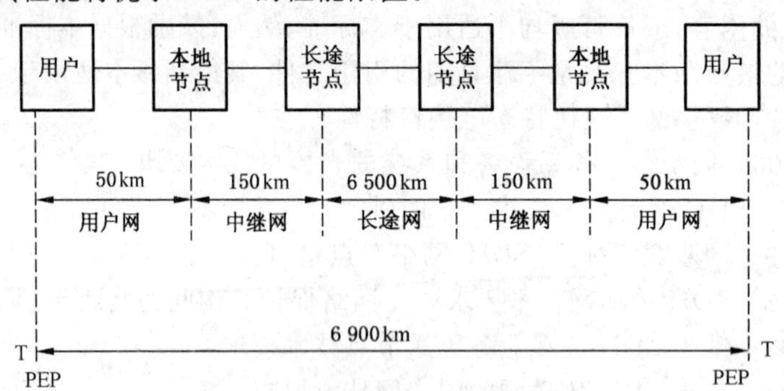

图 1　我国国内标准最长 HRP

3.1.2

SDH 数字段　SDH digital section

在 SDH 国际标准中没有数字段的概念。本标准定义 SDH 数字段。一个由 STM-M 复用段所支持的从 STM-N(N≤M)支路输入口至支路输出口的路径,它既不是 STM-N 复用段,也不是一个 VC-4 或 VC-4-4c 通道。为了便于工程规范和测试,特引入 SDH 数字段的概念,见图 2。

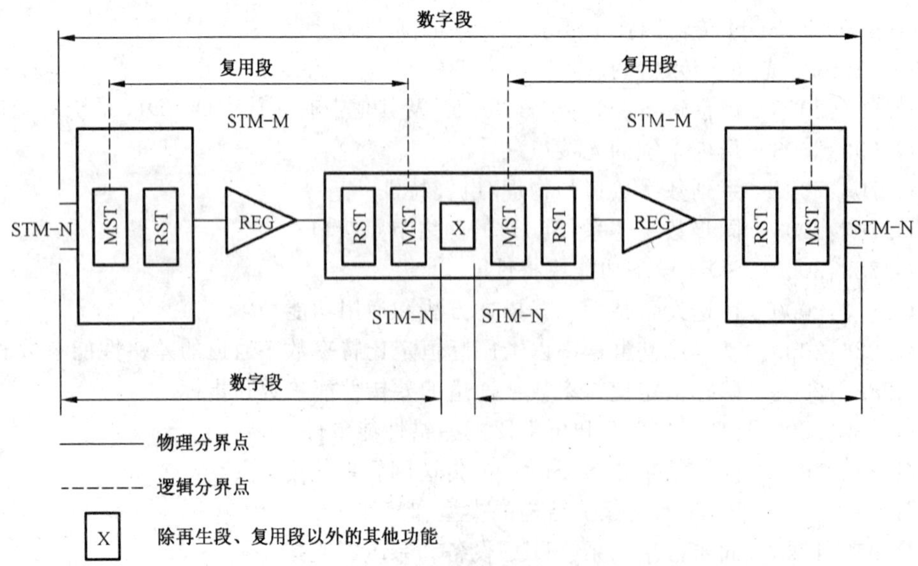

图 2　SDH 数字段和复用段

3.1.3

假设参考数字段　hypothetical reference digital section

两个相邻数字配线架或等效设备之间用来传送一种规定速率的数字信号的全部装置构成一个数字段。而假设参考数字段(HRDS)是一个具有规定长度和指标规范的数字段,它构成 HRP 的一部分。我国数字网网络性能是以假设参考数字段为基础来分配的。

我国长途网光缆数字线路系统的 HRDS 分别为 420 km 或 280 km。中继网的 HRDS 为 50 km。

3.1.4

复用段　multiplex section

复用段(MS)是两个复用段终端功能(MST)之间(包括 MST)在内的一条路径,见图 2。复用段的部分指标与长度有关,在维护领域长度取值有两种≤500 km 和≥500 km。

3.2　缩略语

ADM　Add and Drop Multiplexer　分插复用器
AIS　Alarm Indication Signal　告警指示信号
ATM　Asynchronous Transfer Mode　异步传递(转移)模式
APS　Automatic Protection Switching　自动保护倒换
AU　Administration Unit　管理单元
AU-LOP　Administrative Unit Loss of Pointer　管理单元指针丢失
BBER　Background Block Error Ratio　背景误块比,背景差错块比
BER　Bit Error Ratio　比特差错率(误码率,误比特率,比特差错比)
BIP　Bit Iinterleaved Parity　比特间插奇偶校验
CLNS　Connectionless Network Layer Service　无连接的网络层服务
dDEG　Degradeg Signal Defect　检测到信号劣化
dEXC　Excessive Error Defect　检测到误码超限
DCC　Data Communications Channel　数据通信通路
DQDB　Distributed Queue Dual Bus　分布式排队双总线
DST　Dispersion Supported Transmission　色散支持传输
EDC　Error Detection Code　差错检测码
ESR　Errored Second Ratio　误码秒比,误块秒比
FC　Failure Count　失效次数
FDDI　Fiber Distributed Data Interface　光纤分布式数据接口
GFP　Generic Frame Procedure　通用成帧规程
HDLC　High Level Data Link Control　高阶数据链路控制
HP-UNEQ　Higher Order Path Unequipped　高阶通道未装载
HRP　Hypothetical Reference Path　假设参考通道
HRDS　Hypothetical Reference Digital Section　假设参考数字段
IP　Internet Protocol　因特网协议
LCAS　Link Capacity Adjust Scheme　链路容量调整方案
LED　Light Emitting Diode　发光二极管
LOF　Loss of Frame　帧丢失
LOP　Loss of Pointer　指针丢失
LOS　Loss of Signal　信号丢失
LP-UNEQ　Lower Order Path Unequipped　低阶通道未装载

MAN	Metropolis Area Network	城域网
MFAS	Multiframe Alignment Signal	复帧定位信号
MLM	Multi-Longitudinal Mode	多纵模
MPI	Main Path Interface	主光通道接口
MS	Multiplex Section	复用段
MS-AIS	Multiplex Section Alarm Indication Signal	复用段告警指示信号
MSP	Multiplex Section Protection	复用段保护
MS-RDI	Multiplex Section Remote Defect Indication	复用段远端缺陷指示
MS-REI	Multiplex Section Remote Error Indication	复用段远端差错指示
MSOH	Multiplex Section Overhead	复用段开销
MST	Multiplex Section Termination	复用段终端
OAM	Operation,Adminstration and Maintenance	运行、管理和维护
ODU	Optical Data Unit	光数据单元
PCH	Pre-Chirp	预啁啾
PDC	Passive Dispersion Compensator	无源色散补偿器
PEP	Path End Point	通道端点
POH	Path Overhead	通道开销
PMD	Polarisation Mode Dispersion	极化模色散
PPP	Point-to-Point Protocol	点对点协议
RDI	Remote Defect Indication	远端缺陷指示
REG	Regenerator	再生器
REI	Remote Error Indication	远端差错指示
RS	Regenerator Section	再生段
RSOH	Regenerator Section Overhead	再生段开销
SD	Signal Degrade	信号劣化
SDH	Synchronous Digital Hierarchy	同步数字体系
SDXC	Synchronous Digital Crossconnect Equipment	同步数字交叉连接设备
SEC	Synchronous Digital Hierarchy Equipment ClockSDH	设备时钟
SEPI	Serious Error Period Intensity	严重误块期强度
SESR	Severely Errored Second Ratio	严重误码秒比,严重误块秒比
SF	Signal Fail	信号失效
SLM	Single Longitudinal Mode	单纵模
SMSR	Side Mode Suppression Ratio	边模抑制比
SNC/I	Sub-Network Connection/Intrusive	带固有监视的子网连接保护
SNC/N	Sub-Network Connection/Non-intrusive	带非介入监视的子网连接保护
SNCP	Subnetwork Connection Protection	子网连接保护
SOH	Section Overhead	段开销
SPM	Self phase Modulation	自相位调制
SSM	Synchronization Status Message	同步状态消息
STM	Synchronous Transport Module	同步传送模块
TCM	Tandem Connection Monitor	串联连接监视
TCP	Transmission Control Protocol	传输控制协议

TIM	Trace Identifier Mismatch	踪迹标识符失配
TM	Termination Multiplexer	终端复用器
TU	Tributary Unit	支路单元
TUG	Tributary Unit Group	支路单元组
VC	Virtual Container	虚容器
WTR	Wait to Restore	等待恢复

4 比特率与帧结构

4.1 比特率

SDH 的信号由一个或多个不同阶的同步传送模块(STM-N)信号组成,其中 N 为正整数。对 SDH 光缆线路系统而言,目前 N=1,4,16,64 或 256,基本模块 STM-1 信号的比特率是 155 520 kbit/s,而 STM-N 信号的比特率是 $N\times155\ 520$ kbit/s,见表 1。

表 1 SDH 系列比特率

同步数字体系等级	比特率/(kbit/s)
1	155 520
4	622 080
16	2 488 320
64	9 953 280
256	39 813 120
注:高于 256 等级的规范待定。	

4.2 帧结构

4.2.1 STM-N 信号的帧结构

STM-N 信号的帧结构应符合 ITU-T G.707—2003 中 6.2 的规范。

STM-N 信号的帧结构如图 3 所示。STM-N 帧由三个区域组成,它们为:

——段开销(SOH);

——管理单元指针(AU PTR 或 AU Pointer);

——信息净负荷(简称净负荷,或净荷)。

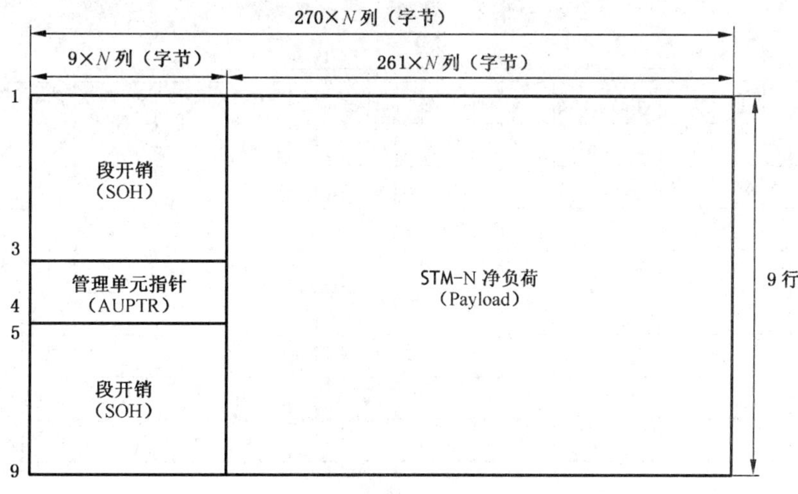

图 3 STM-N 帧结构

STM-N 帧可表示成二维的块状帧结构。纵向有 $270\times N$ 列,横向有 9 行,共计为 $2\ 430\times N$ 字节(每字节为 8 比特)。帧重复周期为 125 μs。传输时逐字节从左到右,从上到下逐行进行,为串行传输。

下面以 STM-1 帧为例说明这三个区域的安排。

a) 段开销:位于第一列到第九列中的第一行到第三行(为再生段开销——RSOH)及第五行到第

九行(为复用段开销——MSOH)。各字节分别用于定帧、维护、性能监测和其他操作功能。

b) 管理单元指针:位于第一列到第九列的第四行。主要用于指示净负荷的第一个字节在 STM-1 内的准确位置。并可作相位调整。

c) 净负荷:从第 10 列起到第 270 列共 261 列(2 349 个字节)为传送业务信息用的字节,其中包含了通道开销(POH),是在 STM-N 净负荷区域内用于通道维护管理的通道开销字节。

在网络节点处应采用扰码方法来防止长连 0 或长连 1 序列的出现,扰码器的功能应与帧同步扰码器一致,序列长度 127,生成多项式为 $1+X_6+X_7$。其中 STM-N 段开销的第一行的 $9\times N$ 个字节不扰码,一旦紧随 STM-N 段开销第一行最后一个字节的那个字节的最高有效位(MSB)一出现,扰码器应自动重新设置为“1111111”。

4.2.2 STM-N 段开销安排

STM-N 段开销包括再生段开销和复用段开销,安排分别如图 4、图 5、图 6、图 7 和图 8 所示。

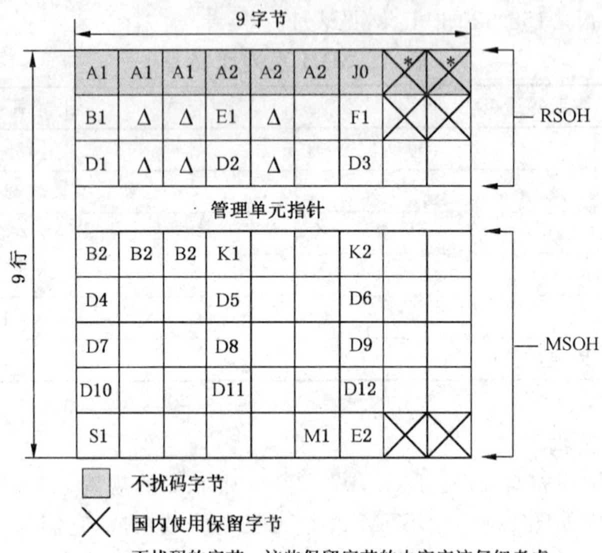

注:所有未标记的字节待将来国际标准确定(可作为与媒质相关的字节,附加的国内使用字节和其他用途)。

图 4 STM-1 段开销

36 字节

A1	A1	A1	A1	A1	A1	A1	A1	A1	A1	A1	A1	A2	A2	A2	A2	A2	A2	A2	A2	A2	A2	A2	A2	J0	*Z0	*Z0	*Z0	*╳	*╳	*╳	*╳	*╳	*╳	*╳	*╳	RSOH
B1				Δ	Δ	Δ	Δ	Δ	Δ	Δ	Δ	E1				Δ	Δ	Δ	Δ					F1	╳	╳	╳	╳	╳	╳	╳	╳	╳	╳	╳	RSOH
D1				Δ	Δ	Δ	Δ	Δ	Δ	Δ	Δ	D2				Δ	Δ	Δ	Δ					D3												RSOH
管理单元指针																																				
B2	B2	B2	B2	B2	B2	B2	B2	B2	B2	B2	B2	K1												K2												MSOH
D4												D5												D6												MSOH
D7												D8												D9												MSOH
D10												D11												D12												MSOH
S1														M1										E2	╳	╳	╳	╳	╳	╳	╳	╳	╳	╳	╳	MSOH

9行

不扰码字节

╳ 国内使用保留字节

* 不扰码的字节,这些保留字节的内容应该仔细考虑

Δ 与传输媒质特征有关的字节

注:所有未标记的字节待将来国际标准确定(可作为与媒质相关的字节,附加的国内使用字节和其他用途)。

图 5 STM-4 段开销

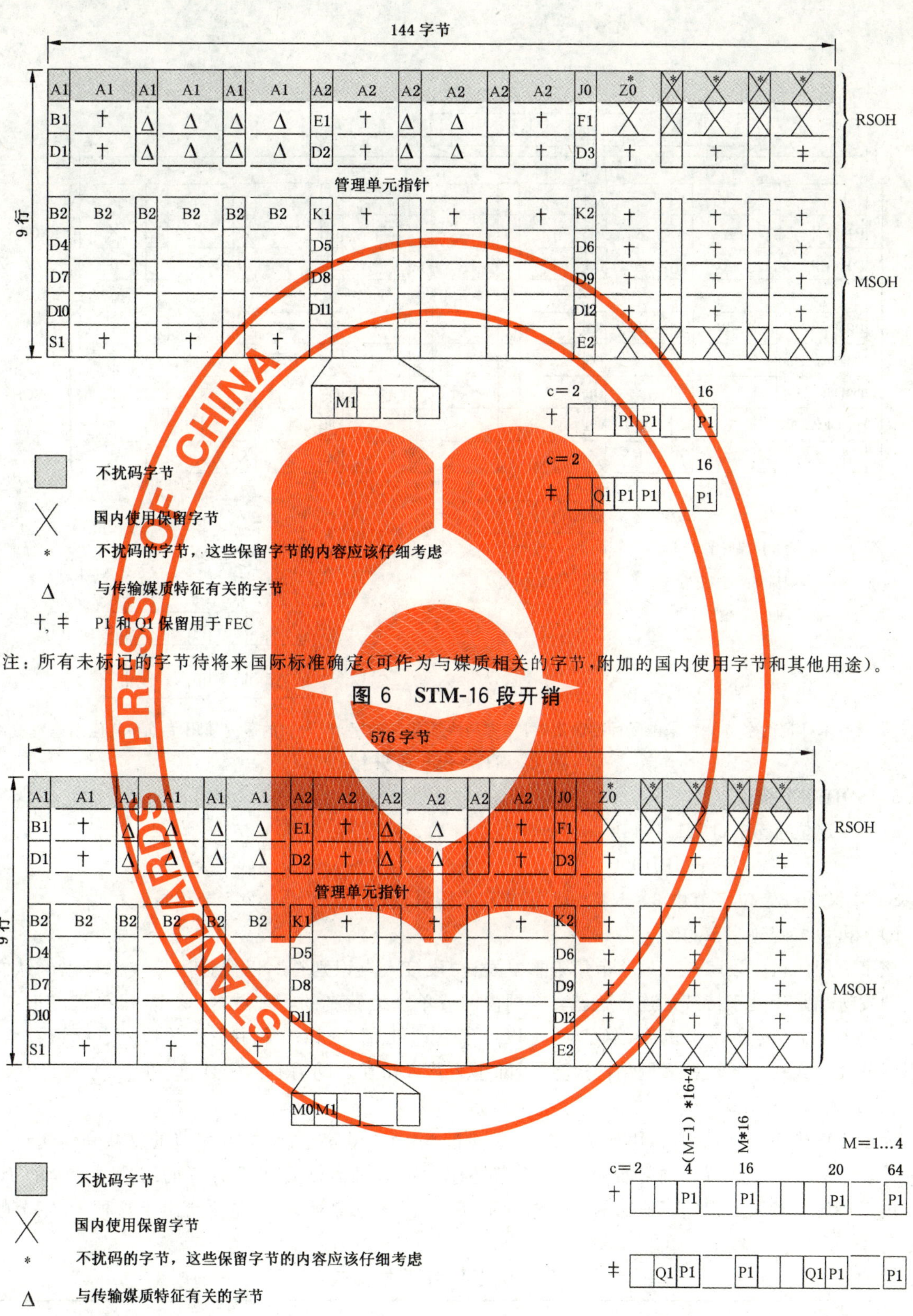

注：所有未标记的字节待将来国际标准确定(可作为与媒质相关的字节,附加的国内使用字节和其他用途)。

图 6　STM-16 段开销

注：所有未标记的字节待将来国际标准确定(可作为与媒质相关的字节,附加的国内使用字节和其他用途)。

图 7　STM-64 段开销

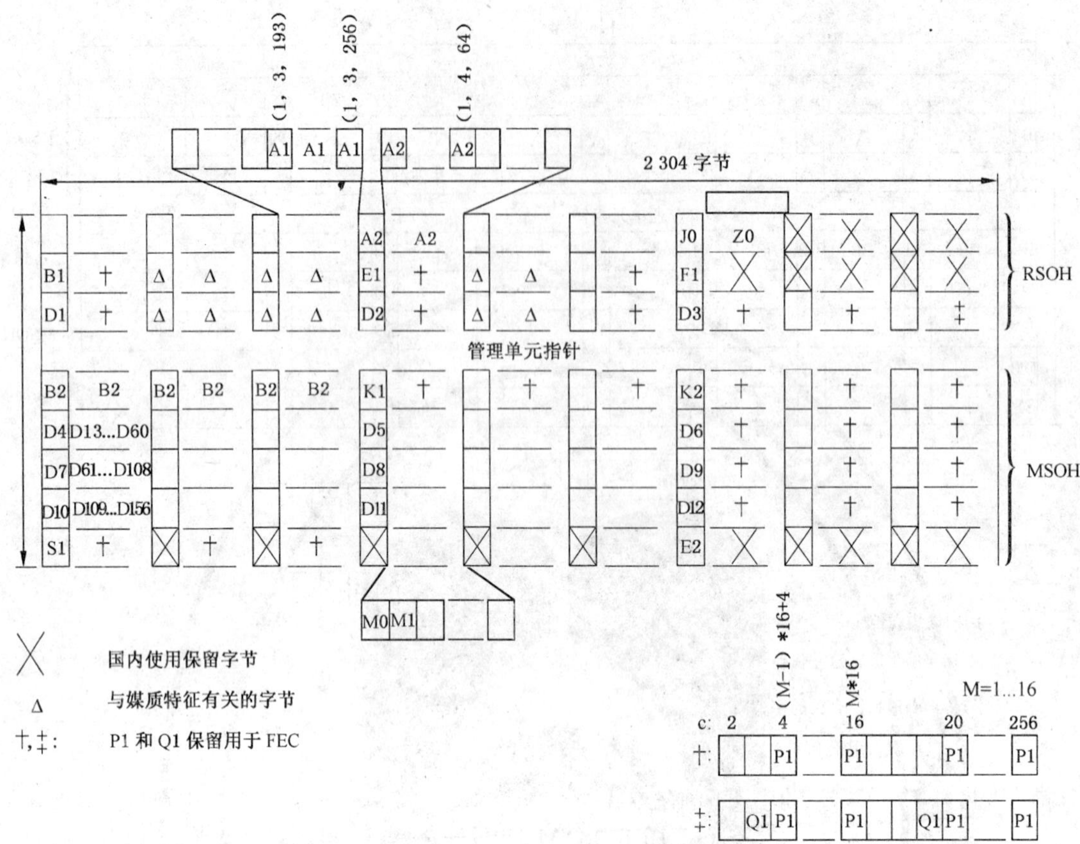

注：所有未标记的字节待将来国际标准确定(可作为与媒质相关的字节，附加的国内使用字节和其他用途)。

图 8　STM-256 段开销

4.2.3　SOH 字节描述

a)　帧定位字节：A1：11110110

A2：00101000

STM-N 的帧定位字节由 3×*N* 个 A1 字节和紧跟其后的 3×*N* 个 A2 字节组成。

b)　再生段踪迹字节：J0

该字节用作再生段踪迹。该字节用来重复发送"段接入点识别符"，以便让段接收机可以确认它与预定的发送端是否处于持续的连接状态。在国内网或单个运营者的管理域内，这个"段接入点识别符"可以是单个字节(包括 0～255 个编码)或是 ITU-T G.831：2000 第 3 章中规定的接入点标识符格式。在国际分界点或在不同运营者网络的边界处，除了运营者相互之间另有约定外，应采用 ITU-T G.831：2000 第 3 章规定的格式。

为了传输段接入点识别符，用连续 16 个 STM-N 帧内的 J0 字节组成 16 字节的复帧来传送接入点识别符。它的第一个字节是帧起始标志，该字节还包含对前一帧作 CRC-7 计算的结果。后续的 15 个字节用来传送段接入点识别符所需的 15 个 T.50 字符(国际参考版本)。表 2 给出了这种 16 字节帧的描述。

表 2　J0 的 16 字节帧格式

字节序号	值 (比特 1，2，…，8)							
1	1	C1	C2	C3	C4	C5	C6	C7
2	0	×	×	×	×	×	×	×
3	0	×	×	×	×	×	×	×

表 2 (续)

字节序号	值 (比特 1, 2, …, 8)							
:	:				:			
16	0	×	×	×	×	×	×	×

注 1: 每个字节第一位的 1000 0000 0000 0000 是踪迹识别符帧定位信号。
注 2: C1C2C3C4C5C6C7 是对前一帧作 CRC-7 的计算结果。C1 是最高位。
注 3: ×××××××代表一个 T.50 字符。

对于采用 C1 字节(STM 识别符)的设备与采用 J0 字节的设备的互通,可以用 J0 为"00000001"表示"再生段踪迹——未规定"来实现。C1 字节除原来规定的用途外,也可以用作辅助帧定位。

c) 备用字节:Z0

这些字节为将来国际标准留用。在有 STM 识别符功能的设备和使用"再生段踪迹"功能的设备之间要互通时,这些字节的应如本条 b)所规定的那样。

d) BIP-8 字节:B1

B1 字节用作再生段的误码监测,这是使用偶校验的比特间插奇偶检验 8 位码(BIP-8)。该 BIP-8 码是通过计算前一个 STM-N 帧扰码后的所有比特而得到的,并置于这一个 STM-N 帧扰码前的 B1 字节。

e) BIP-N×24 字节:B2

B2 字节安排用于一个复用段误码监测(对 $N=1$,即 STM-1 来说,B2 有三个字节,共 24 比特)。其功能应是一个比特间插奇偶校验 $N\times 24$ 编码(BIP-N×24),使用偶检验。

BIP-N×24 对前一个 STM-N 帧中除了 SOH 的第一到第三行外的全部比特进行计算,结果置于扰码前的 B2 字节位置,产生的方法与 BIP-8 码类似。

ITU-T G.707 推荐 BIP-N×24,而 ITU-T G.829 推荐 BIP-1,本标准推荐 BIP-N×24 用于复用段误码性能测试,如果设备现有设计不能用硬件实现,可以用软件实现。

f) 数据通信通路(DCC)字节:D1～D12

DCC 用来构成 SDH 管理网的传送通路。其中:由 D1,D2 和 D3 字节组成的 192 kbit/s 的通路作为再生段的 DCC;用 D4 到 D12 字节组成的 576 kbit/s 的通路作为复用段的 DCC。

g) 公务联络字节:E1,E2

E1 用作再生段的公务联络。

E2 用作复用段的公务联络。

h) 使用者通路字节:F1

这个字节留给使用者(通常为网络提供者)使用,即为特殊维护用,提供临时的数据/语音通路连接。

i) 自动保护倒换(APS)通路:K1,K2(b1～b5)

这两个字节用作复用段自动保护倒换信令。具体描述参见 ITU-T G.841 的规定。

j) 复用段远端缺陷指示(MS-RDI):K2(b6～b8)

MS-RDI 用于向发端回送一个指示,表示收端已检测到上游段失效或收到 MS-AIS。

MS-RDI 用解扰码后的 K2 字节的 b6、b7 和 b8 为"110"来表示。

k) 同步状态字节:S1(b5～b8)

S1 字节的比特 5 到比特 8 用于传送同步状态信息,具体描述参见 YD/T 1267—2003 中 10.3。

S1 字节 b5～b8 比特定义见表 3。

表 3 S1 字节 b5～b8 比特定义

S1 字节 b5～b8	SDH 同步质量等级
0000	QL_UNK(质量等级未知)
0001	预留
0010	QL_PRC(1 级基准时钟)
0011	预留
0100	QL_SSUT(2 级节点时钟)
0101	预留
0110	预留
0111	预留
1000	QL_SSUL(3 级节点时钟)
1001	预留
1010	预留
1011	SEC(SDH 设备时钟)
1100	预留
1101	预留
1110	预留
1111	QL_DNU(同步信号不可用)

l) 复用段远端差错指示(MS-REI):M0 和 M1

M0 和 M1 字节用作复用段远端差错指示(MS-REI),传递由 B2 字节检测出的间插比特块数目。M0 和 M1 字节的产生和解释按照 ITU-T G.707:2003 中 9.2.2 定义的规则进行。

对于 STM-N(N=1,4,16),M1 字节用作复用段远端差错指示(MS-REI)。

对于 STM-N(N=64),M0、M1 字节用作复用段远端差错指示(MS-REI)。

注:对于 STM-64 接口,ITU-T G.707 以前的设备只使用 M1 字节,ITU-T G.707 以后的设备应该使用 M0 和 M1 两个字节,并且可以支持设置成只使用 M1 字节,方便设备之间互通。注意设备不能自动完成互通,需要通过管理功能进行配置。

4.2.4 简化的 SOH 功能接口

对一些场合(例如:局内接口)可使用简化的 SOH 功能的接口,用于这种接口的 SOH 字节如表 4 所示。

表 4 简化的 SOH 功能接口

SOH 字节	发送功能	接收功能
A1, A2	需要	需要
J0-Z0/C1	选用	选用
B1	需要	不用
E1	不用	不用
F1	不用	不用
D1-D3	不用	不用
B2	需要	需要

表 4（续）

SOH 字节	发送功能	接收功能
K1，K2（APS）	选用	选用
K2（MS-AIS）	需要	需要
K2（MS-RDI）	需要	需要
D4-D12	不用	不用
S1	不用，置为“00001111”	不用
M1	需要	选用
E2	不用	不用
其他字节	不用	不用
注：采用以下定义： ——需要：接口处的这些信号应包含标准定义的有效信息； ——选用：接口处的这些信号可以包含，也可以不包含标准定义的有效信息，这些功能是否使用取决于当地情况； ——不用：在接口处不规定该功能。根据需要置为 00000000 或 11111111。		

4.2.5 **开销通路接入要求**

SDH 光缆线路系统对开销通路应提供接入能力，并能在不中断业务的情况下提供所需的开销通路应用。

4.2.6 **POH 字节描述**

4.2.6.1 **VC-3/VC-4/VC-4-Xc POH**

VC-4 -Xc POH 位于 9 行 261×X 列的 VC-4-Xc（由 X 个 VC-4 级联而成）结构的第一列；

VC-4 POH 位于 9 行 261 列的 VC-4 结构的第一列；

VC-3 POH 位于 9 行 85 列的 VC-3 结构的第一列；

VC-4-Xc/VC-4/VC-3 POH 由 J1、B3、C2、G1、F2、H4、F3、K3 和 N1 等九个字节组成。这些字节分类如下：

——用于端到端通信且与净荷功能无关的字节或比特：J1、B3、C2、G1、K3（b1-b4）；

——净荷类型指定的字节：F2、H4、F3；

——留待将来国际标准化的字节：K3（b5-b8）；

——可在营运者辖区内重写（不影响 B3 字节的端到端性能监视功能）的字节：N1。

a） 通道踪迹字节：J1

为虚容器中第 1 个字节，它的位置由相关的 AU-4 或 TU-3 指针指示。这个字节用来重复发送高阶通道接入点识别符。这样，通道接收端可以确认它与预定的发送端是否处于持续的连接状态。在国内网或单个运营者管理域内，这个通道接入点识别符可使用 64 字节无格式串或 ITU-T G.831 规定的接入点识别符格式。在国际边界，或在不同运营者的网络边界，除双方另有协议外，应采用 ITU-T G.831：2000 第 3 章规定的 16 字节格式。当它在 64 字节内传送 16 字节的格式时，需重复四次。

为了传输段接入点识别符，也采用与 6.2.3 描述的 16 字节复帧进行传输，所采用的帧格式与J0 字节的 16 字节复帧完全相同。

b） 通道 BIP-8 字节：B3

每个 VC-4-Xc/VC-4/VC-3 通道中安排一个字节用于通道误码块监视功能，该功能采用一个偶校验的 BIP-8 码实现。它在扰码前对前一个 VC-4-Xc/VC-4/VC-3 通道中的所有比特进行计算，计算的结果置于扰码前的当前 VC-4-Xc/VC-4/VC-3 的 B3 字节中。

c） 信号标记字节：C2

用来指示 VC-4-Xc/VC-4/VC-3 的组成或维持的状态。

表 5 列出了该字节 8 个比特对应的十六进制码及其主要含义。

表 5 C2 字节映射码

高位 1 2 3 4	低位 5 6 7 8	十六进制[a]	含义
0 0 0 0	0 0 0 0	00	未装载或监控未装载信号[b]
0 0 0 0	0 0 0 1	01	预留[c]
0 0 0 0	0 0 1 0	02	TUG 结构
0 0 0 0	0 0 1 1	03	锁定支路单元方式 TU-n[d]
0 0 0 0	0 1 0 0	04	异步映射 34 Mbit/s 或 45 Mbit/s 到 C-3
0 0 0 0	0 1 0 1	05	实验性质的映射[i]
0 0 0 1	0 0 1 0	12	异步映射 140 Mbit/s 到 C-4
0 0 0 1	0 0 1 1	13	ATM 映射
0 0 0 1	0 1 0 0	14	MAN DQDB [1]映射
0 0 0 1	0 1 0 1	15	FDDI[3]-[11]映射
0 0 0 1	0 1 1 0	16	PPP/HDLC 映射
0 0 0 1	0 1 1 1	17	为私有应用预留[j]
0 0 0 1	1 0 0 0	18	HDLC/LAPS 信号映射
0 0 0 1	1 0 0 1	19	为私有应用预留[j]
0 0 0 1	1 0 1 0	1A	10 Gbit/s 以太网帧映射
0 0 0 1	1 0 1 1	1B	GFP 映射
0 0 0 1	1 1 0 0	1C	10 Gbit/s 光纤通道(Fiber Channel)帧映射[h]
0 0 1 0	0 0 0 0	20	异步映射 ODUk(k=1,2)到 VC-4-Xv (X=17,68)
1 1 0 0	1 1 1 1	CF	预留[g]
1 1 0 1 … 1 1 0 1	0 0 0 0 … 1 1 1 1	D0 … DF	为私有应用预留[j]
1 1 1 0 … 1 1 1 1	0 0 0 1 … 1 1 0 0	E1 … FC	为国内使用预留
1 1 1 1	1 1 1 0	FE	测试信号,ITU-T O.181 规范的映射[e]
1 1 1 1	1 1 1 1	FF	VC-AIS 缺陷指示[f]

a 剩下 191 个备用码,留作将来使用。

b 值“0”表示“VC-3/VC-4/VC-4-XC”通道未装载或监控未装载。该值在一个开放连接的情况下以及一个监控的未装载信号没有包含任何负荷的情况下为“0”。

c 值“1”仅适用上表没有规定的映射码的情况,但是 2000 年 10 月之后设计的新设备这种情况下应该使用值“5”。对于与 2000 年 10 月之前设计的老设备互通(即设计成仅传送“0”和“1”值)可采用下述条件:

——为了实现后向兼容,老设备应该把除“0”值之外的任何值解释为通道已装载。

——为了实现前向兼容,当收到来自老设备的“1”值,新设备不应该产生一个负荷失配告警。

d 为了实现后向兼容,即使没有另外规定锁定模式字节同步映射,也应仍按前述规定解释代码“03”。

e 当 ITU-T O.181 中规定的映射和 ITU-T G.707 中规定的映射不相符时应归入此类。

f 值“FF”表示 VC-AIS。如果没有有效的输入信号可用并且生成一个替代信号,则由 TCM 源生成。

g 为以前过时的 HDLC/PPP 帧信号映射分配的值。

h 这些映射待研究,是临时分配的信号标签。

i 在本表没有定义的一种映射代码的情况下,值“05”仅用于实验性质的活动。

j 该代码值不符合将来的标准。

d） 通道状态字节:G1

该字节用来将通道宿端检测到的通道状态和性能回传给 VC-4-Xc/VC-4/VC-3 通道源端。这一特性使得能在通道的任一端,或在通道上的任一点上监测整个双向通道的状态和性能。G1 字节各比特的安排如表 6 所示。

表 6 VC-4-Xc/VC-4/VC-3 通道状态字节 G1 各比特的安排

REI				RDI	保留		备用
1	2	3	4	5	6	7	8

G1(b1～b4)比特是通道远端差错指示(REI)。用来传递路径宿端通过通道 BIP-8 码(B3)检测出的间插比特块错误计数。该计数有 9 个合法值,可表示 0 到 8 个差错。这 4 个比特表示的其余 7 个值只能是某种无关条件引起的,应将其解释为无差错。

G1(b5)比特是通道远端缺陷指示,置为 1 表示 VC-4-Xc/ VC-4/ VC-3 通道远端有缺陷,否则就将其置为 0。当路径宿端检测到 AU-4-Xc/ AU-4/ AU-3 或 TU-3 服务信号或路径信号失效时,那么 VC-4-Xc/ VC-4/ VC-3 通道 RDI 应该回送至路径源端。

G1(b6～b7)比特保留。可以用做增强的缺陷指示,该应用为可选应用。如果不用,应把比特 6 和比特 7 置为“00”或“11”,接收端对这两比特的内容不予理会。如果使用,G1(b5～b7)将作为增强的远端缺陷指示,该应用的具体规定请参照 ITU-T G.707:2003 中 9.3 的相关内容。

G1(b8)留待将来使用。该比特的值没有规定,接收端应该不理会该比特的值。

e） 通道使用者通路字节:F2,F3

这两个字节为使用者提供与净负荷有关的通道单元之间的通信。

f） 位置指示字节:H4

为净负荷提供一般的位置指示,也可指示特殊的净负荷的位置。当 VC-12 净负荷复用进 VC4 时,H4 字节可以提供 VC-12 复帧位置指示;当使用 VC-3/4 虚级连业务时,提供 VC-3/4-Xv 的复帧和顺序指示。在支持 LCAS 协议时,H4 字节还携带时隙的边界信息和链路的状态信息。有关 H4 字节的详细定义请参照 ITU-T G.707:2003 的 8.3.8 和 11.2 给出的规定。

g） 自动保护倒换(APS)通路:K3(b1～b4)

这些比特用作 VC-4/VC-3 高阶通道级保护的 APS 信令。

h） 网络操作者字节:N1

提供高阶通道的串联连接监视(TCM)功能。有关高阶通道串连连接监视功能的详细定义参照 ITU-T G.707 附件 C 和附件 D。

i） 数据链路:K3(b7,b8)

K3 的这两个比特预留给高阶通道数据链路,具体应用待进一步研究。

j） 备用比特:K3(b5,b6)

这些比特留作将来使用,因此没有规定其值,接收机应忽略其值。

4.2.6.2 VC-12 POH

VC-12 POH 由 V5,J2,N2,K4 字节组成。V5 字节是复帧的第一个字节,它的位置由 TU-12 指针来指示。

a） V5 字节

为 VC-12 通道提供误块检测,信号标记和通道状态功能。V5 字节各比特的安排如表 7 所示:

表 7 VC-12 通道 V5 字节各比特的安排

BIP-2		REI	RFI	信号标记			RDI
1	2	3	4	5	6	7	8

V5(b1～b2)比特用于误码性能监视。其比特间插奇偶校验(BIP-2)的方案规定为:比特1的设置应使前一个VC-12帧中所有字节的全部奇数比特的奇偶校验结果为偶数,同样,比特2的设置应该使前一VC-12帧中所有字节的偶数比特的奇偶校验结果为偶数。BIP-2的计算包括除了V1、V2、V3(作负调整时除外)和V4以外的VC-12信号中的所有字节。

V5(b3)比特是VC-12通道的远端错误指示(REI),当BIP-2检测到1个或以上的错误时,就将其置为1,并回送给VC-12通道源端,否则应将其置为0。

V5(b4)比特在VC-12信号中该位内容没有定义,接收机应该对该位的值不予处理。在VC11字节同步通道中作为远端失效指示,当检测到失效后该位置1,否则置0。VC11通道远端失效指示通过VC-11终端回送。

V5(b5～b7)比特提供VC-12的信号标记。这3个比特共有8种可能的二进制值,其中"000"表示VC-12通道未装载或监控的未装载。"001"被原来的老设备用于表示VC-12通道装载非特定净荷。"101"表示由扩展信号标记K4(b1)指定的VC-12的映射。其余的值表示的映射如表8所示。

表8 V5字节映射码

b5	b6	b7	含义
0	0	0	未装载或监控的未装载
0	0	1	保留[a]
0	1	0	异步映射
0	1	1	比特同步映射[b]
1	0	0	字节同步映射
1	0	1	扩展信号标记,和K4(b1)配合使用[a]
1	1	0	按ITU-T O.181规定映射的测试信号[c]
1	1	1	VC-AIS[d]

a 在2000年10月之后设计的新设备不应该使用"001"。2000年10月之前的老设备中"001"用于表示VC-12通道装载非特定净荷,用于映射编码不在本表中的情况,新设备使用为新设计定义的"101"和扩展信号标记K4(b1)。为了与只传送"000"和"001"的老设备互连,需满足下面的规定:

——为了实现后向兼容,老设备应把接收到的任何非"000"的值解释为已装载。

——为了实现前向兼容,当从老设备收到"001"的值时,新设备不应产生信号标记失配告警。

b 在VC-12映射中,为了后向兼容,即使不再规定2 048 kbit/s信号的比特同步映射,也应按以前的规定解释为"011"。

c 任何在ITU-T O.181中定义的任何非虚级连映射,且无法对应到ITU-T G.707中定义的映射,归入到此类。

d "111"表示VC-AIS。如果没有有效的输入信号可用并且生成一个替代信号,则由TCM源生成。

V5(b8)比特置为1表示VC-12通道远端缺陷指示,否则应将其置为0。如果路径宿端检出TU-12服务层信号失效或路径信号失效,将向路径源端回送VC-12通道RDI。

b) 通道踪迹字节:J2

J2字节用来重复发送低阶通道接入点识别符,以便通道接收端可据此确认它与指定的发送端是否处于持续的连接状态。该通道接入点识别符使用ITU-T G.831:2000第3章中规定的格式。也采用6.2.3描述的16字节复帧进行传输,所采用的帧格式与J0字节的16字节复帧完全相同。

c) 网络操作者字节:N2

这个字节提供低阶通道的串联连接监视(TCM)功能。有关低阶通道串连连接监视功能的详细定义请参考ITU-T G.707的附件E。

d) 扩展的信号标记:K4(b1)

由于V5字节的b5～b7表示的信号标记状态不够用，故将代码“101”定义为扩展的信号标记。它和K4的b1配合使用能表示更多的含义。如果V5(b5～b7)比特的取值不为“101”，扩展信号标记将是未定义的，应被接收器忽略。K4(b1)比特只有一位，也难以表示众多的客户信号类型。因此采用图9表示的32个K4(b1)组成的复帧信号。

比特编号：

1–11	12–19	20	21	22	23	24	25	26	27	28	29	30	31	32
MFAS	扩展信号标记	0	R	R	R	R	R	R	R	R	R	R	R	R

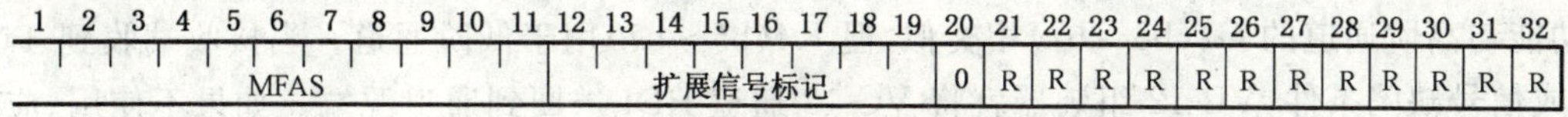

MFAS　复帧定位比特
0　零
R　保留比特

图9　K4(b1)比特的复帧结构

复帧的定位信号(MFAS)由“0111 1111 110”的图案组成，位于复帧的第1到第11位。扩展信号标记用复帧的第12到19位表示。复帧的第20位必须置为0，剩余12位也应该设为0，留待将来标准化，接收器对接收到的这些比特不予理会。注意：

——K4(b2)低阶通道虚级连复帧使用了该比特的复帧定位信号。因此使用低阶通道虚级连功能时，即使信号标记V5(b5～b7)的取值不是“101”也应该考虑该位。

——如果K4(b1)复帧中留作将来保留的位使用的话，应该避免出现连续9个1的情况(会与MFAS冲突)。

表9　扩展信号标记字节编码

高位 b12 b13 b14 b15	低位 b16 b17 b18 b19	十六进制[a]	含义
0000 … 0000	0000 … 0111	00 … 07	预留[b]
0000	1000	08	开发中的映射[c]
0000	1001	09	ATM映射
0000	1010	0A	HDLC/PPP帧信号映射
0000	1011	0B	HDLC/LAPS帧信号映射
0000	1100	0C	按ITU-T O.181规定映射的虚级连测试信号[d]
0000	1101	0D	GFP映射
1101 … 1101	1000 … 1111	D0 … DF	为私有应用预留[e]
1111	1111	FF	保留

a 有225个备用码留待将来使用。
b 值“00”到“07”保留以使表8中扩展和没有扩展的信号标记拥有一个唯一名称。
c 在本表没有定义的映射代码的情况下，值“08”仅用于实验性质的活动。
d 任何在ITU-T O.181中定义的任何虚级连映射，且无法对应到ITU-T G.707中定义的映射，归入到此类。
e 这些代码值不符合将来的标准。

e)　低阶通道虚级联：K4(b2)

K4(b2)比特分配给低阶通道虚级联使用。该比特是在32帧中的复帧结构,形成了一个32比特的字串。具体应用参照ITU-T G.707:2003中11.4。

f) 自动保护倒换(APS)通道:K4(b3,b4)

用于低阶通道级保护的APS指令,该功能有待进一步研究。

g) 增强型远端缺陷指示:K4(b5～b7)

其功能与高阶通道的G1(b5～b7)相类似,但K4(b5～b7)用于低阶通道。当接收端收到TU-12通道AIS,或信号缺陷条件,VC-12组装器就将VC-12通道RDI送回到通道源端。如果不使用,应把这些比特设为"000"或"111",并要求接收机忽略这些比特的内容。

h) 数据链路K4(b8)

保留给一个低阶通道的数据链路使用。

5 复用结构

5.1 基本复用结构

5.1.1 老的基本复用结构

2004年以前的设备符合YD/T 1017—1999中4.1和4.2规定的基本复用结构。

5.1.2 新的基本复用结构

2004年以后(含2004年)的设备符合ITU-T G.707:2003中6.1规范的新基本复用结构。

图10规定了PDH信号复用映射进STM-N帧的复用结构。对于某些应用,例如开放国际租用业务、图像业务和局域网业务,可能需要提供其他速率信号的映射接口,有待今后补充确定。

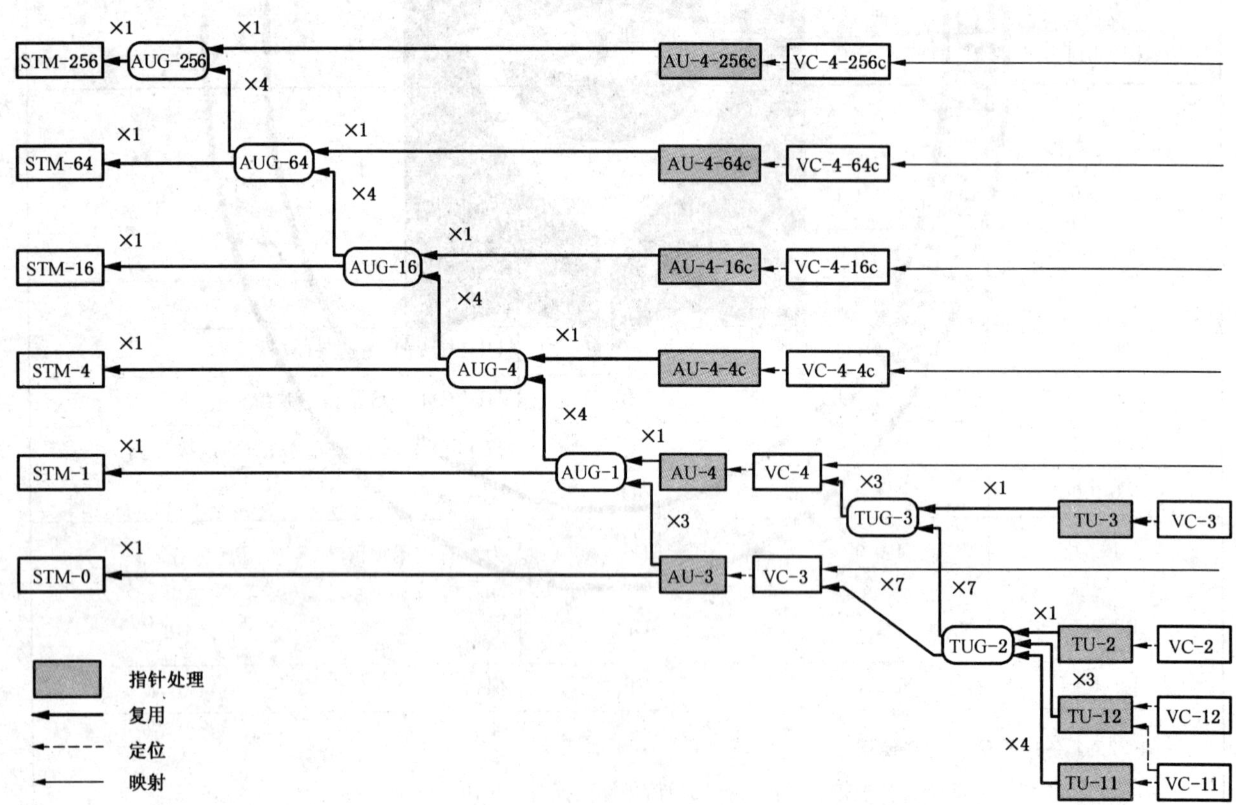

图10 基本复用结构

5.2 复用方法

5.2.1 STM-N设备复用方法

复用方法应符合ITU-T G.707:2003第7章的规范。

6 映射方法

6.1 PDH 支路信号映射进 VC-n 的方法

2 048 kbit/s、34 368 kbit/s、44 736 kbit/s、139 264 kbit/s 映射方法符合 YD/T 1017—1999 中 8.1 的规定。

6.2 ATM 信号映射进 VC-n 的方法

符合 YD/T 1017—1999 中 8.2 的规定。

6.3 以太网信号映射进 VC-n 或 VC-n-Xv 的方法

符合 YD/T 1238—2002 中第 5 章的规定。

7 系统组成与设备类型

7.1 系统组成

SDH 光缆线路系统定义为在给定比特率上实现数字段的手段，由线路终端(包含复用功能)、光缆段和再生器(如果配置的话)组成，图 11 为一典型示例。

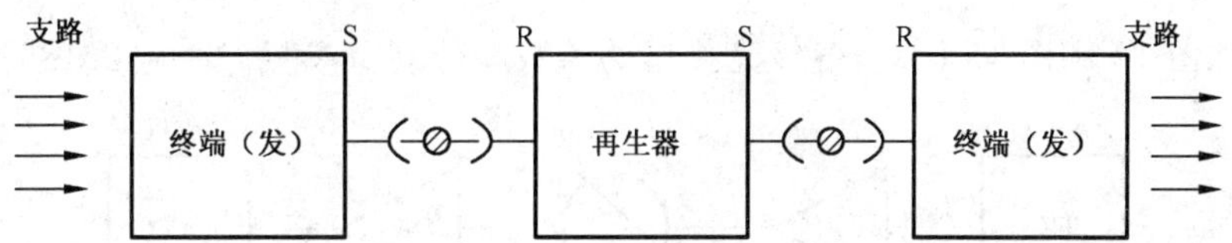

注：S 点为紧靠在终端设备(或再生器)的发送机光连接器后的光纤点，因而光连接器属于设备的一部分。R 点为紧靠在终端设备(或再生器)的接收机光连接器前面的光纤点，因而光连接器属于设备的一部分。

图 11 系统组成

SDH 光缆线路系统的线路光接口应符合 8.3 的要求。支路接口只安排下面 8 种，并可以是它们的任意组合形式。线路系统应能在不中断业务情况下改变和增减支路接口并不会对现有业务产生影响。

——2 488 320 kbit/s 光接口，应符合 8.3 中的要求。

——622 080 kbit/s 光接口，应符合 8.3 中的要求。

——155 520 kbit/s 光接口，应符合 8.3 中的要求。

——155 520 kbit/s 电接口，应符合 9.2 中的要求。

——139 264 kbit/s 电接口，应符合国家标准 GB/T 7611 的要求。

——34 368 kbit/s 电接口，应符合国家标准 GB/T 7611 的要求，并且为异步映射方式。

——44 736 kbit/s 电接口，应符合 ITU-T G.703 的要求，并且为异步映射方式。

——2 048 kbit/s 电接口，应符合国家标准 GB/T 7611 的要求，并且符合 6.1 中规定的映射方式。

7.2 设备类型

SDH 光缆线路系统中的设备可以应用为终端复用器(TM)、分插复用器(ADM)、再生中继器(REG)、数字交叉连接设备(DXC)。

8 光接口规范

8.1 光接口标准化的目的

光接口标准化的基本目的是为了在再生段上实现横向兼容性，即允许不同厂家的产品在再生段上互通并仍保证再生段的各项性能指标。同时，具有标准光接口的网络单元可以经光路直接相连，即减少了不必要的光/电转换，又节约了网络运行成本。

8.2 光接口分类

按照应用场合不同，光接口划分为五种应用种类，即局内通信、短距离局间通信、长距离局间通信、甚长距离局间通信、超长距离局间通信。

应用类别用应用代码来表示,应用代码的格式为:

《应用种类》—《STM 级别》.《下标值》

其中“应用种类”对应目标距离:VSR-(甚短距),I-(局内),S-(短距),L-(长距),V-(甚长距),U-(超长距);下标值表示:

1:工作波长为 1 310 nm,使用 G.652 光纤;

2:工作波长为 1 550 nm,使用 G.652 光纤;

3:工作波长为 1 550 nm,使用 G.653(色散位移)光纤;

5:工作波长为 1 550 nm,使用 G.655(非零色散位移)光纤;

例如 V-64.2 表示:目标距离为甚长距,信号级别为 STM-64,工作波长为 1 550 nm,传送采用 G.652 光纤。

对于某些 I-64 编码的下标值后面添加了“r”,表示缩短的目标距离。该应用代码属于局内通信接口类。

8.3 光接口参数

光接口位置如图 12 和图 13 所示,各级光接口的参数具体规范参见 GB/T 20185—2006 第 8 章。

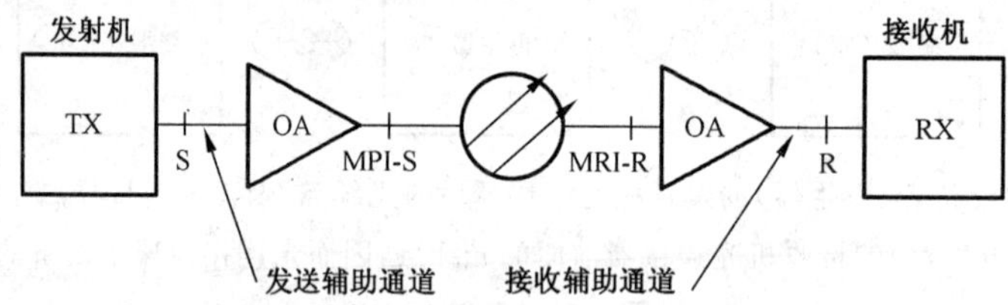

图 12 光接口位置(有光放大器)

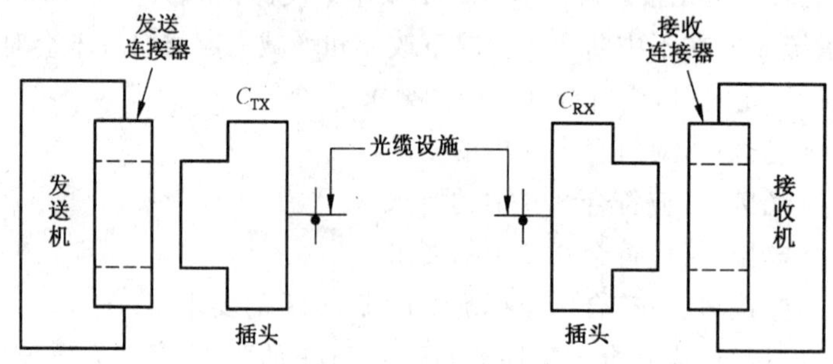

图 13 光接口位置(无光放大器)

图 12 中 S 点是紧接着发送机(TX)后的参考点,R 点是紧靠着接收机(RX)前的参考点。MPI-S 为主通道发送参考点,是紧接着终端设备输出端的活动连接器后的参考点;MPI-R 为主通道接收参考点,是紧接着终端设备输入端的活动连接器后的参考点。对于没有光放大器的设备,MPI-S 参考点即为 S 参考点,MPI-R 参考点即为 R 参考点。对于有光放大器的设备,发送辅助通道定义为发送机输出到发送放大器的光连接路径,接收辅助通道定义为接收放大器输出到接收机的光连接路径。如果有光配线架,配线架上的附加光连接器应该作为光纤链路的一个部分,处于 S 至 R 或 MPI-S 至 MPI-R 之间。

图 13 中 S 点是紧接着发送机(TX)的活动连接器(C_{Tx})后的参考点。R 点是紧靠着接收机(RX)的活动连接器(C_{RX})前的参考点。

8.3.1 光线路码型

光接口的线路码型为加扰 NRZ 码,采用 7 级扰码器,生成多项式为 x^7+x^6+1。

8.3.2 系统运行波长范围

系统运行波长范围受到一系列因素制约,主要是模式噪声,光纤内部衰减和色散的影响。由上述多种因素所限定的工作波长区的公有部分。即最窄范围，为特定应用场合和传输速率下的系统工作波长范围。SDH 各种等级的光缆线路系统的标准线路光接口的允许工作范围参见 GB/T 20185—2006 第 8 章。

8.3.3 发送机

8.3.3.1 光谱特性

a) 最大均方根谱宽度(σ)

对于多纵模激光器(MLM)和发光二极管(LED)，由于其能量比较分散，应采用均方根宽度(σ)来度量光脉冲能量的集中程度。测量时必须考虑下跌 20 dB～30 dB 范围内的全部模式。详细规范参见 GB/T 20185—2006 第 8 章。

b) 最大－20 dB 谱宽度。

单纵模激光器(SLM)光谱宽度定义为最大峰值功率跌落 20 dB 时的最大全宽，详细规范参见 GB/T 20185—2006 第 8 章。

c) 最小边模抑制比(SMSR)

对于单纵模激光器，最小边模抑制比定义为最坏反射条件时，全调制条件下主纵模的平均光功率与最显著边模的光功率之比的最小值，其值应大于 30 dB。

8.3.3.2 平均发送光功率

光发送机的平均发送光功率定义为当发送机送伪随机序列信号时，在参考点 S 或 MPI-S 所测得的平均光功率。具体规范参见 GB/T 20185—2006 第 8 章。

8.3.3.3 消光比

消光比定义为最坏反射条件时，全调制条件下传号平均光功率与空号平均光功率比值的最小值，具体规范参见 GB/T 20185—2006 第 8 章。

8.3.3.4 眼图

STM-1、STM-4、STM-16 和 STM-64 信号在 S 点的光发送眼图应满足图 14 所示的模板要求，相应的模板参数列于表 10 中。

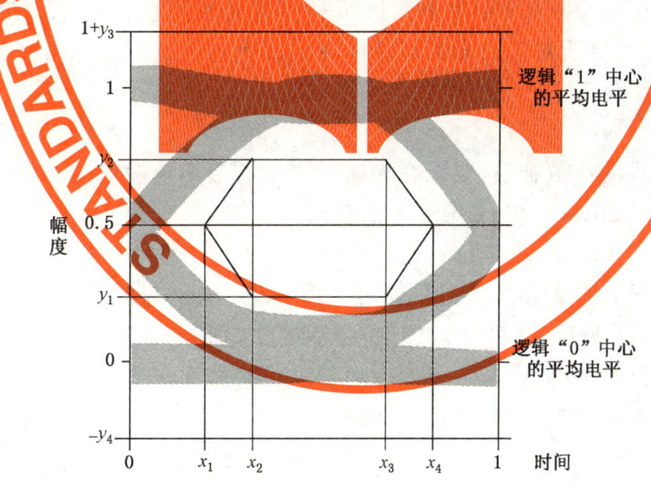

图 14 STM-1/STM-4/STM-16/64 光发送信号的眼图模板

表 10 STM-1、STM-4、STM-16、STM-64 眼图模板参数

	STM-1	STM-4	STM-16	STM-64(a,c)[a]	STM-64 (b)[b]
x_1/x_4	0.15/0.85	0.25/0.75	—	ffs	—
x_2/x_3	0.35/0.65	0.40/0.60	—	ffs	—
x_3-x_2	—	—	0.2	ffs	0.2

表 10(续)

	STM-1	STM-4	STM-16	STM-64(a,c)[a]	STM-64 (b)[b]
y_1/y_2	0.20/0.80	0.20/0.80	0.25/0.75	ffs	Δ+0.25/Δ+0.75,Δ可变 −0.25<Δ<+0.25
y_3/y_4	0.20/0.20	0.20/0.20	0.25/0.25	ffs	0.25/0.25

注:对于 STM-16 和 STM-64 光口,矩形眼图模板的 x_2 和 x_3 不需要和纵轴的 0UI 和 1UI 等距离,分离的宽度待研究。考虑到 STM-16 和 STM-64 系统的频率,随着而来的困难是制造滤波器,STM-16 和 STM-64 的参数值可能需要按照经验进行微小的修订。

[a] a、c 表示应用代码使用的色散调节技术;包括 L-64.2a、L-64.2c 和 V-64.2a。

[b] b 表示应用代码使用的色散调节技术;包括 L-64.2b、L-64.3、V-64.2b 和 V-64.3。

8.3.4 光通道

为了保证每种应用的系统性能,有必要规定参考点 S 和 R 及 MPI-S 和 MPI-R 之间的光通道的衰减和色散特性。

8.3.4.1 衰减

衰减参数是假定在最坏条件下的值,包含光纤接点、连接器、光衰减器或其他无源光器件和任何附加的光缆余量引起的损耗,以便为以下情况留有余量:

a) 对光缆配置将来的修改(附加的光纤接头,增加光缆长度等);

b) 由于环境因素光缆性能的改变;

c) 任何在 S 和 R 之间及 MPI-S 和 MPI-R 之间的光连接器、光衰减器或其他光无源部件的劣化。

相关参数应满足 GB/T 20185—2006 第 8 章的要求。

8.3.4.2 色散

8.3.4.2.1 最大色散值

一般受衰减限制的应用类型不规定光通道最大色散值。

一般受色散限制的应用类型将 1 dB 功率代价所对应的光通道色散值定义为光通道最大色散值。对高色散系统将 2 dB 功率代价所对应的光通道色散值定义为光通道最大色散值。

相关参数应满足 GB/T 20185—2006 第 8 章的要求。

8.3.4.2.2 最小色散值

由于系统采用任何形式的色散补偿,要求在光通道中具有最小色散值。

相关参数应满足 GB/T 20185—2006 第 8 章的要求。

8.3.4.2.3 差分群迟延

差分群迟延(DGD)是脉冲分量以光信号的两种主要极化状态传输后的时间差。由于 PMD 引起的差分群迟延是一统计变量,最大 DGD 和均值 DGD 的关系只能用概率分析来定义。本标准定义的最大差分群迟延是系统能容忍的最大降低 1 dB 灵敏度的 DGD 值。

相关参数应满足 GB/T 20185—2006 第 8 章的要求。

8.3.4.3 反射

反射是由于光通道沿线的折射率具有不连续性引起的,如果不加控制,由于它们对激光器工作的干扰影响或由于多次反射在接收机上导致干涉噪声而使系统性能恶化。本标准用下述两个参数来规范光通道反射:

——S 或 MPI-S 点上光缆设备(包括任何连接器)的最小光回损;

——S 和 R 之间或在 MPI-S 点和 MPI-R 点之间最大离散反射。

对于认为反射不会影响系统性能的应用类型,对上述反射参数不规定规范值,在表中用"NA"表示。反射测量方法在 G.957 附录 I 中。

相关参数应满足 GB/T 20185—2006 第 8 章的要求。

8.3.5 接收机

8.3.5.1 接收机灵敏度

接收机灵敏度定义为R或MPI-R点处为达到1×10^{-10}的BER值所需要的平均接收功率的最小可接受值(对于采用光放大器的光接口,或者STM-64光接口是在$BER=1\times10^{-12}$的条件下),详细规范参见GB/T 20185—2006第8章。

8.3.5.2 接收机过载功率

接收机过载功率定义为R或MPI-R点处为达到1×10^{-10}的BER值所需要的平均接收光功率的最大可接受值(对于采用光放大器的光接口,或者STM-64光接口是在$BER=1\times10^{-12}$的条件下),详细规范参见GB/T 20185—2006第8章。

8.3.5.3 接收机反射系数

接收机反射系数定义为R或MPI-R点处的反射光功率与入射光功率之比,不同STM等级所允许的最大反射系数参见GB/T 20185—2006第8章。

8.3.5.4 接收机灵敏度余度

接收机灵敏度在设计寿命期间的余度为2 dB~3 dB,即GB/T 20185—2006第8章表9~表19中接收机灵敏度指标(即接收机的寿命终了且处于最坏条件下的灵敏度)与接收机在寿命开始和标称工作条件下的灵敏度之差的最小值为2 dB~3 dB,具体数值可以根据工程设计情况予以选定。

8.3.5.5 光通道功率代价

光通道功率代价定义为由反射、码间干扰、模分配噪声、光源频率啁啾和色散引起的接收机性能总的劣化,一般在低色散系统最大通道代价为1 dB,在高色散系统最大通道代价2 dB。由于PMD引起的随机色散代价的平均值包含在光通道功率代价中。由于光放大引起的信噪比SNR降低产生的代价不认为是通道代价。详细规范参见GB/T 20185—2006第8章。

需要注意,GB/T 20185—2006第8章规范的数值都是最坏值,即在系统设计寿命终了,并处于所允许的最恶劣条件下仍然能满足的数值。

8.3.6 光传输设计方法

8.3.6.1 最坏值设计法

最坏值设计法就是在设计再生段距离时,将所有参数都按最坏值选取,而不管其具体分布如何。这是SDH线路系统传输设计的基本方法,其好处是可以为网络规划设计者和制造厂家分别提供简单的设计指导和明确的元部件指标,而且不存在先期失效问题。

8.3.6.2 联合设计法

当标准的光接口参数不能满足实际工程的再生段距离时,可以采用联合设计法。此时一般光参数仍遵循GB/T 20185—2006第8章的规定,但与再生段距离直接相关的参数需要稍加修改,例如光发送功率接收灵敏度应能保证足够的光通道衰减范围,光谱特有可能也需要修改以保证足够的通道最大色散值。采用联合设计法的缺点是不能再满足横向兼容性。具体设计取值由实际工程而定,但应尽量满足SDH光接口设计的一般参数定义、设计导则和系统设计方法。

8.3.6.3 统计设计法

利用光参数分布的统计特性可以更有效地设计再生段距离。与最坏值法相比,统计法可以延长再生段距离,但横向兼容性不再满足。

典型的统计法设计有映射法、蒙特卡洛法和高斯近似法。具体选择取决于主管设计部门的要求和经验。

8.3.6.4 与光放大器和色散调节有关的设计方法

对于有光放大器的系统,尤其是STM-64系统,为了获得更长的再生段距离,必须使用色散调节技术。目前常用的色散调节技术包括无源色散补偿(PDC)、自相位调制(SPM)、预啁啾声(PCH)、色散支持传输(DST)以及这几个技术的结合。这些方法仅用于STM-64系统,也可使用独立放大器使系统的传输距离更远。具体选择取决于主管设计部门的要求和经验。

9 电接口规范

9.1 PDH 支路的电接口参数

SDH 光缆线路系统应配有 2 048 kbit/s、34 368 kbit/s、44 736 kbit/s 和 139 264 kbit/s 电接口，其参数需符合 GB/T 7611 和 ITU-T G.703 要求。

9.2 155 520 kbit/s 的电接口参数

9.2.1 基本要求

a) 标准比特率：155 520 kbit/s；
   比特率容差：$\pm 20\times 10^{-6}$。

b) 码型：CMI。

c) 接口过压保护：为了使设备能在雷电等过压环境下正常工作，其输入输出口必须能耐受 10 个标准闪电脉冲（5 正、5 负）而不损坏设备。脉冲上升时间为 1.2 μs，脉冲宽度为 50 μs，电压幅度 20 V。

155 520 kbit/s 输出口规范

输出口一般要求：见表 11 所示。

表 11 155 520 kbit/s 接口

脉冲形状	矩形（见图 15，图 16）
每个传输的线对数	一个同轴线对
测试负载阻抗	75 电阻性
峰-峰电压值	(1±0.1)V
实测幅度 10%到 90%的上升时间	≤2 ns
跃变时刻容差 （以负向跃平均半幅度点为准）	a) 负向跃变±0.1 ns b) 在单位码元间隔边界上的正向跃变：±0.5 ns c) 在单位码元间隔中心上的正向跃变：±0.35 ns
回波损耗	≥15dB(8 MHz～240 MHz)
输出口的最大峰-峰抖动	满足 YD/T 1299—2004 的指标要求

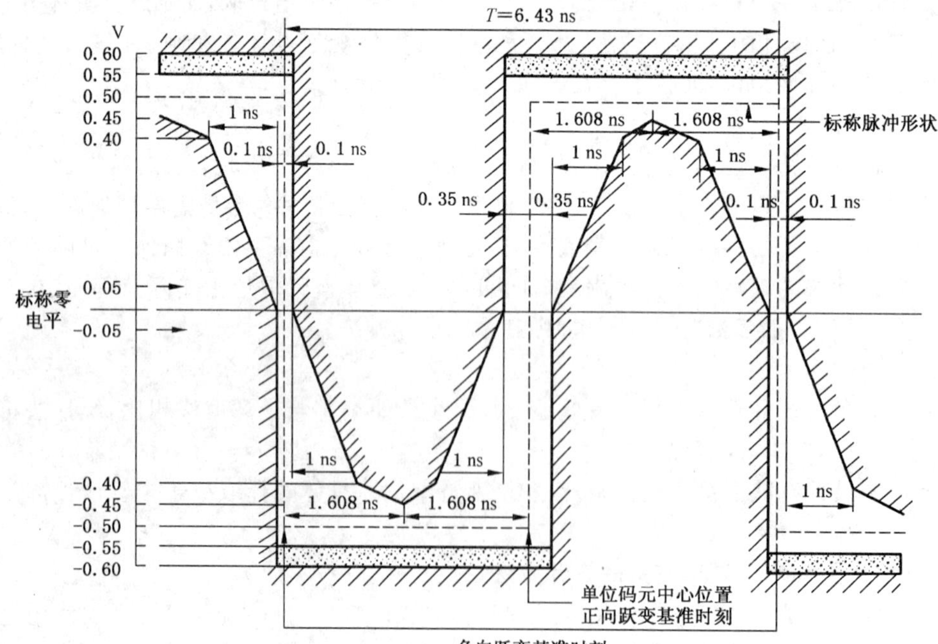

图 15 CMI 码二进制“0”脉冲模板图

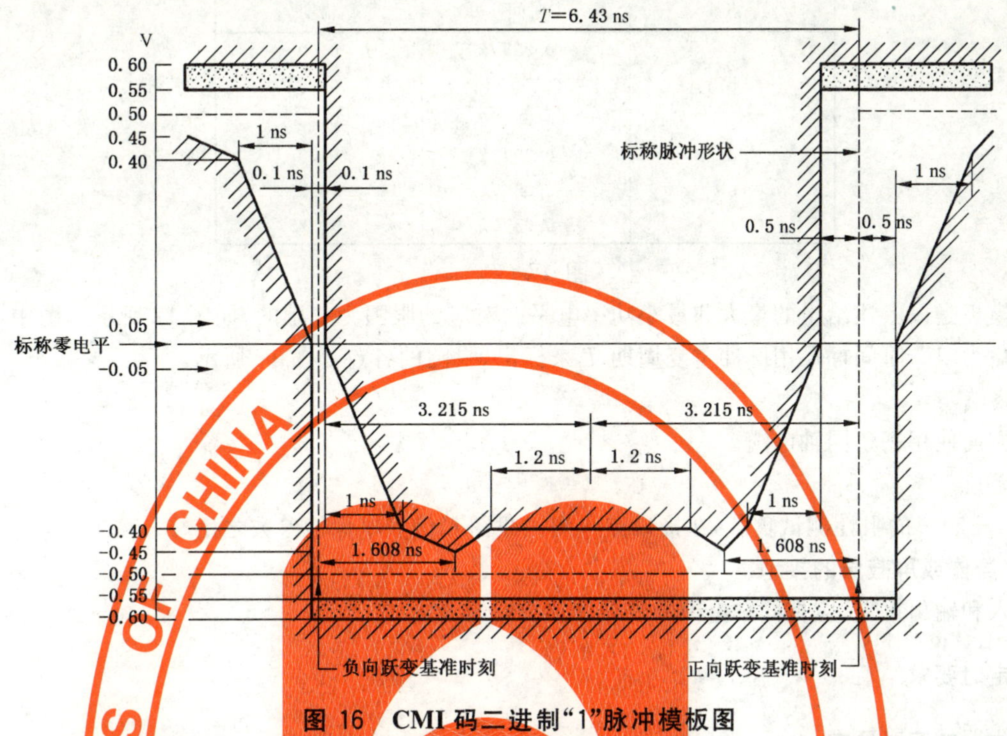

图 16 CMI 码二进制"1"脉冲模板图

9.2.2 155 520 kbit/s 输入口规范

出现在输入口的数字信号应该符合按互连的同轴电缆特性校正过的输出口规范表 11、图 15 和图 16 的模板要求。其中同轴线的衰减频率特性假设近似符合$\sqrt{f}$规律，而在 78 MHz 频率点上插入衰减为(0～12.7)dB。

回波损耗特性应与输出口的相同，见表 11。

输入口抖动和漂移容限满足 12.2.1 的指标要求。

9.2.3 交叉连接点的技术要求

a) 信号功率电平

宽带功率测量，使用功率电平探头及 3dB 滚降的低通滤波器，其工作频率范围在 300 MHz 时至少应在－2.5 dBm 到＋4.3dBm 之间。在接口点上不允许有直流功率输出。

b) 眼图

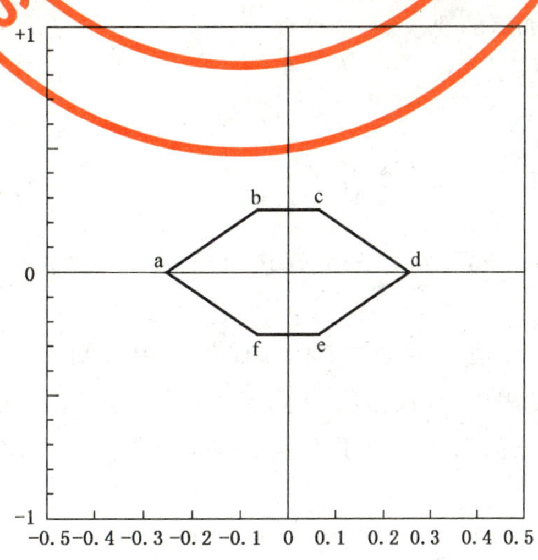

图 17 STM-1 接口点眼图模板

点	时间	幅度
a	−0.25T/2	0.00
b	-0.05T/2	0.25
c	+0.05T/2	0.25
d	+0.20T/2	0.00
e	+0.05T/2	−0.25
f	−0.05T/2	−0.25

图 17（续）

眼图模板是以上述给出的最大和最小功率电平的对应的眼图为基础的，如图 17 所示。图中电压幅度已归一化为“1”；时间标尺用脉冲重复周期 T 来标出，眼图的各点如图 17 所示。

c) 终端

每个方向使用一条同轴电缆。

d) 阻抗

75Ω(1±5)%的阻性测试负载，在接口点作测试眼图和信号电性能参数之用。

9.2.4 外导体或屏蔽层的接地

在输入和输出口上，应把同轴电缆的外导体接到信号地上。

10 同步定时要求

10.1 再生器的定时要求

正常工作时，再生器可以从接收的信号中恢复定时，并同步输出信号。当上游方向发生故障，再生器发送再生段告警(RS-AIS)时，其内部振荡器为输出 STM-N 信号提供定时。内部振荡器在自由运行方式下的长期频率稳定度不得劣于$\pm 20\times 10^{-6}$。

10.2 SDH 设备时钟的定时性能要求

SDH 设备时钟(SEC)的定时性能包括频率准确度、牵引范围、噪声产生、噪声容限、噪声传递特性、相位瞬变和保持性能等七个方面。

SDH 设备时钟(SEC)的定时性能应该符合 YD/T 900 的要求。

线路终端设备时钟的定时功能要求

在 SDH 环境下组建数字同步网，必须利用 STM-N 线路/支路信号作为定时链路来传送定时。为了使 SDH 设备能够满足传送定时的要求，必须对其时钟的同步功能进行规范。

SDH 设备时钟的同步功能要求包括时钟功能结构和 SSM 功能两个方面，应该分别满足 YD/T 1267—2003 中 10.2 和 10.3 的要求。

11 保护倒换要求

11.1 线性复用段保护倒换要求

11.1.1 保护方式

线性复用段保护倒换功能，一般有两种保护方式：1+1 复用段保护(MSP)和 1∶N 复用段保护(MSP)。

在 1+1 MSP 方式下，STM-N 信号同时在工作和保护复用段间传输，即 STM-N 信号在发送端被永久桥接在工作复用段和保护复用段上；在接收端，复用段保护功能监视从这两个段收到的 STM-N 信号状态，并(有选择的)连接到合适的信号。由于工作通路是永久桥接的，因此 1+1 MSP 结构不可能提供低等级的额外业务。

在 1∶n MSP 方式下，n 个工作的复用段共用一个保护复用段，n 值的允许范围是 1 到 14，1∶1 结构是 1∶n 结构的一个子集。在接收端，复用段保护(MSP)功能监视和判断接收到的 STM-N 信号状态，并执行合适的STM-N信号的桥接和选择。当 n 个工作系统中有一个失效时，该STM-N信号可以倒换到热备用的保护复用段中传输。在未发生保护倒换时，热备用的保护复用段可以用来传送低等级的额外业务。一旦发生倒换，则主用复用段的信号将倒换到备用的保护复用段中传输，保护复用段中原来传输的额外业务将自行中断，待保护倒换恢复正常后，中断的额外业务也将恢复正常传输。

线性复用段保护的倒换方式有双向倒换和单向倒换，以及返回方式和非返回方式，1∶n 结构只允许工作在返回方式。

11.1.2 保护倒换准则——自动启动

线性复用段保护(MSP)应支持下列的情况之一倒换。

11.1.2.1 信号失效(SF)

a) 信号丢失(LOS)；

b) 帧丢失(LOF)；

c) 复用段告警指示信号(MS-AIS)；

d) 复用段误码超过信号失效门限(dEXC)。

11.1.2.2 信号劣化(SD)

复用段误码超过信号劣化门限(dDEG)。

注：本小节及以下小节的自动启动条件及其缩略语定义参见ITU-T G.806。

11.1.3 保护倒换命令和协议——外部启动

复用段保护应支持以下网管倒换命令，并满足相应的优先级原则，具体应符合ITU-T G.841:1998的7.1.2的规范。

a) 清除；

b) 保护锁定；

c) 强制倒换；

d) 人工倒换；

e) 练习(可选)；

复用段保护的保护倒换协议应符合ITU-T G.841:1998中7.1.1的规范。

11.1.4 保护倒换时间

复用段保护(MSP)的保护倒换完成时间应小于50 ms，该要求不包括启动保护倒换所必需的检测时间和拖延(Hold Off)时间等。

不同比特差错率的最大检测时间要求如表12所示。

表12 检测时间

比特差错率(BER)	检测时间	
	复用段和高阶通道(VC-4，VC-3)	低阶通道(VC-12)
$\geq 10^{-3}$	10 ms	40 ms
$\geq 10^{-4}$	100 ms	400 ms
$\geq 10^{-5}$	1 s	4 s
$\geq 10^{-6}$	10 s	40 s
$\geq 10^{-7}$	100 s	400 s
$\geq 10^{-8}$	1 000 s	4 000 s
$\geq 10^{-9}$	10 000 s	—

工作在返回方式时，当失效的工作系统满足无故障状态，应至少等待WTR时间(5至12 min)后才能将正常业务信号返回到该工作系统。

11.2 复用段共享保护环保护倒换要求

11.2.1 保护方式

SDH环形网应具备复用段共享保护环的功能,通常支持两种常用的保护方式:二纤双向复用段共享保护环和四纤双向复用段共享保护环。复用段共享保护环的工作通路承载需要保护的正常业务信号,保护通路则为保护此业务而预留。当暂时没有使用保护通路时,保护通路可用作承载低等级的额外业务。正常业务信号在区段上双向传送。

二纤双向复用段共享保护环上的两个相邻节点间只需两根光纤。利用时隙交换技术,一条光纤同时载送工作通路(S1)和保护通路(P2),另一条光纤上同时载送工作通路(S2)和保护通路(P1)。在一条光纤上的工作通路(S1),由沿环的相反方向的另一条光纤上的保护通路(P1)来保护。反之亦然。这就允许工作业务量双向传送。每条光纤上只有一套复用段开销。

四纤双向复用段共享保护环在每个区段(相邻节点间)需要四根光纤。工作和保护通路是在不同的光纤传送:两根工作光纤(一发一收)和两根保护光纤(一发一收)。其中工作光纤S1形成一顺时针工作信号环,工作光纤S2形成一逆时针工作信号环,而保护光纤P1和P2分别形成与S1和S2反方向的两个保护信号环,每根光纤都通过一个倒换开关作保护倒换用。由于工作和保护通道不在同一根光纤上传送,工作和保护通路上都有各自的复用段开销。

二纤双向复用段共享保护环应仅支持环倒换功能(当环倒换时,受影响区段的业务量,由环的长通路的保护通路来传送)。

四纤双向复用段共享保护环应支持环倒换和区段倒换两种功能。区段倒换是一种类似于线性1∶1 APS的保护机制,它仅用于四纤环,其工作和保护通路不在同一根光纤中传输,当失效只影响工作通路时发生区段倒换,工作业务量由该失效区段的保护通路来传送。多个区段倒换可以在一个环内同时存在,对每一个区段倒换而言,仅占用了一个区段的保护通路。对存在多个失效的情况(这些失效仅影响一个区段的工作通路,例如仅是工作通路的电气故障和光缆切断)可以用区段倒换来得到完全保护。

11.2.2 保护倒换准则——自动启动

复用段共享保护环应支持下列的情况之一倒换。

11.2.2.1 信号失效(SF)

a) 信号丢失(LOS);
b) 帧丢失(LOF);
c) 复用段的告警指示信号(MS-AIS);
d) 复用段误码超过信号失效门限(dEXC)。

11.2.2.2 信号劣化(SD):

a) 复用段误码超过信号劣化门限(dDEG)。

11.2.3 保护倒换命令和协议——外部启动

复用段共享保护环应支持网管倒换命令,并满足相应的优先级原则,具体应符合ITU-T G.841:1998中7.2.4的规范。

a) 清除;
b) 保护锁定;
c) 强制倒换;
d) 人工倒换;
e) 练习(可选);

复用段共享保护环的保护倒换协议应符合ITU-T G.841:1998中7.2.5和7.2.6的规范。

11.2.4 保护倒换时间

对于两纤双向复用段共享保护环以及四纤双向复用段共享保护环,在没有额外业务的环上,所有节点(数量不超过16个)处于空状态(没有检测到故障、没有自动或外部命令、只收到空K字节)且光纤长度少于1 200 km情况下,单个区段故障时(环和区段)倒换完成时间应少于50 ms。环在其他情况下,为了提供时间移走额外业务、忽略或兼容已经存在的APS请求,倒换完成时间可以超过50 ms。

保护倒换完成时间要求不包括启动保护倒换所必需的检测时间和拖延时间等。

不同比特差错率最大检测时间要求参见表12。

当失效工作系统满足无故障状态,应至少等待WTR时间(5至12 min)后才能将正常业务信号返回到该工作系统。

11.3 通道保护环的倒换要求

11.3.1 保护方式

SDH环型网应支持通道保护环功能,常用的通道保护方式为二纤单向通道保护环和二纤双向通道保护环。

二纤单向通道保护环通常由两根光纤实现,一根光纤用于传送业务信号,称工作(S)光纤;另一根光纤传送相同的信号用于保护,称保护(P)光纤。单向通道保护环使用“首端桥接、尾端倒换”结构,即在业务的发送端节点采用双馈方式(1+1保护),业务信号和保护信号分别由光纤S1和P1携带,其中S1光纤按顺时针方向将业务信号送至接收端节点,P1光纤逆时针方向将同样的信号作为保护信号送至于接收端节点。接收端节点同时收到两个方向的信号,按照分路通道信号的优劣决定选取其中一路作为分路信号,正常情况下,以S1光纤送来信号为主信号。

二纤双向通道保护环中其1+1方式与单向保护环基本相同,只是双向业务通过一致路由(经过相同的物理设备)实现业务的双向传送,业务上下点将环上光纤划分为两段,一段的两根光纤用于传送业务信号,另一段的两根光纤传送相同的信号用于保护。

通道保护环采用1+1方式,无需自动保护倒换(APS)协议支撑。

11.3.2 保护倒换准则——自动启动

二纤单向通道保护环应支持下列的情况之一倒换。二纤双向通道保护环应支持的保护倒换准则待研究。

11.3.2.1 信号失效(SF)

a) 信号丢失(LOS);

b) 帧丢失(LOF);

c) 通道的告警指示信号(AU-AIS或TU-AIS);

d) 指针丢失(AU-LOP或TU-LOP);

e) 通道误码超过信号失效门限(dEXC)。

11.3.2.2 信号劣化(SD)

通道误码超过信号劣化门限(dDEG)。

11.3.3 保护倒换命令和协议——外部启动

通道保护环应支持网管倒换命令,并满足相应的优先级原则,具体应符合ITU-T G.841:1998中7.4.4的规范。

a) 清除;

b) 保护锁定;

c) 强制倒换;

d) 人工倒换。

11.3.4 保护倒换时间

通道保护环的保护倒换完成时间应小于50 ms,该要求不包括启动保护倒换所必需的检测时间和拖延时间等。

不同比特差错率最大检测时间要求参见表12。

11.4 线性通道保护倒换要求

11.4.1 保护方式

高阶和低阶的通道保护机制可以用于保护穿越单一经营者网络或多个经营者网络的全程通道，这是一种端到端的保护方式，可用于各种不同的网络结构。

线性通道保护应支持1+1方式(必备)和1∶1方式(可选)。

线性通道保护1+1方式应能支持返回或不返回运行方式；线性通道保护1∶1方式应能支持返回运行方式。

线性通道保护倒换应能支持单向方式(必备)和双向方式(可选)。

11.4.2 保护倒换准则——自动启动

见11.3.2。

11.4.3 保护倒换命令和协议——外部启动

见11.3.3。

11.4.4 保护倒换时间

见11.3.4。

11.5 SDH子网连接保护(SNCP)的保护倒换要求

11.5.1 保护方式

子网连接保护(SNCP)是一种用于保护在一个或多个运营商网络中的一条路径的一部分的保护类型。由于子网连接保护是一种专有保护机制，它可适用于任何物理拓扑结构(例如网状网、环网或二者混合)，并且对子网连接中的网元数量没有基本限制。要求具备通道层路经(即通道)子网连接保护功能。

SNCP根据导致SF/SD的不同缺陷条件，可以进一步划分成多个子类型：

a) 固有的(SNC/I)：利用服务层路径终端和适配功能判断SF/SD状况，仅支持监测服务层缺陷条件。

b) 非介入的(SNC/N)：

  1) 端到端：监视服务层缺陷条件、客户层网络中的持续性/连接性缺陷条件以及误码劣化条件。使用端到端的开销/OAM。

  2) 子层：监视服务层缺陷条件、客户层网络中的持续性/连接性缺陷条件以及误码劣化条件。使用子层开销/OAM，用于串联连接监视。

总的来说，SNC保护要求在工作和保护传送实体生成子层路径(串联连接，段)，来区别是在被保护区域之前还是之内发生了一个故障或劣化。

SDH子网连接保护应至少支持SNC/I一种保护方式，SNC/N保护方式为可选。

子网连接保护目前仅支持1+1单端保护倒换：发送端永久桥接，业务同时在工作和保护子网上传送；SNC的接收端仅基于本地信息实现保护倒换，无需协议支撑。

11.5.2 保护倒换准则——自动启动

SDH子网连接保护倒换准则为：出现下列的情况之一倒换。

a) 信号丢失(LOS)。

b) 帧丢失(LOF)。

c) 通道的告警指示信号(AU-AIS或TU-AIS)。

d) 指针丢失(AU-LOP或TU-LOP)。

e) 通道未装载(HP-UNEQ或LP-UNEQ)。

f) 踪迹标识符失配(HP-TIM或LP-TIM)。

g) 通道信号超过门限的误码缺陷(dDEG/dEXC)。

注1：对于SNC/I保护，只有LOS/LOF/AIS/LOP可用。

注2：TIM与越限误码缺陷dEXC可选。

11.5.3 保护倒换命令和协议——外部启动

1+1单端保护倒换的SNCP应支持网管倒换命令，并满足相应的优先级原则，具体应符合ITU-T G.841:1998中8.4.1的规范。

a) 清除；

b) 保护锁定；

c) 强制倒换；

d) 人工倒换。

1+1单端保护倒换的SNCP的保护倒换协议应符合ITU-T G.841:1998中8.5.1和8.6的规范。

11.5.4 保护倒换时间

SNCP的保护倒换完成时间应小于50 ms，该要求不包括启动保护倒换所必需的检测时间和拖延时间。当涉及到多个子网连接或多条子网连接保护业务时，保护倒换完成时间有待于进一步研究。

不同比特差错率最大检测时间要求参见表12。

11.6 SDH网络保护结构间的互通

两个或两个以上的SDH网络保护结构间进行互通时，应支持双节点互连结构，并保证端到端的业务可用性和具有抵抗各种失效事件的能力。互通的结构和准则应满足YD/T 1078的规范，并支持以下方式的互通。

11.6.1 复用段共享保护环之间的互通

复用段共享保护环之间的互通应满足YD/T 1078—2000中6.2.2的规范。

11.6.2 SNCP环之间的互通

高阶SNCP环之间或者低阶SNCP环之间的互通应满足YD/T 1078—2000中6.2.3的规范。

11.6.3 复用段共享保护环与高阶SNCP环之间的互通

复用段共享保护环与高阶SNCP环之间的互通应满足YD/T 1078—2000中6.2.2的规范。

11.6.4 复用段共享保护环与低阶SNCP环之间的互通

复用段共享保护环与低阶SNCP环之间的互通应满足YD/T 1078—2000附录A.1的规范。

11.6.5 高阶SNCP环与低阶SNCP环之间的互通

高阶SNCP环与低阶SNCP环之间的互通应满足YD/T 1078—2000附录A.2的规范。

12 传输性能要求

12.1 误码性能

12.1.1 度量参数

误码性能的度量参数有四个，误块秒比(ESR)、严重误块秒比(SESR)、背景误块比(BBER)和严重误块期强度(SEPI)。不同的功能层网络参数和有关事件的定义有细小的差别，检测误码事件的差错检测码(EDC)也不同，本标准采用YD/T 1300的参数和定义详见表13。

表13 参数和定义

层网络	低阶通道	高阶通道	复用段	再生段
使用的参数	ESR，SESR，BBER，SEPI(可选)		ESR，SESR，BBER	
事件和参数定义	见YD/T 1300(和ITU-T G.828一致)		见YD/T 1300(和ITU-T G.829一致)	
差错检测码(EDC)	BIP-2	BIP-8	BIP-1或BIP-24[a]	BIP-8
有关开销字节	V5(b1,b2)	B3	B2	B1

[a] 对于STM-16和STM-64光口，矩形眼图模板的 x_2 和 x_3 不需要和纵轴的0UI和1UI等距离，分离的宽度待研究。考虑到STM-16和STM-64系统的频率，随着而来的困难是制造滤波器，STM-16和STM-64的参数值可能需要按照经验进行微小的修订。

12.1.2 误码指标

12.1.2.1 通道误码性能

通道误码性能应不低于 ITU-T M.2101 规定的通道投入业务限值。5 000 km 通道长期指标(测试时间一个月)见表 14,所有参数都满足才合格。长度为 Lkm 的通道误码性能与距离成正比,即用 5 000 km 的指标值乘 L/5 000 得到。

表 14 5 000 km 数字通道的误码指标(长期指标,测试时间一个月)

速率/(kbit/s)	VC-12 (2 204)	VC-3 (48 960)	VC-4 (150 336)	VC-4-4c (601 344)	VC-4-16c (2 405 376)
ESR	3×10^{-4}	6×10^{-4}	1.2×10^{-3}	—	—
SESR	6×10^{-5}	6×10^{-5}	6×10^{-5}	6×10^{-5}	6×10^{-5}
BBER	1.5×10^{-6}	1.5×10^{-6}	3×10^{-6}	3×10^{-6}	3×10^{-6}
SEPI(可选)	6×10^{-6}	6×10^{-6}	6×10^{-6}	6×10^{-6}	6×10^{-6}

5 000 km 通道短期指标见表 15,所有参数都满足才合格。长度为 Lkm 的通道误码性能与距离成正比,指标值的计算方法见 ITU-T M.2101。

表 15 5 000 km 数字通道的误码指标(短期指标)

测试时间	15 min			2 h			24 h		
参数	ES	SES	BBE	ES	SES	BBE	ES	SES	BBE
限值	S15	S15	S15	S2	S2	S2	S24	S24	S24
VC-12	0	0	0	0	0	4	6	0	107
VC-3	0	0	1	0	0	30	16	0	473
VC-4	0	0	4	0	0	68	37	0	972
VC-4-16c	NA	0	4	NA	0	68	NA	0	972
VC-4-64c	NA	0	4	NA	0	68	NA	0	972

12.1.2.2 复用段误码性能

复用段误码性能应不低于 ITU-T M.2101 规定的复用段投入业务限值。小于等于 500 km 的复用段和大于 500 km 的复用段短期指标见表 16,表中的数值只适用于 BIP-1(不适用于 BIP-N×24,适用于 BIP-N×24 的指标同再生段指标,见附录 B),所有参数都满足才合格。

表 16 复用段的误码指标(短期指标)

等级 \ 限值 \ 测试时间 参数			24 h		
			ES	SES	BBE
			S24	S24	S24
STM-1	≤500 km	0.2%	0	0	140
	>500 km	0.5%	0	0	374
STM-4	≤500 km	0.2%	NA	0	612
	>500 km	0.5%	NA	0	1 577
STM-16	≤500 km	0.2%	NA	0	2 551
	>500 km	0.5%	NA	0	6 473
STM-64	≤500 km	0.2%	NA	0	10 411
	>500 km	0.5%	NA	0	26 216

12.1.2.3 **再生段误码性能**

再生段误码性能应不低于复用段的性能，再生段误码留余度和光信噪比有关，不规定统一的指标。在某些应用中，如在波分复用上传输 SDH 的系统，规定了最低的信噪比要求，对应可以提出再生段误码指标，见附录 B。

12.1.2.4 **数字段误码性能**

数字段是一个物理实体，定义在两个物理接口之间，STM-N 支路口或者 PDH 等业务支路接口之间，通常采用停业务测试方法。本标准采用和 SDH 设计规范一致的指标 420 km 假设参考数字段的长期指标见表 17。实际长度为 Lkm 的数字段误码性能与距离成正比，即用 420 km 的指标值乘 L/420 得到。当 L 小于 30 km 时，用 30 km 的指标。

表 17 420 km 数字段的误码长期指标

速率/(kbit/s)	2 048	34 368/44 736	139 264/155 520	622 080	2 488 320
ESR	2.02×10^{-5}	3.78×10^{-5}	8.06×10^{-5}	待定	待定
SESR	1.01×10^{-6}	1.01×10^{-6}	1.01×10^{-6}	1.01×10^{-6}	1.01×10^{-6}
BBER	1.01×10^{-7}	1.01×10^{-7}	1.01×10^{-7}	5.04×10^{-8}	5.04×10^{-8}

12.2 抖动和漂移性能

12.2.1 SDH 网络接口输出抖动和漂移的网络限值

为了保证不同 SDH 设备的互联不影响信号的传输质量，需要规范 SDH 网络接口输出抖动和漂移的网络限值。

SDH 网络输出口 STM-N 接口输出抖动的网络限值应符合 YD/T 1299—2004 中 5.1 的规范。STM-N 接口输出漂移的网络限值应符合 YD/T 1299—2004 中 5.2 的规范。

SDH 网络的 PDH 业务接口输出抖动和漂移的网络限值应符合 YD/T 1420—2005 中 5.1 和 5.2 的规范。

12.2.2 SDH 设备的抖动和漂移规范

为了保证多个 SDH 设备互连引起的抖动积累不超出网络限值，需要规范单个 SDH 设备的抖动转移和抖动产生特性。为了确保设备的正常工作，在给定的输出网络限值下，需要规定输入抖动容限特性。

SDH 设备的 STM-N 输入口的抖动和漂移容限应符合 YD/T 1299—2004 中 6.1 的规范；STM-N 接口的抖动和漂移产生应符合 YD/T 1299—2004 中 6.2 的规范；STM-N 接口的抖动和漂移转移特性应符合 YD/T 1299—2004 中 6.3 的规范。

SDH 设备的 PDH 业务接口的输入抖动和漂移容限应符合 YD/T 1420—2005 中 7.1 的规范。

SDH 设备的 PDH 接口的抖动产生分别用映射抖动和结合抖动(含指针调整抖动)来规范，具体性能应符合 ITU-T G.783:2000 中 15.2.3.3 的规范。

13 可用性要求

13.1 可用性定义

a) 不可用时间

系统任一传输方向的数字信号连续 10 秒期间内每秒都是严重误块秒时，从这 10 秒钟的第 1 秒起认为进入了不可用时间。

b) 可用时间

当数字信号连续 10 秒期间内每秒都不是严重误块秒时，从这 10 秒期间的第 1 秒起就认为转入可用时间。

c) 可用性

观察期内可用时间占全部总时间的百分比称为可用性，观察期推荐为1年。

13.2 可用性目标

表18列出了两种HRP的可用性目标。

表18 假设参考数字段可用性目标

HRP	可用性	不可用性	不可用时间/年
420 km	99.977%	2.3×10^{-4}	120分/年
280 km	99.985%	1.5×10^{4}	78分/年

13.3 不可用时间的分配

SDH传送系统的不可用时间的分配如表19所示。

表19 不可用时间的分配

		不可用时间比例	420 kmHRP 不可用时间/年	280 km HRP 不可用时间/年
光缆线路部分(含光缆、活动连接器和跳线)		75%	90分/年	58.5分/年
设备部分	硬件	12.5%	15分/年	9.75分/年
	软件	12.5%	15分/年	9.75分/年

14 网管系统

14.1 系统技术要求

符合YD/T 1289.2—2003第5章的要求。

14.2 子网管理系统功能要求

符合YD/T 1289.2—2003中6.2的要求。

14.3 网元管理系统功能要求

符合YD/T 1289.2—2003中6.1的要求。

14.4 本地维护终端

符合YD/T 1289.2—2003附录A的要求。

14.5 运行、管理和维护接口

14.5.1 网管接口

SDH光缆线路系统应提供符合ITU-T M.3010—2000要求的Qx接口。网元之间的通信接口采用ITU-T Q.811:2004和ITU-T Q.812:2004规定的CLNS1无连接模式协议栈或TCP/IP协议栈，与网元管理系统之间采用CLNS2无连接模式协议栈或TCP/IP协议栈。

14.5.2 工作站接口

SDH光缆线路系统的终端站和再生器应配置与工作站的通信接口，接口特性应符合F接口的要求，目前可采用ITU-T V系列建议的规定。

15 辅助系统和环境条件

15.1 公务联络通信

SDH光缆线路系统应提供至少二条公务联络通信通路。一条用于再生器之间或再生器与线路终端站之间的公务联络；另一条用于两个线路终端站之间的直达公务联络。

公务通信应具有选址呼叫和会议呼叫功能。

公务通信应能提供64 kbit/s数字同向接口，该接口应符合GB/T 7611的规定。

15.2 使用者接口

SDH 光缆线路系统的终端站和再生器应为使用者(即网络提供者)提供一个 64 kbit/s 速率的接口,可用于建立临时性的数据/电话通信通路连接,接口特性符合 GB/T 7611 的要求。

15.3 机房环境条件

保证性能工作温度:5℃～40℃;

可工作温度:0℃～45℃;

相对湿度:≤85%(25℃)。

15.4 供电条件

采用直流供电,正极接地。电压标称值−48 V,如果用户要求也可选用−24 V 和−60 V。容差±15%保证指标,±20%可工作。宽带干扰信号(10 MHz)有效值小于 10 mV,话带干扰信号小于−68.5 dBmp。

附 录 A
（资料性附录）
SDH 维护和工程误码参考指标

A.1 国际通道和复用段维护指标

A.1.1 通道维护指标

作为实例，5 000 km 的 VC-12 和 VC-4 通道投入业务限值见表 A.1。

表 A.1 通道投入业务限值举例(1 d 和 7 d)(配额 6%)(引自 ITU-T M.2101:2000)

通道长度/km	VC-12，ES(0.5%)				SES(0.1%)				VC-12，BBE(2.5×10^{-5})			
	1 d		7 d		1 d		7 d		1 d		7 d	
	S1	S2	S1	S2	S1	S2	S1	S2	S1	S2	S1	S2
5 000	6	20	72	110	*X*	6	10	27	107	152	847	967

通道长度/km	VC-4，ES(2%)				SES(0.1%)				VC-4，VC-4-4c，VC-4-16c，BBE(5×10^{-5})			
	1 d		7 d		1 d		7 d		1 d		7 d	
	S1	S2	S1	S2	S1	S2	S1	S2	S1	S2	S1	S2
5 000	37	66	325	401	*X*	6	10	27	972	1 101	7 087	7 428

注：*X* 表示测试无效，即需要更长的测试周期。否则测试值不能以 95%的置信度给出能满足长期性能的结论。但是，由于更长期测试周期不切实际，不得不对 S1 就使用 *X*= 0 的限值。造成的影响是测试值不能以 95%的置信度给出能满足长期性能的结论。

A.1.2 复用段维护指标

作为实例，复用段投入业务限值见表 A.2。

表 A.2 复用段投入业务限值(STM-N)(引自 ITU-T M.2101:2000)

(STM-1)		ES(2%)				BBE (5×10^{-5})			
		1 d		7 d		1 d		7 d	
距离/km	配额	S1	S2	S1	S2	S1	S2	S1	S2
≤500	0.2%	*X*	2	0	6	140	192	1 093	1 229
>500	0.5%	*X*	3	0	11	374	455	2 795	3 011

(STM-4)		BBE(5×10^{-5})				SES(0.1%)			
		1 d		7 d		1 d		7 d	
距离/km	配额	S1	S2	S1	S2	S1	S2	S1	S2
≤500	0.2%	612	715	4 509	4 781	*X*	1	0	2
>500	0.5%	1 577	1 740	11 400	11 830	*X*	1		4

表 A.2（续）

(STM-16)		BBE(5×10^{-5})				SES(0.1%)			
		1 d		7 d		1 d		7 d	
距离/km	配额	S1	S2	S1	S2	S1	S2	S1	S2
≤500	0.2%	2 551	2 757	18 310	18 850	X	1	0	2
>500	0.5%	6 473	6 798	46 020	46 880	X	1	0	4

注 1：STM-1 的 SES 和 STM-4 相同。

注 2：表 A.2 是 ITU-T M.2101 规定的 STM-N(N=1,4,16)复用段投入业务限值。STM-64 复用段投入业务限值待研究。

注 3：X 表示测试无效，即需要更长的测试周期。否则测试值不能以 95% 的置信度给出能满足长期性能的结论。但是，由于更长期测试周期不切实际，不得不对 S1 就使用 $X=0$ 的限值。造成的影响是测试值不能以 95% 的置信度给出能满足长期性能的结论。

A.2 目前国内 SDH 工程设计的通道误码指标

YD/T 5095《同步数字系列(SDH)长途光缆传输工在设计规范》是国内现行的工程设计标准。该标准以 ITU-T G.826 为基础，所以比 ITU-T M.2101(以 ITU-T G.828 为基础)的维护指标要求低。

A.2.1 SDH 网络全程端到端 27 000 km 假设参考通道的误码性能指标

YD/T 5095 采用的端到端误码性能指标见表 A.3，该指标来源于 ITU-T G.826。

表 A.3 全程端到端误码性能指标(引自 YD/T 5095—2000 表 8.1.1)

速率/(kbit/s)	2 048	34 368/44 736	139 264/155 520	622 080	2 488 320
ESR	0.04	0.075	0.16	待定	待定
SESR	0.002	0.002	0.002	0.002	0.002
BBER	2×10^{-4}	2×10^{-4}	2×10^{-4}	10^{-4}	10^{-4}

A.2.2 数字通道的长期指标

SDH 工程设计的通道长期指标考虑的测试时间不少于 1 个月，它是以不低于通道维护指标为条件提出来的。具体地讲是以 ITU-T G.826 的通道指标为基础，按每公里可享用 0.000 6% 的配额，与距离成正比计算得到的。以 5 000 km 为例，相应的指标见表 A.4 和表 A.5。

表 A.4 6 800 km 数字通道的误码指标(配额 4.08%)(引自 YD/T 5095—2000 表 8.1.2)

速率/(kbit/s)	2 048	34 368/44 736	139 264/155 520	622 080	2 488 320
ESR	1.63×10^{-3}	3.06×10^{-3}	6.53×10^{-3}	待定	待定
SESR	8.16×10^{-5}	8.16×10^{-5}	8.16×10^{-5}	8.16×10^{-5}	8.16×10^{-5}
BBER	8.16×10^{-6}	8.16×10^{-6}	8.16×10^{-6}	4.08×10^{-6}	4.08×10^{-6}

表 A.5 5 000 km 数字通道的误码指标(配额 3%)(来源于 YD/T 5095—2000)

速率/(kbit/s)	2 048	34 368/44 736	139 264/155 520	622 080	2 488 320
ESR	1.2×10^{-3}	2.25×10^{-3}	4.8×10^{-3}	待定	待定
SESR	6×10^{-5}	6×10^{-5}	6×10^{-5}	6×10^{-5}	6×10^{-5}
BBER	6×10^{-6}	6×10^{-6}	6×10^{-6}	3×10^{-6}	3×10^{-6}

A.2.3 数字通道的短期指标

SDH 工程设计的通道短期指标是以不低于通道维护指标为条件提出来的。具体地讲，通道短期指标是以 ITU-T M. 2101.1 的通道指标和计算方法为基础，每公里可享用 0.001%的配额，与距离成正比计算得到的。以 6 800 km(配额 6.8%)和 5 000 km(配额 5%)的通道为例，相应的短期指标见表 A.6 和表 A.7。

表 A.6　6 800 km 数字通道的短期误码指标(引自 YD/T 5095—2000 表 8.1.6)

速率/kbit/s	2 048			34 368/44 736			139 264/155 520			622 080			2 448 320		
	S1	S2	$S0_7$	S1	S2	$S0_7$	S1	S2	$S0_7$	S1	S2	$S0_7$	S1	S2	$S0_7$
ES	43	74	411	89	131	771	204	266	1 645	—	—	—	—	—	—
SES	0	6	21	0	6	21	0	6	21	0	6	21	0	6	21
注：表中 $S0_7$＝$BISPO_7$															

表 A.7　5 000 km 数字通道的短期误码指标(配额 5%)(来源于 YD/T 5095—2000)

速率/kbit/s	2 048			34 368/44 736			139 264/155 520			622 080			2 448 320		
	S1	S2	$S0_7$	S1	S2	$S0_7$	S1	S2	$S0_7$	S1	S2	$S0_7$	S1	S2	$S0_7$
ES	30	56	302	63	99	567	147	199	1 210	—	—	—	—	—	—
SES	0	5	15	0	5	15	0	5	15	0	5	15	0	5	15
注：表中 $S0_7$＝$BISPO_7$															

A.3　以 ITU-T G.828 为基础的国内 SDH 工程设计的通道误码指标

A.3.1　SDH 网络全程端到端 27 000 km 假设参考通道的误码性能指标

现将 ITU-T G.828 的指标列于表 A.8。

表 A.8　全程端到端误码性能指标(引自 ITU-T G.828:2000)

速率/(kbit/s)	VC-12(2 204)	VC-3(48 960)	VC-4(150 336)	VC-4-4c(601 344)	VC-4-16c(2 405 376)
ESR	0.01	0.02	0.04	—	—
SESR	0.002	0.002	0.002	0.002	0.002
BBER	5×10^{-5}	5×10^{-5}	1×10^{-4}	1×10^{-4}	1×10^{-4}

A.3.2　数字通道的长期指标

SDH 工程设计的通道长期指标考虑的测试时间不少于 1 个月，它是以不低于通道维护指标为条件提出来的。具体地讲是以 ITU-T G.828 的通道指标为基础，按每公里可享用 0.000 6%的配额，与距离成正比计算得到的。以 5 000 km 为例，相应的指标见表 A.9。

表 A.9　5 000 km 数字通道的误码指标(配额 3%)(以 ITU-T G.828:2000 为基础)

速率/(kbit/s)	VC-12(2 204)	VC-3(48 960)	VC-4(150 336)	VC-4-4c(601 344)	VC-4-16c(2 405 376)
ESR	3×10^{-4}	6×10^{-4}	1.2×10^{-3}	—	—
SESR	6×10^{-5}	6×10^{-5}	6×10^{-5}	6×10^{-5}	6×10^{-5}
BBER	1.5×10^{-6}	1.5×10^{-6}	3×10^{-6}	3×10^{-6}	3×10^{-6}

A.3.3　数字通道的短期指标

SDH 工程设计的通道短期指标是以不低于通道维护指标为条件提出来的。具体地讲，通道短期指标是以 ITU-T M.2101 的通道指标和计算方法为基础，每公里可享用 0.001%的配额，与距离成正比计算得到的。5 000 km(配额 5%)的通道短期指标见表 A.10。需要指出，表 A.10 不是维护指标，按照 ITU-T M.2101，维护指标应有四个参数(目前用三个)，完整的 5 000 km 通道投入业务限值见表 A.1。

此外 5 000 km 通道维护指标配额(6%)不同于工程设计指标配额(5%)。

表 A.10 5 000 km 数字通道的投入业务限值(配额 5%)(以 ITU-T M.2101:2000 为基础)

速率/kbit/s	VC-12(2 204)			VC-3(48 960)			VC-4(150 336)			VC-4-4c(601 344)			VC-4-16c(2 405 376)		
	S1	S2	$S0_7$	S1	S2	$S0_7$	S1	S2	$S0_7$	S1	S2	$S0_7$	S1	S2	$S0_7$
ES	4	17	76	12	31	151	30	56	302	—	—	—	—	—	—
SES	X	5	15	X	5	15	X	5	15	X	5	15	X	5	15
BBE	87	129	756	390	474	3 024	805	923	6 048	805	932	6 048	805	932	6 048

注：表中 $S0_7$＝$BISPO_7$；X 表示测试无效，即需要更长的测试周期。否则测试值不能以 95% 的置信度作出性能评估。

A.4 目前国内 SDH 工程设计的数字段误码指标

A.4.1 数字段的长期指标

目前国内 SDH 工程设计的数字段误码指标是以不低于数字段的维护指标为条件提出来的。在 SDH 系统中复用段和数字段是相似的概念。当时在国际建议中没有规定数字段指标的情况下，不得不"借用"通道指标为基础。具体地讲，数字段长期指标是以 ITU-T G.826 为基础，严化系数 1/5，按每公里可享用 0.000 6% 的配额，与距离成正比计算得到的。以 420 km 数字段为例，可享用的配额是 0.252%，相应的指标见表 A.11。

表 A.11 420 km 数字段的误码指标(配额 0.252%)(引自 YD/T 5095—2000 表 8.1.4)

速率/(kbit/s)	2 048	34 368/44 736	139 264/155 520	622 080	2 488 320
ESR	2.02×10^{-5}	3.78×10^{-5}	8.06×10^{-5}	待定	待定
SESR	1.01×10^{-6}	1.01×10^{-6}	1.01×10^{-6}	1.01×10^{-6}	1.01×10^{-6}
BBER	1.01×10^{-7}	1.01×10^{-7}	1.01×10^{-7}	5.04×10^{-8}	5.04×10^{-8}

A.4.2 目前数字段的短期指标

目前国内 SDH 工程设计的数字段短期指标也是以不低于数字段维护指标为条件提出来的。具体地讲，数字段短期指标是参照 ITU-T M.2101.1 的通道指标和数字段计算方法为基础，数字段可享用的配额取 0.1%(与长度无关)，严化系数取 1/10。工程数字段的短期指标见表 A.12。

表 A.12 工程数字段的短期误码指标(配额 0.1%)(k＝1/10)(引自 YD/T 5095—2000 表 8.1.7)

速率/kbit/s	2 048			34 368/44 736			139 264/155 520			622 080			2 448 320		
	S1	S2	$S0_7$	S1	S2	$S0_7$	S1	S2	$S0_7$	S1	S2	$S0_7$	S1	S2	$S0_7$
ES	0	1	NA	0	1	NA	0	2	5	—	—	—	—	—	—
SES	0	1	NA	0	1	NA	0	1	0	0	1	0	0	1	0

注：表中 $S0_7$＝$BISPO_7$；NA 表示不适用。

A.5 以 ITU-T G.829 和 M.2101 为基础的国内 SDH 工程设计的复用段误码指标

A.5.1 复用段的长期指标

在 ITU-T G.829 中，只规定了复用段的误码性能事件和参数定义，没有规定指标值。但是在 ITU-T M.2101 中却规定了复用段的指标值，见表 A.2。以不低于复用段的维护指标为条件导出来的复用段的长期指标见表 A.13。

表 A.13 ≤500 km 复用段的误码指标(配额 0.2%)(以 ITU-T M.2101:2000 为基础)

速率/(kbit/s)	严化系数 k=	STM-0(51 840)	STM-1(155 520)	STM-4(622 080)	STM-16 (2 488 320)
ESR	1/10	2×10^{-6}	4×10^{-6}	—	—
SESR	1/2	1×10^{-6}	1×10^{-6}	1×10^{-6}	1×10^{-6}
BBER	1/10	5×10^{-9}	1×10^{-8}	1×10^{-8}	1×10^{-8}

A.5.2 复用段的短期指标

在 ITU-T G.829 中,只规定了复用段的误码性能事件和参数定义,没有规定指标值。但是在 ITU-T M.2101 中却规定了复用段的指标值,见表 A.2。以不低于复用段的维护指标为条件导出来的复用段的短期指标见表 A.14。

需要指出,表 A.14 仅是维护指标中的一部分数值,完整的复用段投入业务限值见表 A.2。此外,≤500 km 复用段维护指标配额(0.2%)不同于工程数字段指标配额(0.1%)。

表 A.14 ≤500 km 复用段的短期误码指标(0.2%)(引自 ITU-T M.2101:2000)

速率/kbit/s	严化系数 k=	STM-0 (51 840)			STM-1 (155 520)			STM-4 (622 080)			STM-16 (2 488 320)		
		S1	S2	$S0_7$	S1	S2	$S0_7$	S1	S2	$S0_7$	S1	S2	$S0_7$
ES	1/10	X	1	1	X	2	2	—	—	—	—	—	—
SES	1/2	X	1	1	X	1	1	X	1	1	X	1	1
BBE	1/10	17	38	194	140	192	1 161	612	715	4 645	2 551	2 757	18 580

注:表中 $S0_7$ = $BISPO_7$;X 表示测试无效,即需要更长的测试周期。否则测试值不能以 95% 的置信度作出性能评估。

附 录 B
（资料性附录）
再生段的误码性能

B.1 再生段误码性能与光信噪比

再生段误码性能和光信噪比有关，取决于产品和工程设计。

B.2 再生段误码指标

ITU-T G.829 只规定了再生段的误码参数，没有规定统一的指标。从保证业务传输质量出发，可以肯定再生段误码性能应不低于复用段的性能。和 12.1.2.2 中表 16 复用段误码指标相当（没有余度）的指标值见表 B.1。

表 B.1 再生段的误码指标（短期指标）

等级	限值	测试时间 参数	24 h ES S24	24 h SES S24	24 h BBE S24
STM-1	≤500 km	0.2%	0	0	2
	>500 km	0.5%	0	0	9
STM-4	≤500 km	0.2%	NA	0	2
	>500 km	0.5%	NA	0	9
STM-16	≤500 km	0.2%	NA	0	2
	>500 km	0.5%	NA	0	9
STM-64	≤500 km	0.2%	NA	0	2
	>500 km	0.5%	NA	0	9

B.3 再生段误码指标的适用场合

在波分复用上传输 SDH 的误码性能是通过监测 B1 得到的，为评估 B1 测试结果，需要用再生段误码指标。

附　录　C
（资料性附录）
接收机灵敏度劣化量和余度的解释

C.1　概述

在 ITU-T G.957 和 G.691 中提出接收机典型的老化余度(Me)为 2 dB～4 dB。并定义：

$$Me = EOL_{ITU} - BOL$$

式中：

EOL_{ITU}——寿命终了，且处于最坏条件下的接收机灵敏度。该值由 G.957 和 G.691 建议规定指标；

BOL——寿命开始，且处于标称条件下的接收机灵敏度。

由于工程实践使用 Me 时出现歧义，本标准规定了接收机灵敏度劣化量(Y)和接收机灵敏度余度(X)两个参数。

C.2　接收机灵敏度劣化量(Y)

接收机的寿命终了且处于最坏条件下实际的的灵敏度(EOL_a)与寿命开始，且处于标称条件下的灵敏度(BOL)之差，即

$$Y = EOL_a - BOL$$

式中：

EOL_a——寿命终了，且处于最坏条件下的实际接收机灵敏度；

BOL——寿命开始，且处于标称条件下的接收机灵敏度。

C.3　接收机灵敏度余度(X)

接收机的寿命终了且处于最坏条件下实际的的灵敏度(EOL_{ITU})与寿命开始，且处于标称条件下的灵敏度(BOL)之差，即

$$X = EOL_{ITU} - BOL$$

式中：

EOL_{ITU}——寿命终了，且处于最坏条件下接收机灵敏度。该值由 ITU-T G.957 和 G.691 规定指标；

BOL——寿命开始，且处于标称条件下的接收机灵敏度。

C.4　关于 EOL_a、EOL_{ITU}、BOL、X 和 Y 的图解

以 ITU-T G.957 中灵敏度定义为例，将上述参数表示在图 C.1 中。

在 YD/T 5095—2000 中规定，计算衰减受限距离时使用 $Pr = EOL_{ITU}$。通常在设备出厂验收时检查 BOL。而 EOL_a 是由器件和设备决定的一个承诺值，需要通过试验得到的统计特性，通常情况下应该是 $EOL_a \leqslant EOL_{ITU}$，所以 $X \geqslant Y$。

本标推荐取值 2 dB≤X≤3 dB，Y≤2 dB。

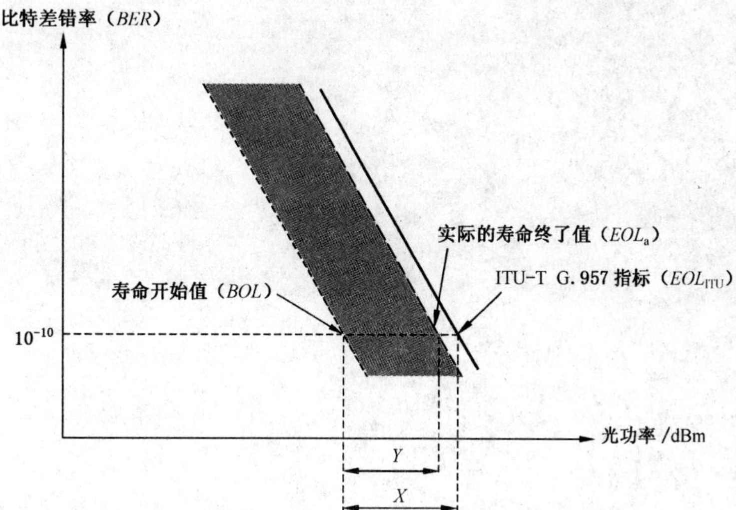

图 C.1　关于 EOL_a、EOL_{ITU}、BOL、X 和 Y 的图解说明

ICS 27.010
F 20

中华人民共和国国家标准

GB/T 15945—2008
代替 GB/T 15945—1995

电能质量　电力系统频率偏差

Power quality—Frequency deviation for power system

2008-06-18 发布　　2009-05-01 实施

中华人民共和国国家质量监督检验检疫总局
中国国家标准化管理委员会　发布

前　言

本标准代替 GB/T 15945—1995《电能质量　电力系统频率允许偏差》。

本标准与 GB/T 14945—1995 相比主要变化如下：

——标准名称改为《电能质量　电力系统频率偏差》；

——增加了术语“2.1　标称频率”；

——对原标准中的“4　测量仪表”的内容进行扩充和细化，改为“4　频率偏差的测量”；

——删除了原标准中的“2.2　频率变动”；

——将原标准中关于冲击负荷引起的频率偏差限值移到附录 A；

——增加了附录 B“频率合格率统计”。

本标准的附录 A、附录 B 为规范性附录。

本标准由全国电压电流等级和频率标准化技术委员会提出并归口。

本标准起草单位：中国电力科学研究院、国家电网公司国家电力调度通信中心、中机生产力促进中心、哈尔滨电工仪表研究所、国电龙源电力技术工程有限责任公司、上海电气科学研究所（集团）有限公司。

本标准主要起草人：潘艳、朱伟江、刘迅、林海雪、李照阳、于坤山、王明仁、马俊镛、李松洁。

本标准所代替标准的历次版本发布情况为：

——GB/T 15945—1995。

电能质量 电力系统频率偏差

1 范围

本标准规定了标称频率为 50 Hz 的电力系统频率偏差限值、测量及合格率的统计方法。

本标准不适用于电气设备的频率偏差限值。

2 术语和定义

下列术语和定义适用于本标准。

2.1

标称频率 nominal frequency

系统设计选定的频率。

2.2

频率偏差 frequency deviation

系统频率的实际值和标称值之差。

2.3

冲击负荷 impact load

生产(或运行)过程中周期性或非周期性地从电网中取用快速变动功率的负荷。

2.4

频率合格率 frequency qualification rate

实际运行频率偏差在限值范围内累计运行时间与对应的总运行统计时间的百分比。

3 频率偏差限值

3.1 电力系统正常运行条件下频率偏差限值为±0.2 Hz。当系统容量较小时,偏差限值可以放宽到±0.5 Hz。

3.2 冲击负荷引起的频率偏差限值见本标准附录 A。

3.3 电力系统中频率合格率的统计方法见本标准附录 B。

4 频率偏差的测量

4.1 频率偏差的测量方法

测量电网基波频率,每次取 1 s、3 s 或 10 s 间隔内计到的整数周期与整数周期累计时间之比(和 1 s、3 s 或 10 s 时钟重叠的单个周期应丢弃)。测量时间间隔不能重叠,每 1 s、3 s 或 10 s 间隔应在 1 s、3 s 或 10 s 时钟开始时计。本标准不排斥更先进的频率测量方法的采用。

4.2 仪器准确度

测量误差不应超过±0.01 Hz。

附 录 A
(规范性附录)
冲击负荷引起的频率偏差变化

冲击负荷引起的系统频率变化为±0.2 Hz,根据冲击负荷性质和大小以及系统的条件也可适当变动,但应保证近区电力网、发电机组和用户的安全、稳定运行以及正常供电。

附　录　B
（规范性附录）
频率合格率统计

通过监测及直接或间接地统计频率超限时间以获得表征电网频率在限值以内的一种方法。统计时间以 s 为单位，计算公式如下：

$$\text{频率合格率} = \left(1 - \frac{\text{频率超限时间}}{\text{总运行统计时间}}\right) \times 100\% \qquad \cdots\cdots(\text{B.1})$$

参 考 文 献

［1］ GB/T 1980—2005 电气设备额定频率

［2］ GB/T 19862—2005 电能质量测量设备通用要求

［3］ IEC 61000-4-30 Testing and measurement techniques—Power quality measurement methods (International Standard),2003-02

［4］ EN 50160:2000 Voltage characteristics of electricity supplied by public distribution system

ICS 17.220
N 20

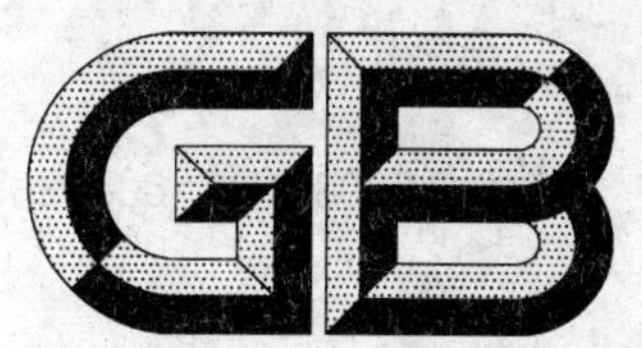

中华人民共和国国家标准

GB/T 15946—2008/IEC 60488-1:2004
代替 GB/T 15946—1995

可编程仪器标准数字接口的高性能协议 概述

Higher performance protocol for the standard digital interface for programmable instrumentation—General

(IEC 60488-1:2004,Higher performance protocol for the standard digital interface for programmable instrumentation—Part 1:General,IDT)

2008-06-30 发布　　2009-01-01 实施

中华人民共和国国家质量监督检验检疫总局
中国国家标准化管理委员会 发布

前　言

本标准等同采用 IEC 60488-1:2004(英文版)。本标准与该国际标准的主要差异如下：

——为了方便国内用户使用，进行了部分编辑性修改；

——按照 GB/T 1.1—2000 的要求对标准的格式进行了编排、修改。

本标准代替 GB/T 15946—1995。与 GB/T 15946—1995 比较，本标准的名称和技术内容作出了调整和编辑性修改：

a) 新版技术上增加了接口功能，这样允许设计者选择非互锁握手传送；

b) 根据我国的实际使用情况，按照 GB/T 1.1—2000 的规定，根据英文文本对章条号进行了重新排版；

c) 增加了附录的内容。

d) 对 1995 版中个别编辑性错误进行了修正。

本标准的附录 A、附录 B、附录 C、附录 D、附录 E、附录 F、附录 G、附录 H、附录 I、附录 J、附录 K 为资料性附录。

本标准由中国机械工业联合会提出。

本标准由全国工业过程测量和控制标准化技术委员会第四分技术委员会归口。

本标准起草单位：机械工业仪器仪表综合技术经济研究所。

本标准起草人：欧阳劲松、郑旭、王玉敏。

本标准所代替标准的历次版本发布情况为：GB/T 15946—1995。

可编程仪器标准数字接口的高性能协议　概述

1　总则

1.1　范围

本标准适用于把可编程和不可编程电子测量装置同其他必须的装置和附件互连以组成仪器仪表系统的接口系统。

本标准适用于如下仪器系统(或其某些部分)的接口：

a)　在相互连接的装置之间交换的数据是数字式的(与模拟式相区别)；

b)　可以用同一条连续的总线连接起的设备数目不超过 15 个；

c)　互连电缆的传输路径总长度不超过 20 m；

d)　设备中的数据传输速率不超过 8 000 000 B/s。

本标准的基本功能规范可被用于要求更长的传输距离、连接更多的设备、要求更好的抗干扰能力或者是以上几种情况的组合的数字接口应用。对于这些扩展应用来说，可能需要不同的电气化及机械化规范(例如：对称的电路配置、高阈值逻辑、特殊的连接器或电缆配置等)。

本标准也可用于其他仪器系统的元件，如用于仪器系统中的处理器、激励源、显示器、存储器及终端设备等。本标准一般适用于干扰轻微而且外形尺寸有限(系统各组件之间的距离有限)的实验室及生产测试环境。

本标准只涉及仪器系统的接口特性，而没有考虑无线电接口规程的设计规格、性能要求和安全要求等。

注：关于最后两项，请参阅 GB 4793.1—2007 和 IEC60359:2001。

本标准中，无需进一步加以区分之处："系统"一词是指比特并行、字节串行的接口系统，一般包括为实现各设备之间不混淆的数据传递所需的一切电路、电缆、接头、报文库以及控制协议；"设备"或"装置"一词是指接入接口系统上的并通过接口系统来交换信息并符合接口系统定义的任何可编程测量设备或其他产品。

本标准的一个主要中心是提出一种通过外部手段把一个独立的装置与其他装置互连起来的接口系统，本标准也可用于一个独立的装置内部各部分之间的连接。

1.2　目的

本标准的目的在于：

a)　定义一种在有限距离内使用的通用系统；

b)　规定装置应满足的，不随设备而异的机械化、电气化及功能上的接口要求，以便使这些设备能通过本系统互连并实现确定通信；

c)　规定与本系统有关的一些名词术语和定义；

d)　使单独制造出来的装置能连接到一个单一功能系统中；

e)　允许拥有多种能力的(从最简单的到最复杂的)各种装置同时连接到系统中；

f)　允许各装置之间能直接通信，而不必要求所有报文都经过一个控制单元或中间单元；

g)　定义一个能对连接到本系统上装置的性能特性加以最少的限制的系统；

h) 定义一个能容许在数据速率高低悬殊的情况下进行异步通信的系统；

i) 定义一个本身价格可以相当低廉而且能把廉价设备互连的系统；

j) 定义一个易于使用的系统。

1.3 接口系统概述

1.3.1 接口系统目的

接口系统的总目的是在于提供一种有效的通信线路以在互连的设备群之间准确地传递报文。

接口系统所传递的报文(信息量)属于下列两大类之一：

a) 用以管理接口系统本身的报文，以下称之为接口报文(interface messages)；

b) 通过接口系统互相连接起来的各设备所使用的报文，接口系统只传递这些报文，但却并不直接使用或处理这些报文，以下称这类报文为设备相关报文(device-dependent messages)。

注：设备相关报文的详细规定不在本标准范围内。

1.3.2 基本通信能力

一种有效的通信联络需要三种基本功能元件来组织并管理在设备之间互相交换的信息流：

a) 一个作为侦听者(listener)的设备；

b) 一个作为讲话者(talker)的设备；

c) 一个作为控制者(controller)的设备。

在本标准所述的接口系统的上下文中：

a) 一个具有侦听能力的设备能够由一个接口报文来寻址，以接收来自连接到接口系统的另一个设备的设备相关报文。

b) 一个具有讲话能力的设备能够由一个接口报文来寻址，以向连接到接口系统的另一个设备发出设备相关报文。

c) 一个具有控制能力的设备能够对其他设备寻址，令它们侦听或讲话。此外，此设备还能发出接口报文来命令执行其他设备内的一些规定动作。一个只有这种能力的设备既不发送也不接收设备相关报文。

注：控制器这个词在本标准的使用严格适用于接口系统的管理(控制)，不包含在数据处理环境中这个词所特有的更多能力。进一步对控制器的分类见第4章，以区分与接口系统相关的控制器能力的不同类型。

在通过接口系统互连的各设备中，侦听者、讲话者及控制者三种能力可以单独发生或以任何组合发生，如图1所示。

除基本的侦听者、讲话者及控制者功能之外，系统还提供接口报文以实现下列操作：

a) 当一个(具有讲话者功能的)设备要求某种动作时，可由控制器通过发送服务请求报文来发起一个串行轮询序列。于是，控制器将依次获得所有设备的状态字节，以确定要求的服务。

b) 在控制器要求时，并行轮询功能使一个设备同其他几个设备同时发送一个状态信息(请求服务)比特。为了响应轮询而给一特殊设备分配一条数据传输线路可以通过接口报文来实现。

c) 在从控制器得到命令时，设备清除和设备触发功能使设备能被初始化或被触发。清除或触发可以在一个系统中几个选定的设备或所有设备同时发生。

d) 远程/本地控制功能使一个设备能够接收来自总线的编程数据、本地数据(例如面板控制)或者两者。

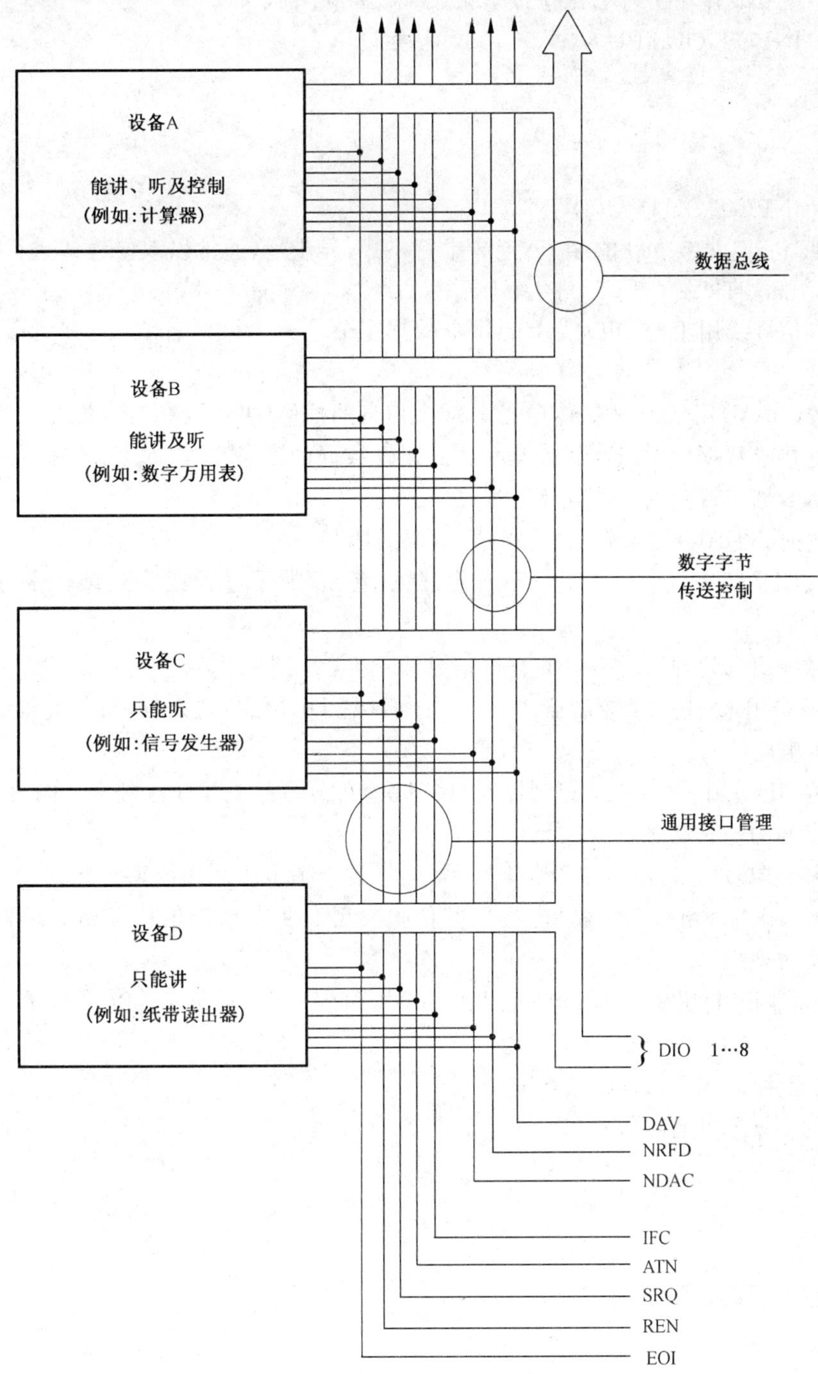

图 1 接口能力及总线结构

1.3.3 报文路径及总线结构

接口系统包括一组 16 根信号线,用于在互连的各设备间传递所有信息、接口报文和设备相关报文。

报文可以在一根或一组信号线上编码,这取决于特殊的报文内容及其与接口系统的关系。

总线结构由三组信号线组成:

a) 数据总线,由八根信号线组成;

b) 数据字节传递控制总线,由三根信号线组成;

c) 通用接口管理总线,由五根信号线组成。

图 1 示出基本通信路径。

一组八根接口信号线传输所有七比特接口报文及设备相关报文：

DIO1(DATA INPUT OUTPU 1)；

· ·

· ·

· ·

DIO8(DATA INPUT OUTPU 8)

在 DIO 信号线上，报文字节以位-并行字节-串行格式，异步地，通常以双向模式进行传输。

注：必要时，一个报文可以在一根 DIO 信号线上传输。

一组三根接口信号线用于把 DIO 线上的每个数据字节从一个讲话者或一个控制器传递到一个或多个侦听者：

a) 数据有效(DAV)用来表示在 DIO 信号线上信息的情形(可用性和有效性)。

b) 未准备好接收数据(NRFD)用来表示设备接收数据的准备情况，或(由数据发送源)向所有接收器指示数据传输能支持非互锁握手循环。

c) 未接收数据(NDAC)用来表示设备接收数据的情况。

DAV、NRFD、NDAC 三根信号线工作于所谓三线(互锁)握手过程或非互锁握手过程以传递通过接口的每个数据字节。

五条接口信号线用来管理通过接口的有序信息流：

a) 注意(ATN)用来(由一个控制器)规定应如何解释 DIO 信号线上的数据，并规定哪些设备应对数据作出响应。

b) 接口清除(IFC)用来(由一个控制器)把接口系统(它的若干部分包含在所有互连的设备之中)置于一已知的静止状态。

c) 服务请求(SRQ)用来(由一个设备)表示需要注意并请求中断当前事件序列。

d) 远程使能(REN)(由一个控制器)连同其他报文用于使能或禁止具有相应远程控制能力的一个或多个本地控制。

e) 结束或识别(EOI)用来(由一个讲话者)表示由多个字节组成的一个传输序列结束，或者(由一个控制器)与 ATN 一齐执行一次轮询序列。

1.3.4 接口系统元件

本接口系统的主要元件有：

—— 功能元件；

—— 电气元件；

—— 机械元件。

每一种元件将在后面的条中分别给予描述。

2 规范性引用文件

下列文件中的条款通过本标准的引用而成为本标准的条款，凡是注日期的引用文件，其随后所有的修改单(包括勘误的内容)或修订版均不适用于本标准，然而，鼓励根据本标准达成协议的各方研究是否可使用这些文件的最新版本。凡是不注日期的引用文件，其最新版本适用于本标准。

GB 4793.1—2007 测量、控制和实验室用电气设备的安全要求 第1部分：通用要求(IEC 61010-1:2001,IDT)

IEC 60359:2001 电子测量设备性能特性表示

IEC 60068:1992 基本环境试验方法 第2部分：试验

ANSI X3.4:1996 美国信息交换用七位码字符集标准代码

MIL STD 202F:1996 电子和电气元件测试方法

3 术语、定义和缩略语

对于操作规程建议，使用下面的术语和定义。对于本章没有定义的术语应参考 IEEE 标准术语的权威字典第 7 版。

3.1 系统通用术语

3.1.1

兼容性 compatibility

当设备按照本标准的规定而设计时，无需加以改动即可相互连接和使用的程度(例如：机械、电气、功能)。

3.1.2

握手循环 handshake cycle

借助于状态和控制信号通过接口来传递每一个数据位的过程。所谓连锁，就是指事件的一种固定序列，在此序列中的一个事件应出现在下一个事件出现之前。

3.1.3

接口 interface

考虑的系统与另一系统(或系统的某些部分)之间的公共边界，信息通过该公共边界传递。

3.1.4

接口系统 interface system

为了能实现一组设备之间的通信，需要一组设备无关的机械、电气和功能元件。如电缆、接头、驱动器及接收器电路、信号线的说明、定时及控制惯例、以及功能逻辑电路等，都是典型的系统元件。

3.1.5

本地控制 local control

设备接受编程的另一种方式，即通过其本地(面板或背板)控制来接受编程以使设备能执行各种任务(亦称为手动控制)。

3.1.6

可编程 programmable

设备的一种特性，即能接收数据来改变其内部电路状态以执行一个或多个特定任务。

3.1.7

远程控制 remote control

设备接受编程的一种方式，即通过其电气接口连接来接受编程以使设备能执行不同的任务。

3.1.8

系统 system

一组通过执行规定的功能而实现给定的目标而组合在一起的互连的元件。

3.2 通过接口系统连接的单元

3.2.1

可编程测量装置 programmable measuring apparatus

一种根据从系统得到的命令执行所规定的操作并能向系统传输测量结果的测量装置。

3.2.2

终端单元 terminal unit

接于考虑的接口系统端点的一个装置，借助于它可实现一个考虑的接口系统与另一个外部接口系统之间的连接(必要时，还包括代码转译)。

3.3 信号与通道

3.3.1

双向总线 bidirectional bus

任何一个设备用来做双向传输报文之用的总线,即输入和输出。

3.3.2

位并行 bit parallel

同时出现在一组信号线上的一组数据位,用来传递信息。并行位中的各数据可以同时活动有如一个群体(字节),或者分别独立活动有如几个独立的数据位。

3.3.3

总线 bus

接口系统使用的连接若干个设备,并通过总线传递报文的一条或一组信号线。

3.3.4

字节 byte

作为一个单元而工作的一组相邻的二进制数字,通常短于计算机的一个字长(往往暗指 bit 的一群)。

3.3.5

字节串行 byte serial

由位并行编成的数据字节的序列用来在一公共总线上传输信息。

3.3.6

高态 high state

相对而言较高的正的电平,用以表明两个二进制逻辑状态之一所关联的特定报文内容。

3.3.7

低态 low state

相对而言较低的正的电平,用以表明两个二进制逻辑状态之一所关联的特定报文内容。

3.3.8

信号 signal

信息的物理表现。

注:在本标准中,这是指通常在一般意义下称之为"信号"的一种狭义的定义,并在下文中都是指数字式电信号而言。

3.3.9

信号电平 signal level

与任意参考幅值相比的信号的幅值。

3.3.10

信号线 signal line

接口系统中的一组信号导线用来在互连的设备之间传递报文。

3.3.11

信号参数 signal parameter

一个电量的参数,由其值或其一连串来传递报文。

3.3.12

单向总线 unidirectional bus

任一个设备用来只作单向传输报文之用的总线,即只提供输入或只提供输出之用。

4 功能规范

4.1 功能划分

一个设备是为一种特殊应用而设计出来的实体。在概念上可以把它划分为三个主要功能区域,其中每个功能区域包含一些独特的能力：

a) 设备功能(其定义随应用而异)；

b) 接口功能(其定义不随应用而异)；

c) 报文编码逻辑。

一切通往或来自接口功能的通信都以报文及状态交连来予以规定(见4.1.4)。

信号线上所传输的一切报文均按4.13所规定的编码逻辑来编码。

4.1.1 设备功能

设备功能区域的范围、目的、大小、内容及组织(例如:测量模拟信号的能力、量程、工作模式等等)均不在本标准的范围之内。图2示出设备功能区域(B)和接口功能区域(A)。在B区内,设计者有完全的自由来规定设备的有关能力;而在A区内,除了本标准所规定的以外,设计者不得规定新的能力。

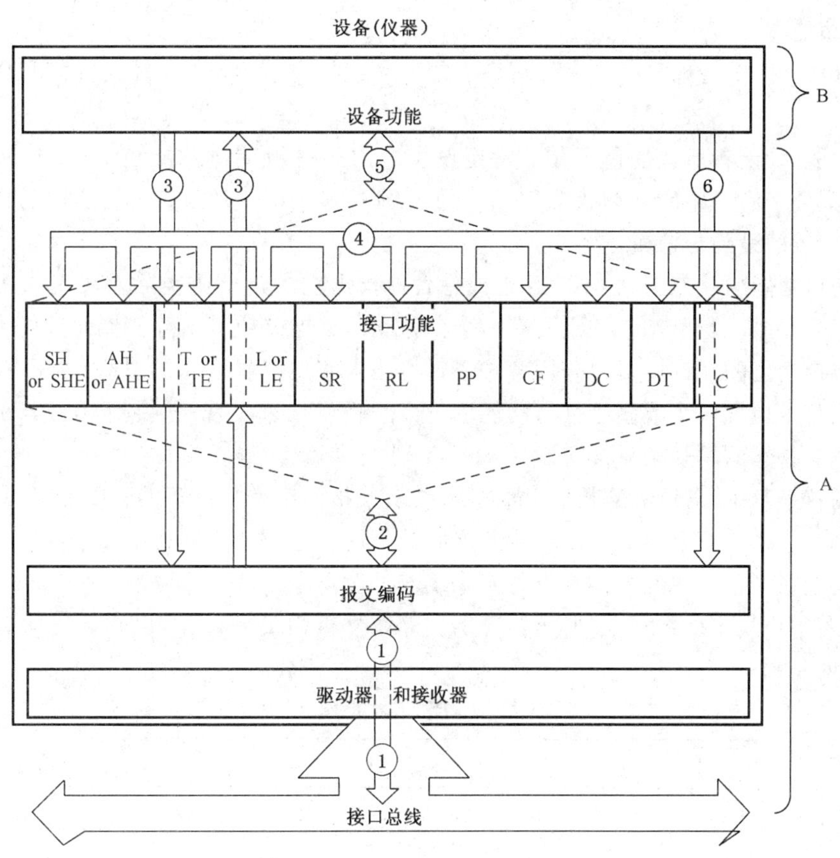

A——由本标准予以规定的能力；

B——由设计者予以规定的能力；

1 接口总线的信号线；

2 通往及来自接口功能的远程接口报文；

3 通往及来自设备功能的设备相关报文；

4 接口功能之间的状态交连；

5 设备功能与接口功能之间的本地报文通向接口功能的报文在本标准内予以规定,自接口功能发出的报文则由设计者予以规定；

6 由控制器内部的设备功能发出的远程接口报文。

图2 在一个设备内部的功能划分

4.1.2 接口功能概念

4.1.2.1 接口功能

一个接口功能是提供基本操作手段的一种系统要素，借助于它，一个设备能接收、处理和发送报文。本标准 在本章中规定了若干接口功能，其中每一种功能都按照专门的程式来执行。每一个协议的接口功能可以只发送或只接收某一特殊类的报文之内的一组有效的报文。

4.1.3 接口功能状态

每一个接口功能都以一组或几组互相联系而又互相排斥的状态来予以规定。

在一组互相联系而又互相排斥的状态中，在任一时间内一个且仅有一个状态是活动的。

对于一个接口功能的每一状态都规定了：

a） 当该状态是活动时，在接口上可以或必须发送的报文，以及

b） 该功能应退出该状态并进入该组状态中的另一状态时所必须的条件。

这些报文和条件决定了该状态的处理能力。

4.1.3.1 接口功能集

设计者可以选择适应特殊设备应用领域所必须的一组特定接口功能，图 2 和表 1 给出可供使用的接口功能。

一组接口功能(设计者所选的包含在一特定设备之内的一组接口功能)在任一时刻的总的处理能力，就是在该时刻处于活动中的一切状态(在每一个个别接口功能内的状态)的处理能力的逻辑总和。

4.1.3.2 接口功能的设想与前景

用来定义接口功能的状态图，并不明显地或隐含地指出在逻辑上或实际上实现该功能所应有的特殊电路元件，例如：并非一切状态都一定要有一个双稳态门锁电路或其他存储器元件。

用来定义接口功能的状态图可以采用各种逻辑电路来实现(例如：随机逻辑、时序逻辑等)。

设计者可以自由地把两个或多个接口功能用一个逻辑设计来实现，只要能满足本标准所规定的每一接口功能的每一状态的一切条件即可。

在本标准的这一章中，各种状态图、书面说明、要求及指南都是从设备的着眼点来写出的，并应从设备的着眼点来理解。第 5 章及第 6 章从系统的着眼点来说明各设备之间的互相活动。

一个接口功能对于任何未经专门规定的报文编码都应不予理睬(不响应)。

一个功能，若不与规定的约束相冲突，当其退出的条件被满足后，则可以在任何状态内停留任意长的时间(包括时间零)。

表 1 接口功能集

接 口 功 能	符 号	有关的报文通道
源握手或扩展源握手	SH 或 SHE	1,2,4,5
接收方握手或扩展接收方握手	AH 或 AHE	1,2,4,5
讲话者或扩展讲话者	T 或 TE	1,2,3,4,5
侦听者或扩展侦听者	L 或 LE	1,2,3,4,5
服务请求	SR	1,2,4,5
远程本地	RL	1,2,4,5
并行轮询	PP	1,2,4,5
设备清除	DC	1,2,4,5
设备触发	DT	1,2,4,5
控制器	C	1,2,4,5,6
配置	CF	1,2,4,5

4.1.4 报文的概念

4.1.4.1 报文

每一个报文代表一个信息量，并且在任何特定时间内可以被接收为真或假。一个接口功能与其周围环境之间的一切通信都是通过发送或接收到的报文而完成的。

4.1.4.2 本地报文的通道及其内容

在一个设备功能与接口功能之间传送的报文称为本地报文。

本地报文在设备功能与接口功能之间流通，见图 2 中报文通道 5。

注：某些本地报文是作为远程报文而被传递的，反之亦然。

不允许设计者把本标准没有规定的本地报文引入到接口功能中去。

允许设计者把一个从任何接口功能的任何状态所导出的本地报文引进设备功能中去。

由设备功能发出的本地报文应存在足够长的时间，以引起所需的状态转移。

4.1.4.3 远程报文的通道及内容

在不同设备的接口功能之间通过接口而传送的报文称为远程报文。

每一个远程报文都是一个接口报文或设备相关报文。

每一个接口报文被传送去引起另一个接口功能内的状态转移。当一个接口报文被一个接口功能接收时，这个接口报文将不会通到设备里去，如图 2 中报文通道 2 所示。

设备相关报文是通过一些规定的接口功能而在设备功能与报文编码之间流通的，这将不会引起这些接口功能内的状态转移。设备相关报文的一些例子包括设备的编程数据。设备的测量数据设备以及设备的状态数据，如图 2 中的报文通道 3 所示。

4.1.4.4 状态连接的通道和内容

一个状态连接就是两个接口功能的逻辑上的互相联结，其中一个接口功能转移到一个活动状态取决于另一个接口功能的一个指定的活动状态的存在，如图 2 中报文通道 4 所示。

4.1.4.5 报文编码

报文编码是把远程报文翻译成为接口信号线的逻辑值或反之。在单根信号线上传送的报文称为单线报文。可以同时传送两个或多个这种报文。在一组互相排斥的报文中，一个与其他报文公用一组信号线的一个报文称为多线程报文，在一个时间内只能传送一个多线程报文(报文字节)。

4.1.4.6 多线程报文的分类

当 ATN 报文为真时，多线程报文被解释成为接口报文。当 ATN 报文为假时，多线程报文被解释为设备相关报文。ATN 报文，当其为真时，能接收和处理多线程报文的以下特定类：

a) 通用命令(所有设备)；

b) 寻址命令(所有被寻址要侦听的设备)；

c) 地址(所有设备)；

d) 副地址或命令(由主地址或主命令使能的所有设备)。

专门命令的清单见表 42。

4.1.4.7 多线报文传递的惯例

4.1.4.7.1 远程报文传递惯例

a) 能被一个设备发送的一切远程报文的值(真或假)在任何时刻都应是由其接口功能的活动状态所授予的值。

b) 用来传送一个报文值的接口信号线，应按照表 44 设置。

c) 由于正常的接口工作允许两个或多个设备同时发送相反的远程报文值，因此必须提供一种技术来解决此冲突。这种技术就是在接口上采用两类报文传递形式，主动传递和被动传递。接口的结构作成这样，使得凡是在两个报文值有冲突其中一个将是主动的，而另一个则是被动的。报文应这样来传递，使得凡是遇有冲突时，主动值将覆盖被动值。

d) 一个远程报文能够以下列四种方式之一来传递:
 1) 发出的一个主动真值被保证成为被接收到的值(设备应不允许它被覆盖);
 2) 发出的一个被动真值并不被保证成为被接收到的值,而设备应允许它能被覆盖;
 3) 发出的一个主动假值被保证成为被接收到的值(设备应不允许它被覆盖);
 4) 发出的一个被动假值并不被保证成为被接收到的值,而设备应允许它能被覆盖。

e) 在本标准中,凡是论及由一个接口功能发出的远程报文值时,若不加以说明,则“真”及“假”二词意味着“主动真”和“主动假”。

f) 对于两个特殊的远程报文 DAC 和 RFD,规定只有假值能作为主动值来传送。因此,可以认为在接口信号线上实现了一个“与”(AND)操作(见 7.4)。

g) 对于 SRQ 这一个远程报文,规定只有真值能作为主动值来传送。因此,可以认为在接口信号线上实现了一个“或”(OR)操作(见 7.4)。

h) 只用以真值传送的多线程报文来规定一个接口功能状态,因为多线程报文(通各 DIO 线来传递的)本质上互相排斥的。应该这样来理解:当该状态处于活动时,一切未经规定的多线程报文都以被动假值来传递。

4.1.4.7.2 本地报文传递惯例

a) 本地报文的编码已超出本标准的范围,可由设备的设计者自行决定。

b) 我们推荐:对一个接口功能的一组互斥状态内的转移起限定活动的本地报文,它们本身也应是互相排斥的。

4.2 规定接口功能时所用的符号

4.2.1 状态图的符号

每一个接口功能所能有的每个状态,在图上都用一个圆圈来表示。在圆圈内用四个大写字母助记符(最后一个字母总是 S)作为符号来识别该状态。

每一个接口功能的各状态之间的全部能容许的转移,在图上都用绘在各状态之间的箭头表示。

每一个转移都由一个表达式来说明,表达式之值可为真或为假。若用以限定导向其他状态的转移的一切表达式均为假,则接口功能应停留于其当前状态。当且仅当,这些表达式之一变成为真时,则接口功能应进入箭头所指向的状态。当表达式为真时,可以随时进入新状态,除非是规定了一个时间值。

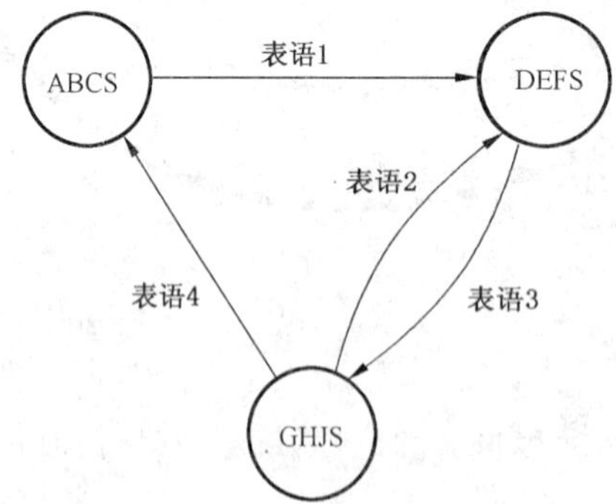

表达式由一个或多个本地报文、远程报文、状态连接或最小时限连同“与”、“或”、“非”。

送向一个接口功能的本地报文由三个小写字母助记符来表示,例如:rdy。

一个远程报文(通过接口而被接收的)由三个大写字母的助记符来表示,例如:ATN。表示法可以通过附加整数:如 PPR8。

来自另一状态图的连接,是用粗斜体的四个字母来表示,例如:LACS。若框内的状态当时处于活动，则状态连接为真；否则为假。

最小时限由符号"T_n"来表示。只有在接口已经处于要开始相应转移的状态内经过所指定的时值之后，此符号"T_n"才能成为真值。它将保持真值，一直到退出了该状态时为止。这些时限的值见表 48。

运算符"与"用符号"∧"来表示。

运算符"或"用符号"∨"来表示。

除非另行用括号加以规定，在一个表达式内的预算符"AND"优先于运算符"OR"。

运算符"非"用一条水平横杠加在应予否定的表达式部分上面来表示。当且仅当，横杠之下的表达式为假，则所形成的否定表达式具有真值。

若一个转移还由一个最大时限"(在 T_n 内)"来予以限定，则应在表达式成为真之后，在该指定时间之内就进入所指向状态，这些时限之值见表 48。

若一个表达式的一部分在下列意义是随意的(可有可无的)，即是要整个表达式为真时，(按设计者的选择)并不一定要求这一部分的真值，则将这一部分包括在方括号内"[…]"。

若一特定表达式使状态图中一切其他状态全部转移到一个状态，则用一个简写记号来代替给出全部的个别转移。用一个在起点上没有状态圆圈的箭头来表示这种条件，并认为该箭头起源于一切状态(例如 IFC 或 REN)。并且进一步假设这些表达式均为假(即 IFC 或 REN)，以便能允许图中的其他一切转移能发生，因而在图中就忽略掉这些表达式而不一一写出。

虽然"电源断开状态"(POFS)对于绝大多数接口功能而言都是一个有效状态，在正常情况下所有状态图上都应该表现出并带有一个转移(箭头)指向"电源接通"(pon)时所应进入的状态；但是在图上却用一个简写方式来表示在上电时 pon 伪报文产生转移进入到第一个状态。

a) 在状态图上所用的缩写记法为：

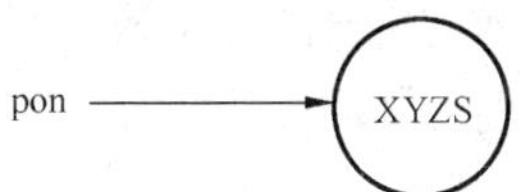

b) 上述符号所隐含的完全表示为：

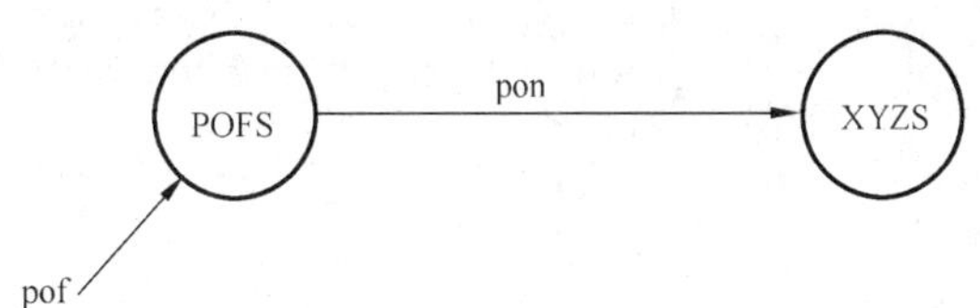

4.2.2 报文输出的符号

在一个接口功能状态图所包含的报文输出表，只总结了在该功能的每个状态时容许发出的远程报文。

表中的各横行用来指出接口功能的状态。

表中的各直列用来指出至少在接口功能的一个状态时所容许送出的远程报文。

表中的每一项表示当特定的状态处于活动时必须输出的报文值：

a) "T"表示主动真值；

b) "F"表示主动假值；

c) "(T)"表示被动真值；

d) "(F)"表示被动假值。

必要时，在每一个输出表中把一直列分派给所容许输出的多线程远程报文群。在每一状态中应作为真值而输出的多线程报文被置于相应的表格项目中。由于多线程报文是互斥,所以不示出假值。在一个多线程报文上加上括号,说明它应作为被动真值而不是作为主动真值被发出。

为设备功能互相作为而设的单独一列,总结了容器设备功能发送或接收的一些相应的报文类型(或结果产生的行动)。可以按设计者的选择来使用从接口功能至设备功能的本地报文(在本标准的范围之外)来协调适当的行动。

4.3 源握手(SH)接口功能

4.3.1 概述

SH 接口功能表示设备有能力保证多线程报文的正确传输。该功能现有两个版本:SH 功能和扩展的源握手(SHE)功能。SHE 接口功能是 SH 接口功能的扩展集。在一个具体的设备里只能实现两种功能中的一种。

SH 功能,或者 SHE 功能控制着多线程报文的初始化和结束。这个功能使用数据可用(DAV)、数据就绪(RFD)和可接受数据(DAC)来影响报文字节的传输。

SHE 功能和扩展接受器握手(AHE)功能使用非互锁握手循环。其他传输使用互锁握手循环。

注:SH 功能和 SHE 功能同时在 4.3 中描述,这是基于这两个功能的扩展相似。

4.3.2 SH 功能状态图

SH 功能应这样来建立,使之按照图 3 所示状态以及 4.3 中对各状态作出的规定来执行。表 2 规定了实行由一个活动状态至另一个活动状态的转移所必需的一组报文及状态。表 4 规定了每一状态在活动时必须发送的报文以及所需的设备功能相互活动。

SHE 功能应这样来建立,使之按照图 4 所示状态图以及 4.3 中对状态的描述来执行。表 3 规定了从一个活动状态到另一个状态影响转移所需的报文和状态集。表 5 规定的每一状态在活动时必须发送的报文以及所需的设备功能相互活动。

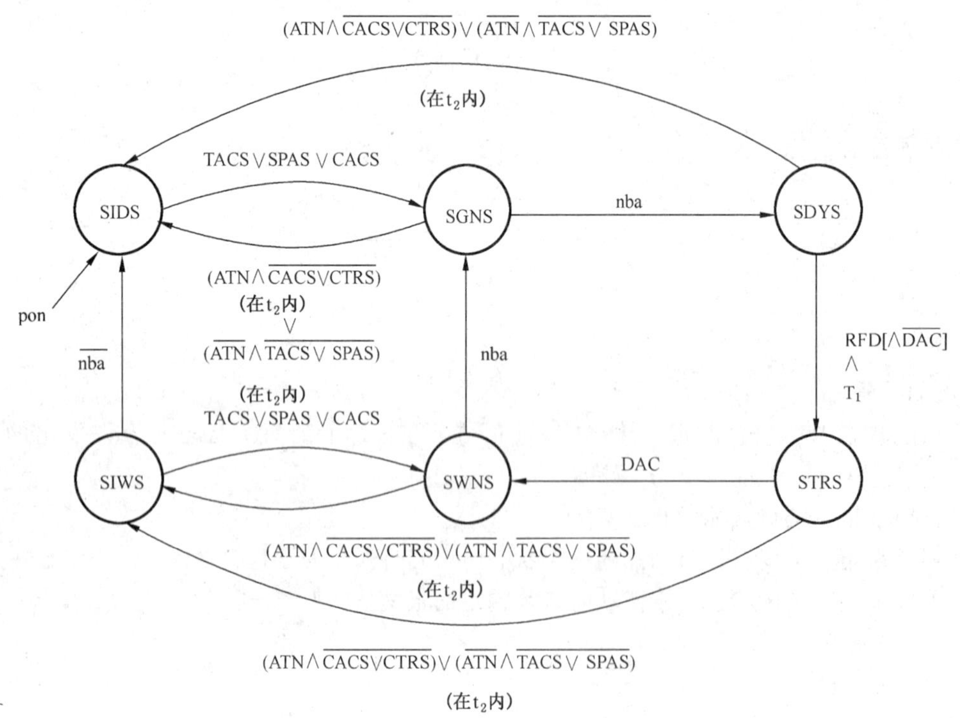

图 3 SH 状态图

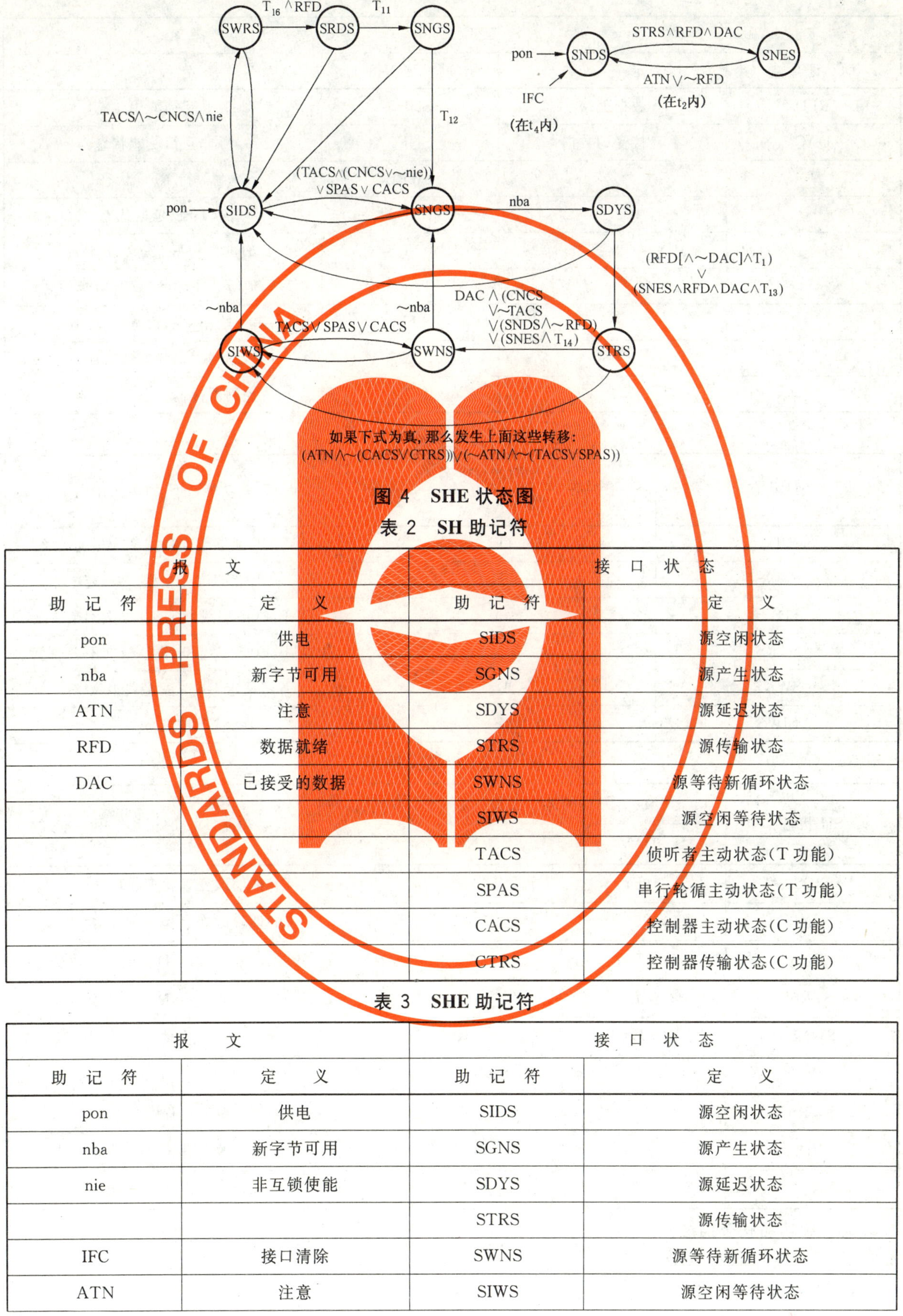

图 4 SHE 状态图

表 2 SH 助记符

报文		接口状态	
助记符	定义	助记符	定义
pon	供电	SIDS	源空闲状态
nba	新字节可用	SGNS	源产生状态
ATN	注意	SDYS	源延迟状态
RFD	数据就绪	STRS	源传输状态
DAC	已接受的数据	SWNS	源等待新循环状态
		SIWS	源空闲等待状态
		TACS	侦听者主动状态(T 功能)
		SPAS	串行轮循主动状态(T 功能)
		CACS	控制器主动状态(C 功能)
		CTRS	控制器传输状态(C 功能)

表 3 SHE 助记符

报文		接口状态	
助记符	定义	助记符	定义
pon	供电	SIDS	源空闲状态
nba	新字节可用	SGNS	源产生状态
nie	非互锁使能	SDYS	源延迟状态
		STRS	源传输状态
IFC	接口清除	SWNS	源等待新循环状态
ATN	注意	SIWS	源空闲等待状态

表 3(续)

报文		接口状态	
助记符	定义	助记符	定义
RFD	数据就绪	SNDS	源非互锁禁用状态
DAC	已接受的数据	SNES	源非互锁使能状态
		SWRS	源等待 RFD 状态
		SRDS	源 RFD 延迟状态
		CNCS	配置非配置好状态(CF 功能)
		TACS	侦听者主动状态(T 功能)
		SPAS	串行轮循主动状态(T 功能)
		CACS	控制器主动状态(C 功能)
		CTRS	控制器传输状态(C 功能)

表 4 SH 报文输出

SH 状态	发送的远程报文	设备功能(DF)的相互作用
	DAV	
SIDS	(F)	DF 能够改变远程多线报文
SGNS	F	DF 能够改变远程多线报文
SDYS	F	DAB,EOS 多线和 END 报文不会改变
STRS	T	DAB,EOS 多线和 END 报文不会改变
SWNS	T 或者 F	请求 DF 改变多线报文
SIWS	(F)	请求 DF 改变多线报文

表 5 SHE 报文输出

SH 状态	发送的远程报文		设备功能(DF)的相互作用
	DAV	NIC	
SIDS	(F)	(F)	DF 能够改变远程多线报文
SGNS	F	(F)	DF 能够改变远程多线报文
SDYS	F	(F)	DAB,EOS 多线和 END 报文不会改变
STRS	T	(F)	DAB,EOS 多线和 END 报文不会改变
SWNS	T 或者 F	(F)	请求 DF 改变多线报文
SIWS	(F)	(F)	请求 DF 改变多线报文
SWRS	F	(F)	DF 能够改变远程多线报文
SRDS	F	(F)	DF 能够改变远程多线报文
SNGS	F	T	DF 能够改变远程多线报文

4.3.3 SH 功能状态描述

4.3.3.1 源空闲状态(SIDS)

在 SIDS 状态中,SH 功能或 SHE 功能不参与握手循环,并且没有新的可提供使用的报文比特。接通电源时,SH 功能或 SHE 功能处于 SIDS 状态。

在 SIDS 状态中,SH 功能应将被动失效发送给 DAV 报文。在 SIDS 状态,SHE 功能应当将被动发送给失效 DAV 和非互锁能力(NIC)报文。

SH 功能应退出 SIDS 状态,并且进入源产生状态(SGNS)如果:

a) 讲话者主动状态(TACS)是活动的;

b) 或串行轮询主动状态(SPAS)是活动的;

c) 或控制者主动状态(CACS)是活动的。

SHE 功能应当退出 SIDS,并且进入

a) SGNS,如果

   1) SPAS 是主动的;

   2) 或者 CACS 是主动的;

   3) 或者 TACS 是主动的,并且 CNCS 是主动的或者 nie 报文是 false;

b) SWRS,如果 TACS 是主动的,并且 CNCS 是非主动的,nie 报文是 true。

4.3.3.2 源产生状态(SGNS)

在 SGNS,设备产生一个新的报文字节,并且该功能等待新字节可用。

在 SGNS,SH 功能应当发送给 DAV 报文假值。在 SGNS,SHE 功能应当发送给 DAV 报文假值并发送给 NIC 报文被动失效。该状态下,当还在 TACS 或者 CACS 或者 SPAS 状态时,设备可以改变正通过谈话者和控制器发送的多线报文。

SH 功能或者 SHE 功能,将退出 SGNS 并且进入

a) 源延迟状态(SDYS),如果新字节可用(nba)报文是真。

b) 如果

   1) ATN 报文为真,而且 CSCS 或 CTRS 状态均不是活动的,

   2) 或者 ATN 报文为假,而且 TACS 或 SPAC 状态均不是活动的。

则在至少 t_2 时间内进入 SIDS 状态。

4.3.3.3 源延迟状态(SDYS)

在 SDYS 状态,SH 功能或者 SHE 功能正在等待报文字节在 SGNS 状态中改变了之后在接口报文信号线上建立起来。在 SDYS,SH 功能或者 SHE 功能(如果正在使用互锁握手),也等待所有接收方功能都表示它们已准备好接收报文字节。

在 SDYS 状态,SH 功能必须发出 DAV 报文为假。在 SDYS 状态,SHE 功能应当发送 DAV 报文为假并且发送 NIC 报文被动失效。在此状态中,设备应不改变正在发生的多线报文。

SH 功能应退出 SDYS 状态,并且:

a) 若 RFD 报文为真,且任选项 DAC 报文为假,则应只有在 T_1 时间之后才进入源方传递状态(STRS);

b) 若进入,则至少在 t_2 时间内进入 SIDS 状态,如果

   1) ATN 报文为真,而且 GACS 或 CTCS 或 CTRS 状态均不是活动的,

   2) 或者 ATN 报文为假,而且 TACS 或 SPAS 均不是活动的。

SHE 功能应退出 SDYS,并且进入:

a) STRS,如果任一个:

   1) 在 T_1 时间后, RFD 报文为真,并且是可选的,DAC 报文为假;

   2) 或者 SNES 为主动的,并且 RFD 和 DAC 报文为真(仅在 T_{13} 时间后)。

b) 至少在 t_2 时间内进入 SIDS 状态,如果任一个:

   1) ATN 报文为真,并且 CACS 和 CTRS 都非主动;

   2) 或者 ATN 报文为假,并且 TACS 和 SPAS 都非主动。

4.3.3.4 源传输状态(STRS)

在STRS状态,SH功能或者SHE功能向AH功能或者AHE功能表明它正在连续发出一个有效的报文字节。

在STRS状态,SH功能应发出DAV报文为真。在STRS状态,SHE功能应发出DAV报文为真并且发出NIC报文被动失效。在此状态中,设备应不改变正在发出的多线报文或END报文(如果使用END的话)。

SH功能应退出STRS状态,并且:

a) 如果进入,则 t_2 内的源空闲等待状态(SIWS):

   1) 注意(ATN)报文为真,而且CACS或CTRS状态均不是活动的;

   2) 或ATN报文为假,而且TACS或SPAS状态均不是活动的。

b) 如果已接受的数据(DAC)报文为真,则进入源等待新循环状态(SWNS)。

SHE功能应退出STRS,并且:

a) 至少在 t_2 时间内进入源空闲等待状态(SIWS),如果任一个:

   1) ANT报文为真,并且CACS和CTRS为非主动,

   2) 或者ATN报文为假,并且TACS和SPAS为非主动;

b) 如果DAC报文为真,且任一个:

   1) CNCS为主动,

   2) 或者TACS为非主动,

   3) 或者SNDS为主动,并且RFD报文为假,

   4) 或者SNES在 T_{14} 时间后为主动,

   则进入SWNS状态。

4.3.3.5 源等待新循环状态(SWNS)

在SWNS状态,SH功能在等待设备开始一个新的报文产生的循环过程。

在SWNS状态,SH功能可以发出DAV报文为真或假。在该状态,SHE功能将发送DAV为真或者假,并且NIC报文为被动失效。

SH功能或者SHE功能应退出SWNS状态,并且:

a) 若nba报文为假,则进入SGNS态。

b) 若:

   1) TN报文为真,而且CACS或CTRS状态均不是活动的,

   2) 或者ATN报文为假,而且TACS或SPAS状态均不是活动的;

   则在 t_2 内进入SIWS状态。

4.3.3.6 源空闲等待状态(SIWS)

在SIWS状态,SH功能或者SHE功能在外部报文字节传递过程中是不起活动的,但在内部等待设备开始一个新的报文产生的循环过程中则在活动。这个SIWS状态容许一个报文字节传递序列被中断而不致失掉接口上的数据,而且在同一时间内设备可以继续准备新的(下一个)报文字节产生的循环过程。

在SIWS状态,SH功能发送DAV报文应为被动假。在该状态,SHE功能应发送DAV和NIC报文为被动失效。

SH功能或者SHE功能应退出SIWS状态,并且:

a) 若nba报文为假,则进入SIDS状态;

b) 若:

   1) TACS状态是活动的,

   2) 或者SPAS状态是活动的,

3） 或者 CACS 状态是活动的，

则进入 SWNS 状态。

4.3.3.7 源等待 RFD 状态(SWRS)

在 SWRS，由于 ATN 最近的发送大部分失效，所以 SHE 功能正等待所有接收器功能，以表示他们已经准备好接收第一个 DAB。

注：SHE 将进入 SWRS 以表示数据传输的非互锁模式。仅能够在 CNCS 失效的状态下进入 SWRS 状态。如果控制器显示地发出一个 CFGn 命令，那么 CNCS 才能为假。必要条件是：所有非互锁握手模式反映了直到发出了显示的 CFGn 命令，才出现故障(供电)。

在 SWRS 状态，SHE 功能将发送 DAV 为假，并且主动发送 NIC 报文为假。

SHE 功能将退出 SWRS 状态，进入

a） SRDS 状态，如果 RFD 报文为真(仅在 T_{16} 时间后)；

b） 或者在 t_2 时间内进入 SIDS 状态，如果

1） ATN 报文为真，并且 CACS 和 CTRS 都不主动，

2） 或者 ATN 报文为假，并且 TACS 和 SPAS 都不主动。

4.3.3.8 源 RFD 延迟状态(SRDS)

在 SRDS，在发送 NIC 报文之前，SHE 功能等待所有的接收方查看 RFD 报文为真。在 NIC 报文被发送前，所有的接收方应确认 RFD 报文为真，以便把更慢的接收方的 RFD 报文和源 NIC 报文区分开。

在 SRDS 状态，SHE 功能将发送 DAV 为假，并且主动发送 NIC 报文为假。

SHE 功能将退出 SRDS 状态，进入

a） SNGS 状态，仅在 T_{11} 时间后；

b） 或者在 t_2 时间内进入 SIDS 状态，如果

1） ATN 报文为真，并且 CACS 和 CTRS 都不主动，

2） 或者 ATN 报文为假，并且 TACS 和 SPAS 都不主动。

4.3.3.9 源 NRC 产生状态(SNGS)

在 SNGS 状态，SHE 功能指示给所有的接收方功能，使用非互锁握手循环，源字节是可用的。

在 SNGS 状态，SHE 功能将发送 DAV 为假 NIC 报文为真。

SHE 功能将退出 SNGS 状态，进入

a） SGNS 状态，仅在 T_{12} 时间后；

b） 或者在 t_2 时间内进入 SIDS 状态，如果

1） ATN 报文为真，并且 CACS 和 CTRS 都不主动，

2） 或者 ATN 报文为假，并且 TACS 和 SPAS 都不主动。

4.3.3.10 源非互锁禁用状态(SNDS)

在 SNDS 状态，在使用非互锁握手循环时，SHE 功能不能用源多线报文字节。SHE 功能在 SNDS 状态供电。

SHE 功能将退出 SNDS 状态，则进入 SENS。如果

a） STRS 是主动的；

b） 并且 DAC 报文为真；

c） 并且 RFD 报文为真；

d） 并且 IFC 报文为假。

4.3.3.11 源非互锁使能状态(SNES)

在 SNES 状态，在使用非互锁握手循环时，SHE 功能可以用源多线报文。

SHE 功能将退出 SNES，进入 SNDS，如果

a） ATN 报文为真(t_2 时间内)；

b) 或者 RFD 报文为假(t_2 时间内);

c) 或者 IFC 报文为真(t_4 时间内)。

4.3.4 SH 功能和 SHE 功能所容许的子集

对于 SH 功能和 SHE 功能,唯一能容许的子集如表 6 和表 7 所列。

表 6 SH 功能所容许的子集

符 号	描 述	省略的状态	其他要求	所需的其他功能子集
SH0	无能力	全部	无	无
SH1	完全能力	无	无	T1-T8,TE1-TE8,或者 C5-C28

表 7 SHE 功能所容许的子集

符 号	描 述	省略的状态	其他要求	所需的其他功能子集
SHE0	无能力	全部	无	无
SHE1	完全能力	无	无	CF1 和 T1-T8,TE1-TE8,或者 C5-C28

4.3.5 SH 功能和 SHE 功能的附加要求及指南

nba 报文为真表示设备已产生了一个(新的)报文字节并使用之可供用于诸接口信号线。

nba 报文只在 SIDS、SWRS、SRDS、SNGS 或者 SGNS 状态时才为真。在 SH 状态或者 SHE 状态,nba 报文可以为假。

转移到空闲状态的另一种中断表达式$(ATN \wedge \overline{CACS} \vee \overline{CTRS}) \vee (\overline{ATN} \wedge \overline{TACS} \vee \overline{SPAS})$可以由$\overline{TACS} \wedge \overline{SPAS} \wedge \overline{CACS} \wedge \overline{CTRS}$来代替,如果后一表达式的转移能在 ATN 改变后至少在 t_2 时间内能实行的话。

4.4 接收方握手(AH)和扩展的接收方握手(AHE)接口功能

4.4.1 概述

SH 接口功能提供的设备能够保证远程多线程报文的正确传输。该功能现有两个版本:SH 功能和扩展的源握手(AHE)功能。AHE 接口功能是 AH 接口功能的扩展集。在一个具体的设备里只能实现两种功能中的一种。

AH 功能在多线程报文发送的初始化或者结束时可能延迟,一直到准备继续传送进程。AH 功能利用 DAV、RFD 和 DAC 报文来影响发送的每字节报文。当 SHE 功能使用非互锁握手循环把数据传送到一个或者多个 AHE 时,AHE 功能可能延迟多线程报文字节的初始化,或者强制 SHE 使用互锁握手循环。

在 SHE 功能和 AHE 功能之间的数据传输可以使用非互锁握手循环。其他数据传输使用互锁握手循环。

注:鉴于 AH 功能和 AHE 功能相似,所以同时在 4.4 中描述这两种功能。

4.4.2 AH 功能状态图

AH 功能应这样来建立,使之能按照图 5 中的状态图以及整个 4.4 中对状态所作的规定来执行。表 8 规定了实现从一个活动状态至另一个活动状态的转移所必需的一组报文和状态。表 10 规定了每一状态在活动时所必需输出的报文以及所需的设备功能的相互活动。

AHE 功能应这样来建立,使之能按照图 6 和 4.4 中对状态所作的规定来执行。表 9 规定了实现从一个主动状态至另一个主动状态的转移所必需的一组报文和状态。表 11 规定了每一状态在主动时所必需输出的报文以及所需的设备功能的相互活动。

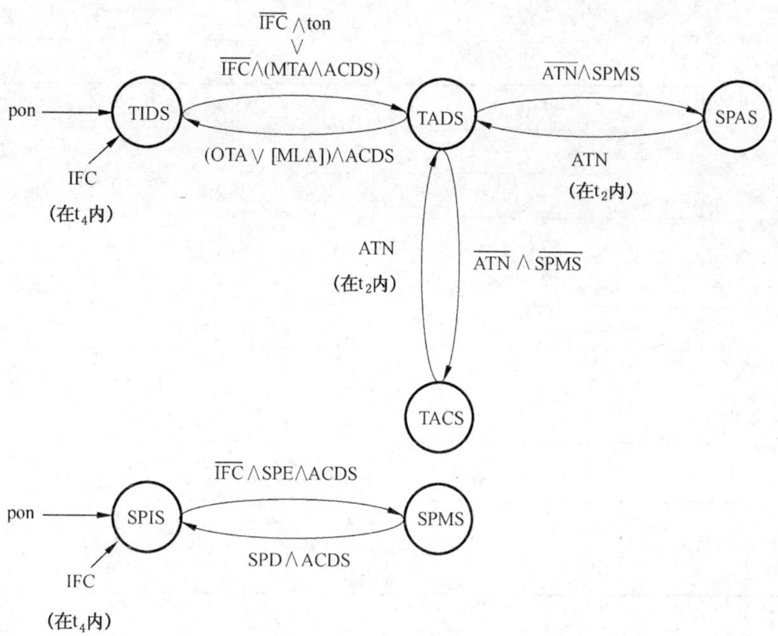

图 5 AH 状态图

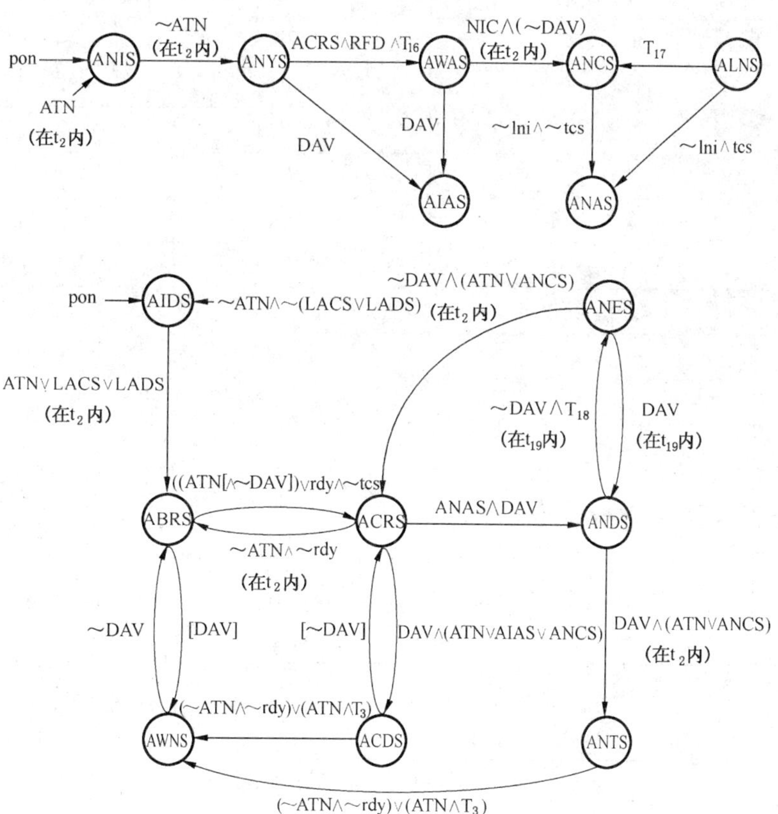

图 6 AHE 状态图

表 8 AH 助记符

报文		接口状态	
助记符	定义	助记符	定义
pon	供电	AIDS	接收方空闲状态
rdy	准备好接收下一个报文	ANRS	接收方未准备好状态
tcs	同步取控1)	ACRS	接收方已准备好状态
ATN	注意	ACDS	接收数据状态
DAV	数据有效	AWNS	接收方等待新循环状态
		LADS	侦听者被寻址状态(L 功能)
		LACS	侦听者活动状态(L 功能)

1) 见 4.12.3.7 的第一段。

表 9 AHE 助记符

报文		接口状态	
助记符	定义	助记符	定义
pon	供电	AIDS	接收方空闲状态
nba	新字节可用	ANRS	接收方未准备好状态
rdy	准备接收下一字节	ACRS	接收方准备好状态
tcs	同步取控	ACDS	接收方数据状态
lni	非互锁离开	AWNS	接收方等待新循环状态
rft	准备好 3 个	ANDS	接收方非互锁准备好状态
		ANES	接收方非互锁未就绪状态
ATN	注意	ANTS	接收方非互锁取消状态
DAV	数据有效	ANIS	接收方非互锁非主动状态
RFD	数据就绪	ANYS	接收方非互锁延迟状态
NIC	非互锁可能的	AWAS	接收方等待非互锁可能状态
		AIAS	接收方永远互锁状态
		ANCS	接收方非互锁已配置状态
		ANAS	接收方非互锁主动状态
		ALNS	接收方离开非互锁状态
		LADS	侦听者受控状态(L 功能)
		LACS	侦听者活动状态(L 功能)

表 10 AH 报文输出

AH 状态	发送的远程报文		设备功能的相互作用
	RFD	DAC	
AIDS	(T)	(T)	设备功能不能接收远程多线程报文及 END 报文
ANRS	F	F	设备功能不能接收远程多线程报文及 END 报文
ACRS	(T)	F	设备功能不能接收远程多线程报文及 END 报文
ACDS	F	F	若 LACS 是活动的,则设备功能能接收远程多线程报文或 END 报文
AWNS	F	(T)	设备功能不能接收远程多线程报文及 END 报文

表 11 AHE 报文输出

AHE 状态	限定词	发送的远程报文		设备功能(DF)的相互作用
		RFD	DAC	
AIDS		(T)	(T)	设备功能不能接收远程多线程报文及 END 报文
ANRS		F	F	设备功能不能接收远程多线程报文及 END 报文
ACRS		(T)	F	设备功能不能接收远程多线程报文及 END 报文
AWNS		F	(T)	设备功能不能接收远程多线程报文及 END 报文
ACDS		F	F	若 LACS 是活动的,则设备功能能接收远程多线程报文或 END 报文
ANDS	ANAS^rft	(T)	(T)	如果 LACS 为活动的,那么 DF 能够接收多线或者 END 报文(使用非互锁握手)
ANDS	(ANA^rft)	(T)	F	如果 LACS 为活动的,那么 DF 能够接收多线或者 END 报文(使用非互锁握手)
ANES	ANAS^rft	(T)	(T)	DF 不能接收多线或者 END 报文
ANES	(ANA^rft)	(T)	F	DF 不能接收多线或者 END 报文
ANTS		F	F	如果 LACS 为活动的,那么 DF 能够接收多线或者 END 报文(使用非互锁握手)

4.4.3 AH 功能状态描述

4.4.3.1 接收方空闲状态(AIDS)

在 AIDS 状态,AH 功能或 AHE 功能是不活动的,并且不参与握手循环。AH 功能在接通电源时即进入 AIDS 状态。

在 AIDS,RFD 和 DAC 报文应被发送为主动真。

AH 功能或者 AHE 功能应当退出 AIDS 状态,然后在 t_2 时间内进入接收方未准备好(ANRS)状态,条件是:

a) ATN 报文为真;

b) 或者 LACS 为主动;

c) 或者 LADS 状态为主动。

4.4.3.2 接收方未准备好状态(ANRS)

在 ANRS 状态,AH 功能或者 AHE 功能向接口表示它在内部尚未准备好继续握手循环过程。

在 ANRS 状态,RFD 及 DAC 报文应被发送为假。

AH 功能,或者 AHE 功能应退出 ANRS,并且进入:

a) ACRS 状态,如果同步取控(tcs)报文为假(见 4.12.3.7 第一段),并且:

  1) ATN 报文为真,并且 DAV 报文为假;

  2) 或者准备好接收下一个报文(rdy)为真。

b) AIDS 状态,如果 ATN 报文为假并且两者都不:

  1) LADS 为真;

  2) LACS 为真。

c) AWNS 状态,如果,可选地,DAV 报文为真(注意该转移不会在正常接口操作下发生)

4.4.3.3 接收方已准备好状态(ACRS)

在 ACRS 状态,AH 功能或者 AHE 功能向接口表示它已准备好使用互锁握手接收多线程报文。

在 ACRS 状态,DAC 报文应被发送为假,而 RFD 报文则应被发送为被动真。

AH 功能应退出 ACRS 状态,并且

a) 若 DAV 报文为真,则进入接收数据状态(ACDS)。

b) 若 ATN 报文为假,而且

LADS 状态不是活动的;

LACS 状态亦不是活动的。

c) 若 ATN 及 rdy 报文均为假,则在 t_2 时间内进入 ANRS 状态。

AHE 功能应退出 ACRS 状态,并且进入

a) 接收数据状态(ACDS),如果 DAV 报文为真且其中任一个为:

1) ATN 报文为真;

2) 或 AIAS 是活动的;

3) 或 ANCS 是活动的。

b) ANDS 状态,如果 DAV 报文为真并且 ANAS 为活动的。

c) AIDS 状态,如果 ATN 报文为假并且两都皆不:

1) ADS 为活动的;

2) ACS 为活动的。

d) ANDS 状态,在 t_2 时间内,如果 ATN 和 rdy 报文为假。

4.4.3.4 接收数据状态(ACDS)

在 ACDS 状态,AH 功能或 AHE 功能指示 SH 功能维持一个有效的报文字节。在该状态下,DIO 信号线上的多线报文是有效的。ACDS 状态向各接口功能表明:若 ATN 报文为真,则接口报文存在并且有效。ACDS 状态向各设备功能表明:若 LACS 状态在活动时,则有一个设备报文存在并且有效。

在 ACDS 状态,DAC 及 RFD 报文应被发送为假。

AH 功能或者 AHE 功能,应退出 ACDS 状态,报文进入:

a) 接收方等待新循环状态(AWNS),如果下面条件之一成立:

1) ATN 报文为真,且已经过了 T_3 时间;

2) 或者 ATN 及 rdy 报文均为假。

b) AIDS,若 ATN 报文为假,且下面任一条件不成立:

1) LADS 状态是活动的;

2) LACS 状态是活动的。

c) 若 KAV 报文为假(这是可选的,注意只有当控制器异步控制时,此转移才能发生),则进入 ACRS 状态。

4.4.3.5 接收方等待新循环状态(AWNS)

在 AWNS 状态,AH 功能或者 AHE 功能表示它已接收到一个多线报文字节。

在 AWNS 状态,RFD 报文应被发送为假,而 DAC 报文则应被发送为被动真。

AH 功能应退出 AWNS 状态,并进入:

a) ANRS 状态,若 DAV 报文为假。

b) AIDS 状态,若 ATN 报文为假,且下面条件都不满足:

1) LADS 状态为不活动;

2) LACS 状态亦为不活动。

4.4.3.6 接受非互锁准备就绪状态(ANDS)

在 ANDS 状态,AHE 功能使用非互锁握手来接收数据字节。AHE 功能通过进入到 ANDS 状态接收数据字节。

在 ANDS 状态,RFD 报文应被发送为主动真。如果 ANAS 为真,并且三个(rft)本地报文的准备就绪为真,那么 DAC 报文应被发送为主动真。如果 ANAS 为非活动,或者 rft 本地报文为假,那么 DAC 报文应被发送为假。

三个字节(rft)本地报文的准备就绪表明,设备用于接收多线报文字节的缓冲区至少要多于3个字节,而且在进入接收字节的ANDS之前应为假。由于其他的原因,rft本地报文可以停止传输,这些报文可能与传输不同步,但是,在这种情况下,在停止传输之前可能多于3字节被接收了。

AHE功能应退出ANDS状态,进入:

a) AIDS,如果ATN报文为假,且
   1) LADS不是活动的;
   2) LACS不是活动的。
b) ANES状态,在T_{18}时间后,但是在t_{19}时间内,如果DAV报文为假。
c) ANTS状态,在t_2时间内,如果DAV报文为真,且ATN报文为真或者ANCS是活动的。

4.4.3.7 接收方非互锁未就绪状态(ANES)

在ANES状态,已准备AHE功能使用非互锁握手来接收多线报文。

在ANES状态,发送RFD报文为被动真。如果ANAS为主动且3个(rft)本地报文的就绪为真,那么发送DAC报文为被动真。如果ANAS不是活动的或者rft本地报文为假,那么发送DAC报文为假。

AHE功能将退出ANES状态,进入:

a) AIDS,如果ATN报文为假,且
   1) LADS不活动;
   2) LACS不活动。
b) ANDS状态,在t_{19}时间内,如果DAV报文为真。
c) ACRS状态,在t_2时间内,如果DAV报文为假,且ATN报文为真或者ANCS是活动的。

4.4.3.8 接收方非互锁取消状态(ANTS)

在ANTS状态,AHE功能指明继续进行互锁握手。在ANTS,发送RFD和DAC报文为假。

AHE功能将退出ANTS状态,并且进入

a) AIDS状态,如果ATN报文为假,并且
   1) LADS未活动;
   2) LACS未活动。
b) AWNS状态,如果
   1) ATN报文为真,且T_3周期已过;
   2) 或者ATN和rdy报文都为假。

4.4.3.9 接收非互锁非主动状态(ANIS)

在ANIS状态,AHE功能不能使用非互锁握手。AHE功能在ANIS时启动。

AHE功能应退出ANIS状态,并且如果ATN报文为假进入ANYS(在t_2时间内)。

4.4.3.10 接收非互锁延迟状态(ANYS)

在ANYS,在经过ATN从真到假的转移之后,AHE功能正在等待所有的接收器进入ACRS状态或者AIDS。在源设备发送NIC报文为真之前,所有的接收器一定要使ACRS或者AIDS为主动。

AHE功能应退出ANYS状态,并且进入到:

a) ANIS状态,在t_2时间内,如果ATN报文为真;
b) 或者AWAS状态,在T_{16}时间后,如果ACRS为主动并且RFD报文为真;
c) 或者AIAS状态,如果DAV报文为真。

4.4.3.11 接收方等待非互锁可能状态(AWAS)

在AWAS,AHE功能应等待:

a) 源设备发送DAV报文为真,说明源设备将使用互锁握手循环来发送多线报文;
b) 源设备发送NIC报文为真,说明源设备能使用非互锁握手循环来发送多线报文。

AHE功能应退出AWAS,并且进入

a) ANIS 状态，在 t_2 时间内且如果 ATN 报文为真；

b) 或者 AIAS 状态，如果 DAV 报文为真；

c) 或者 ANCS 状态，如果 NIC 报文为真，并且 DAV 报文为假。

4.4.3.12 接收方永远互锁状态(AIAS)

在 AIAS 状态，AHE 功能已检测到源设备没有发送 NIC 报文，但是已发送了第一个数据字节。在 AIAS 状态，AHE 功能使用互锁握手来接收数据字节。

在 t_2 时间内，如果 ATN 报文为真，AHE 功能将退出 AIAS，并且进入到 ANIS 状态。

4.4.3.13 接收方非互锁已配置状态(ANCS)

在 ANCS 状态，AHE 功能已检测到源设备发送了 NIC 报文，但是 AHE 功能还没有准备好使用非互锁握手循环来接收数据字节。

如果离开非互锁(lni)本地报文为真，设备将一直在所有多线报文字节上执行互锁握手。如果 lni 本地报文为假，且源方发行了 NIC 报文，设备将在所有多线报文字节上执行非互锁握手。

注：AHE 功能将进入到 ANCS 来启动数据传输的非互锁模式。如果 NIC 为真时才能进入到 ANCS，表明了 SHE 在 SNGS 状态。如果先前的 CNCS 为假才能进入到 SHE 功能。如果控制器显示地发出 CFGn 命令，CNCS 才能为假。必要条件是直到发出了 CFGn 命令，才能禁止所有的非互锁握手模式特征故障(供电)。

AHE 功能应退出 ANCS，并且进入到

a) ANIS 状态。条件是在 t_2 时间内，且 ATN 报文为真

b) 或者 ANAS 状态，条件是离开非互锁(lni)本地报文为假并且采用控制同步(tcs)本地报文为假。

4.4.3.14 接收方非互锁主动状态(ANAS)

在 ANAS，AHE 功能可以通过使用非互锁握手来接收数据。

AHE 功能应退出 ANAS，并且进入到

a) ANIS 状态，条件是 ATN 报文为真且在 t_2 时间内；

b) 或者进入到 ALNS 状态，条件是 lni 本地报文为真或者 tcs 本地报文为真。

4.4.3.15 接收方离开非互锁状态(ALNS)

在 ALNS 状态，AHE 功能正准备使用非互锁握手循环来停止接收数据字节。在离开 ANAS 状态时，DAC 报文被发送为假，同时 ANES 或者 ANDS 为主动(见 4.4.3.6 和 4.4.3.7)。在 ALNS 状态，AHE 功能正在等待 AHE 功能检测 DAC 报文为假并且停止发送多线报文字节。

AHE 功能将退出 ALNS 并且进入

a) ANIS 状态，条件是 ATN 报文为真且在 t_2 时间内；

b) 或者在 t_{17} 时间后，进入 ANCS 状态。

4.4.4 AH 功能和 AHE 功能所容许的子集

AH 和 AHE 接口功能所容许的子集见表 12 和表 13。

4.4.5 AH 功能和 AHE 功能附加的要求和指南

在 ACRS 状态期间，本地报文 rdy 不应为假。由 ACRS 至 ANRS 的转移，仅在 ATN 变成假时才发生。

SH 功能所接收到的 RFD 报文，是一切在活动中的 AH 功能所送出的全部 RFD 报文的逻辑“与”。同样，则 SH 功能所接收到的 DAC 报文，是一切 AH 功能所发出的全部 DAC 报文的逻辑“与”。通过利用 NRFD 和 NDAC 信号线来实现多个 AH 功能与一个 SH 功能相互活动的组合效应，其实现的方式在 7.4 中有进一步的说明。

既然接口功能仅需设计得“使之能按照”所规定的状态图来“执行”，所以并不要求所规定的各状态恰好就是实行中所存在的那些状态。这个说法的一个后果就是：由接口报文所规定的那些接口状态转移，可以在收到报文之后发生，只要 RFD 报文一直到这些转移发生之前都保持为假。结果所产生的行为，并不能与状态图所规定的行为(即转移必须在收到接口报文之时发生)区别开来。若选择这类实现方式，则甚至在退出条件为真时，AH 功能将停留在 ANRS 状态以便保持 RFD 报文为假(这是 4.1.3.2 所容许的)。

表 12 AH 功能所容许的子集

标 志	说 明	删去的状态	其他要求	所需其他功能子集
AH0	无能力	全部	无	无
AH1	完全的能力	无	无	无

表 13 AHE 功能所容许的子集

标 志	说 明	删去的状态	其他要求	所需其他功能子集
AHE0	无能力	全部	无	无
AHE1	完全的能力	无	无	CF1

在嘈杂的环境里，在设备内对接收的 DAV 报文进行过滤能够最大可能进入到 ACDS 状态。

AHE 功能在传送时可以在任何点恢复互锁握手。非互锁可能的侦听者可以就任何原因选择不使用非互锁握手循环。比如，如果非互锁可能的侦听者只是计划接收几个字节，那么它可以选择使用互锁握手循环来接收这几个字节。

在接收多线报文时，AHE 功能需要多于 3 字节的缓冲器。

如果设备使 tcs 报文为真时，造成 CSBS 状态转移为 CSHS 状态，那么正常情况下，设备也要使本地 lni 报文为真。lni 强迫 AHE 功能返回到互锁握手，这需要采用控制同步。

4.5 讲话者接口功能(T)(包括串行轮询能力)

4.5.1 概述

T 接口功能赋予设备这样的能力，在接口上把设备数据(包括在串行轮询序列期间的状态数据)发送到其他一些设备去。只有当 T 接口功能被寻址讲话时，这种能力才存在。

此功能有两种不同的变体：一种没有地址扩充，另一种则有地址扩充。正常的 T 功能使用一个单字节地址的主讲话地址。有地址扩充的 T 接口功能(今后称之为扩大讲话者(TE)功能)，使用一个两字节地址主讲话地址和副讲话地址。在其余一切方面，两种变体的各种能力都是相同的。

在一特定设备中，只需要设置这两种讲话者功能中的一种。

注：由于 T 和 TE 功能之间有广泛的相似性，所以在整个条文中同时描述这两种功能。

4.5.2 T 功能状态图

T 功能应这样来建立，使之按照图 7 所示状态图以及 4.5 中对各状态作出的规定来执行。表 14 规定了实行由一个活动状态至另一个活动状态的转移所必需的一组报文及状态。表 15 规定了每一状态在活动时所必需发送的报文以及所需的设备功能相互活动。

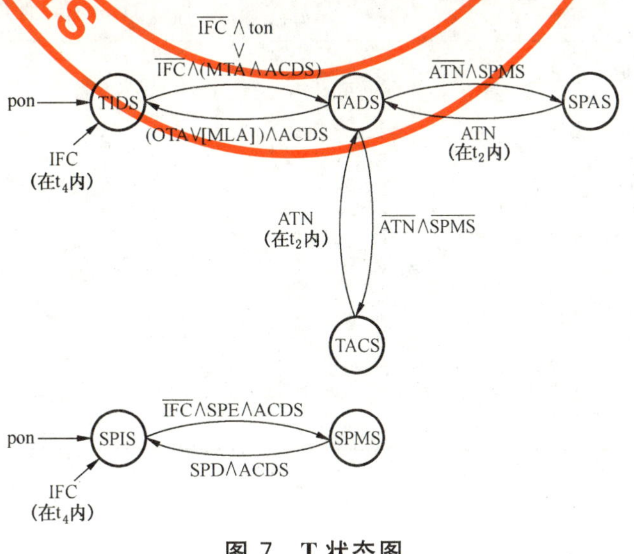

图 7 T 状态图

应实现TE功能，使之按照图8所示状态图以及4.5中对各状态作出的规定来执行。表16规定了实现由一个活动状态至另一个活动状态的转移所必需的一组报文及状态。表15规定了每一状态在激活活动时所必须发送的报文以及所需的设备功能相互作用。

表 14 T 助记符号

报文		接口状态	
助记符	定义	助记符	定义
pon	电源接通	TIDS	讲话者空闲状态
ton	只讲	TADS	讲话者被寻址状态
IFC	接口清除	TACS	讲话者活动状态
ATN	注意	SPAS	串行轮询活动状态
MTA	我的讲话地址	SPIS	串行轮询空闲状态
SPE	串行轮询使能	SPMS	串行轮询模式状态
SPD	串行轮询禁止	ACDS	接收数据状态(AH功能)
OTA	其他讲话地址		
MLA	我的侦听地址		

表 15 T 或者 TE 报文输出

T状态	限定条件	发出的远程报文[a]			设备功能(DF)相互活动
		多线程报文	END	RQS[b]	
TIDS		(NUL)	(F)	(F)	不容许设备功能发送报文
TADS		(NUL)	(F)	(F)	不容许设备功能发送报文
TACS		DAB[c] 或 EOS[c]	T或F[c]	(F)	设备功能能发送DAB,EOS报文或与DAB同时的END报文[d]
SPAS	APRS不是活动的	STB[c]	F或T	F	设备功能发送一个STB报文[d]
SPAS	APRS是活动的	STB[c]	F或T	T	设备功能发送一个STB报文[d]

a 见表44,表4,表13。

b 见4.5.3.4。

c T功能所使能的并且是由设备功能内产生的一些报文。

d 在SH的控制下。

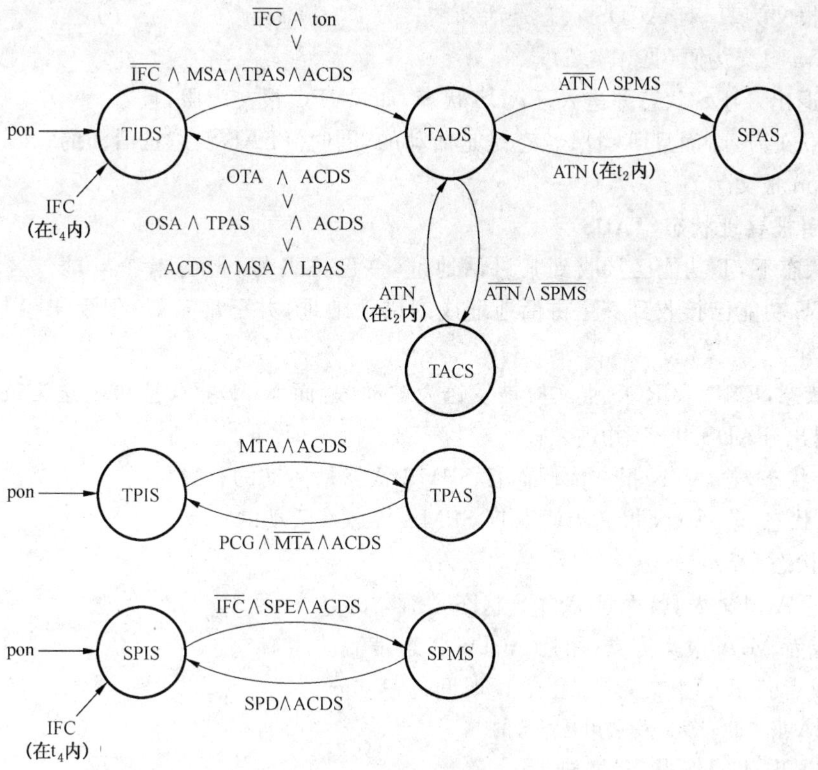

图 8 TE 状态图

表 16 TE 助记符

报文		接口状态	
助记符	定义	助记符	定义
pon	上电	TIDS	讲话者空闲状态
ton	只讲	TADS	讲话者被寻址状态
IFC	接口清除	TACS	讲话者活动状态
ATN	注意	SPAS	串行轮询活动状态
MTA	我的讲话地址	TPIS	讲话者主空闲状态
OTA	其他讲话地址	TPAS	讲话者主被寻址状态
OSA	其他副地址	SPIS	串行轮询空闲状态
PCG	主命令群	SPMS	串行轮询模式状态
SPE	串行轮询使能	ACDS	接收数据状态(AH 功能)
SPD	串行轮询禁止	LPAS	侦听者被寻址状态(L 功能)
MSA	我的副地址		

4.5.3 T 功能状态描述

4.5.3.1 讲话者空闲状态(TIDS)

在 TIDS 状态下,T 或 TE 功能均不参与数据或状态字节的发送。T 或 TE 功能在接通电源时即进入 TIDS 状态。

在 TIDS 状态,END 及请求服务(RQS)报文应被发送为被动假,而 NUL 报文则应被发送为被动真。

当 IFC 报文为假时,T 功能应退出 TIDS 状态,并进入 TADS 状态,若:

a) MTA 报文为真,且 ACDS 状态是活动的;

b) 或者 ton 报文为真(见 4.5.5);

TE 功能应退出 TIDS 状态并进入 TADS 状态,如果 IFC 报文为假,且若:

a) MSA 报文为真,而且 ACDS 状态是是活动的,同时 TPAS 状态是活动的;

b) 或者 ton 报文为真。

4.5.3.2 讲话者被寻址状态(TADS)

在 TADS 状态下,T 功能已接收到其讲话地址,并已准备好(但尚未参与)发送数据或状态字节。在 TAD 状态,TE 功能已接收到其主讲话地址或副讲话地址,并已准备好(但尚未参与)发送数据或状态字节。

在 TADS 状态,END 及 RQS 报文应被发送为被动假,而 NUL 报文应被发送为被动真。

T 功能应退出 TADS 状态,并进入:

a) TACS 状态,若 ATN 报文为假而且 SPMS 状态是活动的;

b) SPAS 状态,若 ATN 报文为假而且 SPMS 状态是活动的;

c) TIDS 状态,若:

1) OTA 报文为真,而且 ACDS 状态是活动的,

2) 或者 MIA 报文为真,而且 ACDS 状态是活动的,

3) 或者若 IFC 报文为真,且在 t_4 时间内。

注:含有 MIA 报文的表达式的使用是可选的。

TE 功能应退出 TADS 状态,并进入:

a) TACS 状态,若 ATN 报文为假,而且 SPMS 状态不是活动的;

b) SPAS 状态,若 ATN 报文为假,而且 SPMS 状态是活动的;

c) TIDS 状态,若:

1) OTA 报文为真,而且 ACDS 状态是活动的,

2) 或者 OSA 报文为真,而且 TPAS 及 ACDS 状态是活动的,

3) 或者 MSA 报文为真,而且 LPAS 及 ACDS 状态是活动的,

4) 或者,若 IFC 报文为真,且在 t_4 时间内。

注:含有 MSA 报文的表达式的使用是可选的。

4.5.3.3 讲话者是活动的状态(TACS)

在 TACS 状态,T 或 TE 功能使能数据字节(DAB)报文及 END 报文(若 END 报文被使用的话)从设备功能至接口信号线的传递。报文的内容完全取决于设备功能。SH 功能决定着设备功能在什么时候可以改变 DAB 报文的内容(以及 END 报文,如果它被使用的话)。

在 TACS 状态,可以由设备功能发送出数据字节 DAB 或字符串结束(EOS)及结束(END)报文。RQS 报文应被发送为被动假。

注:一般而言,数据的编码及格式是和设备相关的并且超出了本标准的范围。

T 或 TE 功能应退出 TACS 状态,并且:

a) 若 ATN 报文为真,则在 t_2 时间内进入 TADS 状态;

b) 若 IFC 报文为真,则在 t_4 时间内进入 TIDS 状态。

4.5.3.4 串行轮询是活动的状态(SPAS)

在 SPAS 状态下,T 或 TE 功能使用 SH 接口功能控制状态字节(包括 RQS 及 STB 报文)的传递,使能从设备功能到接口信号线上一个单个状态报文的传递。

虽然一个控制器仅需要来自一个设备的一个字节用于 STB 和 RQS 报文,不过,若控制器在第一次传递之后不能确定 ATN,则容许设备重复这个组合报文字节。在此情况下,虽然 RQS 报文由 SR 功能保持不变,在后续的传递之间,STB 报文的内容可以改变。

在 SPAS 状态期间，不论 APRS 状态是活动或不是活动的，END 报文应被发送为真或假。RQS 报文则应被发送为真（若 APRS 状态是活动的）或被发送为假（若 APRS 状态不是活动）。此外，STB 报文应由设备功能发送。

注：APRS 状态包含在 SR 功能内。

T 或 TE 功能应退出 SPAS 状态，并且：

a) 在 t_2 内进入 TADS 状态，若 ATN 报文为真；

b) 在 t_4 内进入 TIDS 状态，若 IFC 报文为真。

4.5.3.5 串行轮询空闲状态（SPIS）

在 SPIS 状态，T 或 TE 功能不能参与串行轮询。T 或 TE 功能在接通电源时处于 SPIS 状态。

SPIS 状态不具有发送远程报文的能力。

若 SPE 报文为真，且 ACDS 状态是活动及 IFC 报文为假，则 T 或 TE 功能应退出 SPIS 状态而进入 SPMS 状态。

4.5.3.6 串行轮询模式状态（SPMS）

在 SPMS 状态，T 或 TE 功能能参与串行轮询。

SPMS 状态不具有发送远程报文的能力。

T 或 TE 功能应退出 SPMS 状态并进入 SPIS 状态，若：

a) SPD 报文为真，而且 ACDS 状态是活动；

b) 或者 IFC 报文为真，且在 t_4 内。

4.5.3.7 讲话者主空闲状态（TPIS）

在 TPIS 状态，TE 功能能识别其主地址，但不能响应其副地址。TE 功能在通电时处于 TPIS 状态。

TPIS 状态不具有发送远程报文的能力。

若 MTA 报文为真而且 ACDS 状态是活动，则 TE 功能应退出 TPIS 状态而进入 TPAS 状态。

4.5.3.8 讲话者被寻址主状态（TPAS）

在 TPAS 状态，TE 功能能识别并响应其副地址。

TPAS 状态不能提供远程报文传送能力。

若 PCG 报文为真，MTA 消息为假，而且 ACDS 状态是活动的，则 TE 功能应退出 TPAS 状态而进入 TPIS 状态。

4.5.4 T 功能及 TE 功能容许的子集

T 及 TE 功能唯一能容许的一些功能子集如表 17 和表 18 所列。

表 17　T 功能所容许的子集

标志	说明						
	能力				删去的状态	其他要求	所需其他功能子集
	基本讲话者	串行轮询	只讲模式	若 MLA 则不被寻址			
T0	无	无	无	无	全部	无	无
T1	有	有	有	无	无	删去[MLA∧ACDS]	SH1 或者 SHE1 及 AH1 或者 AHE1
T2	有	有	无	无	无	删去[MLA∧ACDS] ton 恒为假	SH1 或者 SHE1 及 AH1 或者 AHE1
T3	有	无	有	无	SPIS，SPMS，SPAS	删去[MLA∧ACDS]	SH1 或者 SHE1 及 AH1 或者 AHE1
T4	有	无	无	无	SPIS，SPMS，SPAS	删去[MLA∧ACDS] ton 恒为假	SH1 或者 SHE1 及 AH1 或者 AHE1

表 17(续)

标志	说明						
	能力				删去的状态	其他要求	所需其他功能子集
	基本讲话者	串行轮询	只讲模式	若 MLA 则不被寻址			
T5	有	有	有	有	无	包括[MLA∧ACDS]	SH1 或者 SHE1 及 L1-L4 或 LE1-LE4
T6	有	有	无	有	无	包括[MLA∧ACDS] ton 恒为假	SH1 或者 SHE1 及 L1-L4 或 LE1-LE4
T7	有	无	有	有	SPIS,SPMS,SPAS	包括[MLA∧ACDS]	SH1 或者 SHE1 及 L1-L4 或 LE1-LE4
T8	有	无	无	有	SPIS,SPMS,SPAS	包括[MLA∧ACDS] ton 恒为假	SH1 及 L1-L4 或 LE1-LE4

表 18　TE 功能所容许的子集

标志	说明						
	能力				删去的状态	其他要求	所需其他功能子集
	基本扩大讲话者	串行轮询	只讲话模式	若 MLA∧MSA 则不被寻址			
TE0	无	无	无	无	全部	无	无
TE1	有	有	有	无	无	删去[MSA∧LPAS∧ACDS]	SH1 或者 SHE1 及 AH1 或者 AHE1
TE2	有	有	无	无	无	删去[MSA∧LPAS∧ACDS] ton 恒为假	SH1 或者 SHE1 及 AH1 或者 AHE1
TE3	有	无	有	无	SPIS,SPMS,SPAS	删去[MSA∧LPAS∧ACDS]	SH1 或者 SHE1 及 AH1 或者 AHE1
TE4	有	无	无	无	SPIS,SPMS,SPAS	ton 恒为假 删去[MSA∧LPAS∧ACDS]	SH1 或者 SHE1 及 AH1 或者 AHE1
TE5	有	有	有	有	无	包括[MSA∧LPAS∧ACDS]	SH1 或者 SHE1 及 L1-L4 或 LE1-LE4
TE6	有	有	无	有	无	包括[MSA∧LPAS∧ACDS] ton 恒为假	SH1 或者 SHE1 及 L1-L4 或 LE1-LE4
TE7	有	无	有	有	SPIS,SPMS,SPAS	包括[MSA∧LPAS∧ACDS]	SH1 或者 SHE1 及 L1-L4 或 LE1-LE4
TE8	有	无	无	有	SPIS,SPMS,SPAS	包括[MSA∧LPAS∧ACDS] ton 恒为假	SH1 或者 SHE1 及 L1-L4 或 LE1-LE4

4.5.5　T 及 TE 功能的附加要求及指南

具有 T 或 TE 功能的每一个设备应提供一种手段,使设备的使用者能利用此手段在现场更改讲话地址,讲话地址被识别为 MTA(或 MSA)。

由于转移入或出 TACS 状态而使一个正在发送数据的设备的断不应对输出数据的格式有不利影响。推荐:当一个设备重新回到 TACS 状态时,它应在中断点继续输出数据字串。

应向每一块包含 ton 报文的设备提供本地方法来创建只讲功能。打算在一个没有 C 接口功能能力的系统中使用 ton 报文。

4.6 侦听者接口功能(L)

4.6.1 概述

L 接口功能赋予设备在接口上接收来自其他设备的设备相关数据(包括状态数据)的能力。只有当 L 功能已被寻址侦听时,该能力才存在。

该功能有两种可选版本:一种有地址扩展,另一种没有地址扩展。正常的 L 功能使用一个单字节地址做为主侦听地址。有地址扩展的 L 功能(今后称为扩展的侦听者功能 LE)使用一个双字节地址,做为主侦听地址和副侦听地址。在所有其他方面,两种版本的能力是相同的。

在一特定的设备中,只须建立两种可选 L 功能之一即可。

注:由于 L 和 LE 功能之间具有广泛的相似性,所以在整个 4.6 中对此两种功能同时叙述。

4.6.2 L 功能状态图

应实现 L 功能使之能按照图 9 中的状态图以及整个 4.6 中对状态所作的规定来执行。表 19 规定了实现从一个活动状态转移导另一个活动状态所要求的一组报文和状态。表 20 规定了每一状态在活动时所要求的设备功能的相互作用。

应实现 LE 功能使之能按照图 10 中的状态图以及整个 4.6 中对状态所作的规定来执行。表 21 规定了实现从一个活动状态转移至另一个活动状态所要求的一组报文和状态。表 20 规定了每一状态在活动时所要求的设备功能的相互作用。

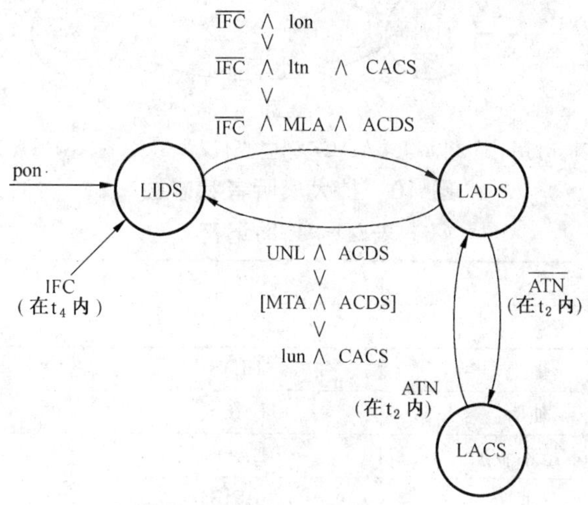

图 9 侦听者状态图

表 19 L 助记符号

报文		接口状态	
助记符	定义	助记符	定义
pon	上电	LIDS	侦听者空闲状态
ltn	侦听	LADS	侦听者被寻址状态
lun	本地不侦听	LACS	侦听者活动状态
lon	只侦听	ACDS	接收数据状态
IFC	接口清除	CACS	控制活动状态(C 功能)
ATN	注意		
UNL	不侦听		
MLA	我的侦听地址		
MTA	我的讲话地址		

表 20 L 或 LE 报文输出

L 或 LE 状态	发出的远程报文	设备功能(DF)相互活动
LIDS	无	不允许设备功能接收报文
LADS	无	不允许设备功能接收报文
LACS	无	每当 ACDS 状态是活动时,设备功能能接收一个设备相关报文字节

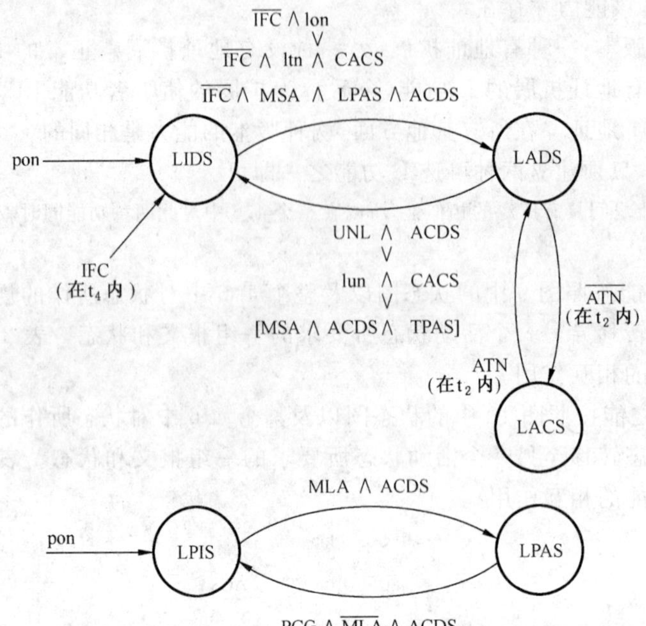

注:如果 LE 功能和 T 功能同时用,那么[MTA∧ACDS]应当代替[MSA∧ACDS∧TPAS]

图 10 扩大侦听者状态图

表 21 L 助记符

报文		接口状态	
助记符	定义	助记符	定义
pon	上电	LIDS	侦听者空闲状态
ltn	侦听	LACS	侦听者活动状态
lun	本地不侦听	LADS	侦听者被寻址状态
lon	只侦听	LPIS	侦听者主空闲状态
IFC	接口清除	LPAS	侦听者主被寻址状态
ATN	注意	ACDS	接收数据状态(AH 功能)
UNL	不侦听	CACS	控制活动状态(C 功能)
MLA	我的侦听地址	TPAS	讲话者主被寻址状态(T 功能)
PCG	主命令群		
MSA	我的副地址		

4.6.3 L 功能状态的描述

4.6.3.1 侦听者空闲状态(LIDS)

在 LIDS 状态,L 或 LE 功能都不参与设备报文的传递。L 或 LE 功能在接通电源时进入 LIDS 状态。LIDS 状态不提供发送远程报文的能力。

L 功能应退出 LIDS 状态并进入 LADS 状态,若 IFC 为假,且

a) MLA 报文为真,而且 ACDS 状态是活动的;

b) 或者 lon 报文为真(见 4.6.5);

c) 或者 ltn 报文为真而且 CACS 状态是活动的。

LE 功能应退出 LIDS 状态并进入 LADS 状态,若 IFC 为假,且

a) MSA 报文为真而且 ACDS 状态是活动的以及 LPAS 状态是活动的;

b) 或者 lon 报文为真;

c) 或者 ltn 报文为真而且 CACS 状态是活动的。

4.6.3.2 侦听者被寻址状态(LADS)

在 LADS 状态,L 功能已接收到其侦听地址,并已准备(但尚未参与)设备相关报文的传递。在 LADS 状态,LE 功能已接收到其主侦听地址和副侦听地址,并已准备(但尚未参与)设备报文的传递。

LADS 状态不具有发送远程报文的能力。

L 功能应退出 LADS 状态并且:

a) 若 ATN 报文为假,则在 t_2 时间内进入 LACS 状态。

b) 进入 LIDS 状态,若:

1) —UNL 报文为真而且 ACDS 状态是活动的;

2) —或者 lun 报文为真而且 CACS 状态是活动的;

3) —或者 MTA 报文为真而且 ACDS 状态是活动的;

4) —或者若 IFC 报文为真,且在 t_4 时间内。

注:包含 MTA 报文的表达式的使用是可选的。

LE 功能应退出退出 LADS 状态,并且:

a) 若 ATN 报文为假,则在 t_2 时间内进入 LACS 状态。

b) 进入 LIDS 状态,若:

1) UNL 报文为真而且 ACDS 状态是活动的;

2) 或者 lun 报文为真而且 CACS 状态是活动的;

3) 或者 MSA 报文为真而且 TPAS 状态及 ACDS 状态是活动的;

4) 或者若 IFC 报文为真,则在 t_4 时间内进入 LIDS 状态。

注:含有 MSA 报文的表达式,其使用是可选的。

4.6.3.3 侦听者活动状态(LACS)

在 LACS 状态,L 或 LE 功能当其通过接口信号线接收到任何设备报文(DAB,EOS,STB,END 或 RQS)时,能够将这种设备相关报文传递到设备功能中去。设备功能使用 AH 功能或 AHE 功能去控制报文传递。

注:数据的编码和格式,一般而言,是设备相关的,超出了本标准的范围。

LACS 状态不具有发送远程报文的能力。

L 或 LE 功能应退出 LACS 状态,并且:

a) 若 ATN 报文为真,则在 t_2 时间内进入 LADS 状态;

b) 若 IFC 报文为真,则在 t_4 时间内进入 LIDS 状态。

4.6.3.4 侦听者主空闲状态(LPIS)

在 LPIS 状态,LE 功能能够识别它的主地址,而不能响应它的副地址。LE 功能在电源接通时处于 LPIS 状态。

LPIS 状态不提供发送远程报文的能力。

若 MLA 报文为真而且 ACDS 状态是活动的,则 LE 功能应退出 LPIS 状态而进入 LPAS 状态。

4.6.3.5 侦听者被寻址主状态(LPAS)

在 LPAS 状态,LE 功能能够识别并响应其副地址。

LPAS 状态不提供发送远程报文的能力。

若主命令群(PCG)报文为真,MLA 报文为假,而且 ACDS 状态是活动的,则 LE 功能应退出 LPAS

状态并且进入 LPIS 状态。

4.6.4 L 功能及 LE 功能容许的子集

L 及 LE 功能唯一能容许的子集列于表 22 及表 23 中。

表 22 L 接口功能所容许的子集

标志	说明			省略的状态	其他要求	所需其他功能子集
	能力					
	基本侦听者	只侦听模式	若 MTA 则不被寻址			
L0	无	无	无	全部	无	无
L1	有	有	无	无	删去[MTA∧ACDS]	AH1
L2	有	无	无	无	删去[MTA∧ACDS] lon 恒为假	AH1
L3	有	有	有	无	包括[MTA∧ACDS]	AH1 及 T1-T8 或 TE1-TE8
L4	有	无	有	无	包括[MTA∧ACDS] ton 恒为假	AH1 及 T1-T8 或 TE1-TE8

表 23 LE 接口功能所容许的子集

标志	说明			省略的状态	其他要求	所需其他功能子集
	能力					
	基本侦听者	只侦听模式	若 MSA∧TPAS 不被寻址			
LE0	无	无	无	全部	无	无
LE1	有	有	无	无	删去[MSA∧TPAS∧ACDS]	AH1
LE2	有	无	无	无	删去[MSA∧TPAS∧ACDS] lon 恒为假	AH1
LE3	有	有	有	无	包括[MSA∧TPAS∧ACDS]	AH1 及 T1-T8 或 TE1-TE8
LE4	有	无	有	无	包括[MSA∧TPAS∧ACDS] lon 恒为假	AH1 及 T1-T8 或 TE1-TE8

4.6.5 L 及 LE 功能的附加要求及指南

包含有 L(或 LE 功能)的每一个设备应提供一种手段,使得设备的使用者能利用此手段在现场更改被识别为 MLA(或者 MSA)的侦听地址(或副地址)。

由于转移入或出 LACS 状态造成一个正在接收数据的设备中断时,这种中断不应对输入数据的今后接收产生不利的影响。本标准推荐:当一个设备重新回到 LACS 状态时,它应在中断点继续接收输入数据字串。

应为包含有 lon 报文的每一个设备提供一个本地方法以便产生“只侦听”条件。计划将 lon 侦听报文用于无 C 接口功能能力的系统中。

4.7 服务请求(SR)接口功能

4.7.1 概述

SR 接口功能赋予设备以异步方式从管理接口的控制器请求服务的能力。

此功能还对于串行轮询中出现的复合状态字节的 RQS 报文内容进行同步,以便一旦当管理控制器

(见 4.12.1)收到的 RQS 报文为真时,即能从接口上移除 SRQ 报文。

4.7.2 SR 接口功能的状态图

应实现 SR 功能使之按照图 11 所示状态图以及 4.7 中对各状态作出的规定来执行。表 24 规定了实现由一个活动状态转移至另一个活动状态的所要求的一组报文及状态。表 25 规定了每一状态在活动时应发送的报文以及要求的设备功能相互活动。

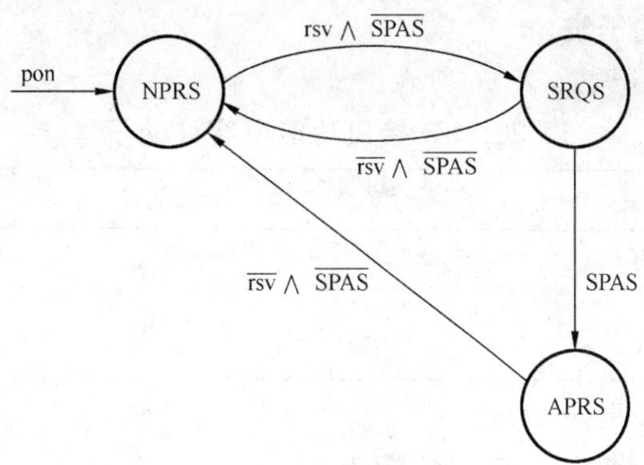

图 11 服务请求状态图

表 24 SR 助记符号

报 文	接 口 状 态
pon 电源接通	NPRS-否定轮询响应状态
rsv 请求服务	SRQS-服务请求状态
	APRS-肯定轮询响应状态
	SPAS- 串行轮询主动状态(T 功能)

表 25 SR 报文输出

SR 状态	发出的远程报文	设备功能相互作用
	SRQ	
NPRS	(F)	无
SRQS	T	无
APRS	(T)	无

4.7.3 SR 状态的描述

4.7.3.1 否定轮询响应状态(NPRS)

在 NPRS 状态,SR 功能没有请求服务。

SR 功能当电源接通时处于 NPRS 状态。

在 NPRS 状态,SRQ 报文应被发送为被动假。

注:当 SPAS 状态在活动时且 NPRS 在活动时,RQS 报文将被发送为假(见 4.5.3.4)。

在请求服务(rsv)报文为真而且 SPAS 状态不活动的任何时刻,SR 功能应退出 NPRS 状态并进入 SPQS 状态。

4.7.3.2 服务请求状态(SRQS)

在 SRQS 状态,SR 功能在接口上连续指示正在请求服务。

在 SRQS 状态,SRQ 报文应被发送为真。

SR 功能应退出 SRQS 状态,并且进入:

a) NPRS 状态,若 rsv 报文为假而且 SPAS 状态不是活动的;

b) APRS 状态,若 SPAS 状态是活动的。

4.7.3.3 肯定轮询响应状态(APRS)

在APRS状态,SR功能请求服务,但却并不主动在接口上请求。

在APRS状态,SRQ报文应被发送为被动假。

注:当SPAS状态在活动时,讲话者发送RQS报文为真(见4.5.3.4)。

在任何时刻rsv报文为假而且SPAS状态不活动时,SR功能应退出APRS状态并进入NPRS状态。

4.7.4 SR接口功能所容许的子集

SR功能所唯一能容许的子集如表26所表。

表26 SR接口功能所容许的子集

标识符	说明	忽略状态	其他要求	所需其他功能子集
SR0	无能力	全部	无	无
SR1	完全的能力	无	无	T1,T2,T5,T6 TE1,TE2,TE5或TE6

4.7.5 SR功能的附加要求及指南

对于请求服务的每个原因都应要求一个SR功能。

若在一个设备内有多于一种原因请求服务,则对每个单独原因都应使用一个独立的SR功能及其对应的rsv报文。

活动在一个设备内部首选的惯例是对多个条件进行OR(逻辑或)以产生一个单一SR功能请求服务的单一原因。若使用多个SR功能,当在一个设备内部请求任何一个SR功能时,都应单独传送一条为真的SRQ报文。

尽管T功能在SPAS状态,如果在一个设备内的任何SR功能在APAS状态才发送RQS报文为真。当SR功能存在SRQS,直到rsv报文为假并重新产生或在同一设备中的一个不同的SR功能进入SRQS状态,才再次发送RQS报文。

通过控制器(C)功能所接收到的SRQ报文,是由所有SR功能所发出的SRQ报文的逻辑“或”。通过使用SRQ信号线来实现此逻辑“或”的方法,见7.4.2。

4.8 远程本地(RL)接口功能

4.8.1 概述

RL功能赋予设备使能或禁止本地控制。

4.8.2 RL功能状态图

应实现RL接口功能使之能按照图12中的状态图以及4.8中对各状态作出的描述来执行。表27规定了实现由一个活动状态转移至另一个活动状态的转移所要求的一组报文及状态。表28规定了每一状态在活动时要求的设备功能相互活动。

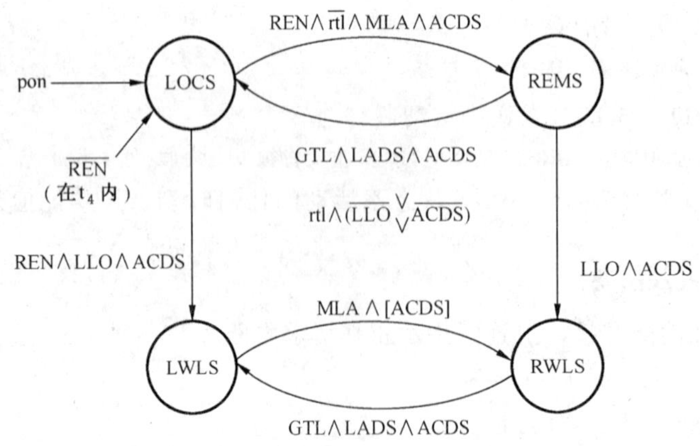

图12 远程/本地状态图

注:若RL功能与LE功能一同被使用,则MLA应由MSA∧LPAS取代。

表 27 RL 助记符号

报文		接口状态	
助记符	定义	助记符	定义
pon	上电	LOCS	本地状态
rtl	返回本地	LWLS	有闭锁的本地状态
REN	远程使能	REMS	远程状态
LLO	本地闭锁	RWLS	远程闭锁状态
GTL	去本地	ACDS	接受数据状态(AH 功能)
MLA	我的侦听地址	LADS	侦听者被寻址状态(L 功能)

表 28 RL 报文输出

RL 状态	远程报文发送	设备功能相互活动
LOCS	无	设备处于"本地控制"模式
LWLS	无	设备处于"本地控制"模式
REMS	无	设备处于"远程控制"模式
RWLS	无	设备处于"远程控制"模式

4.8.3 RL 状态描述

4.8.3.1 本地状态(LOCS)

在 LOCS 状态,有关设备功能的所有本地控制(面板或后背板)都是可操作的,而且设备可以响应来自接口的相应设备相关报文。

LOCS 状态不提供发送远程报文的能力。

如 REN 报文为真 RL 功能应退出 LOCS 状态,并进入:

a) REMS 状态,若 rtl 报文的返回为假而且 MLA 报文为真和 ACDS 状态在活动时;

b) 本地闭锁状态(LWLS)状态,若通用编码命令本地闭锁(LLO)为真而且 ACDS 状态在活动时。

4.8.3.2 本地闭锁状态(LWLS)

在 LWLS 状态,一切与设备功能有关的所有本地控制都是可操作的,同时设备也可以响应来自于接口的对应设备相关报文,忽略 rtl 报文。

LWLS 状态不提供发送远程报文的能力。

RL 功能应退出 LWLS 状态,并进入:

a) 进入 RWLS 状态,当 MLA 报文为真而且 ACDS 状态在活动时;

b) 进入 LOCS 状态,在 t_4 时间内,若 REN 报文为假。

4.8.3.3 远程状态(REMS)

在 REMS 状态,除了向接口功能发送本地报文的那些本地控制之外,具有相应的远程控制一些或所有(有关设备功能的)本地控制都可以不起作用。

REMS 状态不提供发送远程报文的能力。

RL 功能应退出 REMS 状态,并且:

a) 进入 RWLS 状态,若 LLO 报文为真并且 ACDS 状态在活动时;

b) 进入 LOCS 状态:

  1) 如果在 t_4 时间内 REN 报文为假;

  2) 或者 GO TO LOCAL(GTL)报文为真而且 ACDS 及 LADS 状态在活动时;

3) 或者 rtl 报文为真而且 LLO 报文为假或 ACDS 状态不活动时。

4.8.3.4 远程闭锁状态(RWLS)

在 RWLS 状态,除了向接口功能发送本地报文的那些本地控制之外,具有相应的远程控制的一些或所有(设备功能的)本地控制都可以不起活动。rtl 报文被忽略。

RWLS 状态不提供发送远程报文的能力。

RL 功能应退出 RWLS 状态,并且进入:

a) LOCS 状态,若在 t_4 时间内 REN 报文为假;

b) LWLS 状态,若 GTL 报文为真而且 LADS 和 ACDS 状态在活动时。

4.8.4 RL 功能所允许的子集

RL 功能唯一能容许的子集如表 29 所列。

表 29 RL 接口功能所容许的子集

标　志	描　述	省略的状态	其他要求	要求其他功能的子集
RL0	无能力	全部	无	无
RL1	完全的能力	无	无	L1-L4 或 LE1-LE4
RL2	无本地切断	LWLS 和 RWLS	rtl 总为假	L1-L4 或 LE1-LE4

4.8.5 RL 功能的附加要求及指南

一个设备通过接口发送设备相关报文的能力或者接收和使用与本地可用数据不冲突的设备相关报文的能力,是与 RL 功能内部哪一状态是活动的无关。

当 REMS 或 RWLS 状态正在活动时,有关的设备应对随后通过接口收到的一切输入数据作出响应。除了进入 REMS 或 RWLS 状态之后发送的设备报文被使能,本地控制都应不被理睬。

建议设备不应因为从 LOCS 转移到 REMS,或从 LWLS 转移到 REMS 而改变它的状态(包括本地控制)。

反之,当 LOCS 或 LWLS 之一变成活动时,对应的设备应能够响应其后续使用的本地控制。

在从 REMS 或 RWLS 转移到 LOCS 或 LWLS 之后,建议指示器(机械的,位置的等)不应由远程控制来改变的设备,必要时改变它们的本地控制(以及设备状态变量),使面板指示器和设备状态一致。

在从 REMS 或 RWLS 转移到 LOCS 或 LWLS 之后,建议面板指示能受远程控制改变的设备,必要时改变它们的指示器,使面板指示和设备状态一致。

rtl 报文不应一直被产生。

要求由一个本地编程源(例如一个操作人员)对一个设备进行绝对的本地控制的应用,已超出本标准的范围。

4.9 并行轮询接口功能(PP)

4.9.1 概述

PP 接口功能赋予设备这样的能力:在事先未被寻址讲话情况下能对管理控制器提供一个 PPR 报文。

在并行轮询时,DIO1 至 DIO8 信号线被用来传递设备状态位。在进行并行轮询之前,为了用一个 PPR 报文来作出响应,应由控制器或由一个本地报文给一个设备分配一条 SIO 线。如果一个设备分配一条线则最多允许 8 个设备,然而通过共用 DIO 线则可以应付任何数目的设备。

在一个系统内使用并行轮询设备要求当时的接口控制器能按需要来执行并行轮询。

并行轮询设备可用来指示一种服务请求。这种能力与 SRQ 报文的使用在下述各方面有所不同:

a) 控制器启动一个并行轮询序列,而任何一个设备则请求启动一个串行轮询序列;

b) 并行轮询使能来自多个设备的状态数据同时传递,而一次串行轮询则是依次从每一个设备收集状态数据。

4.9.2 PP 功能状态图

应实现 PP 接口功能使之能按照图 13 所示的状态图以及 4.9 中对各状态作出的规定来执行。表 30 规定了实现由一个活动状态转移至另一个活动状态所要求的一组报文及状态。表 31 规定了每一状态在活动时应发送的报文以及所要求的设备功能相互活动。

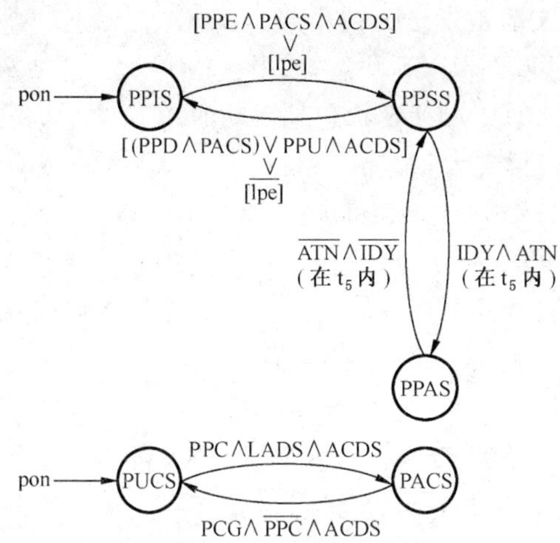

注：对可选的转移的限制见表 33。

图 13 PP 状态图

表 30 PP 助记符号

报文		接口状态	
助记符	定义	助记符	定义
pon	上电	PPIS	并行轮循空闲状态
lst	个别状态(见表 25)	PPSS	并行轮询预备状态
lpe	本地轮询使能	PPAS	并行轮询主动状态
ATN	注意	PUCS	并行轮询未被寻址进行组态的状态
IDY	标识	PACS	并行轮询被寻址组态状
PPE	并行轮询使能	ACDS	接受数据状态(AH 功能)
PPD	并行轮询禁止	LADS	侦听者被寻址状态(L 功能)
PPC	并行轮询组态		
PCG	主命令组		
PPU	并行轮询未组态		

表 31 PP 报文输出

PP 状态	限制条件	远程报文输出	设备功能相互活动
		PPRn[a,b]	
PPIS		(F)	无
PPSS		(F)	无
PPAS	ist＝S[a]	T	无
PPAS	ist≠S[a]	(F)	无

[a] 见 4.9.3.3。

[b] 本栏只关系到设备所指定的特殊报文。

4.9.3 PP 状态的规定

4.9.3.1 并行轮询空闲状态(PPIS)

在 PPIS 状态,PP 功能不能响应由接口控制器所发出的并行轮询。

PP 功能在电源接通时处于 PPIS 状态。

在 PPIS 状态,所有 PPR 报文应被发送为被动假。

PP 功能退出 PPIS 状态并进入到 PPSS 状态,如果:

a) PPE 报文为真而且 PACS 及 ACDS 状态是活动的;

b) 或者本地轮询使能(lpe)报文为真。

注:lpe 和 PPE 转移是可选的:任一时间只能使用其中一个。

4.9.3.2 并行轮询备用状态(PPSS)

在 PPSS 状态,每当设备控制器发出并行轮询时,PP 功能都能响应并行轮询

在 PPSS 状态,所有 PPR 报文应被发送为被动假。

PP 功能应退出 PPSS 状态并且:

a) 在 t_5 时间内进入 PPAS 状态,若(IDY)和 ATN 报文都为真(正在进行并行轮询)。

b) 当且仅当符合下列表述时,进入 PPIS 状态:

1) lpe 报文为假;

2) 或者 PDD 报文为真而且 PACS 及 ACDS 状态是活动的;

3) 或者 PPU 报文为真而且 ACDS 状态是活动的。

注:lpe 和 PPE 两种转移是可选的:在任何给定时间只应该使用其中一种。

4.9.3.3 并行轮询主动状态(PPAS)

在 PPAS 状态,PP 功能正在响应当前由接口控制器所实施的并行轮询。

在 PPAS 状态,当且仅当 ist 报文之值等于作为最近收到的 PPE 命令的一部分的检测(S=SENSE)比特值时,则 PPR 报文之一应被发送为真。发出的 PPR 报文应是最近收到的 PPE 命令部分,P1 导 P3 间的三个比特规定的一个报文。值 P1 到 P2 的每一种组合所规定的 PPR 报文(见 4.9.5)。所有其他 PPR 报文应被发送为被动假。

表 32 P1-P3 所规定的 PPR 报文

具有最新 PPE 命令的接收位			规定的 PPR 报文
P3	P2	P1	
0	0	0	PPR1
0	0	1	PPR2
0	1	0	PPR3
0	1	1	PPR4
1	0	0	PPR5
1	0	1	PPR6
1	1	0	PPR7
1	1	1	PPR8

如果 IDY 报文或 ATN 报文为假(并行轮询已完毕),则 PP 功能应退出 PPAS 状态并在 t_5 时间内进入 PPSS 状态。

4.9.3.4 进行状态配置未被寻址的并行轮询(PUCS)

在 PUCS 状态,PP 功能应对可能通过接口接收到的 PPE 或 PPD 报文不予理睬。PP 功能在接通电源时处于 PUCS 状态。

PUCS 状态不具有发送远程报文的能力。

若PPC报文为真,而且LADS及ACDS状态是活动的,则PP功能应退出PUCS状态进入PACS状态。

4.9.3.5 进行状态配置被寻址的并行轮询(PACS)

在PACS状态,PP功能能够对通过接口而接收到的PPE或PPD报文起活动,若收到一个PPE报文,则其相应的S、P1、P2和P3位应由PP功能保存起来。

PACS状态不具有发送远程报文的能力。

当PCG报文为真,PPC报文为假,而且ACDS状态在活动时,PP功能应退出PACS状态并进入PUCS状态。

4.9.4 PP接口功能容许的子集

并行轮询接口功能所唯一能容许的子集见表33。

表33 PP接口功能所容许的子集

标志	说明	删去的状态	其他要求	所需其他功能子集
PP0	无能力	全部	无	无
PP1	远程配置	无	包括[((PPD∧PACS)∨PPU)∧ACDS) 包括[PPE∧PACS∧ACDS] 不包含lpe	L1-L4或LE1-LE4
PP2	本地配置	PUCS PACS	包括lpe 不包含包括[((PPD∧PACS)∨PPU)∧ACDS] 不包含[PPE∧PACS∧ACDS] 应用本地报文来代替S,P1,P2,P3	无

4.9.5 PP接口功能的附加要求及导则

若取PP2子集,则应用现场可调整的本地报文取代PPE命令,来规定在并行轮询期间使用的PPR报文和报文检测。

4.10 设备清除接口功能(DC)

4.10.1 概述

DC接口功能赋予设备这样的能力:个别地或者作为一群设备的一部分而被清除(初始化)。这一群设备可以是在一个系统内的一个子集或受命的所有设备。

4.10.2 DC功能状态图

应实现DC接口功能使之能按照图14所示的状态图以及4.10中对状态所作出的规定来执行。表34规定了实现一个活动状态至另一个活动状态的转移要求的一组报文及状态。表35规定了每一状态在活动时要求的设备功能的相互作用。

图14 DC状态图

表34 DC助记符号

报文		接口状态	
助记符	定义	助记符	定义
DCL	设备清除	DCIS	设备清除空闲状态
SDC	被选的设备清除	DCAS	设备清除主动状态
		ACDS	接受数据状态(AH功能)
		LADS	侦听者被寻址状态(L功能)

表 35 DC 报文输出

DC 状态	发出的远程报文	设备功能相互作用
DCIS	无	正常的设备功能运行
DCAS	无	设备功能应恢复到一个已知的固定状态

4.10.3 DC 功能状态描述

4.10.3.1 设备清除空闲状态(DCIS)

在 DCIS 状态,DC 功能是不起作用的。

DCIS 状态不具有发送远程报文的能力。

DC 功能应退出 DCIS 状态并进入 DCAS 状态,若 ACDS 状态是活动的而且:

a) DCL 报文为真;

b) 或者 SDC 报文为真而且 LADS 状态是活动的。

注:含有 SDC 报文的表达式的使用是可选的。

4.10.3.2 设备清除主动状态(DCAS)

在 DCAS 状态,DC 功能发送一个内部报文给设备功能而使之被清除。

DCAS 状态不具有发送远程报文的能力。

DC 功能应退出 DCAS 状态并进入 DCIS,如果 ACDS 不是活动的,或

a) DCL 报文不为真;

b) 且 SDC 报文不为真及 LADS 状态亦不是活动的。

注:含有 SDC 报文的表达式,其作用是可选的。

4.10.4 DC 接口功能所容许的子集

DC 接口功能所唯一容许的子集列于表 36 中。

表 36 DC 功能所容许的子集

标　志	说　　明	省略的状态	其他要求	所需其他功能子集
DC0	无能力	全部	无	无
DC1	完全的能力	无	无	L1-L4 或 LE1-LE4
DC2	省略有选择的设备清除	无	忽略[SDCA∧LADS]	AH1 或者 AHE1

4.10.5 DC 功能的附加要求及导则

DCAS 状态仅影响设备功能而不影响其他接口功能(由 IFC 清除)。

一个设备的 DC 功能可用于任何与其操作相应的目的。通常,使用此功能将允许设备相关报文传入或传出设备功能。不过此功能也可以用来把设备各功能的任何子集置于设计者认为适当的一个既定的状态,在此情况下设计者应规定此既定状态。

4.11 设备触发(DT)接口功能

4.11.1 概述

DT 功能赋予设备这样的能力:使设备的基本操作个别地或作为一群设备的一部分而被启动。这群设备可以是在一个系统内的所有被寻址的设备或其一个子集。

4.11.2 DT 功能的状态图

应实现 DT 功能使之能按照图 15 所示状态图以及 4.11 中对各状态作出的规定来执行。表 37 规定了实现由一个活动状态转移至另一个活动状态要求的一组报文及状态。表 38 规定了每一状态在活动时要求的设备功能的相互作用。

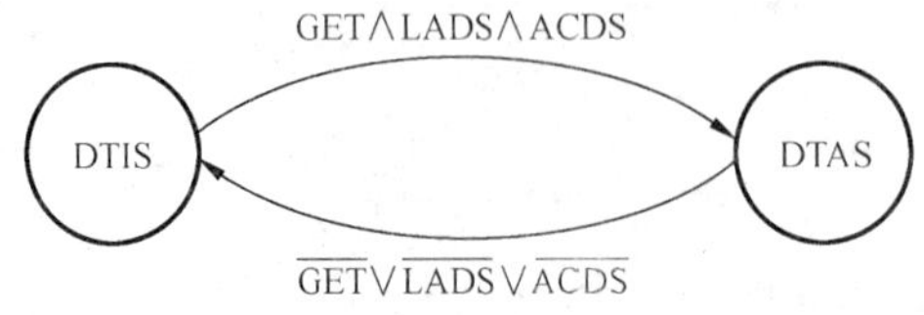

图 15 DT 状态图

表37 DT助记符号

报文		接口状态	
助记符	定义	助记符	定义
GET	组执行触发	DTIS	设备触发空闲状态
		DTAS	设备触发主动状态
		ACDS	接受数据状态(AH功能)
		LADS	侦听者被寻址状态(L功能)

表38 DT报文输出

DT状态	发出的远程报文	设备功能的相互作用
DTIS	无	正常的设备功能运行
DTAS	无	设备功能应开始实行被触发的操作

4.11.3 **DT功能状态的描述**

4.11.3.1 **设备触发空闲状态(DTIS)**

在DTIS状态,DT功能是不是活动的。DTIS状态不具有发送远程报文的能力。

DT功能应退出DTIS状态并进入DTAS状态。若:

a) GET报文为真;

b) 而且LADS及ACDS状态是活动的。

4.11.3.2 **设备触发主动状态(DTAS)**

在DTAS状态,DT功能发出一个内部报文给设备功能以使之开始执行其基本操作。

DTAS不具备发送远程报文的能力。

DT功能应退出DTAS状态并进入DTIS状态,若:

a) GET报文为真;

b) 或LADS状态不是活动的;

c) 或ACDS状态不是活动的。

4.11.4 **DT接口功能所容许的子集**

DT接口功能所唯一容许的子集如表39所列。

表39 DT功能所容许的子集

标志	说明	删去的状态	其他要求	所需其他功能子集
DT0	无能力	全部	无	无
DT1	完全的能力	无	无	L1-L4或LE1-LE4

4.11.5 **DT功能的附加要求及导则**

DTAS状态指示设备(或设备的若干指定部分)应开始执行指定的操作。

推荐:在DTAS变为活动后,设备应立即开始操作。

一旦一个设备的操作已经启动,它不应再响应随后的状态转移,直到该操作已完成时为止。只有在第一个操作完成之后,设备才能响应下一个DTAS活动条件而起动一个新的操作。

4.12 **控制器接口功能(C)**

4.12.1 **概述**

C接口功能赋予设备通过接口向其他设备发送地址、通用命令和寻址命令的能力。C功能还提供执行并行轮询的能力以确定哪些设备要求服务。

只有当C功能正在接口上发送ATN报文时,C功能才能执行各种能力。

若在接口系统上有多于一个设备具有C功能,那么,在任一时刻,在它们之中除了一个之外其余全都应在控制器空闲状态(CIDS)。包含不处于CIDS状态的C功能的设备称为(接口系统的)管理控制器。本标准中包含有这样的程式,它能容许几个含有C功能的设备轮流担任接口的管理控制器。

联接到一个接口上的设备中,有一个(但不能多于一个)设备的C功能能够处于系统控制活动状态(SACS),它应在接口的全部运行中都停留于此状态,从而拥有在任何时刻在接口上发送IFC有REN报文的能力,不管它是否为管理控制器。这一设备称为(接口系统的)系统控制器。

4.12.2 C功能状态图

C功能应这样来建立,使之能按照图16所示状态图以及4.12.1中对各状态作出的规定来行事。表40规定了实行由一个活动状态至另一个活动状态的转移所必需的一组报文及状态。表41规定了每一个状态在活动时必须发送的报文以及所需的设备功能相互活动。

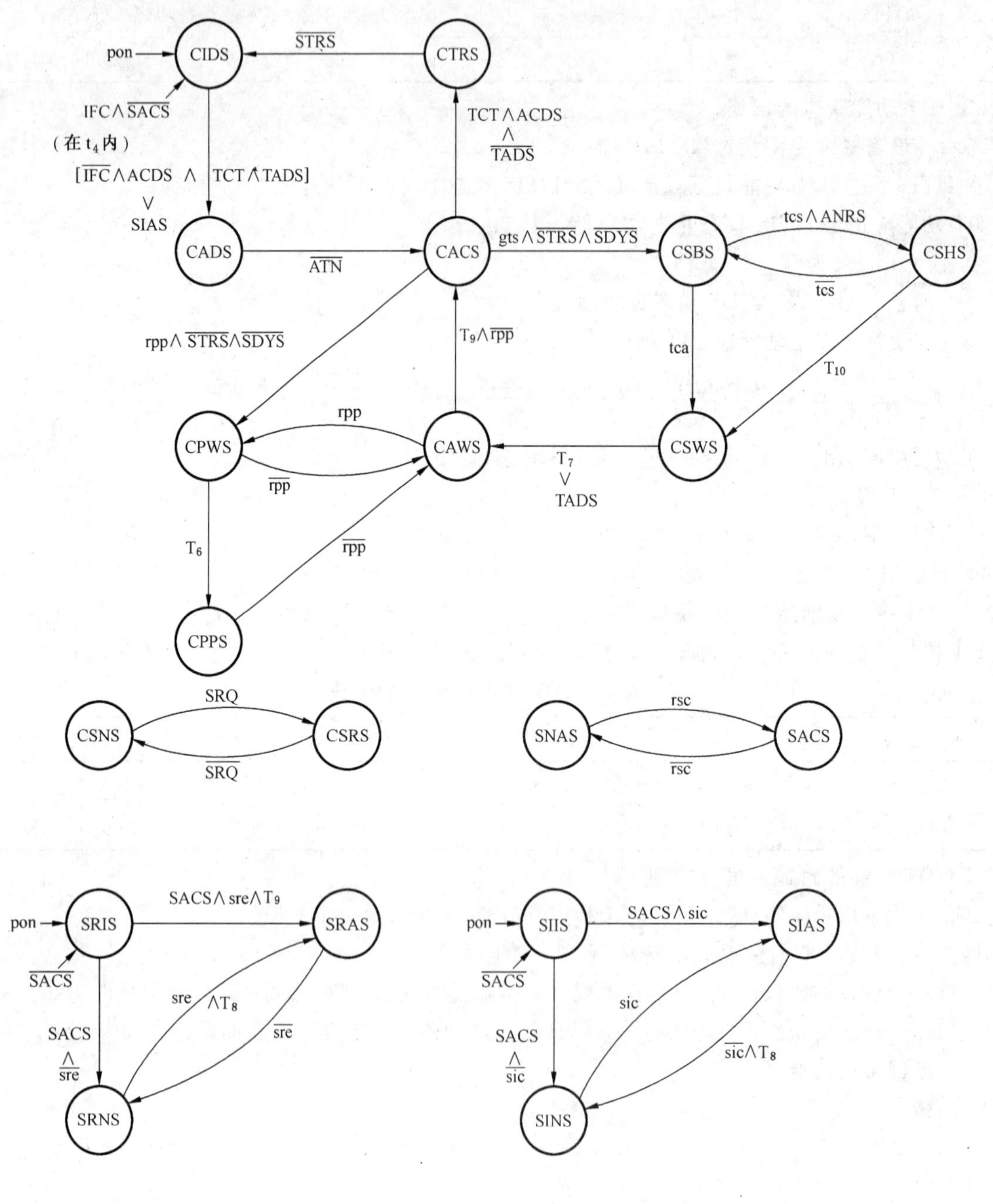

图16 C状态图

表 40 C 助记符号

报文		接口状态	
助记符	定义	助记符	定义
pon	上电	CIDS	控制器空闲状态
rsc	请求系统控制	CADS	控制器被寻址状态
rpp	请求并行轮询	CTRS	控制器转移状态
gts	进入预备	CACS	控制器主动状态
tca	异步取控	CPWS	控制器并行轮询等待状态
tcs	同步取控	CPPS	控制器并行轮询状态
sic	发送接口清除	CSBS	控制器预备状态
sre	发送远程使能	CAWS	控制器主动等待状态
IFC	接口清除	CSWS	控制器同步等待状态
ATN	注意	CSRS	控制器服务请求状态
TCT	取控	CSNS	控制器服务不被请求状态
		SNAS	系统控制不活动状态
		SACS	系统控制活动状态
		CSHS	控制器预备保持状态
		SRIS	系统控制远程使能空闲状态
		SRNS	系统控制远程使能不活动状态
		SRAS	系统控制远程使能活动状态
		SIIS	系统控制接口清除空闲状态
		SINS	系统控制接口清除不活动状态
		SIAS	系统控制接口清除活动状态
		ACDS	接受数据状态(AH 功能)
		ANRS	接收非就绪状态(AH 功能)
		STRS	源转移状态(SH 功能)
		TADS	讲话者被寻址状态(T 功能)
		SDYS	源延迟状态(SH 功能)

表 41 C 报文输出[a]

C 状态	发出的远程报文					设备功能相互活动
	ATN	IDY	多线程报文	IFC	REN	
CIDS	(F)	(F)	(NUL)			设备功能不发送接口报文
CADS	(F)	(F)	(NUL)			设备功能不发送接口报文
CACS	T	F	[b]			设备功能能发送接口报文
CPWS	T	T	(NUL)			设备功能不发送接口报文
CPPS	T	T	(NUL)			设备功能能接收 PPR 报文
CSBS	F	(F)	(NUL)			设备功能不发送接口报文

表 41（续）

C状态	发出的远程报文					设备功能相互活动
	ATN	IDY	多线程报文	IFC	REN	
CSWS	T	F或(F)	(NUL)			设备功能不发送接口报文
CAWS	T	F	(NUL)			设备功能不发送接口报文
CTRS	T	F	TCT			设备功能继续发送 TCT 报文
CSHS	F	F	(NUL)			设备功能不发送接口报文
SIIS				(F)		无
SINS				F		无
SIAS				T		无
SRIS					(F)	无
SRNS					F	无
SRAS					T	无
CSNS	无					没有请求服务
CSRS	无					设备功能被通知有请求服务

[a] 被发送的报文之值仅列于对其有影响的状态栏内，表中每一大段对应于控制器功能内的一组互斥状态。

[b] 任何一个多线程接口报文均列于表 44 中。这些报文虽然是由于 C 功能而使之可能发送的，但这些报文都是起源于各设备功能之中。

4.12.3 C 状态的描述

4.12.3.1 控制器空闲状态(CIDS)

在 CIDS 状态，C 功能放弃了它的一切接口控制能力。C 功能在上电时进入 CIDS 状态。

在 CIDS 状态，ATN 及 IDY 报文应被发送为被动假，而 NUL 报文则应被发送为被动真。

C 功能应退出 CIDS 状态并进入 CADS 状态，当

a) TCT 报文(由管理控制器所发送的)为真而且 TADS 及 ACDS 状态在活动时；

b) 或者 SIAS 状态在活动时。

注：含有 TCT 报文的表达式是可选的。

4.12.3.2 控制器被寻址状态(CADS)

在 CADS 状态，C 功能正处于成为接口的管理控制器过程中，但直到当前的控制器停止发送 ATN 报文时它才成为管理控制器。

在 CADS 状态，ATN 和 IDY 报文应被发送为被动假，而 NUL 报文则应被发送为被动真。

C 功能应退出 CADS 状态，并进入：

a) CACS 状态，若 ATN 报文为假；

b) CIDS 状态，在 t_4 时间内，若 IFC 报文为真而且 SACS 状态不活动进入。

4.12.3.3 控制器主动状态(CACS)

在 CACS 状态，C 功能使能多线程接口报文由设备功能至接口信号线的传递。这些信息包括设备的地址、通用命令或寻址命令。SH 功能或 SHE 功能决定设备功能在何时可以改变正在被发送的多线程报文的内容。不过，报文内容完全由设备功能决定。

当 CACS 状态在活动时，ATN 报文应连续地被发送为真，而 IDY 报文应连续地被发送为假，在 CACS 状态在活动条件下，表 42 内的任一个多线报文都可以由设备功能发送。

表 42 多线报文

通用命令(多线程)	地 址	寻址命令	次级命令
LLO	(LAD)[a]	GET	(SAD)[b]
DCL	(TAD)[c]	GTL	PPD
SPE	UNL	PPC	PPE
SPD		SDC	
PPU		TCT	

[a] 代表一特定设备的侦听地址(作为 MLA 而被接收)。

[b] 代表一特定设备的副地址(作为 MSA 或 OSA 而被接收)。

[c] 代表一特定设备的讲话地址(作为 MTA 或 OTA 而被接收)。

C 功能应退出 CACS 状态,而且进入:

a) CTRS 状态,若 TCT 报文(由 C 功能自身的设备功能发出,但却作为一个远程报文而被收到)为真,TADS 状态(随意地)不是活动的,而且 ACDS 状态是活动的;

b) CPWS 状态,若 rpp 报文为真,而且 STRS 及 SDYS 状态均不活动;

c) 进入 CIDS 状态(在 t_4 时间内),若 IFC 报文为真,而且 SACS 状态不活动;

d) CSBS 状态,若 gts 报文为真,而且 STRS 及 SDYS 状态无法不活动。

4.12.3.4 **控制器并行轮询等待状态(CPWS)**

在 CPWS 状态,C 功能正在接口上执行一个并行轮询,不过正在等待 DIO 线上的位稳定下来。

在 CPWS 状态,IDY 报文应被发送为真,而且 NUL 报文应被发送为被动真。

C 功能应退出 CPWS 状态,并且进入:

a) 控制器并行轮询状态(CPPS)状态,在一段时间 T_6 之后;

b) CIDS 状态(t_4 时间内进入),若 IFC 报文为真,而且 SACS 状态不活动;

c) CAWS 状态,若 rpp 报文为假。

4.12.3.5 **控制器并行轮询状态(CPPS)**

在 CPPS 状态,C 功能正在执行一个并行轮询,并且在通过接口信号线收到 PPR 报文时把 PPR 报文值传递给设备功能。

在 CPPS 状态,IDY 报文应被发送为真,而 NUL 报文则应被发送为被动真。

C 功能应退出 CPPS 状态,并且:

a) 若 rpp 报文为假,则进入 CAWS 状态;

b) 若 IFC 报文为真且 SACS 状态不活动,则在 t_4 时间内进入 CIDS 状态。

4.12.3.6 **控制器预备状态(CSBS)**

在 CSBS 状态,C 功能容许两个或更多个设备通过接口传递设备报文。

在 CSBS 状态,ATN 报文应被发送为假,IDY 报文应被发送为被动假,而 NUL 报文则应被发送为被动真。

C 功能应退出 CSBS 状态,并且:

a) 若 tcs 报文为真而且 ANRS 状态在活动,则进入控制器预备保持态(CSHS);

b) 或者 tca 报文为真,则进入 CSWS 状态;

c) 若 IFC 报文为真而且 SACS 状态不活动,则在 t_4 时间内进入 CIDS 状态。

4.12.3.7 **控制器同步等待状态(CSWS)**

在 CSWS 状态,C 功能正在进入 CAWS 状态的过程中,但却需等待一段规定的时间 T_7,以便确定当时在活动时讲话者识别出正在接口上发出的 ATN 报文。若由于 tes 报文而进入 CSWS 状态,那么设备功能就必须在此状态的期间内继续发送 tcs 为真。这就造成 AH 功能或 AHE 功能在接口上继续发送 RFD 假报文,并禁止下一个数据字节的传递。

在 CSWS 状态,ATN 报文应被发送为真,IDY 报文应被发送为主动假或被动假,而 NUL 报文则应被发送为被动真。

C 功能应退出 CSWS 状态，并且：

a) 在经过一段时间 T_7 之后，如果 TADS 状态在活动，则进入 CAWS 状态；

b) 若 IFC 报文为真而且 SACS 状态不活动，则在 t_4 时间之内进入 CIDS 状态。

4.12.3.8 控制器主动等待状态(CAWS)

在 CAWS 状态，C 功能在进入 CACS 状态之前正在等待一段时间 T_9。为了保证 EOI 线稳定到它的适当值，并且保证没有一个设备对看来像是一个并行轮询的报文作出错误的响应，这一等待是必要的。

在 CAWS 状态，ATN 报文应被发送为真，IDY 报文应被发送为假，而 NUL 报文则应被发送为被动假。

C 功能应退出 CAWS 状态，并且：

a) 若 rpp 报文为假而且过了一段时间 T_9，则进入 CACS 状态；

b) 若 rpp 报文为真，则进入 CPWS 状态；

c) 若 IFC 报文为真，而且 SACS 状态不活动，则在 t_4 时间内进入 CIDS 状态。

4.12.3.9 控制器转移状态(CTRS)

在 CTRS 状态，C 功能正在发送 TCT 寻址命给另一个设备，因而 C 功能是在变成为空闲的过程中。

在 CTRS 状态，ATN 报文应被发送为真，IDY 报文应被发送为假，而 TCT 报文

C 功能应退出 CTRS，并进入 CIDS 状态，当：

a) STRS 状态变为不活动；

b) 或在 t_4 时间内，IFC 报文为真并且 SACS 状态不活动。

4.12.3.10 控制器服务请求状态(CSRS)

在 CSRS 状态，C 功能通过一个本地报文通知设备功能，在接口上至少有一个设备正在请求服务。

CSRS 状态不具备发送远程报文的能力。

如果 SRQ 报文为假，则 C 功能通过一个本地报文通知设备功能，在接口上没有设备在请求服务。

4.12.3.11 控制器服务不被请求状态(CSNS)

在 CSNS 状态，C 功能通过一个本地报文头通知设备功能，在接口上没有设备在请求服务。

CSNS 状态不具备发送远程报文的能力。

如果 SRQ 报文为真，则 C 功能应退出 CSNS 状态，并进入 CSRS 状态。

4.12.3.12 系统控制不活动状态(SNAS)

在 SNAS 状态，C 功能放弃它的全部系统控制能力。

SNAS 状态不具有发送远程报文的能力。

若 rsc 报文为真，则 C 功能应退出 SNAS 状态，并进入 SACS 状态。

4.12.3.13 系统控制主动状态(SACS)

在 SACS 状态，C 功能被容许执行它的系统控制能力。

SACS 状态不具有发远程报文的能力。

若 rsc 报文为假，则 C 功能应退出 SACS 状态，并进入 SNAS 状态。

4.12.3.14 系统控制接口清除空闲状态(SIIS)

在 SIIS 状态，C 功能没有清除接口的能力。C 功能在电源接通进入 SIIS 状态。

在 SIIS 状态，IFC 报文应被发送为被动假。

若 SACS 状态在活动，则 C 功能应退出 SIIS 状态，并且：

a) 若 sic 报文为假，则进入 SINS 状态；

b) 或 sic 报文为真，则进入 SIAS 状态。

4.12.3.15 系统控制接口清除不活动状态(SINS)

在 SINS 状态,C 功能不参与清除接口。

在 SINS 状态,IFC 报文应被连续地发送为假。

C 功能应退出 SINS 状态,并且:

a) 若 sic 本地报文为真,则进入 SIAS 状态;

b) 或 SACS 状态不活动,则进入 SIIS 状态。

4.12.3.16 系统控制接口清除活动状态(SIAS)

在 SIAS 状态,C 功能参与清除接口。联接到系统的所有接口功能都应响应 IFC 真报文,并将转移到一已知的初始状态。

在 SIAS 状态,IFC 报文应被发送为真。

C 功能应退出 SIAS 状态,并且:

a) 若 sic 报文为假,而且 SIAS 状态曾经至少在一段时间 T_8 内为活动的,则进入 SINS 状态;

b) 若 SACS 状态为不活动的,则进入 SIIS 状态。

4.12.3.17 系统控制远程可能空闲状态(SRIS)

在 SRIS 状态,C 功能没有使远控变为可能的能力。除了 C 功能被用于一个能作为系统控制器的设备中的情况之外,C 功能的一切活动均应保持继续处于 SRIS 状态。

C 功能在接通电源时进入 SRIS 状态。

在 SRIS 状态,REN 报文应被发送为被动假。

C 功能应退出 SRIS 状态,并且:

a) 若 sre 报文为假而且 SACS 状态在活动,则进入 SRNS 状态;

b) 若 sre 报文为真,SACS 状态在活动而且 SRIS 状态曾经至少活动了一段时间 T_8,则进入 SRAS 状态。

4.12.3.18 系统控制远程可能不活动状态(SRNS)

在 SRNS 状态,C 功能不参与通过接口使其他设备远控操作成为可能的工作。

在 SRNS 状态,REN 报文应被发送为被动假。

C 功能应退出 SRNS 状态,并且:

a) 若 sre 报文至少在一段时间 T_8 内为真,则进入 SRAS 状态;

b) 若 SACS 状态为活动,则进入 SRIS 状态。

4.12.3.19 系统控制远程可能活动状态(SRAS)

在 SRAS 状态,C 功能主动地参与通过接口使其他设备的远控操作成为可能的工作。

在 SRAS 状态,REN 报文应被连续地发送为真。

C 功能应退出 SRAS 状态,并且:

a) 若 sre 报文为假,则进入 SRNS 状态;

b) 若 SACS 状态不活动,是进入 SRIS 状态。

4.12.3.20 控制器预备保持状态(CSHS)

在 CSHS 状态,C 功能是处于一种保持状态,直到 DAV 报文对连接到系统上的所有设备呈现假为止。CSHS 状态防止在 tcs 时序期间空闲设备检测到 ATN 和 DAV 报文假符合。

在 CSHS 状态,ATN 报文应被发送为假,IDY 报文应被发送为被动假,而 NUL 报文应被发送为被动真。

C 功能应退出 CSHS 状态,并且:

a) 若已经过一段时间 T_{10},则进入控制器同步等待状态(CSWS);

b) 若 tcs 报文为假,则进入 CSBS 状态;

c) 若 IFC 报文为真而且 SACS 不起活动,则在 t_4 时间内进入 CIDS 状态。

4.12.4 C 功能所容许的子集

C 功能所唯一能容许的子集如表 43 所列。

表 43　C 功能所允许的子集

标志[a]	能力										注	所需状态									其他要求			所需其他功能子集				
	系统控制器	发送IFC并负责	发送REN	响应SRQ	发送LE报文	接收控制	旁路控制	自己旁路控制	并行轮询	同步取控		SNAS,SACS	SIIS,SIAS,SINS	SRIS,SRAS,SRNS	CSNS,CSRS	CACS,CSBS,CSHS,CSWS,CAWS	CADS	CIDS	CTRS	CPWS,CPPS	[TCT∧ACDS∧TADS][b]	[TADS][c]	tcs 不恒为假	C1	C2	SH1 或 SHE1	AH1 或 AHE1,L1-L4 或 LE1-LE4	T1-T8,TE1-TE8
C0	N	N	N	N	N	N	N	N	N	N		O	O	O	O	O	O	O	O	O	O	O	O	O	—	—	—	—
C1	Y	—	—	—	—	—	—	—	—	—	1	R	—	—	—	—	—	—	—	—	—	—	—	—	—	—	—	—
C2	—	Y	—	—	—	—	—	—	—	—	1,6	—	R	—	—	—	—	—	—	—	—	—	—	R	—	—	—	—
C3	—	—	Y	—	—	—	—	—	—	—	1	—	—	R	—	—	—	—	—	—	—	—	—	R	—	—	—	—
C4	—	—	—	Y	—	—	—	—	—	—	1	—	—	—	R	—	—	—	—	—	—	—	—	—	—	—	—	—
C5	—	—	—	—	Y	Y	Y	Y	Y	Y	2,3	—	—	—	—	R	R	R	R	R	R	R	R	—	—	R	R	R
C6	—	—	—	—	Y	Y	Y	Y	Y	N	2,3	—	—	—	—	R	R	R	R	R	R	R	O	—	—	R	—	R
C7	—	—	—	—	Y	Y	Y	Y	N	Y	2,3	—	—	—	—	R	R	R	R	O	R	R	R	—	—	R	R	R
C8	—	—	—	—	Y	Y	Y	Y	N	N	2,3	—	—	—	—	R	R	R	R	O	R	R	O	—	—	R	—	R
C9	—	—	—	—	Y	Y	Y	N	Y	Y	2,3	—	—	—	—	R	R	R	R	R	R	O	R	—	—	R	R	R
C10	—	—	—	—	Y	Y	Y	N	Y	N	2,3	—	—	—	—	R	R	R	R	R	R	O	O	—	—	R	—	R
C11	—	—	—	—	Y	Y	Y	N	N	Y	2,3	—	—	—	—	R	R	R	R	O	R	O	R	—	—	R	R	R
C12	—	—	—	—	Y	Y	Y	N	N	N	2,3	—	—	—	—	R	R	R	R	O	R	O	O	—	—	R	—	R
C13	—	—	—	—	Y	Y	N	N	Y	Y	2	—	—	—	—	R	R	R	O	R	O	O	R	—	R	R	R	—
C14	—	—	—	—	Y	Y	N	N	Y	N	2	—	—	—	—	R	R	R	O	R	O	O	O	—	R	R	—	—
C15	—	—	—	—	Y	Y	N	N	N	Y	2	—	—	—	—	R	R	R	O	O	O	O	R	—	R	R	R	—
C16	—	—	—	—	Y	Y	N	N	N	N	2	—	—	—	—	R	R	R	O	O	O	O	O	—	R	R	—	—
C17	—	—	—	—	Y	N	Y	Y	Y	Y	2,3,4	—	—	—	—	R	O	R	R	R	R	R	R	—	—	R	R	R
C18	—	—	—	—	Y	N	Y	Y	Y	N	2,3,4	—	—	—	—	R	O	R	R	R	R	R	O	—	—	R	—	R
C19	—	—	—	—	Y	N	Y	Y	N	Y	2,3,4	—	—	—	—	R	O	R	R	O	R	R	R	—	—	R	R	R

表 43（续）

标志[a]	能力										注	所需状态									其他要求			所需其他功能子集				
	系统控制器	发送IFC并负责	发送REN	响应SRQ	发送LE报文	接收控制	旁路控制	自己旁路控制	并行轮询	同步取控		SNAS,SACS	SIIS,SIAS,SINS	SRIS,SRAS,SRNS	CSNS,CSRS	CACS,CSBS,CSHS,CSWS,CAWS	CADS	CIDS	CTRS	CPWS,CPPS	[TCT∧ACDS∧TADS][b]	[TADS][c]	tcs不恒为假	C1	C2	SH1或SHE1	AH1或AHE1，L1-L4或LE1-LE4	T1-T8，TE1-TE8
C20	—	—	—	—	Y	N	Y	Y	N	N	2,3,4	—	—	—	—	R	O	R	R	O	R	R	O	—	—	R	—	R
C21	—	—	—	—	Y	N	Y	N	Y	Y	2,3,4	—	—	—	—	R	O	R	R	R	R	O	R	—	—	R	R	R
C22	—	—	—	—	Y	N	Y	N	Y	N	2,3,4	—	—	—	—	R	O	R	R	R	R	O	O	—	—	R	—	R
C23	—	—	—	—	Y	N	Y	N	N	Y	2,3,4	—	—	—	—	R	O	R	R	O	R	O	R	—	—	R	R	R
C24	—	—	—	—	Y	N	Y	N	N	N	2,3,4	—	—	—	—	R	O	R	R	O	R	O	O	—	—	R	—	R
C25	—	—	—	—	Y	N	N	N	Y	Y	2,5	—	—	—	—	R	O	O	O	R	O	O	R	—	—	R	R	—
C26	—	—	—	—	Y	N	N	N	Y	N	2,5	—	—	—	—	R	O	O	O	R	O	O	O	—	—	R	—	—
C27	—	—	—	—	Y	N	N	N	N	Y	2,5	—	—	—	—	R	O	O	O	O	O	O	R	—	—	R	R	—
C28	—	—	—	—	Y	N	N	N	N	N	2,5	—	—	—	—	R	O	O	O	O	O	O	O	—	—	R	—	—

注1：C5 到 C28 的任何联合中，都可以选择 C1 到 C4 的一个或者多个子集。

注2：从 C5 到 C28 只有个子集可以选择。

注3：CTRS 状态应当包括在设备中，设备是由多控制器操作的。

注4：直到包括了 C2，才能允许使用这些子集。

注5：这些子集可以在没有控制通道的设备和系统中使用。

注6：在另一个物理设备作为控制器在被使用的时候，系统控制器声称为 IFC。系统控制器应当限制源握手和 ATN 的活动，直到把 IFC 提出报文从预包括多线控制器内容中移走为止。

O=省略，R=必须的，—=不适用的或者不需要的，Y=是的，N=不

[a] 描述控制器的典型符号由字母 C 跟随一个或多个指示子集选择的数字，例如 C1.2.3.4.8。

[b] 这是由 CIDS 至 CADS 的转移的表达式的一部分。

[c] 这是由 CACS 至 CTRS 的转移的表达式的一部分。

4.12.5 C功能的附加要求及指南

警告:应谨慎tca的应用。

tca使用上的限制:设计者不应认为,如果当一个设备报文为真时tca报文变成为真,则有效数据仍将会被传过接口。

背景:每当一个设备报文为真时,通过使用tca可以由一个控制器使一个活动着的讲话者进行异步中断。若一个设备报文为真而且ATN变成为真,则被中断的字节可能被丢失或者被另一个设备误解为一个接口报文(例如,误认为一个命令或地址)并产生意外的状态转移。

若使用tcs报文,则只有在CSBS状态内tcs才可以由假改变为真,只有在CAWS状态内tcs才可以由真改变为假,这些限制保证了在进行同步取控操作期间RFD能在适当的时间长度内保持为假。

如果具有系统控制器能力的设备在多控制器环境中使用,它应提供手动暂时禁止本地报文rsc的方法。

4.13 远程报文编码和传递

4.13.1 远程报文编码

每一个远程报文是通过一条或多条接口信号线传输,由一个接口功能发送或由一个接口功能接收的。本条文定义了远程报文的完备集,以及它们在信号线上是如何编码及传递的。由各种接口功能发送或接收的所有远程报文的编码见表44。

4.13.2 远程报文编码概念

报文可以被编码到一条中多条信号线的逻辑状态中。

在本标准中,从单根信号线逻辑状态导出,或作为单根信号线逻辑状态发送的一个报文,称为一个单线报文(例如:ATN)。

在本标准中,从两条或多条信号逻辑状态的组合导出,或作为或两条或多条信号逻辑状态的组合发送的一个报文,称为一个多线程报文(例如:DCL)。

一个报文可以定义为其他几个报文的一个逻辑组合(“与”、“或”、或者“非”),(例如:OTA)。

一个报文发送或接收的编码是一样的。

4.13.3 远程报文传递

一个报文是通过把一条或多条特定的信号线驱动到一个逻辑1或逻辑0而被发送的。未特定为报文编码部分的那些信号线不应被驱动)。

一个报文是通过对一条或多条特定的总线信号线进行检测,以确定每条信号线的逻辑值为1或为0而被接收的;未特定为报文编码部分的那些信号线被忽略。

一旦检测到一个单线报文所对应的逻辑状态,这个单线报文的值就被认为是有效的(有关报文发送的时间见表4,10,15,25,31,41)。

一个多线程报文仅在SH或SHE,和AH或AHE功能的情况下是有效的。当SH或SHE功能处于源方传递状态(STRS)时,发出的多线程报文是有效的;当AH或AHE功能处于接受数据状态(ACDS)时,接收到的多线程报文是有效的。

所有被动报文值作为信号线的“0”态而被传递。这只要求在接口上实行信号线状态的逻辑“或”。

4.13.4 远程报文编码表结构及惯例

所有能由接口功能发送或接收的报文,均根据其名称及助记符号成为列表,见表44。

编码表把报文的值(真或假)与总线中信号线的逻辑(1或0)联系起来,反之亦然。

表中每一项远程报文规定了发送该报文所需的编码以及接收该报文所需的解码。

单线报文的真值是通过对一条信号线分配一个特定的逻辑状态来规定的。

多线程报文的真值是通过对包含该报文的一组对应的信号线分配唯一的一组逻辑状态(1或0)来规定的。

报文的假值就是除了规定直值的唯一的一组逻辑状态之外的任何逻辑状态(1或0)的组合。

表中每一项报文都通过类型识别：单线报文(U)或多线程报文(M)。此外，还根据每一报文在接口功能或设备功能中所执行的功能而进一步识别其种类(7 种中的一种)。

一条总线信号线可能有的逻辑状态在表中被规定为一个 0,1,Y 或 X,代表下列的逻辑状态：

0=逻辑 0

1=逻辑 1

X=不予理会(对于一个被接收的报文编码而言)

X=除非由其他报文管理，否则不应驱动(对于一个被发送的报文编码而言)

Y=不予理会(对于一个被发送的报文编码而言)

Y=不予理会(推荐对于一个被接收的报文编码而言)

4.13.5 远程报文编码表的配合

表 44 反映了由每一接口功能所发送(或接收)的每个远程报文。在实际使用中，不同的接口功能可以同时发送两个或多个表中规定的报文(例如：DAB 真和 ATN 假)。见表 44 的脚注 b 和 k 以及附录 D。

表 44 远程报文编码表

助记符号	报文名称	类型	类别	确定报文真值的总线信号线和编码															
				DIO8	7	6	5	4	3	2	DIO1	DAV	NRFD	NDAC	ATN	EOI	SRQ	IFC	REN
ACG	寻址命令组(ADDRESSED COMMAND GROUP)	M	AC	Y	0	0	0	X	X	X	X	X	X	X	1	X	X	X	X
ATN	注意(ATTENTION)	U	UC	X	X	X	X	X	X	X	X	X	X	X	1	X	X	X	X
DAB	数据字节[a,b](DATA BYTE)	M	DD	D8	D7	D6	D5	D4	D3	D2	D1	X	X	X	0	X	X	X	X
DAC	数据已接受(DATA ACCEPTED)	U	HS	X	X	X	X	X	X	X	X	X	X	0	X	X	X	X	X
DAV	数据有效(DATA VALID)	U	HS	X	X	X	X	X	X	X	X	1	X	X	X	X	X	X	X
DCL	设备清除(DEVICE CLEAR)	M	UC	Y	0	0	1	0	1	0	0	X	X	X	1	X	X	X	X
END	结束[g](END)	U	ST	X	X	X	X	X	X	X	X	X	X	X	0	1	X	X	X
EOS	字串结束[g,c](END OF STRING)	M	DD	E8	E7	E6	E5	E4	E3	E2	E1	X	X	X	0	X	X	X	X
GET	组执行触发器(GROUP EXECUTE TRIGGER)	M	AC	Y	0	0	0	1	0	0	0	X	X	X	1	X	X	X	X
GTL	进入本地(GO TO LOCAL)	M	AC	Y	0	0	0	0	0	0	1	X	X	X	1	X	X	X	X
IDY	识别(IDENTIFY)	U	UC	X	X	X	X	X	X	X	X	X	X	X	X	1	X	X	X
IFC	接口清除(INTERFACE CLEAR)	U	UC	X	X	X	X	X	X	X	X	X	X	X	X	X	X	1	X
LAG	侦听地址组(LISTEN ADDRESS GROUP)	M	AD	Y	0	1	X	X	X	X	X	X	X	X	1	X	X	X	X
LLO	本地封锁(LOCAL LOCK OUT)	M	UC	Y	0	0	1	0	0	0	1	X	X	X	1	X	X	X	X
MLA	我的侦听地址[d](MY LISTEN ADDRESS)	M	AD	Y	0	1	L5	L4	L3	L2	L1	X	X	X	1	X	X	X	X
MTA	我的讲话地址[e](MY TALK ADDRESS)	M	AD	Y	1	0	T5	T4	T3	T2	T1	X	X	X	1	X	X	X	X
MSA	我的二级地址[f](MY SECONDARY ADDRESS)	M	SE	Y	1	1	S5	S4	S3	S2	S1	X	X	X	1	X	X	X	X

表 44（续）

助记符号	报文名称	类型	类别	确定报文真值的总线信号线和编码															
				DIO8	7	6	5	4	3	2	DIO1	DAV	NRFD	NDAC	ATN	EOI	SRQ	IFC	REN
NUL	空字节(NULL BYTE)	M	DD	0	0	0	0	0	0	0	0	X	X	X	X	X	X	X	X
OSA	其他二级地址(OTHER SECONDARY ADDRESS)	M	SE	$(OSA = SCG \wedge \overline{MSA})$															
OTA	其他讲话地址(OTHER TALK ADDRESS)	M	AD	$(OTA = TAG \wedge \overline{MTA})$															
PCG	主命令组(PRIMARY COMMAND GROUP)	M	-	$(PCG = ACG \vee UCG \vee LAG \vee TAG)$															
PPC	并行轮询组态(PARALLEL POLL CONFIGURE)	M	AC	Y	0	0	0	0	1	0	1	X	X	X	1	X	X	X	X
PPE	并行轮询使能[g](PARALLEL POLL ENABLE)	M	SE	Y	1	1	0	S	P3	P2	P1	X	X	X	1	X	X	X	X
PPD	并行轮询禁止[h](PARALLEL POLL DISABLE)	M	SE	Y	1	1	1	D4	D3	D2	D1	X	X	X	1	X	X	X	X
PPR1	并行轮询响应 1[i] (PARALLEL POLL RESPONSE1)	U	ST	X	X	X	X	X	X	X	1	X	X	X	1	1	X	X	X
PPR2	并行轮询响应 2[i] (PARALLEL POLL RESPONSE2)	U	ST	X	X	X	X	X	X	1	X	X	X	X	1	1	X	X	X
PPR3	并行轮询响应 3[i] (PARALLEL POLL RESPONSE3)	U	ST	X	X	X	X	X	1	X	X	X	X	X	1	1	X	X	X
PPR4	并行轮询响应 4[i] (PARALLEL POLL RESPONSE4)	U	ST	X	X	X	X	1	X	X	X	X	X	X	1	1	X	X	X
PPR5	并行轮询响应 5[i] (PARALLEL POLL RESPONSE5)	U	ST	X	X	X	1	X	X	X	X	X	X	X	1	1	X	X	X
PPR6	并行轮询响应 6[i] (PARALLEL POLL RESPONSE6)	U	ST	X	X	1	X	X	X	X	X	X	X	X	1	1	X	X	X
PPR7	并行轮询响应 7[i] (PARALLEL POLL RESPONSE7)	U	ST	X	1	X	X	X	X	X	X	X	X	X	1	1	X	X	X
PPR8	并行轮询响应 8[i] (PARALLEL POLL RESPONSE8)	U	ST	1	X	X	X	X	X	X	X	X	X	X	1	1	X	X	X
PPU	并行轮询解组(PARALLEL POLL UNCONFIGURE)	M	UC	Y	0	0	1	0	1	0	1	X	X	X	1	X	X	X	X
REN	远程使能(REMOTE ENABLE)	U	UC	X	X	X	X	X	X	X	X	X	X	X	X	X	X	X	1
RFD	准备好接收数据(READY EOR DATA)	U	HS	X	X	X	X	X	X	X	X	X	0	X	X	X	X	X	X
RQS	请求服务[g,j](REQUEST SERVICE)	U	ST	X	1	X	X	X	X	X	X	X	X	X	0	X	X	X	X
SCG	二级命令组(SECONDARY COMMAND GROUP)	M	SE	Y	1	1	X	X	X	X	X	X	X	X	1	X	X	X	X
SDC	所选择的设备清除(SELECTED DEVICE CLEAR)	M	AC	Y	0	0	0	0	1	0	0	X	X	X	1	X	X	X	X
SPD	串行轮询禁止(SERIAL POLL DISABLE)	M	UC	Y	0	0	1	1	0	0	1	X	X	X	1	X	X	X	X
SPE	串行轮询使能(SERIAL POLL ENABLE)	M	UC	Y	0	0	1	1	0	0	0	X	X	X	1	X	X	X	X
SRQ	服务请求(SERVICE REQUEST)	U	ST	X	X	X	X	X	X	X	X	X	X	X	X	X	1	X	X

表 44（续）

助记符号	报文名称	类型	类别	确定报文真值的总线信号线和编码															
				DIO8	7	6	5	4	3	2	DIO1	DAV	NRFD	NDAC	ATN	EOI	SRQ	IFC	REN
STB	状态字节[g,j]（STATUS BYTE）	M	ST	S8	X	S6	S5	S4	S3	S2	S1	X	X	X	0	X	X	X	X
TCT	取控（TAKE CONTROL）	M	AC	Y	0	0	0	1	0	0	1	X	X	X	1	X	X	X	X
TAG	讲话地址组（TALK ADDRESS GROUP）	M	AD	Y	1	0	X	X	X	X	X	X	X	X	1	X	X	X	X
UCG	通用命令组（UNIVERSAL COMMAND GROUP）	M	UC	Y	0	0	1	X	X	X	X	X	X	X	1	X	X	X	X
UNL	不侦听（UNLISTEN）	M	AD	Y	0	1	1	1	1	1	1	X	X	X	1	X	X	X	X
UNT	不讲话[k]（UNTALK）	M	AD	Y	1	0	1	1	1	1	1	X	X	X	1	X	X	X	X
NIC	非互锁能力[l]（NONINTERLOCKED CAPABLE）	U	HS	X	X	X	X	X	X	X	X	X	1	X	X	X	X	X	X
CFE	组态使能（CONFIGURE ENABLE）	M	UC	Y	0	0	1	1	1	1	1	X	X	X	1	X	X	X	X
CFG_n	组态 n 米[m]（CONFIGURE n meters）	M	SE	Y	1	1	0	N4	N3	N2	N1	X	X	X	1	X	X	X	X

[a] D1-D8 规定了设备相关的数据比特。

[b] ATN 线上的报文源方总是为 C 功能，而 DIO 和 EOI 线上的报文被 T 功能使能。

[c] E1-E8 规定了用以指示 EOS 报文的设备相关的编码。

[d] L1-L5 规定了设备侦听地址的设备相关比特。

[e] T1-T5 规定了设备讲话地址的设备相关比特。

[f] S1-S5 规定了设备二级地址的设备相关比特。

[g] S 规定了 PPR 的检测。

S	响应
0	0
1	1

P1-P3 规定了在执行并行轮询时所发送的 PPR 报文。

P3	P3	P1	PPR 报文
0	0	0	PPR1
·	·	·	·
·	·	·	·
1	1	1	PPR8

[h] D1-D4 规定不起作用的位，它们应不被接收设备解码，推荐全都被发送为 0。

[i] ATN 和 EOI 线上的报文源方总为 C 功能，DIO 线上的报文源方总为 PP 功能。

[j] S1-S6 及 S8 规定了设备相关的状态（DI07 用于 RQS 报文）。

[k] 该编码供系统使用：见 8.3。

[l] 当 RFD 报文被发送为假时，NIC 报文使用相同的远程报文编码。NIC 报文被 SHE 功能发送，并且 RFD 报文被 AH 或 AHE 功能发送。

[m] N4-N1 规定了特定的 CFGn 报文（CFG1、CFG2……CFG15）例如，Y1101001 对应于 CFG9。

4.13.6 远程报文编码表 44 的注意和符号总结

分配等级：

0＝高状态信号线

1＝低状态信号线

表 44 的编码可以转化为等效的电信号水平，见 5.2。

类型：

U＝单线报文

M＝多线报文

类别：

AC＝寻址命令

AD＝地址（讲话或侦听）

DD＝设备相关

HS＝握手

UC＝通用命令

SE＝二级

ST＝状态（state）

4.13.7 ISO 编码表示法：报文编码指南

许多设备都使用 ISO-7 比特编码（或 ANSI X3.4:1986，美国信息交换标准码中的等效编码），因为这对编码的产生和解释都方便。本条确立 ISO 编码同本标准定义和描述的报文（二进制方式）之间的关系。

4.13.7.1 接口报文

当 ATN 报文为真时，接口系统利用表 44 中所定义的报文编码在各设备之间传递接口报文。通过把 DIO1 至 DIO7 分别与 ISO 代码的位 1 至位 7 联系起来，该编码可以与 ISO 编码相关联，即可以把本标准的编码与 ISO 代码关联起来。ISO 编码不含有与专用的 ATN 报文相等效的编码。

当本标准中定义的接口系统通过终端单元与外界环境互连时，应采用不在本标准范围内的一种协议使得通信正确无误，并避免产生与 ISO 编码的其他意义可能的矛盾。

4.13.7.2 设备相关的报文

设备相关报文的特殊编码已超出本标准范围。当一个讲话者和一个或多个侦听者通过接口而被寻址后，当 ATN 报文为假时，任何普通可懂的二进制码，BCD 码，或字符码均可使用。

a） 只要有可能，字符码最适合用于（ISO 编码第 2 至第 5 列所构成的一个稠密子集）设备相关报文的通信。ISO 编码的位 1 至位 7 对应于 DIO1 至 DIO7。

b） 当使用其他编码时（例如：二进制码），高有效位应被置于具有最高编号的 DIO 线上（例如：DIO8 对应比特 8）。

在附录 E 中进一步说明 ISO 编码与本标准编码之间的关系。

4.13.8 状态转变的时间值

在第 4 章中全部接口功能描述以及状态图中所列的 T_X 及 t_Y 值，在 5.8 中定义。

4.14 组态（CF）接口功能

4.14.1 基本描述

组态接口功能为设备提供了记录由控制器发出的系统组态信息的能力。

4.14.2 CF 功能状态图

CF 功能应根据图 17 给出的状态图和 4.14 给出的状态描述来实现。表 45 规定了一个报文状态集和影响从一个活动状态转移到另一活动所要求的状态。

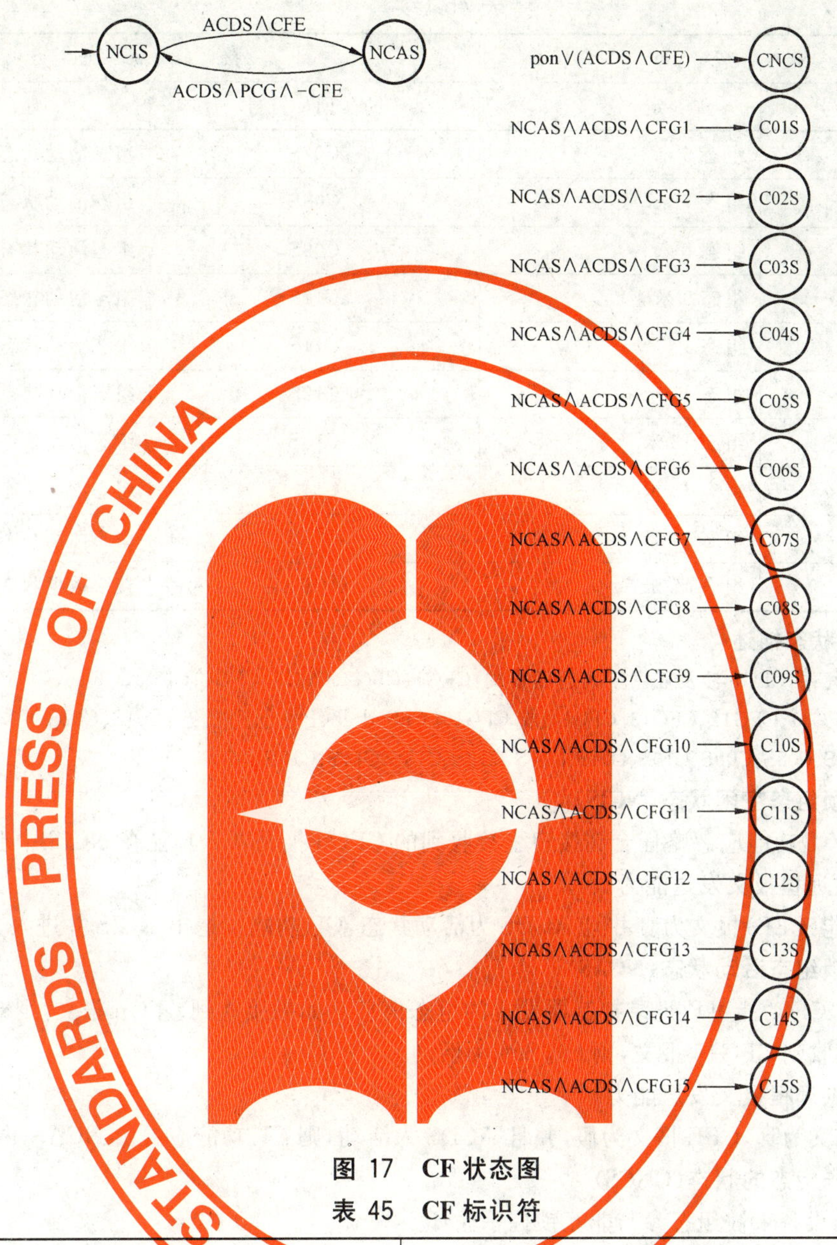

图 17　CF 状态图

表 45　CF 标识符

报　文		接　口　状　态	
助　记　符　号	定　　义	助记符号	定　　义
pon	上电	NCIS	非互锁组态空闲状态
		NCAS	非互锁组态活动状态
CFE	组态使能	CNCS	组态未组态的状态
PCG	主命令组	C01S	组态活动状态 1
CFG1	组态 1 米	C02S	组态活动状态 2
CFG2	组态 2 米	C03S	组态活动状态 3
CFG3	组态 3 米	C04S	组态活动状态 4
CFG4	组态 4 米	C05S	组态活动状态 5
CFG5	组态 5 米	C06S	组态活动状态 6

表 45（续）

报文		接口状态	
助记符号	定义	助记符号	定义
CFG6	组态 6 米	C07S	组态活动状态 7
CFG7	组态 7 米	C08S	组态活动状态 8
CFG8	组态 8 米	C09S	组态活动状态 9
CFG9	组态 9 米	C10S	组态活动状态 10
CFG10	组态 10 米	C11S	组态活动状态 11
CFG11	组态 11 米	C12S	组态活动状态 12
CFG12	组态 12 米	C13S	组态活动状态 13
CFG13	组态 13 米	C14S	组态活动状态 14
CFG14	组态 14 米	C15S	组态活动状态 15
CFG15	组态 15 米	ACDS	接受数据状态(AH 功能)

4.14.3 CF 功能状态描述

注：在下列描述中，CFGn 涉及任意下列远程报文：CFG1、CFG2、CFG3、CFG4、CFG5、CFG6、CFG7、CFG8、CFG9、CFG10、CFG11、CFG12、CFG13、CFG14 或 CFG15，CnS 涉及任意下列状态：C01S、C02S、C03S、C04S、C05S、C06S、C07S、C08S、C09S、C10S、C01S、C11S、C12S、C13S、C14S、C15S。

4.14.3.1 非互锁组态空闲状态(NCIS)

在 NCIS 中，CF 功能应忽略任合在接口上接收到的 CFGn 报文，CF 功能在 NCIS 中上电。

NCIS 不提供远程报文发送能力。

如果组态使能(CEF)报文为真并且 ACDS 为活动状态，CF 功能应退出 NCIS 并进入 NCAS。

4.14.3.2 非互锁组态活动状态(NCAS)

在 NCAS 中，CF 功能可以记录控制器发送的组态信息。如果接收到 CFGn 报文，则对应的 CnS 变为活动。例如，接收到 CFG15 报文，则 C15S 变为活动。

NCAS 不提供远程报文发送能力。

如果 PCG 报文为真，CFE 报文为假，并且 ACDS 为活动，则 CF 功能应退出 NCAS 并进入 NCIS。

4.14.3.3 组态未组态的状态(CNCS)

在 CNSC 中，设备未被组态参与非互锁握手循环。

CNCS 不提供远程报文发送能力。

CF 功能在 CNCS 中上电。

如果组态 n 米(CFGn)的报文为真，NCAS 为活动，并且 ACDS 为活动，CF 功能应退出 CNCS 并进出 CnS。

注：仅当控制器发送明确的 CFGn 报文，CF 功能才退出 CNCS。这要求所有非互锁握手模式的特性都默认为禁止的直到发出明确的 CFGn 为止。

4.14.3.4 组态活动状态 1(C01S)

在 C01S 中，控制器已与 CF 功能通信，其系统包含的电缆不超过 1 米。

C01S 不提供远程报文发送能力。

CF 功能应退出 C01S 并进入：

a) CNCS，如果 ACDS 为活动，并且 CFE 报文为真，或

b) C02S，若：

 1) NCAS 为活动；

 2) 并且 ACDS 为活动；

3） 并且 CFG2 报文为真。

c） CnS（当 3≤n≤15）如果

1） NCAS 为活动；

2） 并且 ACDS 为活动；

3） 并且 CFGn 报文为真。

4.14.3.5 组态活动状态 n（CnS），2≤n≤15

注：由于非常一致，C02S、C03S、C04S、C05S、C06S、C07S、C08S、C09S、C10S、C01S、C11S、C12S、C13S、C14S、C15S 状态在本标准中被同时描述。

在 CnS 中，控制器与 CF 功能通信，其系统包含的电缆不超过 n 米。

CnS 不提供远程报文发送能力。

CF 功能应退出 CnS 并进入：

a） CNCS，如果 ACDS 为活动，并且 CFE 报文为真，或

b） C01S，若：

1） NCAS 为活动；

2） 并且 ACDS 为活动；

3） 并且 CFG1 报文为真。

c） CmS（当 2≤n≤15 且 n≠m）如果

1） NCAS 为活动；

2） 并且 ACDS 为活动；

3） 并且 CFGm 报文为真。

4.14.4 CF 接口允许的功能子集

CF 接口功能所允许的仅有子集见表 46。

表 46 CF 接口功能所允许的子集

标识符	描述	忽略状态	其他需要	所需其他功能子集
CF0	无能力	全部	否	否
CF1	全部能力	否	否	AHE1，SHE1

5 电气规范

5.1 应用

本章对于在下列环境中使用的接口系统定义了电气规范：

a） 设备之间的物理距离是短的；

b） 电噪声相对低。

驱动器和接收器电路的所有电气规范，都是以使用晶体管晶体管逻辑（TTL）工艺为基础的。

注：连接到驱动器或接收器的接口功能电路，根据设计者的选择可以用其他电路工艺来实现。

仅在已实现接口功能所必需的信号线上才需要使用驱动器和接收器（终端的要求见 5.5.1）。

处于对 5.3 和 7.2 数据速率的考虑，可以使用三状态驱动器的开放式集电极。

5.2 逻辑状态与电气状态的关系

逻辑状态之间的关系见表 47。信号线上的远程报文编码和电气状态电平如下：

表 47 逻辑和电气状态关系

编码逻辑状态	电信号电平
0	对应于≥+2.0V，称为“高态”
1	对应于≤+0.8V，称为“低态”

高态和低态是以标准的 TTL 电平为基础的，其电源不超过+5.25V(d.c.)，并以逻辑地作为参考。

本章用正号表示电流流入节点，用负号表示电流流出节点。

5.3 驱动器要求

报文可以以主动或被动方式在接口上发送(见 4.1.4)。所有被动真报文的传递都出现在高态，并且应被携载于使用开放式集电极驱动器的信号线上。

5.3.1 驱动器类型

应使用开放式集电极驱动器来驱动 SRQ，NRFD，NDAC 信号线。

可以使用开放式集电极驱动器或三状态驱动器来驱动 DIO1-8、DAV、IFC、ATN、REN 及 EOI 信号线，但下列情况例外：对于并行轮询的应用，DIO1-8 应使用开放式集电极驱动器(见 4.9.3.3)。

注：三状态驱动器适用于需要较高速度运行的系统。

如果要在系统内使用控制器，系统中其他设备是在 DIO、DAV 及 EOI 信号线上采用三状态驱动器的，那么推荐在此控制器中使用三状态驱动器来驱动 ATN 信号线。

5.3.2 驱动器规范

驱动器规范如下：

低态：在反向电流为+48 mA 时输出电压(三状态或开放式集电极驱动器)<+0.5 V。驱动器应有能力连续地消耗 48 mA 的电流。

高态：在−5.2 mA 时输出电压(三状态)≥+2.4 V。

输出电压(开放式集电极)(见 5.5)。

上述电压值是在设备连接器上信号线与逻辑地之间测得。

适用于驱动器的一些附加要求见 5.5.3。

5.4 接收器规范

5.4.1 接收器规范，允许的

具有额定抗干扰能力的接收器，其规范应如下：

低态：输入电压≤+0.8 V；

高态：输入电压≥+2.0 V。

适用于接收器的一些附加要求，见 5.5.3。

5.4.2 接收器规范，首选

为了提供额外的抗干扰能力，推荐对所有信号线都使用施密特型接收器电路(或类似)。这些接收器的规范应如下：

电滞：$V_{t+}-V_{t-}\geqslant+0.4$ V；

低态：负向阈电压 $V_{tneg}\geqslant+0.8$ V；

高态：正向阈电压 $+2.0\text{ V}\geqslant V_{tpos}$。

实现 SHE 或 AHE 功能的设备被要求在所有信号上都使用施密特型接收器。

5.5 复合设备负载要求

5.5.1 电阻性终端

每一条信号线(不论它是否接到驱动器或接收器上)都应该在设备内部由一个电阻性负载来终接，其主要目的是当线上全部驱动器均处于高阻抗时能建立起稳态电压。该负载也用来在信号线上维持均衡的设备阻抗，并改善抗干扰能力。特殊要求见 5.3.3 最后一段，典型的电阻值见 5.5.5。

5.5.2 负压钳位

接收器连接的每条信号线都应提供限制负电压摆幅的方法。典型地，电路元器件是包含在接收器元件内的钳位二级管。

5.5.3 直流(DC)负载要求

设备的直流负载特性受驱动器和接收器电路以及电阻性终端和电压钳位电路的影响，因此，应对复合设备的接口电路而不是对单个部件来规定直流负载特性。但本条已对电阻性终端及钳位电路提供了完备的规定。

负载的测量条件是假设接收器、驱动器和电阻性终端电路都在设备内部连接在一起，而且驱动器是处于高阻抗状态。

在一个设备内部的每一条信号线接口应具有下列的直流负载特性，并属于图 18 中未加阴影的区域内。

1） 若 $I \leqslant 0$ mA，则 U 应 < 3.7 V。

2） 若 $I \geqslant 0$ mA，则 U 应 > 2.5 V。

3） 若 $I \geqslant -12.0$ mA，则 U 应 > -1.5 V（仅当接收器存在）。

4） 若 $U \leqslant 0.4$ V，则 I 应 < -1.3 mA。

5） 若 $U \geqslant 0.4$ V，则 I 应 > -3.2 mA。

6） 若 $U \leqslant 5.5$ V，则 I 应 < 2.5 mA。

7） 若 $U \geqslant 5.0$ V，则 I 应 > 0.7 mA 或者小信号阻抗 Z 在 1 MHz 时应 $\leqslant 2$ kΩ。

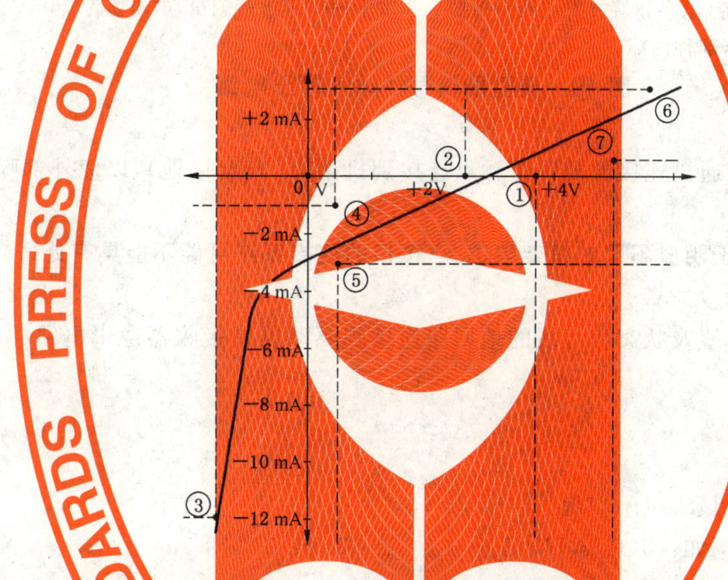

注：直流负载线的斜率，一般而言，对应于一个不超过 3 kΩ 的电阻。

图 18 直流负载边界规定

5.5.4 电容负载限制

每一设备内每条信号线上内部电容负载应不超过 100 pF（见 7.2）。

注：在低电压情况下，总线运行时设备电容的影响最为关键，驱动器和接收器电路的设计可根据电压的变化提供电容负载。电容应在几个电压等级（全部低于 2 V，设备上电）处测量。

5.5.5 典型电路配置

图 19 显示信号线输入输出电路的一种典型电路结构，其中的部件可方便的使用。该基本电路与 TTL 集成电路以及离散部件设备是一致的，这种典型配置的规定如下：

R_{L1}：3(1±5%) kΩ（对 V_{cc}）；

R_{L2}：6.2(1±5%) kΩ（对地）。

驱动器：

若使用开放式集电极驱动器，则在 $V_0 = +5.25$V 时，输出漏电流最大值为 +0.25 mA；

若使用三状态驱动器，则在 $V_0 = +2.4$ V 时，输出漏电流最大值为 ±40 μA。

接收器：

在 $V_0 = +0.4$ V 时，输入电流最大值为 −1.6 mA；

在 $V_0=+2.4$ V 时，输入漏电流最大值为 +40 μA；

在 $V_0=+5.25$ V 时，输入漏电流最大值为 +1.0 mA。

V_{cc}：+5 V±0.25 V。

在图 19 的典型配置中，每条信号线上只能连接一个驱动器和一个接收器。只要能满足 5.5.3 关于复合设备负载的规定，还可能存在其他一些不受上述条件约束的配置。

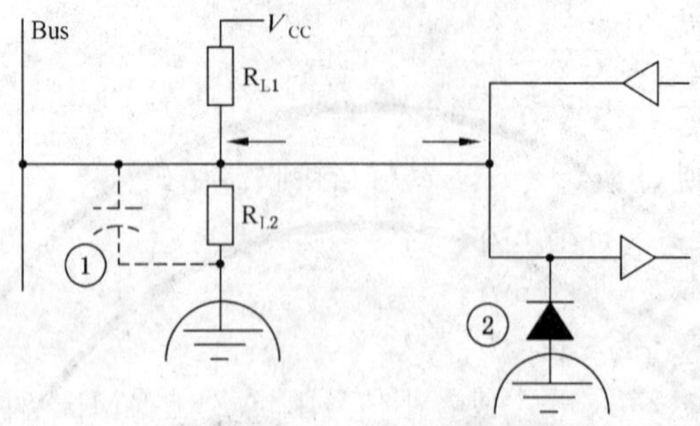

1=5.5.4 定义的内部电容（电缆和接收发送器），按照 5.7.2 中的规定进行测量，电压值为 0～5V。

2=典型地，包含在接收器部件内部。

图 19 典型的信号线输入输出电路

5.6 接地要求

互连电缆的总屏蔽应通过连接器的一个触点连接到机架上（安全接地），以使外部噪声的感应和产生都降到最低。

警告：设备不应工作于明显不同的机架电位上，接口的连接系统可能不能具有处理超限接地电流的能力。

推荐将单个控制信号线及状态信号线的地回路连接到驱动器或接收器逻辑电路的逻辑地上，以便使窜扰的瞬变减到最小。

5.7 电缆特性

5.7.1 导线要求

每米长度的电缆导线最大电阻应为：

a) 每一条信号线（例如：DIO1，ATN 等） 0.14 Ω

b) 每个单独信号线的地回路 0.14 Ω

c) 公共逻辑地回路 0.085 Ω

d) 总屏蔽层 0.008 5 Ω

5.7.2 电缆结构

电缆应包含至少 24 条导线，其中 16 条作为信号线，其余则作为逻辑地回路和总屏蔽。

在任一信号线与其他全部接地导线（信号线、地线及屏蔽）之间，在 1 kHz 时测得的最大电容应为 150 pF/m。

屏蔽应含有一个 36AWG 线的编织层，或其覆盖率至少为 85%。

电缆的构造应能使信号线之间窜扰的影响、信号线对外界噪声的感应、以及接口信号向外界环境的传输降到最低。

a) 每条信号线 DAV、NRFD、NDAC、DIE、ATN、IFC、REN 及 SPQ 应与一条逻辑地线绞合或采用一种等效的方案使之隔离以最小化窜扰。

b) 电缆应包含一个全屏蔽外套来覆盖电缆接头及连接器，以便电缆的回地。

c) 一种电缆结构是将双绞线置于电缆中心，并在其周围放置各条 DIO 线，这样做的效果与全部 16 条信号线都使用双绞线，其中每一条信号线都与一条地线绞合一样满意。

d) 另外，任何能产生相同结果的其他内部电缆结构都可以使用。

5.8 状态转变的定时值

为了保证互联设备之间最大的相容性，表 48 说明了一个特定设备的关键性输入和输出信号之间的强制时间关系。

T_1、T_6～T_9 时间值，考虑传输路径的正常传播延时以及其他设备内的电路延时。

从相关连接器角度看，这些时间值的测量是从源输出驱动器被看作启动其传输的时刻开始进行的。对于 T_1、T_6～T_9 的最小值，更进一步的建议是高态驱动器电压不被降低，电缆的阻抗和电容保持尽量低，并且窜扰保持最小值。

表 48 时间值

时间值标识符[a]	功能(适用于)	描 述	值
T_1	SH、SHE	多线程报文的调整时间	≥2 μs[b]
t_2	SH、SHE、AH、AHE、T、L、LE、TE	对接口报文或状态转变的响应	≤200 ns
T_3	AH、AHE	接口报文的接受时间[c]	>0[d]
t_4	T、TE、L、LE、C、RL	对 IFC 或 REN 假的响应	<100 μs
t_5	PP	对 ATN∧EOI 的响应	≤200 ns
T_6	C	并行轮询执行时间	≥2 μs
T_7	C	控制器延迟以便让当前讲话者看到 ATN 报文	≥500 ns
T_8	C	IFC 或 REN 假的长度	>100 μs
T_9	C	EOI 的延时[e]	≥1.5 μs[f]
T_{10}	C	$\overline{\text{DAV}}$的延时	≥1.5 μs
T_{11}	SHE	肯定 RFD 报文的调整时间	≥750 ns
T_{12}	SHE	不具有互锁能力的多线程报文保持时间	≥500 ns
T_{13}	SHE	多线程报文的调整时间	[g]
T_{14}	SHE	多线程报文的保持时间	[h,i]
T_{16}	SHE、AHE	NRFD 对 ATN 未肯定的响应	≥1 μs
T_{17}	AHE	源或扩展源停止无互锁握手循环的等待时间	≥750 ns
T_{18}	AHE	DAV 调整时间	[j]
T_{19}	AHE	DAV 响应时间	[k]

a 小写字母 t 标记的时间值表示完成变迁所允许的最长时间。大写字母 T 标记的时值表示在脱离一个状态之前必须保持于该状态的最短时间。

b 若在 DIO、DAV 和 EOI 线上使用三状态驱动器，则 T_1 可以是：

a) ≥1 100 ns；

b) 或≥700 ns，若已知在控制器内 ATN 由三状态驱动器来驱动，但不推荐该值；

c) 或≥500 ns，对于在每个 ATN 假的转变后第一个发送字节后跟随的所有后继字节(第一个字节应按照上述 1)或 2)来发送)；

d) 或者≥350 ns，对于在 7.2.3 所规定的条件下在每个 ATN 假的转变之后第一个发送字节后跟随的所有后继字节。

c 接口功能接受接口报文所需的时间，没必要对其响应。

d 取决于实现。

e EOI、NDAC 和 ERFD 线要指示有效状态所需的延时。

f 对于三状态驱动器≥600 ns。

g 在确定 DAV 边缘前，源必须保证所有接受器可以看到 DIO 线保持稳定且有效至少 10 ns。在进入 STRS 后，SHE 功能应在至少 125 ns 内不再次进入 STRS 来发起其他字节。表 49 中驱动器 T_{13}时间满足 5.3.2 的要求。

h 在确定 DAV 边缘后，源必须保证所有接受器可以看到 DIO 线保持稳定且有效至少 10 ns，表 49 中驱动器 T_{14} 时间满足 5.3.2 的要求。

i 如果 END 或 EOS 报文为真，T_{14}应≥750ns，该要求允许侦听者使用互锁握手来接受 END 或一个 EOS 字节。

j T_{18}和 t_{19}的值取决于系统中电缆的总长度，见表 50。

k 见脚注 i。

表 49 T_{13}和T_{14}延迟时间

总电缆长度(M)	T_{13}	T_{14}
$M \leqslant 1$ m	80 ns	33 ns
1 m$<M\leqslant$2 m	120 ns	50 ns
2 m$<M\leqslant$3 m	151 ns	69 ns
3 m$<M\leqslant$5 m	211 ns	105 ns
5 m$<M\leqslant$10 m	294 ns	216 ns
10 m$<M\leqslant$15 m	344 ns	336 ns

表 50 T_{18}和T_{19}延迟时间

总电缆长度(M)	T_{18}	T_{19}
$M \leqslant 3$ m	10 ns	25 ns
3 m$<M\leqslant$7 m	25 ns	40 ns
7 m$<M\leqslant$15 m	40 ns	75 ns

6 机械规范

6.1 应用

本章规定用于下列环境中的接口系统的机械规范：

a) 设备之间的实际距离是有限的；

b) 使用星形或线性总线互联网络；

c) 安装连接器的空间受到限制。

6.2 连接器类型

应使用具有已验证性能的支架或面板型的优质连接器，它具有如下的最低特性。

6.2.1 电气考虑

电压额定值：		200 V
电流额定值：	在 T=25 ℃	5 A/接触点
触点电阻：	在 10 mA	<20 mΩ
绝缘电阻：		>1 GΩ
测试电压：	(1 s 20 ℃)	500 V
电容：	(两个触点间，在 1 kHz)	<1.5 pF
寿命：	(1A 和 70 ℃)	>1 000 h

6.2.2 机械考虑

触点数目：	24 个
触点表面：(自擦型)	2.16 mm
偏震：(外壳形状)	梯形
外壳材料：	抗腐蚀镀层，传导的
每个触点滞留力：	>0.15 N
典型的插拨力(F)：	8 N<F<89 N
寿命(对于特定的触点电阻)：	>500 次
相邻触点间的间隙	>0.5 mm
焊接特性(如果可应用)：	通常 235 ℃、2 s

典型外部尺寸(附加尺寸见 6.4)

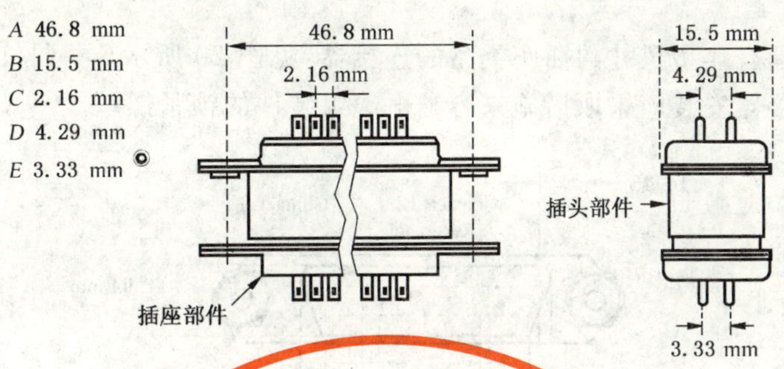

6.2.3 环境的考虑

涉及温度、湿度、震动标准的基本环境性能应根据 IEC 60068-2 气候等级 25/070/21 或 MIL STD202F(1996)中恰当的部分来决定。

6.3 连接器触点的分配

电缆连接器和设备连接器的触点分配见表 51。

表 51 连接器触点分配

触点	信号线
1	DI01
2	DI02
3	DI03
4	DI04
5	EOI(24)
6	DAV
7	NRFD
8	NDAC
9	IFC
10	SRQ
11	ATN
12	SHIELD
13	DI05
14	DI06
15	DI07
16	DI08
17	REN(24)
18	Gnd. (6)
19	Gnd. (7)
20	Gnd. (8)
21	Gnd. (9)
22	Gnd. (10)
23	Gnd. (11)
24	Gnd. LOGIC

注：Gnd.(*n*)表示第 *n* 个触点信号线的地回路。EIO 和 REN 在触点 24 返回。

6.4 设备连接器安装

每个设备应提供具有典型尺寸的插座类型的连接器,见图 20 所示。每排 12 个触点的两排触点位于梯形外壳中心。连接器安装应采取措施来容纳电缆组装件的锁紧螺丝。

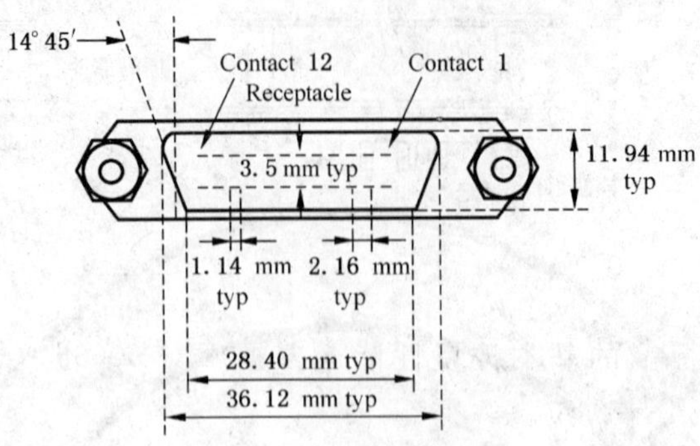

图 20 插座尺寸

当安装在设备上时,在正常操作位置从设备后背板看,连接器的首选定位是触点 1 在其右上角。连接器的位置应能为电缆留有足够的空间,如图 21 所示。

连接器既可以安装在面板外侧也可以安装在面板内部,典型的面板开孔尺寸见图 21。

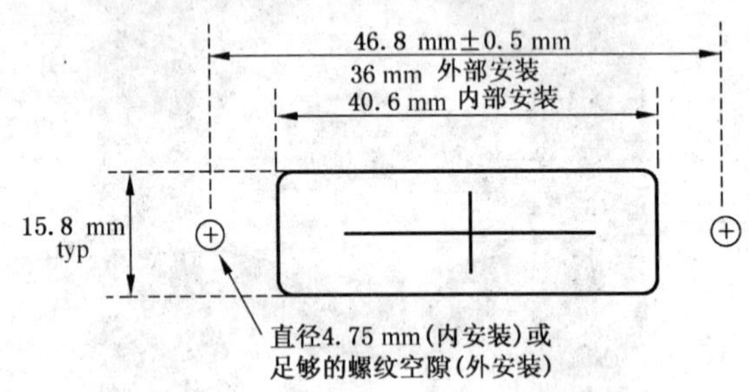

图 21 连接器面板开孔

连接器应该用一个螺栓安装支座固定到设备上,如图 22,可由面板安装使用的方法确定。

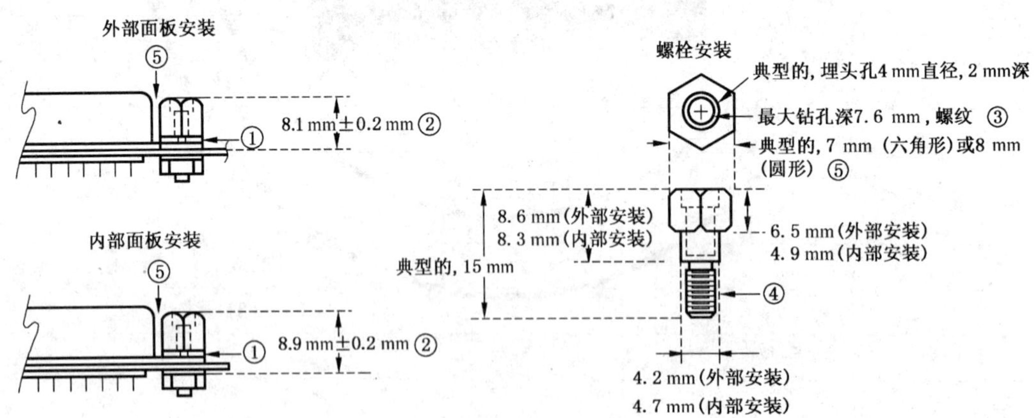

① 开口锁紧垫圈,典型 1.2 mm 厚。

② 典型的安装尺寸,由面板和垫圈厚度、连接器套壳决定。

③ ISO 公制螺纹 M3.5×0.6,或等效优选的公制锁紧系统(OMFS)螺纹 3.5P0.6。

④ 纹大小由设计者选择(不影响相容性)。

⑤ 为配合的套壳连接器留有足够的空间。

图 22 安装尺寸

6.5 电缆组件

电缆组件应在电缆每一端都有一个插头和一个插座连接器类型。组装选插式连接器的优选方法应含有一个坚硬的结构(以保证多个电缆组件可靠正确地连接),如图 23。

每一连接器组件应配有一对栓留的锁紧螺丝。每个螺丝应符合图 23 所示的机械尺寸。一个扣套(或等效的替代件)应作为栓留元件,用于防止锁紧螺丝脱落。

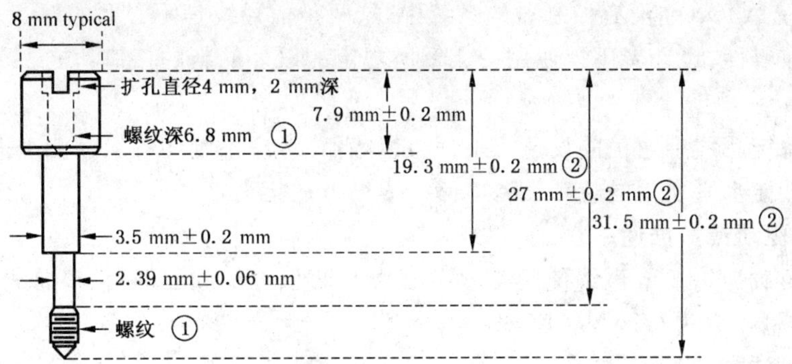

① ISO 公制螺纹 M3.5×0.6;或等效的 OMFS 螺纹 3.5P0.6。

② 长度是套壳尺寸的函数。

图 23 锁紧螺丝

推荐每一对按 6.5 第一段组装起来的连接器应部分地封入一个适当的套壳之内,如图 24 所示。一条电缆组装件可以有至 4 m 的任意长度,套壳可以是塑料或金属材料制成,优选后一种会获得优良的 EMC 的特性。附录 J 能提供适于鉴别整套电缆组装件的有关信息。

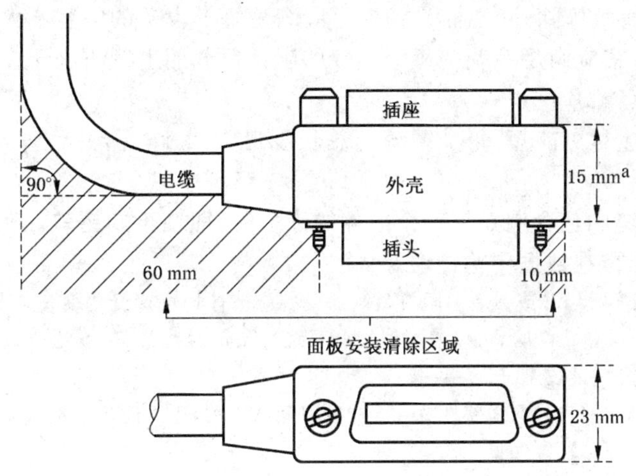

注 1:所有尺寸都是典型值。

[a] 按这个尺寸设计锁紧螺丝长度。

图 24 电缆连接器的套壳

单个电缆的组件可具有最大 4 m 的长度。

套壳可以是塑料或金属材料,推荐后者用于较高的 EMC 性能。关于屏蔽全部电缆组件的适当方法的附加信息见附录 K。

7 系统应用及设计者指南

7.1 系统兼容性

本接口系统提供了广泛的能力,可从其中选择恰当的接口功能,以适应不同的适应。在大多数接口功能中,有许多可用的选项。此外,设计者可自由选择包含于设备功能中的所有设备相关的能力。

设计者的责任是定义一个设备的全部能力(接口系统的选择以及有关设备相关的相互作用),从而使得设备的最终用户能对该设备进行有效的接口和编程,以满足适当的系统应用。

从第4章中选择一组最少的接口功能,导致下列为保证系统的相容性所需的一组最少的信号线:

1. DIO 1-7;
2. DAV、NRFD、NDAC;
3. IFC及ATN(在没有控制器的系统中,这两条信号线是不必要的)。

为了提供系统兼容性,设计者不得使用第4章所规定的以外的新的接口功能。

7.2 数据速率考虑

对于要在接口系统总线上通信的设备,建议其设计者要考虑系统的各级性能水平之间的关系,并考虑为提供这些不同性能水平所用的特殊设备电路。遵循下述指南:

7.2.1 开放集流器驱动器数据速率

当等效的标准负载为每2 m电缆使用48 mA的集电极开路驱动器时,接口总线工作的最大距离为20 m,数据的最大传输速率为每秒250 Kbyte。

7.2.2 三状态驱动器数据速率

当等效的标准负载为每2 m电缆使用48 mA的三状态驱动器时,接口总线工作的最大距离也为20 m,数据的最大传输速率为每秒500 Kbyte。

7.2.3 更高速操作

为使一个系统内能达到最大可能的数据传递速率(通常最大每秒1兆字节),设计者应:

a) 所有期望在较高速率进行对话的设备,其T_1最小值应为350 ns。

b) 所有期望在较高速率运行的设备应使用48 mA的三状态驱动器。

c) 每条缆线(REN和IFC除外)上的设备电容应满足每个设备的电容不大于50 pF。在一个系统配置中,设备总电容应满足系统中每个等效的阻抗负载的电容不大于50 pF。

d) 系统中的所有设备都应上电。

e) 互连缆线的链路应尽可能短,每个系统的总长度最大为15 m,并且每米电缆至少要有一个等效负载。

警告:任何时刻,当系统中包含满足第一个条件的设备时,即使不期望较高速度运行,如果该系统不满足后面的条件时,则可能存在数据传输错误。

注:T_1值小于500 ns,电容50 pF或具有多阻抗负载的设备应被标记可接受的变量。对于多阻抗上电负载,如果超过每条信号线每个设备一个时,可以增加到每个系统每条信号线最多15个负载。多负载如慎重使用可以提高设备的电缆长度比(最长15 m)。

实际最大数据速率可能不只与电缆特性及5.8中的时间值有关,还可能与设备相关的时间延迟有关。

可变电容性负载的不利影响警告见5.5.4。

在设备内部使用数据类型缓冲存储器可许是有利的。

7.2.4 数据速率的考虑

如果SHE和AHE功能被用来在无互锁握手循环中传输数据,所有7.2.3中的指导原则应被遵守。

7.3 设备能力

7.3.1 忙碌功能

在系统的运行中,对设备进行编程或者在设备内初始化某些操作,然后与其他设备进行通信(这时第一个设备正在忙于执行所要求的任务)是有用的。忙碌(正在完成一种操作)功能是一个设备状态,而不是一个接口状态。为了使接口总线的通信不依赖于一个设备的忙碌条件,有三种可能的方法可供采用:

a) SRQ及串行轮询;

b) 并行轮询;

c) NRFD保持;

串行轮询及并行轮询方法见第4章。

7.3.2 NRFD保持(NRFD hold)

NRFD信号线可以被门控以与忙碌功能结合。

这样做,NRFD信号线(或RFD报文)就改变了它的定义,包括了比正常的“准备好接收下一个数据字节”更多的意义。内部的忙碌信号通过AH或AHE功能而被门控到NRFD信号线上。这样,设备在一个“忙碌周期”内就可以不被寻址为侦听者,而接口总线则可被用来作其他用途。当被重新编址为侦听者时,设备将对接口表明其内部忙碌状态。设备通过把NRFD设置为1来表示“忙碌”,把NRFD线设置为0来表示“操作已完成”。

告诫:若NRFD保持用于忙碌功能,设备可能不再恢复或可能永远不能达到非忙碌状况,那么就应该有另一个侦听地址(始终是可寻址的)来清除这种潜在的挂起状况。

7.3.3 RL应用

设计者可在设备中自由实现适用于特殊设备应用的任何可编程设备功能。设计者不能自由对那些与第4章所规定的各接口功能直接有相互作用的本地控制功能进行远程编程。

要实现既能受远程控制也能受本地控制的可编程设备,需要切换一些或全部典型控制,见图25。图25并不意味着包含了一组全面的切换技术、切换位置或被切换的报文内容。

图25 远程-本地报文路径

7.4 “AND”和“OR”逻辑操作

在SH、SHE、AH、AHE和SR接口功能所用的三个报文的情况中,一个接口功能所发送的报文没

有必要与另一个接口功能所收到的报文相同(与由于信号线传输特性所引起的时间差异无关):

a) (SH功能)所接收的RFD(或DAC)报文应为(由所有AH或AHE功能)所发送的全部RFD(或DAC)报文的逻辑“与”。

b) (接收器)所接收的SRQ报文应为(由SR功能)所发送的全部SRQ报文的逻辑“或”。

注:(所有AH或AHE功能)所接收的DAV报文应为(由一个且只有一个SH功能)所发送的DAV报文。

7.4.1 RFD和DAC报文

由一个AH或AHE功能发送为真(或假)的RFD(或DAC)报文是通过分别将NRFD(或NDAC)信号线设置为0(高态)或把NRFD(或NDAC)信号线驱动为1(低态)来实现的。

当信号线的状态为0(高态)时,SH功能所接收的RFD(或DAC)报文被接收为真,这意味着所有被发送的RFD(或DAC)报文均为被动真。

当信号线的状态为1(低态)时,SH功能所接收的RFD(或DAC)报文被接收为假,这意味着被发送的一个或多个RFD(或DAC)报文为双态假。

这些情况的逻辑等价如图所示:

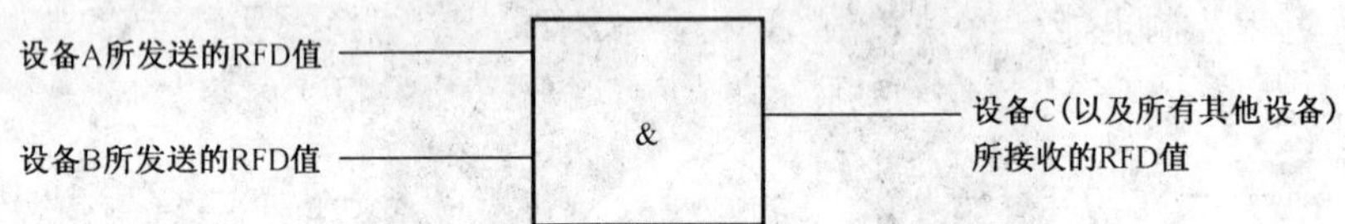

7.4.2 SRQ报文

由一个SRQ功能发送为真或假的SRQ报文是通过分别把SRQ信号线驱动为1(低态)或将SRQ信号线设置为0(高态)而实行的。

当总线信号线的状态为1(低态)时,由C功能接收的SRQ报文被接收为真,这意味着一个或多个SRQ功能已发出SRQ报文为真。

当总线信号线的状态为0(高态)时,由控制器功能所接收的SRQ报文被接收为假,这意味着所有SRQ功能都已发送SRQ报文为被动假。

这些情况的逻辑等价如图所示:

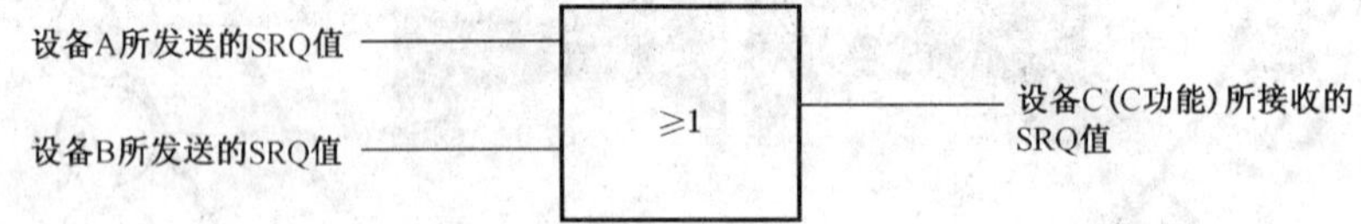

7.4.3 电路实现

典型的电路结构,在各自总线信号线上实现AND和OR功能,见5.5.5图19。驱动器元件必须是一个双态(集电极开路)驱动器,见图26。

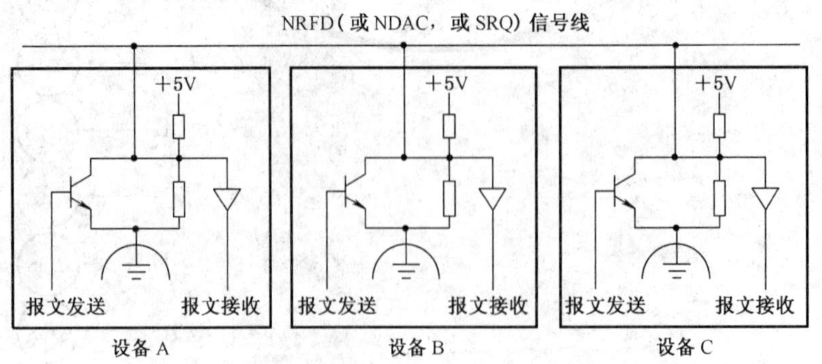

图26 双态信号线逻辑(集电极开路驱动器)

注:是否使用转换器将RFD(或DAC)报文的内部表示转换为总线信号线上发送的实际报文,取决于设备内部使用的根据高或低电平对真和假的定义。转换由设计者决定。

7.4.1及8.4.2所述的由设备A及B提供给NRFD(或SRQ)接口总线信号线的典型信号,可以表示为如图27所示。只有在设备C处所接收的信号线复合波形才存在于总线上。所示设备A及B的信号电平仅存在于该二设备的驱动器内,而不存在于总线信号线上。

7.5 地址分配

通常,设备将被分配一个讲话地址和一个侦听地址来实现基本任务。将设备设计为具有多个讲话(或侦听)地址以实现系统的各种要求很有用处的。一个设备可以被分配二个讲话地址(例如,一个用来输出原始数据,另一个用来输出过程数据)。应注意尽可能少用这样的多重地址,因为随后的系统组态可能由于过分使用基本寻址功能而受到限制。

7.6 接口功能典型组合

设计者可自由选择特殊接口功能来满足设备的专门应用。某些功能的选择要求包括其他第四章子条所定义的接口功能。

表52显示了接口功能的几种典型组合,但并不意味着这些是唯一可能或有用的组合。

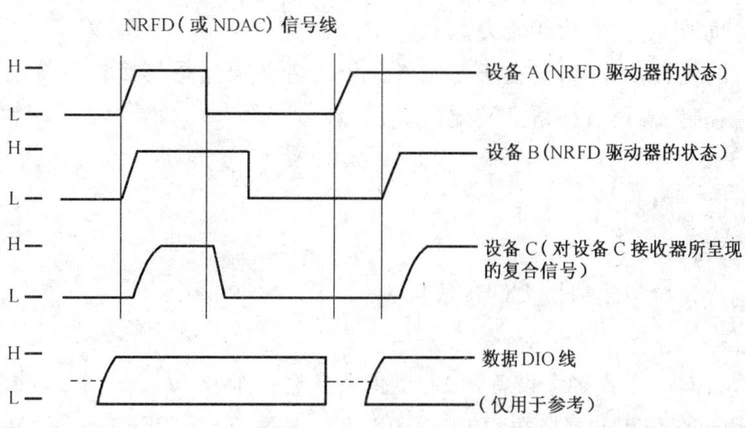

a) NRFD(或NDAC)信号线

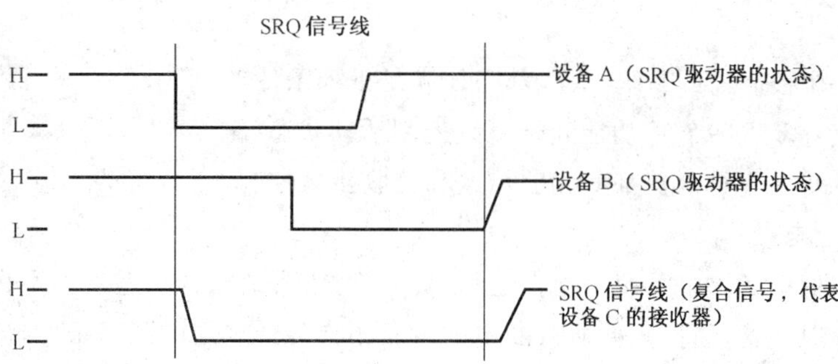

b) SRQ信号线

图27 信号线逻辑和时间关系

表52 接口功能的典型组合

设　　备	所用的典型接口功能
信号发生器(只能侦听)	AH或AHE、L、RL、DT
纸带阅读器(只能讲话)	SH或SHE、AH或AHE、T
数字电压表(能讲话及侦听)	SH或SHE、AH或AHE、T、L、SR、RL、PP、DC、DT
计算器(能讲话、侦听及控制)	SH或SHE、AH或AHE、T、L、C

7.7 不能实现的接口报文处理

当 ATN 报文为真时，设备应忽略那些对已实现的接口功能的当前状态不适用的多线程接口报文。设备应实现同不适用的多线程报文的握手，但不采取进一步的动作，包括记录错误、服务请求，或中断远程报文交换。后续报文应按正常方式处理。例如：

a) 若侦听设备实现 DT0 子集，设备应忽略 GET 远程报文。

b) 若 LE 接口功能处于 LPIS 态，并且 PP 接口功能处于 PUCS 态，设备应忽略 MSA 远程报文。

c) 若收到通令群的一个远程报文，但不是 LLO，DCL，PPU，SPE 或 SPD，或收到了专令群的一个远程报文，而不是 GTL，SDC，PPC，GET 或 TCT，设备应忽略这个报文。

8 系统需求及用户指南

8.1 系统兼容性

为本接口系统设计出的设备，其通过接口进行通信的能力很广泛。本标准不包括设备的操作特性，仅仅包括接口系统的机械、电气和功能能力。

系统在运行等级的相容性，其责任在于使用者。使用者必须熟悉与接口系统交互的所有设备特性(例如：设备相关的编程码，输出数据格式及编码等)。

8.2 系统安装需求

这包含对系统组态的限制。

8.2.1 设备的最大数目

能连接在一起构成接口系统的最大设备数目为 15 个。

8.2.2 最小系统配置

一个接口系统包含有一个或多个设备，它们至少要含有一个 T 功能，一个 L 功能和一个 C 功能。

若所有 T 功能均包括使用 ton 报文(T1，T3，T5，T7，TE1，TE3，TE5 或 TE7 讲话者类型)，而且所有 L 功能均包括 lon 报文(L1，L3，LE1 或 LE3 侦听者类型)，那么当 ton 及 lon 报文为真时，系统运行时可以不用 C 功能。lon 及 ton 报文通常是由本地的开关提供的。

8.2.3 系统控制器

所有包含多于一个控制器的系统配置，都必须满足下列条件：

a) 系统中不应有多于一个 C 功能处于系统控制活动状态(SACS)；

b) 在系统中的每一个控制器都应能够传送和接收接口控制。

8.2.4 设备断电与上电

至少有三分之二的设备上电系统才会在运行时不致对正常的数据传递发生不良影响。系统将会在任何数目的设备断电时正常运行，只要所有断电的设备不会降低规定的高态条件，即使每一条信号线在其所有输出驱动器处于被动假时，信号线上电压相对于每一设备的逻辑地端都应超过+2.5 V。

除非采取了特殊预防措施(例如采用本标准范围之外的特殊驱动器电路)，当系统正在运行时接通一个设备的电源，这可能会引起操作故障。

8.3 地址分配

8.3.1 主讲话地址

含有 T 功能或 TE 功能的设备，可以对其“我的讲话地址(MTA)”报文代码的比特 T1 至比特 T5 分配任何值，但下列编码除外：

T5	T4	T3	T2	T1
1	1	1	1	1

这个编码定义为 UNT，它为系统提供了便利。对于控制器，将使所有设备返回到讲话者空闲状态。

两个或多个T功能(不论是在同一设备内或在不同设备内),对其MTA编码不得分配相同的比特T1至比特T5值。

含有T功能和L功能的设备,可以分配一个讲话地址,其MTA编码的比特T1至比特T5之值等于其MLA编码的比特L1至比特L5之值。

TE接口功能,对MTA编码的比特T1至比特T5不得分配与T功能所分配的相同的值。

8.3.2 主侦听地址

含有L或LE功能的设备,可以对其"我的侦听地址(MLA)"代码的比特L1至比特L5分配任何值,但下列编码除外:

L5	L4	L3	L2	L1
1	1	1	1	1

两个或多个L功能(通常在不同的设备内),可以对它们的MLA代码的比特L1至比特L5分配相同的值。

同时含有L功能和T功能的设备,可以对其分配侦听地址,其MLA编码的比特L1至比特L5值等于其MTA编码的比特T1至比特T5的值。

8.3.3 二级地址

含有TE或LE功能的设备,可以对其MSA(我的二级地址)代码的比特S1至比特S5位分配任何的值,但下列编码除外:

S5	S4	S3	S2	S1
1	1	1	1	1

两个或多个TE功能(不论是在同一设备或在不同的设备内),对其各自MTA码的比特T1至比特T5及其各MSA码的比特S1至比特S5不得分配相同的值。

两个或多个LE功能(通常在不同的设备内),可以对其MLA码的比特L1至比特L5以及其MSA码的比特S1至比特S5分配相同的值。

同时含有TE及LE功能的设备,可以分配侦听地址,其MLA码的比特L1至比特L5等于其MTA码的比特T1至比特T5位,而且这二个功能可以利用相同的二级地址。

8.4 电缆布线限制

8.4.1 电缆最大长度

能把一个总线系统内的一组设备连接在一起的电缆的最大长度为:

a) 设备数目的2 m倍;

b) 或者20 m,无论哪个少。

8.4.2 电缆最大长度分布

在8.4.1中所规定的电缆最大长度可以按用户认为适当的任何方式分布于一个系统的各设备之间。若任何单个电缆长度超过4 m,则应小心谨慎。

8.4.3 电缆布线组态

各电缆可以按使用者认为合适的任何方式来互相联接(例如:星形、线形或其混合型)。

各设备不应工作于显著不同的机架电位上,因为系统可能不能承受过分的地电流。

建议在电缆图纸改动后检查系统通信。

8.5 操作序列指南

绝大多数接口通信任务都需要在接口上发送编码报文的序列。尽管操作序列的规范已超出本标准的范围,但还是为典型任务推荐几种序列。很多其他序列也是很有用处的。

注:系统用户应小心以确保从给定序列脱离的条件使设备处于可接受的状态。足够的设备文档会使该步骤更加简单。

8.5.1 数据传送

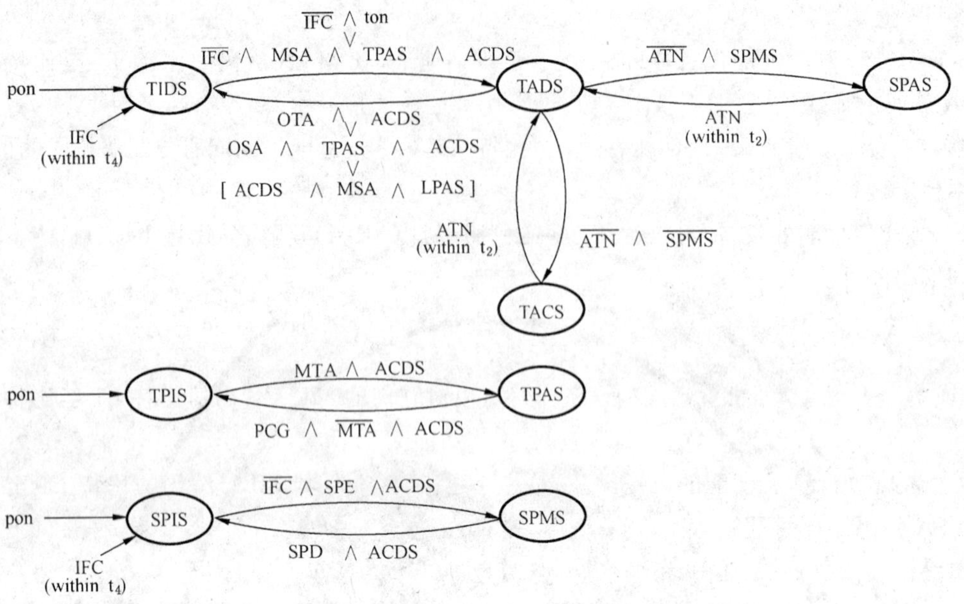

(LAD)表示一特定设备的侦听地址。

(TAD)表示一特定设备的讲话地址。

(DAB)表示任何数据字节。

[] 指示可选的序列段。

() 指示报文在本标准中并不唯一定义。

图 28 数据传送状态图

8.5.2 串行轮询(通常每当接口上 SRQ=1 时即由控制器发出)

ATN

1	UNL	防止其他设备侦听所发出的状态(控制器继续侦听,而无需被寻址);
1	SPE	如果可能,在所有设备发送状态而不是数据时,将接口置于串行查询模式;
1	(TAD) n	使规定的设备发送状态,在此循环内,设备应依次使能;
0	(SBN) 或 (SBA)	由使能的设备发送状态字节,如果发送的是 SBN,则循环应(SBA)重复,如果发送的是 SBA,则使能设备作为发送 SRQ 到接口应被识别,并自动将其撤销;
	或	
1	SPD	从串行轮询模式移除接口;
1	(UNT)	若 ATN 置 0,则禁止最后的讲者发送数据。

(TAD)表示一个指定设备的讲话地址。

(SBN)表示状态字节由未指示(位 7=0)请求服务的设备发送,SBN=STB∧RQS。

(SBA)表示状态字节由指示(位 7=1)请求服务的设备发送,SBA=STB∧RQS。

8.5.3 控制通行

ATN

1 (TAD) 发送的地址应该是控制被允许的设备的地址;

1 TCT 通知寻址设备接管接口的控制;

1　　　　　此时,由新的控制器负责。

注:(TAD)表示特殊设备的讲话地址。

8.5.4 并行轮询

8.5.4.1 并行轮询组态

ATN

1　(LAD)　对已规定了并行响应编码的特殊设备进行寻址;

1　PPC　使已被寻址侦听者能够被组态;

1　PPE　比特 4 规定了轮询响应的自动检测,比特 1 至 3 以二进码规定了轮询响应应在哪一条 DIO 线上给出。

1　UNL　组态程序的结束。

注:(LAD)代表一个特定设备的侦听地址。

PPE 命令能被 PPD 命令清除。

组态能被 PPU 命令清除。

8.5.4.2 并行轮询响应

ATN　IDY

1　1　每当总线处于此状态时,预先指定的设备将分别把它们的请求置于一条专用的 DIO 线上。若有多于一个设备共享一条 DIO 线,则该线的值可以为"O-Ring"或"ANDing",请求的组合取决于事先送给这些设备以指示其是使用 0 或 1 值来请求服务的命令。

8.5.5 将设备置于强制远控

ATN　REN

1　1　LLO　使所有设备的"rtl"报文不使用;

1　1　$(LAD)_1$　每一个发出的地址都使被寻址的设备置于远程控制状态,使其所有本地控制都不能起作用。

1　1　·

1　1　·

1　1　(LAD)n。

注:(LAD)代表特定设备的侦听地址(在任何时候当接口上 REN 被设置为 0 值时,所有设备作为一个组全部返回到本地控制状态)。

发送设备相关的远程控制报文,可使重新使能被选择的本地控制。

8.5.6 发送接口清除

当 IFC 报文正在被发送时,只有 DCL、LLO、PPU 及 REN 通用命令能被识别。

附　录　A
（资料性附录）
典型仪表系统

图 A.1 所示的典型系统举例说明了接口系统在处理各种仪表系统需求所具备的能力。下面的例子包括使用接口系统完成特定测量任务的两种可能的事件序列。

A.1　事件序列 1(返回到处理器的设备相关数据)

处理器对仪表进行编程，并初始化测量：所得的基本数据被返回到处理器中。

a）处理器通过发送 IFC 报文为真来初始化接口系统。

b）处理器通过发送 DCL 报文为真来使所有设备将它们的内部状态设置为一个预定义的状态。

c）处理器发出直流电源的侦听地址，随即发出对该设备的编程数据。

d）处理器发出“不侦听”命令，然后发送下一个设备的侦听地址，随后发送对该设备的编程数据。

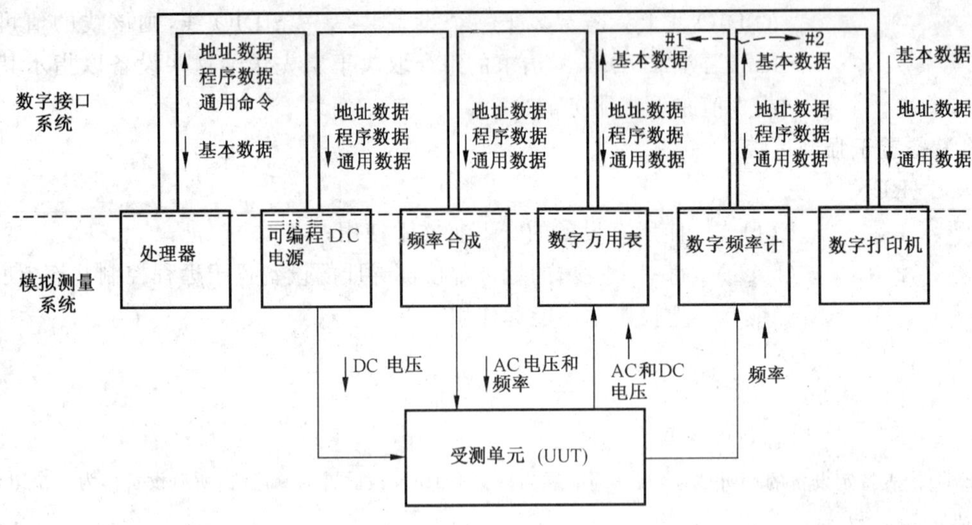

图 A.1　显示接口系统处理仪表系统需求多样性能力的典型系统

e）事件 d)一直被重复一直到每一个涉及此特定测试的设备都已被寻址及编程为止，然后发送不侦听命令。

f）处理器发送被选择测量设备(例如数字频率计)的侦听地址，然后发送初始化一个测量所需的编程码。

g）处理器发送不侦听命令，将自己编址为侦听，然后发送测量设备的讲话地址。

h）在完成其内部测量周期时，数字频率计把它的测量结果(设备相关数据)发送(讲)给已被编址为侦听者的处理器。

A.2　事件序列 2(送到数字打印机的设备相关数据)

处理器对仪表进行编程，并初始化测量：所得设备相关数据被返回到其他设备。

a）与事件序列 1 相同；

b）与事件序列 1 相同；

c）与事件序列 1 相同；

d) 与事件序列 1 相同;

e) 与事件序列 1 相同;

f) 与事件序列 1 相同;

g) 处理器发送"不侦听"命令,然后发送数字记录器的侦听地址,随后是测量设备的讲话地址;

h) 在完成其测量时,测量设备再次将其产生的设备相关数据发送给已被编址为侦听者的数字记录器。

注:如果处理器对数字记录器和自身都进行编址,那么所产生的设备相关数据就会被两台设备接受,即使两台设备接受数据的速率差异很大。

附　录　B
（资料性附录）
握手过程的时间序列

B.1　概述

由接口系统所传递的每一个数据字节，使用互锁或者非互锁的握手过程实现在源方与受方之间交换数据。一般，源方是一个讲话者，而受方则是一个侦听者。

图 B.1 通过表示 DAV，NRFD 及 NDAC 信号线上的实际波形来说明互锁握手过程。NRFD 和 NDAC 信号，每个都代表复合波形，产生原因是两个或多个侦听者由于传输路径长度不同以及接收和处理数据字节的响应速率（延时）不同使得它们接受相同的数据字节也具有略为不同的时间。

图 B.2 以流程图形式表示在源方和受方之间传递一个数据字节的相同事件序列。流程图上以及时序图上小圆圈内所标号码，都是指事件表中在同一标号下列出的事件。

图 B.3 通过表示 AV、NRFD、NDAC 信号线上的实际波形来说明进入非互锁握手的过程。

图 B.4 表示由于保留（holdoff）条件从非互锁握手到互锁握手的转变。

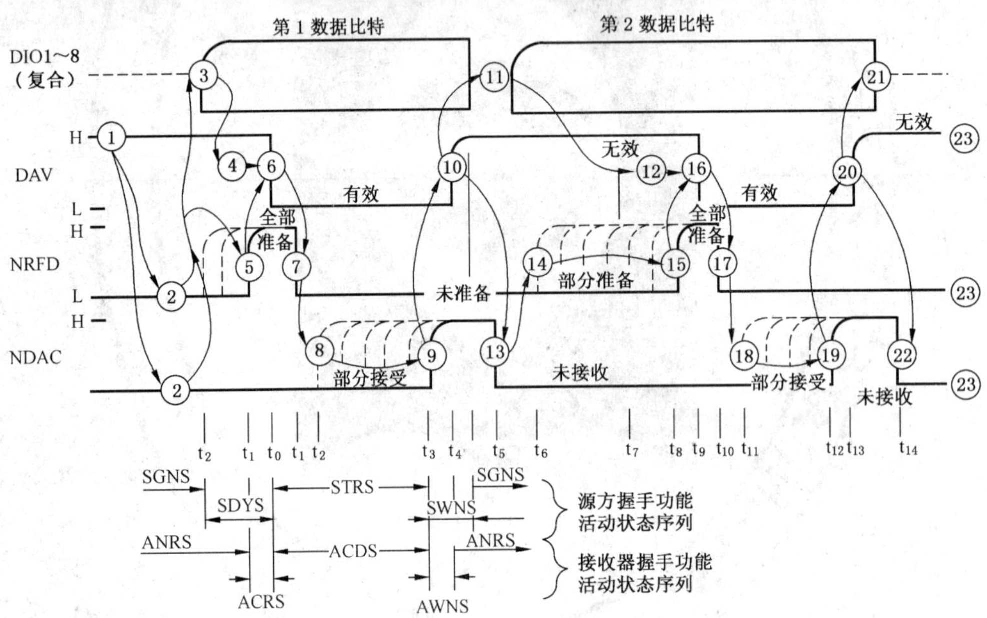

注：（见图 B.2 和事件列表）H≥+2.0 V；L≤+0.8 V

图 B.1　使用互锁握手过程的一个讲话者和多个侦听者的信号线时间序列

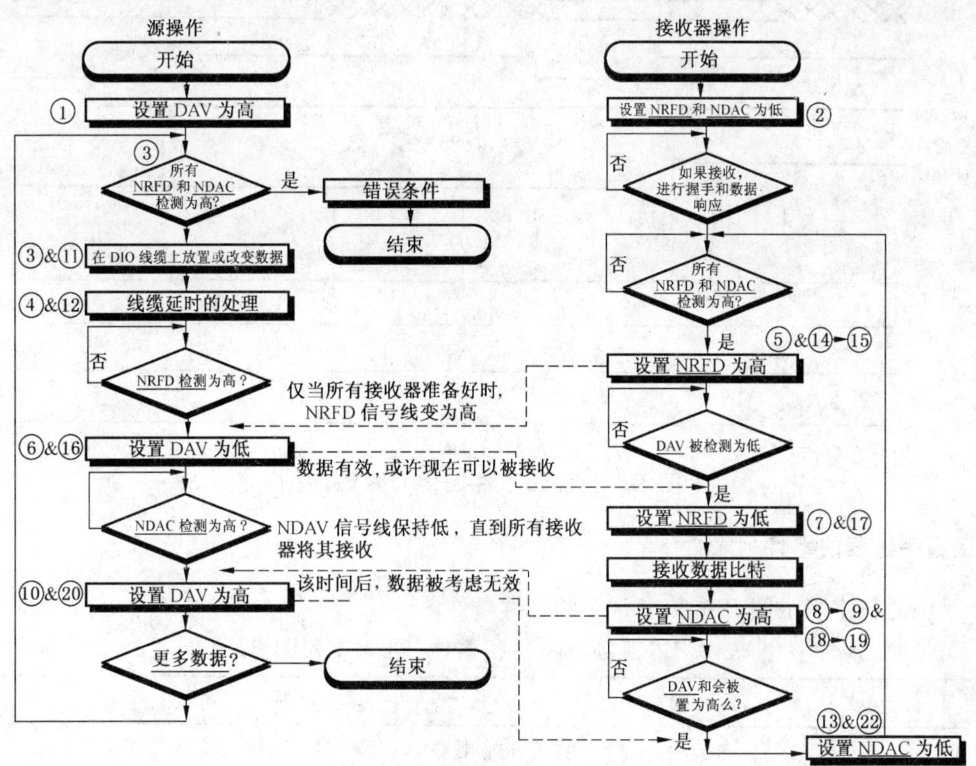

注：(见事件表)(本流程图不是为了说明实现一个受方握手的唯一方法。见 4.4.5 第三段)

图 B.2 当使用互锁握手过程进行数据传输时源方和受方的逻辑事件流程

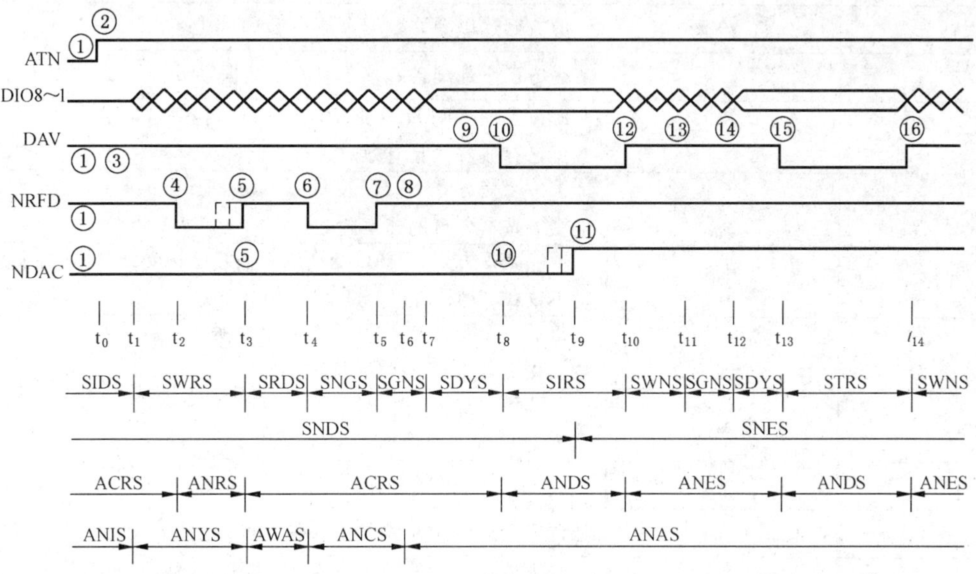

图 B.3 使用非互锁握手循环的一个讲话者和一个或多个侦听者的信号线时间序列

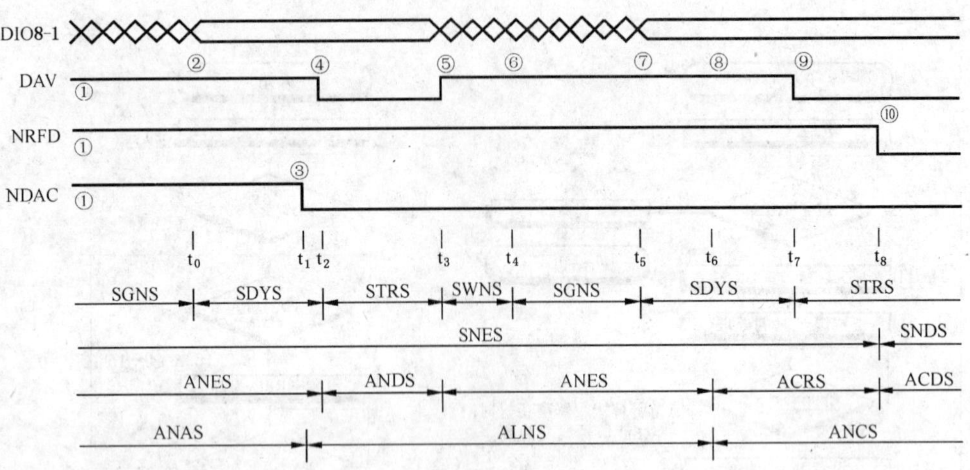

图 B.4 保留事件的信号定时序列

B.2 互锁握手过程的事件列表

表 B.1 中的数字表示图 B.1 和图 B.2 的连续事件。

表 B.1 互锁握手过程事件(图 B.1 和图 B.2)

连续事件	时间序列	描述
1	—	源方初始化 DAV 为高(H)(数据无效)
2	—	受方初始化 NRFD 为低(无一准备好接收数据),并令 NDAC 为低(无一接受到数据)
3	t_{-2}	源方核对情况是否有误(NRFD 及 NDAC 均为高),然后将数据字节置于 DIO 线上
4	t_{-2}～t_0	源方延迟以允许数据存放在 DIO 线上
5	t_{-1}	受方已全部准备好接受第一个数据字节:NRFD 线变为高
6	t_0	源方发现 NRFD 线变高,令 DAV 线变低,以表明在诸 DIO 线上的数据已存放好并且有效
7	t_1	第一个受方令 NRFD 变低以表明它已不再准备,然后接受数据。其他受方按其各自的速率随之行事
8	t_2	第一个受方令 NDAC 变高以表明它已接受到数据(由于其他受方驱动 NDAC 为低,所以 NDAC 线仍为低)
9	t_3	最后一个受方令 NDAC 变高以表明它已接受到数据;现在全部受方均已接受,因而 NDAC 线转为高
10	t_4	源方已发现 NDAC 处于高,令 DAV 变高,这对受方表明:现在必须认为 DIO 线上的数据是无效的
11	t_4～t_7	源方改变 DIO 线上的数据
12	t_7～t_9	源方延迟以允许数据存放在 DIO 线上
13	t_5	受方发现 DAV 已变高(在 10),令 NDAC 变低准备下一个循环。当第一个受方令 NDAC 变低时,NDAC 线即转为低态
14	t_6	第一个受方通过令 NRFD 变高来表示它已准备好接收下一个数据字节(由于其他受方将 NRFD 驱动为低,所以 NRFD 线仍为低)
15	t_8	最后一个受方通过令 NRFD 变高来表明它已准备好接收下一个数据字节;NRFD 信号线转为高
16	t_9	源方发现 NRFD 变高,令 DAV 变低以表示 DIO 线上的数据已存放好并且有效

表 B.1（续）

连续事件	时间序列	描述
17	t_{10}	第一个受方令 NRFD 变低以表明它不再准备，然后接受数据
18	t_{11}	第一个受方令 NDAC 变高以表明它已接受到数据（如事件 8）
19	t_{12}	最后一个受方令 NDAC 变高以表明它已接受到数据（如事件 9）
20	t_{13}	源方已发现 NDAC 变高，令 DAV 为高（如事件 10）
21	—	源方在令 DAV 变高之后，从 DIO 信号线上撤消数据字节
22	t_{14}	受方发现 DAV 变高时，令 NDAC 变低以准备下一个循环
23	—	注意此时三条握手线都处于其初始化状态，如在事件 1 及 2 中那样

B.3 非互锁握手过程的事件列表

非互锁的讲话者发送字节给一个或更多非互锁侦听者，见图 B.3 并在表 B.2 中描述，()表示图 B.4 中的连续事件。

表 B.2 非互锁握手过程的事件

连续事件	时间序列	描述
1	—	控制器在 CACS 中确认 ATN；源方在 SIDS 中；受方正在 ACRS 中确认 NDAC 以准备接受其他命令字节
2	t_0	控制器转变到 CSBS 并不确认 ATN
3	t_1	源方转变到 SWRS 以响应 TACS；当发现 ATN 为假时，受方从 ANIS 转变到 ANYS
4	t_2	受方转变到 ANRS(如果 rdy 为假)并确认 NDAC 和 NRFD
5	t_3	当 rdy 为真时，受方转变到 ACRS，当所有受方都转变到 ACRS 时，NRFD 不确认；当在 T_{16} 之后发现 NRFD 为假时，转变为 AWAS；在 T_{15} 之后，源方发现 NRFD 为假时，转变为 SRDS
6	t_4	在 T_{11} 之后，源方转变到 SNGS 并确认 NIC(NRFD)；受方在检测到 NIS(NRFD)后转变为 ANCS
7	t_5	在 T_{12} 之后，源方转变到 SGNS 并且不对 NIC(NRFD)确认
8	t_6	当 lni 为假时，受方转变到 ANAS
9	t_7	当 nba 为真时，源方转变到 SDYS 并在 DIO 线上设置数据字节
10	t_8	当发现 NRFD 为假并且 NDAC 为真时，源方设置 DAV 为真以指示 DIO 线上的数据被存放且有效；当发现 DAV 为假时，受方转变到 ANDS 并且不对 NDAC 确认
11	t_9	当发现 NDAC 和 NRFD 为假时，源方进入 SNES
12	t_{10}	在 T_{14} 之后当发现 NRFS 和 NDAC 为假时，源方转变到 SWNS 不确认 DAC
13	t_{11}	当检测到 nba 为假时源方进入 SGNS
14	t_{12}	当 nba 为真时，源方从 SGNS 转变到 SDYS 并在 DIO 上设置数据字节
15	t_{13}	在 T_{13} 之后，当发现 NRFD 和 NDAC 为假时，设置 DAV 为真以指示 DIO 线已被存放并且有效
16	t_{14}	在 T_{14} 之后，当发现 NRFS 和 NDAC 为假时，源方转变到 SWNS 不对 DAC 进行确认

B.4 保留(holdoff)情况事件列表

非互锁的讲话者发送字节到一个或多个非互锁的侦听者。然后听者强制返回到互锁握手过程,见图 B.3,并见表 B.3 描述。()表示图 B.4 的连续事件。

表 B.3 脱离同步事件

连续事件	时间序列	描述
1	—	控制器在 CSBS 中不确认 ATN;源方在 SGNS 和 SNES 中;受方在 ANES 和 ANAS 中准备使用非互锁握手来接受其他数据字节
2	t_0	当 nba 为真,源方转变到 SDYS 并在 DIO 线上设置数据字节
3	t_1	受方转变到 ALNS 并且确认 NDAC 以响应 lni 报文变为真
4	t_2	在满足 T_1 延时条件后,源方设置 DAV 为真
5	t_3	在满足 T_{14} 条件后,源方转变到 SWNS
6	t_4	源方转变到 SGNS
7	t_5	当 nba 为真时,源转变为 SDYS 并在 DIO 线上设置数据字节
8	t_6	在 T_{17} 条件被满足时,受方转变为 ANCS 和 ACRS
9	t_7	在满足 T_1 延时条件后,源方设置 DAV 为真
10	t_8	在发现 DAV 为真时,受方进入 ACDS 并确认 NDAC。此时受方和源方均使用互锁握手

附 录 C
（资料性附录）
接口功能容许的子集

C.1 概述

本标准的第7章和第8章指出设备设计者应负的责任是确认，而设备使用者的责任是熟悉每个包含IEEE Std488.1-1987接口功能的设备的接口能力。因此，推荐用明确的代码标注以便有效识别每个设备内部实现的接口功能及其子集。

读者还需注意，完整的操作系统需要系统中每个设备的关于设备相关特性的详细资料；这些特性已超出本标准范围。

C.2 标识代码的能力

推荐在每个设备的接口连接器的下边或附近标明IEEE Std488.1-1987接口能力代码，用以识别这个设备内部实现的接口功能子集。本标准中，每个接口功能和容许的子集都有一个可以识别其特定能力的等效字母数字代码。全部接口功能能力代码可以用简明的字母数字串表示，并标注在设备外表面以易于用户系统装配。

例如，一个设备具有基本讲话者功能，发送状况字节的能力，基本侦听者功能，只侦听模式开关，服务请求能力，无本地封锁的远程/本地能力，手动组态的并行轮询能力，完整设备清除能力，无设备触发器能力和无控制器能力，可以用下列代码识别：

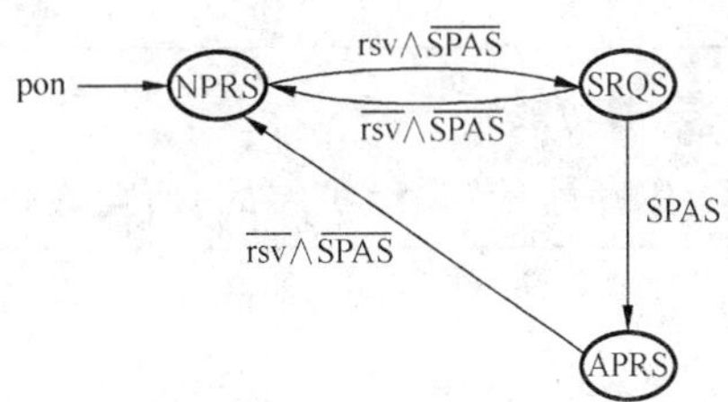

SH1、AH1、T2、L1、SR1、RL2、PP2、DC1、DT0、C0、E1

这组代码识别了设备实现的8种特定接口功能。另外，还规定了设备内部所含的电气接口。符号E1用以识别使用了集电极开路驱动器（容许有选择的那些信号线），而符号E2用以识别使用可三态驱动器（容许有选择的那些信号线），见5.3.1。

在实际设备的适当位置和该设备有关技术资料内，设备设计者可以标明其他设备能力的信息，这对系统组态很有用。

C.3 SH功能容许的子集

表C.1 SH或SHE功能所允许的子集

标 识	描 述	忽略状态	其他要求	其他所需的功能子集
SH0	无能力	全部	无	无
SH1	完全能力	无	无	T1-T8、TE1-TE8或C5-C28

C.4 AH功能所允许的子集

表C.2 AH功能所允许的子集

标 识	描 述	忽略状态	其他要求	所需其他功能子集
AH0	无能力	全部	无	无
AH1	完全的能力	无	无	无

C.5 T功能所允许的子集

表 C.3 T功能所允许的子集

标识	描述				忽略状态	其他要求	所需其他功能子集
	能力						
	基本讲话者	串行轮询	只讲话模式	若MLA则不受命			
T0	N	N	N	N	全部	无	无
T1	Y	Y	Y	N	无	忽略[MLA∧ACDS]	SH1或SHE1,以及AH1或AHE1
T2	Y	Y	N	N	无	忽略[MLA∧ACDS] ton恒为假	SH1或SHE1,以及AH1或AHE1
T3	Y	N	Y	N	SPIS,SPMS,SPAS	忽略[MLA∧ACDS]	SH1或SHE1,以及AH1或AHE1
T4	Y	N	N	N	SPIS,SPMS,SPAS	忽略[MLA∧ACDS] ton恒为假	SH1或SHE1,以及AH1或AHE1
T5	Y	Y	Y	Y	无	包括[MLA∧ACDS]	SH1或SHE1,及L1-L4或LE1- LE4
T6	Y	Y	N	Y	无	包括[MLA∧ACDS] ton恒为假	SH1或SHE1及L1-L4或LE1-LE4
T7	Y	N	Y	Y	SPIS,SPMS,SPAS	包括[MLA∧ACDS]	SH1或SHE1及L1-L4或LE1-LE4
T8	Y	N	N	Y	SPIS,SPMS,SPAS	包括[MLA∧ACDS] ton恒为假	SH1或SHE1及L1-L4或LE1-LE4

C.6 T功能(带有地址扩展的)所允许的功能

表 C.4 T功能(有地址扩展的)所允许的子集

标识	描述				忽略状态	其他要求	所需其他功能子集
	能力						
	基本扩展讲话者	串行轮询	只讲话模式	若MLA∧LPAS则不受命			
TE0	N	N	N	N	全部	无	无
TE1	Y	Y	Y	N	无	忽略[MSA∧LPAS∧ACDS]	SH1或SHE1及AH1或AHE1
TE2	Y	Y	N	N	无	忽略[MLA∧LPAS∧ACDS] ton恒为假	SH1或SHE1及AH1或AHE1
TE3	Y	N	Y	N	SPIS,SPMS,SPAS	忽略[MSA∧LPAS∧ACDS]	SH1或SHE1及AH1或AHE1
TE4	Y	N	N	N	SPIS,SPMS,SPAS	忽略[MSA∧LPAS∧ACDS] ton恒为假	SH1或SHE1及AH1或AHE1
TE5	Y	Y	Y	Y	无	包括[MSA∧LPAS∧ACDS]	SH1或SHE1及L1-L4或LE1- LE4
TE6	Y	Y	N	Y	无	包括[MLA∧LPAS∧ACDS] ton恒为假	SH1或SHE1及L1-L4或LE1-LE4

表 C.4(续)

标识	描述：能力：基本扩展讲话者	描述：能力：串行轮询	描述：能力：只讲话模式	描述：能力：若 MLA∧LPAS 则不受命	忽略状态	其他要求	所需其他功能子集
TE7	Y	N	Y	Y	SPIS,SPMS,SPAS	包括[MSA∧LPAS∧ACDS]	SH1 或 SHE1 及 L1-L4 或 LE1-LE4
TE8	Y	N	N	Y	SPIS,SPMS,SPAS	包括[MSA∧LPAS∧ACDS] ton 恒为假	SH1 或 SHE1 及 L1-L4 或 LE1-LE4

C.7 L 功能所允许的子集

表 C.5 L 功能所允许的子集

标识	描述：能力：基本侦听者	描述：能力：只侦听模式	描述：能力：若 MTA 则不受命	忽略状态	其他要求	所需其他功能子集
L0	N	N	N	全部	无	无
L1	Y	Y	N	无	忽略[MTA∧ACDS]	AH1 或 AHE1
L2	Y	N	N	无	忽略[MTA∧ACDS] lon 恒为假	AH1 或 AHE1
L3	Y	Y	Y	无	忽略[MTA∧ACDS]	AH1 或 AHE1 及 T1-T8 或 TE1-TE8
L4	Y	N	Y	无	包括[MTA∧ACDS] lon 恒为假	AH1 或 AHE1 及 T1-T8 或 TE1-TE8

C.8 L 功能(带有地址扩展)所允许的子集

表 C.6 L 功能(带有地址扩展)所允许的子集

标识	描述：能力：基本扩展侦听者	描述：能力：只侦听模式	描述：能力：若 MTA∧TPAS 则不受命[1]	忽略状态	其他要求	所需其他功能子集
LE0	N	N	N	全部	无	无
LE1	Y	Y	N	无	忽略[MSA∧TPAS∧ACDS]	AH1 或 AHE1
LE2	Y	N	N	无	忽略[MSA∧TPAS∧ACDS] lon 恒为假	AH1 或 AHE1
LE3	Y	Y	Y	无	忽略[MSA∧TPAS∧ACDS]	AH1 或 AHE1 及 T1-T8 或 TE1-TE8
LE4	Y	N	Y	无	忽略[MSA∧TPAS∧ACDS] lon 恒为假	AH1 或 AHE1 及 T1-T8 或 TE1-TE8

1 当和 T 功能一起使用时，由 MTA 代替。

C.9 SR 功能所允许的子集

表 C.7 SR 功能所允许的子集

标 识	描 述	忽略状态	其他要求	所需其他功能子集
SR0	无能力	全部	无	无
SR1	完全能力	无	无	T1,T2,T5,T6,TE1,TE2,TE5 或 TE6

C.10 RL 功能所允许的子集

表 C.8 RL 功能所允许的子集

标 识	描 述	忽略状态	其他要求	所需其他功能子集
RL0	无能力	全部	无	无
RL1	完全的能力	无	无	L1-L4 或 LE1-LE4
RL2	无本地封锁	LWLS 和 RWLS	rtl 恒为假	L1-L4 或 LE1-LE4

C.11 PP 功能所允许的子集

表 C.9 PP 功能所允许的子集

标识	描 述	忽略状态	其他要求	所需其他功能子集
PP0	无能力	全部	无	无
PP1	远程组态	无	包括[((PPD∧PACS)∨PPU)∧ACDS] 包括[PPE∧PACS∧ACDS] 不包括 lpe	L1-L4 或 LE1-LE4
PP2	本地组态	PUCS 和 PACS	包括 lpe 不包括含[((PPD∧PACS)∨PPU)∧ACDS] 不包含[PPE∧PACS∧ACDS] 必须用本地报文来代替 S,P1,P2,P3	无

C.12 DC 功能所允许的子集

表 C.10 DC 功能所允许的子集

标 识	描 述	忽略状态	其他要求	所需其他功能子集
DC0	无能力	全部	无	无
DC1	完全的能力	无	无	L1-L4 或 LE1-LE4
DC2	忽略有选择的设备清除	无	忽略[SDC∧LADS]	AH1 或 AHE1

C.13 DT 功能所允许的子集

表 C.11 DT 功能所允许的子集

标 识	描 述	忽略状态	其他要求	所需其他功能子集
DT0	无能力	全部	无	无
DT1	完全的能力	无	无	L1-L4 或 LE1-LE4

C.14 C 功能所允许的子集

表 C.12 控制器功能(C)的容许子集

标识[a]	能力										注	所需状态									其他要求			所需其他功能子集				
	系统控制器	发送IFC并负责	发送REN	响应SRQ	发送LE报文	接收控制	旁路控制	自己旁路控制	并行轮询	同步地取控		SNAS,SACS	SIIS,SIAS,SINS	SRIS,SRAS,SRNS	CSNS,CSRS	CACS,CSBS,CSHS,CSWS,CAWS	CADS	CIDS	CTRS	CPWS,CPPS	[TCT∧ACDS∧TADS][b]	[TADS][c]	tcs不恒为假	C1	C2	AH1或AHE1,L1-L4或LE1-LE4	SH1或SHE1	T1-T8,TE1-TE8
C0	N	N	N	N	N	N	N	N	N	N		O	O	O	O	O	O	O	O	O	O	O	O	O	—	—	—	—
C1	Y	—	—	—	—	—	—	—	—	—	1)	R	—	—	—	—	—	—	—	—	—	—	—	—	—	—	—	—
C2	—	Y	—	—	—	—	—	—	—	—	1).6)	—	R	—	—	—	—	—	—	—	—	—	—	R	—	—	—	—
C3	—	—	Y	—	—	—	—	—	—	—	1)	—	—	R	—	—	—	—	—	—	—	—	—	R	—	—	—	—
C4	—	—	—	Y	—	—	—	—	—	—	1)	—	—	—	R	—	—	—	—	—	—	—	—	—	—	—	—	—
C5	—	—	—	—	Y	Y	Y	Y	Y	Y	2).3)	—	—	—	—	R	R	R	R	R	R	R	R	—	—	R	R	R
C6	—	—	—	—	Y	Y	Y	Y	Y	N	2).3)	—	—	—	—	R	R	R	R	R	R	R	O	—	—	—	R	R
C7	—	—	—	—	Y	Y	Y	Y	N	Y	2).3)	—	—	—	—	R	R	R	R	O	R	R	R	—	—	R	R	R
C8	—	—	—	—	Y	Y	Y	Y	N	N	2).3)	—	—	—	—	R	R	R	R	O	R	R	O	—	—	—	R	R
C9	—	—	—	—	Y	Y	Y	N	Y	Y	2).3)	—	—	—	—	R	R	R	R	R	R	O	R	—	—	R	R	R
C10	—	—	—	—	Y	Y	Y	N	Y	N	2).3)	—	—	—	—	R	R	R	R	R	R	O	O	—	—	—	R	R
C11	—	—	—	—	Y	Y	Y	N	N	Y	2).3)	—	—	—	—	R	R	R	R	O	R	O	R	—	—	R	R	R
C12	—	—	—	—	Y	Y	Y	N	N	N	2).3)	—	—	—	—	R	R	R	R	O	R	O	O	—	—	—	R	R
C13	—	—	—	—	Y	Y	N	N	Y	Y	2)	—	—	—	—	R	R	R	O	R	O	O	R	—	R	R	R	—
C14	—	—	—	—	Y	Y	N	N	Y	N	2)	—	—	—	—	R	R	R	O	R	O	O	O	—	R	—	R	—
C15	—	—	—	—	Y	Y	N	N	N	Y	2)	—	—	—	—	R	R	R	O	O	O	O	R	—	R	R	R	—
C16	—	—	—	—	Y	Y	N	N	N	N	2)	—	—	—	—	R	R	R	O	O	O	O	O	—	R	—	R	—
C17	—	—	—	—	Y	N	Y	Y	Y	Y	2).3).4)	—	—	—	—	R	O	R	R	R	R	R	R	—	—	R	R	R
C18	—	—	—	—	Y	N	Y	Y	Y	N	2).3).4)	—	—	—	—	R	O	R	R	R	R	R	O	—	—	—	R	R
C19	—	—	—	—	Y	N	Y	Y	N	Y	2).3).4)	—	—	—	—	R	O	R	R	O	R	R	R	—	—	R	R	R
C20	—	—	—	—	Y	N	Y	Y	N	N	2).3).4)	—	—	—	—	R	O	R	R	O	R	R	O	—	—	—	R	R

表 C.12（续）

标识[a]	能力										注	所需状态									其他要求			所需其他功能子集				
	系统控制器	发送IFC并负责	发送REN	响应SRQ	发送LE报文	接收控制	旁路控制	自己旁路控制	并行轮询	同步地取控		SNAS，SACS	SIIS，SIAS，SINS	SRIS，SRAS，SRNS	CSNS，CSRS	CACS，CSBS，CSHS，CSWS，CAWS	CADS	CIDS	CTRS	CPWS，CPPS	[TCT∧ACDS∧TADS][b]	[TADS][c]	tcs 不恒为假	C1	C2	AH1 或 AHE1，L1-L4 或 LE1-LE4	SH1 或 SHE1	T1-T8，TE1-TE8
C21	—	—	—	—	Y	N	Y	N	Y	Y	2).3).4)	—	—	—	—	R	O	R	R	R	R	O	R	—	—	R	R	R
C22	—	—	—	—	Y	N	Y	N	Y	N	2).3).4)	—	—	—	—	R	O	R	R	R	R	O	O	—	—	—	R	R
C23	—	—	—	—	Y	N	Y	N	N	Y	2).3).4)	—	—	—	—	R	O	R	R	O	R	O	R	—	—	R	R	R
C24	—	—	—	—	Y	N	Y	N	N	N	2).3).4)	—	—	—	—	R	O	R	R	O	R	O	O	—	—	—	R	R
C25	—	—	—	—	Y	N	N	N	Y	Y	2).5)	—	—	—	—	R	O	O	O	R	O	O	R	—	—	R	R	—
C26	—	—	—	—	Y	N	N	N	Y	N	2).5)	—	—	—	—	R	O	O	O	R	O	O	O	—	—	—	R	—
C27	—	—	—	—	Y	N	N	N	N	Y	2).5)	—	—	—	—	R	O	O	O	O	O	O	R	—	—	R	R	—
C28	—	—	—	—	Y	N	N	N	N	N	2).5)	—	—	—	—	R	O	O	O	O	O	O	O	—	—	—	R	—

[a] 描述一个控制器的典型符号由字母 C 和后面一个或多个数字组成，说明所选择的子集，如 C1，2，3，4，8

[b] 这是 CIDS 到 CADS 转变表达的一部分

[c] 这是 CACS 到 CTRS 转变表达的一部分

注 1：C1 至 C4 子集中的一个或多个可以选来与 C5 至 C28 中任一个子集作任何组合。

注 2：C5 至 C28 子集中只能选一个子集。

注 3：在要工作于多个控制器系统中的设备中，必须包含有 CTRS 状态。

注 4：除非包含 C2，这些子集是不能容许的。

注 5：这些子集仅在没有控制通过的设备和系统使用。

注 6：在其他实际设备作为负责控制器期间，系统控制器确认 IFC 时，它应能禁止源方握手和 ATN 的主动确认，直到 IFC 撤消为止，以防止多控制器竞争现象。

O＝省略；R＝需要的；—＝不适用的或者不需要的；Y＝是的；N＝否

C.15 SHE 功能所允许的子集

表 C.13 SHE 功能所允许的子集

标 识	描 述	忽略状态	其他要求	所需其他功能子集
SHE0	无能力	全部	无	无
SHE1	完全的能力	无	无	CF1;T1～T8,TE1～TE8 或 C5～C28

C.16 AHE 功能所允许的子集

表 C.14 AHE 功能所允许的子集

标 识	描 述	忽略状态	其他要求	所需其他功能子集
AHE0	无能力	全部	无	无
AHE1	完全的能力	无	无	CF1

C.17 CF 功能所允许的子集

表 C.15 CF 接口功能所允许的子集

标 识	描 述	忽略状态	其他要求	所需其他功能子集
CF0	无能力	全部	无	无
CF1	完全的能力	无	无	AHE1,SHE1

附 录 D
(资料性附录)
接口报文参考表

表 D.1 接口报文参考表

助记符号	报 文	接 口 功 能
接收的本地报文(由接口功能接收)		
gts	进入预备(go to standby)	C
ist	单个状态限定符	PP
lni	脱离非互锁	AHE
lon	只侦听(listen only)	L、LE
[lpe]	本地轮询使能(local poll enable)	PP
ltn	侦听(listen)	L、LE
lun	本地不侦听(local unlisten)	L、LE
nba	新字节可用(new byte available)	SH、SHE
nie	非互锁使能	SHE
pon	上电(power on)	SH、SHE、AH、AHE、T、TE、L、LE、SR、RL、PP、C
rdy	准备就绪	AH、AHE
rft	为三个报文做准备	AHE
rpp	请求并行轮询(request parallel poll)	C
rsc	请求系统控制(request system control)	C
rsv	请求服务(request service)	SR
rtl	返回本地(return to local)	RL
sic	发送接口清除(send interface clear)	C
sre	发送远程使能	C
tca	获取异步控制	C
tcs	获取同步控制	AH、AHE、C
ton	只讲话	T、TE
	未定义:见第4章设备功能互连的描述中报文输出列表,它提供了本地报文可以被发送到设备功能适当状态的导则	
接收的远程报文		
ATN	注意	SH、SHE、AH、AHE、T、TE、L、LE、PP、C
CEF	组态使能	CF
CEGn	组态n米	CF
DAB	数据字节	(通过L、LE)
DAC	接受到的数据	SH、SHE
DAV	有效数据	AH、AHE
DCL	设备清除	DC
END	结束	(通过L、LE)

表 D.1(续)

助记符号	报　　文	接口功能
接收的本地报文(由接口功能接收)		
GET	组执行触发	DT
GTL	到本地	RL
IDY	识别	L、LE、PP
IFC	接口清除	T、TE、L、LE、C
LLO	本地锁定	RL
MLA	我的侦听地址	L、LE、RL
[MLA]	我的侦听地址	T
MSA 或[MSA]	我的第二个地址	TE、LE
MTA	我的讲话地址	T、TE
[MTA]	我的讲话地址	L
OSA	其他第二地址	TE
OTA	其他讲话地址	T、TE
PCG	主命令组	TE、LE、PP
PPC	并行轮询组态	PP
[PPD]	并行轮询禁止	PP
[PPE]	并行轮询使能	PP
PPRn	并行轮询响应 n	(通过 C)
PPU	并行轮询不组态	PP
REN	远程使能	RL
RFD	准备数据	SH、SHE
RQS	请求服务	(通过 L、LE)
[SDC]	选择的设备清除	DC
SPD	串行轮询禁止	T、TE
SPE	串行轮询使能	T、TE
SRQ	服务请求	(通过 C)
STB	状态字节	(通过 L、LE)
TCT 或[TCT]	获得控制	C
UNL	不侦听	L、LE
远程报文发送		
ATN	注意	C
CFE	组态使能	CF
CFGn	组态 n 米	CF
DAB	数据字节	(通过 T、TE)
DAC	接受的数据	AH、AHE

表 D.1(续)

助记符号	报文	接口功能
DAV	有效的数据	SH、SHE
DCL	设备清除	(通过 C)
END	结束	(通过 T)
GET	组执行触发	(通过 C)
GTL	进入本地	(通过 C)
IDY	识别	C
IFC	接口清除	C
LLO	本地锁定	(通过 C)
MLA 或[MLA]	我的侦听地址	(通过 C)
MSA 或[MSA]	我的第二地址	(通过 C)
MTA 或[MTA]	我的讲话地址	(通过 C)
OSA	其他第二地址	(通过 C)
OTA	其他讲话地址	(通过 C)
PCG	主命令组	(通过 C)
PPC	并行轮询组态	(通过 C)
[PPD]	并行轮询禁止	(通过 C)
[PPE]	并行轮询使能	(通过 C)
PPRn	并行轮询响应 n	PP
PPU	并行轮询不组态	(通过 C)
REN	远程使能	C
RFD	准备数据	AH、AHE
RQS	请求服务	T、TE
[SDC]	有选择的设备清除	(通过 C)
SPD	串行轮询禁止	(通过 C)
SPE	串行轮询使能	(通过 C)
SRQ	服务请求	SR
STB	状态字节	(通过 T、TE)
TCT	获取控制	(通过 C)
UNL	不侦听	(通过 C)
UNT	不讲话	(通过 C)

附 录 E
（资料性附录）
多线程接口报文:ISO 代码表示法

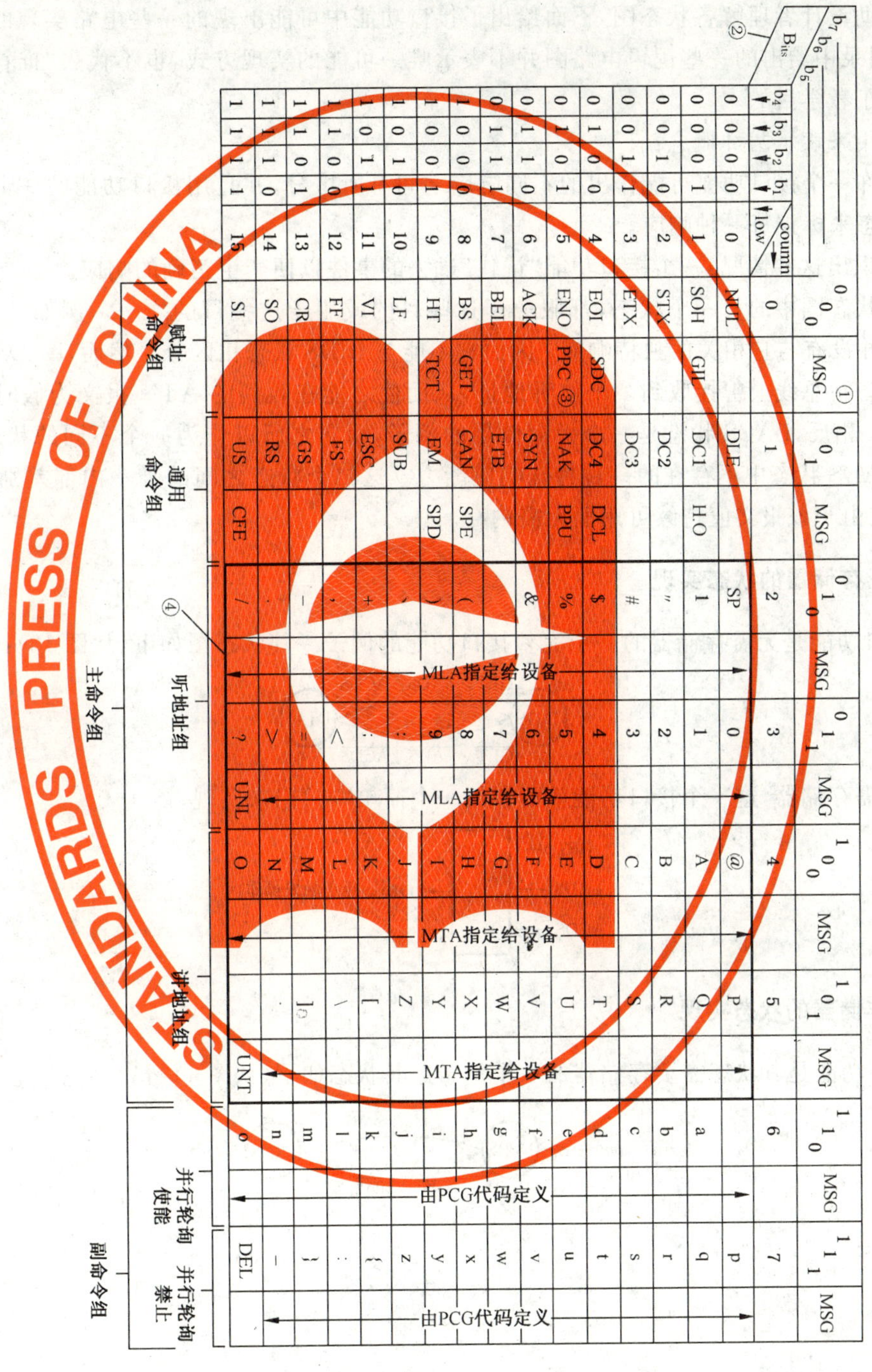

图 E.1 多线接口报文:ISO 7-字节代码表示法

① MSG=接口报文。

② b1=DIO1……b7=DIO7。

③ 需要第二指令。

④ 密集子集(第 2 列至第 5 列)。

附 录 F
（资料性附录）
逻辑电路的实现

为了帮助设计者理解各状态图，下面给出了接口功能中可能出现的一些电路实现的情况。必须了解到，在本附录中给出的一些逻辑电路图并不表示唯一可能的实现方式，也不代表“推荐的”实现方式。它们仅是为了教学目的。

状态图用来表示两种概念：

a） 允许一个接口功能可能作出的不同响应之间有所区分，并且用接口功能的一个或多个独特的状态来标识每一种响应。

b） 标识出这些情况：一个接口功能“记住”过去的事件以便产生正确的响应。

在任何状态图中的每一个状态，都服务于这些目的或用于这些目的之一。例如，L接口功能中的LADS状态并没有与它相关的独特响应，因而它不能与LIDS状态相区分。然而，LADS状态的目的是“记住”该设备在总线上曾接收到一个侦听地址，从而使之能在收到的ATN报文为假时进入LACS状态（见图9）。相反，LACS状态是一个无存储器的例子，而它之所以作为一个不同的状态而存在，仅仅在于表示LADS状态中不存在的一种特殊响应能力。这二个状态之间的唯一内部差别，在于ATN报文的值，以及由于该报文值持续可用而无需内存。

F.1 要求无存储器的状态实现

DT接口功能是无需存储器的一个完整接口功能的例子。其状态图如下（从图13）：

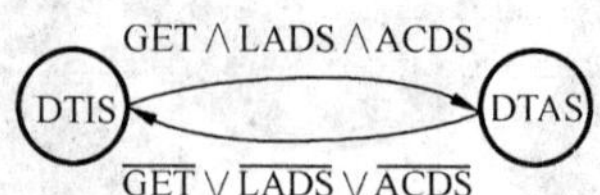

既然无需存储器，这一个接口功能就可以用一个简单“与”门来实现。

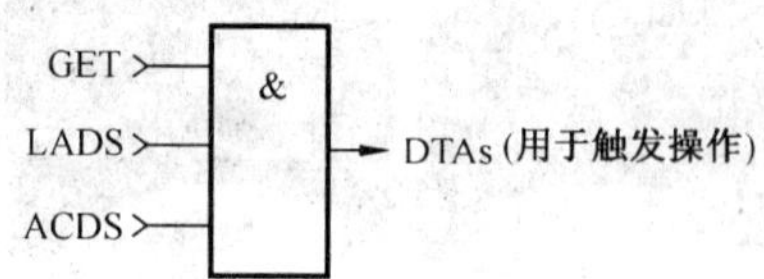

F.2 需要存储器的状态实现

SR接口功能是其状态需要存储器的一个例子。其状态如下（从图11）：

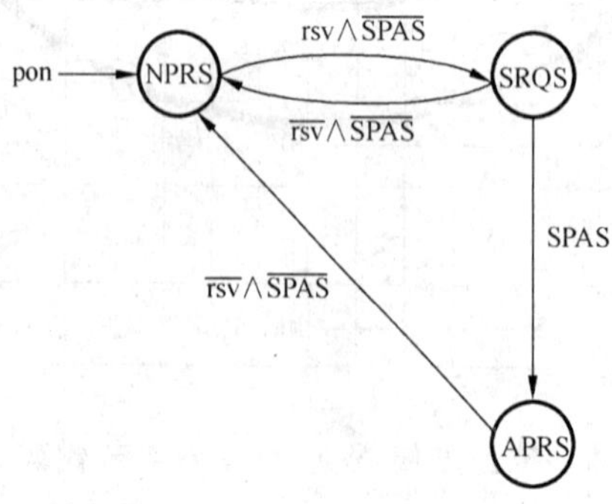

由其自身产生的上面的二个状态表示这样一种电路：仅当SPAS为假时，其内部状态随rsv报文之值而变。这是一个标准的DC双稳态多谐振荡器。

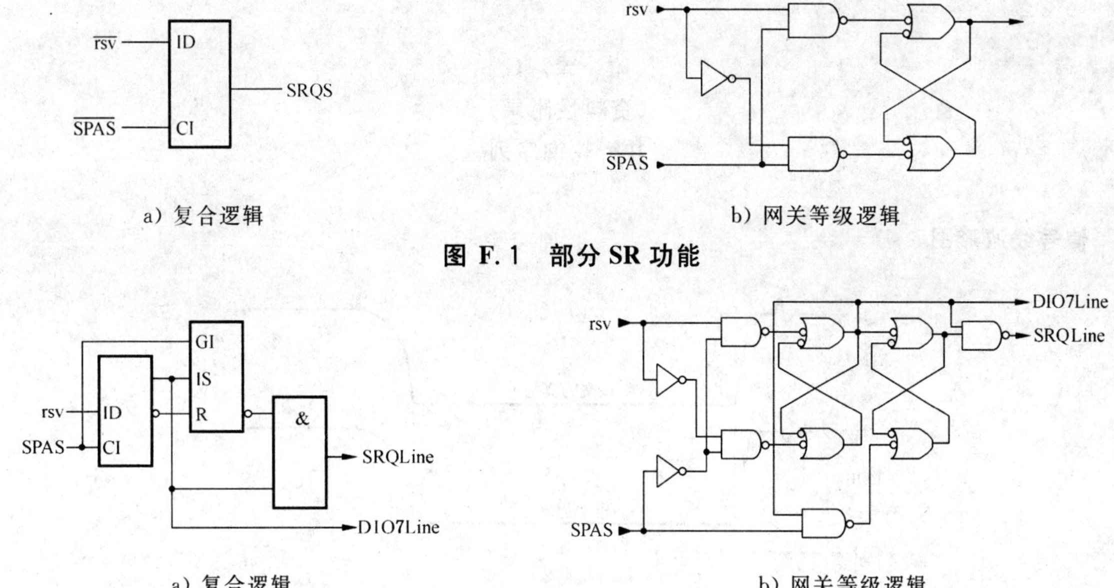

a）复合逻辑　　b）网关等级逻辑

图 F.1　部分 SR 功能

a）复合逻辑　　b）网关等级逻辑

图 F.2　全部 SR 功能

为了完成该电路，所需的全部就是要“记住”SPAS 曾经产生于闩锁电路开通之后。这个电路可以围绕一个标准的 RS 双稳态多谐振荡器来构成，并把它加到闩锁电路上。

在此电路中，每当被闩锁的 rsv 报文值为假时，R/S 双稳态输出级就被迫复位。当被闩锁的 rsv 报文变为真时，R/S 输出级仍停留在复位状态，一直到 SPAS 状态第一次变为激活状态时为止。这时，“记住”RQS 报文已经被发送并且 SRQ 不再需要保持为真。

附　录　G
（资料性附录）
并行轮询序列

G.1　信号线波形图

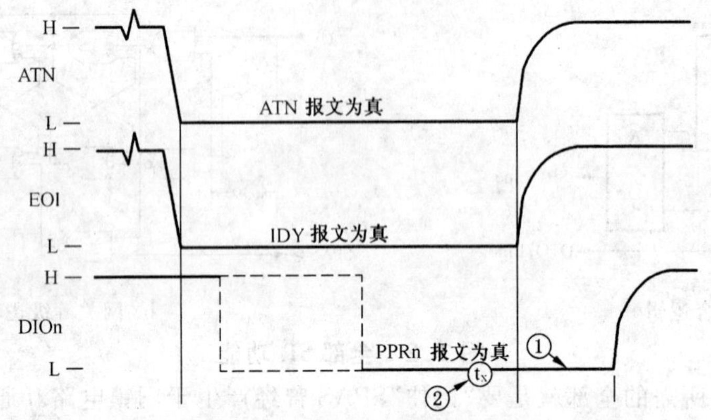

① PPRn 报文真如上面两个可选择的状态（由 PPE 报文确定的）之一所示。

② 根据设计者定义的方法，DIOn 线的选通脉冲出现在 CPPS 状态内任何时刻的控制者内部（在并行轮询时，状态数据位的传递并不利用握手过程）。

图 G.1　并行轮询序列：信号线波形图

G.2　接口功能激活状态

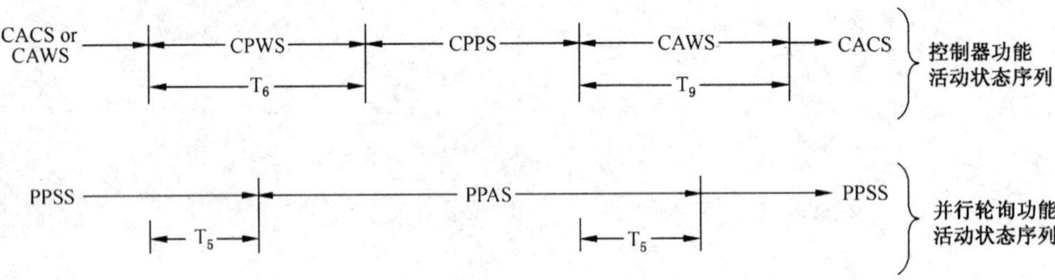

图 G.2　并行轮询期间接口功能的活动状态

附 录 H
(资料性附录)
数据表对接口参数的描述

本组指南意在为满足本标准要求的产品制备用户文件,尤其是为制备数据图表提供方便。满足本标准要求的产品也可以有附加的设备功能能力;通过本标准接口通道实现的这种附加能力的参考资料对测试系统使用者可能是有用的。

本附录仅为设计者和使用者描述重要接口参数的核检清单建立基础,因此并不期望所列出的参数在每种产品上都使用。列出的参数仅被作为一般的指南,而无需把它们看成是详尽无遗的。在数据图表上提供技术资料的数量决定于可利用的篇幅和资料的主要用途(例如:详细的技术数据表,概述性小册子,操作手册中的简要一览表)。

H.1 概述

推荐满足本标准要求的仪器或设备的数据表包含的信息会使设备使用者能够分析它的综合能力、编程能力、系统性能(有关接口的)。同样,也推荐随仪器一起提供的手册应提供与接口能力有关的更详细的说明资料,为组态仪表系统提供方便。本标准第 7 章和第 8 章要求设备设计者识别,设备使用者熟悉该设备的接口能力。

应该指出,对于整个可供操作的系统来说,必须详细了解系统中每台设备的设备相关特性(这种详细的了解可能需要增加本标准以外的信息)。因此总的来说,即使本标准的要求已经满足,也未必全面获得兼容性。除了下面的这些推荐之外,设计者还应该在用户信息中包含关于仪表可编程设备功能的详细资料。

H.2 接口功能能力的描述

推荐数据表以符号形式指明受控设备提供的接口功能集。若版面允许,可使用简短的叙述性词组。在一种产品中无需包括所有的接口功能,在这种情况,没有能力的接口功能可以用功能助记符加上数字 0 来表示(例如:C0)。

H.3 电气驱动器/接收器能力

带有开放式控制器驱动器(在任何有选择的地方)的信号线使用 E1(规定使用的 DIO 线和约束)。

带有三状态驱动器(在任何有选择的地方)的信号线使用 E2(规定使用的 DIO 线和约束)。

表 H.1 接口功能能力描述的参考

功 能	符 号	参 考	
		章 条 号	表 格
源方握手	SH	4.3	6
受方握手	AH	4.4	12
讲话者	T	4.5	17
扩展讲话者	TE	4.5	18
侦听者	L	4.6	22
扩展侦听者	LE	4.6	23
服务请求	SR	4.7	26

表 H.1(续)

功　能	符　号	参　考	
		章 条 号	表　格
远程本地	RL	4.8	29
并行轮询	PP	4.9	33
设备清除	DC	4.10	36
设备触发器	DT	4.11	39
控制器	C	4.12	43
扩展源方握手	SHE	4.3	7
扩展受方握手	AHE	4.4	13
组态	CF	4.14	46

H.4　对系统使用者和设计者的附加信息值

H.4.1　功能规范

任何背离本标准的操作模式都应该清楚地阐述并解释。

设备应遵守的标准(IEEE 488)应列出获得本标准信息的全部标题。

应该提供有关产生和运用 R/L 的功能以及 rtl 本地报文应被文档化。

组执行触发器的响应应文档化。

H.4.2　控制、连接器和指示器

所有与 IEEE 488 相关的开关应该说明,或者描绘出它们的位置。另外,还应该提供下述文档:

如何设置主要和次要(若有)地址。

如何从面板读取地址(如果可能)。

其他 IEEE 488 可选择模式的影响(像 ton、lon 等)。

H.4.3　通电/断电序列和默认值

描述 pon(电源通)自检功能以及非正常状态的指示报告。

描述电源中断的影响。

描述非易失性存储器的特性。

描述 pon 时的默认设备状态。

H.4.4　可编程设备功能

列出那些能受总线控制的设备功能。

说明 I/O 缓冲能力(若有),例如:

——缓冲器尺寸;

——可接受的最大线数;

——最大数字的个数。

列出数值化参数的范围,例如:

——尾数和指数的限制;

——约数的内部精度和约数的规则;

——参数的限定和超出范围的影响。

H.4.5　状态处理信息

列出所有可能使设备设置为 rsv TRUE(真)的条件。

H.5 典型时间相关值的描述

本标准中时间相关值的描述主要基于整个系统的组态(例如:讲话者、侦听者和控制器设备的属性)。实际时间值主要决定于具体的测量条件,特定仪表的设备相关属性,还可能有放置在仪表或者控制器内的操作系统软件。因此,规定精确的时间值是非常困难的,还可能是不确切的。

H.5.1 DAB 报文的数据速率

a) 识别数据输入速率(当寻址为侦听时)。例如,每秒 N 千字节和相关的条件(例如:组态、数据类型、功能操作)。

b) 识别数据输出速率(当寻址为讲话时)。例如,每秒 N 千字节和相关的条件(例如:组态、数据类型、功能操作)。

H.5.2 其他可能的时间相关值

识别其他与系统性能相关的时间值。

例如:

a) 接口握手延时(例如:超时、保持);

b) 对设备命令的响应时间;

c) 对接口报文的响应时间。

附 录 I
（资料性附录）
非互锁传输的保留(holdoff)考虑

在系统运行中，有时受方或扩展受方功能能够保留接收的多线程报文是有用的。例如，如果一个控制器正在接受多线程报文(即 CSBS 是活动的)，只有当 ANRS 为真时，控制器才可以同步取控。

当使用互锁握手周期时，AH 或 AHE 接口功能能够以直接的方式保留接收的多线程报文。当 AHE 接口功能使用非互锁握手周期时，就可能采用不同的技术。

当 SHE 功能发出 END 或一个 EOS、EOS 或 END 字节时，STRS 状态的持续时间需要延迟以保证受方可以通过返回到 ANRS 来保留报文。当一个 AHE 功能接收 END 或一个 EOS、EOS 或 END 字节时，可以令本地 lni 报文为真，lni 最终导致 ANRS 变为活动。

附 录 J
(资料性附录)
地址转换标记和接口状态指示器

J.1 一般内容

为了帮助设备的设计人员，推荐了一种讲话者和侦听者地址转换的定位和标记方法。并且推荐了一种方法来标记接口状态指示器或用来显示的接口状态报文。

J.2 侦听和讲话地址

设备应当具有一种稳定的本地方法可以预先将数值分配给我的讲话地址(MTA)以及我的侦听地址(MLA)。分配给MTA的T1到T5位的值，或分配给MLA的L1到L5的值，应该能被操作员更改。如果MTA和MLA是相同的(1—5位，见8.3.1和8.3.2)，则可以使用一个通用存储元件。这个讨论可以使用此地址值，但不排除MTA和MLA单独地址的使用。

J.3 DIP(双列直插式组装)开关

当通用MTA和MLA(1-5位)地址值已被DIP开关选择，DIP开关需要5位(T1到T5以及L1和L5的组合)或开关极来设置地址值，这5个开关极应如图J.1或J.2所示彼此在物理上互相接近。如果本地报文ton、lon，或两个都在同一个DIP开关上被当作极来实现，它们应该按照图J.1和J.2所示放置。在ton未被实现但lon被实现的情况下，应立即将lon开关置于地址开关的左边或上面。

如果可行，DIP开关应外表可见，并像图J.1和J.2一样标记，开关及其位置的描写应在设备的操作手册中清楚可见。

标记为与DIP开关相关包括应用于每一个DIP开关位置的二进制加权以易于地址值的确定。在图J.1和图J.2中说明了这样一个事例。还应提供指示说明使用那个开关进行地址设置。指导手册应提供图表以清楚的说明哪个单独DIP开关的物理位置提供“0/1”条件。开关的“1”位代表IEEE std 488接口总线上逻辑TRUE状态，“0”位代表该总线逻辑FALSE状态。标记为“X”的位表示开关的事例选择。

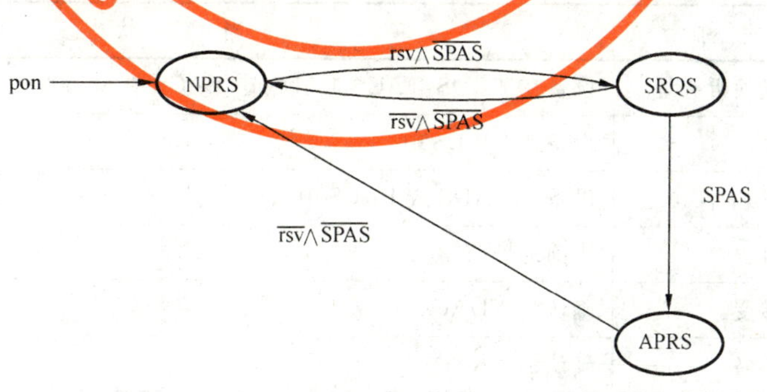

图 J.1 水平方向 DIP 开关的标记图

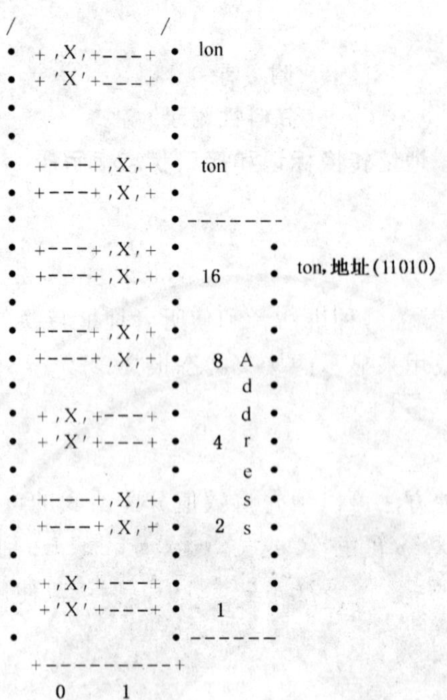

图 J.2 垂直方向 DIP 开关的标记图

J.4 代替工具

除了 DIP 开关,可以用其他方法来设置稳定的 MTA 和 MLA 地址,或改变本地报文的 ton 和 lon 状态。然而,这种可替代的方法应具有显示和修改地址值的能力。当执行 ton 和 lon 时,此种可替代方法还应允许检查并修改它们的状态。

J.5 设备状态指示器

设备可以可选地包含指示器、显示器或两者都包含,来说明设备接口的当前状态(或操作模式)。当使用这些接口指示器或显示器时,它们应被标记或使用表 J.1 中的缩略语或名称。NDAC、NRFD 或 SRQ 指示器应表示设备的远程报文的状态,而不是接口总线的状态。ADDR 指示器可以代替 TALK 和 LSTN 指示器使用。

表 J.1 设备状态指示器

缩略语	名称	当前状态
ADDR	对讲话或侦听寻址	设备在 TADS,TACS,LADS. or LACS 中
LOCK	前面板锁定	设备在 RWLS 中
LSTN	对侦听寻址	设备在 LADS 或 LACS 中
MA	我的地址	当前地址值
NDAC	非数据接受	确认的 NDAC
NRFD	非数据准备	确认的 NRFD
REN	远程	设备在 REMS 或 RWLS
SRQ	服务请求	确认的 SRQ
TALK	对讲话寻址	设备在 TADS 或 TACS 中
CACT	控制器激活	设备在 CTRS,CACS,CSBS,CSHS,CSWS,CAWS,CPWS 或者 CPPS 中

附 录 K
（资料性附录）
为减小本标准中规定的设备的辐射和传导干扰而推荐的方法

本标准规定了连接器和电缆组件，它们在许多环境条件下都能提供可接受的电磁兼容性(EMC)。在某些应用中可能建议或要求进一步减小 EM 干扰影响。本标准推荐的方法提供了预防的通用指南，它能够最小化对仪表系统的传导或辐射 EM 干扰，将其降低到低于那些根据本标准中给定的其余技术规范而获得的任何水平。

普遍认为，电缆组件(即是相互连接的电缆和相关的连接器)和在仪表内部的连接器/电缆接口将很大程度决定整个仪表系统的 EMC 性能。

下述指南描述如何连接本标准规定的适合连接器的仪表，以改善 EMC 性能。应注意需要减小 4 种基本类型干扰：

a) 影响其他 RF(射频)系统的电缆和连接器的泄漏。

b) 影响电缆、连接器和数据传输的外部干扰，如本标准所述。

c) 任何信号地回路、逻辑地和屏蔽之间的信号串入。

d) 可能串入任何信号地回路、逻辑地和屏蔽间的外部干扰。

K.1 减少辐射干扰影响

可以借助采用具有最小泄露的布线技术来实现这些目标。

下面的详述以及图 K.1 中演示的基本推荐可以有助于满足某些国家里受到国家规程制约的仪表系统的屏蔽要求。

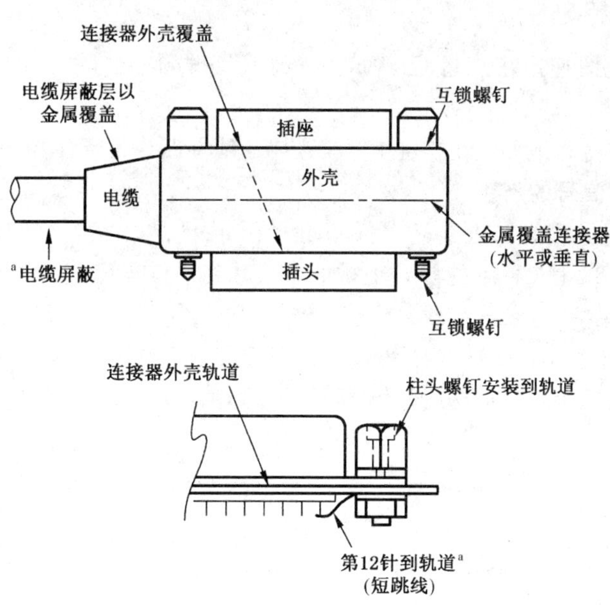

注 1：所有表面接触点应为金属的。

注 2：推荐所有点都具有良好的电接触质量。

注 3：大多数关键的传导点。

[a] 其良好现场的射频性能很重要。

图 K.1 RF 接触(地)点

K.1.1 屏蔽电缆

屏蔽覆盖面的基本要求是最小85%，而90%的屏蔽覆盖面会使性能进一步改善。编织网与镀聚酯薄膜或镀金薄片的组合能为电缆提供更好的屏蔽，推荐使用这种结构。

K.1.2 RF连接技术

仅靠通过连接器的一个或几个触点来实现电缆屏蔽层同设备连接器之间的地连接是不够的。相反，要求一种到机座的充分RF连接，例如通过连接器的金属套壳连接。应该注意，应用早已经存在的连接器套壳提供向后(机械的和电气的)兼容性。

K.1.3 连接器外壳

连接器外壳应该是金属的。因为外壳是用于机架连接，所以应适当设计和制作套壳提供电气接触的部分(例如:金属导电的外壳、金属外壳连接器或替代品、电缆屏蔽层同金属套壳间的良好RF连接等等)。

K.1.4 EM辐射屏蔽

在"脊背式"(Piggyback)连接器末端提供金属外罩能够进一步提高EM辐射屏蔽。然而仅在特殊情况下这种措施才是必须的，因为这种方法对减小连接器触点的RF泄露的贡献不大。

K.2 设备上使用的符合本标准的连接器

IEEE 488连接器端口应该具有金属外罩，以保证同电缆连接器套壳有充分的RF电接触(与K1.3相一致)。

连接器的屏蔽接点、金属外壳和安装连接器的底座外壳以及底座机架间的电气连接应该通过尽量短的通路实现。注意，地回路长度超过50mm可能产生不可忽视的性能降低。因此，用扁平电缆把IEEE 488连接器端口同内部连接时，不应通过这个电缆把屏蔽连接到机架上。

K.3 减小传导干扰的影响

由于设备内部信号地线连接在一起，当构成一个地环路时，信号地线上的信号能够引起设备内部的传导电磁干扰。

由于受RF域的影响将在地回路上产生信号，这样的地环路也能产生电磁干扰(EMI)。

K.3.1 信号地线上插入信号的产生

推荐在设备内部使用尽可能靠近连接器端口的低阻抗rf地回路，则设备将使逻辑地和接地导体(即12、18、19、20、21、22、23和24)中的传导干扰的生成减到最低程度。

K.3.2 对传导EMI的保护

推荐在设备内部使用尽可能靠近连接器端口的低阻抗rf地回路，则设备将使逻辑地和接地导体(即12、18、19、20、21、22、23和24)中传导干扰的灵敏度降到最小值。

ICS 13.300
A 80

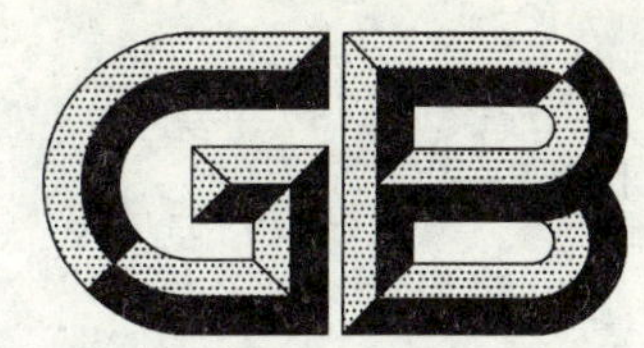

中华人民共和国国家标准

GB/T 15956—2008
代替 GB/T 15956—1995

重复性使用电石包装钢桶

Calcium carbide steel drum for repeated use

2008-08-04 发布　　2009-04-01 实施

中华人民共和国国家质量监督检验检疫总局
中国国家标准化管理委员会　发布

前　言

本标准代替 GB/T 15956—1995《内销电石包装钢桶》。

本标准与 GB/T 15956—1995 相比主要变化如下：

——标准名称改为“重复性使用电石包装钢桶”；

——表 1 中的外高(100 kg 规格的)改为 670 mm；环筋间距改为 210 mm(1995 年版 4.2；本版 3.1)；

——删除 1995 年版 4.5；

——气密试验气压值改为 20 kPa(1995 年版 4.5；本版 4.4.1.4)；

——删除了跌落后充气试验部分，通过试验的准则改为：样品跌落后，内容物无撒漏(1995 年版 4.6；本版 4.4.2.5)；

——最小堆码试验高度改为 3 m(1995 年版 4.7；本版 4.4.3.4)。

本标准的附录 A 为资料性附录。

本标准由全国危险化学品管理标准化技术委员会(SAC/TC 251)提出并归口。

本标准起草单位：中化化工标准化研究所、江苏出入境检验检疫局、天津东海制桶有限公司、中国包装联合会钢桶专业委员会。

本标准主要起草人：王晓兵、汤礼军、梅建、乔序得、郎德林、王振林、张鸿勋、张君玺、辛巧娟、周玮。

本标准所代替标准的历次版本发布情况为：

——GB/T 15956—1995。

重复性使用电石包装钢桶

1 范围

本标准规定了重复性使用电石包装钢桶的要求、试验方法、检验规则和标志、运输、贮存。

本标准适用于重复性使用电石包装钢桶(以下简称钢桶)的制造、流通等领域。

2 规范性引用文件

下列文件中的条款通过本标准的引用而成为本标准的条款。凡是注日期的引用文件,其随后所有的修改单(不包括勘误的内容)或修订版均不适用于本标准,然而,鼓励根据本标准达成协议的各方研究是否可使用这些文件的最新版本。凡是不注日期的引用文件,其最新版本适用于本标准。

GB 190 危险货物包装标志

GB/T 191 包装储运图示标志(GB/T 191—2008,ISO 780:1997,MOD)

GB/T 325—2000 包装容器 钢桶

GB/T 912 碳素结构钢和低合金结构钢热轧薄钢板及钢带

GB/T 4857.3 包装 运输包装件基本试验 第3部分:静载荷堆码试验方法(GB/T 4857.3—2008,ISO 2234:2000,IDT)

GB/T 4857.5 包装 运输包装件 跌落试验方法(GB/T 4857.5—1992,eqv ISO 2248:1985)

GB/T 13452.2 色漆和清漆 漆膜厚度的测定(GB/T 13452.2—2008,ISO 2808:2007,IDT)

GB/T 17344 包装 包装容器 气密试验方法

3 要求

3.1 基本要求

3.1.1 钢桶的结构和尺寸应符合图1和表1的规定。

3.1.2 桶顶中心设置ϕ215 mm桶口一个。桶口用钢板法兰圈进行加固。封闭器用4只M10螺栓进行紧固,并全部为直通安全装置。封闭器结构及尺寸见附录A。

3.1.3 桶身与桶顶、桶底的卷封采用三重圆卷边。卷层内的缝隙必须充填密封填料。

3.1.4 桶身、桶顶、桶底均由整张薄钢板制成。不允许拼接。

3.1.5 桶身直缝采用电阻焊或其他保证质量的焊接。

3.1.6 桶身应具有向外凸出的2道环筋。环筋至桶顶、环筋至桶底之间可具有3～7道波纹。

3.1.7 桶的外表涂敷涂料进行防腐。

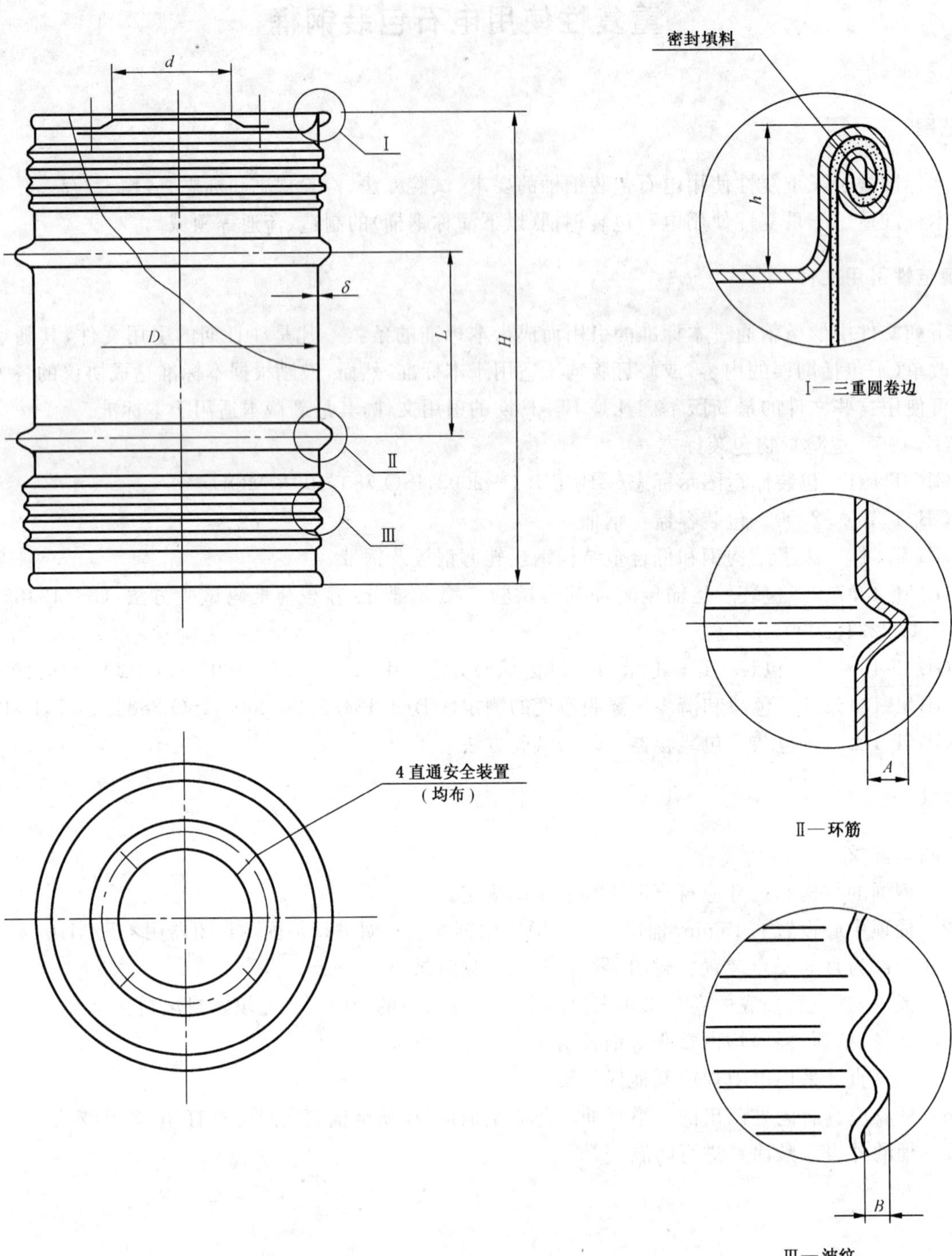

图 1

表 1

序号	名称	符号	单位	规格			
				公称容量 100 kg		公称容量 200 kg	
				基本尺寸	极限偏差	基本尺寸	极限偏差
1	钢板厚度	δ	mm	≥1.0		≥1.2	
2	外高	H		670	±3.0	890	±3.0
3	内径	D		430	±2.0	560	±2.0
4	环筋间距	L		210	±3.0	280	±3.0
5	环筋高	A		10	±2.0	14	±2.0
6	波纹高	B		2	±1.0	3	±1.0
7	桶顶、底深	h		17		19	
8	桶口直径	d		215	±5.0	215	±5.0

3.2 **材料要求**

3.2.1 钢桶按 GB/T 912 的规定，采用 AY2 或与之类似的冷轧碳素结构钢薄板。冷轧碳素结构钢薄板供应不足时，根据双方协议，可选用其他薄钢板。

3.2.2 密封填料采用密封性能好、与电石相适应的具有耐热、耐寒性能和弹性的密封材料。

3.2.3 钢桶外表涂料采用附着力强、气候适应性和耐久性好的材料。

3.3 **外观质量要求**

3.3.1 桶身圆整，无明显失回、凹疙、歪斜等缺陷。

3.3.2 桶身光滑、无毛刺与机械损伤。

3.3.3 卷边光滑、紧固，无铁舌、裂痕等缺陷。

3.3.4 桶内洁净、无锈、渣和其他杂质。

3.3.5 两条环筋顶部不允许补焊。

3.3.6 桶身直缝补焊不多于 2 处，总长度不大于直缝长度的 10%，焊疤表面平整，宽度不大于原焊缝的 1 倍。

3.4 **漆膜质量要求**

3.4.1 漆膜平整光滑、颜色均匀，无明显失光、变色、流淌、起皱等缺陷。

3.4.2 漆膜均匀，厚度不小于 0.02 mm。

3.4.3 漆膜的附着力不低于 GB/T 325—2000 附录 A 中规定的 2 级。

3.5 **性能试验要求**

钢桶性能试验包括：气密性试验、跌落试验和堆码试验。

4 试验方法

4.1 **基本尺寸**

以通用量具进行检验。

4.2 **外观质量**

采用手感、目测或通用量具检验。

4.3 **漆膜厚度和漆膜附着力检验**

4.3.1 漆膜厚度按 GB/T 13452.2 的方法测定。

4.3.2 附着力检验按 GB/T 325—2000 附录 A 中 A.2 的方法测定。

4.4 性能试验

4.4.1 气密试验

4.4.1.1 试验样品数量

每种设计型号取 3 个试验样品。

4.4.1.2 试样准备

在样品的顶部钻孔，接上进气管。

4.4.1.3 试验设备

按 GB/T 17344 的要求。

4.4.1.4 试验方法

将容器包括其封闭装置箝制在水面下 5 min，同时施加 20 kPa 内部空气压力，箝制方法不应影响试验结果。

4.4.1.5 通过试验的准则

所有试样应无泄漏。

4.4.2 跌落试验

4.4.2.1 试验样品数量

每种设计型号取 6 个试验样品。

4.4.2.2 试样准备

向样品罐装不少于其容量的 95%的内装物。内装物可采用物理性能(如质量和粒度等)与电石相同的物质来代替。如样品内盛装电石进行试验，桶内必须充入氮气或其他惰性气体。

4.4.2.3 试验设备

按 GB/T 4857.5 的要求。

4.4.2.4 试验方法

按以下方法以 1.2 m 的跌落高度进行跌落试验：

a) 第一次跌落(用 3 个样品)：样品的对角线垂直于冲击面，并使样品的重心通过撞击点，以桶底边缘撞击在冲击板上。

b) 第二次跌落(用另外 3 个样品)：容器应以第一次跌落未试验过的最弱部位撞击在冲击板上，例如桶身的纵向焊缝上。

4.4.2.5 通过试验的准则

样品跌落后，内容物无撒漏。

4.4.3 堆码试验

4.4.3.1 试验样品数量

每种设计型号取 3 个试验样品。

4.4.3.2 试验样品的准备

向样品罐装不少于其容量的 95%的内装物。内装物可采用物理性能(如质量和粒度等)与电石相同的物质来代替。

4.4.3.3 试验设备

按 GB/T 4857.3 的要求。

4.4.3.4 试验方法和堆码载荷

在试验样品的顶部表面施加一载荷，此载荷质量相当于运输时可能堆码在它上面的同样数量包装件的总质量。包括试验样品在内的最小堆码高度应为 3 m。堆码时间为 24 h。

堆码载荷按下式计算：

$$P=\left(\frac{H-h}{h}\right)\times M$$

式中：

P——加载的载荷，单位为千克(kg)；

H——堆码高度(不小于3 m)，单位为米(m)；

h——单个包装件高度，单位为米(m)；

M——单个包装件毛质量，单位为千克(kg)。

4.4.3.5 通过试验的准则

样品不破裂、不倒塌，不允许有可能影响运输安全的损坏，或者可能降低其强度或造成包装件堆码不稳定的变形。

5 检验规则

5.1 不同试验项目的样品抽样数

5.1.1 不同试验项目的样品抽样数见表2。

表2

试验项目	样品数量
本标准4.1、4.2、4.3	3
气密试验	3
跌落试验	6
堆码试验	3

5.1.2 在不影响试验结果的情况下一个样品可以同时进行多项试验。

5.2 钢桶质量特性分类见表3。

表3

序号	检验项目	质量特性分类	
		A类	B类
1	内径	—	√
2	外高	—	√
3	环筋高	—	√
4	环筋间距	—	√
5	注入口与透气口中心距	—	√
6	桶顶、桶底深	—	√
7	圆整、无毛刺、无铁舌	—	√
8	无机械损伤、无锈、无杂质	—	√
9	标志清晰	—	√
10	焊缝	—	√
11	漆膜厚度	—	√
12	漆膜附着力	—	√
13	气密性	√	—
14	堆码试验	√	—
15	跌落试验	√	—

5.3 任一样品有下列情形之一,判定该产品为不合格:

a) A类不合格大于零;

b) B类不合格大于三项。

5.4 钢桶出厂检验和型式检验

5.4.1 出厂检验

5.4.1.1 出厂产品应出具产品合格证。

5.4.1.2 钢桶以每天的生产量为一批。

5.4.1.3 钢桶的出厂检验应按3.1～3.4和3.5中的气密性试验逐个进行,如有一个样品不合格,则判定该批产品出厂检验不合格。

5.4.2 型式检验

5.4.2.1 下列情况应进行型式检验:

a) 产品试制定型鉴定;

b) 产品的结构、材料、工艺有改变;

c) 正常生产间隔半年;

d) 长期停产,恢复生产时;

e) 产品质量发生重大问题后;

f) 国家质量监督部门提出要求时。

5.4.2.2 型式检验应对第3章中要求的项目全检。

5.4.2.3 若有一个样品不合格,则判定该批产品型式检验不合格。

6 标志、运输、贮存

6.1 钢桶应在桶顶边沿压印清晰、工整的标志,其内容包括:制造厂名或代号、制造年月、钢板厚度(顶、底/身)。

6.2 钢桶装入电石后,应按GB 190、GB/T 191中有关规定加贴标志。

6.3 钢桶在运输、装卸中应轻搬、轻放、避免碰撞。

6.4 钢桶宜室内贮存,室外堆放时,底层应垫枕木,上面加盖篷布防雨。

附 录 A
（资料性附录）
钢桶封闭器

A.1 封闭器结构

封闭器为桶口配套封闭装置，由桶口、法兰圈、密封圈、桶盖直通安全装置等组成。

封闭器分桶顶下部加固法和桶顶上部加固法两种。

A.2 技术要求

A.2.1 桶顶下部加固法封闭器的外形和装配关系见图 A.1 和表 A.1。

单位为毫米

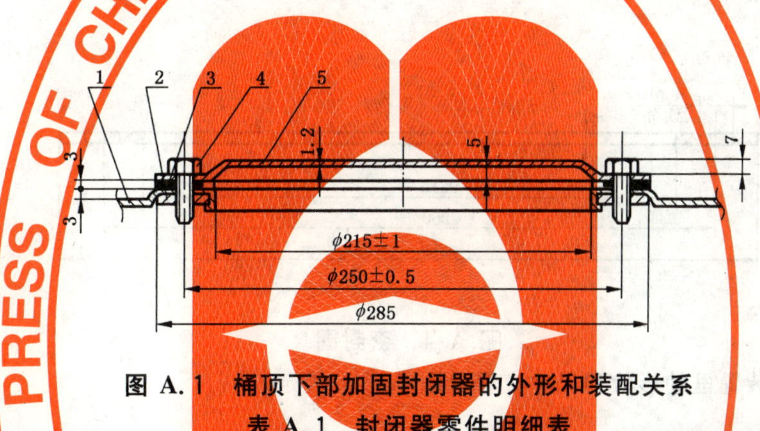

图 A.1 桶顶下部加固封闭器的外形和装配关系

表 A.1 封闭器零件明细表

序号	名称	规格	材料	数量	备注
1	桶口	ϕ215	AY2	1	在桶顶上冲压成形
2	法兰圈	ϕ282/ϕ218×5	A3	1	与桶口压合，点焊
3	密封圈	ϕ285/ϕ216×3	橡胶	1	
4	直通安全装置	M10×20	A3	4	均布
5	桶盖	ϕ255×5	AY2	1	

A.2.1.1 桶口的形状和尺寸应符合图 A.2 的规定。

单位为毫米

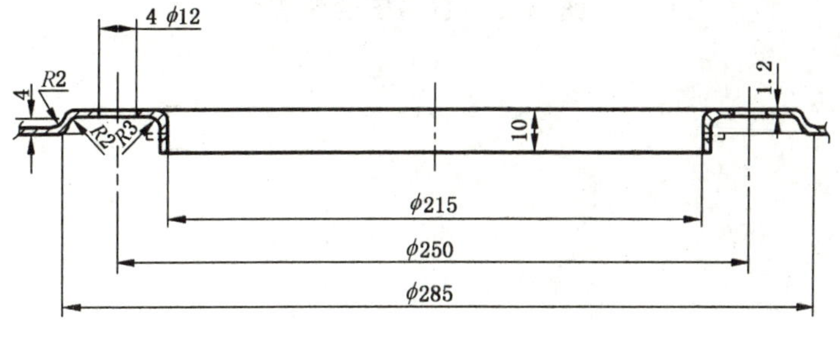

图 A.2 桶口形状和尺寸

A.2.1.2 法兰圈的形状和尺寸应符合图 A.3 的规定。

单位为毫米

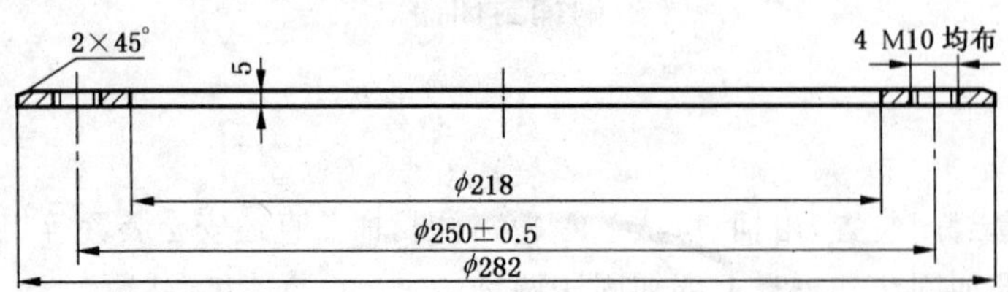

图 A.3 法兰圈

A.2.1.3 密封圈的形状和尺寸应符合图 A.4 的规定。

单位为毫米

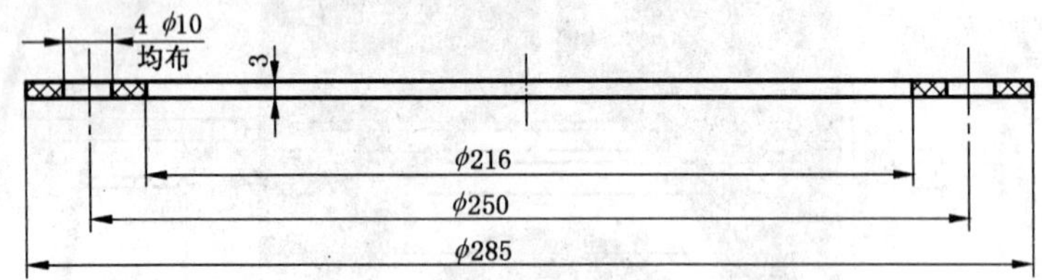

图 A.4 密封圈

A.2.1.4 直通安全装置里的形状和尺寸应符合图 A.5 的规定。

单位为毫米

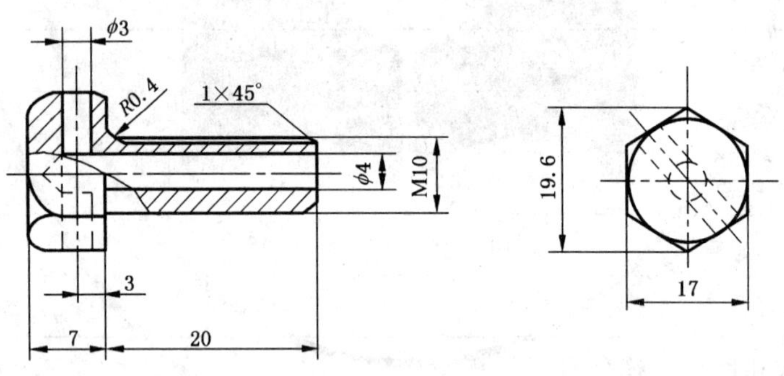

注:利用 M10×20 螺栓钻孔制成。

图 A.5 直通安全装置

A.2.1.5 桶盖的形状和尺寸应符合图 A.6 的规定。

单位为毫米

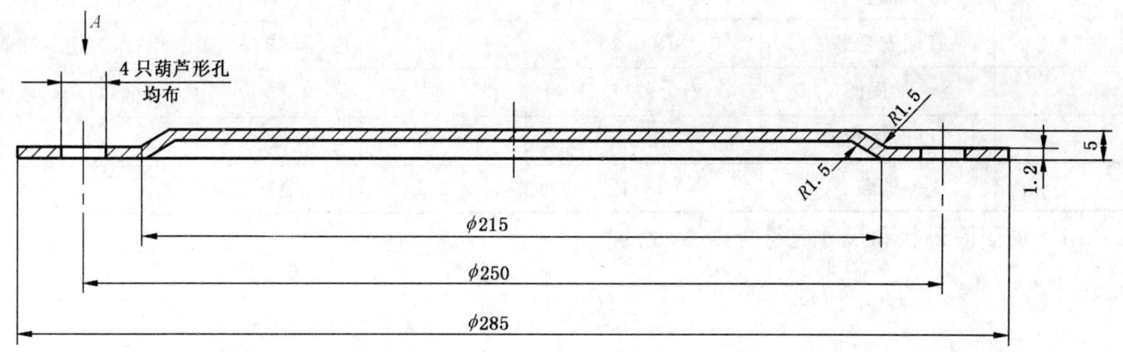

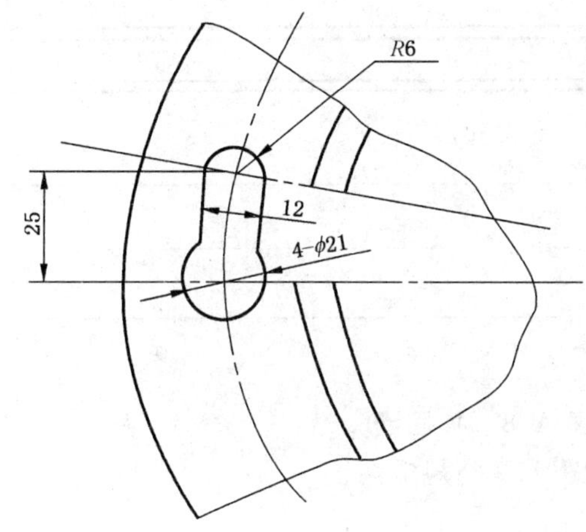

图 A.6 桶盖

A.2.2 封闭器(桶顶上部加固法)的外形和装配关系见图 A.7 和表 A.2。

单位为毫米

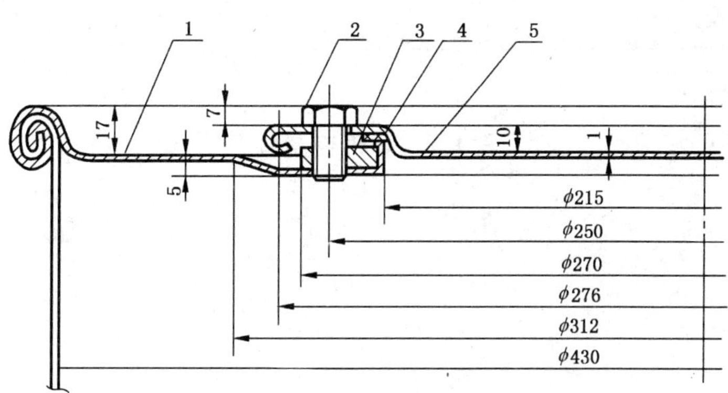

图 A.7 封闭器外形和装配关系(桶顶上部加固)

表 A.2　封闭器零件明细表

序号	名称	规格	数量	材料	备注
1	桶口	ϕ215	1	AY2	在桶顶上冲压成形
2	直通安全装置	M10×20	4	A3	均布，与图 A.5 同
3	加固圈	ϕ270/ϕ217×8	1	A3	与桶口压合，点焊
4	O 形密封圈	ϕ内 215	1	软橡胶	
5	桶盖		1	A3	

A.2.2.1　加固圈形状和尺寸应符合图 A.8 的规定。

单位为毫米

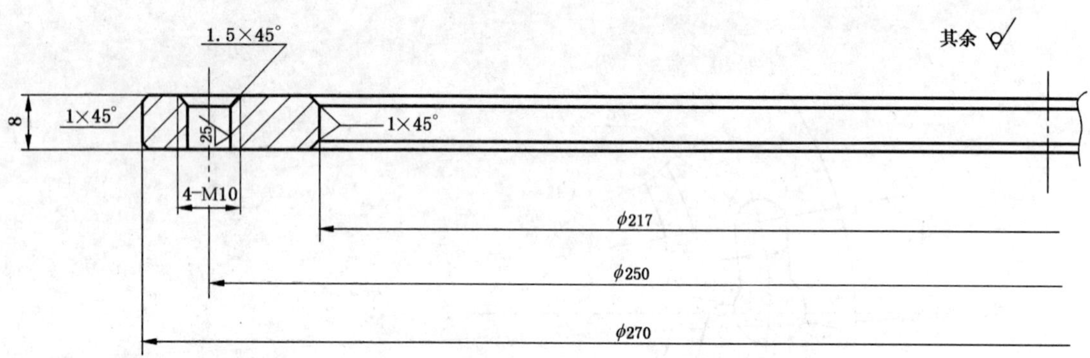

图 A.8　加固圈

A.2.2.2　O 形密封圈的形状和尺寸应符合图 A.9 的规定。

单位为毫米

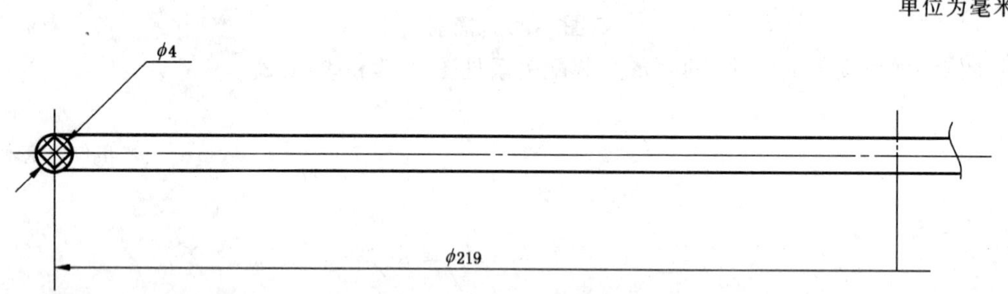

图 A.9　O 形密封圈

A.2.2.3 桶盖的形状和尺寸应符合图 A.10 或图 A.11 的规定。

单位为毫米

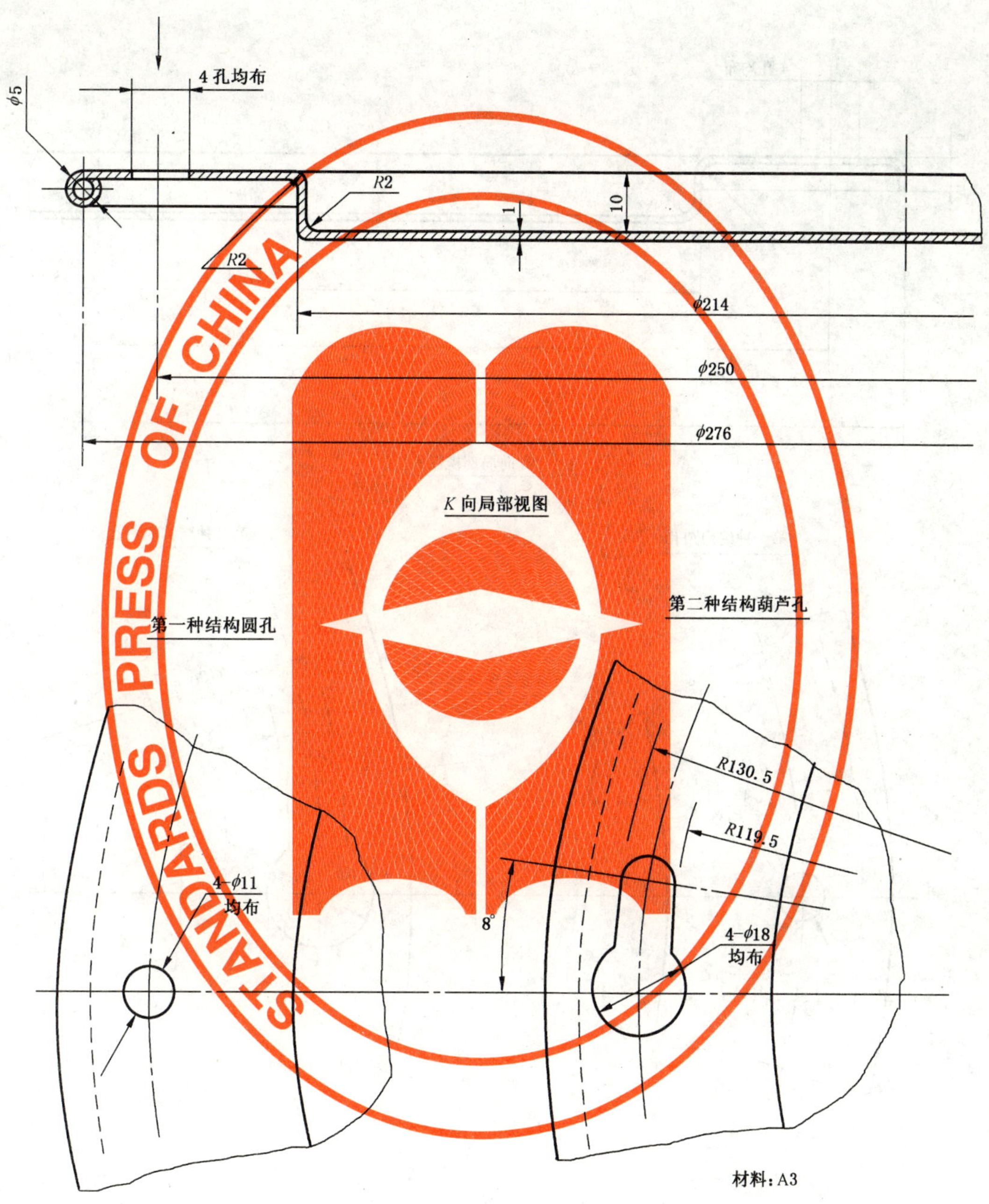

图 A.10 桶盖(Ⅰ)

单位为毫米

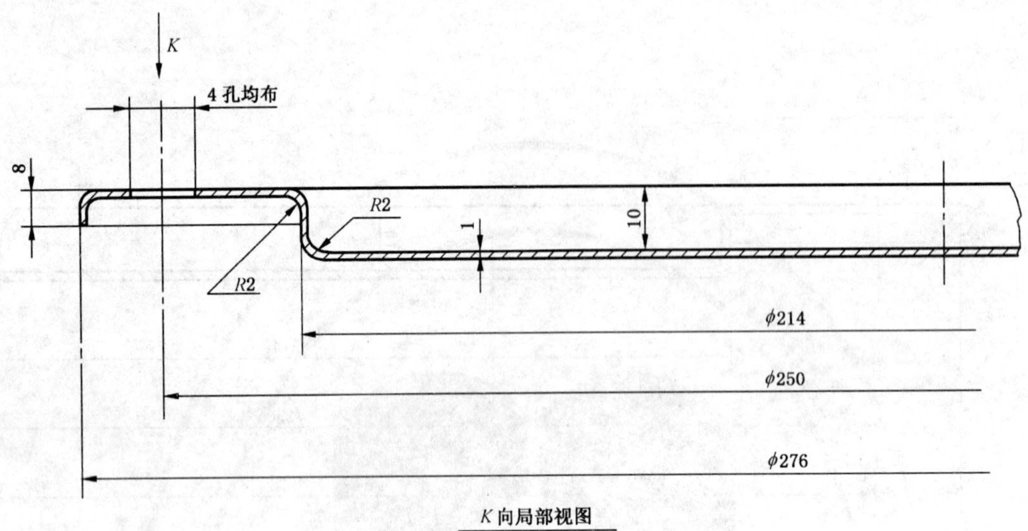

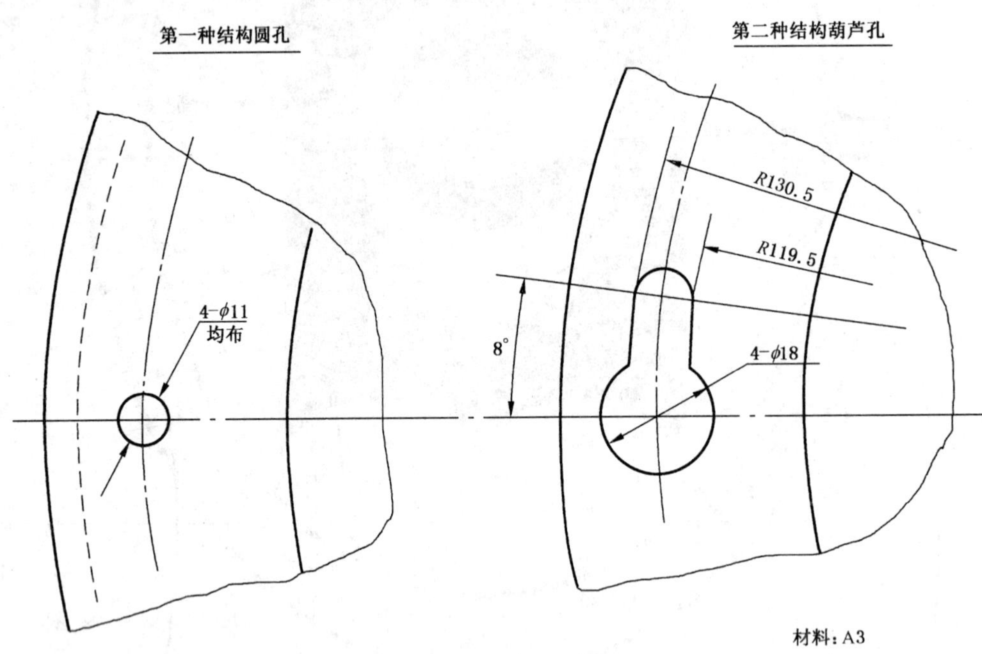

材料：A3

图 A.11　桶盖（Ⅱ）

A.2.3 外观质量规定

A.2.3.1 封闭器圆整、表面平整、光洁，不得有影响装配质量的裂纹、变形等缺陷。

A.2.3.2 桶盖漆膜平整光滑，颜色均匀，无明显失光、变色、起皱等缺陷。

A.2.4 装配质量规定

A.2.4.1 封闭器配套齐全，装配后表面平整，密封良好(直通安全装置通气孔除外)，顶面不超过桶身三重卷边的沿口。

A.2.4.2 封闭器必须保证互换性。

A.2.4.3 直通安全装置规格、质量、安装位置应正确，通气孔必须畅通无阻。

ICS 87.080
Y 44

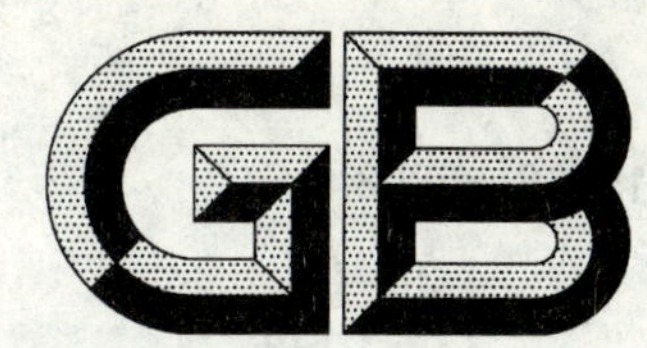

中华人民共和国国家标准

GB/T 15962—2008
代替 GB/T 15962—1995

油墨术语

Glossary of printing ink terms

2008-08-19 发布　　2009-05-01 实施

中华人民共和国国家质量监督检验检疫总局
中国国家标准化管理委员会　发布

前　言

本标准代替 GB/T 16962—1995《油墨术语》。

本标准与 GB/T 16962—1995 相比主要变化如下：

——分类修改为油墨种类、油墨的组分和油墨的性能三部分内容。

——增加了新的油墨品种的术语，删除了已很少采用的油墨品种的术语。

——取消了油墨应用故障。

本标准由中国轻工业联合会提出。

本标准由全国油墨标准化技术委员会归口。

本标准起草单位：北京印刷学院、洛阳百林威油墨有限公司、北京优威科技有限公司、天津东洋油墨有限公司、浙江永在化工有限公司、天津天女化工集团股份有限公司、杭华油墨化学有限公司、叶氏油墨(中山)有限公司、国家印刷装潢制品监督检验中心、中国印刷科学技术研究所。

本标准主要起草人：魏先福、黄蓓青、吴铁军、刘德文、张进梅、吴敏、杜仲江、黄荣海、胡萍、张黎明、马智勇。

本标准所代替标准的历次版本情况为：

——GB/T 16962—1995。

油 墨 术 语

1 范围

本标准规定了油墨术语及其定义。

本标准适用于油墨的生产、应用、科研、教学、出版及编制标准，也可供国内外技术交往中使用。

2 印刷油墨 printing ink

由着色剂、连结料、辅助剂等成分组成的分散体系，在印刷过程中被转移到承印物上的着色的物质。

2.1

凸印油墨 letterpress ink

适用于凸版印刷方式的各种油墨的总称。

2.2

胶印油墨 offset ink

适用于各种平版印刷方式的油墨总称。

2.2.1

单张胶印油墨 sheet-fed offset ink

适用于单张基材胶印机的油墨。

2.2.2

轮转胶印油墨 web-fed offset ink

适用于卷筒基材胶印机的油墨。

2.2.2.1

热固油墨 heat-set ink

通过加热而固着干燥的油墨。

2.2.2.2

冷固油墨 cold-set ink

在常温下固着干燥的油墨。

2.2.3

无水胶印油墨 waterless offset ink

不用润湿液来进行印刷的胶印油墨。

2.3

凹印油墨 gravure ink

适用于各种凹版印刷方式的油墨总称。

2.3.1

雕刻凹印油墨 intaglio ink

适用于雕刻凹版印刷的油墨。

2.3.2

照相凹印油墨 photogravure ink

适用于照相凹版印刷的油墨。

2.3.2.1

纸张照相凹印油墨 photogravure ink for paper

以纸张为承印材料的照相凹版印刷油墨。

2.3.2.2

薄膜照相凹印油墨　photogravure ink for film

以薄膜为承印材料的照相凹版印刷油墨。

2.3.2.2.1

薄膜照相凹印表印油墨　photogravure surface ink for film

以薄膜为承印材料进行表印的照相凹版印刷油墨。

2.3.2.2.2

薄膜照相凹印复合油墨　photogravure lamination ink for film

以薄膜为承印材料进行里印的照相凹版印刷油墨。

2.4

柔印油墨　flexographic ink

适用于柔性版印刷的油墨。

2.4.1

纸张柔印油墨　flexographic ink for paper

以纸张为承印材料的柔性版印刷油墨。

2.4.2

薄膜柔印油墨　flexographic ink for film

以薄膜为承印材料的柔性版印刷油墨。

2.5

网印油墨　screen ink

适用于网版印刷的各种油墨的总称。

2.6

大豆油油墨　soyabean ink

油墨组分中大豆油含量符合特定规定的油墨。

2.7

数字印刷油墨　digital printing ink

适用于各种数字印刷方式的油墨总称。

2.7.1

喷墨印刷油墨　jet ink

适用于喷墨印刷方式的油墨。

2.7.2

静电印刷油墨　Electrostatic ink

适用于静电印刷方式的油墨。

2.7.3

热升华油墨　thermal dye transfer ink

以热升华染料为色料，印刷在转印纸上后，再利用热和压力转印至承印物上的油墨。

2.8

能量固化油墨　energy curing ink

能在能量辐射作用下，发生聚合反应而固化干燥的油墨。

2.8.1

紫外光固化油墨　ultraviolet curing ink

UV 固化油墨

能在紫外线照射作用下瞬间固化的油墨。

2.8.2

电子束固化油墨　electron beam curing ink

EB 固化油墨

能在电子束照射作用下瞬间固化的油墨。

2.8.3

红外线固化油墨　infrared curing ink

IR 固化油墨

能在红外线照射作用下固化的油墨。

2.9

溶剂油墨　solvent-based ink

以有机溶剂作为主要溶剂的油墨。

2.10

水性油墨　water-based ink

由水基型连结料等成分组成的油墨。

2.11

特殊印刷油墨　special printing ink

具有特殊的成分,或特殊用途的油墨。

2.11.1

防伪油墨　anti-forgery ink

能在特定条件下发生一定变化的油墨。

2.11.1.1

温致变色油墨　temperature indicator ink

颜色随温度变化而变化的油墨。

2.11.1.2

紫外光显色油墨　UV visible ink

在紫外光照射下,能发出可见光的特种油墨。

2.11.1.3

红外线显色油墨　IR visible ink

在红外光照射下,能发出可见光的特种油墨。

2.11.1.4

光致变色油墨　photochromatic ink

在一定波长的光照射下,能够产生颜色变化的油墨,有可逆变色和不可逆变色两类。

2.11.1.5

光折射油墨　optical refraction ink

在不同角度的光线照射下,能够产生颜色变化的油墨。

2.11.1.6

防涂改油墨　altering-proof ink

对涂改用的化学物质具有显色反应的油墨。

2.11.2

导电油墨　electric conductive ink

用导电材料制成的具有一定程度导电性质的油墨。

2.11.3

磁性油墨　magnetic ink

用磁性材料等成分制成的油墨。

2.11.4

热熔油墨 melting ink

受热时油墨熔成液体,印到承印物上后,在常温下立即冷凝固着的油墨。

2.11.5

热转移油墨 heat transfer ink

在特制基材上印刷好的图案文字通过接触加热转移到其他材料上的油墨。

2.11.6

水转印油墨 water transfer ink

用于水转移印刷的油墨。油墨印至水转印纸上经水润湿后,所印图案从水转印纸上脱落并粘附到承印物上。

2.11.7

移印油墨 pad transfer ink

适用于移印方式的油墨。

2.11.8

微胶囊油墨 microcapsule ink

颜料粒子经包覆处理形成微胶囊制备成的油墨。

2.11.9

誊写油墨 stencil ink

适用于以手刻或打字蜡纸为印版的油墨。

2.11.10

原子印章油墨 stamp ink

原子印章用油墨。

2.11.11

荧光油墨 fluorescent ink

用荧光颜料制成的油墨。

2.11.12

珠光油墨 pearlescent ink

用珠光颜料制成的油墨。

2.11.13

发泡油墨 foaming ink

具有发泡隆起功能的油墨。

2.11.14

储能油墨 light-stored ink

以蓄光着色剂制备的油墨。

2.11.15

装饰性印刷油墨 decorative printing ink

印至承印物后呈现特殊装饰效果的油墨。

2.11.16

上光油 coating oil

涂布(或印刷)在印刷品表面,起保护及装饰作用的液状物质。

2.11.17

调墨油 varnish

用于调整油墨粘度的材料。

3 油墨的组分 component of ink

组成油墨的各种成分。如着色剂、连结料、助剂等。

3.1

着色剂 colorant

赋予油墨颜色的有色物质。

3.1.1

颜料 pigment

颜料是一种不溶于水、油、溶剂和树脂等介质中的有色物质。

3.1.1.1

有机颜料 organic pigment

由苯、萘、蒽等或杂环芳香族有机化合物衍生的不饱和有机化合物组成的颜料。

3.1.1.2

无机颜料 inorganic pigment

由单质元素、金属氧化物、无机盐、络合物等组成的颜料。

3.1.2

染料 dye

染料是一种能溶于水、油或其他有机溶剂的有色物质。

3.2

连结料 vehicle

油墨中的流体组成部分,主要起着油墨中着色剂载体和形成墨膜的作用。

3.3

树脂 resin

用于油墨连结料的有机高分子物质。

3.4

溶剂 solvent

用于溶解组成油墨连结料、树脂的液态物质。

3.5

光引发剂 photoinitiator

吸收辐射能,经化学变化产生具有引发聚合能力的活性中间体。

3.6

预聚物 oliomer

含有不饱和官能团的低分子聚合物。

3.7

单体 monomer

含有可聚合官能团的有机小分子。

3.8

辅助剂 additive

在制造或使用油墨时,加入少量可以调整油墨至具有某种性质的材料。

3.9

填充料 filler

添加在油墨中基本不影响油墨颜色的粉状物质。

4 油墨的性能 properties of ink

反映油墨的性质和功能的各种参数指标。

4.1

油墨的光学性能 optical properties of ink

反映油墨光学性质的各种参数指标。

4.1.1

颜色 colour

光作用于人眼引起空间属性以外的视觉特性。用色名或色的三属性来表示的视觉特性。

4.1.2

彩色 chromatic colour

中性色以外的颜色。

4.1.3

中性色 neutral colour

无光谱选择性的物体表面色。

4.1.4

孟塞尔颜色系统 Munsell colour system

用孟塞尔色立体模型所规定的色相、明度和彩度来表示物体色的色度系统。

4.1.5

色相(色调) hue

表示红、黄、绿、蓝、紫等颜色特性。

颜色的三属性之一。

4.1.6

明度 lightness

a) 物体表面相对明暗的特性。

b) 在同样的照明条件下,以白板作为基准,对物体表面的视觉特性给予的分度。

颜色的三属性之一。

[GB/T 5698—2001,定义 5.8]

4.1.7

彩度 chroma

用距离等明度无彩色点的视知觉特性来表示物体表面颜色的浓淡,并给予分度。

颜色的三属性之一。

4.1.8

CIE 颜色系统 CIE colour system

国际照明委员会规定的表达和测量颜色的体系。

4.1.9

三刺激值 tristimulus values

在三色系统中,与待测色刺激达到色匹配所需的三种参照色刺激的量。

注:在 XYZ 表色系统中,采用[X]、[Y]、[Z]三刺激值。在 $X_{10}Y_{10}Z_{10}$ 表色系统中,采用[X_{10}]、[Y_{10}]、[Z_{10}]三刺激值。

4.1.10

色度 chromaticity

定量描述颜色的色相、彩度、明度的综合量。

4.1.11

色度值 chromatic value

模拟人眼中锥体细胞响应的数值。

4.1.12

色度计 colorimeter

用以测量色的三刺激值或色品坐标的仪器。

4.1.13

密度计 densimeter

用以测量色的密度值的仪器,有透射与反射之分。

4.1.14

色差 colour difference

定量表示的色知觉差别。以 ΔE 表示。

4.1.15

灰度 grayness

油墨色相不应吸收区域最小密度与应吸收区域最大密度之比。

4.1.16

色效率 colour efficiency

一个颜色对光的正确吸收与不正确吸收的百分比。

4.1.17

色强度 colour strength

用密度计三色滤色片测得的三个密度值中的最大密度值。

4.1.18

色相误差 hue error

油墨色相反射区域密度差与吸收区域密度差之比。

4.1.19

相加混色原色 additive primaries

相加混色用基本色刺激。通常使用红、绿、蓝三种颜色。

4.1.20

相减混色原色 subtractive primaries

相减混色用基本吸收介质的颜色。通常使用青(吸收光谱的红色部分),品红(吸收光谱的绿色部分),黄(吸收光谱的蓝紫部分)色吸收介质。

4.1.21

二次色 secondary colour

指三原色中任意两色混合而成的中间色。

4.1.22

复色 compound colour

由二种及以上颜色混合而成的颜色。

4.1.23

互补色 complementary colour

以适当比例混合产生中性色的两种颜色。通过相加混色能够匹配成规定的无彩色刺激的两种颜色。

4.1.24

面色 toptone

刮在刮样纸上的薄层油墨所显示的颜色。

4.1.25

底色 undertone

把刮有薄层油墨的刮样纸在光照透视下所显示的颜色。

4.1.26

墨色 masstone

刮在刮样纸上的厚层油墨的颜色。

4.1.27

着色力 tinctorial strength

表示油墨样品与标样之间颜色浓度的差别。

4.1.28

标样 master standard

油墨生产控制及质量监督检测的基准样。

4.1.29

透明度 transparency

油墨能被光线透过而显现被遮盖表面颜色的能力。

4.1.30

遮盖力 covering power

油墨遮盖被覆盖表面颜色的能力。

4.1.31

光泽 gloss

物体表面定向选择反射的性质。由于反射光的空间分布而产生的物体表面视知觉的特性，它与表面定向反射成分的大小和反射光配光曲线的尖锐程度有关。

4.1.32

光泽度 glossiness

用数据表述的物体表面的光泽程度。

4.2

油墨的固有特性 inherent property of ink

油墨本身所具有的特点与性能。

4.2.1

墨性 ink property

反映到印刷适性上的油墨性质的总称。

4.2.1.1

身骨 body

油墨的软硬、松紧、稀稠和弹性等。

4.2.1.2

流平 levelling

油墨铺展的速度及铺展后接触角的大小。

4.2.1.3

丝头 stringing

用小墨刀的头部轻按油墨后拉起，油墨从拉起的小墨刀上流下时所成绵延的细丝。

4.2.2

细度 fineness

油墨中的颜料、填料等粉状物质被研细分散在连结料中的程度，单位以 μm 表示。

4.2.3

粘性　tack

油墨薄层在两接触面之间抗拒分离的阻力。

4.2.4

粘性增值　tack increasing value

油墨在印刷时的相对粘性的变化情况。

4.2.5

飞墨　misting

油墨微粒飞离运转着的设备的现象。

4.2.6

斜率　slope

表现油墨丝头特性的一种指标。

4.2.7

截距　intercept

表现油墨软硬特性的一种指标。

4.2.8

流动值　flow value

表现油墨流动特性的一种指标。

4.2.9

屈服值　yield value

使油墨开始流动所需的最小剪切应力。

4.2.10

触变性　thixotropy

油墨受到外力作用引起粘度下降,外力消失后粘度恢复的现象。

4.2.11

粘弹性　viscoelasticity

油墨的粘滞性及弹性的综合性质。

4.2.12

粘度　viscosity

油墨内部抗拒其墨层滑移的摩擦阻力。

4.2.13

牛顿流体　Newtonian fluid

满足牛顿粘性定律的流体。

4.2.14

塑性流体　plastic fluid

外力小于屈服值时不产生流动,外力大于屈服值时,表现出牛顿流体性质的流体。

4.2.15

剪切变稀流体　shear thinning fluid

在外力作用下,粘度随剪切速率增大而变稀薄的流体。

4.2.16

膨胀性流体　dilatant fluid

胀流型流体

在外力作用下,粘度随剪切速率增大而上升的流体,但在静置时,能逐渐恢复原来的状态。

4.2.17

假塑性流体　pseudoplastic fluid

低剪切速率范围呈现剪切变稀性质,高剪切速率范围呈现塑性流体性质的流体。

4.2.18

流动性　flowability

油墨本身所具有的流动性能。

4.2.19

流动度　fluidity

反映油墨流动性的一个物理量。

4.2.20

固着　setting

油墨印刷到承印材料上后,自流态变成半固态的过程。

4.2.21

干燥　drying

油墨薄层转变成固态墨膜的整个过程。

4.2.21.1

氧化结膜干燥　oxidation drying

油墨吸收氧气而发生氧化聚合反应,形成固态墨膜的过程。

4.2.21.2

挥发干燥　evaporation drying

油墨因溶剂挥发,自流态凝固成固态墨膜的过程。

4.2.21.3

渗透干燥　penetration drying

油墨因部分连结料渗入承印材料后自流态凝固成固态墨膜的过程。

4.2.21.4

紫外光固化　ultraviolet curing

UV 固化

油墨在紫外光照射下瞬间自流态凝固成固态墨膜的过程。

4.2.21.5

热固干燥　heat-set drying

油墨通过加热自流态凝固成固态墨膜的过程。

4.2.21.6

电子束固化　electrobeam curing

EB 固化

油墨在电子束作用下凝固成固态墨膜的过程。

4.2.22

初干性　initial dryness

表征油墨起始干燥的能力。

4.2.23

彻干性　thorough dryness

表征油墨完全干燥的能力。

4.2.24

固化速度　curing speed

能量固化油墨的干燥速度。

4.2.25

乳化　emulsification

两种不相溶的液体，其中一种以细小的液滴形式分散在另一种液体中的现象。

4.2.26

稳定性　stability

油墨维持自身固有特性的能力。

4.2.27

胶化　livering

油墨在规定的温度和时间下的变稠或结块程度。

4.2.28

附着力　adhesion

油墨墨膜在承印基材上的粘附牢度。

4.2.29

粘连性　blocking

在规定的条件下，墨膜被粘合在一起的程度。

4.2.30

迁移性　migration potential

油墨组分穿透墨层或承印基材的能力。

4.3

油墨的物理、化学耐性　physical and chemical resistance of ink

油墨在存放和使用时，抵抗外界物理、化学条件变化的性质。

4.3.1

冷冻牢度　freezing toughness

塑料油墨印刷品经过冷冻后，在室温条件下墨膜的耐揉搓程度。

4.3.2

耐光　light fastness

油墨印刷品在日光曝晒一定时间后的油墨颜色变化的程度。

4.3.4

耐碱性　alkali resistance

油墨印刷品受到碱性物质侵蚀后的墨膜变化的程度。

4.3.5

耐酸性　acid resistance

油墨印刷品受到酸性物质侵蚀后的墨膜变化的程度。

4.3.6

耐醇性　alcohol resistance

油墨印刷品受到醇性物质侵蚀后的墨膜变化的程度。

4.3.7

耐溶剂性　solvent resistance

油墨印刷品受到溶剂性物质侵蚀后的墨膜变化的程度。

4.3.8

耐蜡性　wax resistance

油墨印刷品受到蜡性物质侵蚀后的墨膜变化的程度。

4.3.9

耐热性　heat resistance

油墨印品在规定的时间及温度条件下烘烤后的颜色变化程度。

4.3.10

耐摩擦性　rub resistance

油墨印品墨膜受摩擦后的损伤程度。

4.3.11

耐蒸煮性　steam resistance

油墨印品在高压蒸汽中蒸煮后的墨膜的变化程度。

4.3.12

抗冲击性　shock resistance

墨膜在经受高速率的重力作用后发生变化的程度。

4.3.13

耐折性　folding endurance

墨膜抵抗往复折叠的能力。

4.3.14

耐划伤性　scratch resistance

墨膜抵抗刮擦的能力。

中 文 索 引

英 文 索 引

A

B

C

D

J

L

M

N

O

P

U

V

W

Y

ICS 71.100.40
G 73

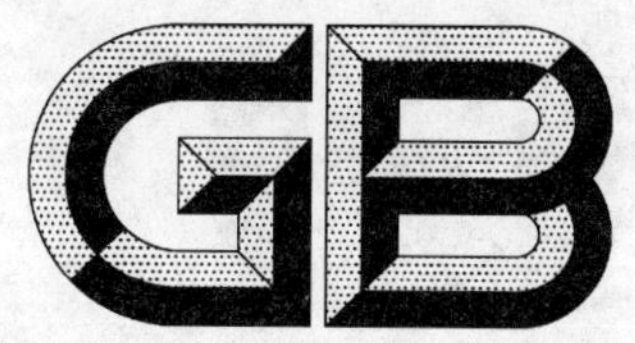

中华人民共和国国家标准

GB/T 15963—2008
代替 GB/T 15963—1995

十二烷基硫酸钠

Sodium lauryl sulfate

2008-12-30 发布　　2009-09-01 实施

中华人民共和国国家质量监督检验检疫总局
中国国家标准化管理委员会　发布

前　言

本标准代替 GB/T 15963—1995《十二烷基硫酸钠》。

本标准与 GB/T 15963—1995 相比主要变化如下：

——修订了产品分类；

——修订了活性物含量、石油醚可溶物、无机盐含量、水分、pH 值、白度等指标；

——修订了色泽指标和表达方式；

——修订了产品保质期。

——增加了活性物含量测定方法；

——增加了重金属和砷的指标。

本标准的附录 A 为资料性附录。

本标准由中国轻工业联合会提出。

本标准由全国表面活性剂和洗涤用品标准化技术委员会归口。

本标准起草单位：国家洗涤用品质量监督检验中心（太原）、上海白猫股份有限公司、宝洁（中国）有限公司、中国日用化学工业研究院。

本标准主要起草人：王万绪、王晟、张宝莲、吴哲、李维兴、张琰。

本标准所代替标准的历次版本发布情况为：

——GB/T 15963—1995。

十二烷基硫酸钠

1 范围

本标准规定了十二烷基硫酸钠的产品结构和分类、要求、试验方法、检验规则及标志、包装、运输、贮存。

本标准适用于以月桂醇为主要组分的脂肪醇,用三氧化硫磺化或氯磺酸硫酸化中和制得的十二烷基硫酸钠,包括固体产品和液体产品。

2 规范性引用文件

下列文件中的条款通过本标准的引用而成为本标准的条款。凡是注日期的引用文件,其随后所有的修改单(不包括勘误的内容)或修改版均不适用于本标准,然而,鼓励根据本标准达成协议的各方研究是否可使用这些文件的最新版本。凡是不注日期的引用文件,其最新版本适用于本标准。

GB/T 5173 表面活性剂和洗涤剂 阴离子活性物的测定 直接两相滴定法(GB/T 5173—1995,eqv ISO 2271:1989)

GB/T 6368—2008 表面活性剂 水溶液 pH 值的测定 电位法(ISO 4316:1977,IDT)

GB/T 8170 数值修约规则与极限数值的表示和判定

GB/T 8447—2008 工业直链烷基苯磺酸

GB/T 11989—2008 阴离子表面活性剂 石油醚溶解物含量的测定(ISO 894:1997,IDT)

GB/T 13173—2008 表面活性剂 洗涤剂试验方法(ISO 607:1980,MOD;ISO 2996:1974,MOD;ISO 4313:1976,MOD;ISO 4325:1990,MOD;ISO 697:1981,MOD;ISO 4321:1977,IDT)

QB/T 2739—2005 洗涤用品常用试验方法 滴定分析(容量分析)用试验溶液的制备

[卫监督发 2007 年版]1 号 化妆品卫生规范

3 产品结构和分类

结构式:$CH_3(CH_2)_nOSO_3Na$(以 $n=11$ 为主组分)。

十二烷基硫酸钠有液体产品和固体产品(粉状和针状),各分为优级品与合格品两种类型。

4 要求

4.1 感官指标

4.1.1 外观:液体产品呈无色或淡黄色,不分层,无悬浮物或沉淀;固体产品呈白色或淡黄色的粉状或针状,均匀无杂质。

4.1.2 气味:不得有其他异味。

4.2 理化指标

十二烷基硫酸钠的物理化学指标应符合表 1 规定。

表 1 十二烷基硫酸钠理化指标

项目		指标					
		粉状产品		针状产品		液体产品	
		优级品	合格品	优级品	合格品	优级品	合格品
活性物含量[a]/%	≥	94	90	92	88	30	27
石油醚可溶物/%	≤	1.0	1.5	1.0	1.5	1.0	1.5
无机盐含量(以 Na_2SO_4+NaCl 计)/%	≤	2.0	5.5	2.0	5.5	1.0	2.0
pH 值(25 ℃,1%活性物水溶液)		7.5～9.5				≥7.5	
白度(W_G)	≥	80	75	—			
色泽(5%活性物水溶液)/Klett	≤	—		30			
水分/%	≤	3.0		5.0		—	
重金属[b](以铅计)/(mg/kg)	≤	20					
砷[b]/(mg/kg)	≤	3					

[a] 应标注产品的平均相对分子质量数据。

[b] 用于牙膏原料时的控制指标。

5 试验方法

除非另有说明,在分析中仅使用认可的分析纯试剂和蒸馏水或去离子水或相当纯度的水。

5.1 试样的制备

十二烷基硫酸钠试样按 GB/T 13173—2008 中第 4 章分样和保存。

5.2 水分的测定

十二烷基硫酸钠水分的测定按 GB/T 13173—2008 中第 15 章规定进行,首次烘干 2 h,在干燥器中冷却,称量后,重复烘干、冷却、称量操作至相继两次称量不超过 0.002 g,即认为恒重。

5.3 石油醚可溶物含量的测定

十二烷基硫酸钠中石油醚可溶物包括未硫酸化的脂肪醇和不可硫酸化物以及在水溶液中不离解的含硫化合物,其含量的测定按 GB/T 11989—2008 进行。

5.4 活性物含量的测定

5.4.1 方法一:阴离子活性物的测定 直接两相滴定法(仲裁法)

按 GB/T 5173 的规定进行。

5.4.2 方法二:减量法

5.4.2.1 试验中的乙醇不溶物

按 GB/T 13173—2008 中 7.5.1.1a)进行至"……过滤,操作四次"后,将烧瓶和古氏坩埚在(105±2)℃烘箱中烘干至恒重(指相继两次称量不超过 0.002 g)。

试样中的乙醇不溶物含量以质量分数(X_1)表示,按式(1)计算:

$$X_1 = \frac{A}{m_0} \times 100 \qquad \cdots\cdots(1)$$

式中:

A——古氏坩埚加烧杯增加的质量,单位为克(g);

m_0——试样质量,单位为克(g)。

5.4.2.2 乙醇溶解物中的氯化钠

将 5.4.2.1 中操作后得到的乙醇溶解物(过滤液及洗液)转移入 500 mL 锥型瓶中,按

GB/T 13173—2008 中 7.5.1.2“加入酚酞溶液……”后开始操作，用 0.1 mol/L 硝酸银标准滴定溶液滴定至溶液由黄色变橙色为终点。

试样乙醇溶解物中的氯化物含量以质量分数(X_2)表示，按式(2)计算：

$$X_2 = 0.0585 \times V \times c \quad \cdots\cdots(2)$$

式中：

0.058 5——氯化钠的毫摩尔相对分子质量，单位为克每毫摩尔(g/mmol)；

V——滴定耗用的硝酸银标准滴定溶液的体积，单位为毫升(mL)；

c——硝酸银标准滴定溶液的浓度，单位为摩尔每升(mol/L)。

5.4.2.3 十二烷基硫酸钠总活性物含量(X_a)以质量分数表示，按式(3)计算：

$$X_a = 100 - X_1 - X_2 - X_3 - X_4 \quad \cdots\cdots(3)$$

式中：

X_1——十二烷基硫酸钠水分的含量，%；

X_2——十二烷基硫酸钠石油醚可溶物的含量，%；

X_3——十二烷基硫酸钠乙醇不溶物的含量，%；

X_4——十二烷基硫酸钠乙醇溶解物中氯化钠的含量，%。

结果以算术平均值表示至整数个位。

在重复性条件下获得的两次独立测定结果的绝对差值不大于1%，以大于1% 的情况不超过5%为前提。

5.5 pH 的测定

按 GB/T 6368—2008 的规定，将 10 g/L 试样溶液在缓和的电磁搅拌下，保持 25 ℃，测定其 pH 值。

5.6 硫酸钠含量的测定

5.6.1 原理

用钡离子(Ba^{2+})沉淀硫酸根离子(SO_4^{2-})生成硫酸钡($BaSO_4$)，由硫酸钡的质量计算出试样中硫酸钠的含量。

5.6.2 试剂

a) 95%乙醇；

b) 无水乙醇；

c) 盐酸，1∶1 溶液；

d) 氯化钡，10%溶液；

e) 硝酸银，0.1 mol/L 溶液。

5.6.3 仪器

a) 玻璃滤埚，P30，孔径 16 μm～30 μm，30 mL；

b) 吸滤瓶，500 mL；

c) 烧杯，400 mL 高型；

d) 定量滤纸，慢速；

e) 高温炉，能控温于(900±10)℃；

f) 瓷坩埚，30 mL。

5.6.4 试验程序

称取 1 g 试样(称准至 0.001 g)于 400 mL 高型烧杯中，对于固体产品需加入少量水湿润，然后加入 100 mL 无水乙醇[5.6.2b)]，搅匀，用玻璃皿盖好，置水浴上。在低于乙醇沸点的温度下消化 1 h，趁热用玻璃滤埚(5.6.3a)过滤，并用 100 mL 热乙醇[5.6.2a)]洗涤滤埚。然后用已加热煮沸的 100 mL 水和20 mL 盐酸(5.6.2c)的混合液分次溶解乙醇不溶物并洗涤烧杯和滤埚，用洁净的吸滤瓶逐次吸滤溶液和洗液，并转移至 400 mL 烧杯中，加热煮沸，缓缓加入 15 mL 氯化钡溶液[5.6.2d)]，并保持微沸

30 min。用定量滤纸过滤，并用热的蒸馏水洗至滤液无氯离子(用硝酸银溶液检验)。将滤纸及沉淀物一起放在已恒重的瓷坩埚中，缓慢加热干燥炭化，然后以半盖状移入900 ℃高温炉内灼烧30 min至残渣完全为白色。将坩埚取出、盖上盖，稍降温后移入干燥器内冷却30 min至室温，称量，称准至0.001 g。

5.6.5 结果计算

十二烷基硫酸钠中的硫酸钠含量(w_1)以质量分数表示，按式(4)计算：

$$w_1=\frac{(m_1-m_2)\times 0.6086}{m_0}\times 100\% \qquad \cdots\cdots(4)$$

式中：

m_1——坩埚加硫酸钡灼烧后的质量，单位为克(g)；

m_2——空坩埚灼烧后的质量，单位为克(g)；

m_0——试样的质量，单位为克(g)；

0.608 6——硫酸钡换算成硫酸钠的系数。

结果以算术平均值表示至小数点后一位。

在重复性条件下获得的两次独立测定结果的绝对差值不大于0.2%，以大于0.2%的情况不超过5%为前提。

5.7 氯化钠含量的测定

5.7.1 原理

试样的水溶液用硝酸或氢氧化钠溶液调节至中性，用银量法(莫尔法)测定氯化物含量，以氯化钠计算。

5.7.2 试剂

a) 硝酸银，$c(AgNO_3)=0.1$ mol/L标准滴定溶液，按QB/T 2739—2005中4.5的规定配制和标定；

b) 铬酸钾，5%溶液；

c) 硝酸，$c(HNO_3)\approx 0.1$ mol/L溶液；

d) 氢氧化钠，$c(NaOH)\approx 0.1$ mol/L溶液；

e) 酚酞，10 g/L。

5.7.3 仪器

a) 锥形瓶，容量250 mL；

b) 棕色具塞滴定管，50 mL。

5.7.4 试验程序

称取5 g试样(称准至0.001 g)于锥形瓶[5.7.3a)]中，加入50 mL水溶解，加入2滴酚酞指示液[5.7.2e)]，如显红色，即用硝酸溶液[5.7.2c)]中和至红色消失。如果不显红色，则用氢氧化钠溶液[5.7.2d)]中和至微红色，再用硝酸溶液[5.7.2c)]中和至无色。然后加入1 mL铬酸钾溶液[5.7.2b)]，用硝酸银标准滴定溶液[5.7.2a)]滴定至溶液由黄色变为橙色为终点。记下所用硝酸银溶液的体积(V)。

5.7.5 结果计算

十二烷基硫酸钠中的氯化钠含量(w_2)以质量分数表示，按式(5)计算：

$$w_2=\frac{0.0585cV}{m_0}\times 100\% \qquad \cdots\cdots(5)$$

式中：

c——硝酸银标准滴定溶液的浓度，单位为摩尔每升(mol/L)；

V——滴定耗用的硝酸银标准滴定溶液的体积，单位为毫升(mL)；

m_0——试样的质量，单位为克(g)；

0.058 5——氯化钠的毫摩尔相对分子质量，单位为克每毫摩尔(g/mmol)。

结果以算术平均值表示至小数点后一位。

在重复性条件下获得的两次独立测定结果的绝对差值不大于0.03%，以大于0.03%的情况不超过5%为前提。

5.8 白度(W_G)的测定

十二烷基硫酸钠粉状产品的白度(W_G)按GB/T 13173—2008中第14章的规定进行测定。

5.9 色泽的测定

十二烷基硫酸钠针状和液体状产品的色泽(Klett)按GB/T 8447—2008中附录A进行测定(参见本标准附录A)。

5.10 重金属(以铅计)的测定

按[卫监督发2007年版]1号中卫生化学检验方法的规定进行测定。

5.11 砷含量的测定

按[卫监督发2007年版]1号中卫生化学检验方法的规定进行测定。

6 检验规则

6.1 检验分类

6.1.1 型式检验

a) 型式检验包括第4章规定的全部技术要求指标，有如下情况时应进行型式检验；

b) 正常生产时应每三个月进行一次型式检验；

c) 生产工艺、生产设备、原材料、催化剂等变化或不正常，以及生产管理要素(包括人员素质)的变化可能影响产品质量和性能时；

d) 长期停产后再恢复生产时；

e) 出厂检验结果与上次的型式检验有较大差异时；

f) 质量监督检验机构提出型式检验要求时。

6.1.2 出厂检验

出厂检验包括第4章要求的全部项目，但不包括重金属和砷。

6.2 产品组批与抽样规则

6.2.1 组批

产品按批交付及抽样验收，一次交付的同一规格类型、同一批号的产品为一交付批。

生产单位交付的产品，应先经其质量检验部门按本标准检验，符合本标准并出具产品质量检验合格证书，方可出厂。

产品质量检验合格证书应包括：产品名称、类型、采用标准编号、批号、批量、质量指标(包括平均相对分子质量)、生产日期、生产者名称等。

收货方凭产品质量检验合格证书验收，必要时可按下述规定在一个月内抽样验收或仲裁。

6.2.2 取样

收货方验收、仲裁检验所需的样品，应根据批量大小按表2确定样本大小，交收双方会同在交货地点从交付批中随机抽取样本单位。

表2 批量和样本大小

单位为桶或袋

批量	1	2～15	16～50	51～150	151～500	≥501
样本大小	1	2	3	5	8	13

液态产品取样时，先用洁净干燥的棒将样本桶内物料尽量搅匀，如有凝聚物，需将样本桶加热融化

后搅匀，用洁净的长玻璃管或其他取样器插至样本桶中部，从各样本桶中等量取样。固态产品取样时，用取样勺在样本袋中心四分之一处进行等量取样。取样量约 200 g，分成两份。一份用于检测，另一份封存。

6.3 判定规则

检验结果按 GB/T 8170 进行修约，判定产品合格或不合格。若有一项指标不符合本标准的规定，应从交付批中重新取两倍样本抽取样品，对不合格项进行复检。如复检结果符合本标准规定，则判该批产品合格；如仍不符合，则判该批产品不合格。

6.4 仲裁

收货单位如发现产品质量不符合本标准规定的要求，应在到货一个月内向生产企业交涉。如有异议，会同双方按 6.2.2 取样。取样量不少于 1.5 kg，样品混匀后分装于三个干燥清洁的样品瓶内，加盖密封，贴上标签并注明：样品名称、类型、批号、生产者、取样日期和取样人。交收双方各持一瓶，另一瓶签封后，可商请有关部门进行仲裁检验。样品存放于暗处，保存期一个月。仲裁检验结果为最终依据。

7 标志、包装、运输、贮存

7.1 标志

产品的包装容器外应用一定方式进行标志，图案及文字应清晰端正，并标明：

a) 产品名称、商标类型、规格等级及执行的标准编号；

b) 生产日期或生产批号、保质期；

c) 净含量、毛重；

d) 生产者名称、地址（含省、市、县）、邮政编码；

e) 有防水、防潮、小心轻放等文字或标记。

7.2 包装

液态产品用塑料桶或适合的金属容器包装，固态产品用内衬塑料薄膜的复合塑料袋包装。产品装入容器应留有适量空隙，应封口良好，防止渗水。包装的净含量应符合标称质量。

7.3 运输

产品在运输时应封口向上，轻装、轻卸，防止日晒、雨淋，避免包装损坏。

7.4 贮存

产品应贮存于干燥、通风良好的场所，且不受阳光直射和雨淋。

7.5 保质期

在本标准规定的运输和贮存条件下，在包装完整未经启封的情况下，从生产之日起可保质两年及两年以上的产品，可不标注保质期；只能在两年内符合本标准的产品应标注保质期。

附 录 A
（资料性附录）
十二烷基硫酸钠产品色泽的测定 比色法

A.1 原理

克莱特光电比色计中光电池及光源灯的老化直接影响测定值的准确性，为此，用克莱特光电比色计在波长400 nm～450 nm测得系列Hazen色度标准溶液的Klett色泽值，绘制Hazen色度-Klett色泽标准曲线。该曲线回归线性方程的斜率k值若大于1.7，则需更换光源灯或/和光电池，使k值范围在1.5～1.7。

Hazen色度单位：每升溶液含铂（以氯铂酸计）1 mg和氯化钴六水合物2 mg时的色泽。

A.2 试剂

除非另有说明，在分析中仅使用认可的分析纯试剂和蒸馏水或去离子水或相当纯度的水。

A.2.1 氯铂酸钾（K_2PtCl_6）。

A.2.2 氯化钴六水合物（$CoCl_2 \cdot 6H_2O$）。

A.2.3 盐酸。

A.3 仪器

普通实验室仪器和以下仪器。

A.3.1 分光光度计，具有430 nm～510 nm波长。

A.3.2 比色池：10 mm。

A.3.3 克莱特光电比色计：附42号蓝色滤光片，波长范围400 nm～450 nm，40 mm比色池。

A.3.4 容量瓶：100 mL、1 000 mL（棕色）。

A.4 测定程序

A.4.1 Hazen色度标准溶液的配制

称取1.245 g氯铂酸钾（A.2.1）和1.000 g氯化钴（A.2.2），加100 mL去离子水溶解，再加入100 mL浓盐酸（A.2.3）使之完全溶解，转移至1 000 mL棕色容量瓶中，用水稀释至刻度，此溶液为500 Hazen色度标准溶液（称为母液）。

将母液用分光光度计（A.3.1）以10 mm比色池，蒸馏水为参比，按表A.1所列波长进行检查，其吸光度范围应在表中所列范围。

表A.1 标准色度母液吸光度范围

波长/nm	吸光度
430	0.110～0.120
455	0.130～0.145
480	0.105～0.120
510	0.055～0.065

该母液应贮于棕色瓶中，置暗处保存。

按表A.2所列体积分别移取母液至10只100 mL容量瓶中，用水稀释至刻度，摇匀，则配制成5 Hazen～150 Hazen色度标准溶液。

表 A.2 标准溶液色度值范围

色度值/Hazen	吸取标准溶液体积/mL
5	1.00
10	2.00
15	3.00
20	4.00
25	5.00
50	10.00
75	15.00
100	20.00
125	25.00
150	30.00

每次配制 5 Hazen～150 Hazen 色度标准溶液前需先检查母液吸光度，范围应在表 A.1 所列范围之内，5 Hazen～150 Hazen 色度标准溶液需现用现配。

A.4.2 色泽标准曲线的测定与绘制

A.4.2.1 仪器调零

参照克莱特光电比色计(图 A.1)的使用说明及符号，在接通仪器电源(G)之前，检查 42 号蓝色滤光片是否安放正确，然后调节检流计顶部旋钮(D)，使检流计指针(C)位于零点。开启仪器电源(G)，稳定 10 min 左右，调节刻度旋钮(A)使刻度指针(B)位于零点。向比色池内加入适量的水，用镜头纸擦干外壁，打开比色池室顶盖，将比色池放入比色池室，盖好顶盖，接通光源灯(E)，用比色池室附近的调零旋钮(F)将检流计指针(C)调至零位。光源灯(E)开启 1 min～2 min，使仪器达到平衡，再用调零旋钮(F)调节检流计指针(C)至零位。

注意：在以下操作过程中，不得触动检流计顶部旋钮(D)和调零旋钮(F)。否则，必须重复上述操作。

A——刻度旋钮；
B——刻度盘；
C——检流计指针；
D——检流计顶部旋钮；
E——光源灯；
F——调零旋钮；
G——仪器电源。

图 A.1 克莱特光电比色计示意图

A.4.2.2 测定

将 5 Hazen 色度标准溶液倒入比色池，用镜头纸擦干外壁后放入比色池室，接通光源灯(E)，检流计指针(C)将偏移零点，稳定 1 min～2 min 后，调节刻度旋钮(A)，使检流计指针(C)重新回至零点，刻度盘(B)上的数值即为 5 Hazen 标准溶液对应的 Klett 色泽值。

按照以上方法，分别测定其他 Hazen 色度标准溶液相对应的 Klett 色泽值。

A.4.2.3 绘制色泽标准曲线

以 Hazen 色度值为纵坐标，Klett 色泽值为横坐标，通过计算机绘图，设定截距为零，得到回归线性方程的斜率值(k)。若 k 大于 1.7，需更换光源灯或/和光电池，使 k 值位于 1.5～1.7 范围之内。

A.4.3 试样的测定

将试液倒入比色池内，擦干外壁后放入比色池室。接通光源灯(E)，检流计指针(C)将偏移零点，稳定几分钟后，调节刻度旋钮(A)，使检流计指针(C)重新回至零点，刻度盘(B)上对应的数值即为试样的 Klett 色泽值。

A.5 结果的表示

结果以算术平均值表示至整数个位。

A.6 精密度

在重复性条件下获得的两次独立测试结果的绝对差值不应大于 5 个 Klett 单位，以大于 5 个 Klett 单位的情况不超过 5% 为前提。

ICS 59.080.60
W 56

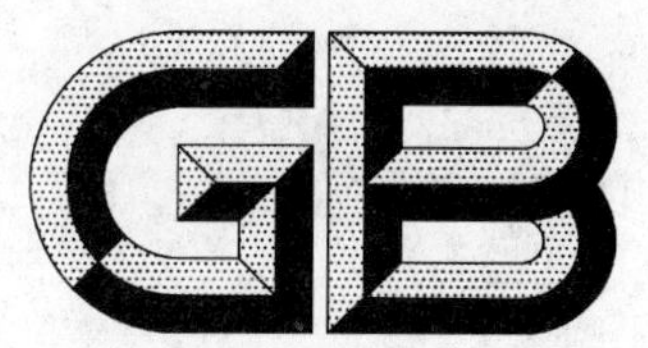

中华人民共和国国家标准

GB/T 15964—2008
代替 GB/T 15964—1995

地毯　单位长度和单位面积绒簇或绒圈数目的测定方法

Carpets—Determination of number of tufts or loops per unit length and per unit area

(ISO 1763:1986,Carpets—Determination of number of tufts and/or loops per unit length and per unit area,MOD)

2008-06-16 发布　　2009-03-01 实施

中华人民共和国国家质量监督检验检疫总局
中国国家标准化管理委员会　发布

前 言

本标准修改采用 ISO 1763:1986《地毯 单位长度和单位面积绒簇和/或绒圈数目的测定》,与 ISO 1763:1986 的主要差异如下:

——试验条件统一由“65%±2%”改为“(65±3)%”;

——手工地毯属非破坏性检验,其测试区域的选择等不同于机制地毯,原国际标准没有区别对待,根据我国出口手工地毯检验规程,本标准补充手工地毯一系列测定内容。

本标准对 GB/T 15964—1995《手工打结地毯绒簇经密、纬密的试验方法》进行修订,与 GB/T 15964—1995 相比,主要变化如下:

——根据实际需要向国际标准靠拢,为提高本标准的结构合理性和内容的完整性,将整个标准内容由原来单一适用于手工打结地毯改为适用于有绒簇或绒圈的机制地毯和手工地毯,标准名称按国际标准命名;

——为适用于我国手工地毯出口常规测定方法的需要,将“测量方法”点数对应长度由 100 mm 改为 300 mm,“结果以两处分别计算,删除 A 法(平均值法)”。

本标准自实施之日起代替 GB/T 15964—1995

本标准由中国轻工业联合会提出。

本标准由全国地毯标准化技术委员会归口。

本标准负责起草单位:中国工艺美术协会地毯专业委员会。

本标准参加起草单位:江西华腾地毯产业园有限公司、日照东升地毯有限公司、天津轻工职业技术学院、溧阳开利地毯材料有限公司、山东红叶地毯有限公司、河北弘业地毯集团有限公司。

本标准主要起草人:李孝文、郜宏、郭长征、崔学山、童自力、马鹏、田宪军。

本标准所代替标准的历次版本发布情况为:

——GB/T 15964—1995。

地毯 单位长度和单位面积绒簇或绒圈数目的测定方法

1 范围

本标准规定了地毯单位长度和单位面积绒簇或绒圈数目的测定方法。

本标准适用于机制地毯和手工地毯，其绒头间距一致的绒簇或绒圈构成的地毯。

2 规范性引用文件

下列文件中的条款通过本标准的引用而成为本标准的条款。凡是注日期的引用文件，其随后所有的修改单(不包括勘误的内容)或修订版均不适用于本标准，然而，鼓励根据本标准达成协议的各方研究是否可使用这些文件的最新版本。凡是不注日期的引用文件，其最新版本适用于本标准。

GB/T 6529 纺织品 调湿和试验用标准大气(GB/T 6529—2008,ISO 139:2005,MOD)

QB/T 1087 机制地毯 物理试验的取样和试样的截取法(QB/T 1087—2001,eqv ISO 1957:1986)

3 术语和定义

下列术语和定义适用于本标准。

3.1

绒簇 tuft

呈J、U或W形的一段纱线或打结形状的一段纱线，其直立部分由单纱或多根纱线形成的绒头，如图1、图2所示。

a) U形绒簇

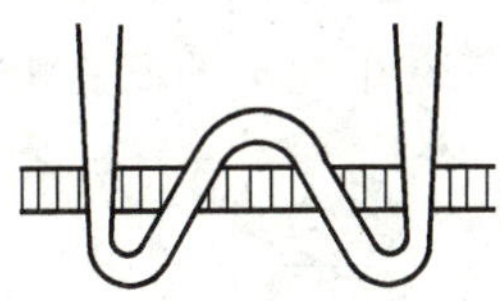

b) W形绒簇

图1 绒簇示例

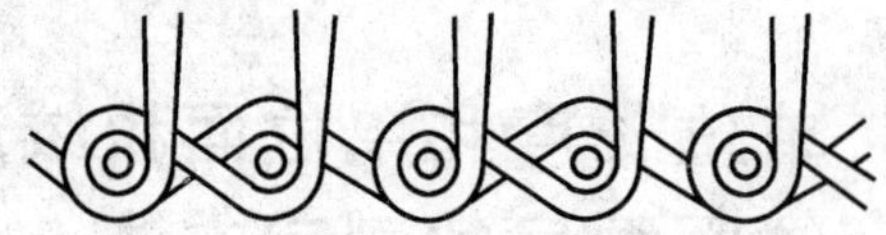

a) 8字结绒簇

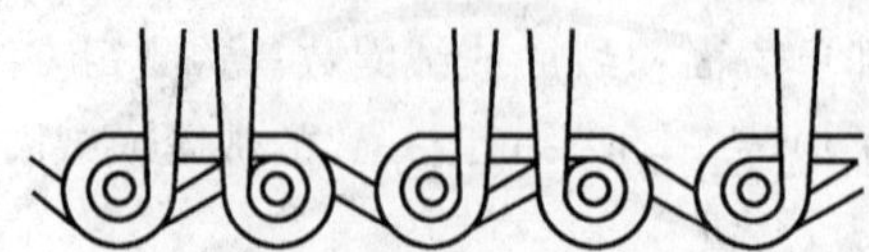

b) 马蹄结绒簇

图2 打结绒簇示例

3.2

绒圈 loop

由毯基固定的两个相邻最低点之间连续纱线,呈圈状绒头,如图3所示。

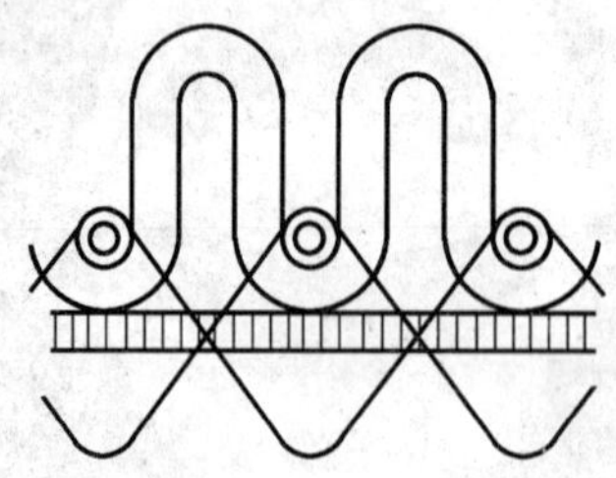

图3 构成绒头的两个连续绒圈的示例

4 原理

机制地毯含有不少于41个完整绒簇或绒圈其间距至少在100 mm长度上计数,该间距是沿平行织边(纵向)和垂直织边(横向)的方向分别计数,手工地毯至少在300 mm长度上计数。

5 量具

钢直尺,刻度值为毫米。

6 调湿和试验用标准大气

调湿和试验用标准大气采用GB/T 6529中规定的试验用二级标准大气。温度为(20±2)℃,相对湿度为(65±3)%。

7 试样的准备

按照QB/T 1087所规定的程序选取试样。

7.1 机制地毯

截取四块具有代表性的试样,尺寸不小于200 mm×200 mm。四边应平行和垂直织边方向,选取试样距样品边缘不小于100 mm。

7.2 手工地毯

试样为整块地毯，采用非破坏性测试，其区域的选择，是将整块地毯分为上下两部分，每个部分至少各选择一处绒簇或绒圈明显不均匀部位。

8 测量程序

8.1 机制地毯

取一块试样，点数为41个完整的绒簇或绒圈，并用钢直尺测量所对应的长度值，以毫米为单位。如果少于100 mm，则继续点数至绒簇或绒圈超过100 mm为止，计数对应的长度值，以毫米为单位。

如果地毯不是单一结构，应注意其结构的组成。

8.2 手工地毯

取一块地毯，沿测试区域的经向和纬向，用钢直尺测量并点数接近至少300 mm长度的完整的绒簇结数或经头数所对应的长度实测值，精确到0.5 mm（小于0.5 mm舍去不计）。

9 结果的计算和表示

9.1 机制地毯单位长度的绒簇或绒圈数目

分别计算纵、横向单位长度的绒簇或绒圈数目，按式(1)和式(2)计算：

$$S = 100\sum\left(\frac{N_s}{L_s}\right) \qquad \cdots\cdots(1)$$

$$G = 100\sum\left(\frac{N_g}{L_g}\right) \qquad \cdots\cdots(2)$$

式中：

S 或 G——沿纵向或横向，每100 mm间距内含有的绒簇或绒圈平均数，精确到小数点后一位；

N_s 或 N_g——沿纵向或横向，分别点数完整的绒簇或绒圈数目；

L_s 或 L_g——沿纵向或横向，分别测量的长度，单位为毫米(mm)，精确到0.5 mm。

9.2 手工地毯栽绒道数和经头密度

栽绒道数和经头密度按式(3)和式(4)计算（上下两处分别计算）：

$$S = 304.8 \times \frac{N_s}{L_s} \qquad \cdots\cdots(3)$$

$$G = 304.8 \times \frac{N_g}{L_g} \qquad \cdots\cdots(4)$$

式中：

S 或 G——栽绒道数（道数/304.8 mm）；或经头密度（经头数/304.8 mm），精确到小数点后一位；

N_s 或 N_g——接近300 mm的栽绒道数或经头数；

L_s 或 L_g——点数对应的长度实测值，单位为毫米(mm)，精确到0.5 mm。

9.3 单位面积的绒簇或绒圈数目

如有需要，可按9.1中 S 值和 G 值相乘，计算出每10 000 mm^2 中的绒簇或绒圈数目，或按9.2中 S 值和 G 值相乘计算出每92 903 mm^2（1平方英尺）中的绒簇或绒圈数目。

10 试验报告

a) 说明测定是按本标准进行的，以及任何偏离本方法的一切细节；

b) 地毯类型：机制地毯或手工地毯及品种；

c) 试样尺寸、数量；

d) 分别计算机制地毯纵向 S 值、横向 G 值，每100 mm间距内含有的绒簇或绒圈平均数目，精确到小数点后一位；

e) 分别计算手工地毯经向 S 值、纬向 G 值，每 304.8 mm 间距内含有的栽绒道数和经头数，精确到小数点后一位；

f) 如有需要，求出每 10 000 mm^2 或求出 92 903 mm^2(1 平方英尺)的绒簇或绒圈数目；

g) 如果试样不是单一结构，请说明绒簇或绒圈类型。

ICS 59.080.60
W 56

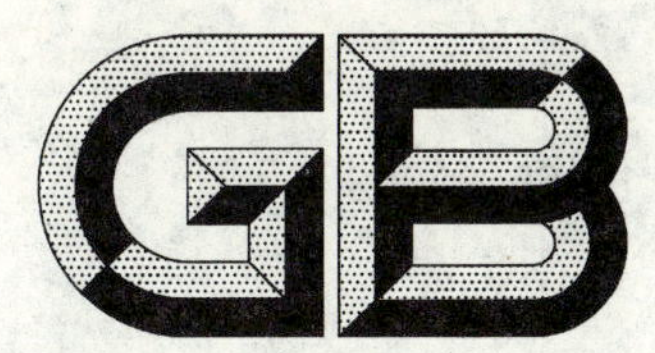

中华人民共和国国家标准

GB/T 15965—2008
代替 GB/T 15965—1995

手工地毯　绒头长度的测定方法

Hand-made carpets—Determination of length of pile

(ISO 2549:1972,Textile floor coverings—Hand-knotted carpets—Determination of tuft leg length above the woven ground,NEQ)

2008-06-16 发布　　2009-03-01 实施

中华人民共和国国家质量监督检验检疫总局
中国国家标准化管理委员会　发布

前　言

本标准与 ISO 2549:1972《手工打结地毯　毯基上绒簇股长度的测定》一致性程度为非等效，与 ISO 2549:1972 的主要差异如下：

——为扩大标准的适用范围，未按国际标准命名，现将标准名称中的引导要素“手工打结地毯”改为“手工地毯”；

——原国际标准绒头长度测量采用一套倒“L”形量卡，使用不方便，改为我国传统的单片叉形量卡；

——原国际标准对测试区域选择未作规定，本标准进行了补充；

——本标准结果的计算规定 A、B 两种方法，根据合同需要选用方法之一，B 法为我国常规方法以每个绒头长度偏差值表示，严于国际标准以平均值表示的 A 法。

本标准是对 GB/T 15965—1995《手工打结地毯　绒头长度的试验方法》的修订，与 GB/T 15965—1995 的主要变化如下：

——为了扩大手工地毯的适用范围，现将本标准名称由《手工打结地毯　绒头长度的试验方法》改为《手工地毯　绒头长度的测定方法》；

——原标准按 QB/T 1086 选择测试区域的方法不适用(未执行)，本标准改用我国常规方法并补充排布图；

——为了避免出现争议，删除“测试区域外，绒头长度有明显偏差时也应进行测量”的内容。

本标准自实施之日起代替 GB/T 15965—1995。

本标准由中国轻工业联合会提出。

本标准由全国地毯标准化技术委员会归口。

本标准负责起草单位：中国工艺美术协会地毯专业委员会。

本标准参加起草单位：中国食品土畜进出口商会地毯分会、河北弘业地毯集团有限公司、天津轻工职业技术学院、青海省纤维检验局。

本标准主要起草人：李孝文、张志彪、田泓、崔学山、田宪军、陈江涛。

本标准所代替标准的历次版本发布情况为：

——GB/T 15965—1995。

手工地毯　绒头长度的测定方法

1　范围

本标准规定了手工地毯毯基上绒头长度的测定方法。

本标准适用于有绒头的手工地毯。

2　术语和定义

下列术语和定义适用于本标准。

2.1

绒头长度　length of pile

由纺织纱线构成的绒簇，并从毯基伸出至顶端的距离。

3　原理

把绒头长度量卡插入毯面内至毯基上，量取绒头顶端与量卡对应的刻度值。

4　量具

绒头长度量卡，刻度值为毫米，如图1所示。

单位为毫米

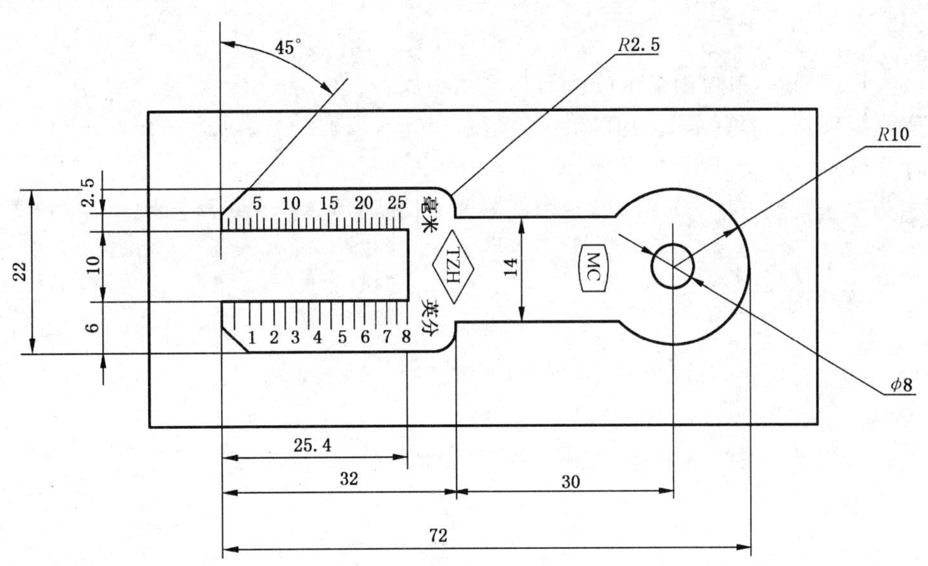

图1　绒头长度量卡

5　试样

整块地毯(非破坏性试样)。

6　测试程序

6.1　测试区域按图2选择，每个区域至少测量一次，总计不少于10次。

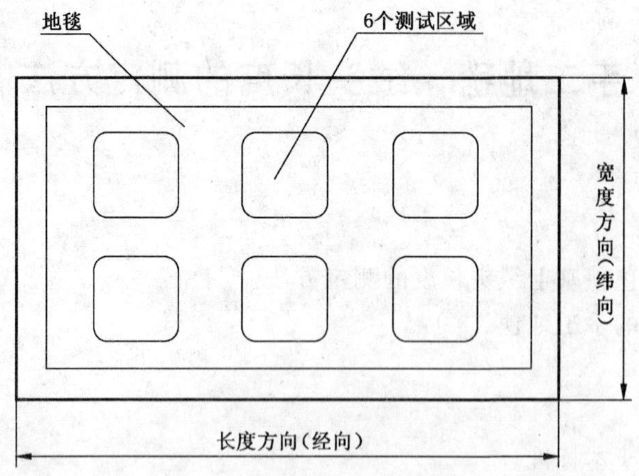

图2 测试区域排布图

6.2 将量卡插入两横列绒头之间,稳定接触毯基,测量绒头长度,单位为毫米(mm),精确到 0.5 mm(小于 0.5 mm 舍去不计)。

6.3 工艺要求,毯面含有不同绒头长度,则应分别测量。

7 结果的计算和表示

7.1 分别计算不同绒头长度。

7.2 计算和表示有 A、B 两种方法,根据合同需要选用方法之一。

7.2.1 A 法:绒头长度偏差按式(1)计算:

$$D = \overline{S} - S_0 \qquad (1)$$

式中:

D——绒头长度偏差,单位为毫米(mm),精确到小数点后一位;

$\overline{S}$——实测绒头长度的算术平均值,单位为毫米(mm),精确到小数点后一位;

S_0——标称绒头长度,单位为毫米(mm)。

7.2.2 B 法:为我国常规方法,单独计算每个实测绒头长度的偏差,单位为毫米(mm),精确到小数点后一位。

8 试验报告

a) 说明是按本标准进行的,以及任何偏离本方法的一切细节;

b) 结果的计算采用 A 法或 B 法;

c) 填写按本标准要求进行的全部测量数值和计算结果。

ICS 07.040
A 77

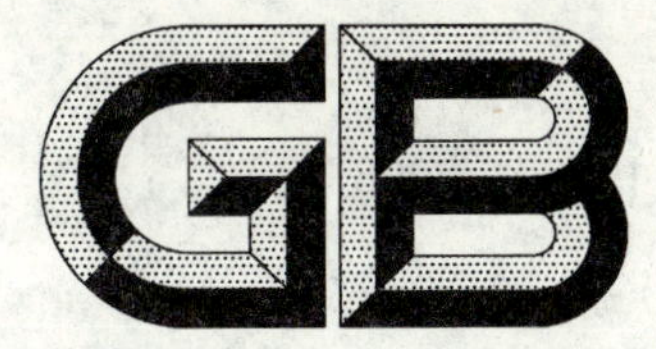

中华人民共和国国家标准

GB/T 15967—2008
代替 GB 15967—1995

1∶500 1∶1 000 1∶2 000 地形图航空摄影测量数字化测图规范

Specifications for aerial photogrammetric digital mapping of 1∶500 1∶1 000 1∶2 000 topographic maps

2008-06-20 发布 2008-12-01 实施

中华人民共和国国家质量监督检验检疫总局
中国国家标准化管理委员会 发布

前　言

本标准代替 GB 15967—1995《1∶500　1∶1 000　1∶2 000 地形图航空摄影测量数字化测图规范》。

本标准与 GB 15967—1995 相比主要变化如下：

——按照 GB/T 1.1—2000《标准化工作导则　第 1 部分:标准的结构和编写规则》对标准进行了修改；

——对规范性引用文件进行了修订；

——删除了 6.3,引用 GB/T 17158；

——删除了 7.3 中绘图输出的仪器使用要求,改为对数据要求“符合图式要求”；

——删除了原标准 8.1 和 8.2,引用相关标准；

——删除了附录 A。

本标准由国家测绘局提出。

本标准由全国地理信息标准化技术委员会归口。

本标准负责起草单位:国家测绘局测绘标准化研究所。

本标准主要起草人:张坤、刘小强、马聪丽、林定荣、姜翔鸾、杨克俭。

本标准所代替标准的历次版本发布情况为：

——GB 15967—1995。

1∶500 1∶1 000 1∶2 000
地形图航空摄影测量数字化测图规范

1 范围

本标准规定了用解析航空摄影测量方法进行1∶500、1∶1 000、1∶2 000地形图数字化测图作业的基本要求和成果精度要求。

本标准适用于解析航空摄影测量方法进行1∶500、1∶1 000、1∶2 000地形图数字化测图作业。

2 规范性引用文件

下列文件中的条款通过本标准的引用而成为本标准的条款。凡是注日期的引用文件，其随后所有的修改单(不包括勘误的内容)或修订版均不适用于本标准，然而，鼓励根据本标准达成协议的各方研究是否可使用这些文件的最新版本。凡是不注日期的引用文件，其最新版本适用于本标准。

GB/T 6962 1∶500、1∶1 000、1∶2 000比例尺地形图航空摄影规范

GB/T 7930 1∶500、1∶1 000、1∶2 000地形图 航空摄影测量内业规范

GB/T 7931 1∶500、1∶1 000、1∶2 000地形图 航空摄影测量外业规范

GB/T 13923 基础地理信息要素分类与代码

GB/T 17158 摄影测量数字测图记录格式

GB/T 20257.1 国家基本比例尺地图图式 第1部分：1∶500 1∶1 000 1∶2 000地形图图式

CH/T 1001 测绘技术总结编写规定

CH 1002 测绘产品检查验收规定

CH 1003 测绘产品质量评定标准

CH/T 1004 测绘技术设计规定

3 总则

3.1 数字化地形图的规格

3.1.1 平面坐标系、高程基准

平面坐标系采用国家统一的平面坐标系或依法审批通过的地方坐标系，高程基准采用国家统一的高程基准。

3.1.2 分幅及编号

数字化地形图的分幅与编号按照GB/T 20257.1执行。

3.1.3 地形类别

平地：绝大部分地面坡度在2°以下的地区；

丘陵地：绝大部分地面坡度在2°～6°之间的地区；

山地：绝大部分地面坡度在6°～25°之间的地区；

高山地：绝大部分地面坡度在25°以上的地区。

3.1.4 基本等高距

等高距依据测区地形类别和用图的需要，按表1规定选用。一幅图内宜采用一种基本等高距，当基本等高距不能显示地貌特征时，应加绘半距等高线。

平坦地区，根据用图需要，可不绘等高线，仅用高程注记点表示。

表 1

单位为米

成图比例尺	地形类别			
	平地	丘陵地	山地	高山地
1∶500	0.5	1.0 (0.5)	1.0	1.0
1∶1 000	0.5 (1.0)	1.0	1.0	2.0
1∶2 000	1.0 (0.5)	1.0	2.0 (2.5)	2.0 (2.5)
注：括号内表示依用图需要选用的等高距(以下同)。				

3.1.5 高程注记点

高程注记点一般选在明显地物点和地形点上，依据地形类别及地物点和地形点的多少，其密度为图上每 100 cm^2 内 5～20 个。

3.1.6 符号及注记

符号及注记应按照 GB/T 20257.1 执行。

3.2 数字化测图的精度

3.2.1 平面位置中误差

内业加密点和地物点，对最近野外控制点的图上点位中误差不得大于表 2 规定。

表 2

单位为毫米

项目	地形类别	
	平地、丘陵地	山地、高山地
加密点中误差	0.4	0.55
地物点中误差	0.6	0.8

3.2.2 高程中误差

内业加密点、高程注记点和等高线对最近野外控制点的高程中误差不得大于表 3 规定。

表 3

单位为米

比例尺		1∶500				1∶1 000				1∶2 000			
地形类别		平地	丘陵地	山地	高山地	平地	丘陵地	山地	高山地	平地	丘陵地	山地	高山地
基本等高距		0.5	1.0 (0.5)	1.0	1.0	0.5 (1.0)	1.0	1.0	2.0	1.0 (0.5)	1.0	2.0 (2.5)	2.0 (2.5)
中误差	加密点	—	—	0.35	0.5	—	0.35	0.5	1.0	—	0.35	0.8	1.2
	注记点	0.2	0.4 (0.2)	0.5	0.7	0.2 (0.4)	0.5	0.7	1.5	0.4 (0.2)	0.5	1.2	1.5
	等高线	0.25	0.5 (0.25)	0.7	1.0 地形变换点	0.25 (0.5)	0.7	1.0	2.0 地形变换点	0.5 (0.25)	0.7	1.5 地形变换点	2.0 地形变换点

1∶500 地形图高山地地面坡度在 40°以上，1∶1 000 地形图高山地，1∶2 000 地形图山地、高山地在图上不能直接找到位置的地方，衡量等高线高程精度可以采用下式计算：

$$M_h = \pm(a + b \cdot \tan\alpha)$$

式中：

M_h——等高线高程精度，单位为米(m)；

a——高程注记点的高程中误差，单位为米(m)；

b——地物点平面位置中误差，单位为米(m)；

α——检查点附近的地面坡度，单位为度(°)。

3.2.3 精度要求

最大误差不应超过两倍中误差，林区、阴影覆盖隐蔽区等困难地区的平面和高程中误差可按表 2、表 3 规定放宽 1/2。

3.3 成图方法

一般采用解析测图仪或带有模数转换器、数字化通讯接口、微型计算机以及相应软件的精密立体测图仪、立体坐标量测仪。

3.4 航摄资料的要求

航摄资料应符合 GB/T 6962 的要求。

3.5 航测外业成果的基本要求

航测外业成果应符合 GB/T 7931 的要求。

3.6 技术设计

技术设计按照 CH/T 1004 执行。

3.7 技术总结

技术总结按照 CH/T 1001 执行。

4 摄影处理

摄影处理应按照 GB/T 7930 执行。

5 解析空中三角测量

解析空中三角测量应按照 GB/T 7930 执行。

6 联机数据采集

6.1 系统的硬件配置

航测数字化测图联机数据采集系统的硬件应满足以下要求：

a) 像片量测仪器应符合 GB/T 7930 所规定的作业要求和仪器检校要求；

b) 微型计算机应尽可能地采用当前的主流机型，其处理速度及内外存贮器容量应保证仪器系统能进行实时数据采集、实时图形显示、在线编辑、数据贮存和输出。

6.2 系统的软件配置

6.2.1 像对定向软件

应能够根据像片量测坐标和控制点的地面坐标，确定像对的定向元素，实时地求得任一像片点的地面坐标，并建立起仪器上的测标点和计算机屏幕上的光标之间的对应关系，打印定向精度。

6.2.2 联机数据采集软件和符号库

应能够根据测图需要，选择点模式或流模式对地物地貌进行数据采集和要素的属性编码，按用户要求进行目标编码，自动地从符号库中提取相应要素的符号，并且在屏幕上进行实时图形显示。也可配备如自动高程注记、绘制平行线等功能。

6.2.3 在线编辑软件

应能够按作业中的需要，具备设置逐点或逐元素方式进行删除或修改，对图形进行移动及缩放，完成像对间和图幅间的接边等功能。

6.2.4 图形文件输出软件

应按照所采用的图形编辑软件的要求，以规定的文件格式输出图形文件。

6.3 数字化测图的数据格式

数字化测图的数据记录格式应符合 GB/T 17158 的要求。

6.4 作业规程

6.4.1 作业准备

联机数据采集的作业准备工作包括传统的摄影测量作业准备和计算机硬软件系统进入正常作业状态两部分内容，前者应按照 GB/T 7930 执行，后者可以根据不同的系统构成和不同的应用软件自行确定。

6.4.2 像片定向

相对定向和绝对定向的步骤和各项精度要求按照 GB/T 7930 执行。

6.4.3 数据采集作业

联机数据采集与传统的精密立体测图仪测图过程基本一致。应保持原始记录的完整性、正确性，不应有断缺、遗漏、移位，并对每一要素按照 GB/T 13923 的规定给予分类和编码。在采集、接边、收尾等项工作中的技术处理原则、各项限差按照 GB/T 7930 执行。

6.4.4 生成图形文件和绘图文件

联机数据采集后应对所贮存的数据进行检查，并输出图形文件和绘图文件。

7 图形编辑

7.1 数字化测图的编辑步骤

数字化测图的编辑，可在专用图形编辑系统上通过显示屏幕边审视边进行，也可先将图形回放在图纸上拟订好编辑内容后再通过显示屏幕进行。根据技术设计书以及外业调绘片和调绘结果，按照 GB/T 20257.1 的规定和 7.2 所确定的编辑原则，对所采集的数据进行修改、增删和编排。完成后回放出编辑检查图，找出存在的问题，继续上机进行编辑直至符合质量要求。也可将编辑检查图拿到野外去进行实地施测和修改，再上机进行数据插入后进行编辑。

7.2 数字化测图的编辑要求

7.2.1 居民地

居民地的编辑要求如下：

a) 道路与街区的衔接处，应留 0.2 mm 间隔；
b) 建筑在陡坎和斜坡上的建筑物，按实际位置绘出，陡坎无法准确绘出时，可移位表示，并留 0.2 mm的间隔；
c) 悬空建筑在水上的房屋与水涯线重合时，房屋照常表示，间断水涯线。

7.2.2 点状地物

点状地物的编辑要求如下：

a) 两个点状地物相距很近，同时绘出有困难时，可将高大突出的准确表示，另一个移位 0.2 mm 表示，但应保持相互的位置关系；
b) 点状地物与房屋、道路、水系等其他地物重合时，可中断其他地物符号，间隔 0.2 mm，以保持独立符号的完整性。

7.2.3 交通

交通的编辑要求如下：

a) 双线道路与房屋、围墙等高出地面的建筑物边线重合时，可以建筑物边线代替道路边线，道路边线与建筑物的接头处，应间隔 0.2 mm；
b) 铁路与道路水平相交时，铁路符号不中断，将道路符号中断；不在同一水平相交时，道路的交叉处，应绘以相应的桥梁符号；
c) 公路路堤（堑）应分别绘出路边线与堤（堑）边线，两者重合时，可将其中之一移动 0.2 mm。

7.2.4 管线

管线的编辑要求如下：

a) 城市建筑区内电力线，通信线可不连接，但应绘出连线方向；

b) 同一杆架上有多种线路时，表示其中主要的线路，但各种线路走向应连贯，线类要分明。

7.2.5 水系

水系的编辑要求如下：

a) 河流遇桥梁、水坝、水闸等应中断；

b) 水涯线与陡坎重合时，可用陡坎边线代替水涯线，水涯线与斜坡脚重合时，仍应在坡脚将水涯线绘出。

7.2.6 境界

境界的编辑要求如下：

a) 凡绘制有国界线的图，必须按国家有关规定执行；

b) 境界线的转角处不得有间断，应在转角上绘出点或曲线、直线；

c) 境界线以线状地物一侧为界时，应离线状地物 0.2 mm 按图式绘制；如以线状地物中心为界，不能在线状符号中心绘出时，可沿两侧每隔 3 cm～5 cm 交错绘出 3～4 节符号，但在境界相交或明显拐弯及图廓处，境界符号不应省略，以明确走向和位置。

7.2.7 等高线

等高线的编辑要求如下：

a) 等高线遇到房屋及其他建筑物、双线道路、路堤、路堑、坑穴、陡坎、斜坡、湖泊、双线河、双线渠、水库、池塘以及注记等均应中断；

b) 当等高线的坡向不能判别时，应加绘示坡线。

7.2.8 植被

植被的编辑要求如下：

a) 同一地类界范围内的植被，其符号可均匀配置，同一地类界范围内有两种以上植被时，其符号可按实际情况配置；

b) 地类界与地面上有实物的线状符号重合时，可省略不绘；与地面无实物的线状符号重合时，将地类界移位 0.2 mm 绘出。

7.2.9 注记

注记的编辑要求如下：

a) 文字注记要使所表示的地物能明确判读，字头朝北；对于道路河流名称，可随线状弯曲的方向排列，名字侧边或底边，应垂直或平行于线状物体。

b) 文字之间最小间隔应为 0.5 mm，最大间隔不宜超过字大的 9 倍。高程注记一般注于点的右方，距离点位 0.5 mm。注记时应避免压盖遮断主要地物和地形特征部分。

c) 等高线注记字头应指向山顶或高地，字头不应指向图纸的下方，地貌复杂的地方，应注意配置，保持地貌的完整。

d) 图廓整饰注记按照 GB/T 20257.1 执行。

7.2.10 接边

图幅间的接边应保证线状要素合理、完整、无缝地连接。

7.3 绘图输出

编辑后的图形文件绘图输出时，应符合 GB/T 20257.1 的要求。

8 检查验收及资料上交

8.1 检查验收

成果质量检查验收按照 CH 1002、CH 1003 执行。

8.2 资料上交

上交的资料包括：

a） 图历簿；

b） 原始数据文件、编辑图形文件和绘图文件；

c） 地形图；

d） 技术设计书、技术总结；

e） 外业控制点及内业加密点布点图；

f） 加密成果；

g） 图幅接合表；

h） 检查验收报告等。

ICS 07.040
A 79

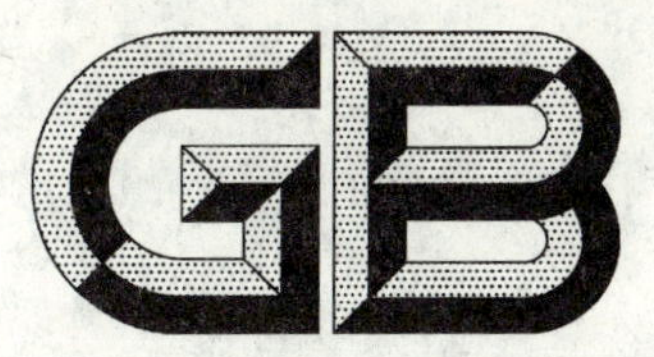

中华人民共和国国家标准

GB/T 15968—2008
代替 GB 15968—1995

遥感影像平面图制作规范

Specifications for remote sensing image plan making

2008-06-20 发布　　2008-12-01 实施

中华人民共和国国家质量监督检验检疫总局
中国国家标准化管理委员会　发布

前　言

本标准代替 GB 15968—1995《遥感影像平面图制作规范》。

本标准与 GB 15968—1995 相比主要变化如下：

——按照 GB/T 1.1—2000《标准化工作导则　第1部分：标准的结构和编写规则》的要求对标准进行了修订；

——"规范性引用文件"一章中删去了原有的引用标准《影像地图印刷规范》(GB/T 14510)；增加了规范性引用文件《国家基本比例尺地图图式　第3部分：1∶25 000　1∶50 000　1∶100 000 地形图图式》(GB/T 20257.3)、《国家基本比例尺地图图式　第4部分：1∶250 000、1∶500 000、1∶1 000 000 地形图图式》(GB/T 20257.4)、《地图印刷规范》(GB/T 14511)、《数字测绘产品检查验收规定和质量评定》(GB/T 18316)；

——"准备工作"中，对光学图像、光-电扫描图像和合成孔径雷达图像的地面分辨率的要求进行了统一，并提高了对图像地面分辨率的要求指标；在"其他资料的收集"中增加了对数字线划图(DLG)、数字栅格地图(DRG)、数字高程模型(DEM)数据以及有关影像控制点成果收集的要求；

——"整饰、注记"的修改：整饰、注记的样式引用了 GB/T 20257.3、GB/T 20257.4 的规定，删去了原标准"附录B　1∶100 000 遥感影像平面图整饰样式"、"附录C　1∶250 000 遥感影像平面图整饰样式"等。

本标准的附录 A 为规范性附录。

本标准由国家测绘局提出。

本标准由全国地理信息标准化技术委员会归口。

本标准负责起草单位：国家测绘局测绘标准化研究所。

本标准主要起草人：吕玉霞、郭玉芳、王占宏、姜翔鸾、成燕辉。

本标准所代替标准的历次版本发布情况为：

——GB 15968—1995。

遥感影像平面图制作规范

1 范围

本标准规定了1:100 000、1:250 000、1:500 000、1:1 000 000遥感影像平面图的规格、精度及制作的基本要求。

本标准适用于利用航天遥感图像资料制作1:100 000、1:250 000、1:500 000、1:1 000 000遥感影像平面图。

2 规范性引用文件

下列文件中的条款通过本标准的引用而成为本标准的条款。凡是注日期的引用文件，其随后所有的修改单(不包括勘误的内容)或修订版均不适用于本标准，然而，鼓励根据本标准达成协议的各方研究是否可使用这些文件的最新版本。凡是不注日期的引用文件，其最新版本适用于本标准。

GB/T 12340 1:25 000 1:50 000 1:100 000地形图航空摄影测量内业规范

GB/T 13989 国家基本比例尺地形图分幅和编号

GB/T 14511 地图印刷规范

GB/T 18316 数字测绘产品检查验收规范和质量评定

GB/T 20257.3 国家基本比例尺地图图式 第3部分:1:25 000 1:50 000 1:100 000地形图图式

GB/T 20257.4 国家基本比例尺地图图式 第4部分:1:250 000 1:500 000 1:1 000 000地形图图式

CH 1002 测绘产品检查验收规定

CH 1003 测绘产品质量评定标准

CH/T 1004 测绘技术设计规定

CH/T 3002 1:10 000 1:25 000比例尺影像平面图作业规程

3 总则

3.1 基本要求

3.1.1 影像质量

遥感影像平面图的影像应层次丰富、清晰易读、色调均匀、反差适中；融合后的影像色彩应接近真实自然，色彩均衡，无明显偏色与拼接痕迹。

3.1.2 平面精度

地物点相对于附近控制点、经纬网或公里格网点的图上点位中误差满足以下要求：

a) 平地、丘陵地，不大于±0.5 mm，山地、高山地不大于±0.75 mm；

b) 特殊困难地区可按地形类别放宽0.5倍；

c) 根据遥感影像平面图的用途及用户需求，最大不应超过两倍中误差。

3.1.3 图幅尺寸要求

图廓实际尺寸与理论尺寸之差的绝对值不应超过表1规定。

表 1 图廓尺寸精度要求

单位为毫米

项　　目	实际尺寸与理论尺寸最大误差	
	边　　长	对角线
展点图	0.15	0.20
遥感影像原图(镶嵌图)	±0.20	±0.30

3.2 规格

3.2.1 数学基础

平面坐标系应采用国家规定的统一坐标系。

1∶100 000～1∶500 000 遥感影像平面图的投影采用高斯-克吕格投影;1∶1 000 000 遥感影像平面图的投影采用正轴等角圆锥投影。

3.2.2 分幅与编号

分幅和编号执行 GB/T 13989 的规定,也可根据用户需要进行分幅和编号。

3.2.3 颜色

遥感影像平面图的颜色可采用单色或彩色。

4 准备工作

4.1 图像的选择

用于制作遥感影像平面图的遥感图像应符合下列要求:

a) 相邻各帧(张)图像之间应有不小于图像宽度 4%的重叠(或重复),特殊情况下重叠(或重复)可小于上述指标。

b) 应选择时相较新、倾角较小的全色或多光谱卫星影像,影像获取时间应尽可能一致或接近,并要求影像层次丰富、图像清晰、色调均匀、反差适中。

c) 为保证遥感影像平面图清晰,图像的地面分辨率应高于表 2 的要求。

表 2 图像的地面分辨率要求

单位为米

成图比例尺	1∶10 万	1∶25 万	1∶50 万	1∶100 万
地面分辨率	10	30	50	250

d) 单色遥感影像平面图的制作一般应选择全色影像,需要时,也可选择单波段影像;彩色遥感影像平面图的制作一般应选择不少于 3 个波段的多光谱影像。各波段影像的配准误差不大于 0.2 mm,图像套合误差不大于 0.3 mm。

e) 图像中云层覆盖应少于 5%,且不能覆盖重要地物。分散的云层,其总和不应超过 15%。

f) 像片或胶片上不应有划伤、沙点、斑痕、手印等缺陷。

4.2 其他资料的收集

其他资料的收集内容主要包括:

a) 等于或大于所成遥感影像平面图比例尺的最新地形图或数字线划图(DLG)、数字栅格地图(DRG)数据,且精度应符合相应比例尺地形图编绘规范中的要求;

b) 根据正射纠正对高程数据精度的实际需要,收集相应的数字高程模型(DEM)数据;

c) 收集有关的影像控制点成果;

d) 现势性强的专题图及其文字资料等;

e) 与图像有关的星历、姿态等参数数据。

4.3 对仪器的要求

制作遥感影像平面图的光学、数字图像设备应按仪器检校标准进行检校,仪器应处于良好的工作状态；同时应按照仪器操作规程使用仪器并注意维护。

4.4 技术设计

技术设计按照 CH/T 1004 的相关规定执行。

5 图像纠正与镶嵌

5.1 光学法

5.1.1 图像纠正

5.1.1.1 纠正准备

光学法图像纠正准备的主要内容包括：

a) 检查已有遥感图像的几何精度，当其不能满足遥感影像平面图精度要求时，应对原图像进行纠正；

b) 选择制图区域距像片主点位置最近的像片，作为工作母片；

c) 包括地球曲率引起像点位移和地面高差引起像点位移的残余系统误差不得大于 0.4 mm。

5.1.1.2 纠正仪纠正

纠正仪纠正要求以下：

a) 对画幅式面中心投影图像进行的纠正，其作业过程和方法按 GB/T 12340 规定执行，地球曲率和高差引起的像点位移按附录 A 公式计算。

b) 对扫描图像进行的纠正，采用分条幅纠正的方法，条幅分割方法如图 1 所示。一幅图像一般宜划分 2～3 个条幅。在各条幅内应选取 4 个以上的纠正控制点。

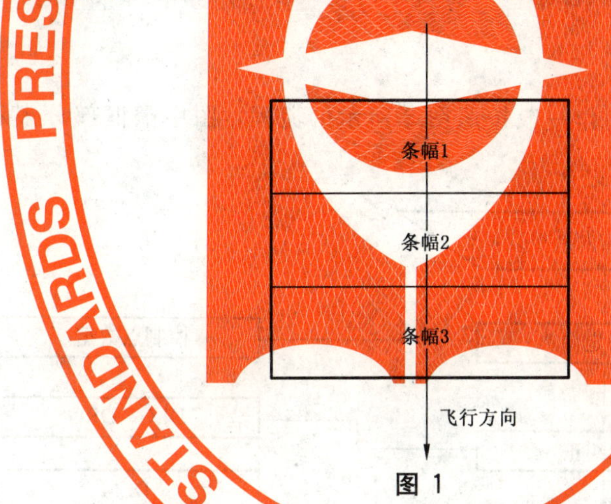

图 1

c) 对全景图像进行的纠正，一般限于全景影像的中间段，要使用 6 个以上纠正控制点，中间两个控制点上的余差应不大于 0.4 mm。

d) 对雷达图像进行的纠正，只适用于平坦地区。

5.1.1.3 正射投影仪纠正

5.1.1.3.1 正射投影仪纠正作业要求

正射投影仪作业方法与操作步骤按 GB/T 12340、CH/T 3002 规定执行。

5.1.1.3.2 断面数据的获取

当没有相应的数字高程模型(DEM 数据)时，断面数据可通过以下方法获取：

a) 从现有数字线划图(DLG)数据库中提取；

b) 通过地形图等高线数字化获取；

c) 在立体测图仪或解析测图仪上对可建立立体模型的像对进行立体观测后获取。

5.1.2 选取控制点

应在与所成遥感影像平面图同比例尺或较大比例尺的地形图(或水系图、交通图等专题图)上选取

控制点,并应满足下列要求:

a) 所选点位图像清晰,在地形图及图像上应能正确识别和定位;

b) 每个镶嵌块应选 4～9 个控制点。

5.1.3 展点底图制作

展点底图的制作要求如下:

a) 在地形图上量取所选控制点的坐标值;

b) 将经纬网点及控制点用展点仪展绘在裱糊好的图版上,展点误差不大于 0.1 mm,图廓实际尺寸与理论尺寸之差要求符合表 1 的规定。

5.1.4 镶嵌

5.1.4.1 切割镶嵌

将卫星像片按经纬网定位,再以控制点检查、校正,并参照如水系、道路等具有特征的地貌和地物,在重叠处选择适当的切割线进行切割镶嵌或平面交叉镶嵌,如图 2 所示,制成遥感影像平面原图。边长精度要求符合表 1 规定。

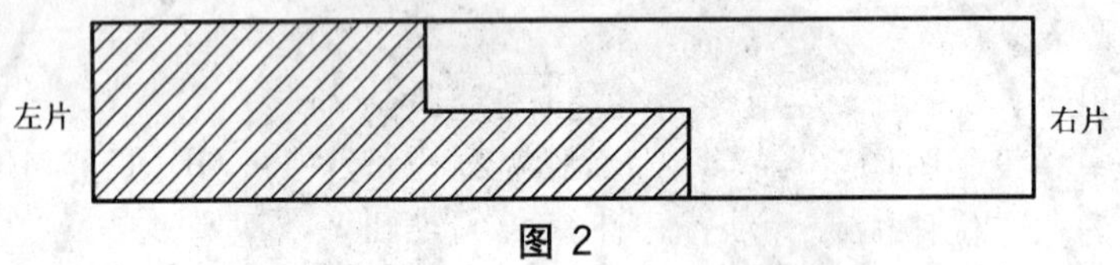

图 2

5.1.4.2 光学镶嵌

光学镶嵌按 GB/T 12340 规定执行。

5.2 数字法

5.2.1 作业流程

数字法遥感影像平面原图的制作一般按照图 3 所示的流程。图中虚框部分表示可选择的作业内容。

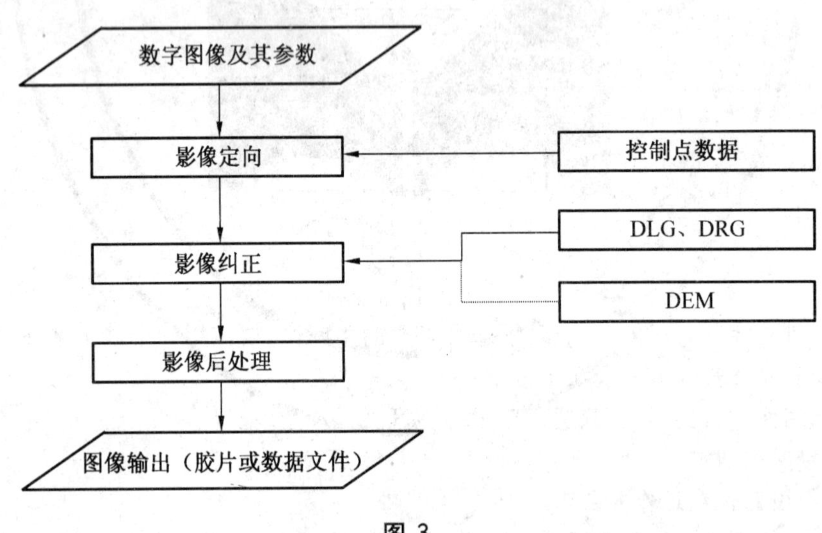

图 3

5.2.2 作业要求

5.2.2.1 准备工作

5.2.2.1.1 获取数字图像

当没有数字图像时,可通过图像数字化获取数字图像,图像数字化时扫描点尺寸的选择应根据像片的分辨率确定,一般选用 25 μm～50 μm。

5.2.2.1.2 图像预处理

应根据需要对扫描后的图像进行去噪声、辐射校正等预处理工作。

5.2.2.1.3 **选取数字模型**

影像纠正模型的选择应符合以下要求：

a) 纠正精度符合要求；

b) 所需控制点不宜过多；

c) 采用多项式数学模式进行纠正时，应迭代次数少，收敛快，计算工作量小，一般应选用二维或三维多项式的数学模型；

d) 根据地形条件选择相应纠正方法，平坦地区选择较简单模型，山地选择较严密的模型。

5.2.2.1.4 **选取控制点**

在已有地形图、数字线划图(DLG)或数字栅格地图(DRG)上选取控制点。

选取控制点的数量应根据采用的纠正公式决定，剔除粗差后至少应保留二个以上的多余控制点，以便于平差计算。

5.2.2.2 **几何校正**

5.2.2.2.1 **数据输入**

输入控制点、轨道与姿态参数、数字高程模型(DEM)等有关数据。

5.2.2.2.2 **影像定向**

影像定向的精度参照 GB/T 12340 解析测图仪测图联机测图定向精度要求执行。

5.2.2.2.3 **影像纠正**

使用纠正公式对影像逐像元进行纠正，纠正误差要求不大于图上 0.5 mm。

5.2.2.3 **影像后处理**

5.2.2.3.1 **影像增强**

一般采用线性灰度拉伸，也可采用其他影像增强方法。

5.2.2.3.2 **影像镶嵌和处理**

影像镶嵌和处理要求如下：

a) 将相邻两景影像按几何位置对准，使其成为完整的一幅图，去掉接边部分多余的行(列)像元实现数字镶嵌；

b) 镶嵌中可在屏幕上用人工根据其色调和地物分布特点采用交互式的方法选取分割线，也可采用专用的算法自动选取分割线；

c) 两幅色调差别较大的影像镶嵌时，应对影像进行色调调整；

d) 接缝处影像灰度、色调应与整幅影像灰度、色调协调。

5.2.2.4 **图像输出**

输出像元的尺寸一般在 25 μm～100 μm 内选取。且应使输入、输出像元的大小相匹配。

5.3 彩色遥感影像平面图的制作

5.3.1 制作彩色遥感影像平面图的多光谱图像的几何纠正按 5.1、5.2 进行。

5.3.2 合成方法制作彩色遥感影像平面图时满足下列要求：

a) 合成时可用光学合成法、计算机合成法。

b) 选择基本色调标准图像，并按基本色调调整相邻图像的色调。基本色调标准图像应层次丰富、色彩鲜艳、反差适中、饱和度较高、影像清晰。

c) 合成时各波段影像配准误差应不大于 0.2 mm，图像套合误差应不大于 0.3 mm。

6 整饰、注记

整饰、注记的主要内容和要求如下：

a) 图廓整饰、注记的主要内容包括图名、图号、图幅结合表、密级、内外图廓线及其经、纬度注记、公里网线及其注记、图像接合略图、图像情况及资料获取时间、制作单位、坐标系、出版年代和比例尺等；图廓外和图廓间整饰、注记的样式依照比例尺分别按照 GB/T 20257.3 和 GB/T 20257.4的规定执行；图像接合略图见图 4，亦可由设计人员根据需要自行规定。

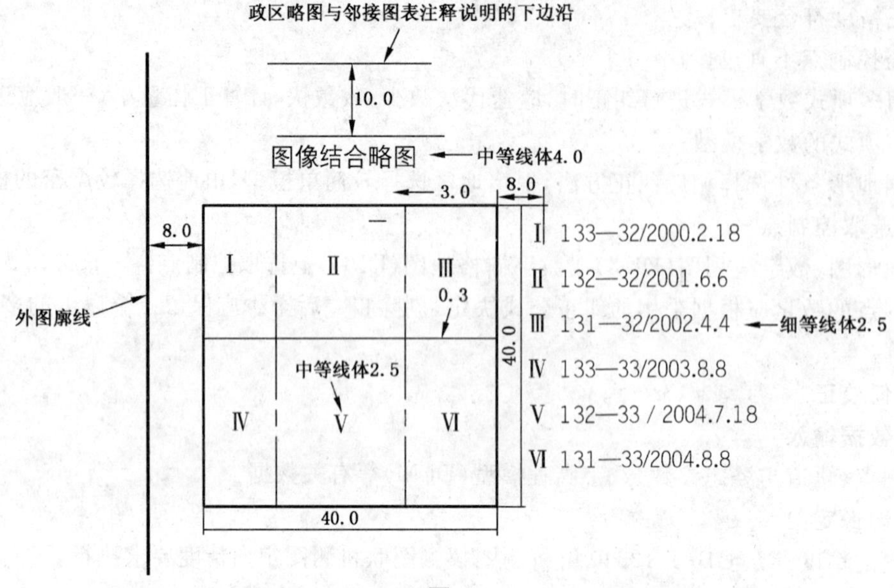

图 4

b) 参照已有地形图，在遥感影像平面图内适当标注主要地理名称。注记样式依照比例尺分别按照 GB/T 20257.3 和 GB/T 20257.4 的规定执行。

c) 非标准分幅的遥感影像平面图的整饰和注记可根据用户的要求和设计规定进行。

7 检查、验收

7.1 原则和要求

检查验收的原则和要求如下：

a) 遥感影像平面图应符合本作业规范和技术设计的要求，满足用图单位需要；

b) 检查验收和质量评定的方法与要求，按 CH 1002、CH l003 或 GB/T 18316 的规定执行。

7.2 检查内容

7.2.1 图面检查

图面检查内容如下：

a) 遥感影像平面图镶嵌（数字、光学、手工）接边误差的检查，可参照 GB/T 12340 有关规定；

b) 遥感影像平面图与四周图幅接边误差的检查，可参照 GB/T 12340 有关规定；

c) 影像色调、信息度、影像清晰度、反差以及各种斑迹、划痕、药膜损伤等影像质量的检查；

d) 图廓尺寸、公里网及图幅内外整饰、注记的检查。

7.2.2 数学精度检测

数学精度检测要求如下：

a) 数学精度检测，每幅图的检测点数量视具体情况而定，一般不少于 20 个点；

b) 在大一级比例尺地形图或专题图上读取明显目标点坐标，展刺在遥感影像平面图上或输入计算机中，与遥感影像平面图上的同名目标点坐标比较，按式(1)统计计算中误差。

$$m_s = \pm\sqrt{\frac{\sum_{i=1}^{n}(\Delta x_i^2 + \Delta y_i^2)}{n}} \qquad \cdots\cdots(1)$$

式中：

m_s——点位中误差，单位为毫米(mm)；

Δx、Δy——检测点坐标差，单位为毫米(mm)；

n——检测点点数。

8 遥感影像平面图的复制

8.1 遥感影像平面图少量复制可采用负片在拷贝机上整幅复印(包括相纸和白涤纶片)，亦可利用数码方法输出像片等。

8.2 遥感影像平面图大批量印刷，按 GB/T 14511 规定执行。

附 录 A
（规范性附录）
地球曲率和高差引起的像点位移计算公式

A.1 地球曲率引起的像点位移计算公式

地球曲率引起的像点位移计算公式如下：

$$\delta_{\gamma E} = \frac{N \cdot m \cdot \gamma^3}{2Rf}$$

式中：

$\delta_{\gamma E}$——以成图比例尺表示的因地球曲率引起的像点移位误差；
N——纠正放大倍数；
m——摄影比例尺分母；
γ——像点径距；
R——地球半径；
f——摄影机焦距。

A.2 高差引起的像点位移计算公式

高差引起的像点位移计算公式如下：

$$\delta_{hE} = \left(1 + \frac{H}{R}\right)\frac{NQ\gamma}{2fm}$$

式中：

δ_{hE}——以成图比例尺表示的因地面高差引起的像点移位误差；
H——摄影高度；
R——地球半径；
N——纠正放大倍数；
Q——最大高差；
γ——像点径距；
f——摄影机焦距；
m——摄影比例尺分母。